中国轻工业"十三五"规划教材

普通高等教育电子信息类专业系列教材

数字电子技术基础

张俊涛　陈晓莉　编著

内容简介

本书主要介绍数字电路的基本概念和数字系统分析与设计的工具——逻辑代数，以及数字系统设计中常用集成器件的原理、功能和应用。主要编写思路是以原理为主线，以器件为基础，以应用为目标，讲述基本门电路、组合逻辑电路、时序逻辑电路、存储器、脉冲电路以及 A/D 和 D/A 转换器。通过书中穿插大量的“思考与练习”环节，以强化教学内容、提升思维能力，并通过“设计实践”项目使读者能学以致用。

本书既可以作为电气类、电子信息类和计算机类相关专业的数字电子技术、数字电路与逻辑设计或者数字逻辑课程的教材，也可以作为相关课程教学和自学数字电路的参考书。

图书在版编目(CIP)数据

数字电子技术基础/张俊涛，陈晓莉编著．—西安：西安交通大学出版社，2022.1(2023.1 重印)
ISBN 978-7-5693-1977-4

Ⅰ．①数… Ⅱ．①张…②陈… Ⅲ．①数字电路-电子技术 Ⅳ．①TN79

中国版本图书馆 CIP 数据核字(2021)第 027480 号

SHUZI DIANZI JISHU JICHU
数字电子技术基础

编　　著 张俊涛　陈晓莉
责任编辑 郭鹏飞
责任校对 陈　昕

出版发行 西安交通大学出版社
(西安市兴庆南路 1 号　邮政编码 710048)
网　　址 http://www.xjtupress.com
电　　话 (029)82668357　82667874(市场营销中心)
(029)82668315(总编办)
传　　真 (029)82668280
印　　刷 西安日报社印务中心

开　　本 787 mm×1092 mm　1/16　**印张** 24.625　**字数** 615 千字
版次印次 2022 年 1 月第 1 版　2023 年 1 月第 3 次印刷
书　　号 ISBN 978-7-5693-1977-4
定　　价 59.00 元

如发现印装质量问题，请与本社市场营销中心联系调换。
订购热线：(029)82665248　(029)82667874
投稿热线：(029)82669097　QQ:8377981
读者信箱：lg_book@163.com

前 言

数字电子技术是电气类、电子信息类和计算机类相关专业一门重要的工程基础课，理论性和实践性都很强。在多年的电子技术教学实践中，编者深切地体会到高等教育必须要适应社会发展的需求，需要培养既懂理论、又能学以致用的高级工程应用人才。为此，本教材以培养能够学以致用的工程技术人才为目标，以此确定教材内容，使学生从应用的角度学习数字电路，提高电子系统的设计能力。

编者具有二十多年的电子技术教学经验，同时又组织和指导大学生参与了电子设计竞赛、EDA/SOPC 电子设计专题竞赛、模拟及模数混合应用电路等竞赛十多届。为了能够达到学以致用的培养目标，编者在教材的架构、教学内容的侧重点、设计实践项目的构思以及习题的选取等方面进行了深入思考和精心安排。考虑到数字电子技术课程的专业基础性，同时又考虑到没有时序逻辑器件难以有效构成数字系统的应用特点，教材在编写上还是沿用较为传统的思路，采用理论、器件、应用和设计相结合的编排方式，在讲清数字电路基本概念的同时，注重器件的设计原理、功能、特性及应用。为了突出了教材的针对性和实用性，章节中配有大量有利于课堂启发式教学、提升思维能力、适合于翻转课堂的“思考与练习”环节，并在章末附有许多“设计实践”和典型习题，由浅入深，举一反三，注重系统设计能力的提高。

本书分为 9 章。第 1 章为数字电路基础，主要讲述数字电路的基本概念、数制与编码以及补码的应用。第 2 章讲述数字电路分析与设计的工具——逻辑代数。第 3 章～第 9 章分别讲述数字系统设计中常用的功能电路，包括基本门电路、组合逻辑电路、时序逻辑电路以及存储器、脉冲电路和 A/D、D/A 转换器，内容以原理为主线，以器件为基础，为应用为目标，并通过章末的设计实践项目使学生能够及时巩固所学知识，并达到学以致用的目的。

教材的编写力求突出三个特点：

(1)应用性。本书以应用为导向，注重数字电路原理设计，淡化器件内部电路分析，突出器件的功能及应用。

(2)完整性。本书以应用为导向，在精简了部分过时教学内容的同时，注重课程的完整性。基本门电路、组合逻辑电路、时序逻辑电路、存储器、脉冲电路以及 A/D 和 D/A 转换器在数字系统设计中都会用到，因此均有讲述。

(3)实践性。教材中穿插了大量的思考与练习，用于深化教学内容和提升学生的思维能力，各章节末的应用实例均来自典型应用电路和历届电子竞赛真题的分解。全书内容由浅入深，循序渐进地培养学生对电子系统的设计能力。

考虑到硬件描述语言已经在集成电路设计、电子信息、大数据和人工智能等领域获得越来越广泛的应用，为进一步拓宽视野，教材简要地讲述了硬件描述语言 Verilog HDL 及其应用，作为课程的选修内容。略去这部分内容，不影响教材的完整性和逻辑性。

全书由张俊涛编写，陈晓莉老师在教材的编写过程中提供出了许多指导性建议，花费大量时间绘制了教材中的插图，并对全书进行了多次审核和校对。

本书可作为电气类、电子信息专业和计算机类专业的数字电路课程教材或者教学参考书，也可以作为数字设计工程师的参考书。

本教材录制了全套 MOOC 资源，同时提供课程教学用 PPT 和全书的习题解答，有需要的读者可向西安交通大学出版社索取，或者通过邮箱 379100463@qq.com 直接与编者联系。

在多年的电子技术教学过程中，编者阅读了大量国内外相关课程教材和资料，无法一一尽述，在此向相关作者表示感谢。鉴于编者的水平，书中难免有疏漏、不妥甚至是错误之处，恳请读者提出批评意见和改进建议。

编　者

2021 年 6 月

目　录

第1章　数字电路基础

数字技术的发展持续改变着世界。我们每天都要获取大量信息，而这些信息的传输、处理和存储越来越趋于数字化。过去被认为是模块电路的电子产品，如收音机、电视机和电话都已经数字化。数字音乐存储方法已经取代了用模拟信号记录声音的磁带和唱片，一些汽车也安装了复杂的自动驾驶系统等。

在我们的日常生活中，典型的数字产品如下。

1. 计算机

计算机(见图1-1)是数字系统的典型代表。

自20世纪40年代第一台数字计算机诞生以来，伴随着半导体工艺技术的不断发展，计算机的功能随之不断增强，性能大幅度提高，在数据处理、数字音视频技术、数字通信和人工智能等领域都得到了广泛的应用。近30年来，“数字革命”已经深入到了我们生活的方方面面。计算机不仅成为我们学习和工作的平台，同时又是文化传播和娱乐的平台，可以听音乐、看电影、欣赏图片、浏览网页等。

图1-1　微型计算机

2. 智能手机

手机从初期的以语音通信为主要功能的普通手机发展到现在的集通信、数字音视频、电子商务、定位和导航，以及娱乐等多种功能为一体的智能手机(见图1-2)，其内部电路是以微处理器为核心的数字系统。智能手机内置的摄像头使得人人都可以随时随地拍照，高分辨率的显示屏方便播放视频和显示图片，语音接口方便录音和播放音乐，高清数字地图配合GPS可以为我们提供定位和导航服务。

图1-2　智能手机

3. 数码相机

数码相机的发展和应用主要依赖于数字存储和数字图像处理技术。

40多年前，大多数照相机用银卤化物胶片记录图像。胶片需要经过曝光、冲洗、显影等过程才能再现摄入的图像信息。今天，半导体制造工艺的提高使得半导体存储器的容量大幅度提高，且成本大幅度降低。数码相机(见图1-3)摄入图像或视频，以数字信息记录，压缩存储在SD卡或U盘等半导体存储器中，便于携带、复制、加工和处理。每幅图像记录为

720P、1080P 或者 4K 像素矩阵，其中每个像素用 8 位或者更多比特位表示红、绿、蓝三基色的强度值。

图 1-3 数码相机

除上述典型的数字产品外，数字技术还广泛应用于医学图像处理、仪器仪表、工业过程控制、音视频信息处理、遥测遥感和人工智能等领域。

数字技术之所以能够广泛应用，主要是因为数字电路与模拟电路相比，有许多优点：

(1)抗干扰能力强。数字电路能够在相同的输入条件下精确地产生相同的结果，而模拟电路受到温度、电源电压、噪声、辐射，以及元器件老化等因素的影响，在相同的输入条件下输出结果并不完全相同。

(2)便于信息的传输和处理。数字系统很容易对信息进行变换和编码，不但能够提高通信效率和可靠性，而且容易实现信息的加密，从而能够有效地保护信息安全。例如，目前许多住宅小区的有线电视网络将视音频信息编码成数字信号传输，再通过机顶盒解码出信息。除了提供上网和回看等附加功能之外，便于管理也是其主要功能之一。

(3)成本低。数字系统可以集成在单个芯片里，如 CPU、单片机和 FPGA(现场可编程逻辑门阵列)等，并且能够以很低的成本进行量产。例如，经典 MCS-51 系列单片机目前的售价只有几元，等效门电路达到百万门的 FPGA，内部集成了功能强大的微处理器、DSP、乘法器和锁相环等功能电路，其售价也只在几十元到几百元。

为了能够理解数字系统的工作原理，掌握数字电路的分析与设计方法，我们需要系统地学习数字电子技术。

本章首先介绍数字信号与数字电路的基本概念，然后讲述数字系统中常用的数制和编码。

1.1 数字信号与数字电路

人类社会通过各种各样的方式传递信息。烽火连三月，家书抵万金。古人用烽火传递战争预警信息，用击鼓鸣金传送战场上的命令信息。边关的战事信息则需要通过快马加鞭的方式接力传递，费时费力，效率低下。

随着电磁波的发现和半导体器件的产生及应用，信息传递的方式也发生了巨大的变化。从起初的电报、电话发展到移动通信、网络通信和卫星通信(见图 1-4)，极大地提高了信息

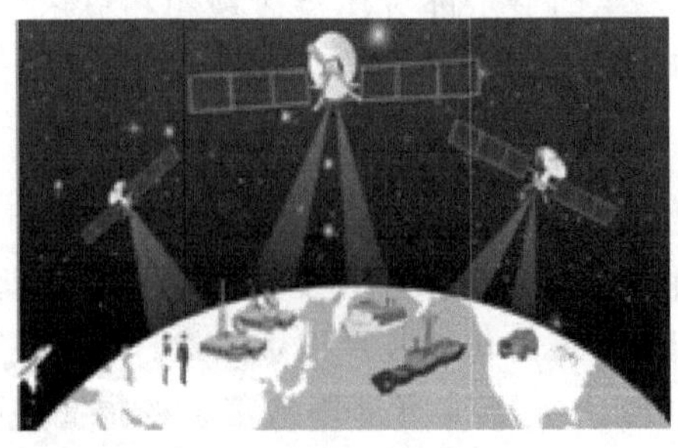
图 1-4 卫星通信

传递的效率,丰富了我们的生活,拉近了人与人之间的距离。相应地,人类也从农业社会、工业社会步入了信息化社会。

在电子信息领域,承载信息的载体称为信号(signal),如语音信号、温度和压力信号等。信号一般表现为随时间、空间等因素变化的某种物理量。例如,语音信号随时间变化,气压信号随高度和温度变化,而卫星通信信号随时间和空间变化。

通常,习惯于将信号简单地理解为随时间变化的一维信号,记为 $f(t)$。

根据自变量 t 是否连续取值,将信号分为连续时间信号和离散时间信号两大类,其中连续时间信号是指信号在时间上是连续的,即在信号的定义域范围内的每个时间点都有信号值。根据幅值是否连续,又将信号分为幅值连续的信号和幅值离散的信号,其中幅值连续是指信号可以取到信号值域范围内的任何一个值。根据自变量和幅值的不同分类,可以组合出以下四类信号:第一类为时间连续、幅值连续的信号;第二类为时间离散、幅值连续的信号;第三类为时间连续、幅值离散的信号;第四类为时间离散、幅值离散的信号,分别如图 1-5(a)～(d)所示。

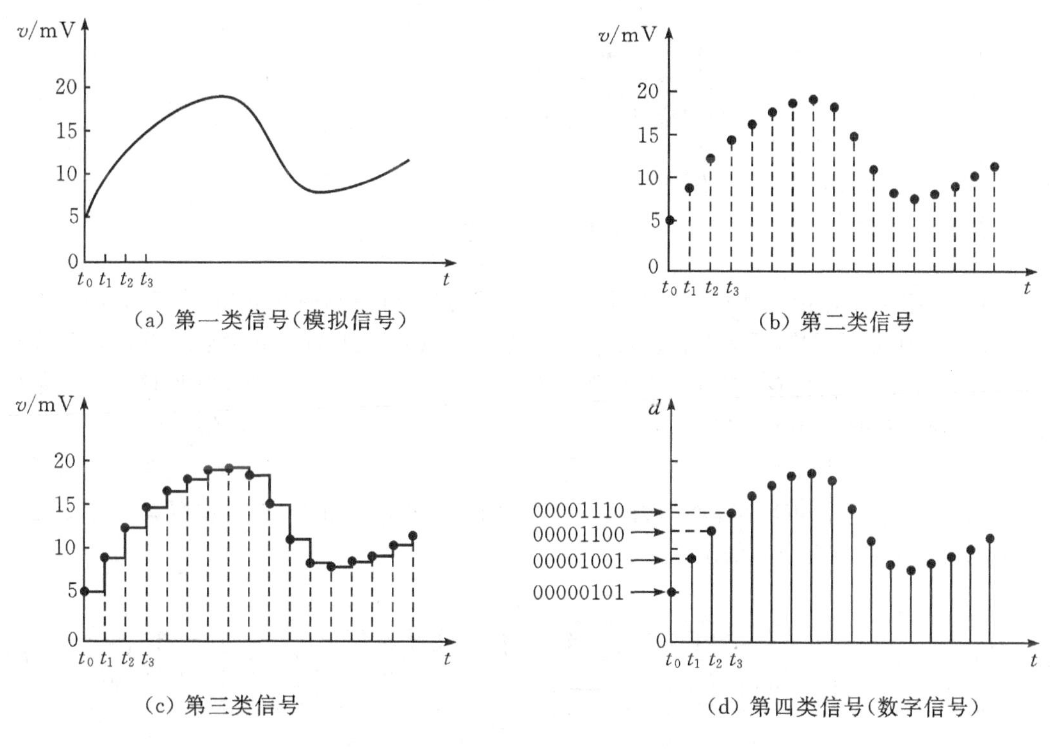

图 1-5 信号的分类

通常将第一类信号——时间连续、幅值连续的信号称为模拟信号(analog signal),将第四类信号——时间离散、幅值离散的信号称为数字信号(digital signal)。相应地,产生和处理模拟信号的电子电路称为模拟电路(analog circuits),应用数字信号处理事物之间的逻辑关系、进行数值运算和实现信号处理的电子电路称为数字电路(digital circuits)。第二类和第三类信号为模拟信号和数字信号相互转换时所产生的过渡信号。例如,对模拟信号进行采样产生第二类信号(因此也称为采样信号),再对幅值进行量化后才转换为数字信号,如图

1-6 所示。相应地,数字信号经过 D/A 转换器产生第三类信号,再经过低通滤波后还原为模拟信号。

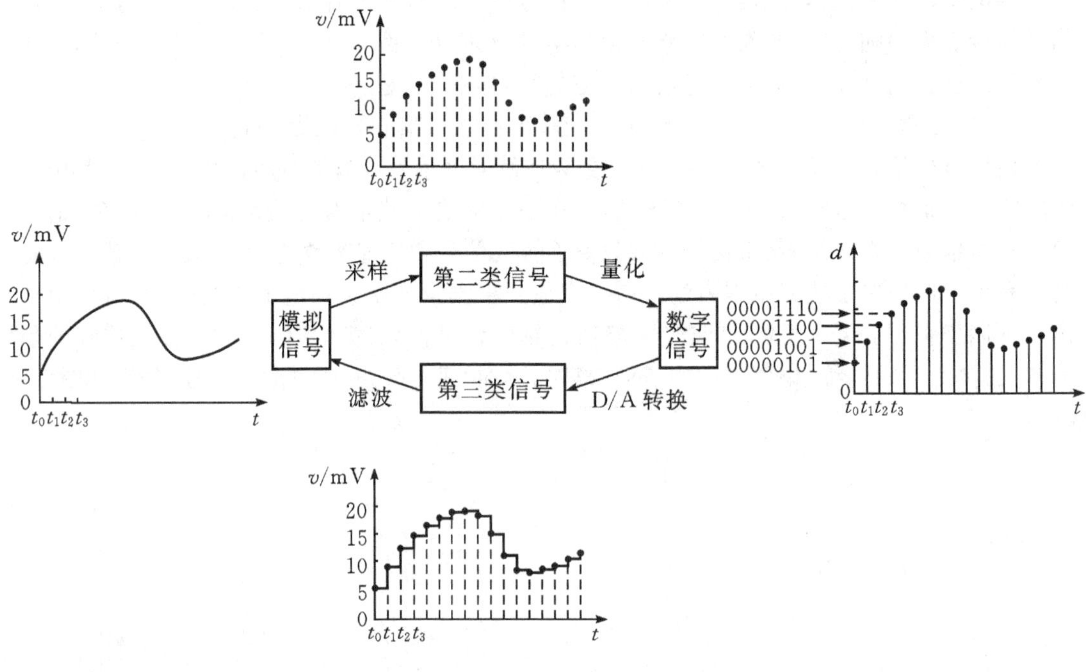

图 1-6 模拟信号与数字信号的转换

虽然数字电路在信息处理、存储、加密和传输等方面有着独特的优势,但我们仍然生活在模拟世界中,因为自然界多数物理量本质上还是模拟的。如果需要用数字系统处理模拟信号,那么首先需要将模拟信号转换为数字信号,经过数字系统处理后,需要时再将数字信号还原为模拟信号。例如,音频信号数字化处理流程如图 1-7 所示,前端先将模拟音源信号经过调理后转换为数字信号,再经过信源编码、调制记录到存储介质上,或者通过信道编码经过传输介质进行传输,后端则通过介质传递或者网络传输后,再经过解调或者信道解码、信源解码后还原出音源信息。

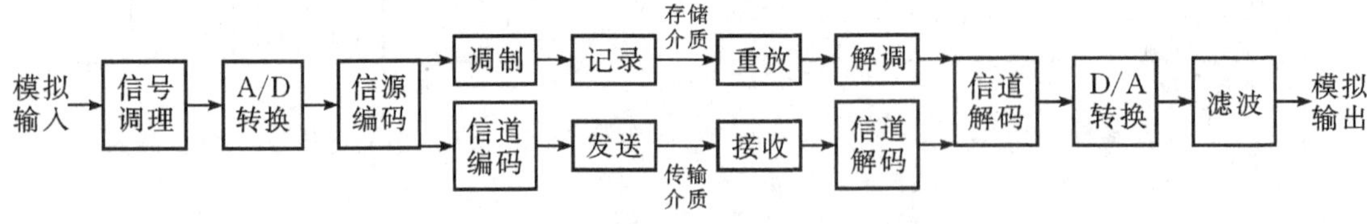

图 1-7 音频信号数字化处理流程

数字电子技术是研究数字电路原理与应用的工程基础课。与模拟电子技术相比,数字电子技术课程的特点是入门容易,但内容繁多,既包含逻辑分析与设计,又包含电路分析与设计。同时,由于实际器件的性能并不理想,因此在设计数字系统时,通常还需要在电路的功能与性能之间进行综合考虑。

1.2　数制

数制(number systems)即记数所采用的体制,具体是指多位数码中每位数码的构成方式以及从低位到高位的进位规则和从高位到低位的借位规则。从古至今,人们习惯于使用十进制进行记数(这与人自身的特点有关),而数字电路采用开关电路来实现,开关的通、断只能代表两种数码,自然与二进制数相对应。因此,二进制是数字电路的基础。

本节介绍常用的数制及其转换方法。

1.2.1　十进制数

十进制数(decimal numbers)使用“0、1、2、3、4、5、6、7、8、9”十个数码和小数点符号“.”,采用多位记数体制进行记数,其进位规则为逢十进一,借位规则为借一当十。处于不同数位的数码具有不同的权值(weight),以小数点为界,十进制记数法向左每位的权值依次为 10^0、10^1、10^2、…,向右每位的权值依次为 10^{-1}、10^{-2}、…。对于十进制数“555.55”,虽然每个数码均为 5,但处于不同位置的 5 代表的价值不同。因此,十进制数“555.55”实际表示的数值大小为

$$5\times10^2+5\times10^1+5\times10^0+5\times10^{-1}+5\times10^{-2}$$

一般地,任意一个十进制数都可以展开为以下的位权展开式:

$$\sum_{i=-m}^{n-1} d_i\times10^i$$

其中,d_i表示第 i 位数码;10^i则为第 i 位的权值;n 和 m 分别表示整数部分和小数部分的位数。

1.2.2　二进制数

数字电路基于开关电路实现,而开关具有闭合和断开两个稳定状态。假设用其中一个状态代表 0,另一个代表 1 时,当开关交替闭合断开时,自然形成了 0 和 1 表示的二值序列。当多个开关同时工作时则形成了多位 0 和 1 的组合,因此,数字电路自然与二进制相对应。

二进制数(binary numbers)只使用 0 和 1 两个数码,采用多位记数体制进行记数,其进位规则是逢二进一,借位规则是借一当二。例如,$(1011.101)_2$表示数的大小为:

$$1\times2^3+0\times2^2+1\times2^1+1\times2^0+1\times2^{-1}+0\times2^{-2}+1\times2^{-3}$$

任意一个二进制数都可以用其位权展开式表示:

$$\sum_{i=-m}^{n-1} b_i\times2^i$$

其中,b_i表示第 i 位二进制数码;2^i则为其相应的权值;n 和 m 分别表示整数部分和小数部分的位数。

一般地,N 进制数共有 N 个数码,其权位展开式可以表示为

$$\sum_{i=-m}^{n-1} k_i\times N^i$$

其中,k_i表示第 i 位数码的大小;N^i为第 i 位数码的权值;n 和 m 分别表示整数部分和小数部

分的位数。

1.2.3 十六进制数

二进制的优点是简单，而且便于运算，缺点是当位数很多时不但书写麻烦而且不易识别。一方面是书写时需要占用较大的篇幅，另一方面是按权展开式计算其数值大小很麻烦。例如，32位二进制数"1_1111_0001_1110_1010_1010.0111_0110_111"的大小就不方便识别和计算了。

为了解决这个问题，人们想到一种方法：将二进制数以小数点为界，向左和向右每四位合并为一个十六进制数码(常用)，或者向左和向右每三位合并为一个八进制数码(周易是建立在八进制基础上的，但八进制目前已不常用了)，以方便表示和识别。

十六进制数(hexadecimal numbers)使用"0、1、2、3、4、5、6、7、8、9、A、B、C、D、E、F"十六个数码进行记数，其进位规则是逢十六进一，借位规则是借一当十六。以小数点为界，十六进制整数向左每位的权值依次为 16^0、16^1、16^2、…，向右小数部分每位的权值依次为 16^{-1}、16^{-2}、…。例如：

$$(9AB.1C)_{16}=(9\times16^2+10\times16^1+11\times16^0+1\times16^{-1}+12\times16^{-2})_{10}=(2475.109375)_{10}$$

即十六进制9AB.1C和十进制数2475.109375等值。

十六进制数既方便书写又方便识别，是数字系统中常用的数制之一。四位二进制数和十进制数，以及十六进制数之间关系的对照表如表1-1所示。

表1-1 不同进制数的对照表

十进制	二进制	十六进制	十进制	二进制	十六进制
0	0000	0	8	1000	8
1	0001	1	9	1001	9
2	0010	2	10	1010	A
3	0011	3	11	1011	B
4	0100	4	12	1100	C
5	0101	5	13	1101	D
6	0110	6	14	1110	E
7	0111	7	15	1111	F

1.2.4 不同数制之间的转换

日常生活中我们习惯使用十进制，而数字系统是由产生和处理二进制数码0和1的开关电路构建的，所以应用数字系统进行数值计算时，就需要将我们熟悉的十进制数转换成二进制送入数字系统，计算完成后还需要将二进制数还原成十进制数以方便我们识别。

1. 二进制转换成十进制

二进制数转换成十进制的基本方法是按照其位权展开式进行展开，然后将各部分相加即可得到等值的十进制数。

对于 n 位二进制数 $b_{n-1}b_{n-2}\cdots b_1b_0$，其位权展开式为

$$b_{n-1}\times 2^{n-1}+b_{n-2}\times 2^{n-2}+\cdots+b_1\times 2+b_0$$

即

$$(b_{n-1}b_{n-2}\cdots b_1b_0)_2=(b_{n-1}\times 2^{n-1}+b_{n-2}\times 2^{n-2}+\cdots+b_1\times 2+b_0)_{10}$$

例如，

$$(1011.101)_2=(1\times 2^3+0\times 2^2+1\times 2^1+1\times 2^0+1\times 2^{-1}+0\times 2^{-2}+1\times 2^{-3})_{10}=(11.625)_{10}$$

同理，十六进制数转换成十进制数也是按照其位权展开式进行转换。例如：

$$(\mathrm{F5.6E})_{16}=(15\times 16^1+5\times 16^0+6\times 16^{-1}+14\times 16^{-2})_{10}=(245.4296875)_{10}$$

2. 十进制转换成二进制

十进制数转换为二进制数时，整数部分和小数部分的转换方法不同。将十进制整数和十进制小数分别转换完成后，再合并为一个二进制数。

设十进制整数 N 转换为二进制数的形式为 $b_{n-1}b_{n-2}\cdots b_1b_0$，即

$$(N)_{10}=(b_{n-1}b_{n-2}\cdots b_1b_0)_2$$

由于二进制数 $b_{n-1}b_{n-2}\cdots b_1b_0$ 的位权展开式可以写成

$$\begin{aligned}(b_{n-1}b_{n-2}\cdots b_1b_0)_2&=(b_{n-1}\times 2^{n-1}+b_{n-2}\times 2^{n-2}+\cdots+b_1\times 2+b_0)_{10}\\&=((((b_{n-1}\times 2+b_{n-2})\times 2+\cdots)\times 2+b_1)\times 2+b_0)_{10}\end{aligned}$$

从上式可以看出，将十进制整数 N 除以 2 的余数为 b_0，再将得到的商数除以 2 的余数为 b_1，反复进行直到商数为 0 为止，可以依次得到 b_0、b_1、…、b_n，所以将十进制整数转换为二进制数的方法称为“除 2 取余法”。

【例 1－1】 将十进制整数 173 化为二进制数。

解　十进制整数的转换采用“除 2 取余，逆序排列”的方法。

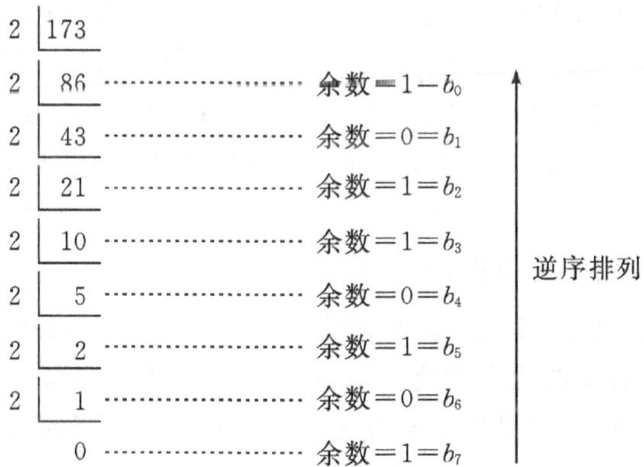

因此，$(173)_{10}=(10101101)_2$。

设十进制小数 $0.M$ 转换为二进制小数的形式为 $0.b_{-1}b_{-2}\cdots b_{-m}$，即

$$(0.M)_{10}=(0.b_{-1}b_{-2}\cdots b_{-m})_2$$

由于二进制小数 $(0.b_{-1}b_{-2}\cdots b_{-m})_2$ 的位权展开式可以写成

$$\begin{aligned}(0.b_{-1}b_{-2}\cdots b_{-m})_2&=(b_{-1}\times 2^{-1}+b_{-2}\times 2^{-2}+\cdots+b_{-m}\times 2^{-m})_{10}\\&=2^{-1}\times(b_{-1}+2^{-1}\times(b_{-2}+\cdots+b_{-m}\times 2^{-m-2}))_{10}\end{aligned}$$

从上式可以看出，将十进制小数 $0.M$ 乘以 2 得到的整数部分即为 b_{-1}，再将剩余的小数

乘以 2 得到的整数部分即为 b_{-2}，反复进行直到乘积的小数部分为 0，或者满足转换精度要求为止，可以依次得到 b_{-1}、b_{-2}、…、b_{-m}，所以将十进制小数转换为二进制数的方法称为“乘 2 取整法”。

【例 1－2】 将十进制小数 0.8125 化为二进制数。

解 十进制小数的转换采用“乘 2 取整，顺序排列”的方法。

$$
\begin{array}{r}
0.8125 \\
\times \quad\quad 2 \\
\hline
1.6250
\end{array}
\quad\cdots\cdots\quad 整数部分=1=b_{-1}
$$

$$
\begin{array}{r}
0.6250 \\
\times \quad\quad 2 \\
\hline
1.2500
\end{array}
\quad\cdots\cdots\quad 整数部分=1=b_{-2}
$$

$$
\begin{array}{r}
0.2500 \\
\times \quad\quad 2 \\
\hline
0.5000
\end{array}
\quad\cdots\cdots\quad 整数部分=0=b_{-3}
$$

$$
\begin{array}{r}
0.5000 \\
\times \quad\quad 2 \\
\hline
1.0000
\end{array}
\quad\cdots\cdots\quad 整数部分=1=b_{-4}
$$

顺序排列（↓）

因此 $(0.8125)_{10}=(0.1101)_2$。

若需要将十进制数 $N.M$ 转换为二进制数，设整数部分 N 应用“除 2 取余”的方法转换为 $b_{n-1}b_{n-2}\cdots b_1b_0$，小数部分 $0.M$ 应用“乘 2 取整”的方法转换为 $0.b_{-1}b_{-2}\cdots b_{-m}$，则

$$(N.M)_{10}=(b_{n-1}b_{n-2}\cdots b_1b_0.b_{-1}b_{-2}\cdots b_{-m})_2$$

例如，十进制数 173.8125 转换为二进制数的结果为 10101101.1101。

十进制数转换为十六进制数的方法与十进制数转换为二进制数的方法类似，即将十进制整数部分应用“除 16 取余”的方法进行转换，将小数部分应用“乘 16 取整”的方法进行转换。

3. 二进制和十六进制的相互转换

二进制数和十六进制数的相互转换比较容易。将二进制数转换为十六进制时，只需要以小数点为界，向左、向右每四位合并为一位十六进制数码对应排列就可以了。相反地，将十六进制数转换为二进制时，也是以小数点为界，把每位十六进制数码重新展开为四位二进制数对应排列即可。例如：

$$(1010\ 0110\ 0010.1011\ 1111\ 0011)_2=(\mathrm{A62.BF3})_{16}$$

$$(\mathrm{7E3.5B4})_{16}=(0111\ 1110\ 0011.0101\ 1011\ 0100)_2$$

综上所述，二进制数、十进制数和十六进制数之间的转换方法如图 1－8 所示。

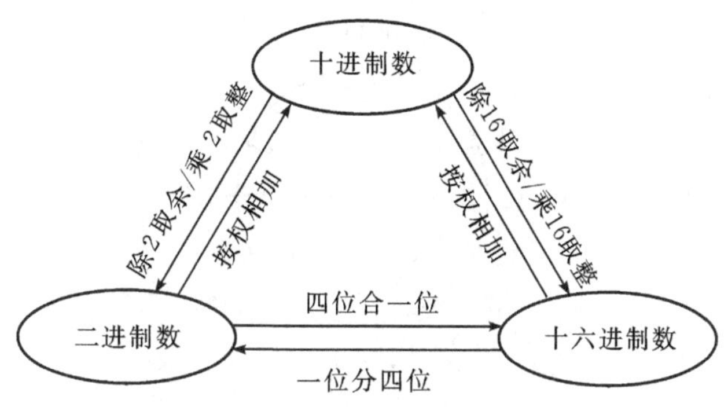

图 1-8　常用进制之间的转换

1.3　补码

应用十进制进行数值运算时，做加法容易，做减法则比较麻烦。因为做减法时，首先需要比较两个数的大小，然后用大数减去小数，最后的运算结果取大数的符号。如果将这种运算方法移植到二进制系统则实现电路很复杂。能不能将加法和减法应用统一的规则进行运算，以方便数字系统实现呢？下面以手表为例进行分析。

假设你早上 7 点起床，发现手表在昨天晚上 11 点停了，这时就需要将手表从 11 点调到 7 点。调表的方法有两种：第一种方法是将表针逆时针回拨 4 格，做减法，即 11－4＝7，如图 1-9 所示；第二种方法是将表针顺时针向前拨 8 格，做加法，即 11＋8＝12＋7，同样可以达到目的。

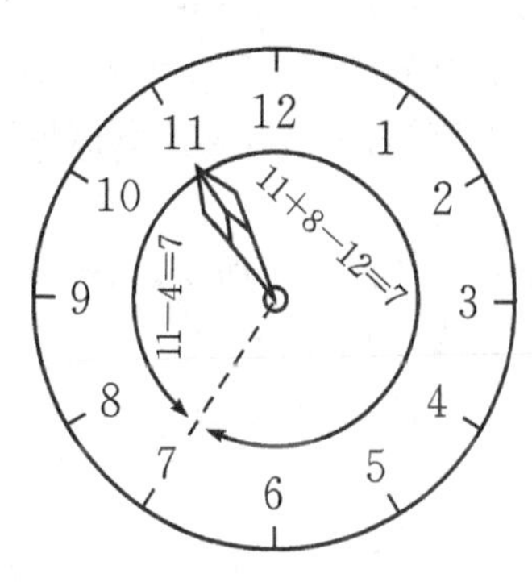

图 1-9　调表

这个例子说明，对于手表来说，做加法和做减法的效果是一样的，也就是说，可以用加法运算来代替减法运算。关键问题是，怎么知道减 4 可以转化为加 8 呢？答案是 4＋8＝12，恰好为表盘的模。因此，对于模 12 来说，称 8 为 4 的补码(complement)。在这里，模(mod)是指计量系统的容量。手表以 12 小时为模进行计时，所以习惯于将 13 点称为(下午)1 点。

这种思维方法可以类推到其他进制。例如，对于模 10 运算，要做 9－4 时可以用 9＋6 代替，在忽略进位的情况下，运算结果是一样的，即 6 为 4 的补码。对于模 100 运算，要做 86－45 时可以用 86＋55 代替，即 55 是 45 的补码。

对于二进制系统也是同样的道理。下面以 4 位二进制系统为例进行说明。

4 位二进制数能够从 0000 计到 1111，计到最大数 1111 时再加 1 则自动返回 0000，因此 4 位二进制系统的模为 16。一般地，n 位二进制系统的模为 2^n。

对于图 1-10 所示的 4 位二进制系统，若要做减法运算 1011－0111(对应十进制 11－7)时，首先应找到 0111 的补码。因为 7＋9＝16，所以 1011－0111 可以用加法运算 1011＋1001(十进制 11＋9)代替，即对于模 16 运算，1001 为 0111 的补码。

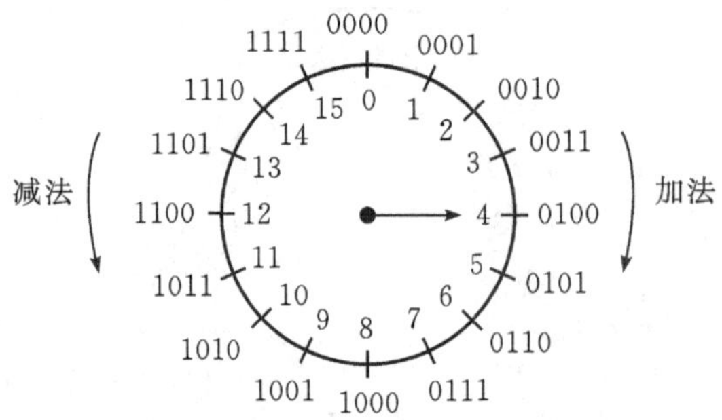

图 1-10 四位二进制系统

经过上述分析可知，应用补码可以将减法运算转化为加法运算。但是，按照上述方法，求减数的补码还需要用模减去原数才能得到。那么，如何避免做减法而求出数的补码呢？下面先介绍数字系统中数值的表示方法。

数字系统中的二进制数分为无符号数和有符号数两种类型。

无符号数(unsigned numbers)不考虑数的正负，每位都是数值位(magnitude bit)，有固定的权值。1.2 节所介绍的数均默认为无符号数。

考虑数值正负的数称为有符号数(signed numbers)，采用“符号位＋数值位”的形式表示，其中符号位(sign bit)为“0”时表示正数，为“1”时表示负数，而数值位表示数值的大小。

有符号数有原码、反码和补码三种表示方式。

对于“符号位＋n 位数值位”构成的 $n+1$ 位有符号二进制数，其原码的形式为：

$$S、b_{n-1}、\cdots、b_0$$

其中：S 为符号位，而 $b_{n-1}、\cdots、b_0$ 表示无符号 n 位二进制数。设数值位 $b_{n-1}、\cdots、b_0$ 等值的十进制数大小用 N 表示。

原码能够表示数的范围为 $-(2^n-1)\sim+(2^n-1)$。例如，8 位有符号二进制数能够表示数的范围为 $-127\sim+127$，其中数“0”有两种表示方式：0,0000000 和 1,0000000，分别表示正 0 和负 0。

原码不能进行数值运算。这是因为，对于 8 位有符号二进制数，+9 的表示形式为 00001001，而 −9 的表示形式为 10001001，而应用原码计算 +9 加 −9 时，$00001001+10001001=10010010\neq0$。

反码又称为对 1 的补码(1′s complement)。用反码表示有符号数时，符号位保持不变，其数值位 N_1 定义为

$$N_1=\begin{cases}N & (N\text{ 为正数时})\\(2^n-1)-N & (N\text{ 为负数时})\end{cases}$$

从反码的定义可以看出：正数的反码与原码相同，而负数的反码是保持符号位不变，将原码的数值位按位取反即可得到反码的数值位(因为 2^n-1 代表无符号 n 位二进制数的最大数值)。对于 8 位有符号二制数，−9 的反码为 11110110。

8 位二进制数反码表示数的范围为 $-127\sim+127$，其中数“0”仍然有两种表示方式：00000000 和 11111111，分别表示正 0 和负 0。

反码同样不能进行数值运算。对于 8 位有符号二制数，+9 的反码形式为 00001001，而

-9 的反码形式为 11110110，而 $00000101+11110110=11111111\neq 0$。

补码又称为对 2 的补码（2′s complement）。用补码表示有符号数时，符号位保持不变，数值位 N_2 定义为

$$N_2=\begin{cases}N & (N\text{ 为正数时})\\ 2^n-N & (N\text{ 为负数时})\end{cases}$$

从补码的定义可以看出：正数的补码与原码相同，而负数的补码是保持符号位不变，数值位在反码数值位的基础上加 1。例如，-5 的补码为 11110111。

8 位二制数补码表示数的范围为 $-128\sim+127$，其中“00000000”表示数“0”，而“10000000”表示 -128。

应用补码可以直接进行数值运算。对于 8 位有符号二制数，$+9$ 的补码形式为 00001001，而 -9 的补码形式为 11110111，而 $00001001+11110111=(1)00000000$，其中进位溢出丢失了，所以在 8 位字长的情况下，运算结果恰好为 0。

根据上述定义可知，二进制正数的原码、反码和补码形式相同。在求负数的补码时，为了避免做减法运算，一般方法是利用补码和反码的关系，先求出负数的反码，然后在数值位上加 1 即可得到补码，即

$$N_2=N_1+1\quad(\text{负数时})$$

表 1-2 为 8 位数码表示的无符号数以及有符号数的原码、反码和补码表示数值大小的对照表。

表 1-2　8 位无符号数和有符号数三种表示方法对照表

8 位数码	表示无符号数	表示有符号数		
		原码	反码	补码
0000 0000	0	+0	+0	+0
0000 0001	1	+1	+1	+1
⋮	⋮	⋮	⋮	⋮
0111 1101	125	+125	+125	+125
0111 1110	126	+126	+126	+126
0111 1111	127	+127	+127	+127
1000 0000	128	−0	−127	−128
1000 0001	129	−1	−126	−127
1000 0010	130	−2	−125	⋮
⋮	⋮	⋮	⋮	⋮
1111 1110	254	−126	−1	−2
1111 1111	255	−127	−0	−1

补码统一了符号位和数值位。应用补码进行运算时，不用区分符号位和数值位，有符号数的加法和减法能够按照统一的规则进行运算，因而能够简化运算电路设计。因此，在计算机系统中，有符号数统一用补码表示和运算。

【例 1-3】 用二进制补码计算 13+10、13−10、−13+10 和 −13−10。

分析 由于 13+10=23，故数值大小至少需要用 5 位二进制数表示。用补码运算时，还需要再加上 1 位符号位，所以至少需要用 6 位有符号二进制数进行运算。

计算过程

+13	0 01101	+13	0 01101
+10	0 01010	−10	1 10110
+23	0 10111	+ 3	(1)0 00011
−13	1 10011	−13	1 10011
+10	0 01010	−10	1 10110
− 3	1 11101	−23	(1)0 00011

在数字系统中，二进制加法是基本运算，应用补码可以将减法运算转化成加法运算，而乘法运算可以用移位相加实现，除法运算可以用减法实现，因此计算机 CPU 中的累加器既能进行加法运算，也可以实现减法、乘法和除法运算，而指数、三角函数等都可以分解为加、减、乘、除运算的组合，因此应用累加器可以实现任意的二进制数值运算。

～～～～～～～～～～～～～～～～～～思考与练习～～～～～～～～～～～～～～～～～～

1-1 用 7 位二进制补码重新计算例 1-3，并比较计算结果。

1-2 用 8 位二进制补码重新计算例 1-3，并比较计算结果。

1-3 分析例 1-3 和上述计算方法，会得到什么结论？

1-4 十进制运算为什么不应用补码，将减法转换为加法运算？

～～～～～～～～～～～～～～～～～～～～～～～～～～～～～～～～～～～～～～

1.4 编码

数码不但可以表示数的大小，还可以用来表示不同的事物。用数码表示不同的事物称为编码（coding）。

编码的应用特别广泛，例如居民身份证号是国家对每个公民的编码，学号是学校对每位学生的编码。类似地，还有运动员的编码、货品的条形码、车牌号和快递取货号等。另外，编码还可用来表示事物不同的状态，例如表示开关的闭合或者断开、灯的亮灭以及事件的真、假等。

数字电路中使用二值数码 0 和 1 对事物进行编码。下面介绍数字系统常用的几种二值编码（digital codes）。

1.4.1 十进制代码

虽然二进制适合于数字系统运算，但人们还是习惯于使用十进制，所以在计算机发展的初期，发明了二-十进制代码，简称十进制代码，用二值数码来编码十进制数。

n 位二值数码共有 2^n 个不同的取值，所以在编码十进制数码 0～9 时，需要用四位二值数码。由于四位二值数码共有 16 种取值，所以从理论上讲，十进制代码的编码方案共有 A_{16}^{10} 种。虽然编码方案非常多，但绝大部分编码没有特点，因此没有应用价值，有应用价值的代码并不多。表 1-3 为几种常用的十进制代码。

表 1-3　常用的十进制代码

十进制数码	编码			
	8421 码	余 3 码	2421 码	5421 码
0	0000	0011	0000	0000
1	0001	0100	0001	0001
2	0010	0101	0010	0010
3	0011	0110	0011	0011
4	0100	0111	0100	0100
5	0101	1000	1011	1000
6	0110	1001	1100	1001
7	0111	1010	1101	1010
8	1000	1011	1110	1011
9	1001	1100	1111	1100
权值	8421	无权	2421	5421

8421 码是用四位二进制数的前 10 组数值分别编码十进制数 0～9。由于四位二进制数从高位到低位的权值依次为 8、4、2、1，所以习惯上将这种编码称为 BCD(Binary Coded Decimal)码。BCD 码的特点是每个代码表示的十进制数，恰好等于代码中为 1 的数码权值之和。

将 8421 码的每个码加 3(0011)就得到了余 3 码(excess - 3 code)。余 3 码每位没有固定的权值，为无权码，在用二进制加法器实现十进制加法方面有些特殊的用途。2421 和 5421 码的权值分别为 2、4、2、1 和 5、4、2、1。

1.4.2　循环码

循环码是弗兰克・格雷于 1940 年提出的，因此又称为格雷码(Gray code)。循环码的特点是任意两个相邻码之间只有一位不同。

四位循环码的构成规律为：最低位按照 01、10 变化，次低位按 0011、1100 循环变化，次高位按 00001111、11110000 循环变化，最高位按 0000000011111111、1111111100000000 循环变化。按上述规律类推可以构成任意位的循环码。

表 1-4 为十进制数与二进制码和循环码的比较表。

表 1-4　四位十进制数与循环码比较表

十进制数	二进制码	循环码	十进制数	二进制码	循环码
0	0000	0000	8	1000	1100
1	0001	0001	9	1001	1101
2	0010	0011	10	1010	1111
3	0011	0010	11	1011	1110
4	0100	0110	12	1100	1010
5	0101	0111	13	1101	1011
6	0110	0101	14	1110	1001
7	0111	0100	15	1111	1000

循环码为可靠性编码，常用于通信和测量系统中。在数字电路中，二进制计数器若按循环码进行计数，由于任意两个相邻状态之间只有一位变化，因为没有竞争，所以自然不会产生竞争-冒险，从而计数的可靠性很高。另外，卡诺图也利用了循环码中两个相邻码只有一位不同的特点表示最小项的相邻关系，以方便化简逻辑函数。

1.4.3 ASCII码

ASCII码为美国信息交换标准代码(American Standard Code for Information Interchange)，由7位二进制代码($b_7b_6b_5b_4b_3b_2b_1$)组成，取值范围为0～127，分别编码128个字母、数字和控制码，如表1-5所示。

由于计算机中数据存储的基本单位为字节(byte)，由8位二进制代码组成，因此用字节存放ASCII码时，只用到低7位，最高位取0，即ASCII码的字节编码为$0b_7b_6b_5b_4b_3b_2b_1$。

表1-5 ASCII码表

$b_4b_3b_2b_1$	$b_7b_6b_5$							
	000	001	010	011	100	101	110	111
0000	NUL	DLE	SP	0	@	P	\`	p
0001	SOH	DC1	!	1	A	Q	a	q
0010	STX	DC2	"	2	B	R	b	r
0011	ETX	DC3	#	3	C	S	c	s
0100	EOT	DC4	$	4	D	T	d	t
0101	ENQ	NAK	%	5	E	U	e	u
0110	ACK	SYN	&	6	F	V	f	v
0111	BEL	ETB	'	7	G	W	g	w
1000	BS	CAN	(	8	H	X	h	x
1001	HT	EM	)	9	I	Y	i	y
1010	LF	SUB	*	:	J	Z	j	z
1011	VT	ESC	+	;	K	[	k	{
1100	FF	FS	,	<	L	\	l	|
1101	CR	GS	-	=	M	]	m	}
1110	SO	RS	.	>	N	^	n	~
1111	SI	US	/	?	O	_	o	DEL

ASCII码没有定义字节取值为128～255($1b_7b_6b_5b_4b_3b_2b_1$)时的编码字符，为了能够表示更多字符，许多厂商制定了自己的ASCII码扩展规范。这些规范统称为扩展ASCII码(extended ASCII)。

为促进汉字在计算机系统中的应用，我国也用扩展ASCII码来编码汉字和图形字符。1980年，国家标准总局发布了《信息交换用汉字编码字符集》(GB2312—1980)，共收录了6763个汉字(其中一级汉字3755个，二级汉字3008个)和682个图形字符，所收录的汉字覆盖了中国大陆地区汉字 99.75%的使用频率，能满足计算机汉字处理的需要。

GB2312—1980 将字符集分为 94 个区，每区有 94 个位，因此通常将这种编码称为区位码。每个汉字或图形字符的区位码用两个扩展 ASCII 码来表示。第一个字节称为区字节（高位字节），使用扩展 ASCII 码 0xA1～0xF7（区号 01～87 加 0xA0）；第二个字节称为位字节（低位字节），使用扩展 ASCII 码 0xA1～0xFE（位号 01～94 加 0xA0）。一级汉字从 16 区起始，汉字区字节的范围是 0xB0～0xF7，位字节的范围是 0xA1～0xFE，占用的码位数为 72×94＝6768，其中 5 个空区位码是 D7FA～D7FE。例如，GB2312 中第一个汉字“啊”的区位码是 1601，内部编码为 0xB0A1。

思考与练习

1-5 在我们的日常生活中，还有哪些编码的例子？举例说明。

1-6 分析我国居民身份证编码的构成方式。

1-7 分析你所在学校学生学号编码的构成方式。

本章小结

本章简要介绍了数字电路的概念、数制、补码以及编码四部分内容。

数字信号是指在时间和幅度上都离散的信号。应用数字信号的方法处理事物之间的逻辑关系、或者进行数值运算以及实现信号处理的电子电路称为数字电路。数字电子技术是研究数字电路基本原理与应用的工程基础课。

数制是记数所采用的体制，有二进制、十进制和十六进制等多种方法。数字系统中使用二进制，这与数字电路的实现方法有关。将数值输入数字系统处理时，需要将我们熟悉的十进制转成二进制，数字系统处理完成后，有时还需要将二进制再转换为十进制输出。这些基础性的转换工作现在由计算机自动完成，我们只需要熟悉其方法和思路。

当二进制的数位很多时，书写和识别都很麻烦，通常转换为十六进制表示。

补码广泛应用于数值运算。应用补码，可以将减法运算转化为加法，而乘法可通过累加实现，除法可通过减法实现。所以，应用加法电路就可以实现加、减、乘、除运算。

用数值表示特定的信息称为编码。编码已经应用于我们生活的各个方面，如身份证号、学号和手机号等。BCD 码是用二进制编码的十进制数，有 8421 码、余 3 码、2421 码和 5421 码等多种编码方式，其中 8421 码是用四位二进制数的前 10 组分别编码十进制数 0～9。由于 8421 码最为常用，因此通常成为 BCD 码的代名词。

习 题

1.1 将下列二进制数转换为十进制数。

(1)$(11001011)_2$ (2)$(0.0011)_2$ (3)$(101010.101)_2$

1.2 将下列十进制数转换为二进制数，要求转换误差小于 2^{-6}。

(1)$(145)_{10}$ (2)$(0.697)_{10}$ (3)$(27.25)_{10}$

1.3 将下列二进制数转换为十六进制数。

(1)$(1101011011)_2$ (2)$(0.1110011101)_2$ (3)$(100001.001)_2$

1.4 将下列十六进制数转换为二进制数和十进制数。

(1)$(26E)_{16}$ (2)$(4FD.C3)_{16}$ (3)$(79B.5A)_{16}$

1.5 将下列十进制数用8421码表示。

(1)$(54)_{10}$ (2)$(87.15)_{10}$ (3)$(239.03)_{10}$

1.6 写出下列二进制数的原码、反码和补码。

(1)$(+1101)_2$ (2)$(+001101)_2$ (3)$(-1101)_2$ (4)$(-001101)_2$

1.7 写出下列有符号二进制数的反码和补码。

(1)$(0,11011)_2$ (2)$(0,01010)_2$ (3)$(1,11011)_2$ (4)$(1,01010)_2$

1.8 用8位二进制补码表示下列十进制数。

(1)+15 (2)+127 (3)−11 (4)−121

1.9 用补码计算下列各式。

(1)25+13 (2)25−13 (3)−25+13 (4)−25−13

第 2 章　逻辑代数

事物因果之间所遵循的规律称为逻辑(logic)。日出而作,日落而息,是对古人的生活习性与自然运转规律之间因果关系的描述。

对于图 2-1 所示的串联开关电路,灯 Y 的状态由开关 S 控制。开关 S 闭合则灯亮,断开则灯灭,所以开关的状态是因,灯的亮、灭是果,构成了最简单的逻辑关系。

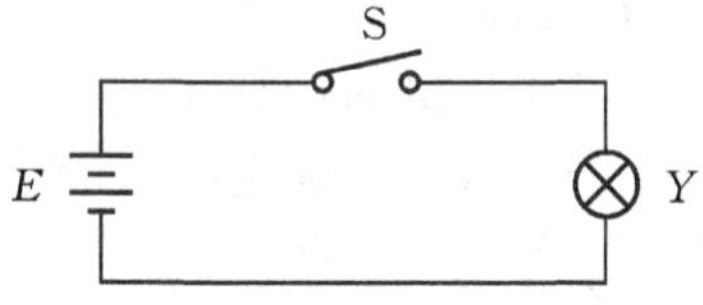

图 2-1　串联开关电路

描述逻辑关系的数学称为逻辑代数(logic algebra)。逻辑代数是英国数学家乔治·布尔(George Boolean)于 19 世纪创立的,所以逻辑代数也称为布尔代数(Boolean algebra)。到了 20 世纪初,美国人香农(Claude E. Shannon)在开关电路中找到了逻辑代数的用途,并且很快成为数字系统分析与设计的理论工具。

2.1　逻辑运算

在逻辑代数中,将事物之间最基本的逻辑关系定义为与、或、非三种,其他逻辑关系都可以看作是三种基本逻辑关系的组合。

2.1.1　与逻辑

假设决定某一个事件共有 $n(n\geqslant 2)$ 个条件,只有当所有条件都满足时,事件才会发生,这种因果关系称为与逻辑(AND logic),或者称为与运算。

将图 2-1 中的开关 S 扩展为两个开关 A、B 串联,如图 2-2(a)所示。根据电路的知识可知,只有当开关 A 和 B 同时闭合时才能构成回路,灯才会亮。所以,决定灯亮有两个条件:一是开关 A 闭合,二是开关 B 闭合,而且开关的状态与灯的状态之间的因果构成了与逻辑关系。

为了便于用数学方法描述逻辑关系,需要对开关和灯的状态进行编码。

假设用 $A=0/1$ 分别表示开关 A 断开/闭合;

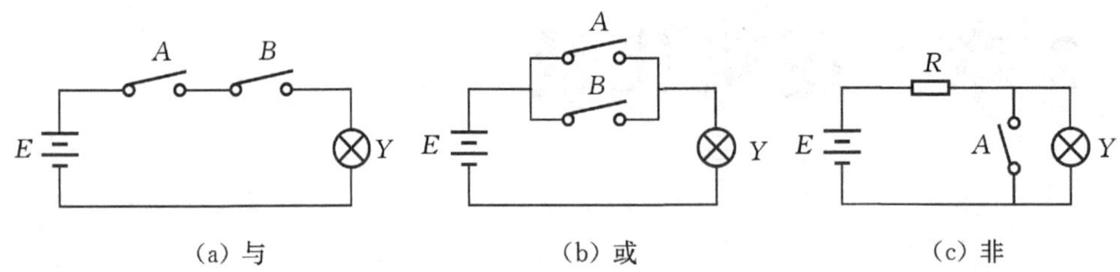

图 2-2 基本逻辑关系电路原理图

用 $B=0/1$ 分别表示开关 B 断开/闭合；

用 $Y=0/1$ 分别表示灯的灭/亮。

在上述约定下，开关 A、B 的状态和灯 Y 亮、灭之间的逻辑关系可以用表 2-1 所示的真值表(truth table)表示。

表 2-1 与逻辑真值表

A	B	Y
0	0	0
0	1	0
1	0	0
1	1	1

从真值表可以看出，只有 A、B 全部为 1 时，与逻辑的结果 Y 才为 1，否则为 0。由于与逻辑的运算规律和代数中乘法的运算规律相同，因此，与逻辑也称为逻辑乘法，其逻辑表达式记为

$$Y=A\cdot B$$

通常简写为 $Y=AB$。

若将图 2-1 中的开关 S 扩展为三个开关 A、B、C 串联，则构成了三变量与逻辑关系 $Y=ABC$。同理，若将开关 S 扩展为四个开关 A、B、C、D 串联，则构成了四变量与逻辑关系 $Y=ABCD$，依此类推。

在现实生活中，与逻辑关系的例子很多。例如，飞机的机头和两翼下共有三组起落架，只有三组起落架都正常放下时，飞机才具有安全着陆的基本条件。又如，许多居民小区配有单元门门禁系统，因此要能自由地出入家门，不但要有家门钥匙，而且还要有门禁卡。

2.1.2 或逻辑

假设决定某一个事件共有 $n(n\geqslant 2)$ 个条件，至少有一个条件满足时，事件就会发生，这种因果关系称为或逻辑(OR logic)，也称为或运算。

将图 2-1 中的开关 S 扩展为两个开关 A、B 并联，如图 2-2(b)所示。根据电路的知识可知，当开关 A 和 B 至少有一个闭合时就能构成回路，灯就会亮。所以，决定灯亮有两个条件：一是开关 A 闭合，二是开关 B 闭合，而且开关的状态与灯的状态之间的因果构成了或逻辑关系。

表 2-2 或逻辑真值表

A	B	Y
0	0	0
0	1	1
1	0	1
1	1	1

在和"与逻辑"关系同样的约定下，或逻辑反映开关状态和灯亮、灭之间因果关系的真值表如表 2-2 所示。从真值表可以看出，A、B 至少有一个为 1 时，或逻辑的运算结果 Y 为 1，否则为 0。由于或逻辑的运算规律和代数中加法的运算规律类似，所以将或逻辑也称为逻辑加法，其逻辑表达式记为

$$Y=A+B$$

在或逻辑关系中：1+1=1，反映事物之间的因果关系。"1+1=1"说明决定某一个事件共有两个条件，条件都满足，结果自然会发生。这和代数运算不同！在代数运算中，"1+1=2"反映事物在数量上的关系。

将图2-1中的开关S扩展为三个开关A、B、C并联，则构成了三变量或逻辑关系$Y=A+B+C$。将开关S扩展为四个开关A、B、C、D并联，则构成了四变量或逻辑关系$Y=A+B+C+D$，依此类推。

在现实生活中，或逻辑关系的例子同样很多。例如，当飞机的三组起落架中只要有一组不能正常放下，飞机就不具有安全着陆的基本条件。又如，教室通常有前、后两个门，只要有一个门开着时，我们就能出入教室。

2.1.3　非逻辑

决定某一事件只有一个条件，当条件满足时事件不发生，当条件不满足时事件则会发生，这种因果关系称为非逻辑(NOT logic)，或称为逻辑反。

如果将图2-1中的开关和灯由串联关系改为并联关系，如图2-2(c)所示，则根据电路的知识可知，当开关A闭合时灯就短路了，因此灯不亮；当开关A断开时灯与电源E构成了回路，因此灯亮。所以，决定灯亮只有一个条件：开关A闭合，并且开关闭合与灯亮之间构成了相反的逻辑关系。

假设用$A=0$表示开关A断开，$A=1$表示开关A闭合；用$Y=0$表示灯不亮，$Y=1$表示灯亮。

在上述约定下，非逻辑关系的真值表如表2-3所示，其逻辑表达式记为

$$Y=A' \quad 或 \quad Y=\overline{A}$$

读为"Y等于A非"或者"Y等于A反"。

表2-3　非逻辑真值表

A	Y
0	1
1	0

非逻辑代表一种非此即彼的关系，如同古罗马的角斗士一样，一方的生存是以另一方的死亡为条件的。

目前，国际流行的分别表示两变量与逻辑和两变量或逻辑，以及非逻辑关系的逻辑符号(ANSI/IEEE std.91—1984标准)如图2-3所示。相应地，在数字电路中，用来实现与逻辑、或逻辑和非逻辑关系的单元电路分别称为与门(AND gate)、或门(OR gate)和非门(NOT gate)。

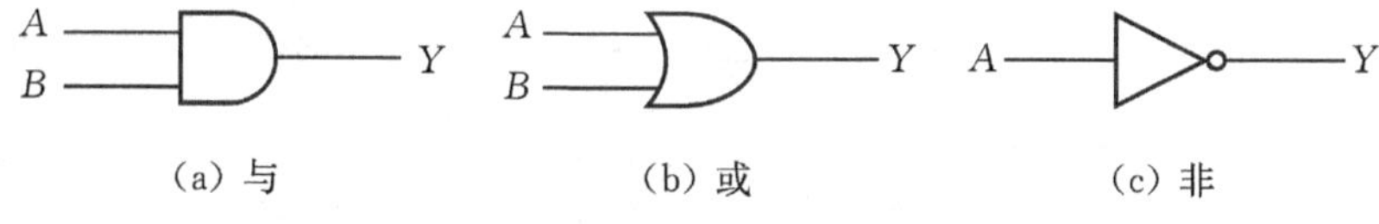

(a) 与　(b) 或　(c) 非

图2-3　三种基本逻辑符号

在电子系统中，基本逻辑关系有许多典型的应用。例如，对于图2-4(a)所示的两输入与门应用电路，当输入端B接周期变化的数字序列、A接开关时，只有当A为1时数字序列才能通过与门到达输出端Y，如图2-4所示，因此与门有"控制"作用，当A为1时与门打

开,A 为 0 时与门关闭。

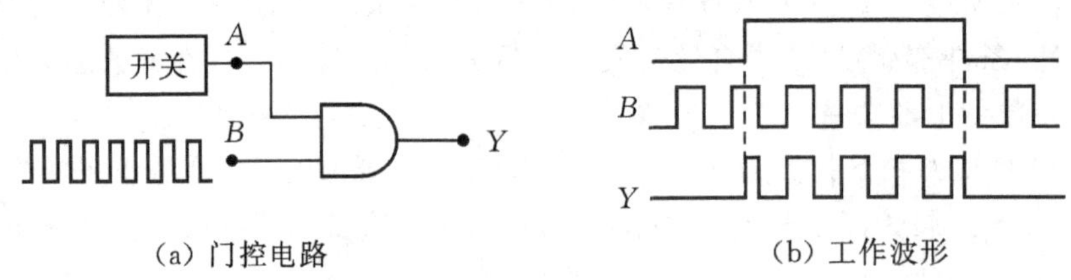

(a) 门控电路　　　(b) 工作波形

图 2-4　与逻辑的门控作用

对于图 2-5 所示的化学工艺流程监测电路,当温度传感器检测到的温度值 V_T 超过了预设的温度阈值 V_{TR},或者压力传感器检测到的压力值 V_P 超过了预设的压力阈值 V_{PR} 时,两个比较器的输出 T_H 和 P_H 至少有一个为 1,通过或门电路驱动报警器发出报警信号,提醒工作人员设备状态异常。

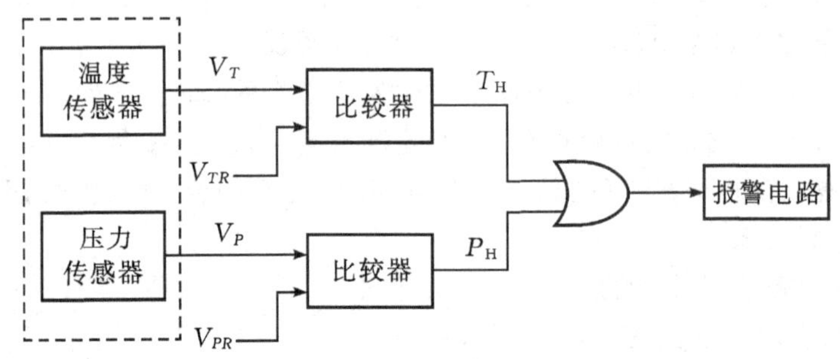

图 2-5　或逻辑的应用

对于图 2-6 所示的开关电路,当开关 S 未按下时,电源 V_{CC} 通过电阻 R_2 和 R_1 对电容 C 进行充电使得非门的输入为 1,因此非门的输出为 0;当开关 S 按下时,电容 C 通过 R_1 和开关 S 到地进行放电,使得非门的输入为 0,因此非门的输出为 1,所以非门的输出为 0 时表示"开关未按下",而为 1 则表示开关处于"按下"状态。

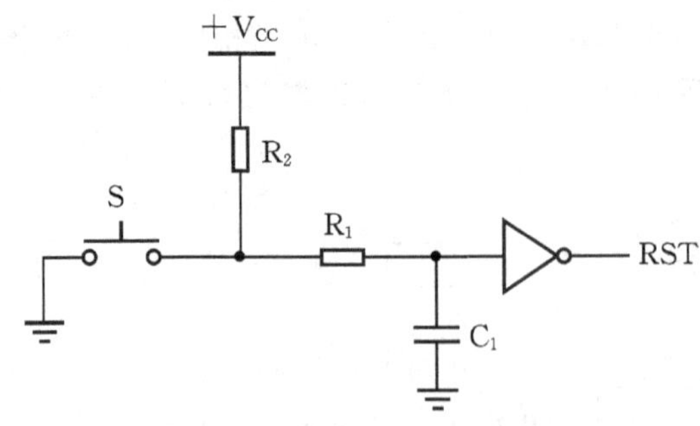

图 2-6　开关电路

思考与练习

2-1　对图 2-1 电路中的开关和灯进行状态编码,写出灯与开关状态之间的关系式。

2-2　若将图 2-4(a)中的与门换成或门，分析或门是否有门控作用？有什么不同点？

2-3　与非门和或非门有没有控制作用？试分析说明。

～～～

2.1.4　两种复合逻辑

将与逻辑、或逻辑分别和非逻辑进行组合，则会派生出两种复合逻辑：与非逻辑和或非逻辑。

与非逻辑(NAND logic)先做与运算，再将运算结果取反，真值表如表 2-4 所示，其逻辑表达式记为：$Y=(AB)'$。

或非逻辑(NOR logic)先做或运算，再将运算结果取反，真值表如表 2-5 所示，其逻辑表达式记为：$Y=(A+B)'$。

表 2-4　与非逻辑真值表

A	B	Y
0	0	1
0	1	1
1	0	1
1	1	0

表 2-5　或非逻辑真值表

A	B	Y
0	0	1
0	1	0
1	0	0
1	1	0

两变量与非逻辑、两变量或非逻辑的符号分别如图 2-7(a)和 2-7(b)所示，其中符号中的“∘”表示取“非”。在数字电路中，用来实现与非逻辑和或非逻辑关系的单元电路分别称为与非门(NAND gate)和或非门(NOR gate)。

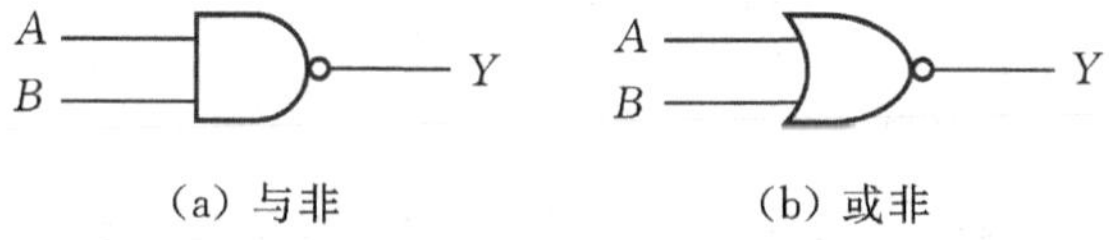

图 2-7　复合逻辑运算符号

若将与逻辑和或非逻辑进行组合则可以派生出与或非逻辑，例如 $Y=(A+BC)'$、$Y=(AB+C)'$和 $Y=(AB+CD)'$等。由于与或非逻辑有多种形式，因此 ANSI/IEEE std. 91—1984 标准中没有定义专用的与或非逻辑符号，$Y=(AB+CD)'$则按图 2-8 所示的逻辑电路实现。

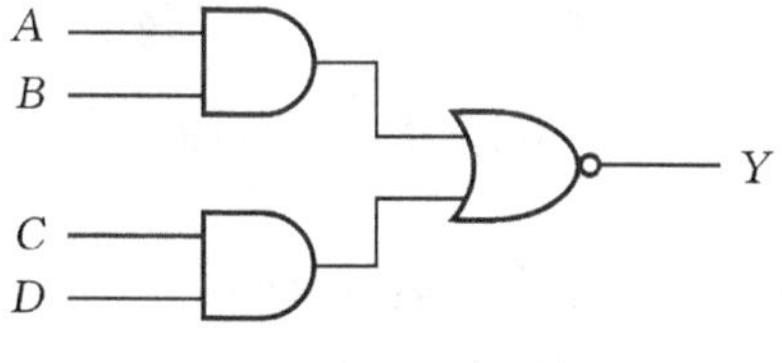

图 2-8　与或非逻辑

在电子系统设计中，与非门和或非门都有着许多基本的应用。例如，应用与非门可以实现与、或、非和或非逻辑关系，应用或非门则可以实现与、或、非和与非逻辑关系。具体实现方法留给读者思考。

2.1.5 两种特殊逻辑

除了三种基本逻辑运算和两种复合逻辑运算外，逻辑代数中还定义了异或和同或两种特殊的逻辑关系。

用两个开关控制一个灯的应用电路如图 2-9 所示，其中开关 A、B 均为单刀双掷(single pole double throw，SPDT)开关。若定义开关扳上为 1、扳下为 0，灯亮为 1、灯灭为 0，则图 2-9(a)所示电路的真值表如表 2-6 所示。由真值表可以看出，当 A、B 取值相同时 Y 为 0、不同时 Y 为 1，这种逻辑关系定义为异或逻辑(exclusive-OR logic，XOR)，逻辑表达式记为 $Y=A\oplus B$，符号如图 2-10(a)所示。相应地，用来实现异或逻辑关系的单元电路称为异或门(XOR gate)。

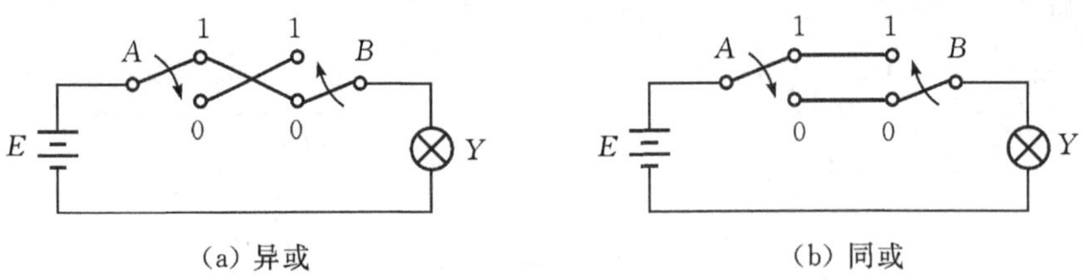

(a) 异或 (b) 同或

图 2-9 异或与同或电路原理图

表 2-6 异或逻辑真值表

A	B	Y
0	0	0
0	1	1
1	0	1
1	1	0

表 2-7 同或逻辑真值表

A	B	Y
0	0	1
0	1	0
1	0	0
1	1	1

对于图 2-9(b)所示电路，在同样的约定下，电路的真值表如表 2-7 所示。从真值表可以看出，A、B 取值相同时 Y 为 1、不同时 Y 为 0，这种逻辑关系定义为同或逻辑(exclusive-NOR logic，XNOR)，逻辑表达式记为 $Y=A\odot B$，符号如图 2-10(b)所示。相应地，用来实现同或逻辑的单元电路称为同或门(XNOR gate)。

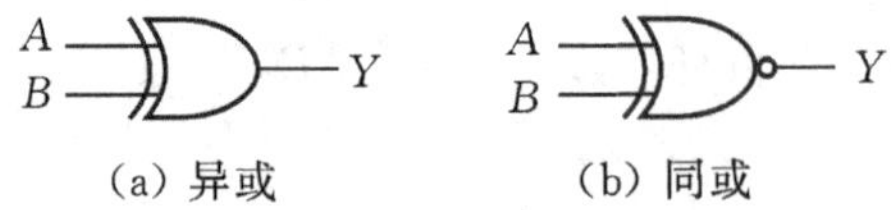

(a) 异或 (b) 同或

图 2-10 异或与同或逻辑符号

从真值表可以看出：同或与异或互为非运算，即：

$$A\oplus B=(A\odot B)'$$

$$A\odot B=(A\oplus B)'$$

因此，通常称同或逻辑为异或非运算。

异或和同或同为两变量逻辑函数。在现代家居设计中，经常用里、外两个开关接成图 2-9所示的异或电路或者同或电路控制房间里的灯，这样就可以从房间里或者房间外控制灯的亮灭。

综上所述，逻辑代数共定义了七种逻辑运算，三种基本逻辑运算（与、或、非），两种复合逻辑运算（与非和或非）以及两种特殊逻辑运算（异或和同或）。

～～～～～～～～～～～～～～～～～～思考与练习～～～～～～～～～～～～～～～～～～

2－4 画出应用与非门分别实现与、或、非和或非逻辑关系的逻辑图。

2－5 画出应用或非门分别实现与、或、非和与非逻辑关系的逻辑图。

2－6 异或门和同异门有没有控制作用？试分析说明。

～～～～～～～～～～～～～～～～～～～～～～～～～～～～～～～～～～～～～～～

2.2 逻辑代数中的公式

逻辑代数中的公式可分为基本公式和常用公式两大类。基本公式反映逻辑代数中存在的一些基本规律，常用公式是从基本公式推导出来的实用公式。

2.2.1 基本公式

逻辑代数中的基本公式反映了逻辑常量与常量、常量与变量，以及变量与变量之间的基本运算规律。下面进行分类说明。

1. 常量与常量的运算关系

$$0+0=0, 0+1=1; 0 \cdot 0=0, 0 \cdot 1=0; 0'=1$$
$$1+0=1, 1+1=1; 1 \cdot 0=0, 1 \cdot 1=1; 1'=0$$

反映了逻辑常量 0 和 1 之间的运算关系。

需要注意的是，逻辑代数中的 0 和 1 为编码，表示事物两种相互对立的物理状态或者逻辑状态，没有数值大小的区别。

2. 常量与变量的运算关系

0 律：$0+A=A, 0 \cdot A=0$

1 律：$1+A=1, 1 \cdot A=A$

“0 律”反映了逻辑常量 0 和逻辑变量之间的运算关系，“1 律”反映了逻辑常量 1 和逻辑变量之间的运算关系。

3. 变量与变量的运算关系

（1）重叠律

$$A+A=A, A \cdot A=A$$

重叠律反映了逻辑变量与其自身之间的运算关系。

需要注意的是，$A \cdot A=A^2$、$A+A=2A$ 是代数运算，不要和逻辑运算混淆了。

（2）互补律

$$A+A'=1, A \cdot A'=0$$

互补律反映了逻辑变量与其反变量之间的运算关系。

（3）交换律

$$A+B=B+A, A \cdot B=B \cdot A$$

和普通代数规律相同。

(4)结合律

$$A+(B+C)=(A+B)+C, A\cdot(B\cdot C)=(A\cdot B)\cdot C$$

和普通代数规律相同。

(5)分配律

$$A(B+C)=AB+AC, A+BC=(A+B)(A+C)$$

其中 $A(B+C)=AB+AC$ 称为乘对加的分配律，和普通代数规律相同；$A+BC=(A+B)(A+C)$ 称为加对乘的分配律，是逻辑代数中特有的。

【例 2-1】 证明加对乘分配律 $A+BC=(A+B)(A+C)$ 的正确性。

证明 逻辑变量 A、B、C 共有 8 种取值组合，分别列出逻辑式 $A+BC$ 和 $(A+B)(A+C)$ 的真值表，如表 2-8 所示。

表 2-8 例 2-1 真值表

A B C	A+BC	(A+B)(A+C)
0 0 0	0	0
0 0 1	0	0
0 1 0	0	0
0 1 1	1	1
1 0 0	1	1
1 0 1	1	1
1 1 0	1	1
1 1 1	1	1

由于在 A、B、C 的所有取值下，逻辑式 $A+BC$ 和 $(A+B)(A+C)$ 的值均相同，因此 $A+BC$ 和 $(A+B)(A+C)$ 相等。

需要强调的是，当变量数比较多时，将真值表中逻辑变量的取值按二进制数的自然顺序书写是一种良好的习惯。

(6)还原律

$$A''=A$$

还原律说明，将一个逻辑变量两次取反后还原为其本身。

(7)德・摩根定理

逻辑代数中两个重要的公式是英国数学家德・摩根提出的，因此称为德・摩根定理(De Morgan's laws，简称摩根定理)，反映了逻辑乘法(与)与逻辑加法(或)的内在联系和转化关系，在逻辑函数形式变换中有着广泛的应用。

两变量摩根定理的公式为：

$$(AB)'=A'+B', (A+B)'=A'B'$$

从摩根定理可以看到，与非逻辑与非或逻辑(先非再或)等效，或非逻辑与非与逻辑(先非再与)等效。

【例 2-2】 证明两变量摩根定理。

证明 变量 A、B 共有四种取值组合：00、01、10、11，列出逻辑式 $(AB)'$ 和 $A'+B'$ 的真值

表，如表 2－9 所示。

表 2－9　例 2－2 真值表

A B	$(AB)'$	$A'+B'$
0 0	1	1
0 1	1	1
1 0	1	1
1 1	0	0

由真值表可以看出，在变量 A、B 的所有取值下，逻辑式 $(AB)'$ 和 $A'+B'$ 的值均相同，因此 $(AB)'$ 和 $A'+B'$ 相等。同理可证 $(A+B)'$ 和 $A'B'$ 相等。

2.2.2　常用公式

常用公式是从基本公式推导出来的，用于化简逻辑函数的实用公式，包括吸收公式、消因子公式、并项公式和消项公式等。

1. 吸收公式

$$A+AB=A$$

证明　$A+AB=A\cdot 1+AB=A(1+B)=A\cdot 1=A$

吸收公式说明两个乘积项相加的时候，如果某一个乘积项中的部分因子恰好等于另外一个乘积项，那么该乘积项是多余的，直接被吸收掉了。

需要说明的是，在逻辑代数中，乘积项即与项，乘积项的任何部分称为该乘积项的因子。单个变量可以理解为最简单的乘积项。

2. 消因子公式

$$A+A'B-A+B$$

证明　$A+A'B=(A+A')(A+B)=A+B$

消因子公式说明两个乘积项相加的时候，如果某一个乘积项中的部分因子恰好是另外一个乘积项的非，那么该乘积项中的这部分因子是多余的，可以直接消掉。

3. 并项公式

$$AB+AB'=A$$

证明　$AB+AB'=A(B+B')=A$

并项公式说明两个乘积项相加的时候，除了公有因子之外，如果剩余的因子恰好互补，那么两个乘积项可以合并成由公有因子所组成的乘积项。

4. 消项公式

$$AB+A'C+BC=AB+A'C$$

证明　$AB+A'C+BC=AB+A'C+(A+A')BC$

$=AB+A'C+ABC+A'BC$

$=(AB+ABC)+(A'C+A'BC)$

$=AB+A'C$

消项公式说明三个乘积项相加的时候，如果两个乘积项中的部分因子恰好互补，剩余的因子都是第三项中的因子，那么第三项是多余的，可以直接消掉。

根据消项公式的证明过程可知，下面的扩展公式也是正确的：

$$AB+A'C+BCDEF\cdots=AB+A'C$$

实用公式还有其他形式，如 $A(AB)'=AB'$、$A'(AB)'=A'$等。由于我们习惯于使用与或式，所以这些公式并不常用，这些公式都可以由基本公式推导出，因此不再赘述。

2.2.3* 异或逻辑的应用

从算术运算的角度讲，异或运算能够实现两个 1 位二进制数相加，所以异或逻辑也称为“模 2 和”运算。

为了加深对异或逻辑的理解，下面介绍一些常用的异或运算公式和定理。

与常量的关系：$A\oplus 0=A$，$A\oplus 1=A'$

交换律：$A\oplus B=B\oplus A$

结合律：$A\oplus(B\oplus C)=(A\oplus B)\oplus C$

分配律：$A(B\oplus C)=(AB)\oplus(AC)$

定理：如果 $A\oplus B=C$，那么 $A\oplus C=B$，$B\oplus C=A$

在数字电路中，用来实现异或逻辑关系的单元电路称为异或门。异或门在数字系统中有着许多特殊的应用。

1. 应用异或门控制数据的极性

利用异或逻辑中常量与变量之间的运算关系可以控制数据极性。例如，应用异或门将五位二进制原码 S，$D_3D_2D_1D_0$ 转换为反码的逻辑电路，如图 2-11 所示。当符号位 $S=0$ 时，$Y_3Y_2Y_1Y_0=D_3D_2D_1D_0$，当符号位 $S=1$ 时，$Y_3Y_2Y_1Y_0=D'_3D'_2D'_1D'_0$。

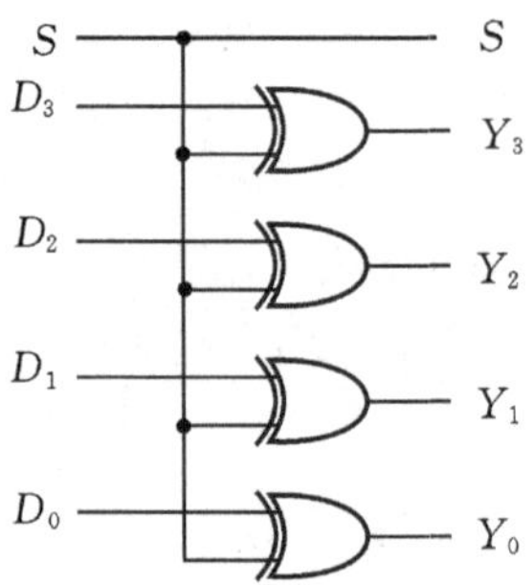

图 2-11　五位二进制原码转换为反码

2. 应用异或门实现序列相差检测

在异或逻辑中，由于 $0\oplus 0=0$、$1\oplus 1=0$，因此，将两个同频同相的数字序列 A 和 B 加上异或门的输入端时，其输出 Y 恒为 0。但是，当两个数字序列同频而不同相时，则异或门将会输出周期性的序列信号，如图 2-12 所示。通过测量和计算输出信号 $Y=1$ 的持续时间与序列周期的比值，就可以计算出两个序列之间的相位差。

另外，应用异或逻辑还可以实现奇偶校验和二进制码与格雷码的相互转换，这部分内容将在 2.6 节和第 4 章组合逻辑电路中讲述。

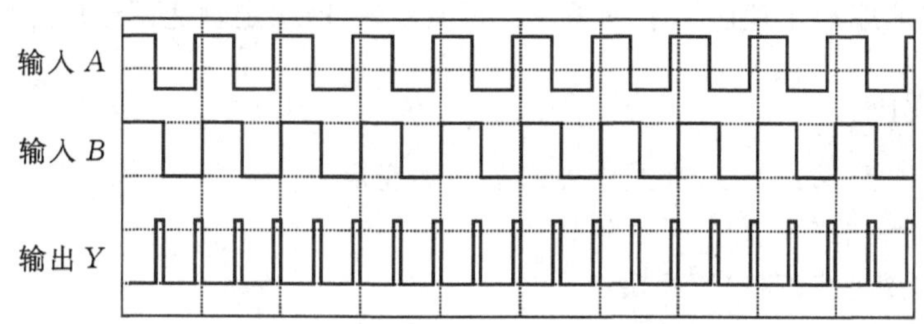

图 2-12　应用异或逻辑实现相差检测

～～～～～～～～～～～～～～～～～～～～**思考与练习**～～～～～～～～～～～～～～～～～～～～

2-7　能否由 $A+A'=1$ 推出 $A'=1-A$？试说明理由。

2-8　能否从消项公式 $AB+A'C+BC=AB+A'C$ 两边同时约掉 AB 和 $A'C$ 推出 $BC=0$？试说明理由。

～～

2.3　三种规则

逻辑代数中有三种基本规则：代入规则、反演规则和对偶规则。它们与基本公式和常用公式一起构成了完整的逻辑代数系统，用于二值逻辑的描述与变换。

2.3.1　代入规则

代入规则(substitution rule)是指对于任何一个包含变量 X 的逻辑等式，若将式中所有的 X 用另外一个逻辑式替换，那么等式仍然成立。即已知

$$F(X,B,C,\cdots)=G(X,B,C,\cdots)$$

若将 X 用 $H(A,B,C,D,\cdots)$ 替换，则

$$F(H(A,B,C,D,\cdots),B,C,\cdots)=G(H(A,B,C,D,\cdots),B,C,\cdots)$$

由于逻辑代数中变量的定义域和逻辑式的值域范围完全相同，所以代入规则对代入逻辑式的形式和复杂程度没有任何限制。

【例 2-3】　证明摩根定理适用于任意变量。

证明　逻辑代数的基本公式中只列出了二变量摩根定理

$$(AB)'=A'+B',(A+B)'=A'B'$$

根据代入规则，将公式 $(AB)'=A'+B'$ 中 B 替换为 BC，即：

$$(ABC)'=A'+(BC)'$$

再应用摩根定理 $(BC)'=B'+C'$，代入整理得：

$$(ABC)'=A'+B'+C'$$

同理，对于公式 $(A+B)'=A'B'$，将式中的 B 替换为 $B+C$，得

$$(A+B+C)'=A'(B+C)'$$

再应用摩根定理 $(B+C)'=B'C'$，代入整理得：

$$(A+B+C)'=A'B'C'$$

上述公式说明摩根定理适用于三变量。同理可证,摩根定理适用于任意变量。

2.3.2 反演规则

对于任意一个逻辑式 Y,若在式中做以下三类变换:

(1)将式中所有的"·"和"+"互换;

(2)将所有的常量"0"和"1"互换;

(3)将原变量和反变量互换,即 A 换成 A'、A' 换成 A。

则变换完成后得到的新逻辑式为原逻辑式的非,这就是反演规则(complementary theorem)。

反演规则为求逻辑函数的反函数提供了一条途径。在应用反演规则时,需要注意以下两点:

(1)注意运算的优先顺序。和普通代数一样,应该先处理"括号",再处理"乘",最后处理"加",并且乘积项处理完成后应视为一个整体。

(2)不属于单个变量上的非号保留不变。例如,逻辑式 $(AB)'$ 上的非号既不单独属于变量 A,也不单独属于变量 B,而是属于"AB"整体,因此变换时应保留不变。

【例 2-4】 求逻辑函数 $Y=(AB+C)D+E$ 的反函数。

解 根据反演规则,先处理括号,再处理乘法,最后处理加法,得

$$Y'=((A'+B')C'+D')E'$$

【例 2-5】 求逻辑函数 $Y=((AB)'+C'D)'E+AB'CD'$ 的反函数。

解 根据反演规则,在注意运算优先次序的同时,还需要注意不属于单个变量的反号应该保留不变,得

$$Y'=(((A'+B')'(C+D'))'+E')(A'+B+C'+D)$$

2.3.3 对偶规则

在介绍对偶规则之前,首先定义对偶式。

对于任意逻辑式 Y,若在式中做以下两类变换:

(1)将式中所有的"·"和"+"互换;

(2)将所有的常量"0"和"1"互换。

变换完成后将得到一个新的逻辑式,定义为原来逻辑式的对偶式,记为 Y^D。

对偶规则(duality rule)是指,对于两个逻辑式 Y_1 和 Y_2,若 $Y_1=Y_2$,则 $Y_1^D=Y_2^D$。

逻辑代数为自对偶的代数系统。例如,对于 0 律

$$0+A=A,0\cdot A=0$$

两边同时取对偶:

$$1\cdot A=A,1+A=1$$

即可得到 1 律。同理,1 律取对偶可得到 0 律。

再如,对于乘对加的分配律

$$A(B+C)=AB+AC$$

两边同时取对偶:

$$A+BC=(A+B)(A+C)$$

即可得到加对乘的分配律。同样，由加对乘的分配律取对偶可以得到乘对加的分配律。因此，逻辑代数是自对偶的定理系统。

2.4　逻辑函数的表示方法

对于任意一个逻辑式 Y，当逻辑变量的取值确定之后，运算结果便随之确定，因此运算结果与逻辑变量取值之间是一种函数关系，称为逻辑函数。

在逻辑代数中，习惯用单个大写英文字母 A、B、C、…表示逻辑变量，用 Y 或 Z 等字母表示运算结果，因此，逻辑函数一般表示为

$$Y=F(A,B,C,\cdots)$$

其中 F 表示一种映射关系。

逻辑函数有多种表示形式，既可以用真值表和函数表达式表示，也可以用逻辑图、波形图或者卡诺图表示。

下面结合具体的示例进行说明。

【例 2-6】 三个人为了某一事件进行表决，约定多数人同意则事件通过，否则事件被否决。设计三人表决逻辑电路。

分析　对于这个逻辑问题，三个人的意见决定事件的结果，因此三个人的意见是因，事件是否通过为果。

若用变量 A、B、C 表示三个人的意见，用 Y 表示事件的结果，则该问题的逻辑函数式可记为

$$Y=F(A,B,C)$$

2.4.1　真值表

真值表能够详尽地反映逻辑结果与变量取值之间的关系，是逻辑函数最基本的的表示方法，并且与逻辑函数的标准形式之间存在着对应的关系。

对于三人表决问题，若约定：

$A=1$ 表示 A 同意，$A=0$ 表示 A 不同意；

$B=1$ 表示 B 同意，$B=0$ 表示 B 不同意；

$C=1$ 表示 C 同意，$C=0$ 表示 C 不同意；

$Y=1$ 表示事件通过，$Y=0$ 表示事件被否决。

则三人表决问题的真值表如表 2-10 所示。

表 2-10　三人表决问题真值表

A B C	Y
0 0 0	0
0 0 1	0
0 1 0	0
0 1 1	1

续表

A B C	Y
1 0 0	0
1 0 1	1
1 1 0	1
1 1 1	1

2.4.2 函数表达式

对于三人表决问题，事件通过有以下三种情况：

(1)当 A、B 同意时，无论 C 是否同意；

(2)当 A、C 同意时，无论 B 是否同意；

(3)当 B、C 同意时，无论 C 是否同意。

三种情况满足其一事件即可通过，因此可以推理出三人表决问题的函数表达式为

$$Y=AB+AC+BC$$

2.4.3 逻辑图

将函数表达式中的逻辑关系用相应的图形符号表示，即可画出实现逻辑关系的逻辑图。三人表决问题的函数表达式为 $Y=AB+AC+BC$，因此其逻辑图如图 2-13 所示。

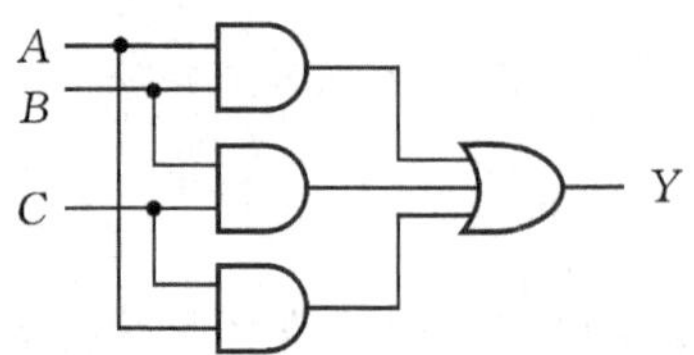

图 2-13　三人表决问题逻辑图

波形图将在时序电路中讲述，卡诺图本章后面用到时再讲。

2.4.4 表示方法的相互转换

真值表、函数表达式和逻辑图是逻辑函数三种不同的表示形式。由于三种形式表示同一逻辑关系，因此它们之间可以相互转换。

1. 根据函数表达式画出逻辑图

根据逻辑函数表达式画出逻辑图相对比较简单，只需要将表达式中的逻辑关系用图形符号表示，按照逻辑关系连接即可得到逻辑图。

【例 2-7】 画出逻辑函数 $Y=A(B+C)+CD$ 的逻辑图。

解　函数式中 B、C 为或逻辑关系，A 和 $(B+C)$ 为与逻辑关系，C、D 为与逻辑关系，而 $A(B+C)$ 和 CD 为或逻辑关系，按逻辑关系将相应的图形符号连接起来即可得到如图 2-14 所示的逻辑图。

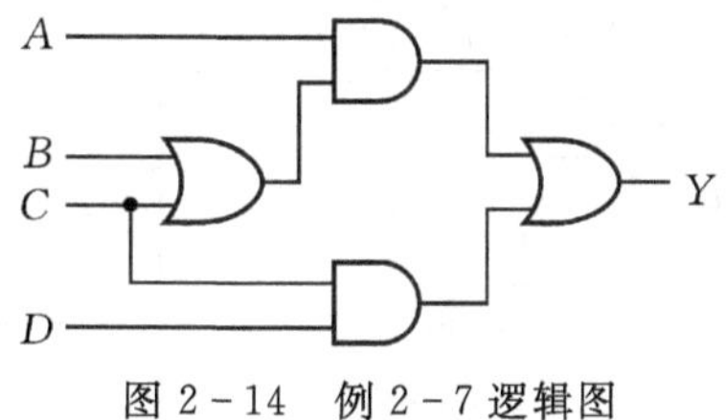

图 2-14 例 2-7 逻辑图

2. 根据逻辑图写出函数表达式

由逻辑图写出逻辑函数表达式时，从输入变量开始，将每个逻辑符号表示的逻辑式写出来，逐级向输出端推，即可得到逻辑函数的表达式。

【例 2-8】 写出图 2-15 所示逻辑图的函数表达式。

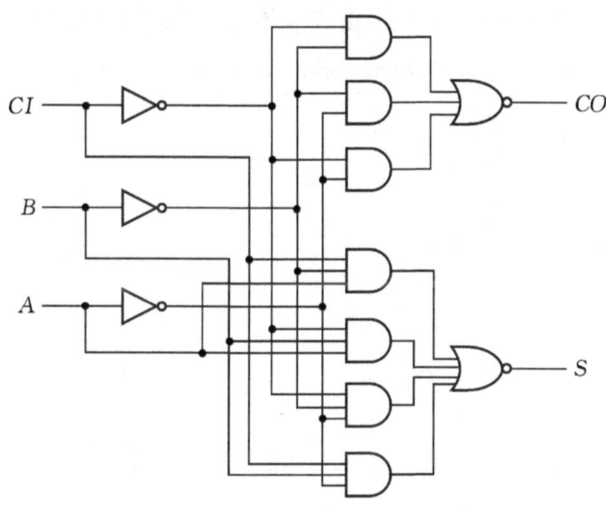

图 2-15 例 2-8 逻辑图

解 $CO=(A'B'+A'CI'+B'CI')'$

$$=(A+B)(A+CI)(B+CI)$$

$$S=(A'B'CI'+AB'CI+A'BCI+ABCI)'$$

$$=(A+B+CI)(A'+B+CI')(A+B'+CI')(A'+B'+CI)$$

3. 根据函数表达式列出真值表

将逻辑变量的所有取值组合逐一代入函数表达式计算相应的函数值，即可得到真值表。

【例 2-9】 写出例 2-8 所示逻辑图的真值表。

解 分别将 ABC=000～111 八种取值代入例 2-8 求解得到的函数表达式，可得出表 2-11 所示的真值表。

表 2-11 例 2-9 真值表

A B CI	CO	S
0 0 0	0	0
0 0 1	0	1

续表

A B CI	CO	S
0 1 0	0	1
0 1 1	1	0
1 0 0	0	1
1 0 1	1	0
1 1 0	1	0
1 1 1	1	1

【例 2-10】 写出逻辑函数 $Y_1=AB'+BC'+A'C$ 和 $Y_2=A'B+B'C+AC'$ 的真值表。

解 分别将 $ABC=000$～111 八种取值代入函数表达式即可得表 2-12 所示的真值表。

表 2-12 例 2-10 真值表

A B C	Y_1	Y_2
0 0 0	0	0
0 0 1	1	1
0 1 0	1	1
0 1 1	1	1
1 0 0	1	1
1 0 1	1	1
1 1 0	1	1
1 1 1	0	0

从真值表可以看出，逻辑函数 Y_1 和 Y_2 虽然形式不同，但实际上为同一逻辑函数。

4. 根据真值表写出函数表达式

根据真值表写出函数表达式是逻辑函数表示方法之间相互转换的重点。下面从具体的示例中抽象出由真值表写逻辑函数表达式的一般方法。

【例 2-11】 已知逻辑函数的真值表如表 2-13 所示，写出逻辑函数表达式。

表 2-13 例 2-11 真值表

A B C	Y
0 0 0	0
0 0 1	1
0 1 0	1
0 1 1	0
1 0 0	1
1 0 1	0
1 1 0	0
1 1 1	1

解　从真值表可以看出，当 ABC 取 001、010、100 或 111 任意一组时，Y 为 1，其余取值时 Y 均为 0。

乘积项 $A'B'C$ 恰好在 $ABC=001$ 时值为 1，其他取值时值均为 0，因此乘积项 $A'B'C$ 代表了 $ABC=001$ 的特征。同理，乘积项 $A'BC'$ 在 $ABC=010$ 时值为 1，$AB'C'$ 在 $ABC=100$ 时值为 1，ABC 在 $ABC=111$ 时值为 1。由于 ABC 取 001、010、100 或 111 任意一组时 Y 为 1，因此这些乘积项之间为或逻辑关系，故逻辑函数表达可记为

$$Y=A'B'C+A'BC'+AB'C'+ABC$$

从上例可以总结出从真值表写出逻辑函数表达式的方法，这就是：

(1)找出真值表中所有使 $Y=1$ 的输入变量的取值组合；

(2)每个取值组合构成一个乘积项，其中取值为 1 的写为原变量，取值为 0 的写为反变量；

(3)将这些乘积项相加，即可得到 Y 的逻辑函数表达式。

根据上述方法，由表 2-10 所示真值表可写出三个人表决问题的函数表达式为

$$Y=A'BC+AB'C+ABC'+ABC$$

上式虽然与直接推理得到的函数表达式形式上有差异，但本质是一样的。通过常用公式对上式进行化简得

$$\begin{aligned} Y &= A'BC+AB'C+ABC'+ABC \\ &= A'BC+AB'C+ABC'+ABC+ABC+ABC \\ &= (A'BC+ABC)+(AB'C+ABC)+(ABC'+ABC) \\ &= BC+AC+AB \end{aligned}$$

～～～～～～～～～～～～～～～～～思考与练习～～～～～～～～～～～～～～～～～

2-9　根据表 2-1 所示与逻辑关系的真值表，写出与逻辑函数表达式。

2-10　根据表 2-2 所示或逻辑关系的真值表，写出或逻辑函数表达式。

2-11　根据表 2-4 所示与非逻辑关系的真值表，写出与非逻辑函数表达式。

2-12　根据表 2-5 所示或非逻辑关系的真值表，写出或非逻辑函数表达式。

～～

根据真值表写出函数表达式的一般方法，由表 2-6 所示的异或逻辑真值表可以直接写出异或逻辑的函数表达式。从中得出：

$$A\oplus B=A'B+AB'$$

同理，由表 2-7 所示的同或逻辑真值表写出同或逻辑的函数表达式。从中得出：

$$A\odot B=A'B'+AB$$

因此异或和同或都可以用与、或、非运算组合实现。

2.5　逻辑函数的标准形式

对于同一逻辑问题，逻辑函数表达式有多种不同的形式。例如：$Y=A+BC$，这种由乘积项相加构成的函数表达式称为与或式(sum-of-products，SOP)。

由加对乘的分配率可知：$A+BC=(A+B)(A+C)$，所以逻辑函数表达式还可以写成：

$$Y=(A+B)(A+C)$$

这种由和项相乘构成的函数表达式称为或与式(product-of-sums,POS)。

对与或式 $Y=A+BC$ 两次取反(逻辑关系不变),整理可得:

$$Y=(A'(BC)')'$$

称为与非-与非式。

对或与式 $Y=(A+B)(A+C)$ 两次取反(逻辑关系不变),整理可得:

$$Y=((A+B)'+(A+C)')'$$

称为或非-或非式。

另外,由逻辑函数的反函数变换而来的函数表达式还有与或非式、与非-与式、或与非式和或非-或式。因此,同一个逻辑函数共有 8 种不同的表示形式。

逻辑函数的表示形式有繁有简,实现时所用的器件种类和数量不同,因此成本也不同。为了优化电路设计,通常需要将逻辑函数变换为某种适当的形式,一方面有利于节约电路的成本,另一方面有利于提高电路工作的可靠性。

由于逻辑函数有多种不同的表示形式,为方便讨论,本节为逻辑函数定义两种标准形式:标准与或式和标准或与式。

2.5.1 标准与或式

在介绍标准与或式之前,先定义一个概念:最小项。

在 n 变量逻辑函数中,每一个变量都参加,但只能以原变量或者反变量出现一次所组成的乘积项(product term),称为最小项(mini-term),用 m 表示。

对于两变量逻辑函数 $Y=F(A,B)$,其最小项的形式应为 X_1X_2,其中 X_1 取 A 或者 A',X_2 取 B 或者 B'。因此,两变量逻辑函数共有 4 个最小项:$A'B'$、$A'B$、AB' 和 AB。

对于三变量逻辑函数 $Y=F(A,B,C)$,其最小项的形式应为 $X_1X_2X_3$,其中 X_1 取 A 或者 A',X_2 取 B 或者 B',X_3 取 C 或者 C'。因此,三变量逻辑函数共有 8 个最小项:$A'B'C'$、$A'B'C$、$A'BC'$、$A'BC$、$AB'C'$、$AB'C$、ABC' 和 ABC。

一般地,n 变量逻辑函数共有 2^n 个最小项。当逻辑函数的变量数越多时,书写和识别最小项越麻烦,因此有必要给最小项进行编号。

最小项编号的方法是:在最小项中,将原变量记为 1,反变量记为 0,将得到的数码看成二进制数,那么与该二进制数对应的十进制数就是该最小项的编号。例如,三变量逻辑函数 $Y=F(A,B,C)$ 的最小项 $AB'C$ 的编号为 5,用 m_5 表示,四变量逻辑函数 $Y=F(A,B,C,D)$ 的最小项 m_{10} 的具体形式为 $AB'CD'$。

最小项具有以下主要性质:

(1)对于输入变量的任意一组取值组合,必然对应一个最小项而且仅有一个最小项的值为 1。由于每个变量都参加,所以最小项取值为 1 的概率最小。

(2)同一逻辑函数的所有最小项之和为 1。

(3)同一逻辑函数的任意两个最小项的乘积为 0。

(4)在同一逻辑函数中,只有一个变量不同的两个最小项称为相邻最小项。两个相邻最小项之和可以合并成一项,并消去一对因子。例如,三变量逻辑函数 $Y=AB'C+ABC$ 中最小项 $AB'C$ 和 ABC 相邻,所以 Y 可以合并成 AC,将因子 B 和 B' 消掉了。

最小项的性质(4)是卡诺图法化简逻辑函数的理论基础。

全部由最小项相加构成的与或式称为标准与或式(standard SOP form)。从例 2 - 11 可以看出,由真值表直接写出的逻辑函数表达式即为标准与或式。

2.5.2　标准或与式

在介绍标准或与式之前,先定义最大项。

在 n 变量逻辑函数中,每一个变量都参加,但只能以原变量或者反变量出现一次所组成的和项(sum term),称为最大项(max-term),用 M 表示。

对于三变量逻辑函数 $Y=F(A,B,C)$,其最大项的形式应为 $X_1+X_2+X_3$,其中 X_1 取 A 或者 A',X_2 取 B 或者 B',X_3 取 C 或者 C',因此三变量逻辑函数共有 8 个最大项:$A'+B'+C'$、$A'+B'+C$、$A'+B+C'$、$A'+B+C$、$A+B'+C'$、$A+B'+C$、$A+B+C'$ 和 $A+B+C$。

由于每个变量都参加,所以最大项取值为 1 的概率最大。

一般地,n 变量逻辑函数共有 2^n 个最大项。最大项的编号方法是,将最大项中的原变量记为 0,反变量记为 1,将得到的数码看成二进制数,那么与该二进制数对应的十进制数就是该最大项的编号。例如,三变量逻辑函数 $Y=F(A,B,C)$,的最大项 $A+B'+C'$ 的编号为 3,用 M_3 表示;四变量逻辑函数 $Y=F(A,B,C,D)$ 的最大项 $A+B'+C+D'$ 的编号为 5,用 M_5 表示。

对于三变量逻辑函数 $Y=F(A,B,C)$,变量 ABC 的取值组合对最小项与最大项的对应关系如表 2 - 14 所示。

表 2 - 14 三变量逻辑函数的取值组合与最小项和最大项的关系对应表

编号表示	对应的最小项	ABC 取值	对应的最大项	编号表示
m_0	$A'B'C'$	0 0 0	$A+B+C$	M_0
m_1	$A'B'C$	0 0 1	$A+B+C'$	M_1
m_2	$A'BC'$	0 1 0	$A+B'+C$	M_2
m_3	$A'BC$	0 1 1	$A+B'+C'$	M_3
m_4	$AB'C'$	1 0 0	$A'+B+C$	M_4
m_5	$AB'C$	1 0 1	$A'+B+C'$	M_5
m_6	ABC'	1 1 0	$A'+B'+C$	M_6
m_7	ABC	1 1 1	$A'+B'+C'$	M_7

最大项具有以下主要性质:

(1)对于输入变量的任意一组取值组合,必有一个最大项而且仅有一个最大项的取值为 0。由于每个变量都参加,所以最大项取值为 1 的概率最大。

(2)同一逻辑函数的所有最大项之积为 0。

(3)同一逻辑函数的任意两个最大项之和为 1。

(4)只有一个变量不同的两个最大项称为相邻最大项。在逻辑函数式中,两个相邻最大项之积等于各相同变量之和。例如,$Y=(A+B+C)(A+B'+C)=A+C$。

全部由最大项相乘构成的或与式称为标准或与式(standard POS form)。

由真值表也可以直接写出逻辑函数的标准或与式。下面以三人表决问题为例进行分析。

首先写出三人表决问题反函数的标准与或式：

$$Y'=A'B'C'+AB'C'+A'BC'+A'B'C$$

两边同时取反得到三人表决问题逻辑函数的与或非式：

$$Y=(A'B'C'+AB'C'+A'BC'+A'B'C)'$$

再利用摩根定理变换得到标准或与式：

$$Y=(A+B+C)(A'+B+C)(A+B'+C)(A+B+C')$$

将上式与真值表进行对比，可以总结出由真值表写出标准或与式的一般方法：

(1)找出真值表中所有使 $Y=0$ 的输入变量的取值组合。

(2)每个取值组合构成一个最大项，其中取值为 0 的写为原变量，取值为 1 的写为反变量。

(3)将这些最大项相乘，即可得到 Y 的标准或与式。

2.5.3 两种标准形式的关系

若将三人表决问题的标准与或式用最小项的编号形式表示，即

$$Y=m_3+m_5+m_6+m_7$$

同时，将标准或与式用最大项的编号形式表示，即

$$Y=M_0M_1M_2M_4$$

从式中可以看出，标准与或式中最小项编号与标准或与式中最大项编号恰好为互补关系。因此，利用下标编号的互补关系，很容易实现两种标准形式之间的转换。

【例 2-12】 将逻辑函数 $Y=A+BC$ 化为或与式。

解 首先将逻辑函数 $Y=A+BC$ 扩展为标准与或式

$$\begin{aligned}Y&=A(B+B')(C+C')+(A+A')BC\\&=ABC+ABC'+AB'C+AB'C'+ABC'+ABC+A'BC\end{aligned}$$

再用最小项的编号表示该逻辑函数

$$Y=\sum m(3,4,5,6,7)$$

最后利用标准形式下标编号的互补关系，可以直接得到标准或与式

$$\begin{aligned}Y&=\prod M(0,1,2)\\&=(A+B+C)(A+B+C')(A+B'+C)\end{aligned}$$

化简得

$$\begin{aligned}Y&=(A+B+C)(A+B+C')(A+B+C)(A+B'+C)\\&=(A+B)(A+C)\end{aligned}$$

2.6 逻辑函数的化简

逻辑函数有多种表示形式，繁简程度不同，实现的成本不同，电路的可靠性也不同。相对来说，逻辑函数的形式越简单，所需要的元器件数量越少，则实现的成本越低，电路的可靠

性越高。因此，有必要对逻辑函数进行化简。

对于常用的与或式，化简的标准有两条：

(1)函数式中包含乘积项的数量最少；

(2)每个乘积项中包含的因子最少。

同时符合上述两个条件的与或式称为最简与或式(minimization SOP form)。

逻辑函数的化简方法有公式化简法、卡诺图化简法以及适合于计算机处理的 Q-M 化简法。

2.6.1　公式化简法

公式化简法就是应用逻辑代数中的基本公式、常用公式以及最小项的性质对逻辑函数进行化简，简称公式法。

【例 2-13】 用公式法化简下列逻辑函数。

$$Y_1=AB'+ACD+A'B'+A'CD$$
$$Y_2=AB+ABC'+ABD+AB(C'+D')$$
$$Y_3=AC+AB'+(B+C)'$$
$$Y_4=AB+A'C+B'C$$

解
$$\begin{aligned}Y_1&=AB'+ACD+A'B'+A'CD\\&=(AB'+A'B')+(ACD+A'CD)\\&=B'+CD\end{aligned}$$
$$\begin{aligned}Y_2&=AB+ABC'+ABD+AB(C'+D')\\&=AB(1+C'+D'+(C'+D'))\\&=AB\end{aligned}$$
$$\begin{aligned}Y_3&=AC+AB'+(B+C)'\\&=AC+AB'+B'C'\\&=AC+B'C'\end{aligned}$$
$$\begin{aligned}Y_4&=AB+A'C+B'C\\&=AB+(A'+B')C\\&=AB+(AB)'C\\&=AB+C\end{aligned}$$

由于 $A=A+A$，有时需要在逻辑函数式中重复写入某一项，以方便与其他项合并以获得最简的结果。

【例 2-14】 化简逻辑函数 $Y=A'BC'+A'BC+ABC$。

解 由于第二项 $A'BC$ 与第一项 $A'BC'$ 和第三项 ABC 都相邻，所以将第二项再重复写一次，一个和第一项合并，一个和第三项合并。

$$\begin{aligned}Y&=A'BC'+A'BC+ABC\\&=(A'BC'+A'BC)+(A'BC+ABC)\\&=A'B+BC\end{aligned}$$

另外，由于 $A+A'=1$，有时需要在逻辑函数式中乘以$(A+A')$，然后拆分整理期望获得最简单的结果。

【例 2-15】 化简逻辑函数 $Y=AB'+A'B+BC'+B'C$。

解 函数表达式中前两项与 C 无关，后两项与 A 无关，故在前两项中找出一项扩充 C，后两项里找出一项扩充 A，然后展开合并化简。

$$\begin{aligned} Y &= AB'+A'B+BC'+B'C \\ &= AB'+A'B(C+C')+BC'+(A+A')B'C \\ &= AB'+A'BC+A'BC'+BC'+AB'C+A'B'C \\ &= (AB'+AB'C)+(A'BC'+BC')+(A'BC+A'B'C) \\ &= AB'+BC'+A'C \end{aligned}$$

用公式法能否化简到最简取决于对逻辑代数公式的熟练应用程度。

～～～～～～～～～～～～～～～～～～**思考与练习**～～～～～～～～～～～～～～～～～～

2-13 对于例 2-15 中的逻辑函数，在第一项中扩充变量 C，在第三项中扩充变量 A，重新进行化简。

2-14 将上题的化简结果与例 2-15 中的化简结果进行对比，逻辑函数的形式是否相同？有什么特点？

～～

2.6.2 卡诺图化简法

当逻辑函数比较复杂时，用公式法化简并不直观。例如，用公式法化简四变量逻辑函数

$$Y=A'B'C'D+A'BD'+ACD+AB'$$

时，基本公式和常用公式都无法直接使用。因此，只有应用最小项的性质通过寻找相邻最小项的方法进行合并化简。

应用最小项的性质化简逻辑函数时，首先需要将逻辑函数展开成标准与或式

$$\begin{aligned} Y &= A'B'C'D+A'BD'+ACD+AB' \\ &= A'B'CD'+A'B(C+C')D'+A(B+B')CD+AB'(C+C')(D+D') \\ &= A'B'C'D+A'BCD'+A'BC'D'+ABCD+AB'CD+AB'CD' \\ &\quad +AB'C'D+AB'C'D' \\ &= m_1+m_4+m_6+m_8+m_9+m_{10}+m_{11}+m_{15} \end{aligned}$$

从上式可以看出，该逻辑函数由 8 个最小项相加构成，但最小项之间的相邻关系并不直观，所以也不方便化简。那么，如何能够直观地表示最小项之间的相邻关系呢？美国工程师莫里斯·卡诺(Maurice Karnaugh)发明了以图形方式表示最小项之间相邻关系的卡诺图(Karnaugh map)，具有直观形象的优点。

两变量逻辑函数 $Y=F(A,B)$ 共有 4 个最小项，因此画 4 个格子，如图 2-16(a)所示，每个格子代表一个最小项，并将两个逻辑变量分为 A 和 B 两组。

三变量逻辑函数 $Y=F(A,B,C)$ 共有 8 个最小项，因此画 8 个格子，如图 2-16(b)所示，每个格子代表一个最小项，并将三个逻辑变量分为 A 和 BC 两组。

四变量逻辑函数 $Y=F(A,B,C,D)$ 共有 16 个最小项，因此画 16 个格子，如图 2-16(c)所示，每个格子代表一个最小项，并将四个逻辑变量分为 AB 和 CD 两组。

为了使相挨着的格子代表的最小项相邻，卡诺图中两组变量都需要按循环码的顺序取值。单变量循环码的取值依次为 0、1，两变量循环码的取值依次为 00、01、11、10，因此卡诺

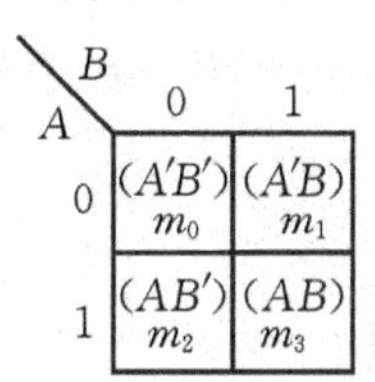

(a) 两变量卡诺图

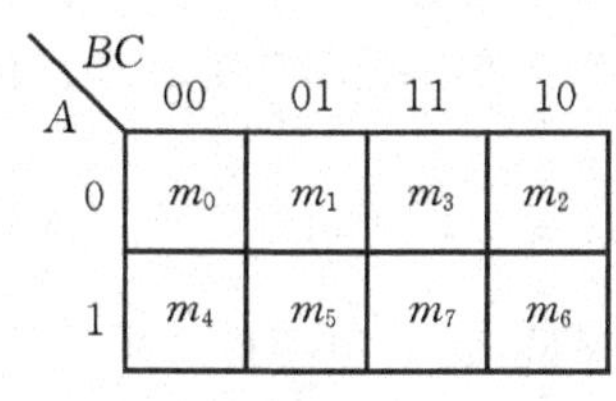

(b) 三变量卡诺图

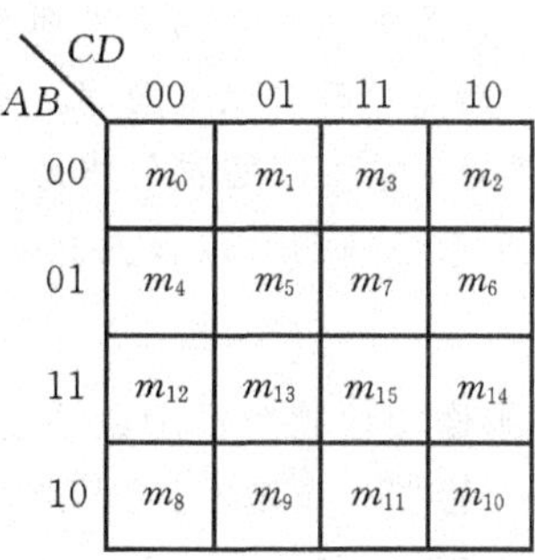

(c) 四变量卡诺图

图 2－16 卡诺图

图中每个格子所代表最小项的编号如图 2－16 中所示。从三变量卡诺图中可以看出，最小项 m_7 与 m_3、m_5、m_6 相邻；从四变量卡诺图中可以看出，最小项 m_{15} 与 m_7、m_{13}、m_{14}、m_{11} 相邻，非常直观。

根据循环码的取值特点，卡诺图中除了相挨着的格子代表的最小项相邻外，两头相对的格子代表的最小项也是相邻的。例如，三变量卡诺图中的 m_0 与 m_2 相邻，四变量卡诺图中 m_0 与 m_2 和 m_8 相邻。

由于卡诺图中每个格子代表一个最小项，所以用卡诺图表示逻辑函数时，首先需要将逻辑函数化成标准与或式。逻辑函数中存在某个最小项时，在卡诺图中对应的格子里填 1，否则填 0，即逻辑函数是由卡诺图中填 1 的格子所代表的最小项相加构成的。

【例 2－16】 用卡诺图表示逻辑函数 $Y=A'B'C'D+A'BD'+ACD+AB'$。

解 由于

$$Y=m_1+m_4+m_6+m_8+m_9+m_{10}+m_{11}+m_{15}$$

因此，画出四变量卡诺图，分别在 1、4、6、8、9、10、11 和 15 号最小项对应的格子中填入 1，其余最小项对应位置填入 0，即可得到图 2－17(a)所示的卡诺图。

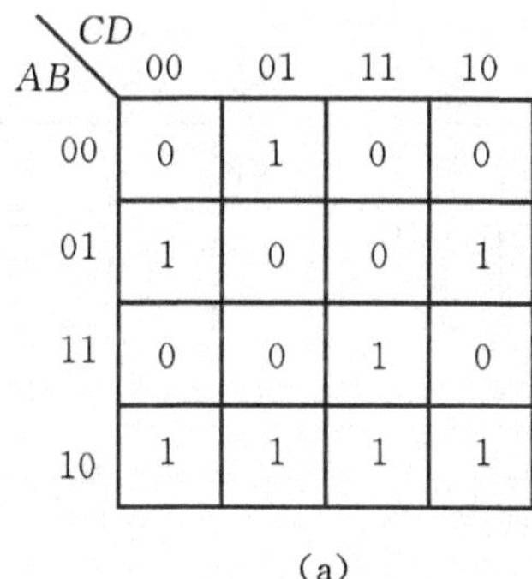

(a)

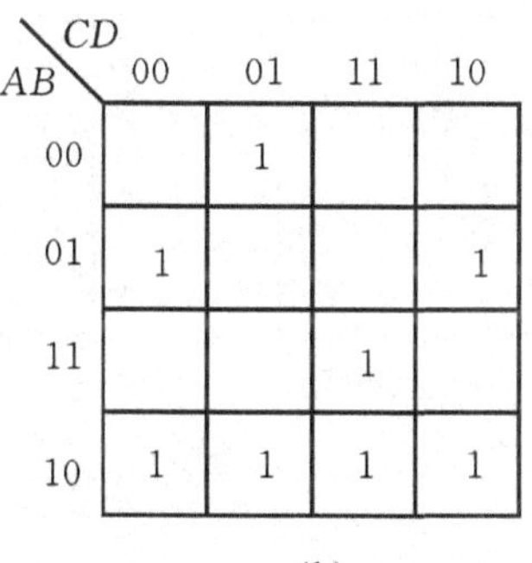

(b)

图 2－17 例 2－16 卡诺图

为清晰起见，卡诺图中的 0 通常不填，如图 2－17(b)所示。

～～～～～～～～～～～～～～～～～～～～**思考与练习**～～～～～～～～～～～～～～～～～～～～

2－15 对于三变量逻辑函数 $Y=F(A,B,C)$，如果将三个逻辑变量分为 AB 和 C 两组，则卡诺图中最小项的对应位置有无变化？在卡诺图中标出每个最小项的对应位置。

2-16 对于四变量逻辑函数 $Y=F(A,B,C,D)$，如果将逻辑变量 AB 写在斜线的上方，将逻辑变量 CD 写在斜线的下方，则卡诺图中最小项的对应位置有无变化？在卡诺图中标出每个最小项的对应位置。

～～

用卡诺图化简逻辑函数的基本原理是：两个相邻最小项之和可以合并成一项并消去一对因子。根据这个基本原理，结合公式法可以推出用卡诺图化简逻辑函数的实用方法。

若三变量逻辑函数 $Y_1=ABC'+ABC=m_6+m_7$，则表示 Y_1 的卡诺图如图 2-18(a)所示。用公式法化简时 $Y_1=ABC'+ABC=AB$，说明 Y_1 中这两个相邻最小项可合并为一项。在卡诺图中，用一个圈儿将这两个最小项圈起来表示可以合并成一项，如图 2-18(b)所示。圈儿中变化的变量被消掉了，没有变化的变量为公共因子，为 1 的写为原变量，为 0 的写为反变量得到的乘积项 AB 即为化简结果。

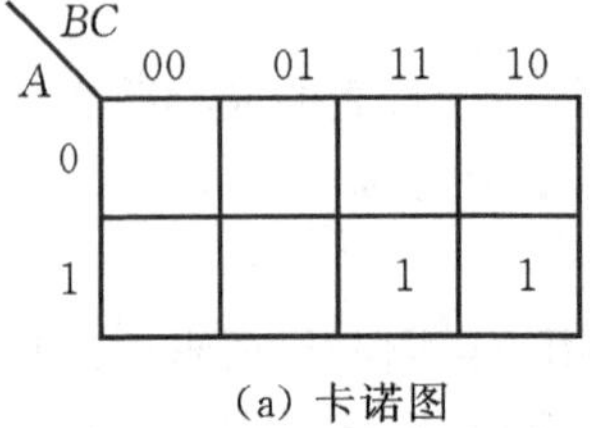

(a) 卡诺图

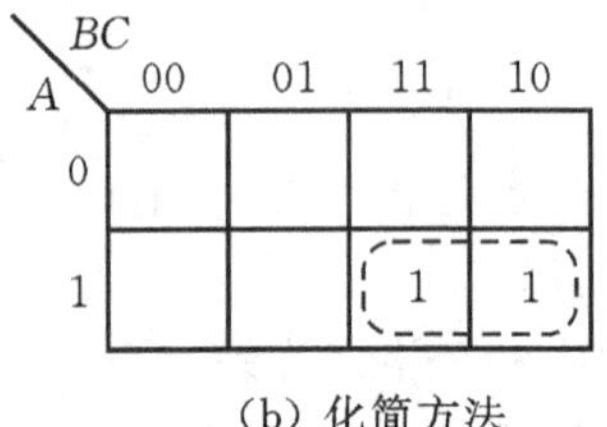

(b) 化简方法

图 2-18 Y_1卡诺图

三变量逻辑函数 $Y_2=m_4+m_5+m_6+m_7$ 的卡诺图如图 2-19(a)所示。根据上例中的方法，图中的 m_4 和 m_5 合并为 AB'，m_6 和 m_7 合并为 AB(见图 2-19(b))，所以函数可化简为 $Y_2=AB'+AB$。由公式法可知 Y_2 可进一步化简为 A，说明在卡诺图中这 4 个排成长方形的最小项可以直接用一个圈儿圈起来合并成一项，如图 2-19(c)所示。圈儿中变化的变量 B、C 被消掉了，只有变量 A 保持不变，为 1 记为原变量，所以化简结果为 $Y_2=A$。

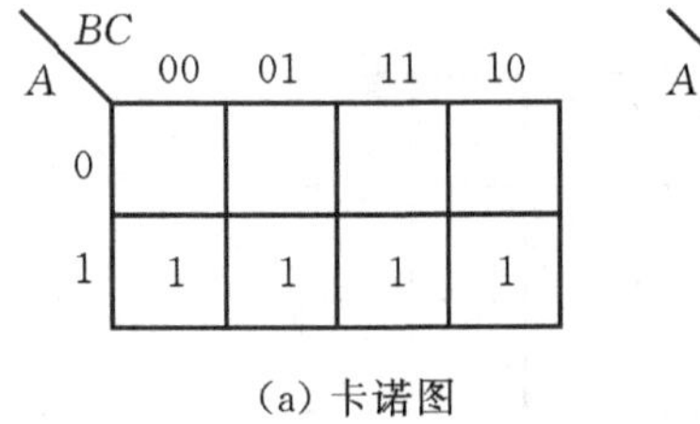

(a) 卡诺图

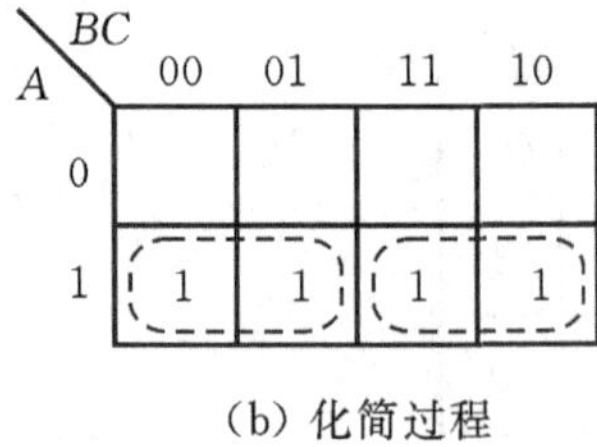

(b) 化简过程

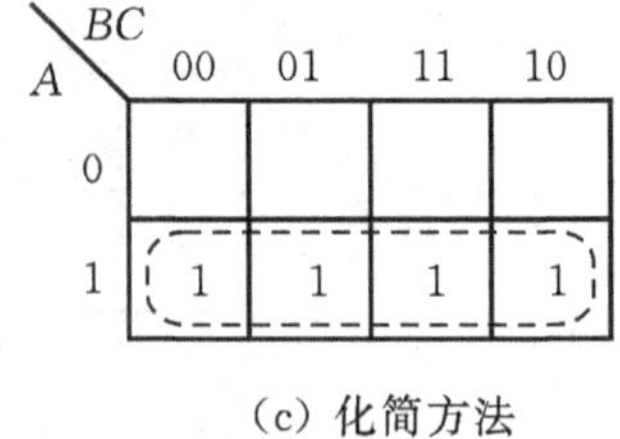

(c) 化简方法

图 2-19 Y_2的化简过程

同理，对于图 2-20 所示的三变量逻辑函数 $Y_3=m_2+m_3+m_6+m_7$，这 4 个排成正方形的最小项可以直接圈起来合并成一项，变量 A、C 被消掉了，变量 B 保持不变，为 1 记为原变量，所以化简结果为 $Y_3=B$。

四变量逻辑函数 $Y_4=m_8+m_9+m_{10}+m_{11}+m_{12}+m_{13}+m_{14}+m_{15}$ 的卡诺图如图 2-21(a)所示，这 8 个最小项同样可用一个圈儿圈起来(见图 2-21(b))，变量 C、D 和 B 被化简掉了，变量 A 为 1 不变，所以化简结果为 $Y_4=A$。

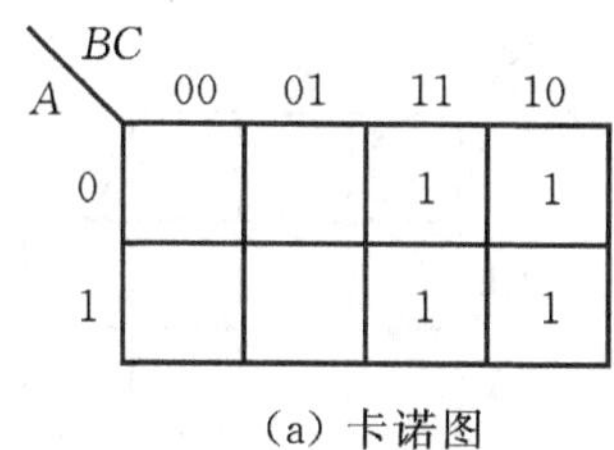

(a) 卡诺图

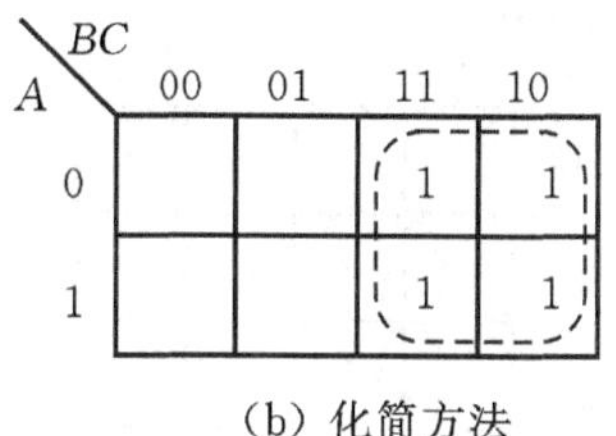

(b) 化简方法

图 2-20 Y_3卡诺图及化简方法

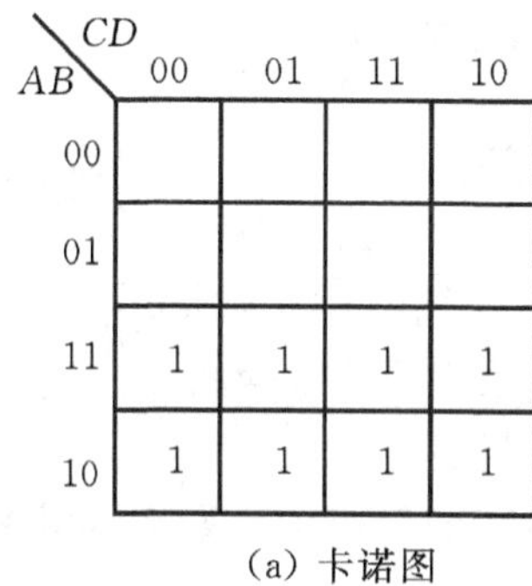

(a) 卡诺图

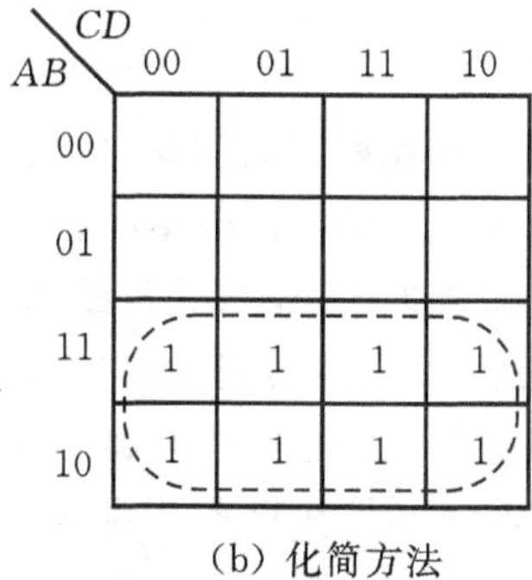

(b) 化简方法

图 2-21 Y_4卡诺图及化简方法

四变量逻辑函数 $Y_5=m_0+m_1+m_2+m_3+m_8+m_9+m_{10}+m_{11}$ 的卡诺图如图 2-22(a)所示，这 8 个最小项同样可以用一个圈儿圈起来合并成一项(见图 2-22(b))，化简结果为 $Y_5=B'$。

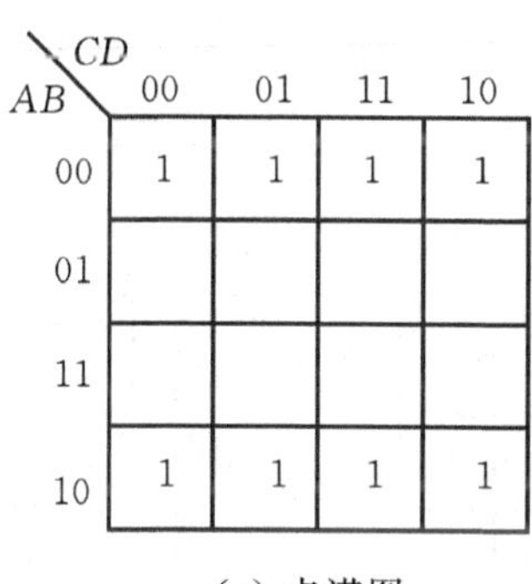

(a) 卡诺图

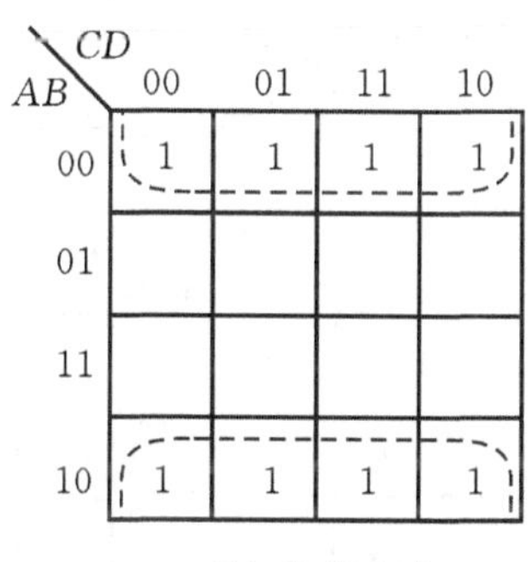

(b) 化简方法

图 2-22 Y_5卡诺图及化简方法

需要注意的是，四变量逻辑函数 $Y_6=m_0+m_2+m_8+m_{10}$，卡诺图如图 2-23(a)所示。图中四个最小项也相邻，可以合并成一项(见图 2-23(b))，化简结果为 $Y_6=B'D'$。

至此，总结出用卡诺图化简逻辑函数的实用方法，这就是：

在卡诺图中，如果有 2^n(n 为正整数)个最小项排成一个长方形或者正方形(统称为矩形)，则它们可以合并成一项，并消去 n 对因子。

用卡诺图化简逻辑函数时，一般按照以下步骤进行：

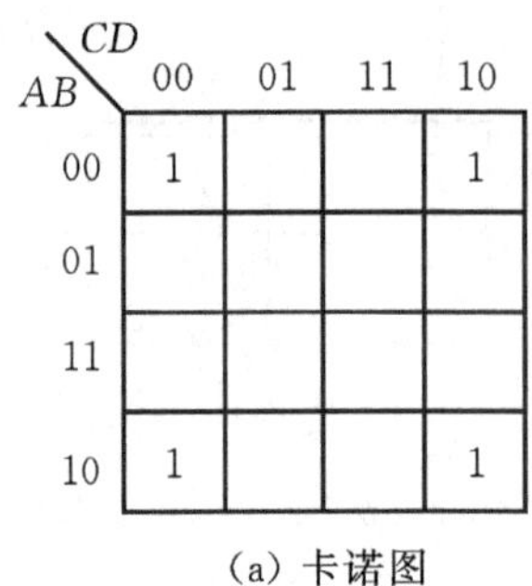

(a) 卡诺图

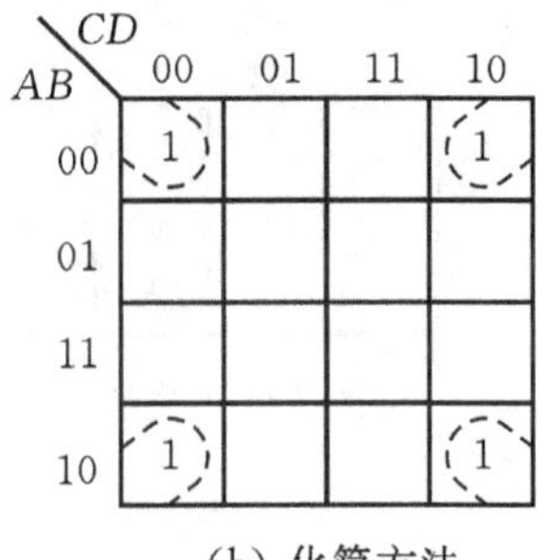

(b) 化简方法

图 2-23 Y_6卡诺图及化简方法

(1)先将逻辑函数式展开为标准与或式(可以省略)。

(2)画出表示该逻辑函数的卡诺图。

(3)观察可以合并的最小项,寻找最简化简方法。合并的原则是:

①圈儿数越少越好。因为圈儿数少,化简后的乘积项数量少;

②圈儿越大越好。因为圈儿越大,消掉的因子越多。

需要注意的是,卡诺图中的圈儿应覆盖图中所有的最小项。如果卡诺图中有最小项与其他最小项都不相邻,也需要用一个圈儿圈起来表示化简为一项。

～～～～～～～～～～～～～～～～～～思考与练习～～～～～～～～～～～～～～～～～～

2-17　三变量逻辑函数 $Y_7=m_1+m_2+m_3+m_5+m_6+m_7$的卡诺图如图 2-24 所示。化简后 Y_7的最简与或式包含几个乘积项?写出化简结果。

2-18　四变量逻辑函数 $Y_8=m_1+m_5+m_6+m_7+m_{11}+m_{12}+m_{13}+m_{15}$的卡诺图如图 2-25所示。化简后 Y_8的最简与或式包含几个乘积项?写出化简结果。

2-19　四变量逻辑函数 $Y_9=m_0+m_5+m_7+m_{13+}m_{15}$的卡诺图如图 2-26 所示。化简后 Y_8的最简与或式包含几个乘积项?写出化简结果。

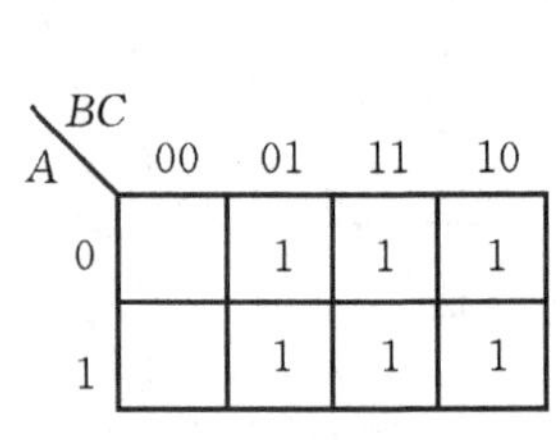

图 2-24　Y_7卡诺图

AB \ CD	00	01	11	10
00		1		
01		1	1	1
11	1	1	1	
10			1	

图 2-25　Y_8卡诺图

AB \ CD	00	01	11	10
00				
01		1	1	
11		1	1	
10				

图 2-26　Y_9卡诺图

～～～～～～～～～～～～～～～～～～～～～～～～～～～～～～～～～～～～～～

【例 2-17】　用卡诺图化简逻辑函数 $Y=A'B'C'D+A'BD'+ACD+AB'$。

解　逻辑函数 Y 的卡诺图如图 2-17 所示。逻辑函数的 8 个最小项可以用 4 个圈儿圈完,化简方法如图 2-27 所示,所以最简的与或式为

$$Y=AB'+B'C'D+A'BD'+ACD$$

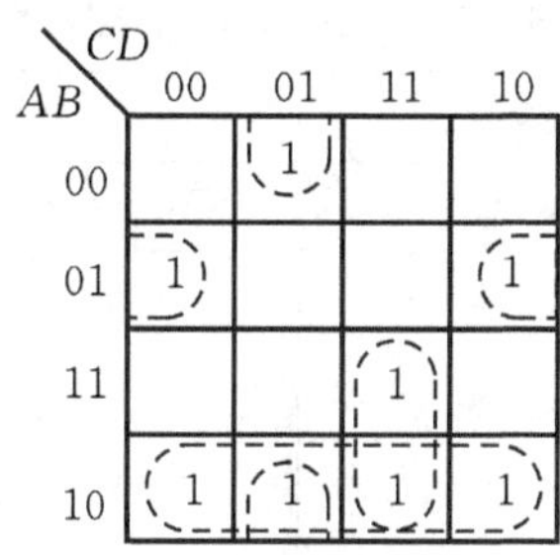

图 2-27 化简方法

【例 2-18】 用卡诺图化简逻辑函数 $Y=AB'+A'B+BC'+B'C$。

解 首先将逻辑函数化为标准与或式

$$
\begin{aligned}
Y &= AB'+A'B+BC'+B'C \\
&= AB'(C+C')+A'B(C+C')+(A+A')BC'+(A+A')B'C \\
&= AB'C+AB'C'+A'BC+A'BC'+ABC'+A'B'C \\
&= m_1+m_2+m_3+m_4+m_5+m_6
\end{aligned}
$$

画出逻辑函数的卡诺图如图 2-28(a)所示。

按图 2-28(b)的化简法可得其最简与或式

$$Y=AB'+BC'+A'C$$

按图 2-28(c)的化简法可得其最简与或式

$$Y=A'B+B'C+AC'$$

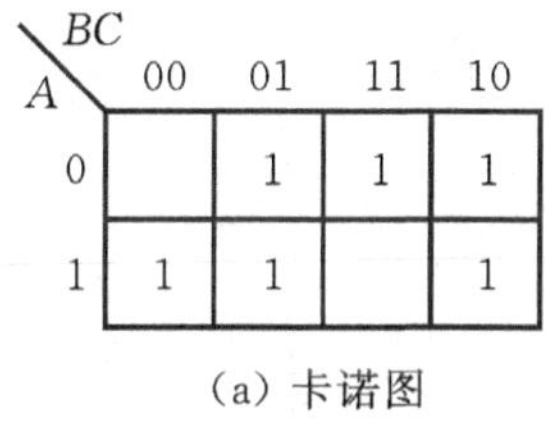

(a) 卡诺图

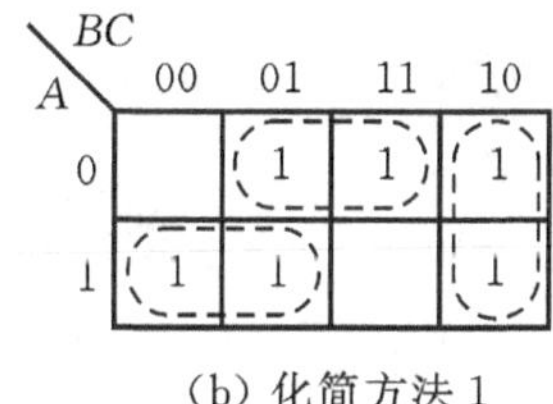

(b) 化简方法 1

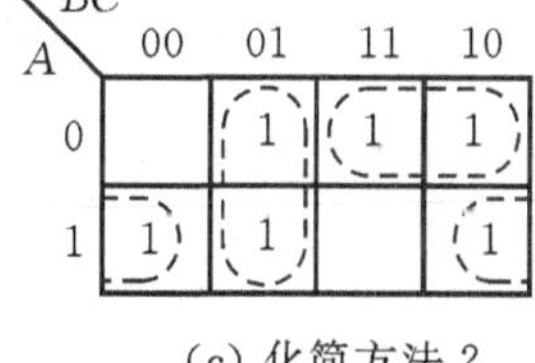

(c) 化简方法 2

图 2-28 例 2-18 卡诺图

从例 2-18 的化简过程可以看出，卡诺图化简法具有非常直观的优点，是否已化到最简，清晰明了。由于化简方法不同，逻辑函数的最简与或式不一定是唯一的。

【例 2-19】 设计四位二进制码到循环码的转换电路，画出逻辑图。

设计过程 设四位二进制码分别用 $B_3B_2B_1B_0$ 表示，四位循环码分别用 $G_3G_2G_1G_0$ 表示，则四位二进制码转换为循环码的真值表如表 2-15 所示。

根据表 2-15 所示的转换真值表，画出逻辑函数 G_3、G_2、G_1 和 G_0 的卡诺图，分别如图 2-29(a)～(d)所示。

根据图中所示的化简方法，可得

$$
\begin{aligned}
G_3 &= B_3 \\
G_2 &= B'_3B_2+B_3B'_2=B_3\oplus B_2 \\
G_1 &= B_2B'_1+B'_2B_1=B_2\oplus B_1 \\
G_0 &= B'_1B_0+B_1B'_0=B_1\oplus B_0
\end{aligned}
$$

表 2-15 四位二进制码-循环码真值表

二进制码	循环码	二进制码	循环码
B_3 B_2 B_1 B_0	G_3 G_2 G_1 G_0	B_3 B_2 B_1 B_0	G_3 G_2 G_1 G_0
0 0 0 0	0 0 0 0	1 0 0 0	1 1 0 0
0 0 0 1	0 0 0 1	1 0 0 1	1 1 0 1
0 0 1 0	0 0 1 1	1 0 1 0	1 1 1 1
0 0 1 1	0 0 1 0	1 0 1 1	1 1 1 0
0 1 0 0	0 1 1 0	1 1 0 0	1 0 1 0
0 1 0 1	0 1 1 1	1 1 0 1	1 0 1 1
0 1 1 0	0 1 0 1	1 1 1 0	1 0 0 1
0 1 1 1	0 1 0 0	1 1 1 1	1 0 0 0

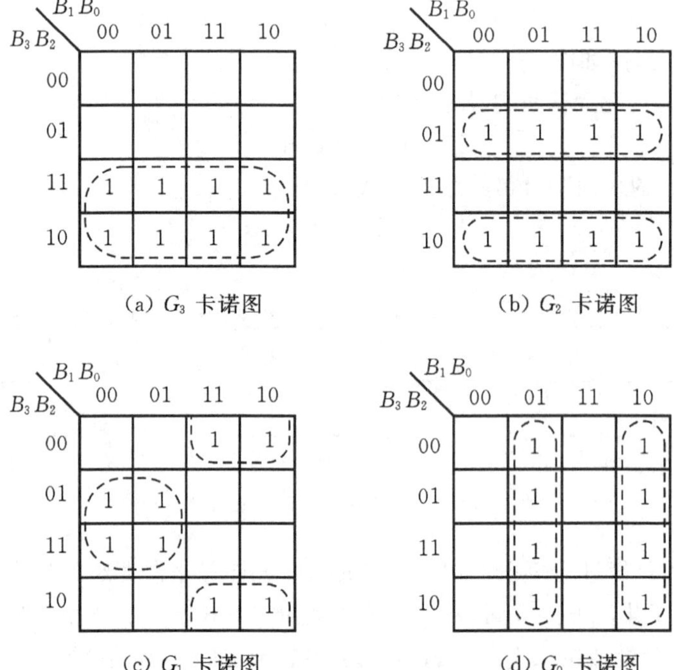

(a) G_3 卡诺图 (b) G_2 卡诺图

(c) G_1 卡诺图 (d) G_0 卡诺图

图 2-29 例 2-19 卡诺图

因此，实现四位二进制码到循环码转换的逻辑电路如图 2-30 所示。

两变量逻辑函数只有四个最小项，用公式法化简很方便，所以不需要用卡诺图进行化简。五变量逻辑函数共有 32 个最小项，卡诺图如图 2-31 所示，最小项之间相邻关系除了相邻、相对之外，还有相重(沿着卡诺图粗竖线对折重合，如 m_9 和 m_{15})，用卡诺图法化简也相对麻烦，所以卡诺图最适合化简三变量和四变量逻辑函数。

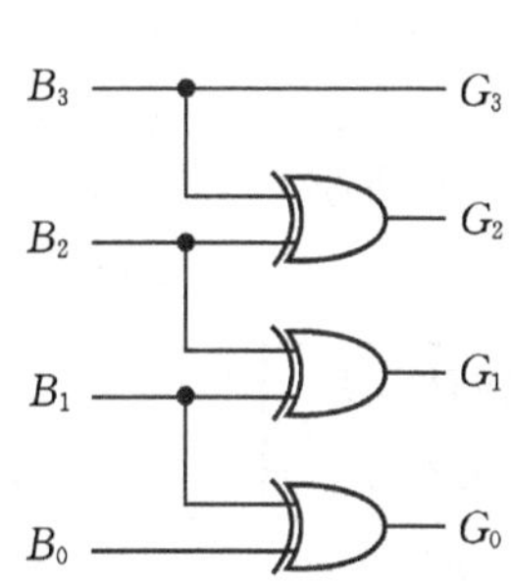

图 2-30　例 2-30 设计图

AB \ CDE	000	001	011	010	110	111	101	100
00	m_0	m_1	m_3	m_2	m_4	m_5	m_7	m_6
01	m_8	m_9	m_{11}	m_{10}	m_{12}	m_{13}	m_{15}	m_{14}
11	m_{24}	m_{25}	m_{27}	m_{26}	m_{28}	m_{29}	m_{31}	m_{30}
10	m_{16}	m_{17}	m_{19}	m_{18}	m_{20}	m_{21}	m_{23}	m_{22}

图 2-31　五变量卡诺图

2.6.3* Q-M 化简法

卡诺图化简法在应用上有一定的局限性。公式法化简虽然对输入变量的数目没有限制，但化简过程没有固定的规律可循，能否化到最简，完全决定于对基本公式和常用公式的灵活应用程度。所以，这两种化简方法都不适合用计算机进行处理。

五变量及以上逻辑函数的化简通常应用基于列表的 Q-M 化简法（Quine-McCluskey method）进行化简。Q-M 化简法有固定的模式，特别适合用计算机编程来实现。

在讲述 Q-M 化简法的基本原理和具体方法之前，首先定义三个概念。

1. 蕴涵项

逻辑函数与或表达式中的每个乘积项称为蕴涵项（implicant term）。根据蕴涵项的定义可知，用卡诺图化简逻辑函数时，每个圈对应一个蕴涵项。

2. 质蕴涵项

如果逻辑函数中的一个蕴涵项不是其他蕴涵项的子集，那么该蕴涵项称为质蕴涵项（prime implicant term）。用卡诺图化简逻辑函数时，如果一个圈不可能被更大的圈所覆盖，那么这个圈对应的乘积项为质蕴涵项。

3. 本质蕴涵项

如果逻辑函数的一个质蕴涵项至少包含的一个最小项没有被其他质蕴涵项所包含，那么该质蕴涵项称为本质蕴涵项（essential prime implicant term）。用卡诺图化简逻辑函数时，如果一个圈至少包含的一个 1 没有被其他圈所圈中，那么这个圈所对应的乘积项即为本质蕴涵项。

Q-M 化简法的基本原理和卡诺图化简法相同，仍然是基于最小项的性质（4），通过不断地合并相邻最小项寻找本质蕴涵项，从而得到逻辑函数的最简与或式。

下面以例 2-16 中四变量逻辑函数 $Y=A'B'C'D+A'BD'+ACD+AB'$ 的化简为例，说明 Q-M 化简法的具体方法。

（1）将逻辑函数展开为标准与或式，并将每个最小项用编号表示。

$$\begin{aligned}Y&=A'B'C'D+A'BD'+ACD+AB'\\&=A'B'CD'+A'B(C+C')D'+A(B+B')CD+AB'(C+C')(D+D')\\&=A'B'C'D+A'BCD'+A'BC'D'+ABCD+AB'CD+AB'CD'\end{aligned}$$

$$+AB'C'D+AB'C'D'$$
$$=\sum m(1,4,6,8,9,10,11,15)$$

(2)根据最小项编号中所含 1 的个数进行分组列表,如表 2-16 所示。

表 2-16 最小项分组与编号表

分组	最小项编号	二进制形式	对应最小项
1	1	0001	$A'B'C'D$
	4	0100	$A'BC'D'$
	8	1000	$AB'C'D'$
2	6	0110	$A'BCD'$
	9	1001	$AB'C'D$
	10	1010	$AB'CD'$
3	11	1011	$AB'CD$
4	15	1111	$ABCD$

(3)合并乘积项,找出质蕴涵项。因为相邻最小项中所包含 1 的个数相差 1,因此需要将每组中最小项与相邻组中的最小项逐一进行比较,如果仅有一个因子不同,则合并成一项并消去一对因子。然后,在二进制形式中将消去的因子用“—”表示,并编号结果填入下一列中,如表 2-17 所示,得到 $n-1$ 变量的乘积项。同时,在第一列中将已经合并的最小项打“√”进行标注。

表 2-17 列表合并蕴涵项

合并前(n 变量最小项)			第一次合并后($n-1$ 变量乘积项)			第二次合并后($n-2$ 变量乘积项)		
编号	形式 ABCD	标注	编号	形式 ABCD	标注	编号	形式 ABCD	标注
1	0001	√	(1,9)	—001	P_1	(8,9,10,11)	10——	P_5
4	0100	√	(4,6)	01—0	P_2			
8	1000	√	(8,9)	100—	P_3			
6	0110	√	(8,10)	10—0	√			
9	1001	√	(9,11)	10—1	√			
10	1010	√	(11,15)	1—11	P_4			
11	1011	√						
15	1111	√						

按照同样的方法,合并第二列中所有可以合并的乘积项,将合并后的结果填入第三列中,得到 $n-2$ 变量的乘积项。依次类推进行合并,直到不能再合并为止。

列表中凡是没有打“√”的乘积项为该逻辑函数的质蕴涵项,分别用 $P_1 \sim P_5$ 表示。

(4)寻找本质蕴涵项,从而得到最简与或式。将合并过程中不能再合并的质蕴涵项相加,得到逻辑函数的表达式

$$Y=P_1+P_2+P_3+P_4+P_5$$

但是,上述表达式并不一定是最简与或式。为了进一步进行化简,需要将质蕴涵项中所包含的最小项列成表 2-18 所示的形式,寻找本质蕴涵项。

表 2-18 寻找本质蕴涵项

P_i	m_i							
	15	1	4	6	8	9	10	11
P_1	1				1			
P_2		1	1					
P_3					1		1	
P_4							1	1
P_5				1	1	1	1	

从表中可以看出,乘积项 P_3 包含的两个最小项全部包含在 P_5 中,因此乘积项 P_1、P_2、P_4 和 P_5 已经覆盖了逻辑函数的所有最小项,为本质蕴涵项,所以逻辑函数的最简与或式表示为

$$\begin{aligned} Y &= P_1+P_2+P_4+P_5 \\ &= B'C'D+A'BD'+ACD+AB' \end{aligned}$$

从上例的化简过程可以看出,Q-M 化简法的过程虽然比较繁琐,但是有固定的处理化简流程,并且适用于复杂逻辑函数的化简,因此在数字系统的计算机辅助分析与设计中广泛应用。

2.7 无关项及其应用

n 变量逻辑函数的输入变量共有 2^n 个取值。但是,对于一些具体的实际问题,有些输入变量的取值组合并没有实际意义。例如,在图 2-32 所示的水箱中设置了 3 个水位检测元件 A、B、C,当水位高于检测元件时,检测元件输出为 0,当水位低于检测元件时,检测元件输出为 1。

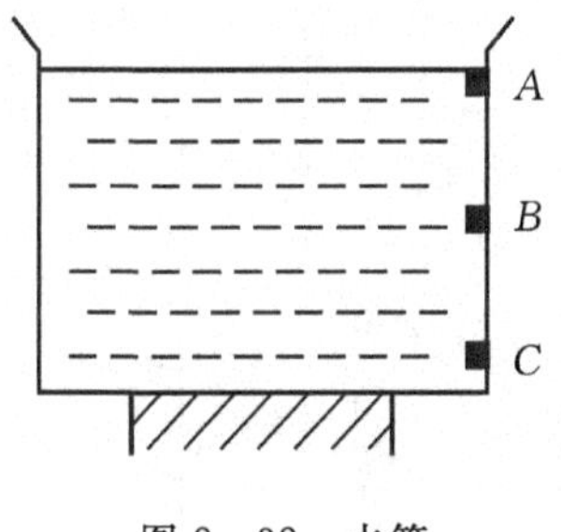

图 2-32 水箱

根据物理知识可知，水位只会出现以下四种情况：①高于 A 点；②在 A、B 之间；③在 B、C 之间；④低于 C 点。因此，检测元件 A、B、C 只有 000、100、110 和 111 四种取值组合，其余 4 种取值 001、010、011、101 是不可能出现的，而且也没有实际意义。在这种情况下，称变量 A、B、C 为一组具有约束的变量，将不可能出现的这 4 种取值组合所对应的最小项称为该问题的约束项。

根据最小项的性质可知，在 ABC 正常取值（000、100、110 和 111）的情况下，约束项的值恒为 0，即：

$$\begin{cases} A'B'C=0 \\ A'BC'=0 \\ A'BC=0 \\ AB'C=0 \end{cases}$$

所以

$$A'B'C+A'BC'+A'BC+AB'C=0$$

上式称为该逻辑问题的约束条件（或约束方程）。

由于在正常取值的情况下，约束项的值恒为 0，所以将约束项写入函数表达式或者不写入，对逻辑函数并没有影响。但是，用卡诺图表示逻辑函数时则有差异，写入约束项时应该在对应的格子中填 1，不写入时填 0。也就是说，在卡诺图中约束项对应的格子中填入 1 或者 0 都可以，通常填入“×”表示既可以取 1 也可以取 0。

有时还会遇到另外一些实际问题，在变量的某些取值下定义函数值为“1”或者为“0”并不影响电路的逻辑功能，那么这些取值所对应的最小项称为该逻辑问题的任意项。

在逻辑代数中，约束项和任意项统称为无关项（don't care term），用 d 表示。关于无关项在逻辑设计中的作用，通过下面具体的设计示例进行说明。

【例 2-20】 设计 8421 码四舍五入电路，要求电路尽量简单。

设计过程 8421 码是用二值数码表示的十进制数，共有 0000、0001、…、1000 和 1001 十种取值，分别表示十进制数的 0～9。若将 8421 码的 4 位数分别用逻辑变量 A、B、C、D 表示，四舍五入的结果用 Y 表示，并且规定 $Y=1$ 表示“入”，$Y=0$ 时表示“舍”，则该逻辑问题的真值表如表 2-19 所示。

表 2-19 例 2-20 真值表

$A\ B\ C\ D$	Y
0 0 0 0	0
0 0 0 1	0
0 0 1 0	0
0 0 1 1	0
0 1 0 0	0
0 1 0 1	1
0 1 1 0	1
0 1 1 1	1

续表

$A\ B\ C\ D$	Y
1 0 0 0	1
1 0 0 1	1
1 0 1 0	×
1 0 1 1	×
1 1 0 0	×
1 1 0 1	×
1 1 1 0	×
1 1 1 1	×

由于 8421 码不会取 1010、1011、…、1110 和 1111 这六种取值，所以在这六种取值下，规定 Y 为 1 或为 0 均可，并不影响电路的功能。因此，这六种取值对应的最小项称为该逻辑问题的任意项。

由真值表画出逻辑函数的卡诺图，如图 2－33(a)所示。图中的“×”表示该最小项对应的函数取值既可以看作 1，也可看作 0，所以最简的化简方法如图 2－33(b)所示。

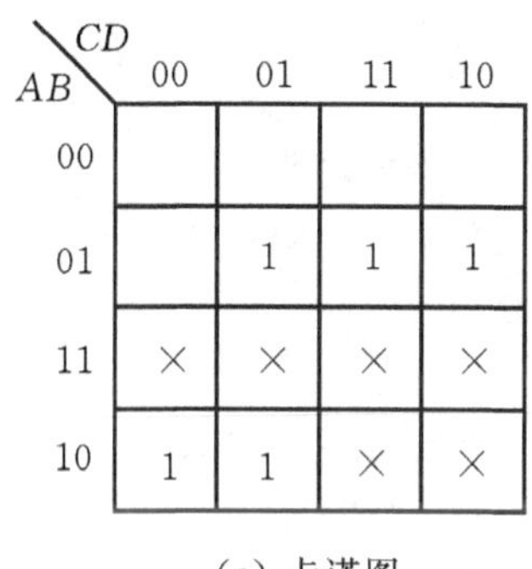

(a) 卡诺图

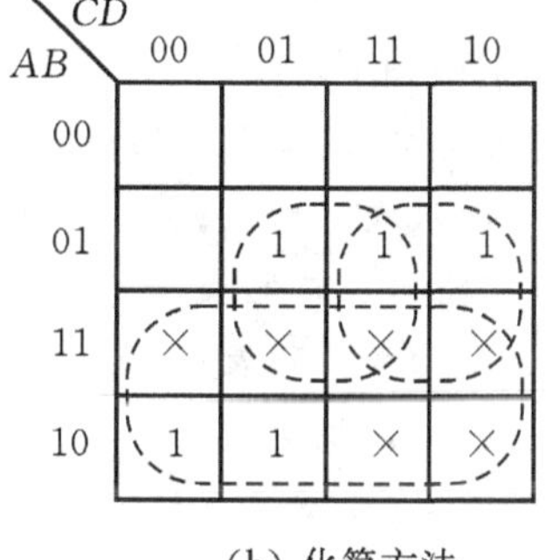

(b) 化简方法

图 2－33　例 2－20 卡诺图

因此，最简与或表达式为

$$Y=A+BC+BD$$

按上述逻辑式即可画出实现 8421 码四舍五入功能的逻辑电路，如图 2－34 所示。

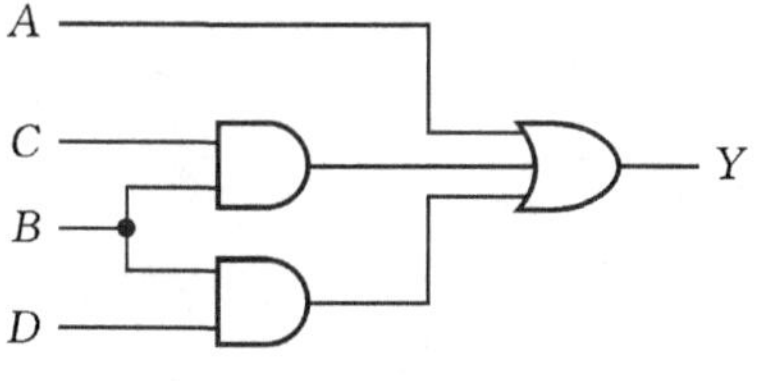

图 2－34　例 2－20 设计图

2.8* 硬件描述语言

硬件描述语言(hardware description language,HDL)是从高级程序语言发展而来的,用形式化方法描述数字电路和系统的行为或者结构的计算机语言,至今已有30多年的发展历史,成功地应用于数字系统设计的各个阶段。

目前广泛应用的硬件描述语言主要有Verilog HDL和VHDL两种。

Verilog HDL(简称Verilog)是从C语言发展而来的广泛应用的硬件描述语言,继承了C语言简洁、高效的特点。1995年,IEEE为Verilog HDL发布了IEEE Std 1364™—1995(简称Verilog—1995)标准。2001年,IEEE发布了IEEE Std 1364™—2001(简称Verilog—2001)标准,对Verilog进行扩充和修订,提高了其系统级建模能力和可综合性能,使得其在集成电路设计、数字信号处理以及通信系统设计中得到广泛应用。

本书以Verilog HDL—1995/2001标准为基础,讲述Verilog HDL模块的基本结构、语言要素、操作符、逻辑功能描述方法和应用。

2.8.1 模块的基本结构

模块是Verilog的基本单元,由模块声明、端口类型定义、数据类型定义和功能描述等多个部分构成。

模块的基本结构如下:

```
module  模块名(端口列表);                    //模块声明
  input  输入端口列表;                       //端口类型定义
  output  输出端口列表;
  inout  双向端口列表;
  wire  线网名,线网名,…;                    //数据类型定义
  reg  变量名,变量名,…;                     //功能描述
  assign  线网名 = 表达式;                   //数据流描述
  always  语句块;                            //行为描述
  调用模块名  例化模块名(端口列表);          //结构描述
endmodule
```

1. 模块声明

模块声明包括模块名和端口列表两部分,由关键词module开始,以关键词endmodule结束。

模块声明的语法格式为:

```
module  模块名(端口列表);
  ……
endmodule
```

其中模块名是模块唯一的标识,端口列表用于描述模块对外的I/O口。

模块的所有代码必须应书写于关键词module和endmodule之间,包括端口类型定义、数据类型定义以及逻辑功能描述等部分。

2. 端口类型定义

Verilog HDL 支持 input、output 和 inout 三种端口类型，其中 input 定义模块从外界读取数据的输入口，output 定义模块往外界送出数据的输出口，inout 则定义既支持数据的输入双支持数据输出的双向口。

端口类型说明的语法格式为：

```
input [msb:lsb]    端口名 x1,端口名 x2,…;
output [msb:lsb]   端口名 y1,端口名 y2,…;
inout [msb:lsb]    端口名 z1,端口名 z2,…;
```

其中 msb 和 lsb 用于定义端口的位宽，例如“[3:0]”或者“[4:1]”表示端口的位宽为 4 位。没有定义位完时，默认为 1 位。

3. 数据类型定义

数据类型定义用于指定模块端口的类型，或者定义模块中的物理连线或者具有存储作用的数据单元。其语法格式为：

```
wire [msb:lsb]   线网名 1,线网名 2,…;
reg [msb:lsb]    变量名 1,变量名 2,…;
```

其中 wire 为常用的线网类型，用于定义电路中的信号连线，reg 为寄存器类型，用于定义具有数据存储功能的变量。例如：

```
wire din;          //定义 din 为线网类型
reg [7:0] dout;    //定义 dout 为 8 位寄存器变量
```

4. 功能描述

功能描述用于定义模块的功能或者结构。Verilog HDL 支持数据流描述、行为描述和结构描述三种功能描述方法。

(1)数据流描述。数据流描述使用连续赋值语句，通过在关键词 assign 后加函数表达式的方法描述电路的逻辑功能。例如：

```
assign y1 = a&& b;     //描述二输入与逻辑 y1 = a · b
assign y2 = a || b;    //描述二输入或逻辑 y2 = a + b
assign y3 = ! a;       //描述非逻辑 y3 = a′
assign y4 = a^b;       //描述异或非逻辑 y4 = a⊕b
```

(2)行为描述。行为描述使用过程语句对模块的功能进行描述。always 语句是 verilog 中最具有特色的过程语句，反复执行，内部用 if…else、case 等高级语句来定义模块的功能。例如，用 always 语句描述异或和同或逻辑：

```
always @(a,b)
  case({a,b})  //y1:异或逻辑,y2:同或逻辑
    2'b00:  begin y1 = 1'b0;y2 = 1'b1;end
    2'b01:  begin y1 = 1'b1;y2 = 1'b0;end
    2'b10:  begin y1 = 1'b1;y2 = 1'b0;end
    2'b11:  begin y1 = 1'b0;y2 = 1'b1;end
    default:begin y1 = 1'b0;y2 = 1'b0;end
```

```
    endcase
```

其中“{}”为拼接操作符，表示将 a 和 b 连接在一起，作为一个整体应用。

(3)结构描述。结构描述是调用 Verilog 中内置的门级原语(primitive，门级或开关级元件)或者用户定义的功能模块来描述模块内部器件与器件之间，或者模块与模块之间的连接关系，侧重于对模块或者系统的结构进行描述。

结构描述的语法格式为：

调用的基元或者模块名[例化名](端口关联列表)；

例如：

```
nand U1(y1,a,b,c);      //调用基元 nand,描述三输入与非逻辑 y1 = (abc)′
nor U2(y2,a,b,c);       //调用基元 nor,描述三输入或非逻辑 y2 = (a + b + c)′
```

2.8.2 Verilog 语法元素

1. 空白符与注释

空白符(white space)在 Verilog 中起分隔作用，包括空格、Tab 键、换行符和换页符。和 C 语言一样，在 Verilog HDL 中适当插入空白符，可以增加代码的可阅读性。

注释(comments)分为单行注释和多行注释两种，与 C 语言完全相同。单行注释以“//”开始到行尾结束。多行注释以“/ * ”开始，以“ * /”结束。注意多行注释不允许嵌套。

2. 取值集合

Verilog HDL 为线网和变量定义了 4 种基本取值，具体的符号和含义如表 2-20 所示，其中 x 和 z 是不区分大小写。

表 2-20 Verilog HDL 中的 4 种基本取值

逻辑取值	含义
0	逻辑 0、逻辑假
1	逻辑 1、逻辑真
x/X	未知(不确定的值)
z/Z	高阻状态

3. 常量表示方法

Verilog HDL 中取值不变的量称为常量(constant)。常量可分为整数常量、实数常量和字符串三种类型。

(1)整数常量。整数(integer)常量的定义格式为：

<±><位宽>′<基数符号><数值>

其中

±：表示数值的正负，为正时可以省略；

位宽：为十进制数，定义该数值用二进制数表示时的位数；

基数符号：定义数值的表示形式，可为 b 或 B(二进制)、o 或 O(八进制)、d 或 D(十进制)和 x 或 X(十六进制)。

数值:基数符号确定的数字序列。

整数常量用于表示有符号数。正数的符号可以省略。例如:

```
4'b1001    //4 位二进制数,数值为 1001
5'd23      //5 位二进制数,数值为十进制数 23
-8'd6      //8 位二进制有符号数,值为-6(用补码表示)
```

下划线"_"可以添加在常量中,以增加数据的可阅读性。例如:

16'b0001001101111111 可以书写成 16'b0001_0011_0111_1111。

(2)实数常量。实数(real)常量用于表示延时、仿真时间等物理参数。用十进制或科学计数法表示。例如:

```
1.0          //十进制数 1.0
3.1415926    //十进制表示
123.45e2     //科学计数法,值为 12345(e 也可以用大写字母)
1.2e-2       //科学计数法,值为 0.012
```

(3)字符串。字符串(strings)定义为双引号内的字符序列。在 Verilog 中,字符串用 ASCII 码序列表示,保存在 reg 类型的变量中。例如:

```
reg [1:8*12] str;
str = "Hello World!";
```

(4)参数定义语句。为了提高代码的可阅读性和可维护性,Verilog HDL 允许使用参数定义语句定义常量,用标识符来代替具体的常量值,指定数据的位宽、定义参量和状态编码等。

参数定义语句的语法格式如下:

parameter　参数名 1=数值或表达式 1,参数名 2=数值或表达式 2,…;

localparam　参数名 1=数值或表达式 1,参数名 2=数值或表达式 2,…;

例如:

```
parameterMSB = 7,LSB = 0;     //定义参数 MSB 和 LSB,值分别为 7 和 0
localparam DELAY = 10;        //定义参数 DELAY,值为 10
……
reg [MSB:LSB] reg_a;          //引用参数 MSB 和 LSB 定义位宽
and #DELAY(y,a,b);            //引用参数 DELAY 定义延迟时间
```

4. 标识符与关键词

标识符(identifier)是用户定义的,用来表示常量、信号/变量、参数或者模块的名称。

Verilog HDL 中的标识符取名应符合以下基本规范:①由字母、数字、$ 和_(下划线)组成;②以字母或下划线开头,中间可以使用下划线,但不能连续使用下划线,也不能以下划线结束;③长度小于 1024。

和 C 语言一样,Verilog HDL 中的标识符是区分大小写的。例如,MAX、Max 和 max 是三种不同的标识符。

Verilog HDL 预定义了一系列保留标识符,称为关键词(keywords),仅用于表示特定的含义,如 module、endmodule、input、output、inout、wire、reg、integer、real、initial、always、begin、end、if、else、case、casex、casez、endcase、for、repeat、while 和 forever 等。需要注意的

是，用户定义的标识符不能和关键词重名。

2.8.3 数据类型

数据类型（data type）用于对硬件电路中的物理连线和具有存储作用的数据单元进行描述。Verilog HDL 定义了线网（net）和变量（variable）两种数据类型。

1. 线网类型

线网表示硬件电路中的物理连线，其定义的语法格式为：

```
线网类型名[msb:lsb]  线网名 1,线网名 2,…,线网名 n;
```

其中线网类型名是指线网的具体类型，msb 和 lsb 是用于定义线网位宽的常量表达式，默认为 1 位。

wire 和 tri 是常用的两种线网类型。wire 用于定义硬件电路中的信号连线，tri 则用于描述多个驱动源驱动同一网络的总线结构。

2. 变量类型

变量表示抽象的数据存储单元。变量被赋值后，其值能够保持到下一次赋值时为止。可综合的变量有寄存器变量和整型变量两种类型。

(1)寄存器变量。寄存器变量用关键词 reg 定义，表示具有存储作用的数据单元。

寄存器变量定义的语法格式为：

```
reg [msb:lsb] 变量名 1,变量名 2,…变量名 n;
```

其中 msb 和 lsb 用于定义变量位宽的常量表达式，默认为 1。例如：

```
reg [3:0] cnt_q;                    //定义 cnt_q 为 4 位寄存器变量
reg qtmp;                           //定义 qtmp 为 1 位寄存器变量
reg [0:31] reg_A,reg_B,reg_C;       //定义三个 32 位寄存器变量
```

寄存器变量用于存储无符号数。当寄存器变量被赋值为负数时，仍会被解释为无符号数。例如：

```
reg [3:0] tmp;
tmp = 5;        //tmp 的值为 0101
tmp = -2;       //tmp 的值为 1110(-2 补码的数值),按无符号数 14 处理
```

(2)整型变量。整型变量用关键词 integer 定义，用于存储有符号数，具体数值以二进制补码的形式表示。

整型变量定义的语法格式为：

```
integer 变量名 1,变量名 2,…变量名 n[msb:lsb];
```

其中 msb 和 lsb 用于定义整数变量位宽的常量表达式，默认为 32 位。例如：

```
interger i;     //定义 i 为整数变量
…
i = -6;             //i 值为 32'b1111…11010
```

3. 标量与矢量

在 Verilog HDL 中，位宽为一位称为标量，位宽大于一位的称为矢量。

对矢量进行说明时，矢量范围用括在中括号内的一对整数表示，中间用冒号隔开。例

如：

```
reg [7:0] reg_a;            //8 位寄存器变量
wire [7:0] bus_a,bus_b;     //8 位线网
wire a,b;                   //1 位线网
reg c,d,e;                  //1 位寄存器变量
```

可按位或部分位赋值的矢量称为标量类矢量，用关键词 scalared 表示，相当于多个一位标量的集合，是使用最多的一类矢量。不能按位或部分位赋值的矢量称为矢量类矢量，用关键词 vectored 表示。例如：

```
reg scalared [7:0] io_port;        //io_port 被定义成标量类变量
wire vectored [15:0] data_bus;     //data_bus 被定义成矢量类线网
```

标量类矢量的声明可以省略，即没有关键词 scalared 或 vectored 的矢量均将被解释成标量类矢量。

本章小结

本章主要讲述逻辑代数的基本概念和逻辑运算、逻辑代数中的基本公式和常用公式、逻辑代数中的三种规则、逻辑函数的表示方法、逻辑函数的标准形式、逻辑函数的化简以及无关项在逻辑函数化简中的应用共七部分内容。

逻辑代数是处理事物因果关系的数学，定义了与、或、非、与非、或非以及异或和同或七种逻辑运算，其中异或逻辑和同或逻辑为两变量逻辑函数。

逻辑代数中的基本公式包括 0 律和 1 律，重叠律、互补律和还原律，交换律、结合律和分配律以及德·摩根定理，其中德·摩根定理反映了与逻辑和或逻辑之间的内在联系和转化关系，应用于逻辑函数形式的变换。

逻辑代数中的常用公式是指由基本公式推导出来的实用公式，包括吸收公式、并项公式、消因子公式和消项公式，主要用于逻辑函数的公式法化简。

逻辑代数有代入、反演和对偶三种基本规则。代入规则能够扩大逻辑等式的应用范围，反演规用于求解逻辑函数的反函数，而对偶规则是逻辑代数内在特性的表现。

逻辑函数是表示事物逻辑关系的函数，有真值表、函数表达式、逻辑图、卡诺图和波形图五种表示方法，其中真值表、函数表达式和逻辑图是逻辑函数三种的基本表示方法。卡诺图既可以表示函数，还方便化简逻辑函数，在三变量和四变量逻辑函数的化简中应用广泛。

逻辑函数有两种标准形式：标准与或式和标准或与式。两种标准形式与逻辑函数的真值表存在对应关系，可以从真值表中直接推出。

逻辑函数的化简有公式法、卡诺图法和 Q-M 化简法三种方法。公式法是应用逻辑代数中的基本公式和常用公式化简逻辑函数。卡诺图法具有直观、形象的优点，适合于三变量和四变量逻辑函数的化简。Q-M 法是基于列表的逻辑函数化简方法，具有固定的处理模式，适合于应用计算机进行化简，因而在计算机辅助分析和设计中应用广泛。

无关项是指实际问题中的约束项和任意项，合理使用无关项可以简化逻辑电路设计，提高电路工作的可靠性。

习 题

2.1 用真值表证明下列等式。

(1)$A+A'B=A+B$

(2)$AB+A'C+BC=AB+A'C$

(3)$A(B\oplus C)=(AB)\oplus(AC)$

(4)$A'\oplus B=A\oplus B'=(A\oplus B)'$

2.2 用公式化简下列各式。

(1)$AB(A+BC)$

(2)$A'BC(B+C')$

(3)$(AB+A'B'+A'B+AB')'$

(4)$(A+B+C')(A+B+C)$

(5)$AC+A'BC+B'C+ABC'$

(6)$ABD+AB'CD'+AC'DE+AD$

(7)$(A\oplus B)C+ABC+A'B'C$

(8)$A'(C\oplus D)+BC'D+ACD'+AB'C'D$

(9)$(A+A'C)(A+CD+D)$

2.3 对于下列逻辑式，变量 ABC 取哪些值时，逻辑函数 Y 的值为 1?

(1)$Y=(A+B)C+AB$

(2)$Y=AB+A'C+B'C$

(3)$Y=(A'B+AB')C$

2.4 求下列逻辑函数的反函数。

(1)$Y=AB+C$

(2)$Y=(A+BC)C'D$

(3)$Y=(A+B')(A'+C)AC+BC$

(4)$Y=AD'+A'C'+B'C'D+C$

2.5 将下列各函数式化为标准与或式。

(1)$Y=A'BC+AC+B'C$

(2)$Y=AB'C'D+BCD+A'D$

(3)$Y=(A+B')(A'+C)AC+BC$

2.6 用卡诺图化简下列逻辑函数。

(1)$Y=AC'+A'C+BC'+B'C$

(2)$Y=ABC+ABD+C'D'+AB'C+A'CD'+AC'D$

(3)$Y=(AC+A'BC+B'C)'+ABC'$

(4)$Y=AB'CD+D(B'C'D)+(A+C)CD'+A'(B'+C)'$

(5) $Y(A,B,C,D)=\sum m(3,4,5,6,9,10,12,13,14,15)$

(6)$Y(A,B,C,D)=\sum m(0,2,5,7,8,10,13,15)$

(7) $Y(A,B,C,D)=\sum m(1,4,6,9,13)+\sum d(0,3,5,7,11,15)$

(8) $Y(A,B,C,D)=\sum m(2,4,6,7,12,15)+\sum d(0,1,3,8,9,11)$

2.7 将下列逻辑函数化为“与非-与非”式，并画出相应的逻辑图。

(1) $Y=AB+BC$

(2) $Y=(A(B+C))'$

(3) $Y=(ABC'+AB'C+A'BC)'$

2.8 用真值表和卡诺图表示逻辑函数 $Y=A'B+B'C+AC'$，并用与非逻辑实现。

2.9 分析如图题 2.9 所示逻辑电路，写逻辑函数 Y 的表达式。

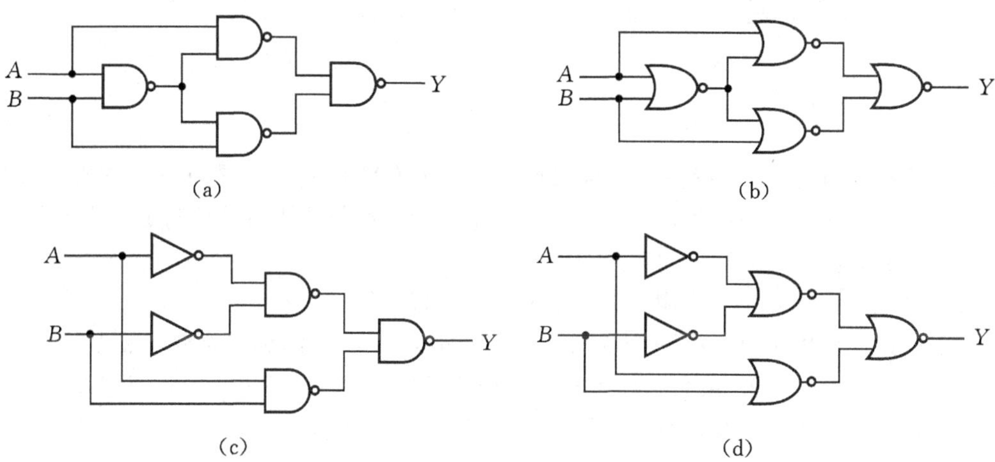

图题 2.9

2.10 分析图题 2.10 所示的逻辑电路，写出 Y_1 和 Y_2 的函数表达式，列出真值表。

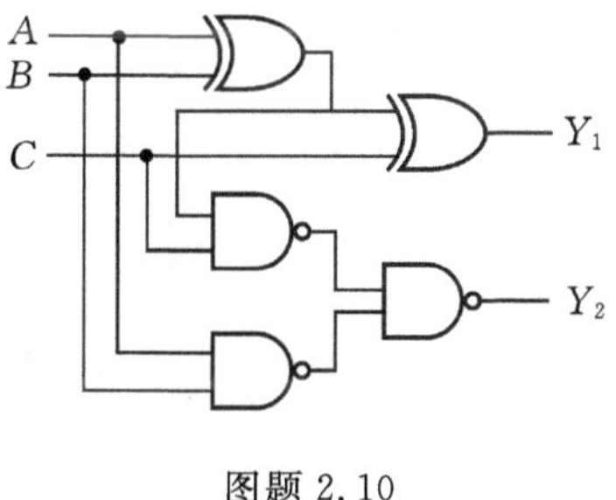

图题 2.10

2.11 用异或和与逻辑实现下列逻辑函数，画出逻辑图。

$W=A\oplus B\oplus C$

$X=A'BC+AB'C$

$Y=ABC'+(A'+B')C$

$Z=ABC$

2.12 用与非逻辑实现异或逻辑关系 $Y=A\oplus B$，画出逻辑图。

2.13 按下列要求实现逻辑关系 $Y(A,B,C,D)=\sum m(1,3,4,7,13,14,15)$，画出逻辑图。

(1)用与非逻辑实现;

(2)用或非逻辑实现;

(3)用与或非逻辑实现。

2.14 电路如图题2.14所示。若规定开关闭合为1,断开为0;灯亮为1,灯灭为0。列出Y_1和Y_2的真值表,并写出函数表达式。

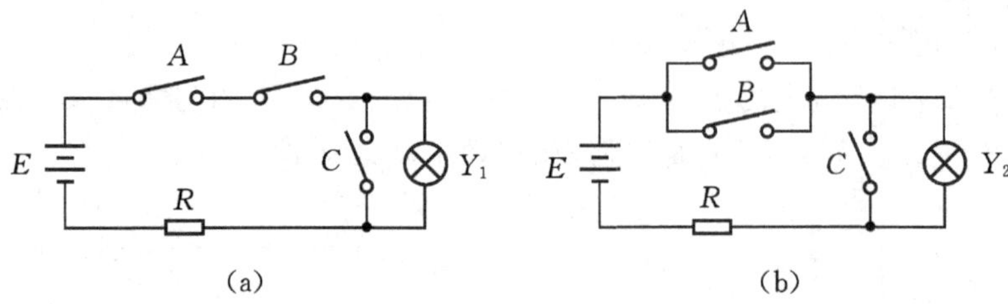

图题2.14

2.15 旅客列车分为动车、特快和快车三种。车站发车的优先顺序是:动车、特快和快车。在同一时间车站只能给出一班列车的发车信号。用与非逻辑设计满足上述要求的逻辑电路,为列车提供发车信号。

2.16 设计循环码到四位二进制码的转换电路,画出逻辑图。

2.17 若一组变量中不可能有两个或两个以上变量同时为1,则称这组变量相互排斥。在变量A、B、C、D、E相互排斥的情况下,证明逻辑式$AB'C'D'E'=A$、$A'BC'D'E'=B$、$A'B'CD'E'=C$、$A'B'C'DE'=D$和$A'B'C'D'E=E$成立。

第3章　门电路

在数字电路中，用来实现基本逻辑关系和复合逻辑关系的单元电子线路称为门电路(gates)。门电路的取名源于它们能够控制数字信息的流动。

逻辑代数中定义了与、或、非、与非、或非、异或和同或七种逻辑运算，相应地，实现上述逻辑关系的门电路分别称为与门、或门、非门、与非门、或非门、异或门和同或门。由于非门的输出与输入状态相反，因此习惯上称为反相器(inverter)。

在门电路中，用高电平和低电平表示逻辑代数中的0和1。所谓电平，是指针对电路中某一特定的参考点(一般为“地”)，电路的输入、内部节点或者输出电位的高低。

门电路主要分为TTL门电路和CMOS门电路两大系列。TTL门电路的电源电压规定为5 V，定义0～0.8 V为低电平、2.0～5.0 V为高电平，如图3-1(a)所示，而0.8～2.0 V则认为是高、低电平之间的不确定状态。CMOS门电路的电源电压范围宽，具体数值与系列有关。当CMOS门电路的电源电压取5 V时，定义0～1.5 V为低电平、3.5～5.0 V为高电平，如图3-1(b)所示，而1.5～3.5 V则认为是高电平和低电平之间的不确定状态。

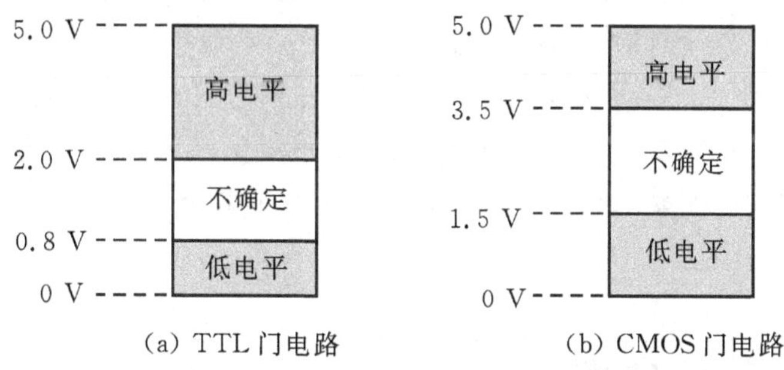

(a) TTL门电路　　(b) CMOS门电路

图3-1　逻辑电平的定义

用高、低电平表示逻辑代数中的0和1有两种方法，如图3-2所示。用高电平表示逻辑1、用低电平表示逻辑0，称为正逻辑赋值，简称正逻辑；用高电平表示逻辑0、用低电平表示逻辑1，称为负逻辑赋值，简称负逻辑。两种表示方法等价，为思维统一起见，本书默认采用正逻辑。

在门电路中，高、低电平通过如图3-3所示的开关电路产生。图中S、S_1和S_2为电子开关。为方便讨论，设电源电压V_{CC}为5 V。

对于图3-3(a)所示的单开关模型，当输入信号控制开关S闭合时输出v_O为低电平，断开时通过上拉电阻使输出$v_O=V_{CC}$，为高电平。

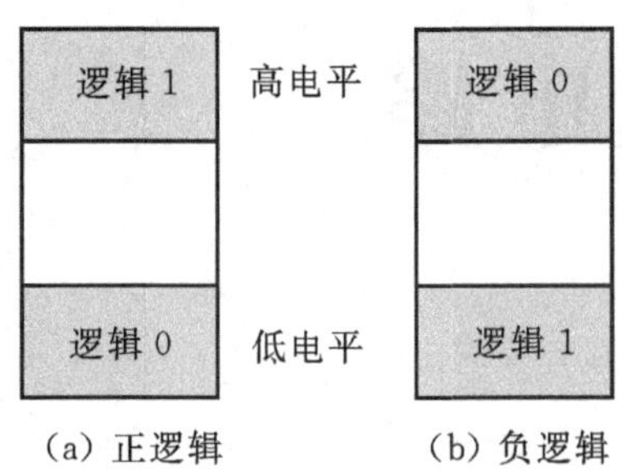

图 3-2 正/负逻辑赋值法

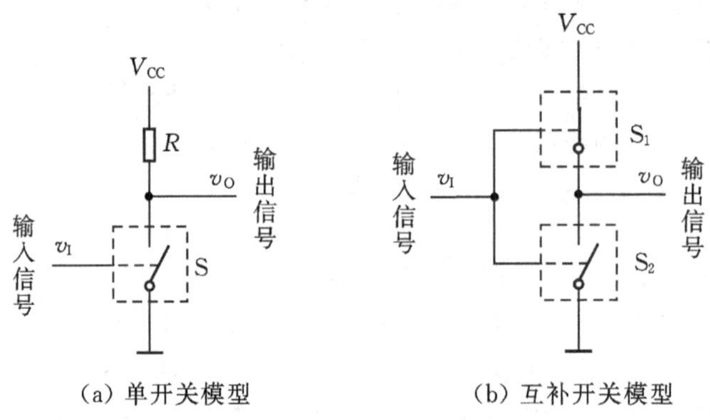

图 3-3 两种开关电路模型

对于图 3-3(b)所示的互补开关模型，输入信号控制开关 S_1 闭合、S_2 断开时，v_O 输出为高电平，控制 S_1 断开、S_2 闭合时 v_O 输出为低电平。

图 3-3 所示电路中的电子开关可以用二极管、三极管或者场效应管实现。这是因为二极管在外加正向电压时导通，外加反向电压时截止，能够实现开关的功能，而工作在饱和区和截止区的三极管同样能够实现开关的功能。场效应管作为电子开关的原理与三极管类似。

3.1 分立器件门电路

门电路可以基于二极管、三极管或场效应管这些分立器件设计。二极管可以构成与门和或门，而非门则需要基于三极管或者场效应管设计。

常用硅二极管的伏安特性如图 3-4 所示。从特性曲线可以看出，二极管在外加反向电压但还未达到击穿电压时只有非常小的漏电流流过(一般为 pA 级)，分析时漏电流完全可以忽略不计，认为二极管是截止的；二极管在外加正向电压并高于阈值电压时导通，则会有明显的电流流过。对于硅二极管来说，阈值电压一般在 0.5 V 左右。

二极管为非线性元件，在近似分析中通常用模型代替，以简化电路分析。图 3-5 所示是二极管常用的三种近似模型，图中的虚线表示二极管实际的伏安特性，实线则表示其模型的伏安特性。

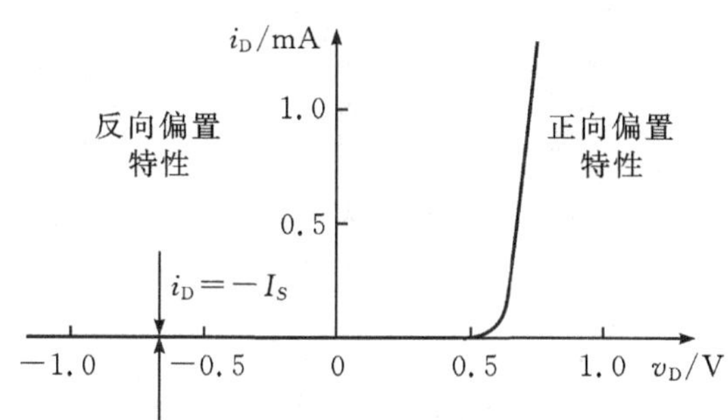

图 3-4　二极管的伏安特性

图 3-5(a)所示称为理想模型。理想模型将二极管看作为理想开关，外加正向电压($v>0$)时导通，并且导通电阻 $r_{ON}=0$，外加反向电压($v<0$)时截止，并且截止电阻 $r_{OFF}\to\infty$。

图 3-5(b)所示称为恒压降模型。恒压降模型认为二极管外加正向电压达到导通电压 V_{ON}时才会完全导通，并且导通电阻 $r_{ON}=0$，外加电压小于 V_{ON}时截止，截止电阻 $r_{OFF}\to\infty$。对于硅二极管来说，V_{ON}一般按 0.7 V 进行估算。

图 3-5(c)所示称为折线模型。折线模型考虑到二极管导通时仍有一定的导通电阻存在，即 $r_{ON}\neq0$，因此，二极管两端的正向电压 v 随着电流 i 的增大而增大。导通电阻定义为 $r_{ON}=\dfrac{\Delta v}{\Delta i}$。

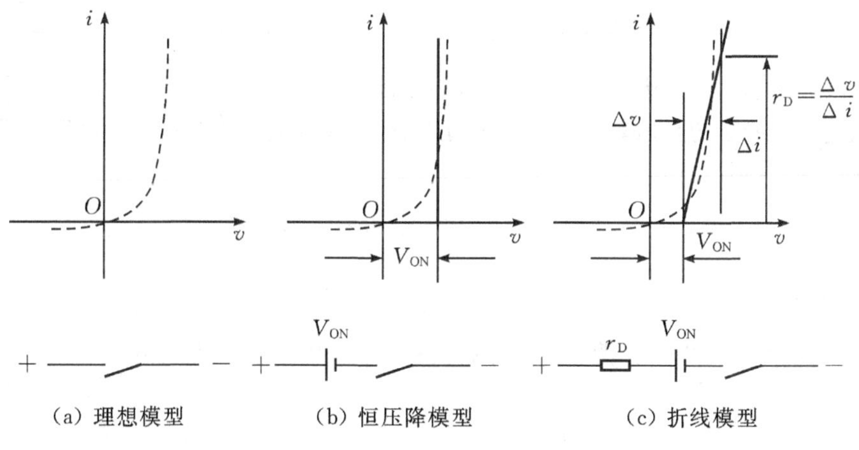

图 3-5　二极管的三种模型

由于高、低电平的定义为一段范围，而不是一个确定的数值，所以对于门电路来说，无论采用哪种模型分析都不影响逻辑关系的正确性。为方便分析，同时考虑尽量接近二极管实际的伏安特性，本节采用恒压降模型进行分析。

3.1.1　二极管与门

二输入二极管与门电路如图 3-6 所示，其中 A、B 为输入，Y 为输出。

设电源电压 $V_{CC}=5$ V，输入高电平 V_{IH}为 3 V、低电平 V_{IL}为 0 V。

两个输入端 A、B 电平的组合共有 4 种可能性：0 V、0 V；0 V、3 V；3 V、0 V；3 V、3 V。

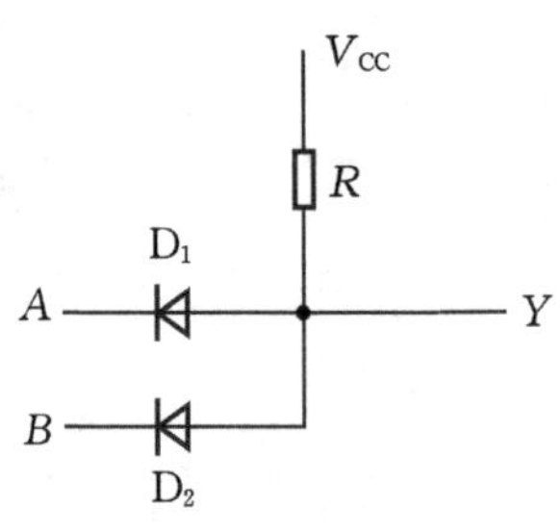

图 3-6 二输入与门

当 A、B 中至少有一个为低电平时，二极管 D_1 和 D_2 至少有一个导通。二极管的导通压降按 0.7 V 估算时，输出电平为 0.7 V；当 A、B 同时为高电平时，二极管 D_1 和 D_2 同时导通，输出电平才会抬高到 3.7 V。根据上述分析，可以得到表示门电路的输出电平与输入电平之间关系的电平表，如表 3-1 所示。

表 3-1 图 3-6 电路电平表

V_A	V_B	V_Y
0 V	0 V	0.7 V
0 V	3 V	0.7 V
3 V	0 V	0.7 V
3 V	3 V	3.7 V

表 3-2 图 3-6 电路真值表

A	B	Y
0	0	0
0	1	0
1	0	0
1	1	1

将表 3-1 所示的电平表按正逻辑赋值，即用高电平表示逻辑 1、用低电平表示逻辑 0，则转化为表 3-2 所示的真值表。从真值表可以看出，在正逻辑下，图 3-6 电路实现了与逻辑关系，故称为二极管与门。

三变量及以上二极管与门可按图 3-6 所示的电路扩展构成。

3.1.2 二极管或门

二输入二极管或门电路如图 3-7 所示，其中 A、B 为输入，Y 为输出。

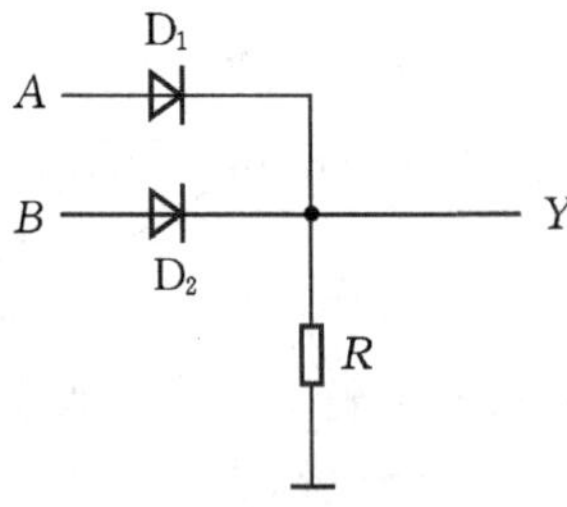

图 3-7 二输入或门

设电源电压 $V_{CC}=5$ V，输入端的高电平 V_{IH} 和低电平 V_{IL} 分别为 3 V 和 0 V。

当 A、B 中至少有一个为高电平时，二极管 D_1 和 D_2 至少有一个导通。二极管的导通压降按 0.7 V 估算时，输出电平为 2.3 V；当 A、B 同时为低电平时，二极管 D_1 和 D_2 才会同时截止。由于电路中没有电流流过，所以电阻 R 上没有压降，输出电平为 0 V。根据上述分析得到图 3-7 电路的电平表如表 3-3 所示。

将表 3-3 所示的电平表同样按正逻辑赋值，则会转化为表 3-4 所示的真值表。由真值表可以看出，在正逻辑下，图 3-7 电路实现了或逻辑关系，故称为二极管或门。

表 3-3 图 3-7 电路电平表

V_A/V	V_B/V	V_Y/V
0	0	0
0	3	2.3
3	0	2.3
3	3	2.3

表 3-4 图 3-7 电路真值表

A	B	Y
0	0	0
0	1	1
1	0	1
1	1	1

三变量及以上二极管或门可按图 3-7 所示的电路扩展构成。

二极管可以构成与门或者或门，但是无法构成反相器。非逻辑关系只有应用三极管或者场效应管才能实现。

3.1.3 三极管反相器

三极管内部有两个 PN 结：发射结和集电结。根据工作时 PN 结的极性，将三极管的工作状态分为四个区域：截止区、放大区、饱和区和倒置放大区（不常用）。

在模拟电路中，必须使三极管始终工作在放大区，而且具有合适的静态工作点，这样才可以将三极管抽象为一个电流控制的电流源（$i_C=\beta\cdot i_B$或者 $i_C=\alpha\cdot i_E$），从而在元器件参数设置合理的情况下，能够实现模拟信号的放大。在数字电路中，将三极管用做电子开关，需要在截止区和饱和区之间转换。

三极管的输入特性曲线和输出特性曲线如图 3-8 所示。

当三极管的发射结反偏或者外加正向电压但还未达到其导通电压（V_{ON}）时工作在截止区，此时即使 $V_{CE}\neq 0$，但 $I_C\equiv 0$，所以 $R_{CE}\to\infty$，抽象为开关断开。

当三极管在发射结正偏并使其工作在饱和区时，发射结和集电结同时处于正偏状态，此时 $R_{CE}\to 0$，抽象为开关闭合。

在数字电路中，三极管工作在截止或者饱和状态，称之为开关状态，而放大区则看作是开关由闭合到断开，或者由断开到闭合的过渡状态。

用三极管构成的基本开关电路如图 3-9 所示，基于图 3-3(a)所示的单开关模型实现。设电源电压 $V_{CC}=5$ V。

由于三极管工作在放大区时集电结反偏，工作在饱和区时集电结正偏，因此定义集电结零偏（即 $V_{CB}=0$）为临界饱和状态，是区分放大区和饱和区的分界线。

若将三极管处于临界饱和状态时的集电结和发射结之间的管压降和基极驱动电流分别用 V_{CES}和 I_{BS}表示（下标 S 表示 saturation，饱和），则 $I_{BS}=\dfrac{(V_{CC}-V_{CES})}{(\beta\times R_C)}$，其中 V_{CES}按 0.7 V 估算。

三极管基本开关电路的工作原理分析如下：

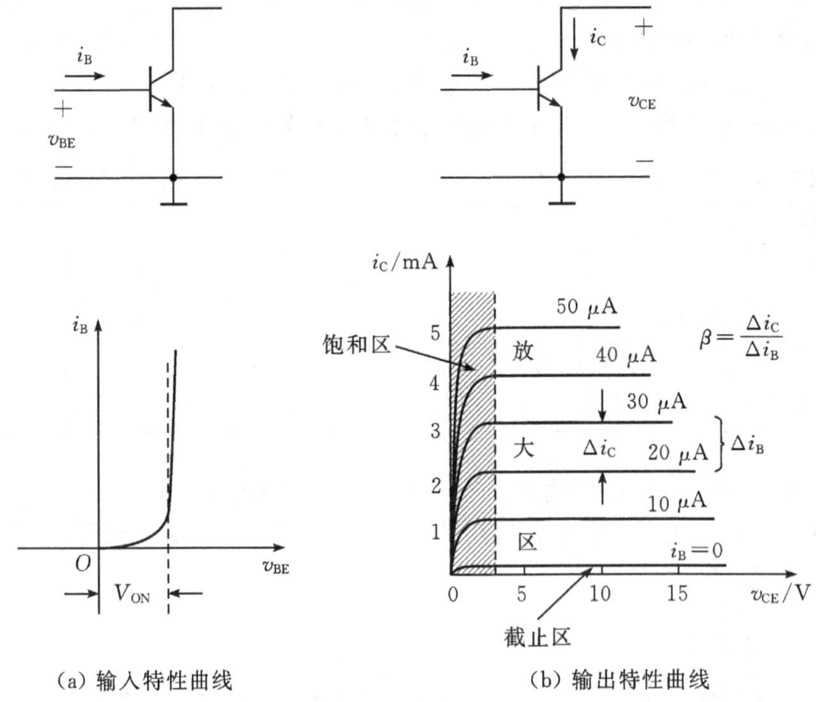

(a) 输入特性曲线　　(b) 输出特性曲线

图 3-8　三极管的特性曲线

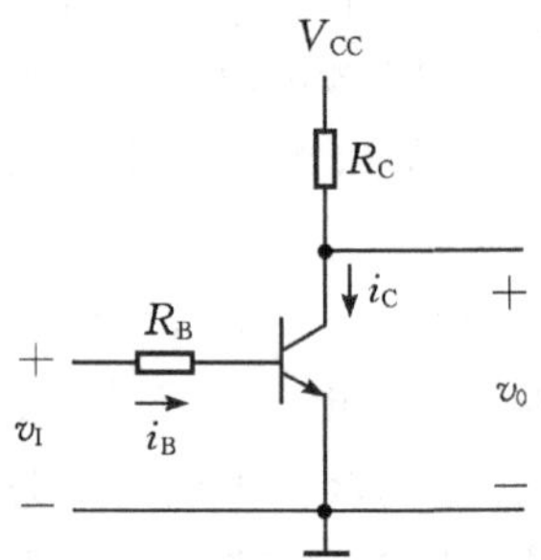

图 3-9　三极管基本开关电路

(1)当输入 $v_I=0$ V 时，发射结零偏，因此三极管截止，这时 $i_C=0$，所以输出电压 $v_O=V_{CC}-R_CI_C=V_{CC}$，为高电平。

(2)当输入 v_I 为高电平(V_{IH})时，三极管的发射结导通，这时既可能工作在放大状态，也可能工作在饱和状态，取决于基极电流 I_B 和处于临界饱和状态时所需要的基极驱动电流 I_{BS} 之间的关系。下面进一步分析。

当 $v_I=V_{IH}$ 时，三极管基极的实际驱动电流 $I_B=(V_{IH}-V_{BE})/R_B$。若 $I_B>I_{BS}$ 时，则 I_C 大于 I_{CS}(不一定成比例关系)，从而导致电阻 R_C 两端的压降增大使 $V_{CE}<0.7$ V，从而使三极管的集电结正偏而工作在饱和状态。三极管处于深度饱和($I_B\gg I_{BS}$)时 V_{CES} 为 0.1～0.2 V，所以输出 $v_O=V_{CES}$ 为低电平。

由以上分析可知，三极管基本开关电路只有在电路参数满足 $I_B>I_{BS}$ 时才能实现非逻辑关系。

由于 TTL 低电平上限为 0.8 V，对于三极管基本开关电路来说，当输入电压 $v_I=0.8$ V 时，因为三极管 T 不能可靠地截止，从而会影响门电路的性能。为此，三极管反相器采用图 3-10 所示的改进电路，其中 V_{EE} 为负电源，目的是当输入电压在低电平范围(0～0.8 V)内，三极管都能够可靠地截止。

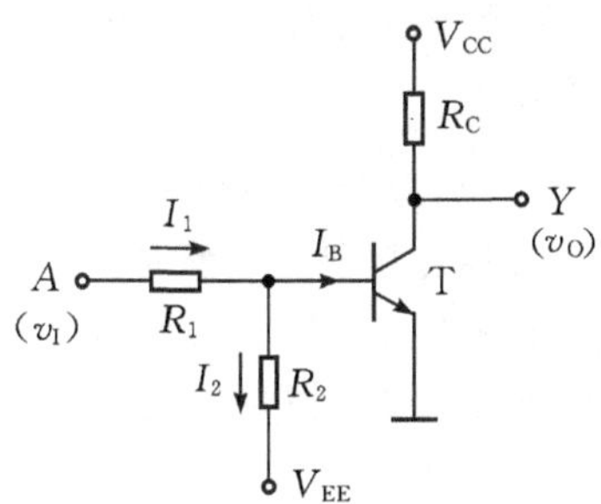

图 3-10 三极管反相器

对于图 3-10 所示的三极管反相器，当输入电压 $v_I=V_{IL}$ 时，设三极管截止，则三极管的基极电位可表示为

$$V_B=\frac{R_2}{R_1+R_2}V_{IL}+\frac{R_1}{R_1+R_2}V_{EE}$$

若 $V_B<0$ V，则三极管截止成立，输出 $v_O=V_{CC}$，为高电平。

当输入电压 $v_I=V_{IH}$ 时，设三极管导通。若将流过电阻 R_1 的电流记为 I_1、流过电阻 R_2 的电流记为 I_2，如图 3-10 所示，则三极管的实际驱动电流

$$I_B=I_1-I_2=\frac{V_{IH}-V_{BE}}{R_1}-\frac{V_{BE}-V_{EE}}{R_2}$$

若 $I_B>I_{BS}$，则三极管饱和，输出电压 $v_O=V_{CES}\approx 0.1\sim 0.2$ V，为低电平。

将二极管与门和三极管反相器级联即可构成与非门，如图 3-11 所示。这种由二极管门电路和三极管反相器复合而成的门电路称为 DTL(diode-transistor logic)门电路。

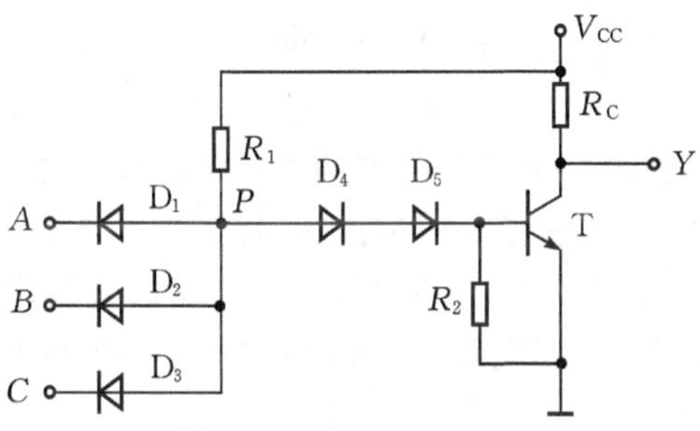

图 3-11 DTL 与非门

DTL 与非门的工作原理是：当 A、B、C 中至少有一个为低电平(0～0.8 V)时，P 点的电位(0.7～1.5 V)不足以驱动二极管 D_4、D_5 和三极管 T 导通，因而三极管 T 截止使输出 Y 为高电平；只有 A、B、C 同时为高电平(2～5 V)时，P 点的电位(约为 2.1 V)足以使二极管 D_4、D_5 和三极管 T 完全导通，因而三极管 T 饱和导通使输出 Y 为低电平。

同理，将二极管或门和三极管反相器级联可构成 DTL 或非门。

由于二极管存在正向导通压降（硅管约为 0.7 V），所以对于二极管与门来说，低电平信号经过一级与门后会抬高 0.7 V，而对于二极管或门来说，高电平信号经过一级或门后会降低 0.7 V，因此分立器件门电路难以构成性能良好的多级逻辑电路。同时，图 3－10 所示的三极管反相器电路还没有考虑到门电路的驱动能力。

讲解分立器件门电路的目的在于帮助我们理解门电路的设计原理。在进行数字系统设计时，直接应用集成门电路更为方便。

思考与练习

3－1　若将图 3－6 所示的电路按负逻辑进行赋值，将得到什么逻辑门？同样，将图 3－7 所示的电路若按负逻辑赋值时，将得到什么逻辑门？由此能够得出什么结论？

3－2　三极管工作在截止区、放大区和饱和区的条件是什么？三个工作区各有什么特点和应用？

3－3　三极管基本开关电路与三极管共射放大电路有什么本质区别？试分析说明。

3－4　对于图 3－11 所示的与非门电路，分析二极管 D_4 和 D_5 的作用。

3.2 集成逻辑门

集成门电路根据制造工艺进行划分，主要分为 TTL 门电路和 CMOS 门电路两大类，其中 TTL 门电路基于三极管工艺制造，CMOS 门电路基于 MOS 场效应管工艺制造。

TTL 门电路产生于 20 世纪 60 年代，先后有 54/74、54S/74S、54AS/74AS、54LS/74LS、54ALS/74ALS 和 74F 等多种产品系列，其中 54 系列为军工级（Military）产品，器件的工作温度范围为－55～125 ℃，电源电压的范围为 5 V±10％；74 系列为民用产品，电源电压的适应范围为 5 V±5％，分为工业级（Industry）和商业级（Commerce）两个子系列。工业级器件的工作温度范围为－40～85 ℃，商业级器件的工作温度范围为 0～70 ℃。

CMOS 门电路有 4000、74HC/AHC、74HCT/AHCT、74LVC/ALVC 等多种系列。早期的 4000 系列门电路的工作速度远低于同时期的 74 系列 TTL 门电路，主要应用于对速度要求不高的场合。随着 MOS 场效应管制造工艺的提高，其后逐步推出的 HC/AHC、HCT/AHCT 和 LVC/ALVC 等系列 CMOS 门电路的工作速度赶上甚至超过了 TTL 门电路。

目前，CMOS 门电路因具有电源电压范围宽、静态功耗极低、抗干扰能力强、输入阻抗高和成本低等诸多优点因而得到了广泛的应用，而 TTL 门电路逐渐被淘汰，只有部分产品系列还在应用。表 3－5 是 TTL 门电路和 CMOS 门电路的特性参数对照表。

表 3－5　门电路特性对照表

特性	参数	TTL 门电路	CMOS 门电路
电源电压	V_{CC}/V_{DD}	54 系列：$V_{CC}=5$ V±10％ 74 系列：$V_{CC}=5$ V±5％	4000 系列：$V_{DD}=3\sim18$ V 74HC 系列：$V_{DD}=2\sim6$ V 74LVC：$V_{DD}=1.85\sim3.6$ V

续表

特性	参数	TTL 门电路	CMOS 门电路
输出电平	高电平 V_{OH}	3.4～3.6 V	≈V_{DD}
	低电平 V_{OL}	0.1～0.2 V	≈0 V
抗干扰能力	噪声容限 V_N	弱，0.4～0.8 V	强，1 V 以上
带负载能力	扇出系数 N	小，一般在 10 以下	大，至少大于 50
功耗	P_O	大，74 系列为 10 mW	极小，静态功耗约为 0
速度	传输延迟时间（t_{PD}）	74 系列：9 ns 74LS 系列：9.5 ns 74ALS 系列：4 ns	4000 系列：100 ns 左右 74HC 系列：8～20 ns 74AHC 系列：5～8 ns

3.2.1　CMOS 反相器

CMOS 反相器基于图 3-3(b)所示的互补开关模型设计，内部原理电路如图 3-12 所示，由一个 P 沟道增强型 MOS 管和一个 N 沟道增强型 MOS 管串接构成。P 沟道 MOS 管源极接电源 V_{DD}，N 沟道 MOS 管源极接地，两个栅极并联作为输入，两个漏极并联作为输出。

P 沟道增强型 MOS 管和 N 沟道增强型 MOS 管在电特性上为互补关系：①P 沟道 MOS 管的开启电压 V_{TP} 为负值，而 N 沟道 MOS 管的开启电压 V_{TN} 为正值；②P 沟道 MOS 管的沟道电流 i_D 从源极流向漏极，而 N 沟道 MOS 管的沟道电流 i_D 则从漏极流向源极。

由于 P 沟道增强型 MOS 管和 N 沟道增强型 MOS 管在电特性上恰好为互补关系，因此由它们构成的门电路称为 CMOS(C 表示 complementary，互补)门电路。

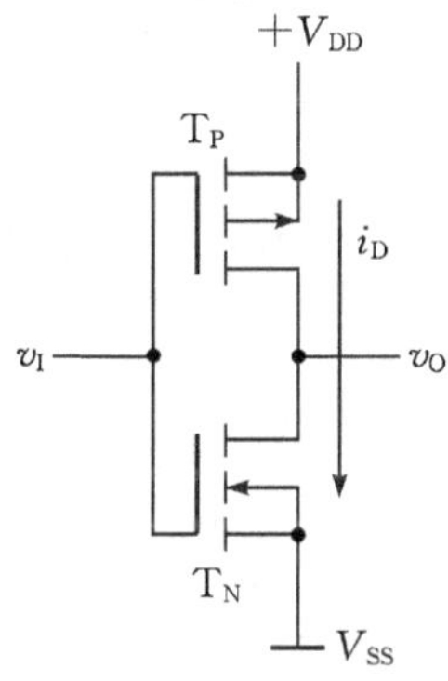

图 3-12　CMOS 反相器

CMOS 反相器的工作原理很简单。当输入电压 v_I 为低电平(0 V)时，P 沟道增强型 MOS 管 T_P 导通而 N 沟道增强型 T_N 截止，相当于图 3-3(b)中的开关 S_1 闭合而 S_2 断开，输出电压 v_O 为高电平。当输入电压 v_I 为高电平(V_{DD})时，T_P 截止而 T_N 导通，相当于图 3-3(b)中的开关 S_1 断开而 S_2 闭合，输出电压 v_O 为低电平。由于输出 v_O 与输入 v_I 的电平相反，所以实现了非逻辑关系。

在分析和设计数字系统时，我们不但要明确门电路的功能，同时还必须掌握门电路的性能——静态特性和动态特性。静态特性包括门电路的电压传输特性、电流传输特性、噪声容限以及输入特性和输出特性。动态特性包括传输延迟时间、交流噪声容限以及动态功耗等。

下面对 CMOS 反相器的特性做进一步分析。

1. 电压传输特性与电流传输特性

电压传输特性用来描述门电路的输出电压随输入电压的变化关系，即 $v_O = f(v_I)$。电流传输特性用来描述门电路的电源电流随输入电压的变化关系，即 $i_D = f(v_I)$。

CMOS 反相器的电压传输性特性和电流传输特性可以通过图 3 - 13 所示的实验电路进行测量。记录输入电压 v_I 从 0 V 上升到电源电压 V_{DD} 过程中反相器输出电压 v_O 和电源电流 $i_D(\mu A)$ 的数值，即可绘制出图 3 - 14 所示的电压传输特性和电流传输特性曲线。

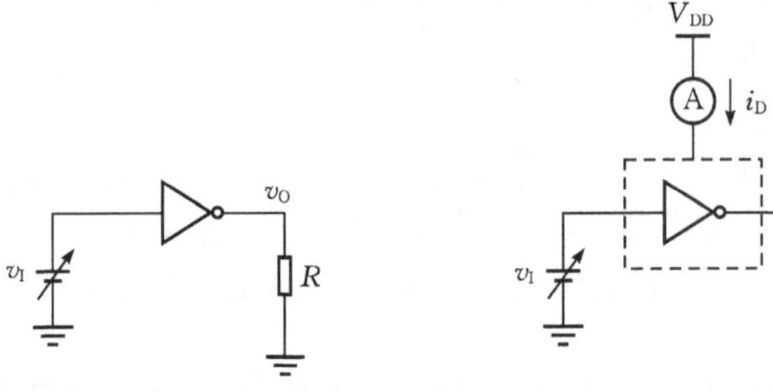

(a) 电压传输特性测量电路 (b) 电流传输特性测量电路

图 3 - 13 CMOS 反相器传输特性测量电路

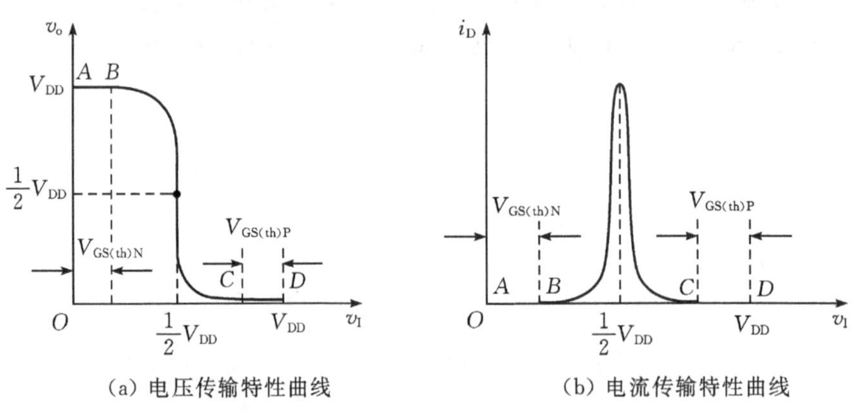

(a) 电压传输特性曲线 (b) 电流传输特性曲线

图 3 - 14 CMOS 反相器传输特性曲线

下面从理论上进一步分析反相器的传输特性。当输入电压从 0 V 上升到 V_{DD} 的过程中，根据两个 MOS 管的开启电压 V_{TP} 和 V_{TN}，将输入电压的上升过程近似划分为三段：

(1) 当输入电压 $v_I < V_{TN}$ 时，由于 P 沟道 MOS 管的栅源电压值 $|v_{GSP}| = |v_I - V_{DD}| > |V_{TP}|$、N 沟道 MOS 管的栅源电压 $v_{GSN} = v_I < V_{TN}$，所以 T_P 导通而 T_N 截止，这时输出 $v_O \approx V_{DD}$ 为高电平，对应于电压传输特性曲线的 AB 段。

(2) 当输入电压 $V_{TN} < v_I < |V_{DD} - V_{TP}|$ 时，随着输入电压的逐渐升高，T_P 管从原来的导

通状态逐渐趋向于截止，内阻 r_P 越来越大。相应地，T_N 管从截止状态逐渐转变为导通，内阻 r_N 越来越小。在这个阶段，输出电压 v_O 随着输入电压的升高从高电平逐渐下降为低电平，对应于传输性曲线的 BC 段，称为电压传输特性的转折区。

(3)当输入电压 $v_I > V_{DD} - |V_{TP}|$ 时，由于 $|v_{GSP}| = |v_I - V_{DD}| < |V_{TP}|$、$v_{GSN} = v_I > V_{TN}$，所以 T_P 截止而 T_N 导通，这时输出 $v_O \approx 0$ 为低电平，对应于电压传输性曲线的 CD 段。

通常把电压传输特性曲线转折区的中点所对应的输入电压定义为阈值电压(threshold voltage)，用 V_{TH} 表示。对于 CMOS 反相器，当场效应管 T_P 和 T_N 的参数对称时，$V_{TH} = (1/2)V_{DD}$。在近似分析中，阈值电压表示门电路输入端高、低电平的分界线。当反相器的输入电压低于 V_{TH} 时认为输入为低电平从而输出为高电平，当反相器的输入电压高于 V_{TH} 时认为输入为高电平从而使输出为低电平。

反相器工作在 AB 段或 CD 段时，T_P 管和 T_N 管始终有一个处于截止状态。由于 MOS 管截止时内阻极高，因此从电源 V_{DD} 到地的电源电流几乎为零。只有当门电路状态转换经过转折区时，T_P 管和 T_N 管才会同时导通而有电流流过，如图 3－15 所示。因此，为了限制 CMOS 反相器的动态功耗，我们希望输入电平的跳变不要太慢，以避免反相器工作在转折区时间长而导致功耗增加。但总体来说，CMOS 门电路与 TTL 门电路相比，功耗极小，这是 CMOS 门电路最突出的优点。

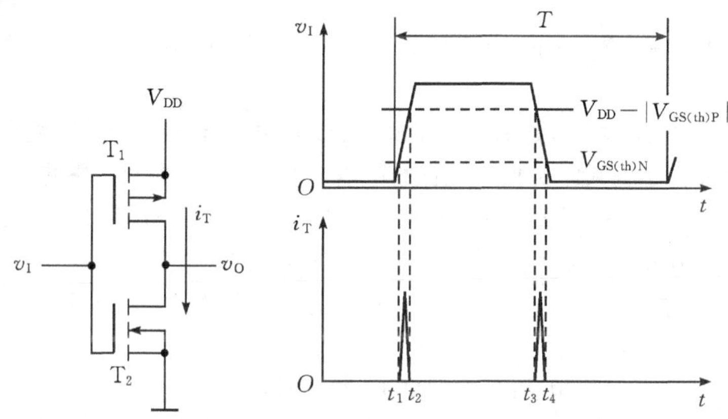

图 3－15　CMOS 反相器动态功耗

由于 CMOS 电路的功耗极小，而且制造工艺比 TTL 电路简单，占用硅片面积小，所以 CMOS 特别适合于制造大规模和超大规模集成电路。

2. 输入特性与输出特性

输入特性用来描述门电路的输入电流与输入电压之间的关系，即 $i_I = f(v_I)$。输出特性用来描述门电路的输出电压与输出电流之间的关系，即 $v_O = f(i_O)$。

CMOS 反相器的输入端为 MOS 管的栅极，而栅极与源极和漏极之间绝缘，所以 CMOS 器件的输入阻抗极高。在正常应用时，反相器的输入电压在 $0 \sim V_{DD}$ 变化，从理论上讲，输入电流恒为 0。

由于 CMOS 电路的绝缘层极薄，容易受到静电放电(electrostatic discharge)而损坏。当绝缘层两侧聚集大量相向电荷时，通常电压可达到几百伏到上千伏，产生的强大电场足以将绝缘层击穿,因此在制造 CMOS 集成电路时,输入端都加有保护电路。

74HC 系列 CMOS 门电路的输入端保护电路如图 3－16 所示。当输入端受到静电放电等因素的影响使输入电压瞬时超过 $V_{DD}+0.7$ V 时,二极管 D_1 导通将输入电压限制在 $V_{DD}+0.7$ V 左右。若输入电压瞬时低于 -0.7 V 时,二极管 D_2 导通将输入电压限制在 -0.7 V 左右。因此,输入端保护电路能够有效地控制门电路的输入电压在 -0.7 V～($V_{DD}+0.7$ V)范围内变化,防止 MOS 管的绝缘层被击穿。综上分析,可以得到 74HC 系列反相器的整体输入特性,如图 3－17 所示。

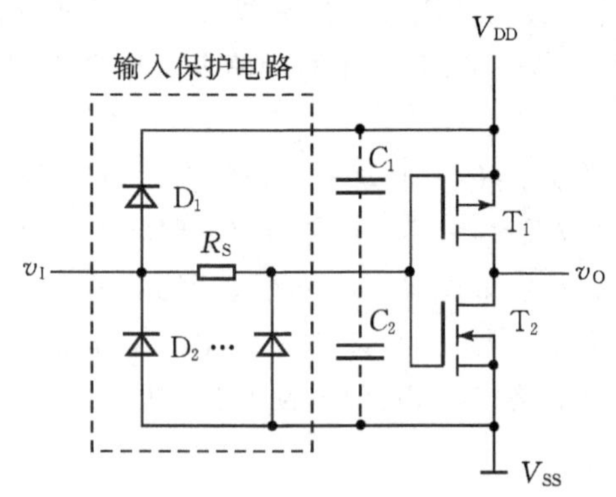

图 3－16　74HC 系列输入端保护电路

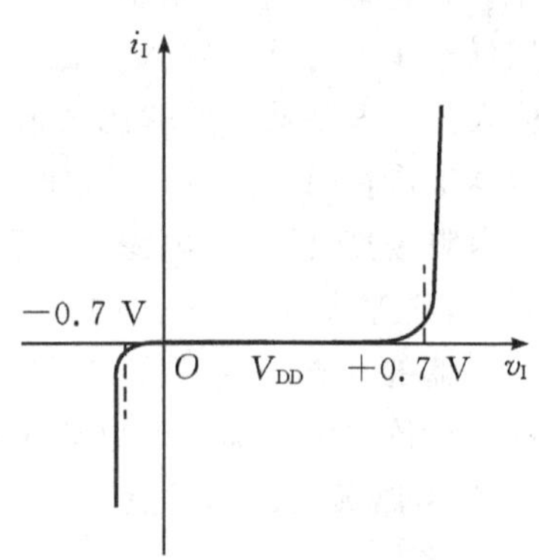

图 3－17　74HC 系列反相器输入特性

由于 CMOS 门电路输入端加有保护电路,所以当输入电压在 0～V_{DD}变化时,CMOS 反相器的输入电流取决于输入端保护二极管的漏电流和 MOS 管栅极的漏电流。门电路的输入高/低电平最大漏电流 I_{IH}/I_{IL} 由制造商规定。对于 74HC 系列 CMOS 反相器,最大输入漏电流 I_{IH} 和 I_{IL} 的最大值仅为 1 μA,因此消耗驱动电路的功率极小。

虽然 CMOS 门电路内部输入端集成有保护电路,但其作用仍然有限,所以在实际使用过程中需要注意以下几点:

(1)防止静电击穿。在使用和存放 CMOS 器件时,应注意静电屏蔽;在拿取 CMOS 器件前先触摸暖气片等金属物,将身体上的静电放掉,同时注意不能通电插拔 CMOS 器件;在焊接 CMOS 器件时,焊接工具应良好接地,而且焊接时间不宜过长,温度不能太高。

(2)多余输入端的处理。CMOS 门电路输入端悬空时,受静电或者干扰的影响,输入电平会随机波动,既不能作为逻辑 1 处理也不能作为逻辑 0 处理。由于输入端无法得到确定的电压,所以输出电压是无法预测的,轻则会导致电路工作不正常,重则会产生灾难性后果。因此,对于 CMOS 门电路,输入端不允许悬空！多余的输入端应该根据逻辑需要接地或者接电源,或者与其他输入端并联使用。

(3)注意布局布线工艺,增强抗干扰能力。对于高速数字系统,应避免引线过长,以防止信号之间的窜扰和减小信号的传输延迟。另外,尽量降低电源和地线的阻抗,以减少电源噪声的影响。需要注意的是,容性负载会降低 CMOS 门电路的工作速度,增加动态功耗,所以设计数字系统时应尽量减少负载的容性。

门电路正常工作时,输出为高电平或者低电平,因此其输出特性分为高电平输出特性和低电平输出特性两种情况进行讨论。

高电平输出特性是指门电路输出高电平时输出电压与输出电流之间的关系，即 $V_{OH}=f(I_{OH})$。用高电平驱动负载时，负载应接在输出与地之间，如图 3-18(a)所示。这种接法的负载称为“拉电流”负载(source-current load)。

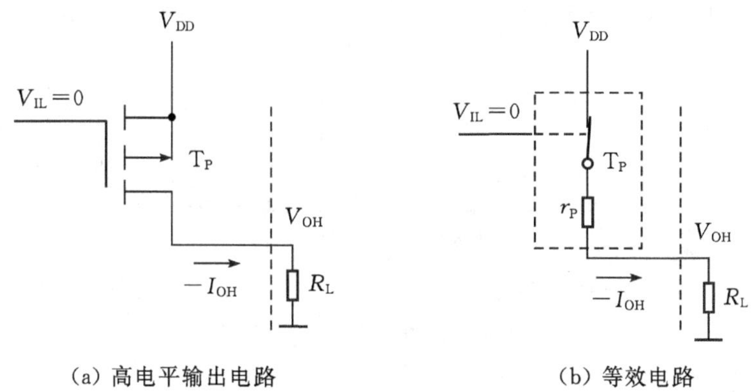

(a) 高电平输出电路　　(b) 等效电路

图 3-18　高电平输出及等效电路

反相器输出高电平时，T_P管导通，这时电流是从电源 V_{DD}通过 T_P管流经负载 R_L到地，等效电路如图 3-18(b)所示。形象地看，负载接入后从门电路“拉出”了电流。由于 T_P管并非理想开关，其导通内阻 $r_P\neq0$，因此随着负载电流的增加，门电路输出的高电平会逐渐降低，降低的速率与电源电压 V_{DD}有关，V_{DD}越大，r_P 越小，降低得越慢。在分析门电路时，习惯上规定电流流入门电路为正，故反相器的高电平输出特性如图 3-20 所示。

低电平输出特性是指门电路输出低电平时输出电压与输出电流之间的关系，即 $V_{OL}=f(I_{OL})$。用低电平驱动负载时，负载应接在输出与电源之间，如图 3-19(a)所示。这种接法的负载称为“灌电流”负载(sink-current load)。

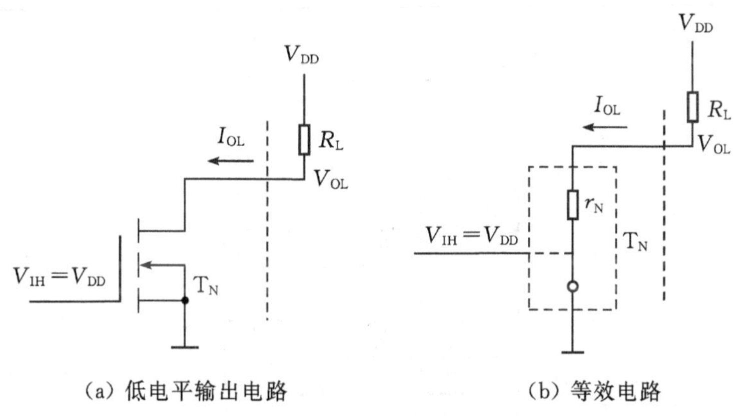

(a) 低电平输出电路　　(b) 等效电路

图 3-19　低电平输出及等效电路

反相器输出低电平时，T_N管导通，这时电流是从电源 V_{DD}通过负载 R_L流经 T_N管到地，即门电路“吸收”了负载灌进来的电流。由于 T_N管的导通内阻 $r_N\neq0$，所以随着负载电流的增加，门电路输出的低电平会逐渐升高。低电平升高的速率同样与电源电压 V_{DD}有关。V_{DD}越大，r_N 越小，升高得越慢。由于规定电流流入门电路为正，故反相器的低电平输出特性如

图 3-21 所示。

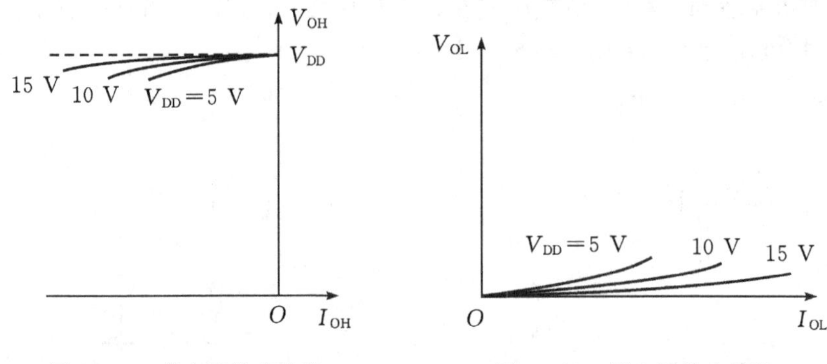

图 3-20 高电平输出特性　　图 3-21 低电平输出特性

3. 噪声容限

数字电路在正常工作时，允许在线路上叠加一定的噪声，只要噪声电压不超过一定的限度，就不会影响数字电路正常工作，这个限度就称为噪声容限(noise margin)。

为了能够可靠地区分高、低电平，集成电路制造商在门电路应用手册中规定了以下四个特性参数：

$V_{OH(min)}$　输出高电平的最小值；

$V_{OL(max)}$　输出低电平的最大值；

$V_{IH(min)}$　输入高电平的最小值；

$V_{IL(max)}$　输入低电平的最大值。

噪声容限的概念可以通过以上 4 个参数和图 3-22 所示的应用电路来说明，其中 G_1 称为驱动门，G_2 称为负载门。

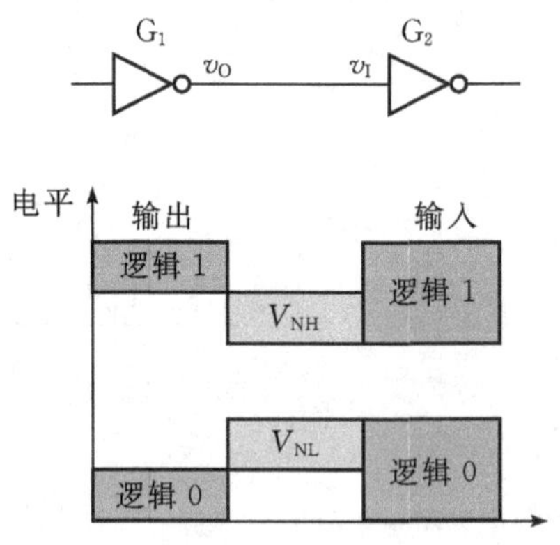

图 3-22 噪声容限定义图

根据以上 4 个特性参数，可以推出高、低电平的噪声容限。

(1)高电平噪声容限。当驱动门输出高电平时，其输出的高电平不会低于 $V_{OH(min)}$。但对于负载门来说，只要输入的高电平不低于 $V_{IH(min)}$ 就不会影响数字电路正常工作，由此可以推出高电平噪声容限

$$V_{NH}=V_{OH(min)}-V_{IH(min)}$$

也就是说，当 G_1 输出高电平时，允许在输出线路上叠加一定的噪声，只要噪声电压不超过 V_{NH}，就不会影响 G_2 正常工作。

(2)低电平噪声容限。当驱动门输出低电平时，其输出的低电平不会高于 $V_{OL(max)}$。但对于负载门来说，只要输入的低电平不高于 $V_{IL(max)}$ 就不会影响数字电路正常工作，由此可以推出低电平噪声容限

$$V_{NL}=V_{IL(max)}-V_{OL(max)}$$

也就是说，当 G_1 输出低电平时，允许在输出线路上叠加一定的噪声，只要噪声电压不超过 V_{NL}，就不会影响 G_2 正常工作。

查阅 CMOS 反相器 74HC04 的数据表(data sheet)可知：$V_{OH(min)}=4.4$ V、$V_{OL(max)}=0.33$ V、$V_{IH(min)}=3.15$ V、$V_{IL(max)}=1.35$ V，由以上参数值可以计算出 74HC04 的高电平噪声容限为 1.25 V，低电平噪声容限为 1.02 V。相应地，由 TTL 反相器 74LS04 的数据表可以计算出 74LS04 的高电平噪声容限为 0.7 V，低电平噪声容限为 0.4 V，比 74HC04 的噪声容限小。因此，CMOS 门电路的抗干扰能力比 TTL 门电路强。

4. 传输延迟时间

脉冲(pulse)在数字电路中是指电平的跳变，然后迅速返回到其初始电平的过程，如图 3－23所示。从低电平向高电平跳变称为正(向)脉冲，从高电平向低电平跳变称为负(向)脉冲。

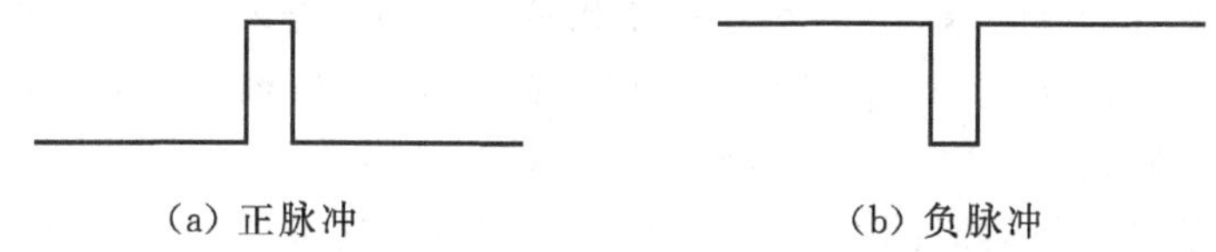

(a) 正脉冲　　(b) 负脉冲

图 3－23　脉冲

门电路在输入脉冲的作用下，产生的输出响应总是滞后于输入。造成门电路的输出滞后于输入的主要原因有两方面因素：一是开关器件在导通和截止之间转换时，内部载流子的“聚集”和“消散”需要一定的时间。例如，对图 3－24(a)所示的二极管基本开关电路，当加入图 3－24(b)所示的脉冲电压 v 时，产生的动态电流 i 如图 3－24(c)所示。因为当二极管外加电压由反向跳变为正向时，需要等到内部 PN 结积累到一定的电荷才能形成扩散电流，因此正向导通电流会稍滞后于输入电压，同样，当二极管外加电压由正向跳变为反向时，由于内部 PN 结仍积累有一定的电荷，因此仍有电流流过 PN 结，伴随着在电荷的消散，反向

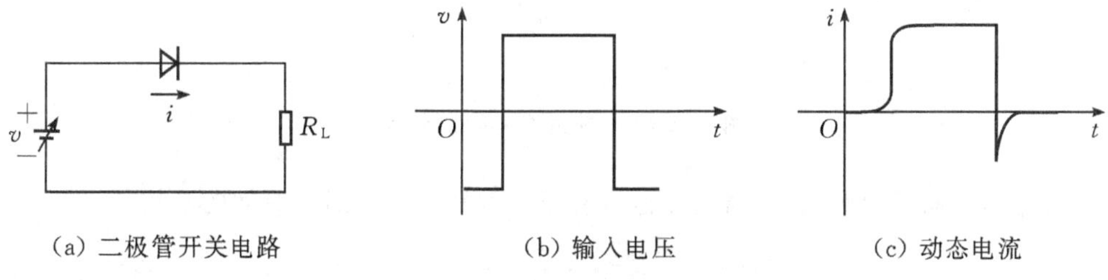

(a) 二极管开关电路　　(b) 输入电压　　(c) 动态电流

图 3－24　二极管开关电路及工作波形

电流才衰减而趋于 0。

三极管作为开关也是同样的道理。三极管的开与关是在饱和与截止两个状态之间相互转换，内部 PN 结中的载流子也存在聚集和消散的过程，所以转换需要一定的时间。

造成门电路输出滞后于输入的第二个因素是门电路驱动电容性负载(是指负载有很大的电容效应，例如通过长线驱动负载，线路上存在较大的分布电容)时，还伴随着对负载电容的充电和放电过程，同样会导致输出滞后于输入，如图 3-25 所示。

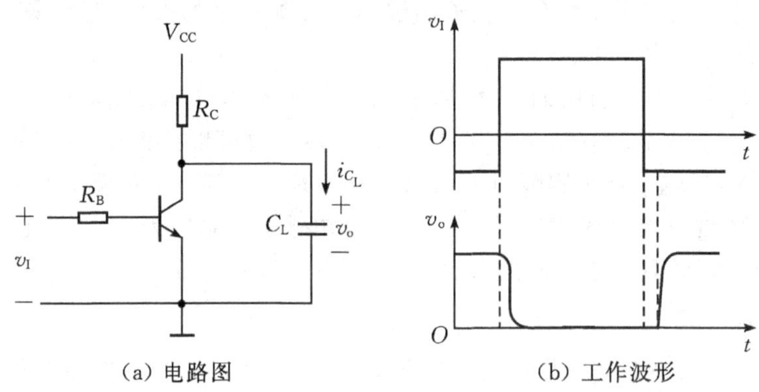

图 3-25 门电路驱动容性负载

传输延迟时间(propagation delay time)是指从门电路的输入信号发生跳变到引起输出变化的延迟时间，用 t_{PD}表示。对于多输入多输出逻辑器件，传输延迟时间的具体值还与信号的通路有关。不同信号传输通路的传输延迟时间不同。

CMOS 反相器传输延迟时间的定义如图 3-26 所示，其中把反相器的输入电压从低电平上升到 $50\%V_{OH}$的时刻到输出电压从高电平下降到 $50\%V_{OH}$的时刻之差定义为前沿滞后时间，用 t_{PHL}表示；把输入电压从高电平下降到 $50\%V_{OH}$的时刻到输出电压从低电平上升到 $50\%V_{OH}$的时刻之差定义为后沿滞后时间，用 t_{PLH}表示。

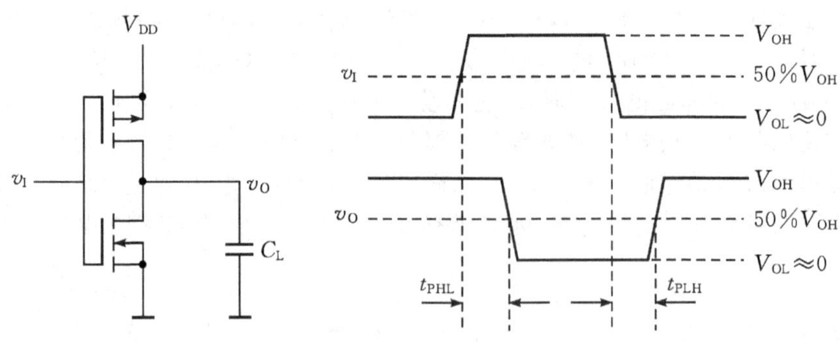

图 3-26 传输延迟时间的定义

反相器的传输延迟时间 t_{PD}则定义为前沿滞后时间和后沿滞后时间的平均值，即

$$t_{PD}=\frac{t_{PHL}+t_{PLH}}{2}$$

传输延迟时间是反映门电路工作速度的参数。t_{PD}越小，说明门电路的工作速度越快。

74HC系列CMOS门电路的t_{PD}约为9 ns，74LS系列TTL门电路的t_{PD}约为9.5 ns。

门电路存在传输延迟时间导致对数字电路进行分析时，理论分析结果和实际电路的性能之间存在着差异。例如，对图3-27所示的电路，在忽略门电路传输延迟时间的情况下，A_1和A的波形相同，所以图中A、B所示波形的作用下，输出Y始终为高电平。但若考虑到反相器存在传输延迟时间时，虽然A_1和A的逻辑相同，但A_1的波形会滞后于A的波形$2t_{PD}$，这时在图中A_1、B所示波形的作用下，输出Y的波形会出现两个短暂的负脉冲，如图3-28所示。这种不符合逻辑关系的脉冲，有可能会导致后续电路产生错误，因此应用时应特别注意。

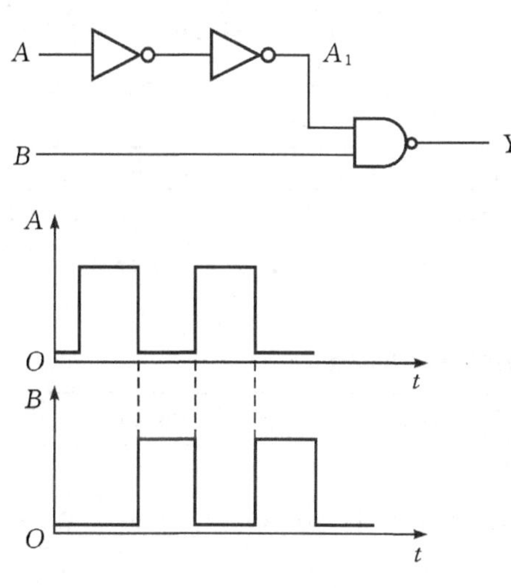

图3-27 t_{PD}对逻辑分析的影响

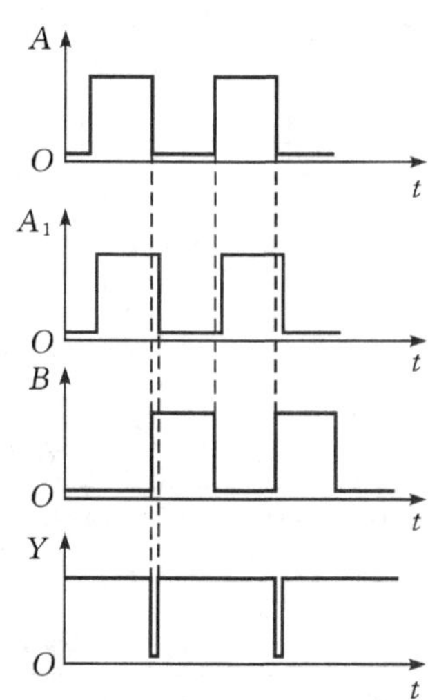

图3-28 考虑t_{PD}时的波形图

对于数字系统来说，其工作速度不但与门电路的传输延迟时间有关，而且与电路板的布局布线引起的传播延迟时间有关。因此，在数字系统设计时，需要同时考虑传输延迟和传播延迟两方面因素的影响。

5. 扇出系数

门电路的静态特性和动态特性决定了门电路的带负载能力。门电路能够驱动同类门的个数定义为扇出系数(fan-out ratio)。门电路的制造工艺不同，特性不同，门电路扇出系数的计算方法也有差异。

对于TTL门电路，扇出系数主要是由驱动门的输出特性与负载门的输入特性决定的。

对于CMOS门电路，由于场效应管的栅极与漏极、源极和衬底之间没有直流通路，所以CMOS门电路的输入电流几乎没有直流成分，因此应用输出与输入特性计算CMOS门电路的扇出系数参考意义不大。场效应管的栅极和衬底之间存在电容效应，门电路在进行状态转换时伴随的电容充电和放电过程影响CMOS门电路的工作速度，而系统对工作速度的需求决定了门电路的扇出系数。

【例3-1】 反相器驱动电路如图3-29所示。计算反相器的扇出系数。

分析 图中G_1称为驱动门，G_2～G_n为负载门。

74××04为集成六反相器(××代表LS、HC等不同的系列)，外部管脚排列如图3-

30 所示。CMOS 反相器 74HC04 和 TTL 反相器 74LS04 的数据表(data sheet)如表 3-6 所示。

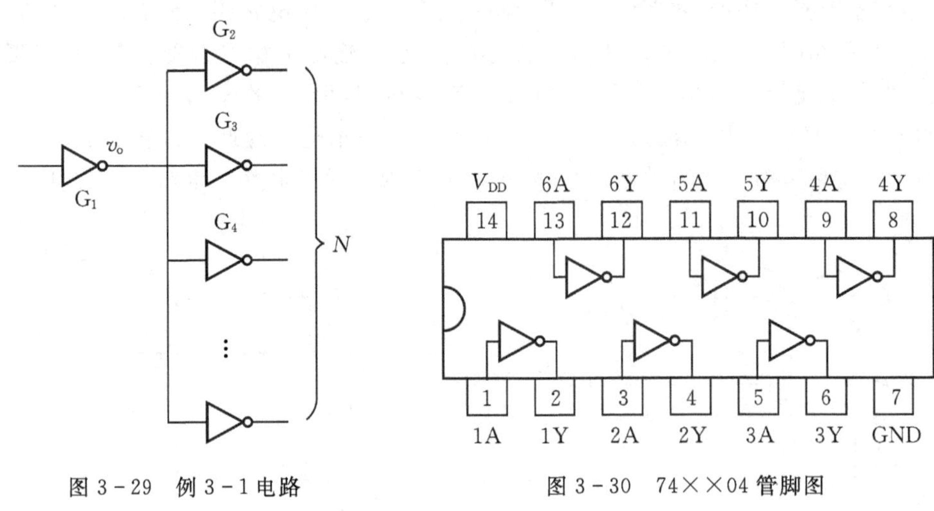

图 3-29 例 3-1 电路

图 3-30 74××04 管脚图

表 3-6 74HC/LS04 数据表

工作条件 74HC:V_{DD}=4.5 V,工作温度 T_A=25 ℃;74LS:V_{CC}=5.0 V,工作温度 T_A=25 ℃								
参数	描述	74HC04			74LS04			单位
		最小值	典型值	最大值	最小值	典型值	最大值	
V_{DD}/V_{CC}	电源电压	2	—	6	4.75	5	5.25	V
V_{IH}	输入高电平	3.15	—	—	2	—	—	V
V_{IL}	输入低电平	—	—	1.35	—	—	0.8	V
I_{IH}	高电平输入电流	—	0.1	1.0	—	—	20	μA
I_{IL}	低电平输入电流	—	0.1	1.0	—	—	−360	μA
V_{OH}	高电平输出电压	4.4	—	—	2.7	3.4	—	V
V_{OL}	低电平输出电压	—	—	0.33	—	0.25	0.4	V
I_{OH}	高电平输出电流	—	−4	−25	—	—	−0.4	mA
I_{OL}	低电平输出电流	—	4	25	—	—	8	mA
开关特性(V_{DD}、V_{CC}=5 V,T_A=25 ℃,C_L=50 pF)								
t_{PHL}	前沿延迟时间	—	9	—	4	—	15	ns
t_{PLH}	后沿延迟时间	—	9	—	4	—	15	ns

注:表中数据取自于美国 National Semiconductor 公司的数据表(data sheet)。

查阅 TTL 反相器 74LS04 的数据表可知,其高电平输出电流的最大值 $I_{OH(max)}=-0.4$ mA,低电平输出电流的最大值 $I_{OL(max)}=8$ mA,而高电平输入电流的最大值$I_{IH(max)}=20$ μA,低电平输入电流的最大值 $I_{IL(max)}=-360$ μA。因此,74LS04 输出高电平时的扇出系数

$$N_H=I_{OH(max)}/I_{IH(max)}=0.4/0.02=20$$

输出低电平时的扇出系数

$$N_L = I_{OL(max)}/I_{IL(max)} = 8/0.36 \approx 22$$

因此，74LS04 的扇出系数 $N=(N_H, N_L)_{min}=20$，即一个 74LS 系列 TTL 反相器能够驱动 20 个同系列反相器。

查阅 CMOS 反相器 74HC04 的数据表可知：高电平输出电流的最大值 $I_{OH(max)} = -25$ mA，低电平输出电流的最大值 $I_{OL(max)} = 25$ mA，而高、低电平输入电流的最大值 $I_{IH(max)}$ 和 $I_{IL(max)}$ 为 ± 1 μA，因此，CMOS 反相器输出高电平时的扇出系数

$$N_H = I_{OH(max)}/I_{IH(max)} = 25000$$

和输出低电平时的扇出系数

$$N_L = I_{OL(max)}/I_{IL(max)} = 25000$$

所以，单从静态输出电平的驱动能力上考虑，CMOS 反相器能够驱动同类门的个数非常多。但是，这种分析没有考虑 CMOS 反相器的动态特性。考虑到动态特性时，驱动的负载越多，驱动门的开关速度越低。因此，CMOS 门电路的扇出系数主要受系统工作速度需求的限制。

查阅 74HC04 数据表可知，CMOS 反相器的前沿延迟时间 t_{PHL} 和后沿延迟时间 t_{PLH} 均为 9 ns，由此可以计算出 74HC04 的传输延迟时间 $t_{PD}=9$ ns，即 CMOS 反相器驱动一个负载电容 $C_L=50$ pF 的 CMOS 反相器时，驱动门的开关时间为 9 ns。当 CMOS 反相器驱动两个反相器时，由于负载门的输入为并联关系，所以电容效应加倍，因而导致驱动门的开关时间也加倍，即驱动门的工作速度降低了 50%。所以对于 CMOS 门电路，扇出系数通常由数字系统对门电路工作速度的需求决定。

3.2.2　其他 CMOS 逻辑门

CMOS 反相器是构成 CMOS 数字集成电路的基础。将 CMOS 反相器的电路结构进行扩展，就可以得到其他功能的 CMOS 逻辑门。

如果将 CMOS 反相器中的 P 沟道 MOS 管扩展为两个并联、N 沟道 MOS 管扩展为两个串联，如图 3-31(a)所示，就构成了 CMOS 与非门，其开关模型如图 3-31(b)所示。

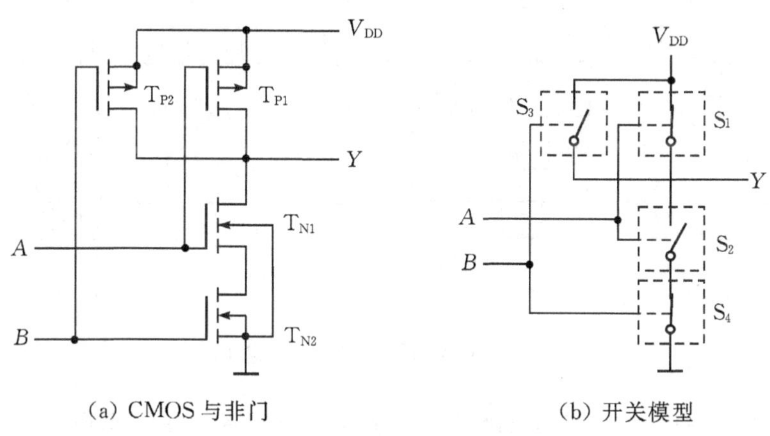

(a) CMOS 与非门　　(b) 开关模型

图 3-31　CMOS 与非门及开关模型

对于图 3-31(a)所示电路，当 A、B 中至少有一个为低电平时，T_{P1} 和 T_{P2} 至少有一个导通，T_{N1} 和 T_{N2} 至少有一个截止，输出 Y 为高电平。只有 A、B 同时为高电平时，T_{P1} 和 T_{P2} 才会同时截止，T_{N1} 和 T_{N2} 才会同时导通，输出 Y 为低电平，因此电路实现了与非逻辑关系 $Y=(AB)'$。

如果将 CMOS 反相器中的 P 沟道 MOS 管扩展为两个串联，将 N 沟道 MOS 管扩展为两个并联，如图 3-32(a)所示，就构成了 CMOS 或非门，其开关模型如图 3-32(b)所示。

对于图 3-32(a)所示电路，当 A、B 中至少有一个为高电平时，T_{P1} 和 T_{P2} 至少有一个截止，T_{N1} 和 T_{N2} 至少有一个导通，输出 Y 为低电平。只有 A、B 同时为低电平时，T_{P1} 和 T_{P2} 才会同时导通，T_{N1} 和 T_{N2} 才会同时截止，输出 Y 为高电平，因此电路实现了或非逻辑关系 $Y=(A+B)'$。

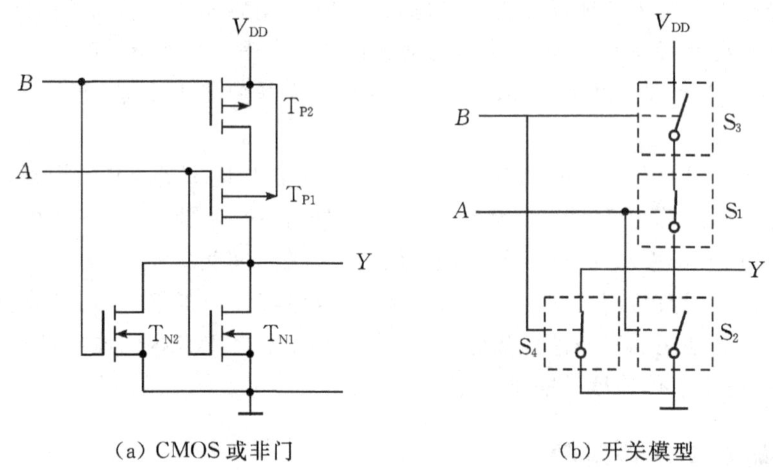

(a) CMOS 或非门　　(b) 开关模型

图 3-32　CMOS 或非门及开关模型

74HC00 为集成 4 二输入 CMOS 与非门。74HC02 为集成 4 二输入 CMOS 或非门。74HC00 和 74HC02 的内部逻辑和外部管脚排列如图 3-33 所示。

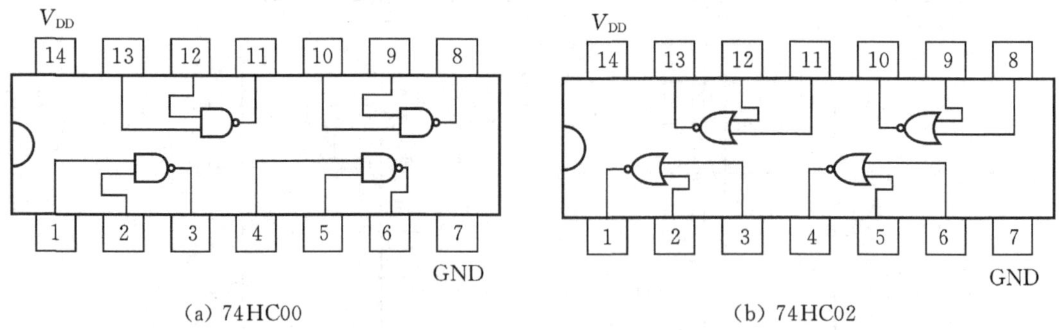

(a) 74HC00　　(b) 74HC02

图 3-33　CMOS 与非门和或非门

与或非逻辑关系可由与非门电路扩展而成，如图 3-34 所示。先将 A 和 B 与非、C 和 D 与非，再将 $(AB)'$ 和 $(CD)'$ 与非，最后再取一次非即可得到与或非逻辑关系，即

$$Y=((AB)'(CD)')''=(AB)'(CD)'=(AB+CD)'$$

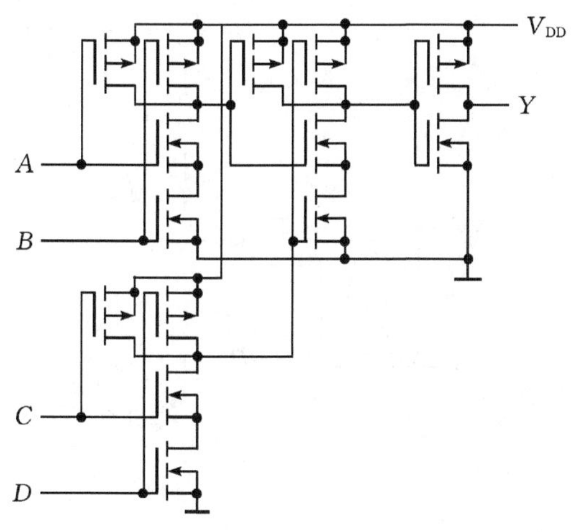

图 3-34 与或非逻辑电路

【例 3-2】 飞机着陆时，要求机头和两翼下的三个起落架均处于“放下”状态。当驾驶员打开“放下起落架”开关后，如果三个起落架均已放下则绿色指示灯亮，表示起落架状态正常；若三个起落中任何一个未正常放下则红色指示灯亮，提示驾驶员起落架有故障。设计监视起落架状态的逻辑电路，能够实现上述功能要求。

设计过程 设机头和机翼下三个起落架传感器分别用 A、B、C 表示，绿色指示灯和红色指示灯分别用 Y_G 和 Y_R 表示，并且规定 A、B、C 为 1 表示起落架已经正常放下，为 0 时表示未正常放下，指示灯 Y_G 和 Y_R 亮为 1，不亮为 0。根据功能要求，可直接写出 Y_G 和 Y_R 的函数表达式分别为

$$Y_G = ABC$$
$$Y_R = A' + B' + C' = (ABC)'$$

若将 Y_G 设计成低电平有效，即取

$$Y'_G = (ABC)'$$

则逻辑函数 Y'_G 和 Y_R 均可以用与非门实现。

74HC10 为集成 3 三输入 CMOS 与非门。由于逻辑函数 Y'_G 输出为低电平有效，所以需要将绿色指示灯接成灌电流负载形式。相应地，Y_R 输出为高电平有效，因此将红色指示灯接成拉电流负载形式。具体实现电路如图 3-35 所示。

CMOS 门电路除常用的 74HC 系列外，早期的 4000 系列、改进型 74AHC 系列以及与 TTL 门电路兼容的 74HCT 系列也在广泛使用。4000 系列具有较宽的工作电压（3～18 V），但传输延迟时间一般为 80～120 ns（V_{DD}=5 V 时），主要用在对工作速度要求不高的场合。74HC 系列与 4000 系列相比，性能有了大幅度的提高。改进型 74AHC 系列与 74HC 相比，工作速度和带负载能力又提高了一倍。74HCT 系列在 5 V 电源下工作，输入/输出特性与 TTL 电路完全兼容，在数字系统设计中，可以直接和 TTL 门电路混合使用。

为适合数字系统低电压工作的趋势，美国 TI（Texas Instruments）公司于 20 世纪 90 年代推出了低电压的 74LVC/ALVC 系列（LV 表示 Low Voltage）。74LVC/ALVC 系列能够在 1.65～3.3 V 电压下工作，不但传输延迟时间小，而且具有更强的驱动能力。另外，

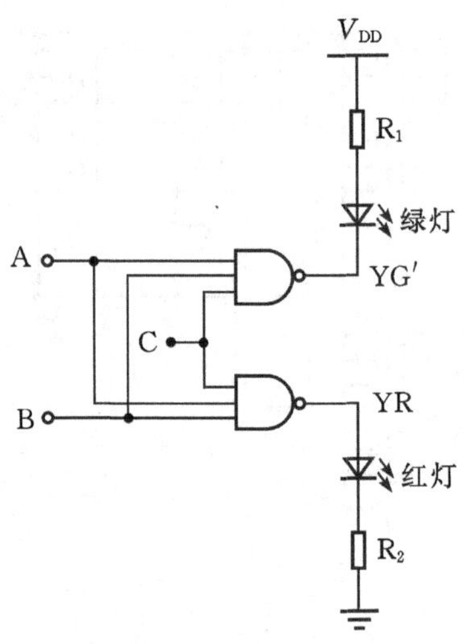

图 3-35 例 3-2 设计图

LVC/ALVC 系列能够将 0～5 V 的输入电平转换成 0～3.3 V 输出，也能将 0～3.3 V 的输入电平转换成 0～5 V 输出，为 3.3 V 系统和 5 V 系统的连接提供了解决方案。

各系列 CMOS 门电路的特性参数如表 3-7 所示。

表 3-7 CMOS 门电路特性参数表

参数	描述	CMOS 不同系列(以反相器参数为例)					
		74HC	74HCT	74AHC	74AHCT	74ALVC	74ALVC
V_{DD}	工作电压/V	2～6	4.5～5.5	2～6	4.5～5.5	1.65～3.3	1.65～3.3
$V_{IH(min)}$	输入高电平最小值/V	3.15	2.0	3.15	2.0	2.0	2.0
$V_{IL(max)}$	输入低电平最大值/V	1.35	0.8	1.35	0.8	0.8	0.8
$V_{OH(min)}$	输出高电平最小值/V	4.4	4.4	4.4	4.4	2.2	2.0
$V_{OL(max)}$	输出低电平最大值/V	0.33	0.33	0.44	0.44	0.55	0.55
$I_{OH(max)}$	输出高电平电流最大值/mA	−4	−4	−8	−8	−24	−24
$I_{OL(max)}$	输出低电平电流最大值/mA	4	4	8	8	24	24
$I_{IH(max)}$	输入高电平电流最大值/μA	0.1	0.1	0.1	0.1	5	5
$I_{IL(max)}$	输入低电平电流最大值/μA	−0.1	−0.1	−0.1	−0.1	−5	−5
t_{PD}	传输延迟时间/ns	9	14	5.3	5.5	3.8	2
C_I	输入电容最大值/pF	10	10	10	10	5	3.5
C_{pd}	功耗电容/pF	20	20	12	14	8	27.5

说明：(1)除工作电压栏外，74HC/HCT/AHC/AHCT 的特性参数是在电源电压 V_{DD}=4.5 V 时的参数，74LVC/ALVC 的特性参数为电源电压 V_{DD}=3.0 V 时的参数；(2)$V_{OH(min)}$ 和 $V_{OL(max)}$ 为最大负载电流下的输出电压。

~~~~~~~~~~~~~~~~~~~~**思考与练习**~~~~~~~~~~~~~~~~~~~~

3-5 在受到干扰脉冲的影响时，分析与非门和或非门的可靠性，并解释原因。
~~~~~~~~~~~~~~~~~~~~

3-6　在数字系统设计中，CMOS门电路多余的输入端应该如何处理？

3.2.3　TTL逻辑门

三极管开关电路是TTL门电路的基础，但基本开关电路的性能并不理想，主要原因有：①三极管基本开关电路中集电极电阻R_C为耗能元件，会导致基本开关电路的功耗大；②电阻R_C的取值影响开关电路的带负载能力。电阻R_C的取值过小时，影响输出低电平的负载能力，电阻R_C的取值过大时，影响输出高电平的负载能力；③为了保证三极管开关电路可靠性工作，还需要加负电源V_{EE}。

为了改善门电路的性能，在基本开关电路的基础上改进设计出了TTL门电路。

TTL门电路分为54/74、54S/74S、54AS/74AS、54LS/74LS、54ALS/74ALS和74F等多种产品系列，其中54/74系列为基本系列，其他系列是在基本系列的基础上为了提高性能而改进得来的。

74系列反相器的电路结构如图3-36(a)所示，由三极管T_1、电阻R_1和保护二极管D_1构成的输入级，三极管T_2和电阻R_2、R_3构成的分相级(phase splitter)以及三极管T_4和T_5、电阻R_4和电平移位二极管D_2构成的输出级三部分组成，其中分相级用于将输入级输出的驱动信号转换为双端输出，分别驱动三极管T_4和T_5，输出高电平或低电平。

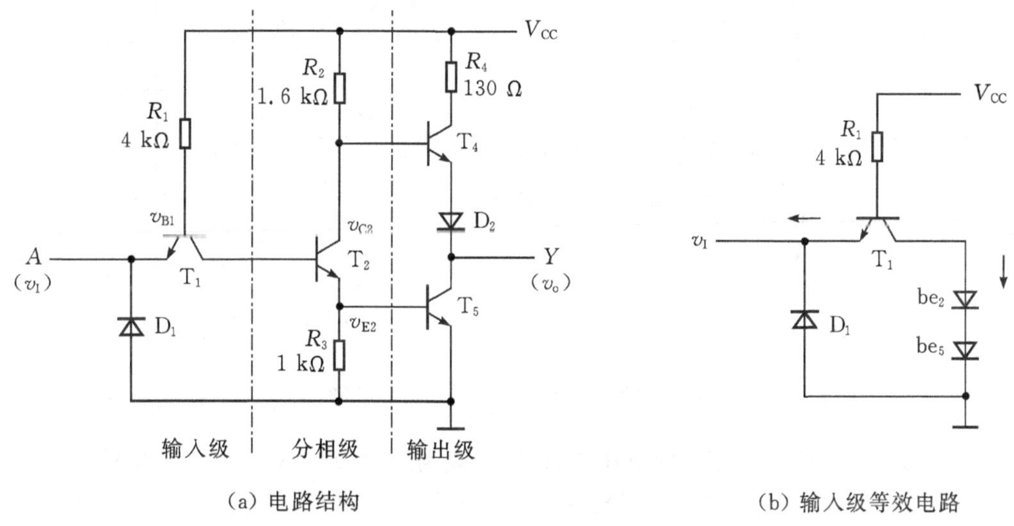

(a) 电路结构　　(b) 输入级等效电路

图3-36　TTL反相器电路结构及输入级等效电路

下面对TTL反相器的工作原理进行分析。从电路结构可以看出，TTL反相器从电源V_{CC}通过三极管T_1的基极电阻R_1向下有两条电流通路：一是经过T_1管的发射结流向前级；二是经过T_1管的集电结、T_2管和T_5管的发射结流向地。因此，TTL反相器输入级等效电路如图3-36(b)所示。两条通路的工作状况受反相器输入端电平的控制，分以下两种情况进行分析。

(1)当输入v_I为低电平时。以TTL低电平0.2 V进行分析。

当$v_I=0.2$ V时，从电源V_{CC}经过R_1流向T_1管发射结的前向通路导通，因此$v_{B1}\approx$

0.9 V，这时 T_2 截止。因为要使 T_2 导通，则 v_{B1} 对地的电位至少应该高于 T_1 管集电结的导通压降和 T_2 管发射结的导通压降之和，即 v_{B1} 应大于 $V_{BC1}+V_{BE2}\approx0.7+0.7=1.4$ V。由于 $v_{B1}=0.9$ V 远小于 1.4 V(PN 结的电流与电压为指数关系)，因此 T_2 截止。由于 T_2 截止，流过 T_2 管的各极均电流为 0，所以 $v_{E2}=0$ V，因此 T_5 截止。同时，三极管 T_4、电阻 R_2、R_4 和二极管 D_2 构成共集电极电路，这时输出电压 $v_O=V_{CC}-I_{B4}R_2-V_{BE4}-V_D\approx5-0.2-0.7-0.7=3.4$ V，为高电平。

TTL 反相器输入低电平时的内部三极管的状态和主要参数如图 3-37(a)所示。

(2)当输入 v_I 为高电平时。以 TTL 高电平 3.4 V 进行分析。

当 $v_I=3.4$ V 时，如果不考虑后级通路，则从电源 V_{CC} 经过 R_1 流向 T_1 管发射结的通路会导通，因此 v_{B1} 的电位能够达到 4.1 V，但实际上是不可能的。这是因为，只要当 v_{B1} 达到 2.1 V 时，就会使 T_1 管的集电结、T_2 管和 T_5 管的发射结构成的后向通路导通(可以计算出 T_2 管和 T_5 管处于饱和状态)，从而限制了 v_{B1} 的电位最高只能达到 2.1 V。因此，在输入 $v_I=3.4$ V 时，T_2 饱和，T_2 的集电极电位 $V_{C2}=V_{BE5}+V_{CES2}\approx0.7+0.2=0.9\text{ V}<V_{BE4}+V_D\approx1.4$ V，因此 T_4 管截止。由于 T_4 截止、T_5 饱和，所以输出电压 $v_O=V_{CES5}\approx0.2$ V，为低电平。

TTL 反相器输入高电平时的内部三极管的状态和主要参数如图 3-37(b)所示。

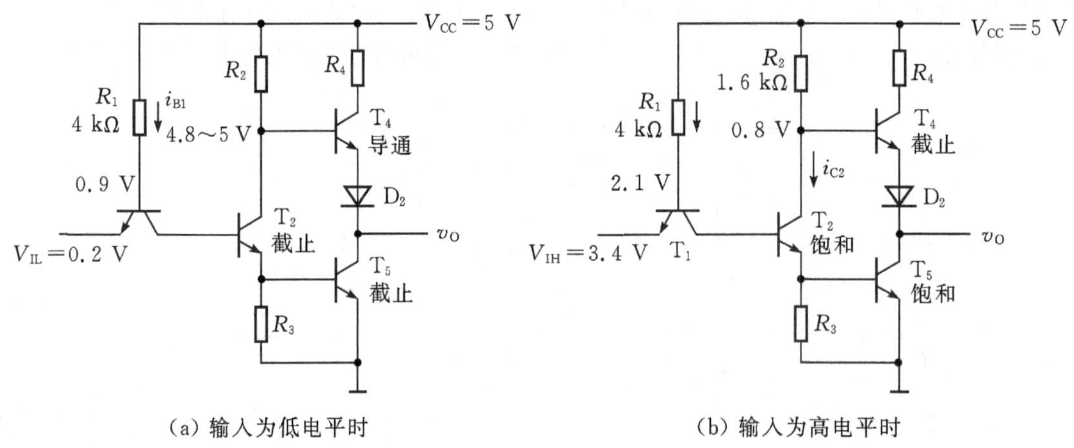

图 3-37 TTL 反相器工作原理分析

若进一步分析 TTL 反相器的电压传输特性，就需要考查输入电压 v_I 从 0 V 上升至电源电压 V_{CC} 过程中输出电压的变化情况，近似分为以下四段进行分析。

(1)当输入 $v_I<0.6$ V 时，$v_{B1}<1.3$ V，这时 T_2 管和 T_5 管截止、T_4 管导通，输出电压 v_O 为高电平，对应于电压传输特性的 AB 段，如图 3-38 所示，称为截止区。

(2)当 $0.7\text{ V}<v_I<1.3$ V 时，$1.4\text{ V}<v_{B1}<2.0$ V，因此 T_2 管导通，但 T_5 管仍然截止。在这个阶段，T_4 管导通，但随着 T_2 管 I_{C2} 电流的增加，T_4 管的基极电位线性下降，因此输出电压也随之线性下降，但仍然处于高电平区，对应于电压传输特性的 BC 段，如图 3-38 所示，称为线性区。

(3)当 $1.3\text{ V}<v_I<1.4$ V 时，$2.0\text{ V}<v_{B1}<2.1$ V，T_5 管由截止迅速转换为饱和状态，相应地，T_4 管由导通转换为截止，输出电压下降为低电平，对应于电压传输特性的 CD 段，如图 3-38 所示，称为转折区。

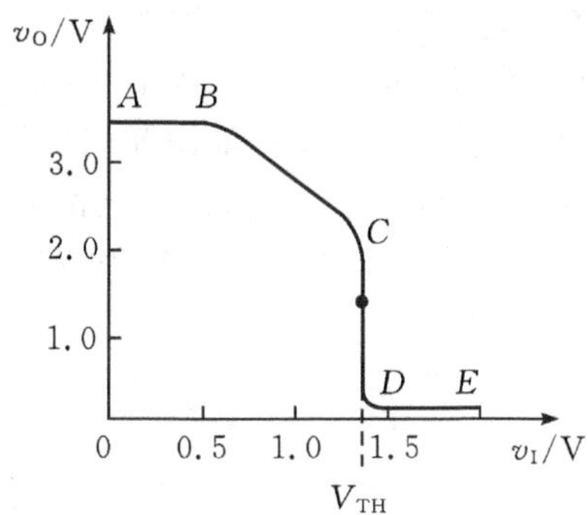

图 3-38 TTL 反相器电压传输特性

(4)当输入 $v_I>1.4$ V 时，这时 T_5 管完全饱和，T_4 管截止，输出电压为低电平，对应于电压传输特性的 DE 段，如图 3-38 所示，称为饱和区。

与 CMOS 反相器相同，定义电压传输特性转折区的中点为阈值电压，用 V_{TH} 表示，为区分输入端高、低电平的分界线。对于 74 系列反相器，阈值电压 $V_{TH}\approx1.4$ V。

由于 TTL 反相器与 CMOS 反相器的结构不同，因此 TTL 反相器与 CMOS 反相器的特性不同：一是输入特性不同，二是 TTL 反相器输入端存在负载特性。

首先来分析 TTL 反相器的输入特性。

(1)当输入低电平 $V_{IL}=0.2$ V 时，T_2 管截止，因此流经 T_1 管的基极电流全部流向反相器的输入端。这时低电平输入电流 I_{IL} 为

$$I_{IL}=-(V_{CC}-V_{BE}-V_{IL})/R_1\approx(5-0.7-0.2)/4\approx-1\ \text{mA}$$

式中，负号表示实际电流流向与参考电流方向相反(习惯规定流入门电路为正)，电流是从反相器的输入端“流出”的，如图 3-39(a)所示。

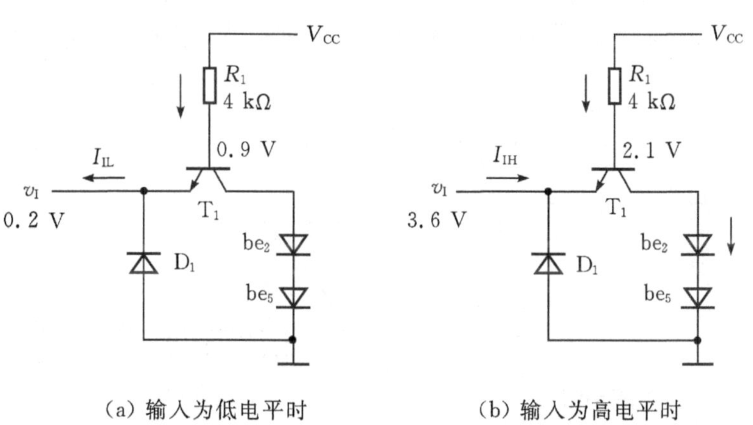

图 3-39 输入特性分析

(2)当输入高电平 $V_{IH}=3.4$ V 时，由于 $V_{B1}\approx2.1$ V，这时 T_1 管的发射结反偏，集电结正偏，T_1 管工作在倒置放大状态(相当于将三极管的发射极和集电极用反了)。由于三极管发射区与集电区的渗杂浓度差异很大，所以工作在倒置放大状态的三极管的(倒置)电流放大倍数 β_I 非常小。若 β_I 按 0.01 估算，则高电平输入电流 I_{IH} 为

$$I_{IH}=\beta_I\times I_{B1}=\beta_I\times(V_{CC}-V_{B1})/R_1\approx0.01\times(5-2.1)/4=7.25\ \mu A$$

考虑到集成电路制造的分散性，I_{IH}最大按 40 μA 估算，即输入为高电平时，高电平输入电流"流入"输入端，其电流大小不会超过 40 μA，如图 3-39(b)所示。

TTL 反相器的输入特性也可以通过图 3-40(a)所示的实验方法进行测量，得到图 3-40(b)所示的完整的输入特性曲线。当输入电压从 0 V 上升到 V_{CC}过程中时，v_I达到阈值电压时，输入电流由"流出"转为"流入"。

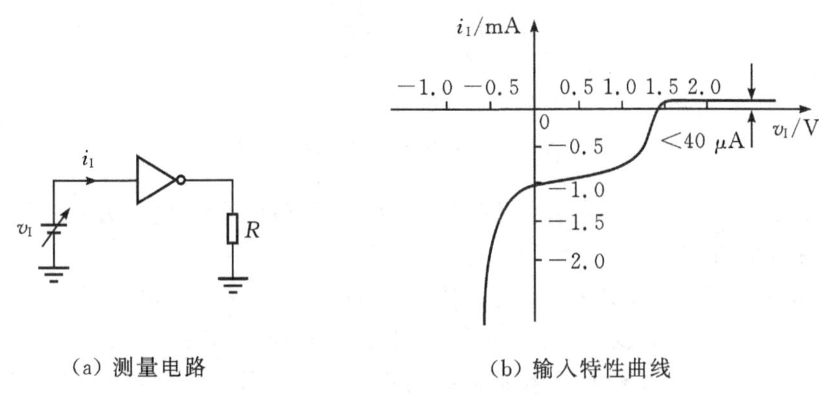

(a) 测量电路　　(b) 输入特性曲线

图 3-40　TTL 反相器输入特性测量电路及曲线

输入端负载特性是指在 TTL 门电路的输入端接入不同阻值的电阻 R_p，折合不同的输入电压 v_I，即 $v_I=f(R_p)$。TTL 反相器存在输入端负载特性的原因是，在输入端接入负载电阻，门电路有电流"流出"输入端时，就会在负载电阻上产生压降。

输入端负载特性可以通过图 3-41(a)所示的实验方法进行测量，得到的输入端负载特性曲线如图 3-41(b)所示。从图中可以看出，随着负载电阻阻值的增大，折合的输入电压也在增大，但最高只能折合到 1.4 V(阈值电压的大小)。这是因为，当输入电压达到 1.4 V 时，$V_{B1}\approx2.1$ V，完全能够使 T_2和 T_5管饱和导通，从而使输出为低电平，这和输入为高电平的效果相同。

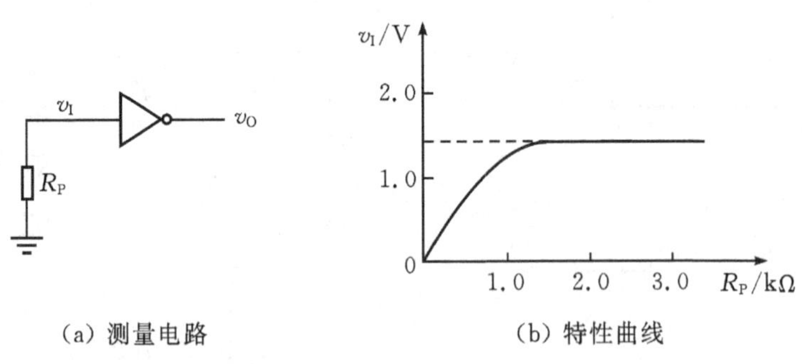

(a) 测量电路　　(b) 特性曲线

图 3-41　输入端负载特性

TTL 门电路规定 0～0.8 V 为低电平。当折合的输入电压为 0.8 V 时，对应的负载电阻称为关门电阻，用 R_{OFF}表示。对于 74 系列反相器，$R_{OFF}\approx910\ \Omega$，即负载电阻小于 910 Ω 时，就可以保证折合的输入电压在低电平范围内。同时，定义能使输出为低电平的最小负载电阻为开门电阻，用 R_{ON}表示。对于 74 系列反相器，R_{ON}规定为 2.7 kΩ，即当负载电阻大于

2.7 kΩ 时，和输入端接高电平的效果一样。

由于 TTL 门电路的特性与 CMOS 门电路的特性不同，所以在应用时一定要注意其差异。例如，TTL 反相器输入端悬空时相当于在输入端接入了无穷大的负载电阻，这和输入端接高电平的效果一样。因此，对于 TTL 门电路，“输入端悬空相当于逻辑 1”。但是，对于 CMOS 门电路，输入端是不允许悬空的！另外，由于 CMOS 门电路的栅极绝缘，所以在 CMOS 门电路的输入端接入电阻时，无论电阻大小，流过电阻的电流恒为 0，因此，CMOS 门电路输入端不存在负载特性。

由于 TTL 门电路输入端悬空时相当于逻辑 1，所以在 TTL 门电路测试中，可以将某些输入端的高电平用悬空来代替以简化实验电路，但在实际应用时，不推荐用悬空来代替高电平输入，因为悬空的输入端容易受到干扰，会对门电路的工作造成不利的影响。

将 TTL 反相器输入级的三极管 T_1 扩展为多发射极三极管，就会得到 TTL 与非门。二输入 TTL 与非门 7400 的电路结构如图 3-42(a)所示。多发射极三极管的作用和图 3-6 所示的二极管与门电路功能等效，因此当 A、B 中至少有一个为低电平时 $V_{B1} \approx 0.9$ V，输出 Y 为高电平，只有 A、B 全部为高电平 $V_{B1} \approx 2.1$ V，输出 Y 为低电平。

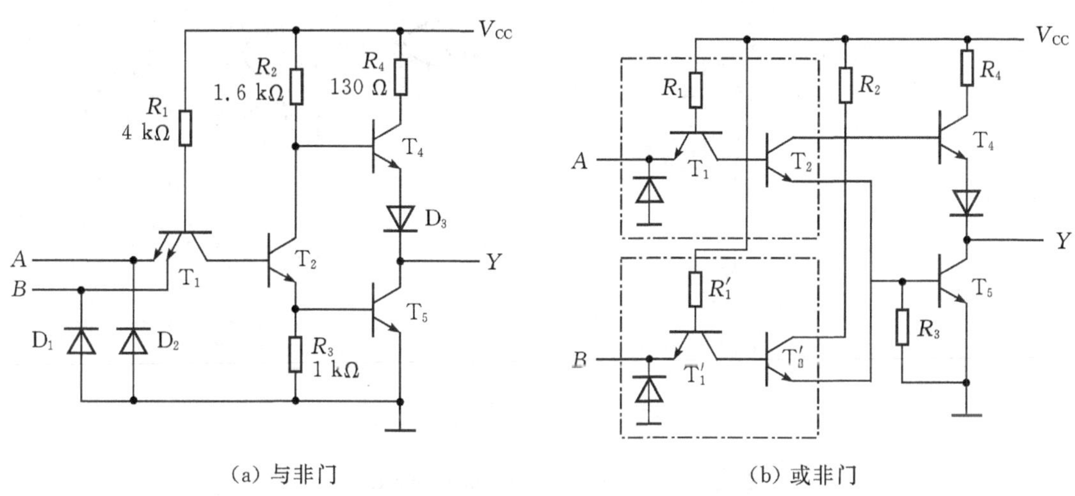

图 3-42　TTL 与非门和或非门

将 TTL 反相器的输入级扩展为多个并联，则会得到或非门。二输入 TTL 或非门 7402 的内部电路如图 3-42(b)所示。由于两个输入级同时控制着 T_2 管，因此当 A、B 中至少有一个为高电平时 T_2 和 T_5 管就会同时饱和导通，输出 Y 为低高电平。只有 A、B 同时为低电平时 T_2 管才会截止，输出 Y 为高电平。

如果再将 TTL 或非门输入级的三极管 T_1 和 T_1' 扩展为多发射极三极管，则可以扩展出与或非门，如图 3-43 所示，实现 $Y=(AB+CD)'$ 逻辑关系。

【例 3-3】 TTL 与非门和或非门驱动电路如图 3-44 所示。根据 74 系列与非门和或非门的特性参数，计算驱动门 G_M 的扇出系数。

查阅 74 系列 TTL 与非门 7400 和或非门 7402 数据表，总结其输入特性、输出特性和开关特性参数如表 3-8 所示。

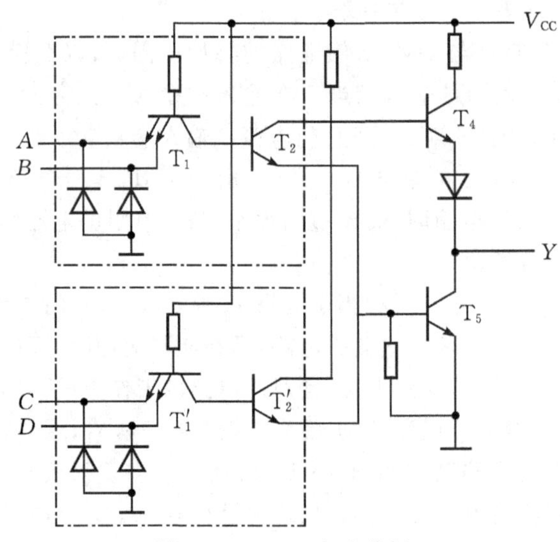

图 3-43 TTL 与或非门

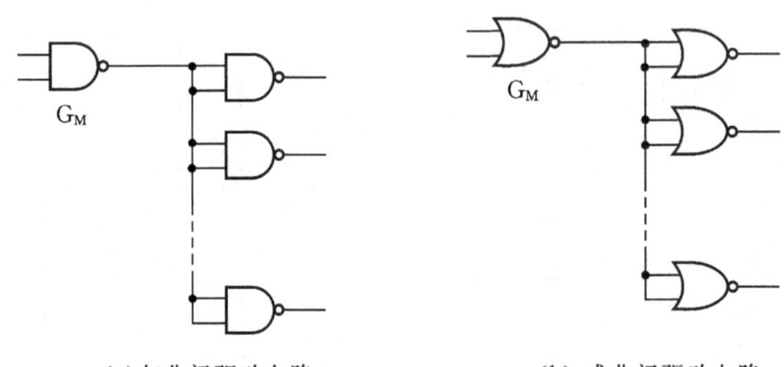

(a)与非门驱动电路　　(b) 或非门驱动电路

图 3-44 例 3-3 电路

表 3-8 与非门 7400 和或非门 7402 数据表

参数	描述	7400			7402			单位
		最小值	典型值	最大值	最小值	典型值	最大值	
V_{CC}	电源电压	4.75	5	5.25	4.75	5	5.25	V
V_{IH}	输入高电平	2.0	—	—	2.0	—	—	V
V_{IL}	输入低电平	—	—	0.8	—	—	0.8	V
I_{IH}	高电平输入电流	—	—	40	—	—	40	μA
I_{IL}	低电平输入电流	—	—	−1.6	—	—	−1.6	mA
V_{OH}	高电平输出电压	2.4	3.4	—	2.4	3.4	—	V
V_{OL}	低电平输出电压	—	0.2	0.4	—	0.2	0.4	V
I_{OH}	高电平输出电流	—	—	−0.4	—	—	−0.4	mA
I_{OL}	低电平输出电流	—	—	16	—	—	16	mA

续表

参数	描述	7400			7402			单位
		最小值	典型值	最大值	最小值	典型值	最大值	
开关特性($V_{CC}=5$ V,$T_A=25$ ℃,$C_L=15$ pF,$R_L=400$ Ω)								
t_{PLH}	延迟时间	—	22	—	—	—	22	ns
t_{PHL}	延迟时间	—	15	—	—	—	15	—

(1)与非门扇出系数的计算。与非门输入为低电平时,流出输入多发射级三极管 T_1 基极的总电流受电阻 R_1 的限制,与输入端个数无关。由于驱动门输出低电平时最大能够承受的灌电流为 $I_{OL(max)}$,因此与非门的低电平扇出系数

$$N_{11}=I_{OL(max)}/I_{IL}=16/1.6=10$$

与非门输入为高电平时,输入多发射级三极管 T_1 工作在倒置放大状态,每个输入端都会流入 $\beta_I\times I_{B1}$ 的电流,所以与非门的高电平输入电流与输入端的个数有关。由于驱动门最大能够输出的高电平电流为 $I_{OH(max)}$,因此与非门的高电平扇出系数

$$N_{12}=I_{OH}/(2I_{IH})=0.4/(2\times0.04)=5$$

综合上述分析,可推出二输入与非门的扇出系数为

$$N_1=(N_{11},N_{12})_{min}=5$$

即与非门 7400 最多可以驱动 5 个同样的与非门。

(2)或非门扇出系数的计算。对于二输入或非门,由于两个输入级是独立的,因此输入为低电平时,每个输入端都会向驱动门"灌入"电流,所以低电平灌入的总电流与输入端个数有关。由于驱动门输出低电平时最大能够承受的灌电流为 $I_{OL(max)}$,因此或非门的低电平扇出系数

$$N_{21}=I_{OL}/(2I_{IL})=16/(2\times1.6)-5$$

或非门输入为高电平时,输入级三极管 T_1 和 T_1' 均工作在倒置放大状态,每个输入端均流入 $\beta_I\times I_{B1}$ 的电流,因此或非门的高电平输入电流与输入端个数有关。由于驱动门最大能够输出的高电平电流为 $I_{OH(max)}$,所以或非门的高电平扇出系数

$$N_{22}=I_{OH}/(2I_{IH})=0.4/(2\times0.04)=5$$

综合上述分析,推出二输入或非门的扇出系数为

$$N_2=(N_{21},N_{22})_{min}=5$$

即或非门 7402 最多可以驱动 5 个同样的与非门。

思考与练习

3-7 按例 3-3 所示的驱动电路,计算图 3-43 所示 TTL 与或非门(输入全部接在一起)用作反相器时的扇出系数。

3-8 若将图 3-44 中的负载与非门的一个输入端接电源 V_{CC},另一个输入端受驱动门控制。重新计算驱动门 G_M 的扇出系数。

3-9 若将图 3-44 中的负载或非门的一个输入端接地,另一个输入端受驱动门控制。重新计算驱动门 G_M 的扇出系数。

74 系列反相器输出为低电平时，三极管 T_2和 T_5工作在深度饱和状态，优点是输出电阻小，驱动能力强，能够吸收较大的灌电流。缺点是三极管在截止和饱和之间转换时，会产生较大的开关延迟，从而限制了门电路的工作速度。

74S 为肖特基系列。为了提高工作速度，74S 系列门电路通过在三极管的集电结上并联肖特基垫垒二极管(Schottky barrier diode，SBD)的方法将普通三极管改造成抗饱和三极管，如图 3-45(a)所示。由于 SBD 正向导通电压只有 0.3 V 左右，因此当三极管饱和时 SBD 导通，对驱动电流 I_B进行分流，从而有效地减小了三极管的基极驱动电流，限制了三极管的饱和深度，减小了三极管的开关延迟。抗饱和三极管的符号如图 3-45(b)所示。

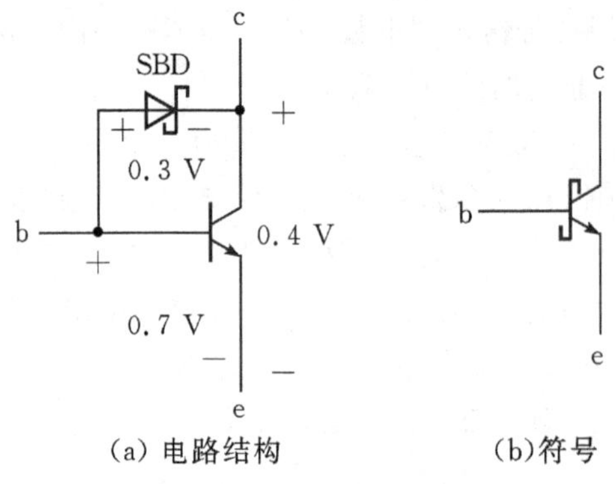

(a) 电路结构　　(b)符号

图 3-45　抗饱和三极管

74S 系列与非门 74S00 的内部电路结构如图 3-46 所示，除了采用抗饱和三极管外，还采取了以下措施进一步提高开关速度：①采用小阻值的电阻，以增加驱动电流；②将 T_4管改为 T_3和 T_4构成的复合管以提高三极管的电流放大倍数，从而增加驱动能力；③将 R_3替换为 T_6和电阻 R_B、R_C构成的有源泄放电路，消除了电压传输特性的线性区，进一步改善了 74S 系列的电压传输特性。

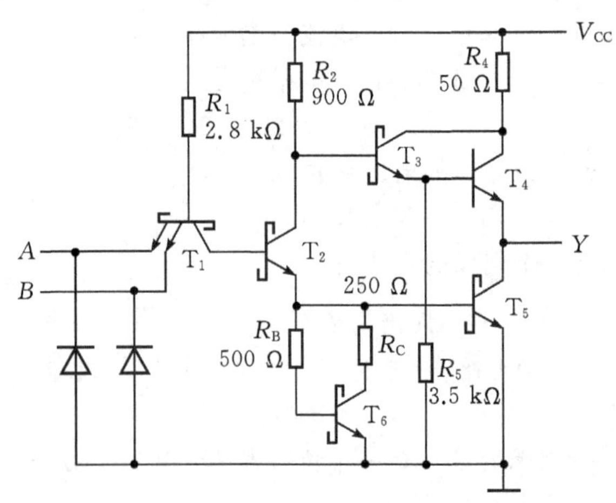

图 3-46　74S00 电路结构

74LS 为低功耗肖特基系列。74LS 系列与非门 74LS00 的内部电路结构如图 3-47 所

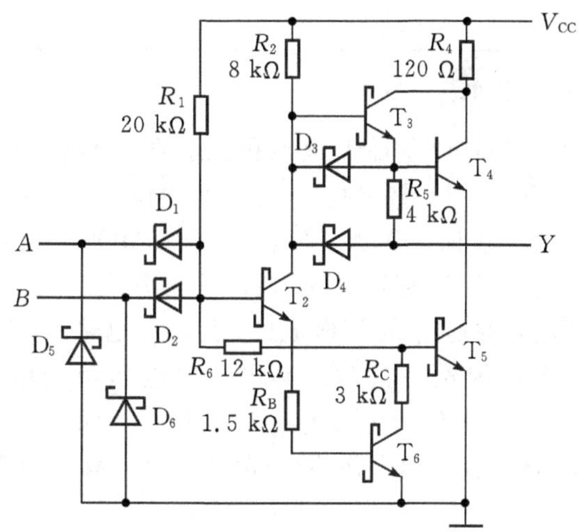

图 3-47　74LS00 电路结构

示。74S 系列为了提高门电路的工作速度，为了减小传输延迟时间而采用了小阻值的电阻，其缺点是使门电路的平均功耗大幅度增加。为降低门电路的功耗，74LS 系列以牺牲开关速度为代价，采用了大阻值的电阻，以减小门电路的功耗。同时，将输入级的多发射极三极管 T_1 替换为二极管结构，进一步提高输入级的开关速度。

74AS 和 74ALS 是两种改进型的 TTL 门电路，称为先进(advanced)的肖特基系列和先进的低功耗肖特基系列，在速度方面均有相当大的提高。74F 系列采用新的集成电路制造工艺，减小器件间的电容量，从而达到了减小传输延迟时间的目的。

各系列 TTL 门电路的典型特性参数如表 3-9 所示，其中延迟功耗积定义为门电路传输延迟时间与平均功耗的乘积，是衡量门电路总体性能的参数。

表 3-9　TTL 门电路特性参数表

参数	描述	TTL 门电路系列(以反相器为例)					
		74	74S	74LS	74AS	74ALS	74F
$V_{IH(min)}$	输入高电平最小值/V	2.0	2.0	2.0	2.0	2.0	2.0
$V_{IL(max)}$	输入低电平最大值/V	0.8	0.8	0.8	0.8	0.8	0.8
$V_{OH(min)}$	输出高电平最小值/V	2.4	2.7	2.7	2.5	2.5	2.5
$V_{OL(max)}$	输出低电平最大值/V	0.4	0.5	0.5	0.5	0.5	0.5
t_{PD}	传输延迟时间/ns	9	3	9.5	1.7	4	3
p	单个平均功耗/mW	10	20	2	8	1.2	6
pd	延迟功耗积/pJ	90	60	19	13.6	4.8	18
f_{max}	最高工作速度/MHz	35	125	45	200	70	100

3.3 两种特殊门电路

将前面讲到的，只能输出高电平和低电平两种状态的门电路习惯于称为普通门电路。

普通门电路在应用上有一定局限制性。一是它们的输出端通常不能相互连接，这是因为，当输出电平不一致时就会短路。例如，将两个普通 CMOS 反相器的输出端并联，如图 3-48所示，当 v_{O1}输出高电平时 T_{P1}管导通，v_{O2}输出低电平时 T_{N2}管导通，这时从电源 V_{DD}通过 T_{P1}和 T_{N2}到地存在低电阻的通路，会因电流过大烧坏门电路。

普通门电路的另一个局限性是其输出高电平的电压值受电源电压的限制。由于 CMOS 门电路输出高电平的最大值为电源电压 V_{DD}，所以无法驱动高于电源电压的负载。因此，在数字系统设计中，除了普通门电路外，经常还会用到两种特殊的门电路：OC/OD 门和三态门。

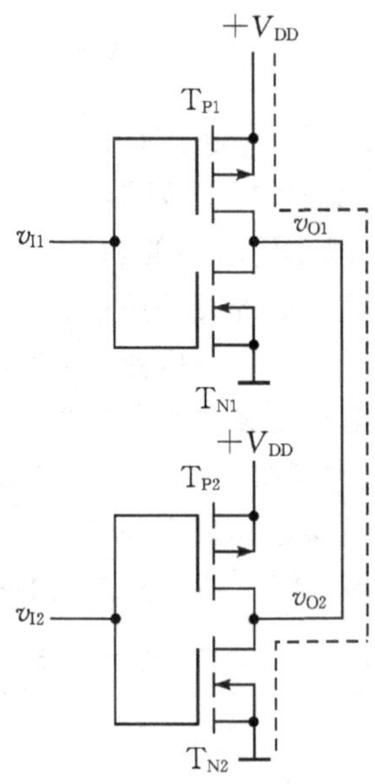

图 3-48 短路现象

3.3.1 OC/OD 门

为了克服普通门电路的局限性，一种改进方法是使门电路的输出端开路，从而使输出电平不受器件电源电压的影响。输出端开路的 TTL 门电路称为 OC(open-collector)门。相应地，输出端开路的 CMOS 门电路称为 OD(open-drain)门。

OC 与非门和 OD 与非门的电路结构及图形符号如图 3-49 所示。

对于图 3-49(a)所示的 OC 与非门，当 A、B 同时为高电平时 T_5导通，OC 门输出为低电平；当 A、B 至少有一个为低电平时 T_5管截止，输出端开路。

对于图 3-49(b)所示的 OD 与非门，当 A、B 同时为高电平时 MOS 管 T_N导通，OD 门输出为低电平；当 A、B 至少有一个为低电平时 MOS 管 T_N截止，输出端开路。

OC/OD 门输出端开路时其输出电阻趋向于无穷大，因此称为高阻状态(high-impedance state)，用 Z(或 z)表示。

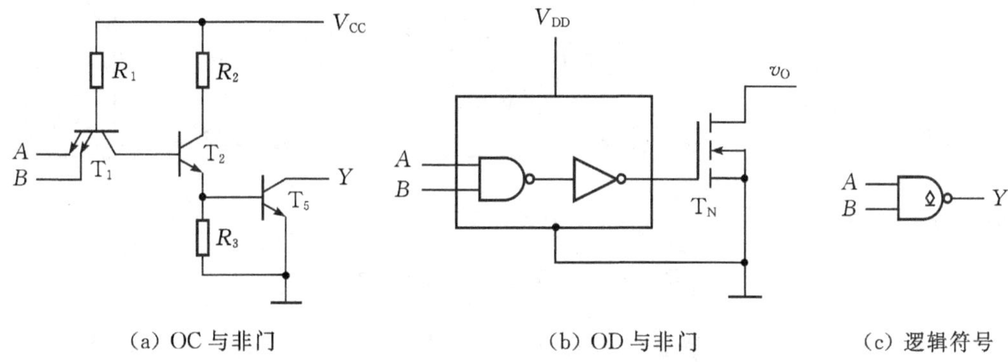

(a) OC 与非门　　(b) OD 与非门　　(c) 逻辑符号

图 3-49　OC/OD 与非门

在数字集成电路中，应用 OC/OD 输出结构的器件很多，使用时应注意它们和普通门电路的区别。衡量 OC/OD 门主要的性能参数是其输出级开关管截止时的耐压能力和导通时的吸收电流能力。7406 和 7407 是 OC 缓冲器(buffers)，其中 7406 为六反相器，7407 为六驱动器，每个输出端输出低电平时所允许的最大灌电流为 40 mA，最大负载电压为 30 V。

在数字系统中，OC/OD 门用于不同类型器件间的电平转换、驱动高电压大电流负载和实现“线与”逻辑等功能。

电平转换应用电路如图 3-50 所示。图 3-50(a)为 TTL 门驱动 CMOS 门的接口电路，当 OC 门的输出 Y_1 为低电平时，CMOS 门电路能够正确地识别输入为逻辑 0；当 OC 门的输出 Y_1 为高阻状态时，通过上拉电阻 R_P 使 CMOS 门电路输入电平为 CMOS 门电路电源电压 V_{DD}，从而使 CMOS 门电路能够正确地识别输入为逻辑 1。

图 3-50(b)为 CMOS 门驱动 TTL 门的接口电路，当 OD 门的输出 Y_1 为低电平时，TTL 门电路能够正确地识别输入为逻辑 0；当 OD 门的输出 Y_1 为高阻状态时，通过上拉电阻 R_P 使 TTL 门电路输入电平为 TTL 门电路电源电压 V_{CC}，从而使 TTL 门电路能够正确地识别输入为逻辑 1。

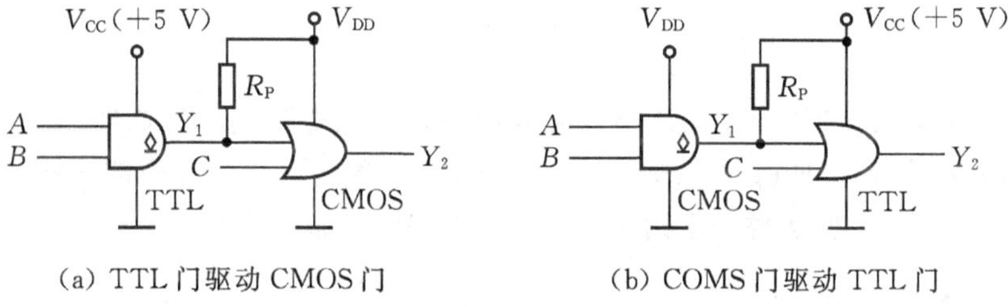

(a) TTL 门驱动 CMOS 门　　(b) COMS 门驱动 TTL 门

图 3-50　电平转换接口电路

由于 OC/OD 门输出低电平时，能够吸收较大的“灌”电流，并且负载电压不受驱动门电源电压的限制，因而能够驱动高电压、大电流负载。因此在数字系统中，OC/OD 门通常用作驱动器，以驱动发光二极管、数码管等显示器件或者光耦、继电器等不同类型的功率器件，如图 3-51 所示。

OC/OD 门的另一个典型应用就是将其输出端直接相连，实现与逻辑关系。这种通过

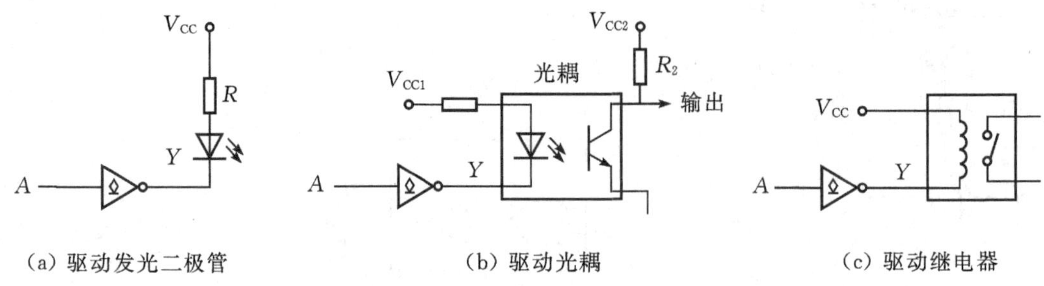

图 3-51 OD/OC 门用作驱动器

连线而实现与逻辑关系称为“线与”(wired-AND)。

合理应用“线与”可以简化电路设计。例如，对于图 3-52(a)所示的电路，当 Y_1 和 Y_2 至少有一个为低电平时 Y 为低电平，只有当 Y_1 和 Y_2 同时截止时 V_{DD} 通过上拉电阻 R_L 才使 Y 为高电平。因此 $Y=Y_1 \cdot Y_2$，即

$$Y=(AB)'(CD)'=(AB+CD)'$$

从而实现了与或非逻辑关系。线与符号如图 3-52(b)所示。

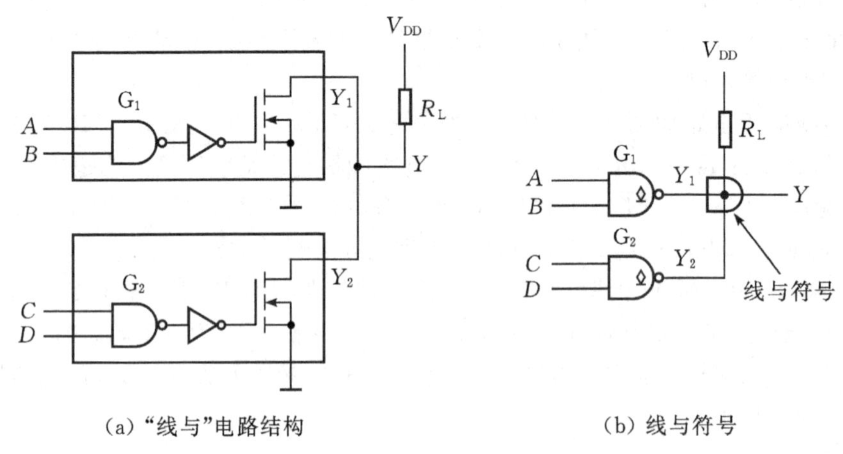

图 3-52 用 OD 门实现“线与”逻辑

目前，一些器件厂商推出了耐压更高和吸收电流能力更强的 OC 器件。ULN2803 是 8 路达林顿晶体管阵列(darlington transistor arrays)，内部电路结构和外部管脚排列如图 3-53 所示，TTL 电平驱动，达林顿管耐压为 50 V，单路最大灌电流为 500 mA。

3.3.2 三态门

在计算机系统中，通常有多个设备共享总线，这就需要将多个设备的输出连接到总线上，在某个特定的时刻最多只允许一个设备使用总线。如果用普通逻辑门作为总线接口电路，如图 3-54 所示，那么当 1 号设备通过接口电路 G_1 向总线上发送数据时，其他接口电路 $G_2 \sim G_n$ 无论输出为高电平还是低电平都不能使总线正常工作。分以下两种情况进行分析：

(1)若 $G_2 \sim G_n$ 输出均为低电平，当 G_1 发送数据 1 时则会通过总线短路；

(2)若 $G_2 \sim G_n$ 输出均为高电平，当 G_1 发送数据 0 时同样会通过总线短路。

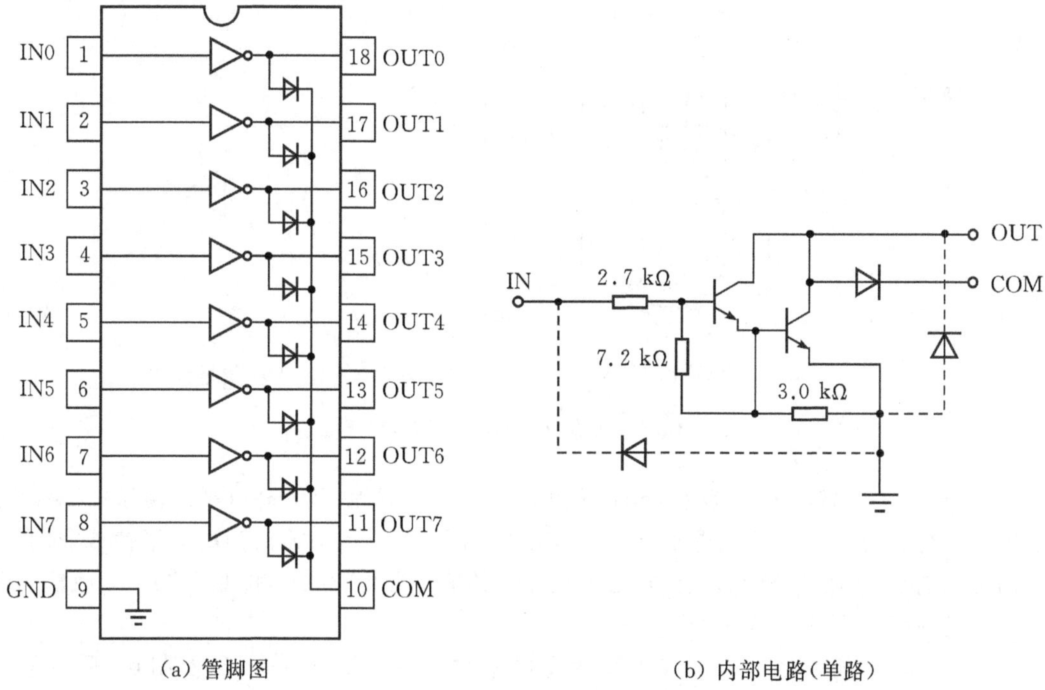

(a) 管脚图　　(b) 内部电路(单路)

图 3-53 ULN2803 管脚图与电路结构

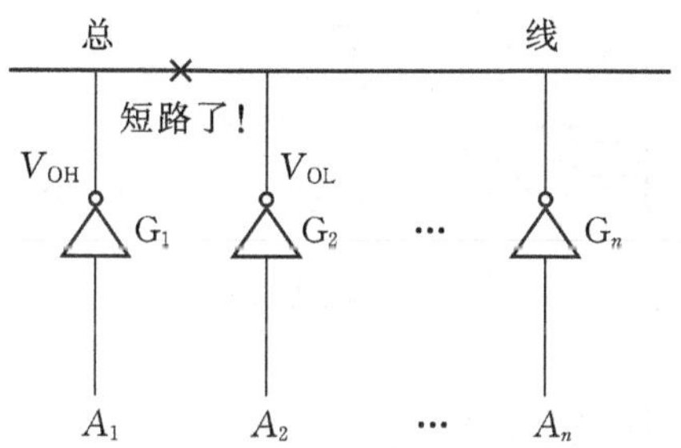

图 3-54 普通逻辑门作为总线接口电路

因此,普通逻辑门不能作为总线接口电路使用。

作为总线接口的门电路,除了能够输出高电平和低电平外,还应该具有第三种输出状态:高阻状态,表示输出电阻为无穷大的状态。当门电路的输出为高阻状态时,无论总线为高电平还是低电平均不取电流,因而不影响总线上其他设备的工作。

能够输出高电平、低电平和高阻三种状态的门电路称为三态门(tri-state gates)。三态门可以通过对普通门电路进行改造获得。CMOS 三态反相器的内部电路原理和图形符号如图 3-55 所示,其中 EN'为三态控制端。

CMOS 三态反相器的工作原理如下。

(1)当 EN'为低电平时,反相器 G_1 输出为高电平而 G_3 输出为低电平,这时与非门 G_4 和或非门 G_5 的输出均为 A,所以 MOS 管 T_P 和 T_N 同时受输入 A 控制,这和普通反相器的情况一样,因此三态反相器实现非逻辑关系 $Y=A'$。

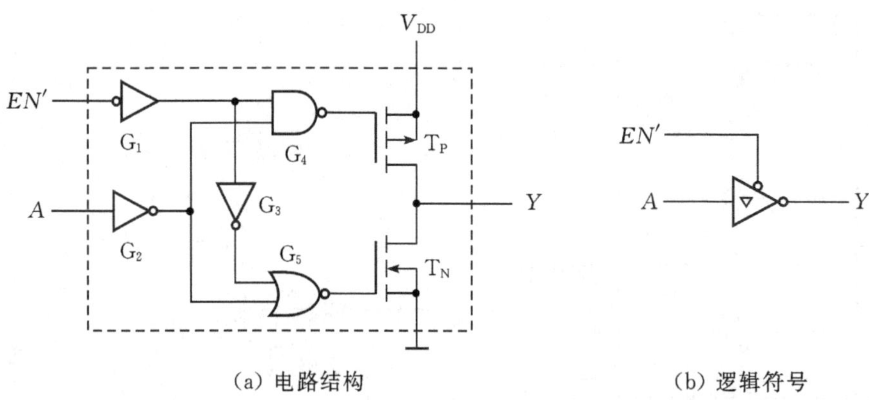

(a) 电路结构　　(b) 逻辑符号

图 3-55 CMOS 三态反相器,三态控制端低电平有效

(2)当 EN'为高电平时,反相器 G_1输出为低电平而 G_3输出为高电平。由于 G_1输出为低电平使与非门 G_4输出为高电平,所以 T_P截止。同时,由于 G_3输出为高电平使或非门 G_5输出为低电平,所以 T_N截止。这时,三态反相器的输出端与“电源”和“地”均断开,故输出 Y悬空而呈现高阻状态,即 Y=“z”。

图 3-55(a)所示的三态门在 EN'为低电平时正常工作,故称三态控制端“低电平有效”。若将图 3-55(a)中的反相器 G_1去掉,则可以构成三态控制端高电平有效的三态反相器,其内部电路原理与图形符号如图 3-56 所示。

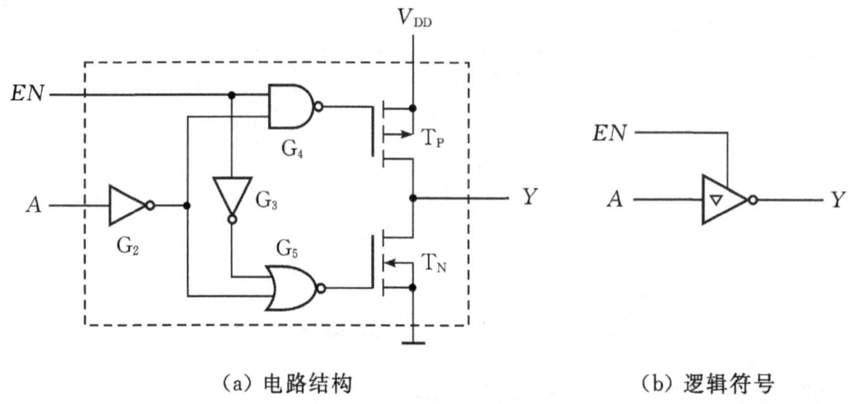

(a) 电路结构　　(b) 逻辑符号

图 3-56 CMOS 三态反相器,三态控制端低电平有效

74HC125/126 为 CMOS 三态缓冲器(tri-state buffers),输出与输入同相,内部逻辑图和外部管脚排列如图 3-57 所示,其中 74HC125 三态控制端为低电平有效,74HC126 三态控制端为高电平有效。

三态门电路的典型应用之一就是作为总线接口电路,如图 3-58(a)所示,其中 G_1~G_n均为三态驱动器,控制端 EN_1~EN_n为高电平有效。总线要能正常工作,要求接口电路的三态控制信号 EN_1~EN_n相互排斥,因为当两个或两个以上的三态控制端同时有效时,同样会出短路现象。所以,当一号设备需要向总线发送数据时,应使 EN_1有效、EN_2~EN_n无效,因为 EN_2~EN_n无效时,2~n 号设备接口电路的输出为高阻状态,所以对总线没有影

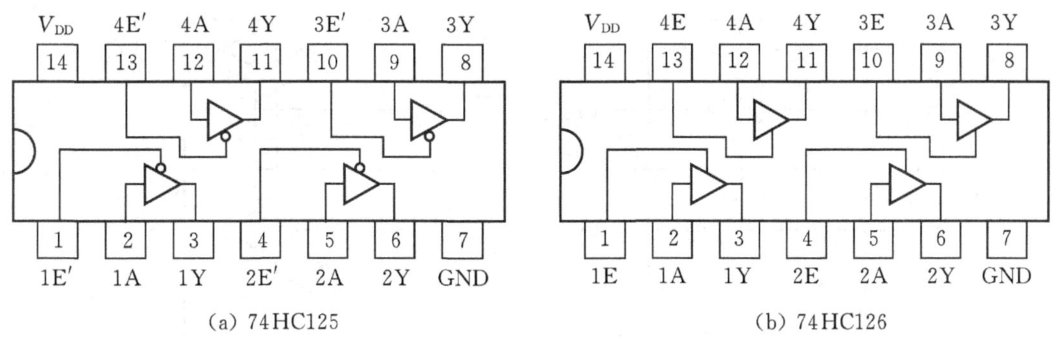

(a) 74HC125　　(b) 74HC126

图 3-57　CMOS 三态缓冲器

响。当二号设备需要向总线发送数据时，应使 EN_2 有效，其他三态控制端无效，其他设备同样不会影响总线的工作情况。

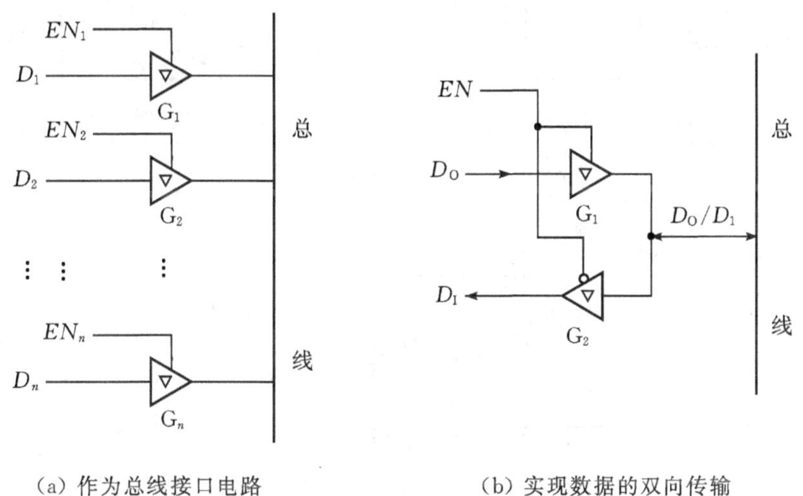

(a) 作为总线接口电路　　(b) 实现数据的双向传输

图 3-58　三态门的应用

三态门的另一个典型应用是控制数据的双向传输，如图 3-58(b)所示，其中 G_1 和 G_2 是两个三态驱动器，G_1 的三态控制端高电平有效，G_2 的三态控制端低电平有效。当 EN 为高电平时 G_1 工作，将数据 D_O 从设备发送到总线上；当 EN 为低电平时 G_2 工作，从总线上接收数据 D_I 送入设备中。

74HC240/244 是集成双四路 CMOS 三态缓冲器，内部逻辑如图 3-59 所示，其中 74HC240 为三态反相器(输出与输入反相)，而 74HC244 为三态驱动器(输出与输入同相)。当三态控制端 OE' 为低电平时，74HC240/244 正常工作，否则输出强制为高阻状态。

74HC245 是集成双向 CMOS 总线收发器(bus transceiver)，内部逻辑如图 3-60 所示，功能如表 3-10 所示。当三态控制端 OE' 为低电平时，74HC245 正常工作。这时，若方向控制信号 DIR 为低电平，则 B 口为输入，A 口为输出，数据从 B 口传向 A 口；若方向控制信号 DIR 为高电平，则 A 口为输入，B 口为输出，数据从 A 口传向 B 口。当三态控制端 OE' 为高电平时，A 口和 B 口均为高阻状态。

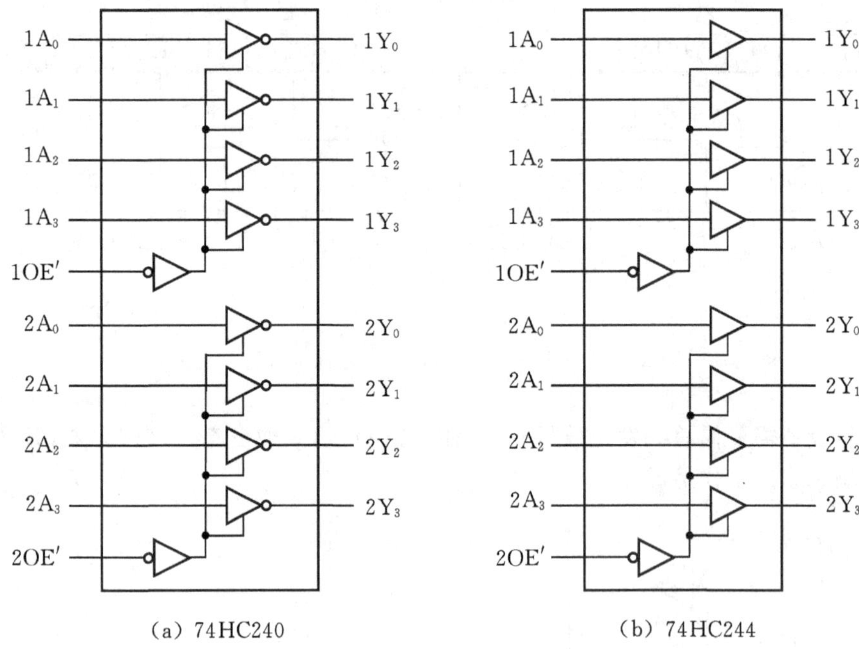

(a) 74HC240　　(b) 74HC244

图 3-59　双四路 CMOS 三态缓冲器

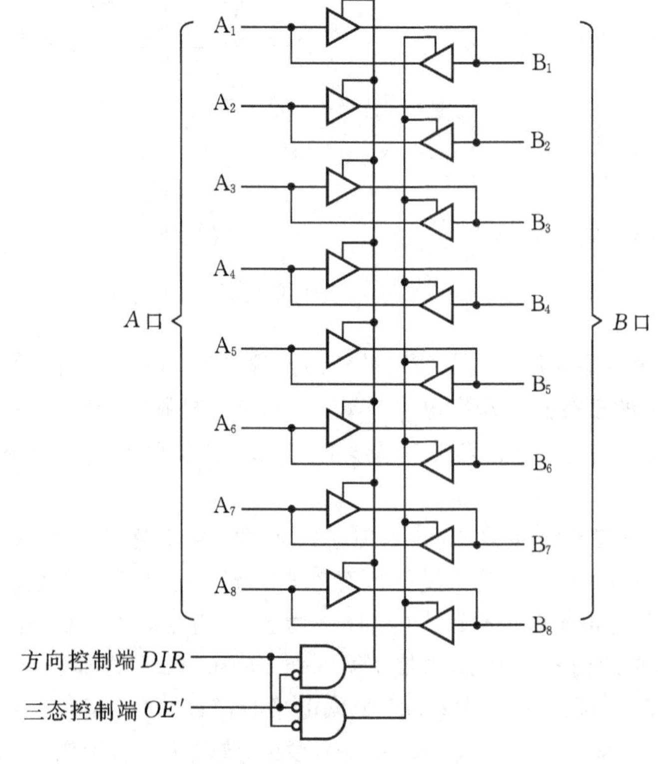

图 3-60　74HC245 逻辑图

表 3-10　74HC245 功能表

输　入		输入/输出	
OE'	DIR	A_n	B_n
0	0	$A=B$	输入
0	0	输入	$B=A$
1	×	Z	Z

3.4　CMOS 传输门

P 沟道增强型 MOS 管和 N 沟道增强型 MOS 管串接可以构成反相器。若将 P 沟道增强型 MOS 管和 N 沟道增强型 MOS 管并联则可以构成另一种非常重要的 CMOS 器件:传输门(transmission gate)。

CMOS 传输门的电路结构和图形符号如图 3-61 示,其中 C 和 C' 为传输门的控制端,T_1 管的衬底接地,T_2 管的衬底接电源。

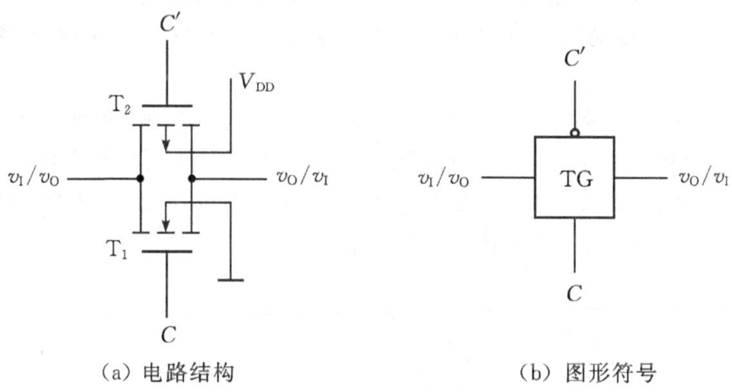

(a) 电路结构　　(b) 图形符号

图 3-61　传输门结构及等效电路

下面对传输门的工作原理进行分析。

(1)当传输门的控制端均有效(C 接 V_{DD},C' 接地)时,若输入 v_I 为低电平(0 V),则 $V_{GSP}=0$、$V_{GSN}=V_{DD}$,因此 T_P 截止而 T_N 导通,这时输入的低电平通过 T_N 管传输到输出端,如图 3-62(a)所示;若输入 v_I 为高电平(V_{DD}),则 $V_{GSP}=-V_{DD}$、$V_{GSN}=0$,因此 T_P 导通而 T_N 截止,这时输入的高电平通过 T_P 管传输到输出端,如图 3-62(b)所示。

若输入信号 v_I 从低电平向高电平逐渐变化,在 $V_{TN}<v_I<V_{DD}-|V_{TP}|$ 时 T_N 和 T_P 同时导通,这时输入信号同样能够通过传输门传输到输出端。因此,当 C 和 C' 均有效时,无论输入 v_I 为低电平、高电平还是连续变化的模拟信号,传输门都处于导通状态,因此 $v_O=v_I$。

(2)当传输门的控制端均无效(C 接地,C' 接 V_{CC})时,若输入 v_I 为低电平(0 V),T_P 管因栅源电压为 0 而截止,T_N 管因为所加的栅源电压极性与开启电压相反同样处于截止状态。

若输入 v_I 为高电平(V_{DD}),T_N 管因栅源电压为 0 而截止,T_P 管因为所加的栅源电压极性与开启电压相反同样处于截止状态。因此,当 C 和 C' 均无效时,无论输入 v_I 为低电平还

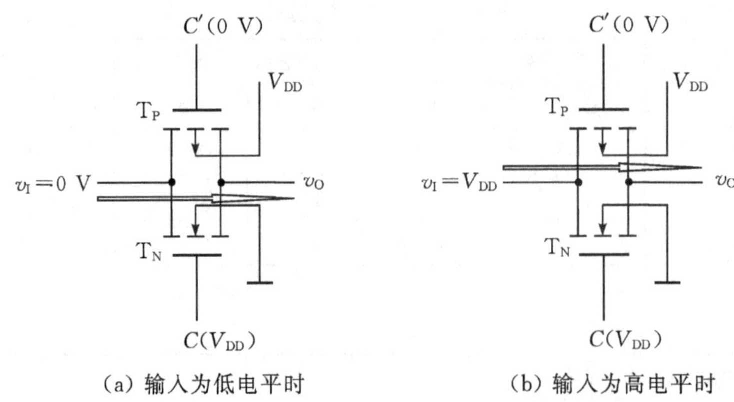

(a) 输入为低电平时　　(b) 输入为高电平时

图 3-62　控制端有效时传输门的工作过程

是高电平，T_P和 T_N均处于截止状态，传输门断开，输出 v_O 为高阻。

综上分析，可以将 CMOS 传输门抽象为一个受控的电子开关：当控制端 C 和 C' 均有效时开关闭合，控制端均无效时开关断开。由于 CMOS 传输门内部 MOS 管的衬底独立，都没有与源极相连，因此传输门的源极与漏极结构对称，既可以以源极作为输入，也可以以漏极作为输入，所以 CMOS 传输门为双向开关(bilateral switch)，即可以传输数字信号，也可以传输模拟信号。

CMOS 反相器和 CMOS 传输门是构成 CMOS 集成电路的基本单元。图 3-63 所示是用 CMOS 反相器和传输门构成异或门的原理图和逻辑符号。当 A 为低电平时，传输门 TG_1 导通而 TG_2 截止，这时 $Y=B$；当 A 为高电平时，传输门 TG_1 截止而 TG_2 导通，这时 $Y=B'$，因此可以得到表 2-6 所示的异或门真值表。

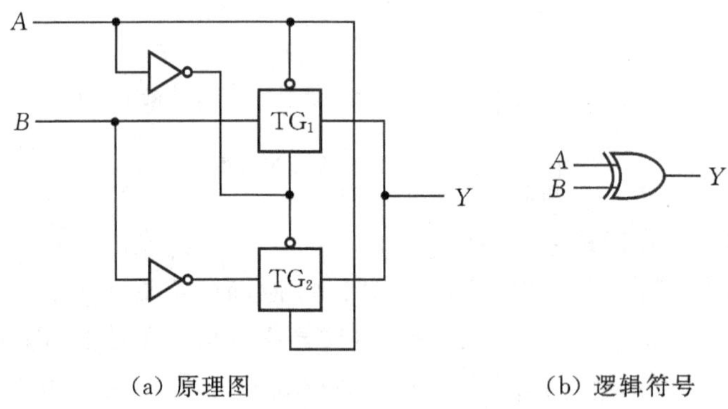

(a) 原理图　　(b) 逻辑符号

图 3-63　CMOS 异或门

74HC86 是集成四 CMOS 异或门，内部逻辑和管脚排列如图 3-64 所示。

在集成器件中，传输门的两个控制端通常用一个信号控制，如图 3-65(a)所示，这时习惯上将传输门称为模拟开关，并采用图 3-65(b)所示的图形符号表示。当控制信号有效时开关导通，无效时开关截止。

CD4066 是集成 CMOS 双向模拟开关，由四个独立的模拟开关组成，其内部电路框图和管脚排列如图 3-66 所示。当控制端为高电平时开关导通，为低电平时开关截止。

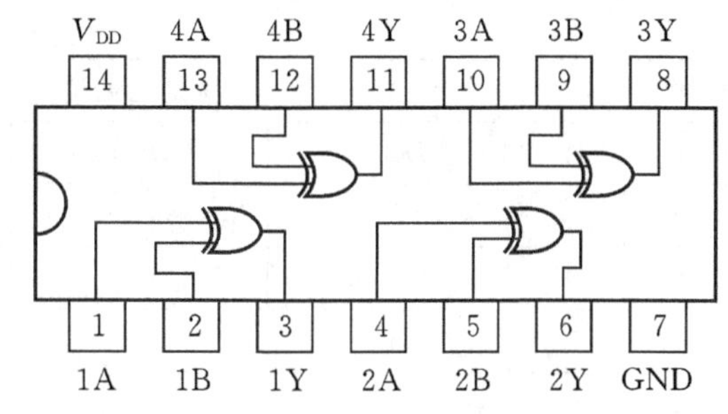

图 3-64 74HC86

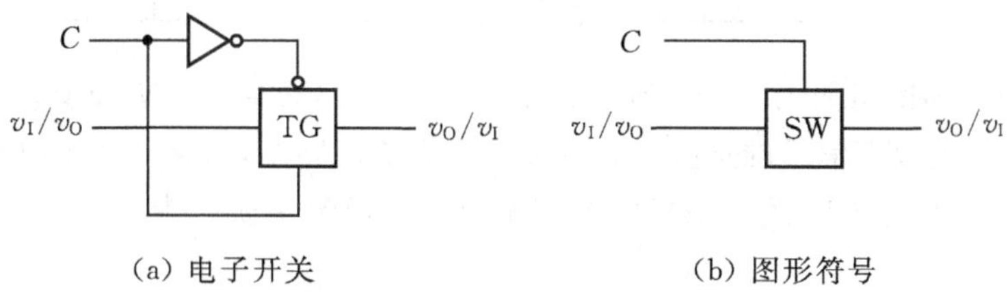

图 3-65 电子开关结构和图形符号

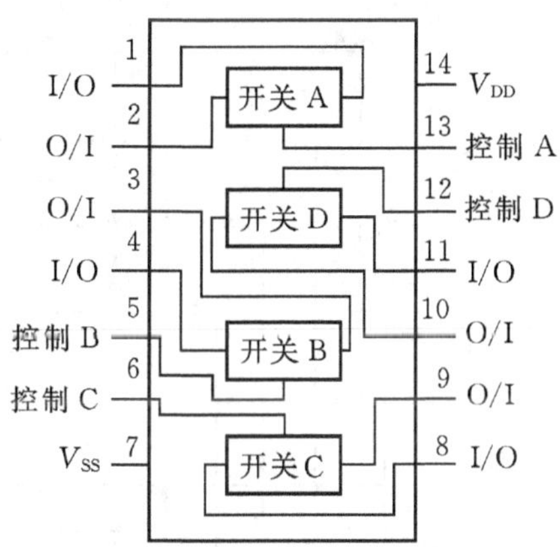

图 3-66 CD4066 管脚图

CD4051/2/3 是常用的 CMOS 多路模拟开关，功能如表 3-11 所示，其中 CD4051 为 8 路模拟开关，CD4052 为双 4 路模拟开关，CD4053 为三 2 路模拟开关。由于模拟开关的信号通路是双向的，所以多路模拟开关既可以实现信号选择，又可以实现信号分配。

表 3-11 CD4051/2/3 功能表

输 入				选通的通道		
INH	*C*	*B*	*A*	CD4051	CD4052	CD4053
0	0	0	0	0	0x,0y	cx,bx,ax
0	0	0	1	1	1x,1y	cx,bx,ay
0	0	1	0	2	2x,2y	cx,by,ax

续表

输入				选通的通道		
INH	*C*	*B*	*A*	CD4051	CD4052	CD4053
0	0	1	1	3	3x,3y	cx,by,ay
0	1	0	0	4	—	cy,bx,ax
0	1	0	1	5	—	cy,bx,ay
0	1	1	0	6	—	cy,by,ax
0	1	1	1	7	—	cy,by,ay
1	*	*	*	未选通	未选通	未选通

CD4052 的内部逻辑如图 3-67 所示。取 $V_{DD}=5$ V、$V_{EE}=-5$ V 和 $V_{SS}=0$ 时，可实现 -5 V～5 V 双四路模拟信号的选择或者分配。在音响电路中，通常使用多路模拟开关切换功放的音源，从收音机、CD 或者 AUX（辅助输入）等音源中选择其中一路送入功放进行放大。

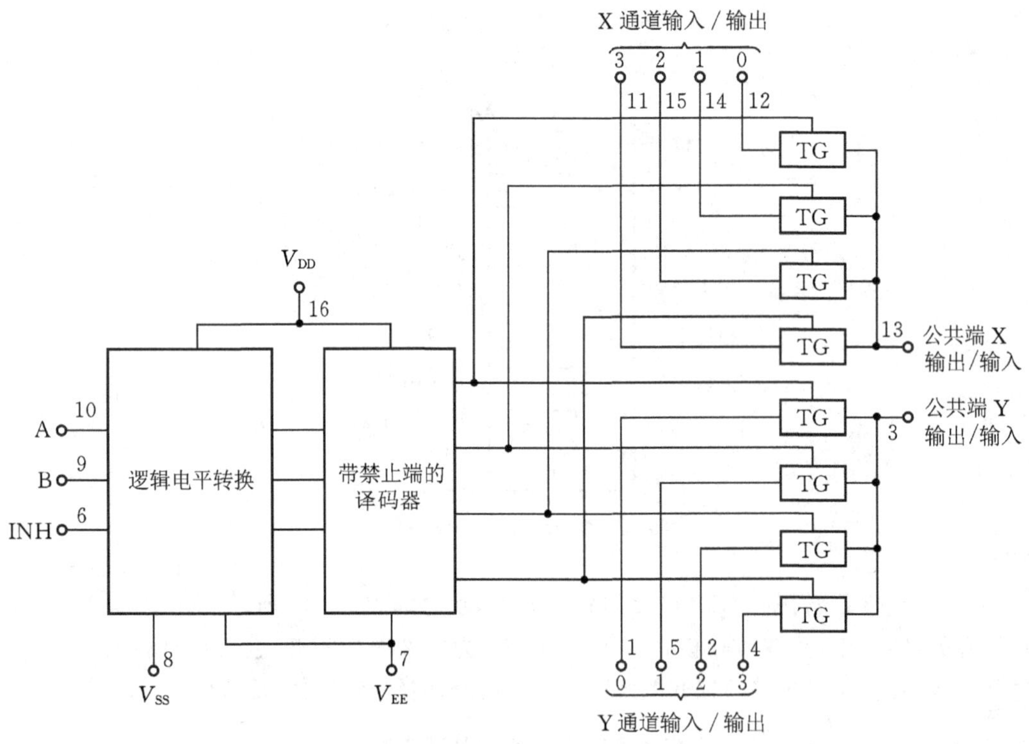

图 3-67 CD4053 逻辑图

～～～～～～～～～～～～～～～～～～～～～～思考与练习～～～～～～～～～～～～～～～～～～～～～～

3-10 OC/OD 门有哪几种输出状态？和普通逻辑门有什么区别？有什么特殊应用？

3-11 三态门有哪几种输出状态？有什么特殊应用？

3-12 OC/OD 门和三态门能否作为普通逻辑门使用？如果可以，说明其具体用法。

3-13 OC/OD门是否作为总线接口电路使用？结合图3-52进行分析。

3-14 能否用CMOS反相器和传输门实现同或逻辑关系？如果可以，画出电路图。

3-15 异或门和同或门能否作反相器使用？如果可以，说明其具体用法。

3-16 用CD4052能不能代替74HC153？74HC153能不能代替CD4053？试说明原因。

3-17 查阅AD7501/2/3数据手册，与CD4501/2/3进行比较，说明其功能与性能差异。

～～～

3.5* Verilog中的基元和操作符

Verilog HDL中内置了26个基本元器件(primitives，习惯上称为基元)，设计数字系统时可以直接调用这些基元对电路进行描述。同时，Verilog HDL定义了9类操作符，为模块功能的描述提供了更为有效的方法。

3.5.1 Verilog中的基元

Verilog中内置的26个基元可以分为以下六种类型：

- 多输入门　and，nand，or，nor，xor，xnor
- 多输出门　buf，not
- 三态门　bufif0，bufif1，notif0，notif1
- 上拉电阻/下拉电阻　pullup，pulldown
- MOS开关　cmos，nmos，pmos，rcmos，rnmos，rpmos
- 双向开关　tran，tranif0，tranif1，rtran，rtranif0，rtranif1

1. 多输入门

多输入门有一个或多个输入，但只有一个输出。Verilog HDL定义了与、与非、或、或非、异或和同或六种多输入门。

多输入门调用的语法格式为：

多输入门名　[例化名]　(输出，输入1，输入2，……，输入n)；

2. 多输出门

多输出门有缓冲器(buf)和反相器(not)两种类型，共同特点是只有一个输入，可以有一个或多个输出。

多输出门调用的语法格式为：

多输出门名　[例化名]　(输出1，输出2，……，输出n，输入)；

3. 三态门

三态门用于对三态缓冲器进行描述。Verilog中内置了两种三态驱动器bufif0和bufif1，以及两种三态反相器notif0和notif1，其中1表示三态控制端高电平有效，0表示三态控制端低电平有效。

三态门有输入、输出和三态控制三个端口，调用的语法格式为：

三态门名 [例化名] (输出, 输入, 三态控制);

3.5.2 操作符

Verilog HDL 中的操作符(operators,部分操作符习惯于称为运算符)按功能可分为 9 类,如表 3-12 所示。表达式中操作符的运算次序根据优先级的高低顺序执行,数值越小,优先级越高。优先级相同的运算符按照从左向右结合。用括号可以改变运算的优先顺序。

表 3-12 Verilog HDL 操作符

种类	运算符	含义	优先级	种类	运算符	含义	优先级
算术运算符	+	加法	3	等式运算符	==	相等	6
	−	减法	3		!=	不相等	6
	*	乘法	2		===	全等	6
	/	整除	2		!==	不全等	6
	%	取余	2	条件操作符	?:	条件运算	11
逻辑运算符	!	非	1	移位操作符	<<	逻辑左移	4
	&&	与	9		>>	逻辑右移	4
	‖	或	10		<<<	算术左移	4
位操作符	~	非	1		>>>	算术右移	4
	&	与	7	缩位操作符	&	与	1
	|	或	8		|	或	1
	^	异或	7		~&	与非	1
	~^或^~	同或	7		~|	或非	1
关系运算符	>	大于	5		^	异或	1
	<	小于	5		~^或^~	同或	1
	>=	大于等于	5	拼接操作符	{}	拼接	—
	<=	小于等于	5		{{}}	复制	—

1. 算术运算符

算术运算符(arithmetic operators)用于实现算术运算,包括加(+)、减(−)、乘(*)、整除(/)和取余(%)五种运算。例如:

```
12.5/3:    结果为 4;
12%4:      余数为 0;
-15%2:     结果取第一个数的符号,余数为 -1;
13/-3:     结果取第一个数的符号,余数为 1。
```

需要注意的是,整除的结果为整数。在取余运算时,结果的符号和第一个操作数的符号一致。在进行算术运算时,只要有一个操作数为 x 或 z,则运算结果为 x。

2. 逻辑运算符

逻辑运算符(logic operators)包括与(&&)、或(‖)和非(!)三种,其真值表如表 3-13

所示。

表 3-13 逻辑操作真值表

a	b	a&&b	a‖b	! a	! b
0	0	0	0	1	1
0	1	0	1	1	0
1	0	0	1	0	1
1	1	1	1	0	0

注意逻辑运算的操作数均为1位,运算结果也为1位,若操作数为矢量,则非0矢量被当作1进行处理。例如:

```
a = 1'b0110
b = 1'b1000
```

则(a&&b)的结果为1,(a‖b)的结果也为1。

若操作数中存在x或z,而结果根据逻辑含义确定。例如:

```
1'b0 && 1'bz     结果为 0;
1'b1 || 1'bz     结果为 1;
! x              结果为 x。
```

3. 位操作符

位操作符(bitwise operators)对操作数的对应位进行操作,包括与(&)、或(|)、非(~)、异或(^)和同或(~^或^~)五种操作符。

设a、b均为4位二进制数,a&b的含义是将a和b的对应位相与,a|b的含义是将a和b的对应位相或,a^b的含义是将a和b的对应位相异或,而~a、~b的含义是将a、b按位取反。例如,当a=4'b0110,b=4'b1000时,则a&b的结果为4'b0000,a|b的结果为4'b1110,a^b的结果为4'b1110,~a的结果为4'b1001,~b的结果为4'b0111。

如果两个位操作数的宽度不同,比较时会将位宽较短的操作数高位添0补齐,然后按位进行操作,输出结果的位宽与位宽较长的操作数保持一致。例如,当ce1=4'b0111、ce2=6'b011101时,先将ce1补齐为6'b000111,因此ce1 & ce2=6'b000101。

位操作符与逻辑运算符的主要区别在于逻辑运算中的操作数和结果均为一位,而位操作中的操作数和结果既可以是一位,也可以为多位。

当操作数的位宽为1位时,位操作和逻辑运算的效果相同。

4. 关系运算符

关系运算符(relational operators)用于判断两个操作数的大小,如果关系为真时返回值为1,为假时返回值为0。关系运算符有大于(>)、大于等于(>=)、小于(<)和小于等于(<=)4种运算符。所有的关系运算符有着相同优先级,但低于算术运算符的优先级。

如果操作数的位宽不同,Verilog HDL会将位宽较短的操作数左边添0补齐,再进行比较。例如:'b1000>='b01110等价于:'b01000>='b01110,结果为假(0)。

在关系运算符中,若操作数中包含有x或z,则结果为x。

5. 等式运算符

等式运算符(equality operators)用于判断两个操作数是否相等,结果为真时返回值为1,为假时返回值为0。

等式运算符有相等(==)、不相等(! =)、全等(===)和不全等(! ==)4种,其中运算符“==”和“! =”称为逻辑等式运算符,比较时,值x和z具有通常的物理含义,若操作数中包含x或z,则逻辑相等的比较结果为x。运算符“===”和“! ==”称为case等式运算符,可以比较含有x和z的操作数,比较时,不考虑x和z的物理含义,严格按字符值进行比较,结果非0即1。例如,设

a = 4′b10x0

b = 4′b10x0

则(a==b)的比较结果为x,而(a===b)的比较结果为1。

表3-14为逻辑等式运算符和case等式运算符的真值表。case等式运算符用于case表达式的判别,在模块的功能仿真中有着广泛的应用,但不可综合,所以只能在编写测试文件中使用。

表3-14 逻辑等式/case等式运算符真值表

逻辑等式运算符					case等式运算符				
==	0	1	x	z	===	0	1	x	z
0	1	0	x	x	0	1	0	0	0
1	0	1	x	x	1	0	1	0	0
x	x	x	x	x	x	0	0	1	0
z	x	x	x	x	z	0	0	0	1

6. 条件操作符

条件操作符(condition operators)根据条件表达式的值是否为真从两个表达式中返回其一。

条件操作的语法格式为:

(条件表达式)? 表达式1:表达式2

表示若条件表达式为真,则返回表达式1的值,否则返回表达式2的值。

应用条件操作符可以很方便地描述两路选择:

```
wire y;
assign y = (! sel)? D0 : D1;
```

条件操作符可以嵌套使用,实现多路选择。例如:

```
wire y;
assign y = A1? (A0? D3:D2) : (A0? D1:D0);
```

即根据A1、A0的值从4路数据选择其中一路输出。

7. 移位操作符

移位操作符(shift operators)用于将操作符左侧的操作数向左或向右移位,移位的次数

由操作符右侧的位数决定。移位操作符共有逻辑左移(＜＜)、逻辑右移(＞＞)和算术左移(＜＜＜)、算术右移(＞＞＞)4 种操作符。

移位操作的语法格式为：

＜操作数＞＜移位操作符＞＜位数＞

逻辑移位操作符用于无符号数进行移位。例如，“data≪n”的含义是将操作数 data 向左移 n 位，“data≫n”的含义是将操作数 data 向右移 n 位。逻辑移位所移出的空位用 0 来填补。

算术操作符“＜＜＜”和“＞＞＞”用于对有符号数进行移位。移位时保持符号位不变，数值位左移所移出的空位用 0 来填补，右移所移出的空位用符号位来填补。

在实际应用中，经常用移位数操作的组合来实现乘法运算，以简化电路设计。例如要实现 d×20 时，因为 $20=2^4+2^2$，所以可以通过(d≪4)+(d≪2)来实现。

8. 缩位操作符

缩位操作符(reduction operators)用于对操作数进行缩位运算，包括缩位与(&)、缩位或(|)、缩位与非(~&)、缩位或非(~|)、缩位异或(^)和缩位同或(~^或^~)六种操作符。

缩位操作的运算规则与按位操作类似，所不同的是，缩位操作是对单个操作数的所有位进行操作，返回结果为一位。具体的运算过程为：首先对操作数的第一位和第二位进行操作，然后再将运算结果和第三位进行操作，依次类推直至最后一位。例如：

```
wire [3:0] a;
wire b,c,d;
assign b = &a;  //缩位与，实现 b = a[3] & a[2] & a[1] & a[0]
assign c = |a;  //缩位或，实现 c = a[3] | a[2] | a[1] | a[0]
assign d = ^a;  //缩位异或，实现 d = a[3] ^ a[2] ^ a[1] ^ a[0]
```

9. 拼接操作符

拼接操作符(concatenation operators)用于将两个或以上的线网或者变量拼接起来，形成一个整体。例如，若 a，b，c 的位宽均为 1 位，则

{a,b,c}

表示将三个 1 位的线网/变量拼接为一个 3 位的线网/变量。

合理应用拼接操作能够简化逻辑描述。例如，用拼接操作符实现移位操作：

```
reg [0:15] shift_reg;
shift_reg <= {data_in,shift_reg [0:14]};  //右移
shift_reg <= {shift_reg [1:15],data_in};  //左移
```

如果需要多次拼接同一个操作数，重复拼接的次数可用常数指定。例如，4{2'b01}和 8'b01010101 等价，16{1'b0}与 16'b0000_0000_0000_0000 等价。

需要注意的是，使用拼接操作时，每个操作数都必须有明确的位数。

3.6　设计实践

发光二极管是数字系统中最基本的显示器件，用来指示电路的状态或者参数值。

发光二极管有多种类型和规格，如图 3-68 所示，常用的发光二极管有∅3 和∅5 两种。

∅3 发光二极管的直径为 3 mm，正常发光时所需要的驱动电流约为 3 mA 左右。∅5 发光二极管的直径为 5 mm，正常发光时所需要的驱动电流约为 8～10 mA 左右。

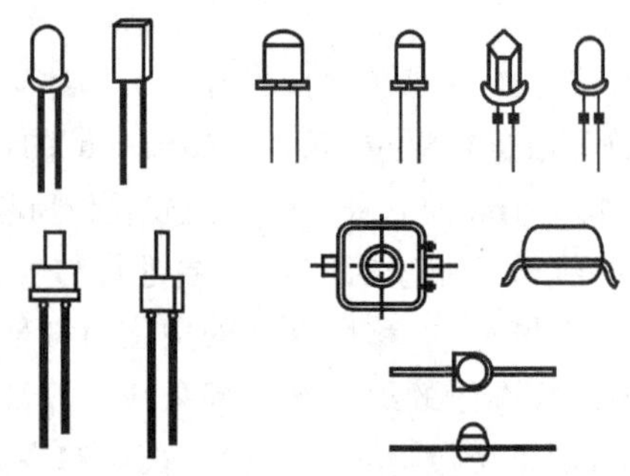

图 3-68 发光二极管

用低电平驱动发光二极管时，需要将发光二极管接成灌电流负载，如图 3-69(a)所示；用高电平驱动时，则需要将发光二极管接成拉电流负载，如图 3-69(b)所示。

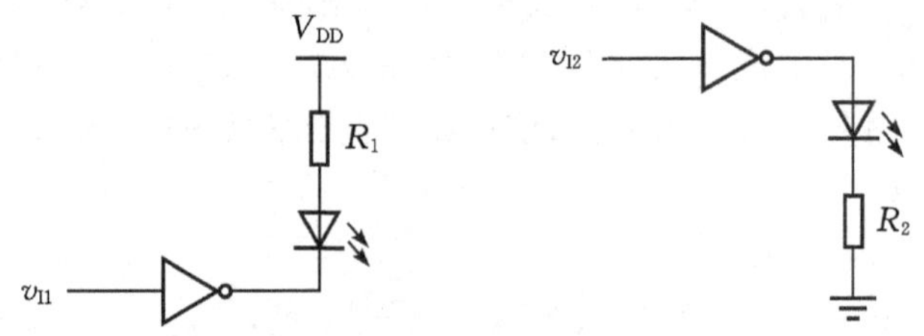

(a) 低电平驱动灌电流负载　(b) 高电平驱动拉电流负载

图 3-69 发光二极管驱动电路

发光二极管能不能导通发光，不但需要考虑驱动门的输出电平，还需要考虑门电路的输出电流是否满足发光二极管的驱动电流要求。不同系列门电路的驱动能力不同，选择时根据驱动门电路的驱动能力而定。

表 3-15 是几种常用的反相器的输出特性数据表。从表中可以看出，早期的 4000 系列 CMOS 反相器 CD4049 输出高电平时最大只能输出 1.6 mA 拉电流，输出低电平时最大能够吸收 5.0 mA 灌电流。因此，对于 CD4049，只能应用图 3-69(a)所示的电路驱动∅3 系列发光二极管，而采用图 3-69(b)的电路则不满足驱动电流要求。

表 3-15 常用反相器输出特性数据表

参数	器件			
	TTL(V_{CC}=5 V，T=25 ℃)		CMOS(V_{DD}=5 V，T=25 ℃)	
	7404	74LS04	CD4049	74HC04
$V_{OH(min)}$/V	2.4	2.7	4.6	4.4
$I_{OH(max)}$/mA	−0.4	−0.4	−1.6(典型值)	−25
$V_{OL(max)}$/V	0.4	0.4	0.05	0.33
$I_{OL(max)}$/mA	16	8	5.0(典型值)	25

对于74HC系列反相器，其高、低电平的最大输出电流均为±25 mA，因此图3-69两种形式的电路都能够驱动∅3和∅5系列发光二极管，而且还需要串接合适的限流电阻，以防止驱动电流过大而烧坏发光二极管。以驱动∅5发光二极管计算，发光二极导通发光时会产生1.5～2 V的压降，若发光二极发光时的导通压降V_D以1.7 V计算、驱动电流I_D以10 mA计算，则限流电阻R_1应取

$$R_1=(V_{DD}-V_D-V_{OL})/I_D\approx(5-1.7-0)/(10\times10^{-3})=330\ \Omega$$

限流电阻R_2应取

$$R_2=(V_{OH}-V_D)/I_D\approx(5-1.7)/(10\times10^{-3})=330\ \Omega$$

对于74/74LS系列TTL反相器，由于其高电平输出拉电流的能力小而低电平吸收灌电流的能力大，因此应用图3-69(a)所示的电路既可以驱动∅3系列发光二极管，也可以驱动∅5系列的发光二极管，而应用图3-69(b)所示的电路则不能正常工作。

由于TTL门电路发展比较早，并且低电平驱动能力强，因此许多器件设计成低电平有效的输出形式，用低电平驱动负载。

需要说明的是，当单个门电路驱动电流不足时，可以将多个门电路并联以增加驱动能力。例如，图3-70中三个反相器并联时，其输出电流为单个反相器驱动电流的3倍。

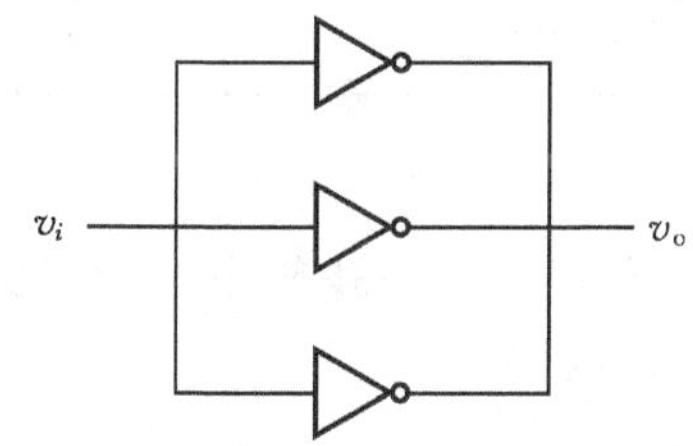

图3-70　反相器并联增加驱动能力

本章小结

本章主要讲述分立元件门电路和集成门电路的电路结构和工作原理，以及两种特殊门电路和CMOS传输门的电路结构、原理及应用。

门电路是构成复杂数字系统的基本单元。正确理解和掌握门电路的功能与性能，是设计数字系统的基础。

门电路可以基于二极管、三极管或者场效应管这些分立器件设计。二极管可以构成与门和或门，三极管和场效应管则可以构成反相器。讲述分立器件门电路在于帮助我们理解门电路的实现方法，在实际应用时，主要应用集成门电路。

集成门电路分为CMOS门电路和TTL门电路两大类。CMOS门电路基于场效应管工艺制造，有4000、74HC/AHC、74HCT/AHCT，以及74LVC/ALVC等多种系列。TTL门电路基于三极管工艺制造，有74、74S/AS、74LS/ALS和74F等多种系列。目前，CMOS门电路应用广泛，TTL门电路逐渐被淘汰。

巧妇难为无米之炊。在设计数字系统时，不但需要明确器件的功能，而且需要掌握器件的性能。74HC00为4二输入与非门，74HC02为4二输入或非门，74HC04为六反相器。

74HC86 为四异或门。

在数字系统设计中，除了普通门电路之外，还需要用到两种特殊的门电路：OC/OD 门和三态门。OC/OD 门具有低电平和高阻两种输出状态，通常用作驱动器，或者应用 OC/OD 门的线与特性简化电路设计。三态门具有高电平、低电平和高阻三种输出状态，用于总线接口电路，或者实现数据的双向传输。

7406/07 为 OC 缓冲器，其中 7406 为反相输出，7407 为同相输出。ULN2803 为 8 路达林顿管阵列，用于驱动高电压大功率负载。

74HC125/126 为三态缓冲器，其中 74HC125 三态控制端低电平有效，而 74HC126 三态控制端高电平有效。74HC240/244 为双 4 路三态缓冲器，其中 74HC240 为反相输出，而 74HC244 为同相输出。74HC245 为 8 路双向总线收发器。

CMOS 传输门不但可以传输数字信号，而且还可以传输模拟信号，具有模拟开关特性，通常用于数据和信号通路的切换。

CD4066 为 CMOS 四双向模拟开关。CD4051/2/3 为多路选择/分配器，其中 CD4051 为 8 路，CD4052 为双 4 路，而 CD4053 为三 2 路选择/分配器。

CMOS 传输门和 CMOS 反相器是构成 CMOS 集成电路的基石。

习　题

3.1　分析图题 3.1 所示分立元件门电路在正逻辑下的逻辑关系，写出相应的函数表达式。设电路参数满足三极管饱和导通条件。

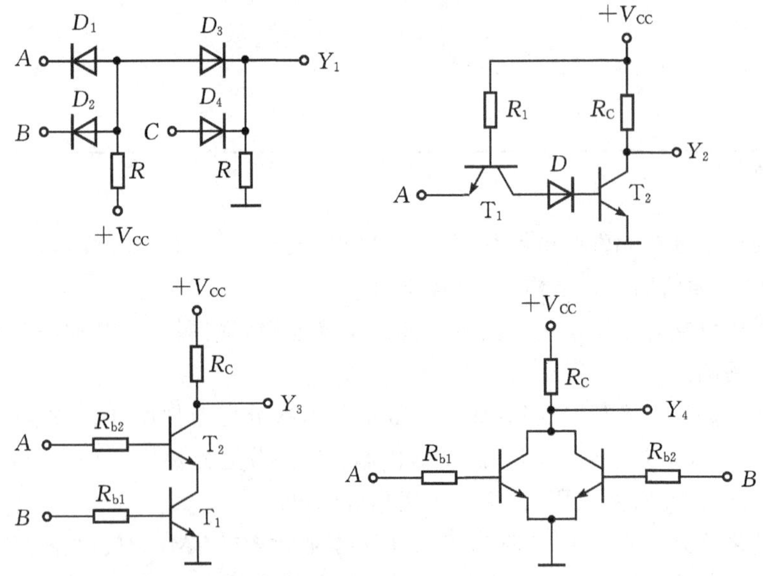

图题 3.1

3.2　分析图题 3.2 所示电路中三极管的工作状态，计算输出电压 v_O 的值。设所有三极管均为硅三极管，V_{BE} 按 0.7V 估算。

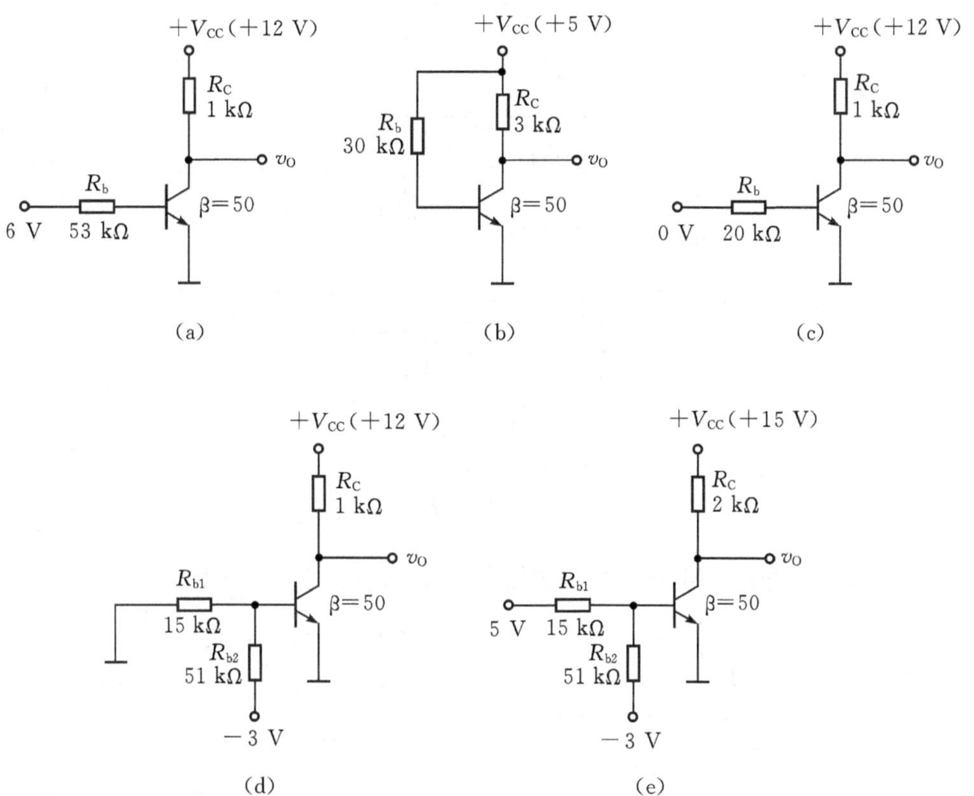

图题 3.2

3.3　分析图题 3.3 所示 CMOS 门电路的逻辑功能，写出相应的函数表达式。

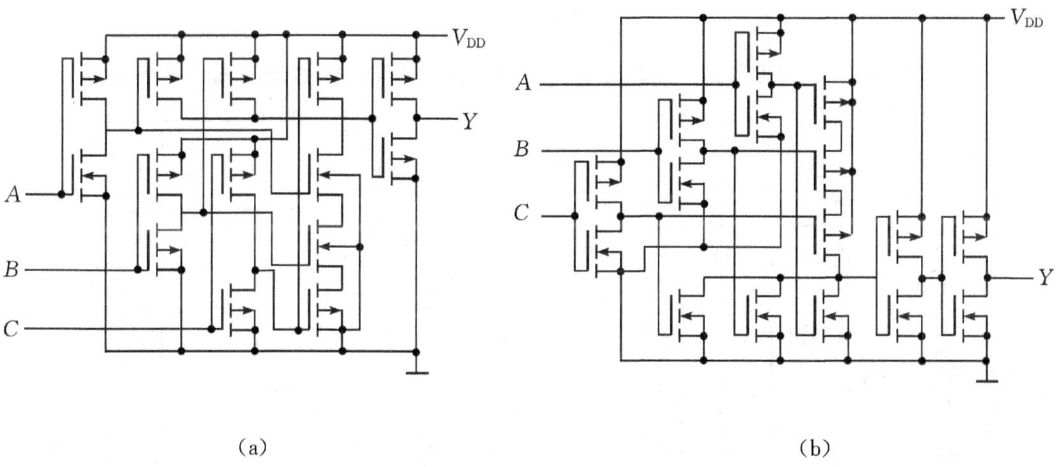

图题 3.3

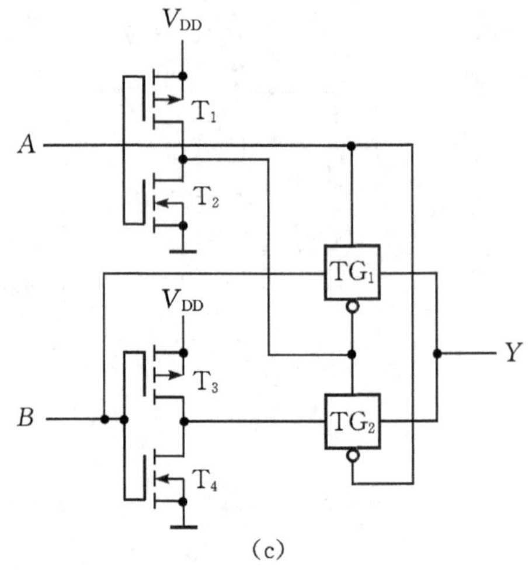

(c)

图题 3.3(续)

3.4　分析图题 3.4 所示 CMOS 门电路的输出状态,并写出相应的函数值。

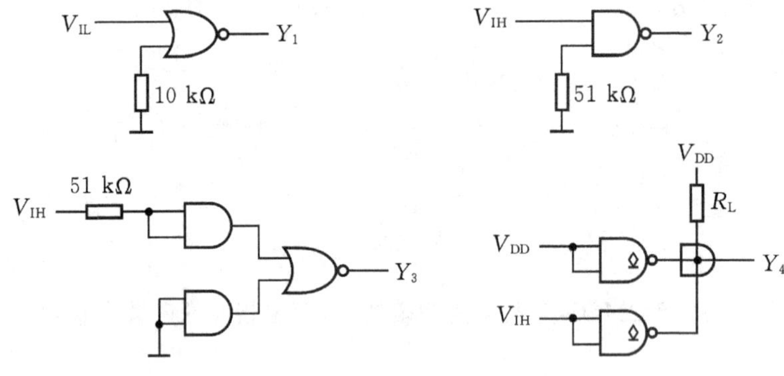

图题 3.4

3.5　分析图题 3.5 所示 TTL 门电路的逻辑功能,写出相应的函数表达式。

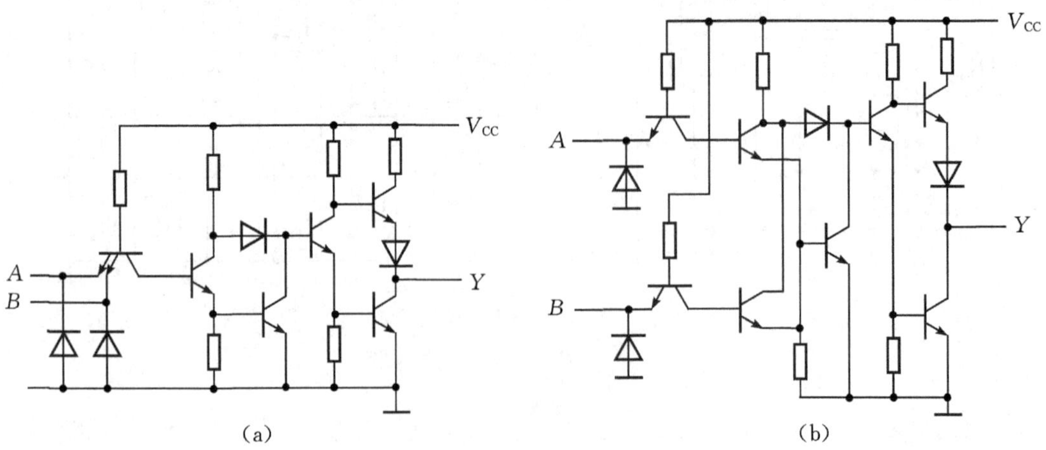

图题 3.5

3.6 分析图题3.6所示TTL门电路的输出状态，并写出相应的函数值。

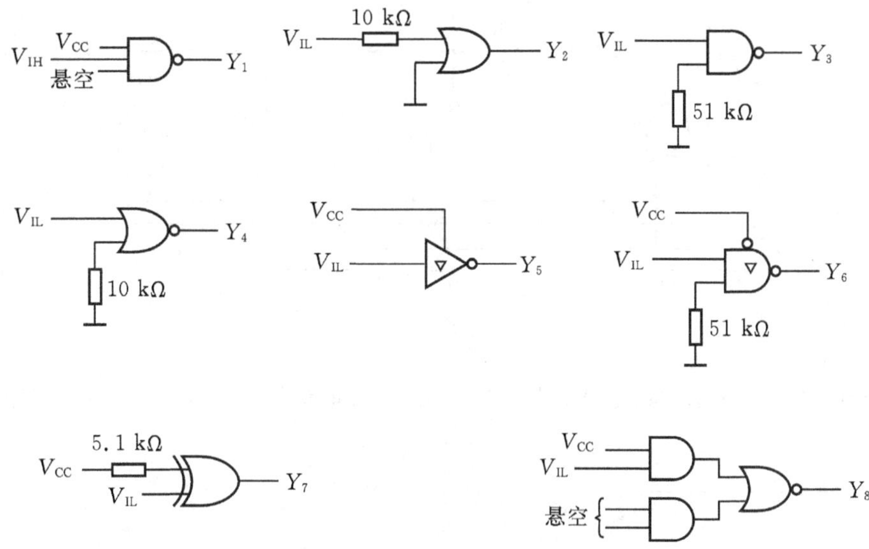

图题3.6

3.7 按键开关滤波电路如图题3.7所示，其中 G_1～G_5 为74LS系列TTL反相器。当开关S闭合时，要求门电路的输入低电平电压 $V_{IL} \leqslant 0.4$ V；当开关S断开时，要求门电路的输入高电平电压 $V_{IH} \geqslant 4$ V。试计算 R_1 和 R_2 的最大值。74LS04数据表见表3-6。

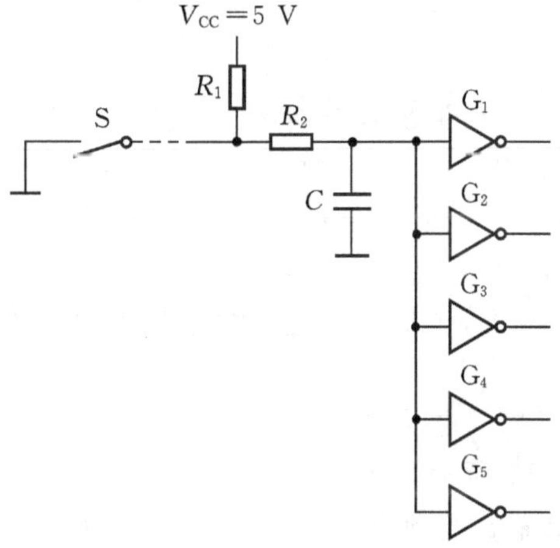

图题3.7

3.8 分析图题3.8所示逻辑电路，写出 Y_1、Y_2 和 Y_3 函数表达式，并计算当 $ABCD=1001$ 时相应的函数值。

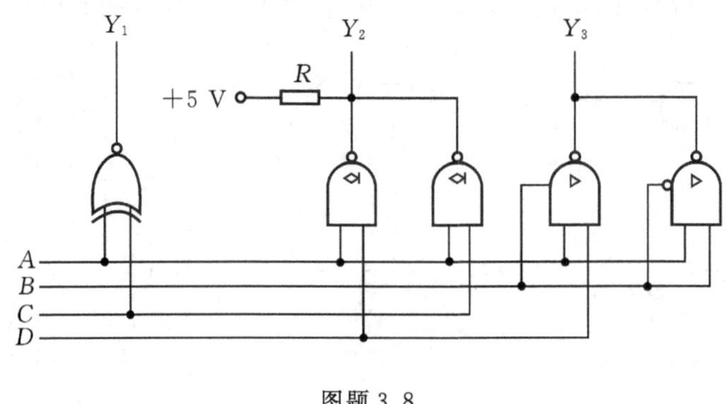

图题 3.8

3.9 分析图题 3.9 所示逻辑电路，列出在 S_1、S_0 四种取值下输出 Y 的值，填入右侧真值表中。

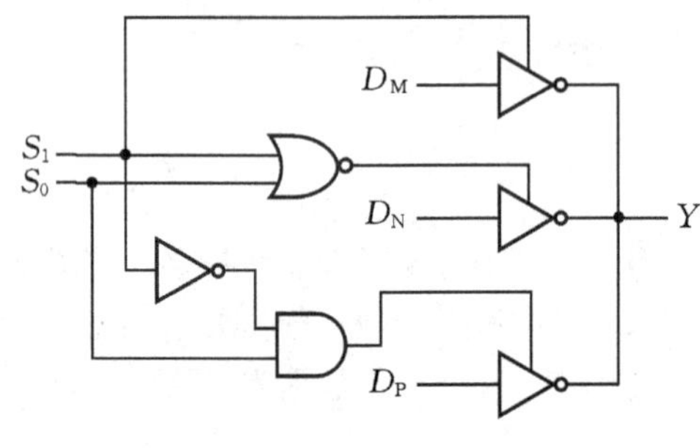

图题 3.9

输入		输出
S_1	S_0	Y
0	0	
0	1	
1	0	
1	1	

3.10 若需要用 74 系列 TTL 反相器 7404 驱动∅5 发光二极管。设发光二极管导通发光时导通压降为 2 V，需要 10 mA 驱动电流。已知 7404 输出的高电平约为 3.6 V，输出高电平电流为 $-400\ \mu$A，输出的低电平约为 0.2 V，输出低电平电流为 16 mA。

(1)画出驱动电路，并计算相应限流电阻的阻值；

(2)计算发光二极管导通发光时限值电阻所消耗的功率，并分析常用的 1/4W 电阻能否满足设计要求。

3.11 CMOS 门电路和 TTL 门电路的接口电路如图题 3.11 所示。已知 CMOS 与非门的输出电平为 $V_{OH}\approx 4.7$ V、$V_{OL}\approx 0.1$ V，TTL 与非门的输入参数为 $V_{IH(min)}=2.0$ V、$V_{IL(max)}=0.8$ V、$I_{IH(max)}=20\ \mu$A、$I_{IL(max)}=-0.36$ mA。计算接口电路的输出电平 v_O，并说明接口电路的参数选择是否合理。设 CMOS 门电路的输出电流满足三极管饱和导通条件。

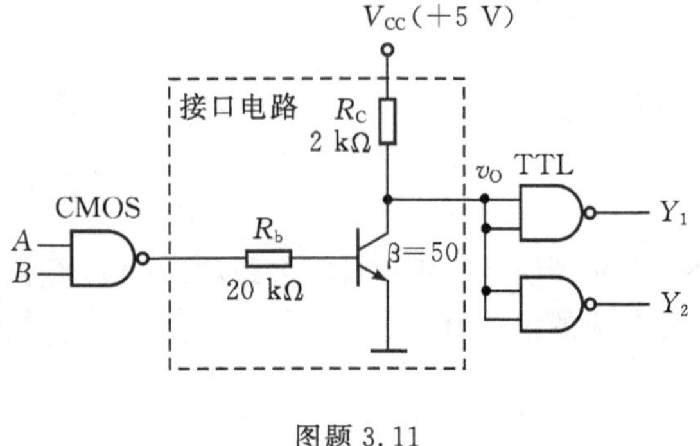

图题 3.11

第 4 章　组合逻辑电路

数字电路如果根据逻辑功能的不同特点进行划分，可以分为组合逻辑电路和时序逻辑电路两大类。

组合逻辑电路是构成数字系统的基础。本章首先讲述组合逻辑电路的基本概念以及分析与设计方法，然后重点讲解常用组合逻辑器件的设计原理、功能与应用。

4.1　组合逻辑电路概述

如果数字电路任意时刻的输出只取决于当时的输入，与电路的状态无关，那么这种电路称为组合逻辑电路(combinational logic circuit)，简称组合电路。由于组合逻辑电路的输出与状态无关，所以组合逻辑电路中不包含任何存储电路，也没有从输出到输入的反馈连接。

门电路的输出只与输入有关，所以门电路是最简单的组合逻辑电路，只是习惯上将门电路看作是组合逻辑电路构成的基本单元。因此，从电路形式上看，组合逻辑电路由门电路构成的，而且没有反馈连接。

一般地，组合逻辑电路的结构框图如图 4－1 所示，其中 a_1、a_2、…、a_n 为输入，y_1、y_2、…、y_m 为输出。由于组合电路的输出只与输入有关，所以输出只是输入的函数，即

$$\begin{cases} y_1 = f_1(a_1, a_2, \cdots, a_n) \\ y_2 = f_2(a_1, a_2, \cdots, a_n) \\ \cdots \\ y_m = f_m(a_1, a_2, \cdots, a_n) \end{cases}$$

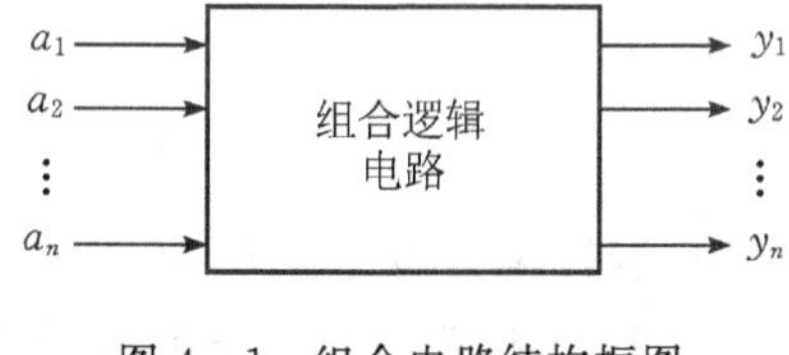

图 4－1　组合电路结构框图

若定义 $A=\{a_1, a_2, \cdots, a_n\}$，$Y=\{y_1, y_2, \cdots, y_m\}$，则上式可以简单表示为

$$Y=F(A)$$

其中，$F=\{f_1, f_2, \cdots, f_m\}$，表示一组函数关系。

既然组合电路的输出是函数，那么在逻辑代数中所讲述的逻辑函数的表示方法(真值表、函数表达式、逻辑图和卡诺图)都可以用来描述组合逻辑电路的功能。

4.2　组合电路的分析与设计

逻辑代数是组合逻辑电路分析与设计的理论基础。本节主要讲述组合电路的设计方法，以便后续章节能够以设计的思路讲述组合逻辑器件的设计原理，然后简要介绍组合电路

的分析方法。

4.2.1　组合电路设计

所谓组合电路设计，就是对于给定的实际问题，画出能够实现功能要求的组合逻辑电路图。

【例 4-1】　设计一个用三个开关控制一个灯的逻辑电路，要求改变任何一个开关的状态都能控制灯由亮变灭或者由灭变亮。

设计过程　由于开关控制着灯的亮灭，所以开关的状态是因，灯的亮灭是果。若用 A、B、C 分别表示三个开关的状态，Y 表示灯的状态，并且约定：

$A=1$ 表示开关 A 闭合，$A=0$ 表示开关 A 断开；

$B=1$ 表示开关 B 闭合，$B=0$ 表示开关 B 断开；

$C=1$ 表示开关 C 闭合，$C=0$ 表示开关 C 断开；

$Y=1$ 表示灯亮，$Y=0$ 表示灯灭。

在上述约定下，并设 $ABC=000$ 时 $Y=0$，经推理可得 Y 的真值表如表 4-1 所示。

表 4-1　例 4-1　真值表

A B C	Y
0 0 0	0
0 0 1	1
0 1 0	1
0 1 1	0
1 0 0	1
1 0 1	0
1 1 0	0
1 1 1	1

画出逻辑函数的卡诺图，如图 4-2 所示。从卡诺图中可以看出，该逻辑函数中的 4 个最小项都不相邻，没有可以合并的最小项，所以由真值表写出的标准与或式

$$Y=A'B'C+A'BC'+AB'C'+ABC$$

就是该逻辑函数的最简与或式。

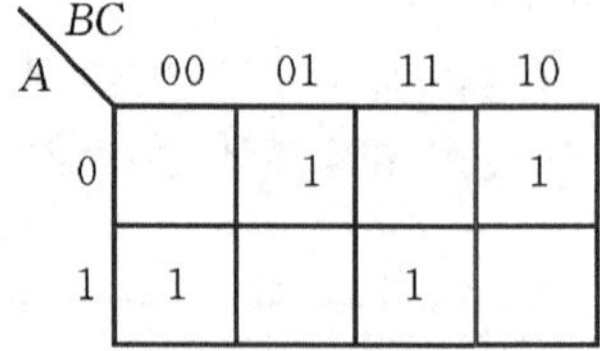

图 4-2　例 4-1 卡诺图

实际上，该逻辑函数可以从另一个角度进行化简：

$$\begin{aligned}Y&=A'B'C+A'BC'+AB'C'+ABC\\&=(A'B'C+AB'C')+(A'BC'+ABC)\\&=B'(A'C+AC')+B(A'C'+AC)\\&=B'(A\oplus C)+B(A\odot C)\\&=A\oplus B\oplus C\end{aligned}$$

因此，实现三个开关控制一个灯的逻辑电路如图 4－3 所示。

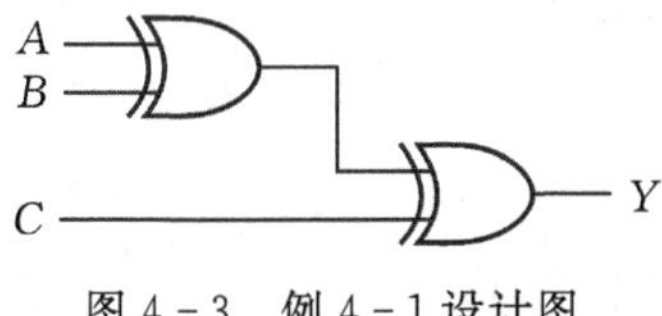

图 4－3　例 4－1 设计图

从例 4－1 的化简过程可以看出：卡诺图中斜格上的两个最小项虽然不相邻，但是却存在着异或/同或关系，合理应用这种关系也可以化简逻辑函数。

【例 4－2】 设计 4 位循环码到二进制码的转换电路，画出逻辑图。

设计过程　设四位循环码分别用 $G_3G_2G_1G_0$ 表示，四位二进制码分别用 $B_3B_2B_1B_0$ 表示，则 4 位循环码转换为二进制码的真值表如表 4－2 所示。

表 4－2　4 位循环码-二进制码真值表

循环码	二进制码	循环码	二进制码
$G_3G_2G_1G_0$	$B_3B_2B_1B_0$	$G_3G_2G_1G_0$	$B_3B_2B_1B_0$
0 0 0 0	0 0 0 0	1 1 0 0	1 0 0 0
0 0 0 1	0 0 0 1	1 1 0 1	1 0 0 1
0 0 1 1	0 0 1 0	1 1 1 1	1 0 1 0
0 0 1 0	0 0 1 1	1 1 1 0	1 0 1 1
0 1 1 0	0 1 0 0	1 0 1 0	1 1 0 0
0 1 1 1	0 1 0 1	1 0 1 1	1 1 0 1
0 1 0 1	0 1 1 0	1 0 0 1	1 1 1 0
0 1 0 0	0 1 1 1	1 0 0 0	1 1 1 1

根据转换真值表，得到逻辑函数 B_3、B_2、B_1 和 B_0 的卡诺图分别如图 4－4(a)～(d)所示。根据图中所示的化简方法，结合异或逻辑关系卡诺图的规律，可得

$$\begin{aligned}B_3&=G_3\\B_2&=G_3\oplus G_2\\B_1&=G_3\oplus G_2\oplus G_1\\B_0&=G_3\oplus G_2\oplus G_1\oplus G_0\end{aligned}$$

因此，实现 4 位二进码到循环码转换的逻辑电路如图 4－5 所示。

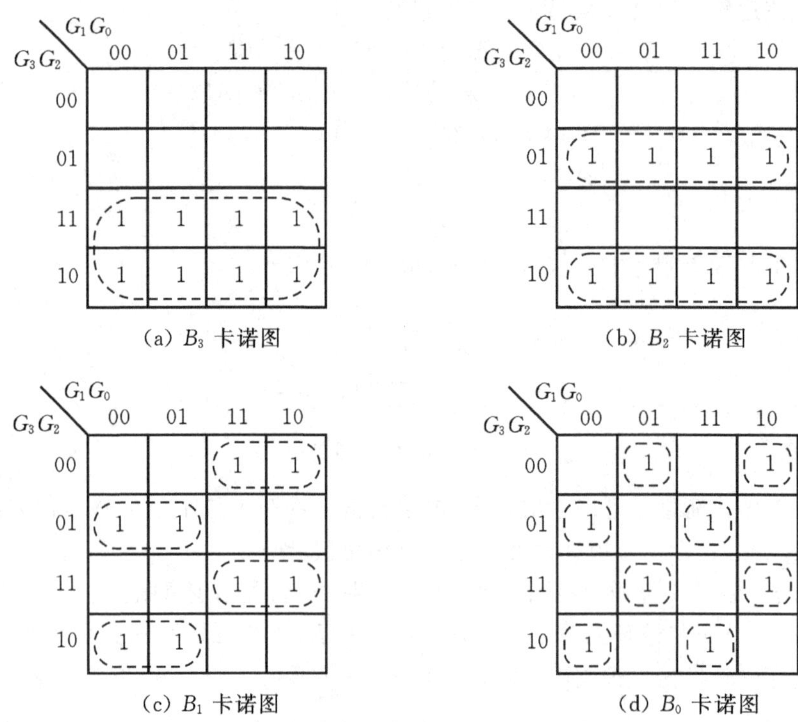

图 4-4 例 4-2 卡诺图

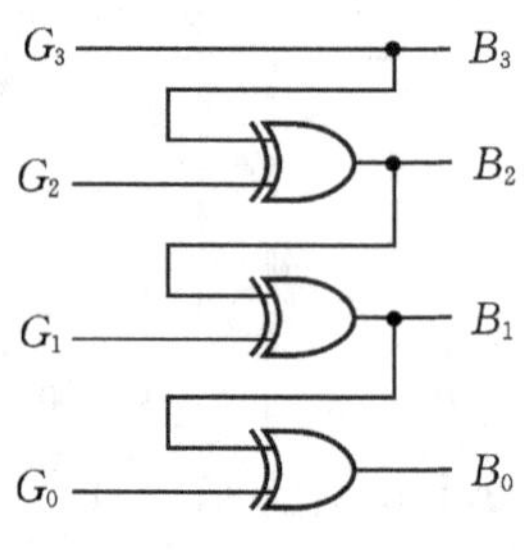

图 4-5 例 4-2 设计图

思考与练习

4-1 设计用四个开关控制一个灯的逻辑电路，写出逻辑函数表达式。

4-2 设计用五个开关控制一个灯的逻辑电路，写出逻辑函数表达式。

4-3 总结开关控制灯问题的设计规律，并说明这类电路能够应用在什么地方。

【例 4-3】 有一水箱由大小两台水泵 M_L 和 M_S 供水，如图 4-6 所示。水箱中设置了 3 个水位检测元件 C、B、A。水面低于检测元件时，检测元件给出高水平；水面高于检测元件时，检测元件给出低电平。现要求：当水位超过 C 点时水泵停止工作，水位低于 C 点而高于 B 点时小水泵单独工作，水位低于 B 点而高于 A 时大水泵单独工作，水位低于 A 点时大、小水泵同时工作。设计一个水泵控制电路，能够按上述要求工作，要求电路尽量简单。

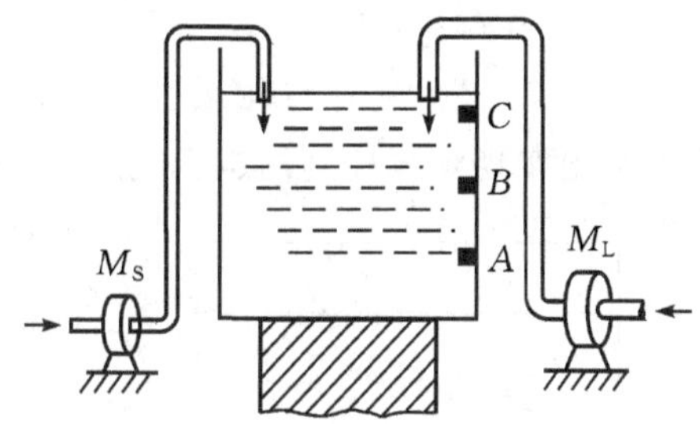

图 4-6　例 4-3 图

设计过程　由于水位检测元件 C、B、A 的状态控制着大、小水泵 M_L 和 M_S 的工作状态，因此

$$\begin{cases} M_L = F_1(C,B,A) \\ M_S = F_2(C,B,A) \end{cases}$$

若用 $M_L=1$ 表示大水泵工作，$M_L=0$ 表示大水泵停止；用 $M_S=1$ 表示小泵工作，$M_L=0$ 表示小水泵停止。分析该控制电路的要求，得出 M_L 和 M_S 的真值表如表 4-3 所示，表中 $CBA=001$、010、011 和 101 所对应的最小项为该逻辑问题的约束项。

表 4-3　例 4-3 真值表

C	B	A	M_L	M_S
0	0	0	0	0
1	0	0	0	1
1	1	0	1	0
1	1	1	1	1
0	0	1	×	×
0	1	0	×	×
0	1	1	×	×
1	0	1	×	×

画出 M_L 和 M_S 的卡诺图(如图 4-7 所示)，并进行化简得：

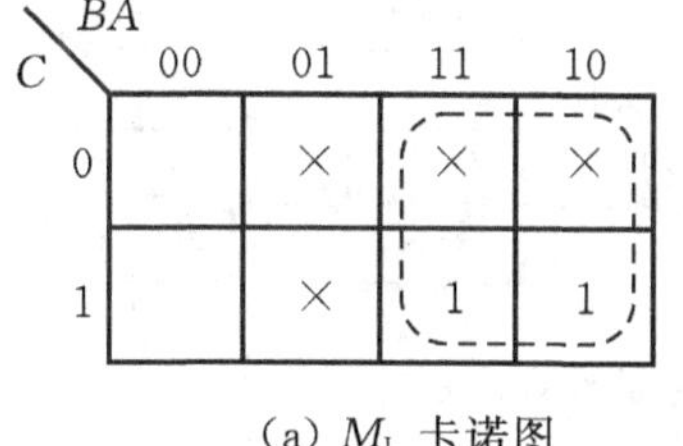

(a) M_L 卡诺图

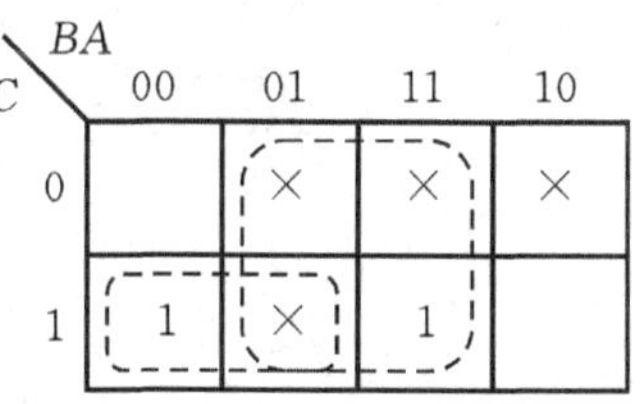

(b) M_S 卡诺图

图 4-7　例 4-3 卡诺图

$$\begin{cases} M_L = B \\ M_S = A + B'C \end{cases}$$

根据上述逻辑函数式即可画出实现水泵控制的逻辑电路，如图 4-8 所示。

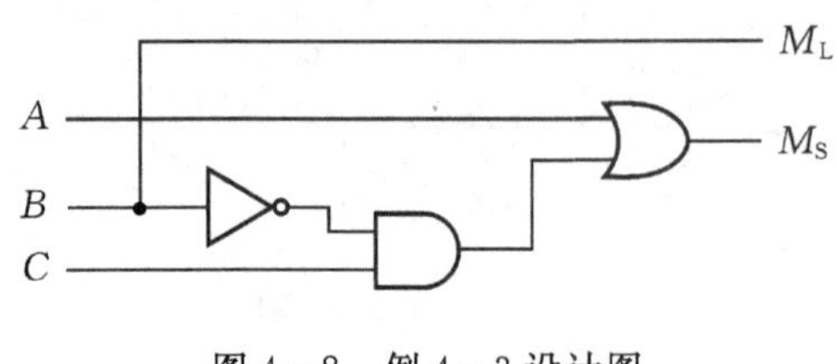

图 4-8 例 4-3 设计图

根据以上两个设计实例可以总结出组合电路设计的一般步骤：

(1)逻辑抽象。组合电路设计问题一般是由文字描述的逻辑问题。分析其因果关系，从中确定输入(因)和输出(果)，并且定义每个输入/输出取值的具体含义，然后写出能够表示其逻辑功能的真值表。

(2)选定器件的类型，写出逻辑函数表达式。组合电路既可以应用门电路设计，也可以基于本章后讲到的译码器和数据选择器设计，还可以基于只读存储器(ROM)设计。

若应用门电路设计，则需要对逻辑函数进行化简，并根据具体实现器件的类型变换为相应的形式，然后画出逻辑图。

若基于译码器或数据选择器设计，则需要对逻辑函数式进行变换，确定逻辑函数与译码器或者数据选择器输入/输出之间的关系，然后画出电路图。

若基于 ROM 设计，则需要确定 ROM 的容量，然后用编程器(programmer)将真值表写入 ROM 中。

(3)根据化简或变换后的函数式，画出相应的逻辑图。根据函数式画出相应的逻辑图，可以附加必要的门电路。

综上所述，组合电路的设计流程如图 4-9 所示。

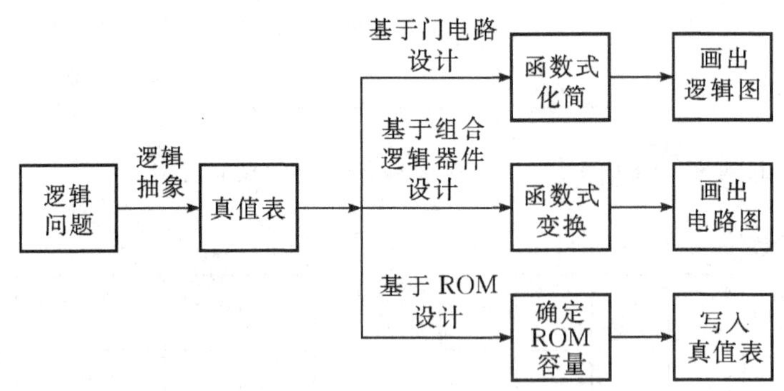

图 4-9 组合电路的设计流程

4.2.2 组合电路分析

所谓组合电路分析，就是对于给定的组合逻辑电路图，确定电路的逻辑功能。

一般来说，组合电路的分析按图 4-10 所示的步骤进行。

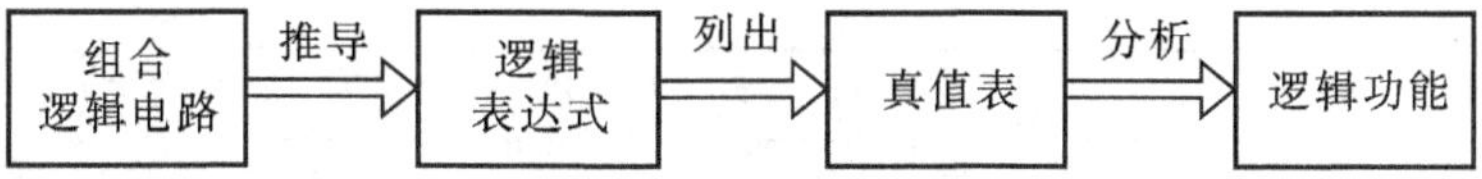

组合逻辑电路 →推导→ 逻辑表达式 →列出→ 真值表 →分析→ 逻辑功能

图 4-10　组合电路的分析过程

(1)推导逻辑函数表达式。从给定的组合电路的输入级逐级向后推，写出其输出逻辑函数的表达式，并进行化简或变换，使表达式简单明了。

(2)列出电路的真值表。根据函数表达式，列出组合逻辑电路的真值表。真值表能直观详尽地描述电路输出与输入的关系。

(3)分析电路的逻辑功能。根据真值表，推断组合电路的逻辑功能。

【例 4-4】　分析图 4-11 所示电路的逻辑功能，指出该电路的用途。

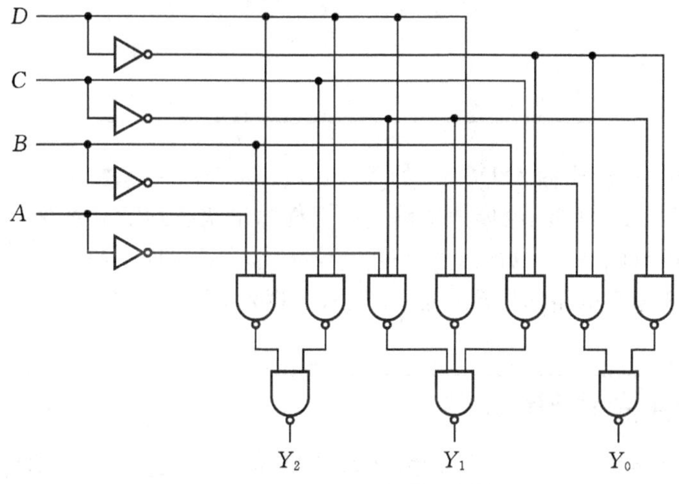

图 4-11　例 4-4 逻辑图

分析　根据给定的逻辑图可以推出逻辑函数 Y_2、Y_1 和 Y_0 的表达式分别为

$$\begin{cases} Y_2=((DC)'(DBA)')'=DC+DBA \\ Y_1=((D'CB)'(DC'B)'(DC'A')')'=D'CB+DC'B+DC'A' \\ Y_0=((D'C')'(D'B')')'=D'C'+D'B' \end{cases}$$

逻辑函数表达式并不直观，需要进一步将逻辑表达式转换为真值表，如表 4-4 所示，以便于分析。

表 4-4　例 4-4 真值表

$D\ C\ B\ A$	$Y_2\ Y_1\ Y_0$
0　0　0　0	0　0　1
0　0　0　1	0　0　1
0　0　1　0	0　0　1
0　0　1　1	0　0　1
0　1　0　0	0　0　1

续表

D C B A	Y_2 Y_1 Y_0
0 1 0 1	0 0 1
0 1 1 0	0 1 0
0 1 1 1	0 1 0
1 0 0 0	0 1 0
1 0 0 1	0 1 0
1 0 1 0	0 1 0
1 0 1 1	1 0 0
1 1 0 0	1 0 0
1 1 0 1	1 0 0
1 1 1 0	1 0 0
1 1 1 1	1 0 0

从真值表可以看出，当输入 $DCBA$ 的取值在 0～5 时 $Y_0=1$；取值在 6～10 时 $Y_1=1$；取值在 11～15 时 $Y_2=1$。因此，推断该电路具有根据输出状态判断输入数大小范围的功能。

对于同一个逻辑电路，不同的人可能会有不同的认识，从而抽象出的不同逻辑功能。但需要从整体的角度考察电路的逻辑功能，不能只见树木，不见森林。

4.3 常用组合逻辑器件

掌握了组合电路的分析与设计方法后，本节讲述常用的组合逻辑器件一编码器、译码器、数据选择器、加法器、数据比较器和奇偶校验器的逻辑功能、设计原理、典型器件及应用。

4.3.1 编码器

为了区分不同的事物或状态，将其中每个事物或者状态用一组二值代码表示，称为编码。相应地，能够实现编码功能的电路称为编码器(encoder)。例如，图 4-12 所示的计算

图 4-12 计算机键盘

机键盘是将 104 个字母、数字、符号和控制键编成键盘码(分为通码和断码两种类型)的编码器。

二进制编码器是数字电路中常用的编码器,用于将 2^n 个高/低电平信号编成 n 位二进制码,因此命名为“2^n线-n 线”编码器。二进制编码器的框图如图 4-13 所示,其中 $I_0 \sim I_{2^n-1}$ 为 2^n 个高/低电平信号的输入端,$Y_0 \sim Y_{n-1}$ 为 n 位二进制码输出端。

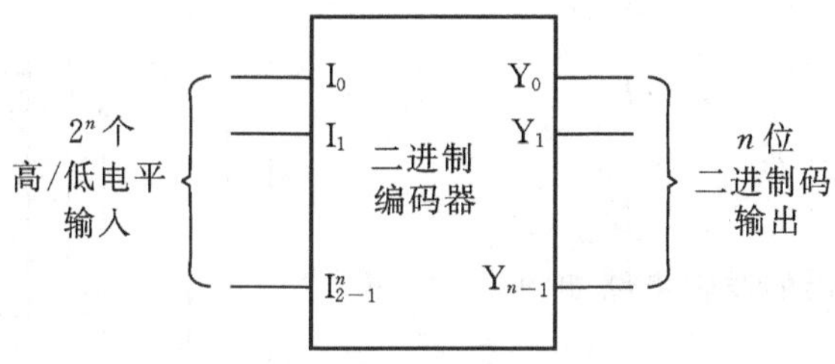

图 4-13 二进制编码器

下面以具体的应用实例来讲述编码器的设计方法。

【例 4-5】 假设有个小医院共有 8 间病房,编号分别为 0~7。在每个病房都安装有一个呼叫开关,分别用 $I_0 \sim I_7$ 表示。当病房的病人需要服务时,按下开关发出请求。相应地,在护士值班室里对应有 3 个指示灯,分别用 $Y_2Y_1Y_0$ 表示。当 7 号病房的病人按下开关时 $Y_2Y_1Y_0=111$(指示灯全亮),提醒护士到七号病房服务;当六号病房的病人按下开关时 $Y_2Y_1Y_0=110$,提醒护士到六号病房服务;……依次类推。设计能够实现该功能的组合逻辑电路。

分析 对于这一实际问题,$Y_2Y_1Y_0=111$ 表示 7 号病房的病人按下开关这一事件,$Y_2Y_1Y_0=110$表示 6 号病房的病人按下开关这一事件,依次类推,所以是一个 8 线-3 线的编码问题。

设计过程 设开关 $I_0 \sim I_7$ 未按时为低电平,按下时为高电平,这种情况称为输入高电平有效(Active High)。为了简化电路设计,先假设任何时刻不会有两个及两个以上病房的病人同时按呼叫开关,即输入是相互排斥的,$I_0 \sim I_7$ 不会有两个或两个以上同时为 1。在这样的约束下设计出的编码器称为普通编码器,其真值表如表 4-5 所示。

表 4-5 8 线-3 线普通编码器真值表

I_0	I_1	I_2	I_3	I_4	I_5	I_6	I_7	Y_2	Y_1	Y_0
1	0	0	0	0	0	0	0	0	0	0
0	1	0	0	0	0	0	0	0	0	1
0	0	1	0	0	0	0	0	0	1	0
0	0	0	1	0	0	0	0	0	1	1
0	0	0	0	1	0	0	0	1	0	0
0	0	0	0	0	1	0	0	1	0	1
0	0	0	0	0	0	1	0	1	1	0
0	0	0	0	0	0	0	1	1	1	1

由上述真值表写出相应函数表达式

$$\begin{cases} Y_2 = I'_0 I'_1 I'_2 I'_3 I_4 I'_5 I'_6 I'_7 + I'_0 I'_1 I'_2 I'_3 I'_4 I_5 I'_6 I'_7 + I'_0 I'_1 I'_2 I'_3 I'_4 I'_5 I_6 I'_7 + I'_0 I'_1 I'_2 I'_3 I'_4 I'_5 I'_6 I_7 \\ Y_1 = I'_0 I'_1 I_2 I'_3 I'_4 I'_5 I'_6 I'_7 + I'_0 I'_1 I'_2 I_3 I'_4 I'_5 I'_6 I'_7 + I'_0 I'_1 I'_2 I'_3 I'_4 I'_5 I_6 I'_7 + I'_0 I'_1 I'_2 I'_3 I'_4 I'_5 I'_6 I_7 \\ Y_0 = I'_0 I_1 I'_2 I'_3 I'_4 I'_5 I'_6 I'_7 + I'_0 I'_1 I'_2 I_3 I'_4 I'_5 I'_6 I'_7 + I'_0 I'_1 I'_2 I'_3 I'_4 I_5 I'_6 I'_7 + I'_0 I'_1 I'_2 I'_3 I'_4 I'_5 I'_6 I_7 \end{cases}$$

在输入变量相互排斥的情况下，逻辑函数可以简化为

$$\begin{cases} Y_2 = I_4 + I_5 + I_6 + I_7 \\ Y_1 = I_2 + I_3 + I_6 + I_7 \\ Y_0 = I_1 + I_3 + I_5 + I_7 \end{cases}$$

故 8 线-3 线普通编码器的逻辑电路如图 4-14 所示。

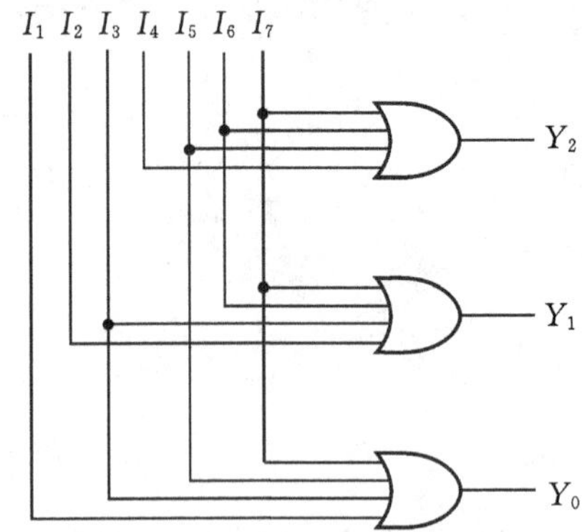

图 4-14　普通编码器设计图

普通编码器是假设输入信号相互排斥的前提下设计的。若实际情况不满足这一约束条件，则会发生错误。例如，当 3 号和 4 号病房的病人同时按下呼叫开关(即 I_3 和 I_4 同时为 1)时，$Y_2Y_1Y_0 = 111$，而编码“111”的含义是 7 号病房的病人请求服务，因此护士会到 7 号病房而不是 3 号和 4 号病房。

由于普通编码器在不满足约束的情况下会发生错误，因此需要进行改进，引入优先编码的概念。

所谓优先编码，就是预先给不同的输入规定不同的优先级，当多个输入信号同时有效时，只对当时优先级最高的输入信号进行编码。

对于例 4-5 的逻辑问题，若规定 7 号病房的病人优先级最高，其次是 6 号，依次类推，0 号病房的病人优先级最低。按上述规定重新设计，就可以得到表 4-6 所示的优先编码器(priority encoder)的真值表。

表 4-6　8 线-3 线优先编码器真值表

I_0	I_1	I_2	I_3	I_4	I_5	I_6	I_7	Y_2	Y_1	Y_0
1	0	0	0	0	0	0	0	0	0	0
×	1	0	0	0	0	0	0	0	0	1
×	×	1	0	0	0	0	0	0	1	0
×	×	×	1	0	0	0	0	0	1	1
×	×	×	×	1	0	0	0	1	0	0
×	×	×	×	×	1	0	0	1	0	1
×	×	×	×	×	×	1	0	1	1	0
×	×	×	×	×	×	×	1	1	1	1

由真值表写出优先编码器的逻辑函数式

$$\begin{cases} Y_2 = I_4 I'_5 I'_6 I'_7 + I_5 I'_6 I'_7 + I_6 I'_7 + I_7 \\ Y_1 = I_2 I'_3 I'_4 I'_5 I'_6 I'_7 + I_3 I'_4 I'_5 I'_6 I'_7 + I_6 I'_7 + I_7 \\ Y_0 = I_1 I'_2 I'_3 I'_4 I'_5 I'_6 I'_7 + I_3 I'_4 I'_5 I'_6 I'_7 + I_5 I'_6 I'_7 + I_7 \end{cases}$$

可进一步化简为

$$\begin{cases} Y_2 = I_4 + I_5 + I_6 + I_7 \\ Y_1 = I_2 I'_4 I'_5 + I_3 I'_4 I'_5 + I_6 + I_7 \\ Y_0 = I_1 I'_2 I'_4 I'_6 + I_3 I'_4 I'_6 + I_5 I'_6 + I_7 \end{cases}$$

根据上述函数表达式即可画出 8 线- 3 线优先编码器的设计图(略)。

优先编码器既解决了输入信号之间竞争的问题,又能作为普通编码器使用,所以集成编码器均设计为优先编码器。

74HC148 为集成 8 线- 3 线优先编码器,内部逻辑电路如图 4 - 15 所示。与例 4 - 5 不同的是,74HC148 的输入 $I'_0 \sim I'_7$ 为低电平有效(即开关未按下时输入为高电平,按下时输入为低电平),并且采用二进制反码输出。

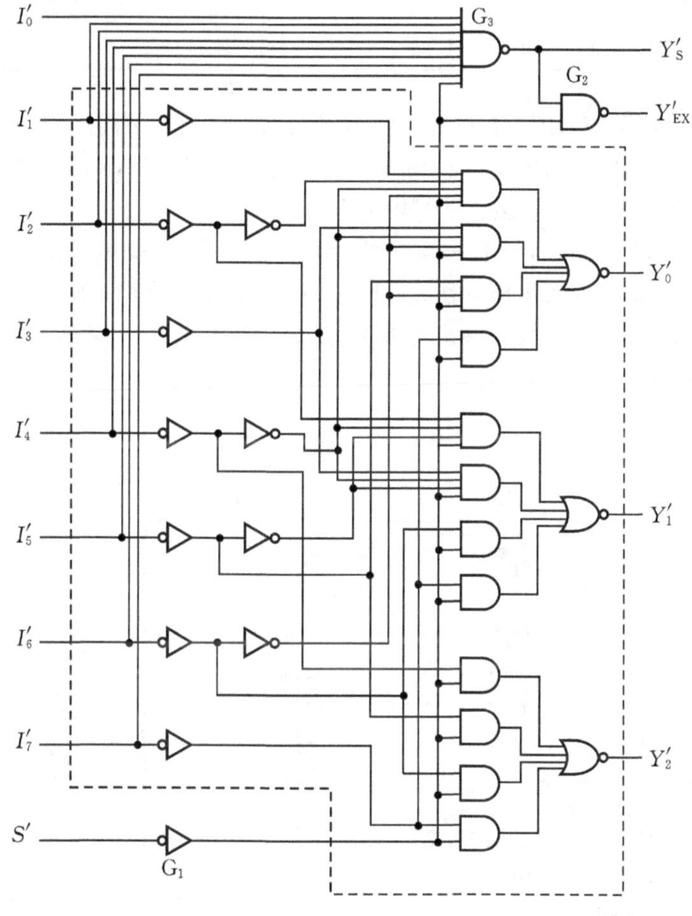

图 4 - 15　74HC148 内部逻辑图

为了便于功能扩展和应用,74HC148 还增加三个功能端口:一个控制端 S',以及两个附

加输出端 Y'_S 和 Y'_{EX}，器件功能如表 4－7 所示。

表 4－7 74HC148 功能表

输入									输出				
S'	I'_0	I'_1	I'_2	I'_3	I'_4	I'_5	I'_6	I'_7	Y'_2	Y'_1	Y'_0	Y'_S	Y'_{EX}
1	×	×	×	×	×	×	×	×	1	1	1	1	1
0	1	1	1	1	1	1	1	1	1	1	1	0	1
0	×	×	×	×	×	×	×	0	0	0	0	1	0
0	×	×	×	×	×	×	0	1	0	0	1	1	0
0	×	×	×	×	×	0	1	1	0	1	0	1	0
0	×	×	×	×	0	1	1	1	0	1	1	1	0
0	×	×	×	0	1	1	1	1	1	0	0	1	0
0	×	×	0	1	1	1	1	1	1	0	1	1	0
0	×	0	1	1	1	1	1	1	1	1	0	1	0
0	0	1	1	1	1	1	1	1	1	1	1	1	0

从功能表可以看出，74HC148 只有在控制信号 $S'=0$ 时才能正常工作，而在 $S'=1$ 时不工作，输出全部被封锁为高电平。在编码器正常工作的情况下，$Y'_S=0$ 时表示“无编码信号输入”，而 $Y'_{EX}=0$ 时表示“有编码信号输入”。

74HC147 为集成 10 线－4 线优先编码器，用于将 10 个高、低电平信号编为 8421 反码。用 74HC147 设计的键盘编码电路如图 4－16 所示，十个开关分别对应十进制数 0～9，其中开关 9 的优先级别最高，编码器的输出为 8421 反码。当开关 9～1 均未按下时，默认对开关 0(未画出)进行编码。

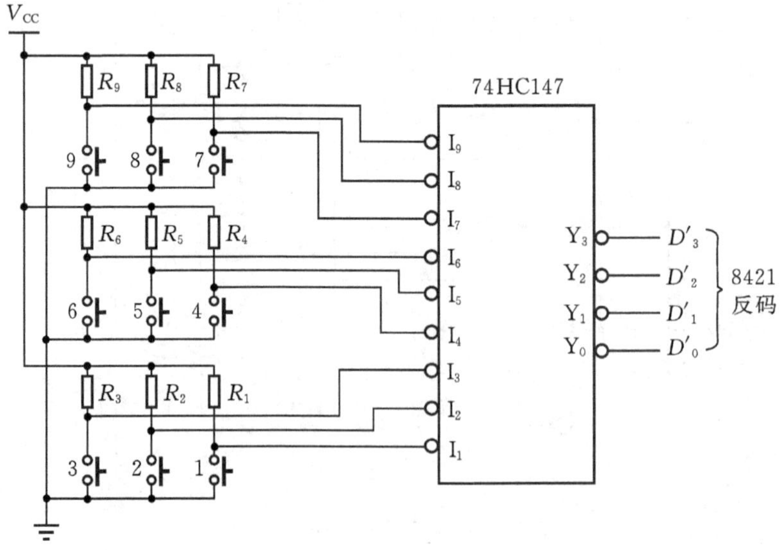

图 4－16 开关编码电路

～～～～～～～～～～～～～～～～～～～思考与练习～～～～～～～～～～～～～～～～～～～

4-4　8 线-3 线优先编码器 74HC148 能否作为 4 线-2 线编码器用？如果可以，说明其具体的用法。

～～

4.3.2　译码器

译码器(decoder)与编码器的功能相反，用于将输入的代码重新翻译成高、低电平信号。根据译码器的用途不同，将译码器分为通用译码器和显示译码器两大类。

1. 通用译码器

通用译码器可以分为二进制译码器和 BCD 译码器两种类型。

二进制译码器的框图如图 4-17 所示，其中 $A_0 \sim A_{n-1}$ 为 n 位二进制码输入端，$Y_0 \sim Y_{2^n-1}$ 为 2^n 个输出高、低电平输出端。与二进制编码器相对应，二进制译码器命名为"n 线-2^n 线"译码器，常用的有 2 线-4 线译码器、3 线-8 线译码器和 4 线-16 线译码器等。

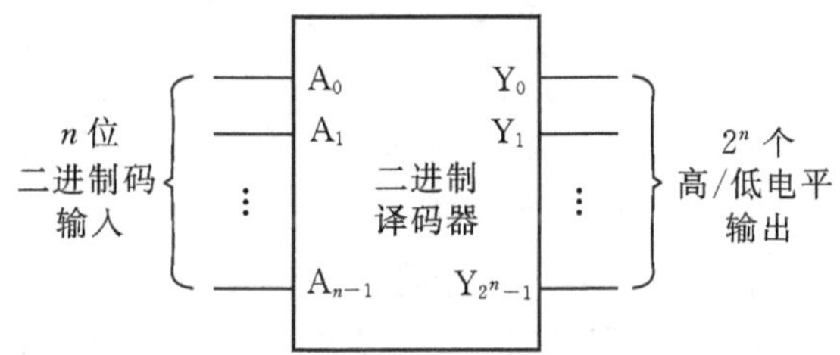

图 4-17　二进制译码器框图

设 3 线-8 线译码器输入的 3 位二进制码分别用 A_2、A_1、A_0 表示，输出的 8 个高、低电平信号分别用 $Y_0 \sim Y_7$ 表示(如图 4-18 所示)，并且输出为高电平有效，则根据译码器的功能要求即可写出译码器的真值表，如表 4-8 所示。

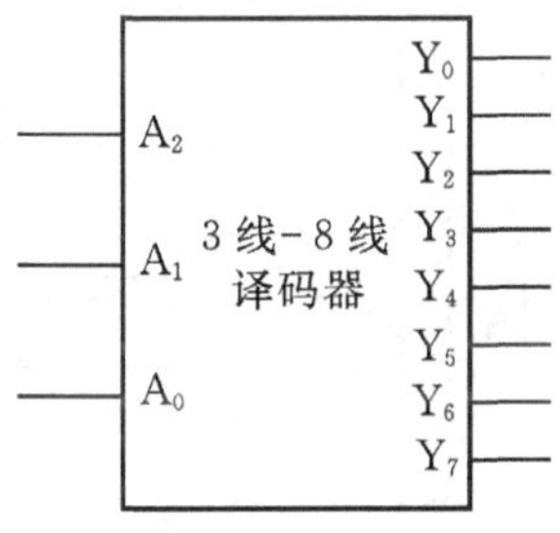

图 4-18　3 线-8 线译码器

表 4-8　3 线-8 线译码器真值表

$A_2\ A_1\ A_0$	$Y_7\ Y_6\ Y_5\ Y_4\ Y_3\ Y_2\ Y_1\ Y_0$
0 0 0	0 0 0 0 0 0 0 1
0 0 1	0 0 0 0 0 0 1 0
0 1 0	0 0 0 0 0 1 0 0

续表

$A_2\,A_1\,A_0$	$Y_7\,Y_6\,Y_5\,Y_4\,Y_3\,Y_2\,Y_1\,Y_0$
0 1 1	0 0 0 0 1 0 0 0
1 0 0	0 0 0 1 0 0 0 0
1 0 1	0 0 1 0 0 0 0 0
1 1 0	0 1 0 0 0 0 0 0
1 1 1	1 0 0 0 0 0 0 0

由真值表写出逻辑函数表达式

$$\begin{cases} Y_0 = A'_2A'_1A'_0 \\ Y_1 = A'_2A'_1A_0 \\ Y_2 = A'_2A_1A'_0 \\ Y_3 = A'_2A_1A_0 \\ Y_4 = A_2A'_1A'_0 \\ Y_5 = A_2A'_1A_0 \\ Y_6 = A_2A_1A'_0 \\ Y_7 = A_2A_1A_0 \end{cases}$$

按上述逻辑函数式设计即可得到 3 线- 8 线译码器。

74HC138 为集成 3 线- 8 线译码器，内部逻辑电路如图 4 - 19 所示，输出 $Y'_0 \sim Y'_7$ 为低电平有效。为了便于功能扩展和应用，74HC138 提供了三个控制信号 S_1、S'_2 和 S'_3。只有在 S_1、S'_2 和 S'_3 全部有效的情况下，内部门电路 G_S 输出的门控信号 $S=((S'_1))'(S'_2)'(S'_3)'=S_1S_2S_3$ 为高电平，译码器才能正常工作，否则输出全部被强制为高电平。74HC138 的具体功能如表 4 - 9 所示。

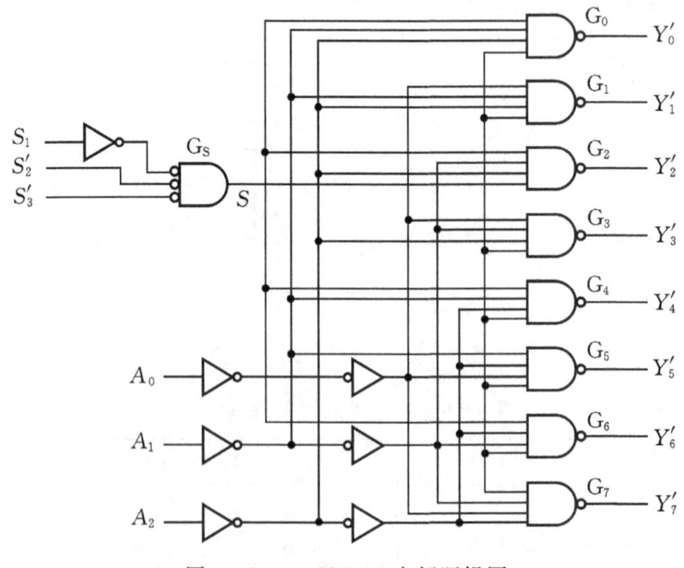

图 4 - 19　74HC138 内部逻辑图

表 4-9　74HC138 功能表

输入		输出
$S_1\ S'_2\ S'_3$	$A_2\ A_1\ A_0$	$Y'_0\ Y'_1\ Y'_2\ Y'_3\ Y'_4\ Y'_5\ Y'_6\ Y'_7$
0 × ×	× × ×	1 1 1 1 1 1 1 1
× 1 ×	× × ×	1 1 1 1 1 1 1 1
× × 1	× × ×	1 1 1 1 1 1 1 1
1 0 0	0 0 0	0 1 1 1 1 1 1 1
1 0 0	0 0 1	1 0 1 1 1 1 1 1
1 0 0	0 1 0	1 1 0 1 1 1 1 1
1 0 0	0 1 1	1 1 1 0 1 1 1 1
1 0 0	1 0 0	1 1 1 1 0 1 1 1
1 0 0	1 0 1	1 1 1 1 1 0 1 1
1 0 0	1 1 0	1 1 1 1 1 1 0 1
1 0 0	1 1 1	1 1 1 1 1 1 1 0

思考与练习

4-5　3线-8线译码器74HC138能否作为2线-4线译码器用？如果可以，说明其具体的用法。

【例4-6】 用两片74HC138扩展出4线-16线译码器，将4位二进制码$D_3D_2D_1D_0$译成十六个高低电平信号用$Z'_0 \sim Z'_{15}$。

分析　4线-16线译码器用于将4位二进制码翻译成16个高低电平信号。

单片74HC138只能对3位(及以下)二进制码进行译码。要对4位二进制数进行译码，就需要将4位二进制码拆分成最高位和低3位，用最高位选择译码器，再根据低3位在片内进行译码。

具体的扩展方法是：用4位二进制码的最高位D_3控制译码器的S_1、S'_2或S'_3，并将低3位二进制码$D_2D_1D_0$分别接到每一片译码器的$A_2A_1A_0$上。当$D_3=0$时让第一片译码器工作，$D_3=1$时让第二片译码器工作，工作译码器的具体输出再由低3位二进制码$D_2D_1D_0$确定，这样组合起来就可以对4位二进制数进行译码。具体的扩展电路如图4-20所示。

思考与练习

4-6　如果需要5线-32线译码器，能否用4片74HC138扩展？画出设计图。

4-7　如果需要5线-32线译码器，能否用5片74HC138扩展？画出设计图。

4-8　比较上述两种扩展方案，你认为哪种方案更为合理？试说明理由。

若将3线-8线译码器中输入的3位二进制码$A_2A_1A_0$看作为三个逻辑变量时，则74HC138的8个输出分别对应三变量逻辑函数8个最小项的非，即

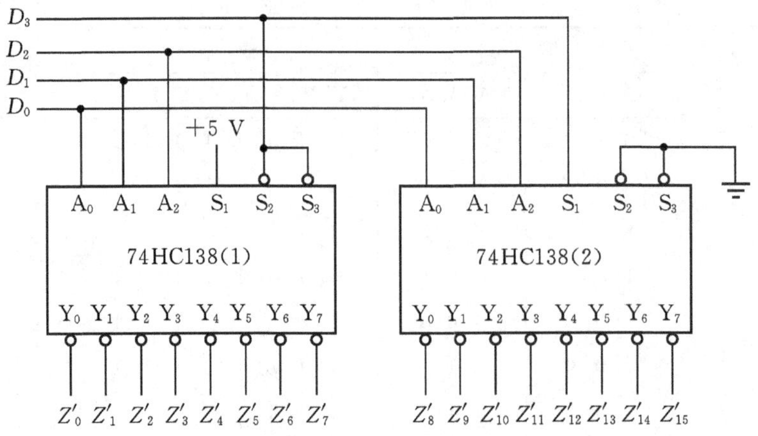

图 4-20 例 4-6 扩展图

$$\begin{cases}Y'_0=(A'_2A'_1A'_0)'=m'_0\\Y'_1=(A'_2A'_1A_0)'=m'_1\\Y'_2=(A'_2A_1A'_0)'=m'_2\\Y'_3=(A'_2A_1A_0)'=m'_3\\Y'_4=(A_2A'_1A'_0)'=m'_4\\Y'_5=(A_2A'_1A_0)'=m'_5\\Y'_6=(A_2A_1A'_0)'=m'_6\\Y'_7=(A_2A_1A_0)'=m'_7\end{cases}$$

由于 74HC138 的输出包含三变量逻辑函数的所有最小项，因此可以用 74HC138 实现任意三变量逻辑函数。

【例 4-7】 应用 3 线-8 线译码器 74HC138 设计例 4-3 的水泵控制电路。

设计过程 根据表 4-3 所示的水泵控制电路的真值表可以写出 M_L和 M_S的标准与或式

$$\begin{cases}M_L=CBA'+CBA=m_6+m_7\\M_S=CB'A'+CBA=m_4+m_7\end{cases}$$

由于 74HC138 的输出为低电平有效，对应的是最小项的非而不是最小项本身，所以需要对逻辑函数式进行变换

$$\begin{cases}M_L=(m_6+m_7)''=(m'_6m'_7)'\\M_S=(m_4+m_7)''=(m'_4m'_7)'\end{cases}$$

因此，每个函数都需要附加一个与非门实现。具体设计电路如图 4-21 所示。

一般地，n 位二进制译码器可以设计 n(及以下)变量的逻辑函数。

BCD 译码器用于将四位 8421 码 $A_3A_2A_1A_0$ 翻译成 10 个高、低电平输出信号 $Y'_0\sim Y'_9$。如 74HC42，具体用法查阅相关器件资料。

2. 显示译码器

除通用译码器外，还有一类特殊的译码器，称为显示译码器，用于将 BCD 码译成七个高、低电平信号，以驱动(图 4-22(a)所示)数码管或者(图 4-20(b)所示)液晶字符显示屏

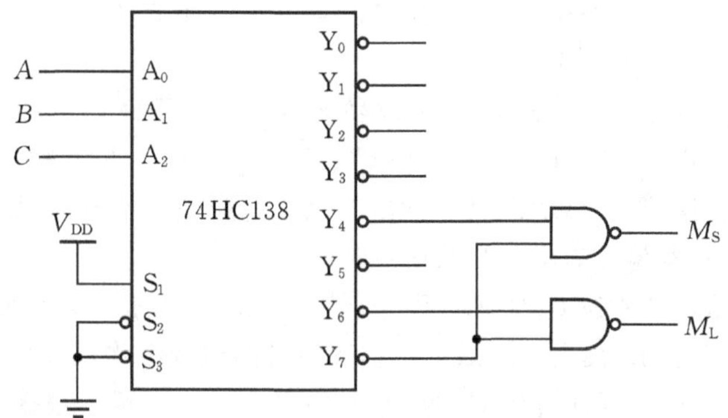

图 4-21　例 4-7 设计图

(a) 数码管

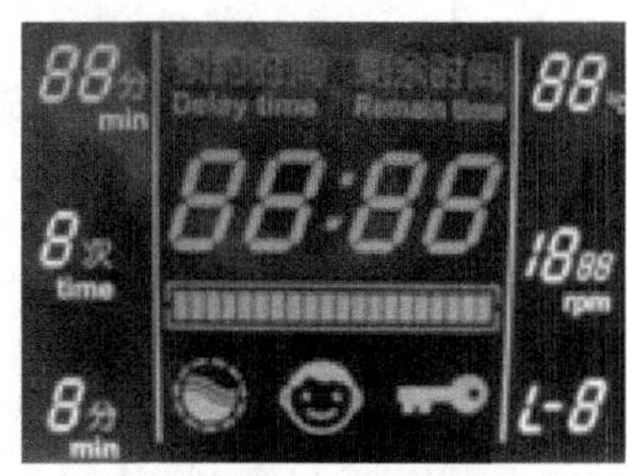

(b) 液晶字符显示器

图 4-22　常用显示器件

显示十进制数字或者一些特殊的字符。

数码管也称为半导体数码管，用七段(a、b、c、d、e、f、g)或者八段(附加 Data Point，小数点)笔画构成数字或字符信息，内部分别由 7/8 个发光二极管驱动，如图 4-23(a)所示。发

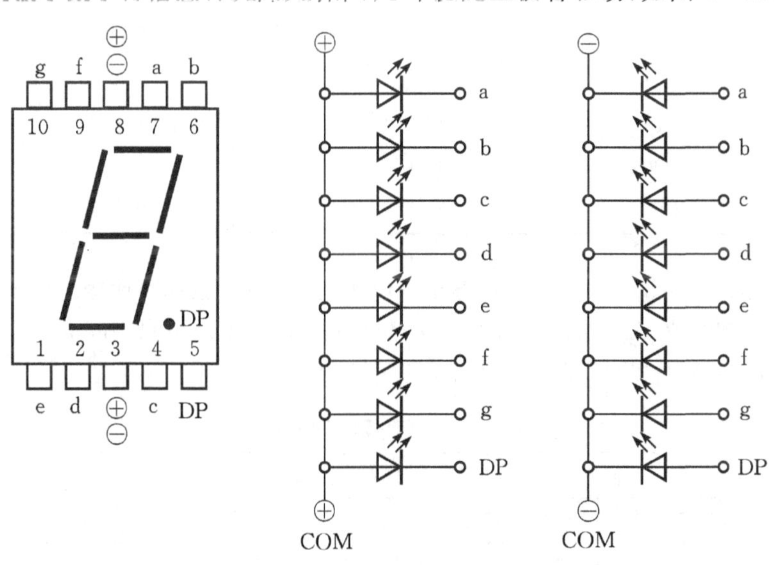

(a) 管脚图　(b) 共阳极型　(c) 共阴极型

图 4-23　半导体数码管

光二极管导通时则相应的字段被点亮，发光二极管截止时相应的字段不亮。不同的发光段的组合可显示不同的数字或者字符。

根据内部发光二极管连接方式的不同，将数码管分为共阳极和共阴极两种类型，内部电路分别如图 4－23(b)和 4－23(c)所示，其中 COM(common)为公共端。应用时，共阳极数码管的 COM 端接电源，要求显示译码器输出低电平有效信号驱动；共阴极数码管的 COM 端接地，要求显示译码器输出高电平有效信号驱动。

设显示译码器输入的 4 位 8421BCD 码分别用 D、C、B、A 表示，每个输出段分别用 Y_a、Y_b、Y_c、Y_d、Y_e、Y_f和 Y_g表示，高电平有效。根据数码管的组成结构以及如图 4－24 所示的十进制数的显示笔画，可列出显示译码器的真值表如表 4－10 所示。根据真值表写出函数表达式，画出逻辑图即可设计出基本的 BCD 显示译码器。

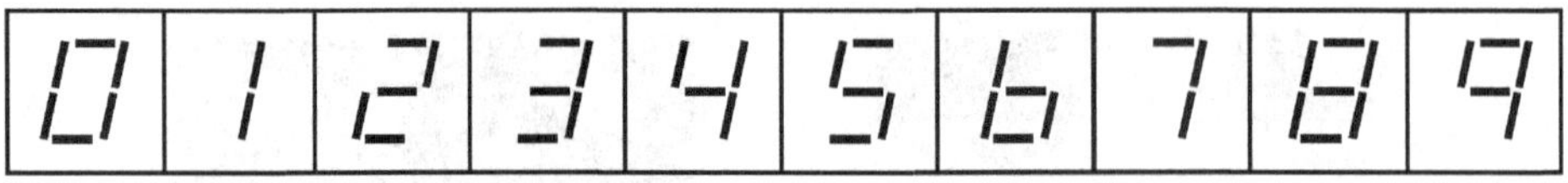

图 4－24　十进制数码笔画

表 4－10　BCD 显示译码器功能表

$D\ C\ B\ A$	$Y_a\ Y_b\ Y_c\ Y_d\ Y_e\ Y_f\ Y_g$	显示数字
0 0 0 0	1 1 1 1 1 1 0	0
0 0 0 1	0 1 1 0 0 0 0	1
0 0 1 0	1 1 0 1 1 0 1	2
0 0 1 1	1 1 1 1 0 0 1	3
0 1 0 0	0 1 1 0 0 1 1	4
0 1 0 1	1 0 1 1 0 1 1	5
0 1 1 0	0 0 1 1 1 1 1	6
0 1 1 1	1 1 1 0 0 0 0	7
1 0 0 0	1 1 1 1 1 1 1	8
1 0 0 1	1 1 1 0 0 1 1	9

CD4511 是集成 BCD 显示译码器，输出高电平有效，用于驱动共阴极数码管。除了具有基本的显示译码功能外，CD4511 还增加了灯测试(lamp test)、灭灯(blanking)和锁存允许(latch enable)三种附加功能，具体功能如表 4－11 所示。

表 4－11　CD4511 功能表

输入		输出	显示数字
$LE\ BI'\ LT'$	$D\ B\ C\ A$	$Y_a\ Y_b\ Y_c\ Y_d\ Y_e\ Y_f\ Y_g$	
× × 0	× × × ×	1 1 1 1 1 1 1	8
× 0 1	× × × ×	0 0 0 0 0 0 0	

续表

输入		输出	显示数字
$LE\ BI'\ LT'$	$D\ B\ C\ A$	$Y_a\ Y_b\ Y_c\ Y_d\ Y_e\ Y_f\ Y_g$	
0 1 1	0 0 0 0	1 1 1 1 1 1 0	0
0 1 1	0 0 0 1	0 1 1 0 0 0 0	1
0 1 1	0 0 1 0	1 1 0 1 1 0 1	2
0 1 1	0 0 1 1	1 1 1 1 0 0 1	3
0 1 1	0 1 0 0	0 1 1 0 0 1 1	4
0 1 1	0 1 0 1	1 0 1 1 0 1 1	5
0 1 1	0 1 1 0	0 0 1 1 1 1 1	6
0 1 1	0 1 1 1	1 1 1 0 0 0 0	7
0 1 1	1 0 0 0	1 1 1 1 1 1 1	8
0 1 1	1 0 0 1	1 1 1 0 0 1 1	9
0 1 1	1 0 1 0	0 0 0 0 0 0 0	
0 1 1	1 0 1 1	0 0 0 0 0 0 0	
0 1 1	1 1 0 0	0 0 0 0 0 0 0	
0 1 1	1 1 0 1	0 0 0 0 0 0 0	
0 1 1	1 1 1 0	0 0 0 0 0 0 0	
0 1 1	1 1 1 1	0 0 0 0 0 0 0	
1 1 1	× × × ×	*	*

注:“*”表示保持上次的输出不变,为时序逻辑功能。

CD4511 的附加功能使用说明如下:

(1)当 $LT'=0$ 时,CD4511 的输出全部强制为高电平,各段全亮,可用于测试数码管或者系统启动时的自检;

(2)当 $LT'=1$ 而 $BI'=0$ 时,CD4511 的输出全部强制为低电平,各段全灭。应用该功能,可强制数码管不亮以节约能源;

(3)当 $LT'=1$、$BI'=1$ 且 $LE=0$ 时,CD4511 正常工作,根据输入的 8421BCD 码译码以驱动数码管显示相应的十进制数。

(4)当 $LT'=1$、$BI'=1$ 且 $LE=1$ 时,CD4511 处于锁定状态,将保持上次的输出状态不变,对新输入的 BCD 码不进行译码。

CD4511 驱动共阴极数码管的原理电路如图 4-25 所示。由于 CD4511 驱动电流大,使用时应在 CD4511 和数码管各段之间串接限流电阻,以防止烧坏数码管。限流电阻 R 的大小根据数码管的规格和亮度要求确定。

液晶显示器件与半导体数码管相比具有功耗极低的特点,通常用作计算器屏、电话机屏、手机屏、电视屏和电脑显示器等。

液晶字符显示屏与数码管一样,也是采用七段(或者八段)形式实现数码或者字符显示。与数码管不同的是,反射式液晶屏是通过控制光线的反射达到显示的目的。

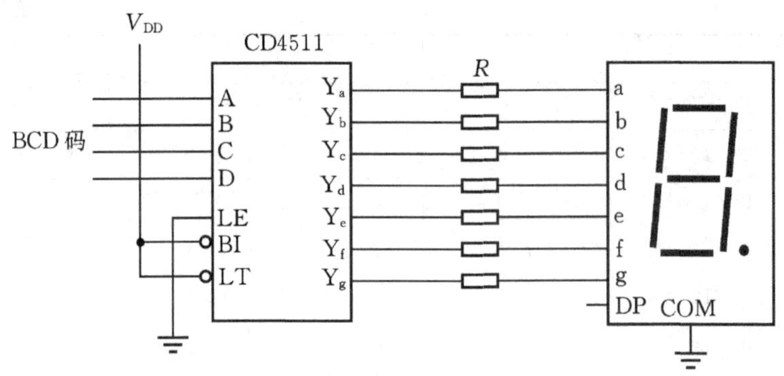

图 4-25　CD4511 驱动数码管

字段液晶显示驱动电路和工作波形如图 4-26 所示。当字段控制信号 A 为低电平时，交变电压 v_S 和 v_I 同相，因此加在字段液晶上的压差为 0，字段液晶没有极化因此反射率很高，表现为“不显示”；当字段控制信号 A 为高电平时，v_S 和 v_I 反相，加在字段液晶上的压差不为 0，因此字段液晶在交变电压作用下通过极化作用使液晶反射率很低，表现为“显示”。

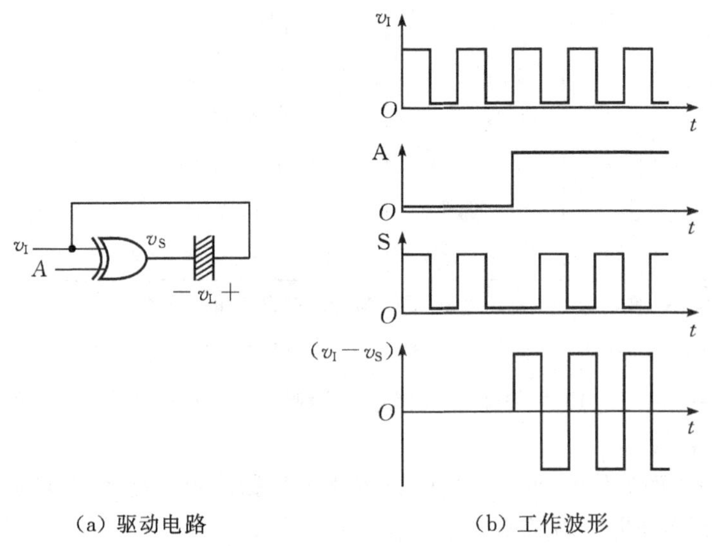

(a) 驱动电路　　(b) 工作波形

图 4-26　液晶驱动电路及工作波形

应用显示译码器驱动字符液晶显示屏时，需要在显示译码器和液晶屏之间插入液晶驱动电路，如图 4-27 所示，其中背级的交变电压频率通常取 25～60 Hz。

4.3.3　数据选择器与数据分配器

数据选择器(multiplexer)是用于从多路输入数据中根据地址码的不同选择其中一路输出的逻辑电路。数据分配器(demultiplexer)的功能与数据选择器正好相反，把输入数据根据地址码的不同送到指定的单元中。数据选择器和数据分配器的功能示意如图 4-28 所示。

数据选择器通常是根据 n 位地址码的不同从 2^n 路数据中选择一路输出，故命名为“2^n 选一”数据选择器，有 2 选一、4 选一、8 选一和 16 选一等多种类型。

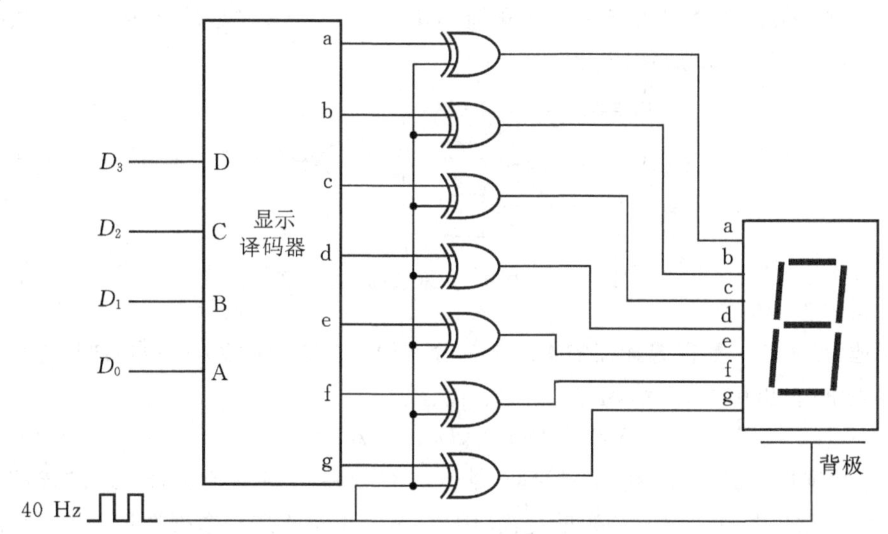

图4-27 字符液晶屏驱动电路

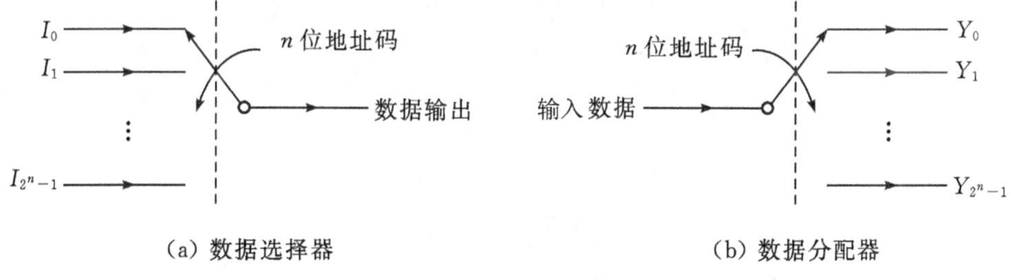

(a) 数据选择器　　(b) 数据分配器

图4-28 数据选择器与数据分配器功能示意图

设2选一数据选择器的两路数据分别用D_0和D_1表示，一位地址码用A_0表示，输出用Y表示，则

$$Y=F(D_0, D_1, A_0)$$

根据2选一数据选择器的功能要求，可列出表4-12所示的2选一数据选择器的真值表。

表4-12 2选一数据选择器真值表

A_0 D_0 D_1	Y
0 0 0	0
0 0 1	0
0 1 0	1
0 1 1	1
1 0 0	0
1 0 1	1
1 1 0	0
1 1 1	1

画出 2 选一数据选择器的卡诺图并化简得 $Y=D_0A'_0+D_1A_0$，故实现 2 选一数据选择器的逻辑电路如图 4-29 所示。

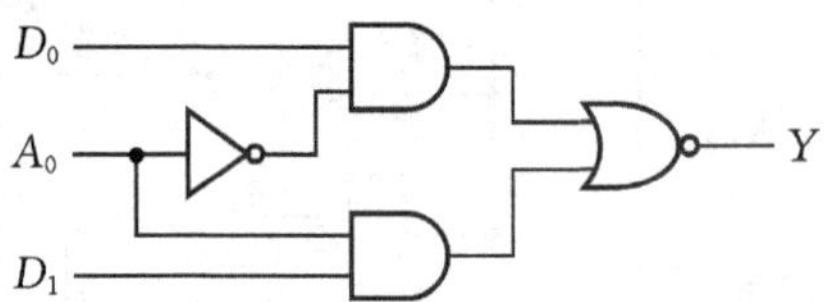

图 4-29 2 选一数据选择器逻辑图

类似地，设 4 选一数据选择器的 4 路数据分别用 D_0、D_1、D_2和 D_3表示，两位地址码分别用 A_1、A_0表示，输出用 Y 表示，则

$$Y=F(D_0,D_1,D_2,D_3,A_1,A_0)$$

4 选一数据选择器为六变量逻辑函数，输入共有 $2^6=64$ 种取值组合。若按传统方法列写真值表既繁琐也不利于逻辑函数的化简，因此，习惯于将 4 选一数据选择器的真值表列写成表 4-13 所示的简化形式，这样既概念清晰同时又有利于逻辑函数的化简。

表 4-13 4 选一数据选择器简化真值表

$A_1\ A_0$	Y
0 0	D_0
0 1	D_1
1 0	D_2
1 1	D_3

对于简化的真值表，需要把第 2 章所总结的从真值表写出逻辑函数表达式的方法进行扩展。由于 $D_0=1$ 时函数表达式 Y 中存在最小项 $A'_1A'_0$，而 $D_0=0$ 时函数表达式 Y 中没有最小项 $A'_1A'_0$，因此真值表中第一行对应的函数式可以用 $D_0(A'_1A'_0)$表示。其余同理，故 4 选一数据选择器的函数式可表示为

$$Y=D_0(A'_1A'_0)+D_1(A'_1A_0)+D_2(A_1A'_0)+D_3(A_1A_0)$$

按上述逻辑函数式设计即可实现 4 选一数据选择器。

按同样方法，8 选一数据选择器的真值表可以表示为表 4-14 所示的简化形式，其逻辑函数表达式可表示为

$$Y=D_0(A'_2A'_1A'_0)+D_1(A'_2A'_1A_0)+D_2(A'_2A_1A'_0)+D_3(A'_2A_1A_0)+$$
$$D_4(A_2A'_1A'_0)+D_5(A_2A'_1A_0)+D_6(A_2A_1A'_0)+D_7(A_2A_1A_0)$$

表 4-14 8 选一数据选择器简化真值表

$A_2\ A_1\ A_0$	Y
0 0 0	D_0
0 0 1	D_1
0 1 0	D_2
0 1 1	D_3

续表

$A_2A_1A_0$	Y
1 0 0	D_4
1 0 1	D_5
1 1 0	D_6
1 1 1	D_7

74HC153 是集成双 4 选一数据选择器，内部逻辑电路如图 4-30 所示，能够实现 4 路数据的选择。其中 $D_{10}D_{11}D_{12}D_{13}$ 为第一个 4 选一数据选择器的 4 路数据输入端，Y_1 为输出端；$D_{20}D_{21}D_{22}D_{23}$ 为第二个 4 选一数据选择器的 4 路数据输入端，Y_2 为输出端。两个数据选择器公用 A_1A_0 两位地址。S'_1 和 S'_2 分别为两个 4 选一数据选择器的控制端，低电平有效。当控制端有效时，数据选择器正常工作，控制端无效时，数据选择器输出为 0。

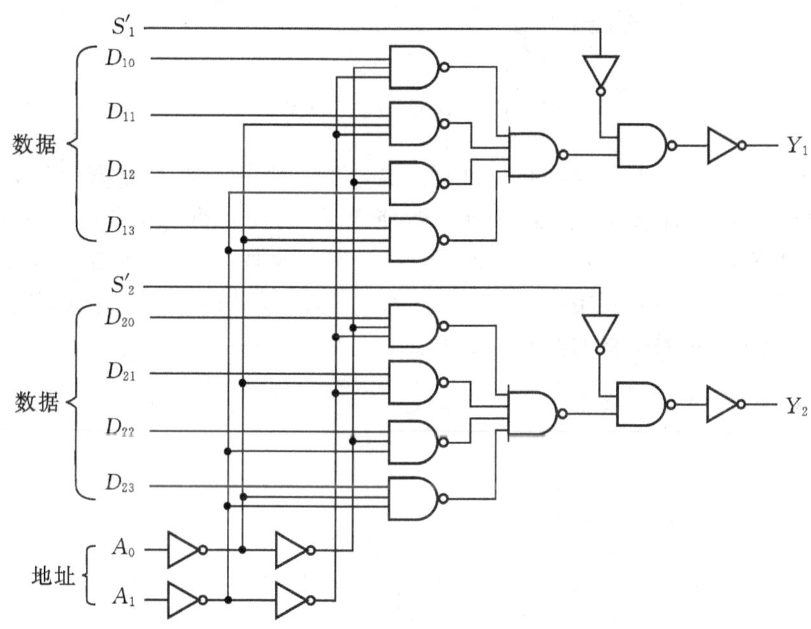

图 4-30 74HC153 内部逻辑图

74HC151 为集成 8 选一数据选择器，内部逻辑电路如图 4-31 所示，其中 S' 为控制端，Y 和 W 是两个互补的输出端（$W=Y'$）。S' 为低电平时，数据选择器正常工作，根据地址码 $A_2A_1A_0$ 从 8 路数据 $D_0 \sim D_7$ 中选择其中一路输出；S' 为高电平时，数据选择器不工作，输出 $Y=0$、$W=1$。

【例 4-8】 用双 4 选一数据选择器 74HC153 扩展出 8 选一数据选择器。

分析 从 8 路数据中选择其中一路需要用 3 位地址码（分别用 $A_2A_1A_0$ 表示），而 4 选一数据选择器只有两位地址码（用 A_1A_0 表示）。因此，需要将 8 选一数据选择器的 3 位地址 $A_2A_1A_0$ 拆分成最高位 A_2 和低两位 A_1A_0。用最高位 A_2 控制哪一个 4 选一工作，然后根据低两位地址 A_1A_0 再进行进一步选择。

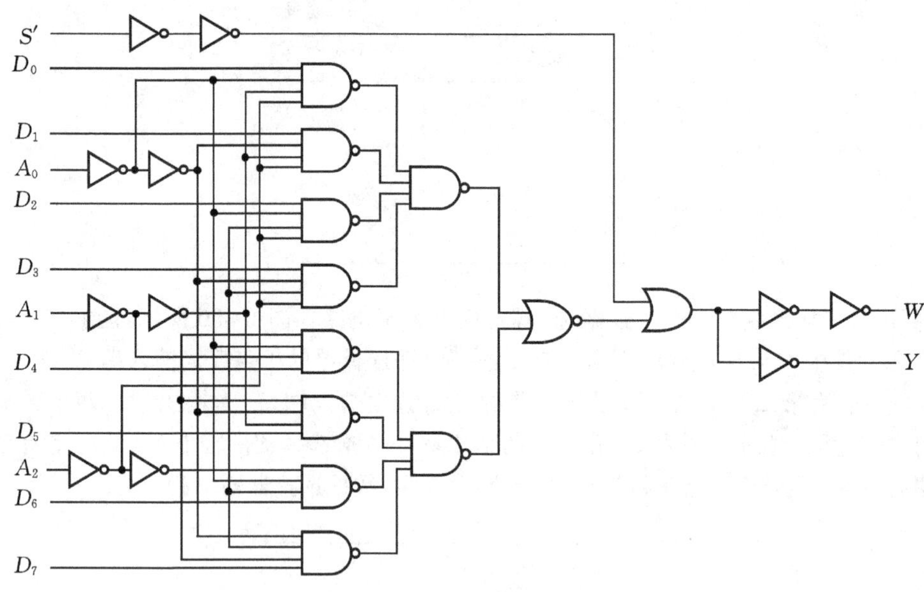

图 4-31 74HC151 内部逻辑图

扩展方法 用高位地址 A_2控制 S'_1和 S'_2。$A_2=0$ 时使 $S'_1=0$，控制第一个 4 选一工作，再根据 A_1A_0进一步选择从 Y_1输出；$A_2=1$ 时使 $S'_2=0$，控制第二个 4 选一工作，再根据 A_1A_0进一步选择从 Y_2输出。由于第一个 4 选一工作时数据从 Y_1输出，第二个 4 选一工作时数据从 Y_2输出，所以还需要用或门将两个 4 选一的输出相加使 8 选一数据选择器的输出 $Y=Y_1+Y_2$。具体的扩展电路如图 4-32 所示。

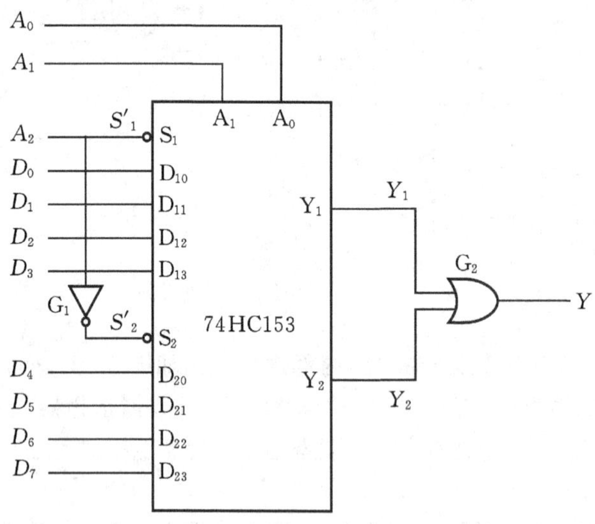

图 4-32 例 4-8 扩展图

将 8 选一数据选择器的三位地址看作为逻辑变量时，则其逻辑函数表达式可进一步表示为

$$Y=D_0m_0+D_1m_1+D_2m_2+D_3m_3+D_4m_4+D_5m_5+D_6m_6+D_7m_7$$

其中 m_0、m_1，…，m_7 为三变量逻辑函数的 8 个最小项。因此，8 选一数据选择器可以实现任意三变量逻辑函数。

～～～～～～～～～～～～～～～～～～～**思考与练习**～～～～～～～～～～～～～～～～～～～

4-9　如果需要 16 选一的数据选择器，能否用两片 74HC151 扩展？画出设计图。

4-10　如果需要 16 选一的数据选择器，能否用两片 74HC153 扩展？画出设计图。

～～

【例 4-9】　用 8 选一数据选择器实现三人表决电路。

设计过程　三人表决电路的标准与或式为

$$Y=A'BC+AB'C+ABC'+ABC=m_3+m_5+m_6+m_7$$

将上式与 8 选一数据选择器的标准形式进行对比可得：

$$D_3=D_5=D_6=D_7=1，而\ D_0=D_1=D_2=D_4=0$$

故用 8 选一数据选择器实现三人表决问题的电路如图 4-33 所示。

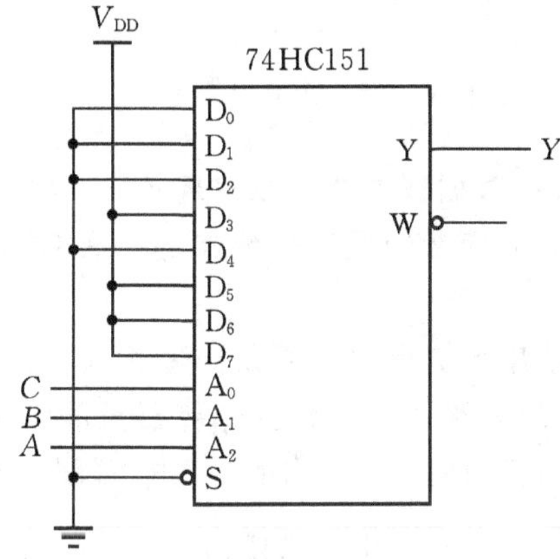

图 4-33　例 4-9 设计图

三变量逻辑函数还可以用 4 选一数据选择器实现。将三变量逻辑函数式与 4 选一数据选择器的标准函数式

$$\begin{aligned}Y&=D_0(A'_1A'_0)+D_1(A'_1A_0)+D_2(A_1A'_0)+D_3(A_1A_0)\\&=D_0m_0+D_1m_1+D_2m_2+D_3m_3\end{aligned}$$

进行对比可知：实现时应将三变量逻辑函数中的两个变量看作地址，另一个变量看作数据。

【例 4-10】　用双 4 选一数据选择器 74HC153 实现例 4-3 的水泵控制电路。

设计过程　水泵控制电路的逻辑函数表达式为

$$\begin{cases}M_L=CBA'+CBA\\M_S=CB'A'+CBA\end{cases}$$

若将函数式中 B、A 看作地址，分别对应于 4 选一数据选择器的 A_1 和 A_0，C 看作数据，整理可得

$$\begin{cases}M_L=CBA'+CBA=C\cdot m_2+C\cdot m_3\\M_S=CB'A'+CBA=C\cdot m_0+C\cdot m_3\end{cases}$$

因此用 74HC153 实现时，取

$$\begin{cases} D_{10}=D_{11}=0, D_{12}=D_{13}=C \\ D_{20}=C, D_{21}=D_{22}=0, D_{23}=C \end{cases}$$

因此，实现电路如图 4-34 所示。

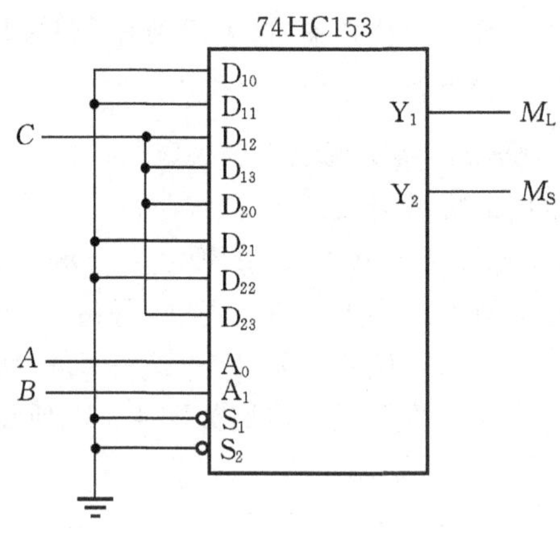

图 4-34 例 4-10 设计图

从应用的角度讲，用 2^n 选一数据选择器可以实现 $n+1$ 及以下变量的逻辑函数，即 4 选一数据选择器可以实现 3 及以下变量的逻辑函数，8 选一的数据选择器可以实现 4 变量及以下变量的逻辑函数。

译码器和数据选择都可以用来实现逻辑函数。两者不同的是，一个译码器可以同时实现多个逻辑函数，但需要附加门电路。一个数据选择器只能实现一个逻辑函数，用 2^n 选一的数据选择器实现 n 变量逻辑函数时，不需要附加门电路，因而实现电路非常简洁。

思考与练习

4-11 用一片 8 选一数据选择器实现三个开关控制一个灯的逻辑电路。画出设计图。

4-12 用一片 4 选一数据选择器实现三个开关控制一个灯的逻辑电路。画出设计图。

在数字电路中，带有控制端的译码器本身就是数据分配器。译码器的功能是将输入的代码翻译成高、低电平信号输出，但是换种用法，就可以实现数据分配。

二进制译码器用作数据分配器时，需要将待分配的数据 D 连接到译码器的控制端，然后根据二进制码(习惯于称为地址码)的不同控制译码器将数据 D 分配到不同的输出口。

74HC138 有 S_1、S'_2 和 S'_3 三个控制端，用作数据分配器时，有两种实现方案。

第一种方案是用数据 D 控制 74HC138 的 S'_2 或者 S'_3，如图 4-35 所示，则在 $D=0$ 时译码器工作，$D=1$ 时译码器不工作。译码器工作时对 $A_2A_1A_0$ 进行译码，在相应的端口输出低电平，不工作时所有输出端均强制为高电平。

假设 D 为待分配的 8 位二值序列 10110111，$A_2A_1A_0=101$。当 D 变化时在 Y'_5 输出的序列恰好为 10110111。若要将 D 分配到其他输出口，只需要将地址码 $A_2A_1A_0$ 设置为相应的二进制数即可。

用数据 D 控制 74HC138 的 S'_2 或者 S'_3，这种接法输出序列与输入序列完全相同，所以

D 接 74HC138 低电平有效的控制端时，输出与输入"同相"。

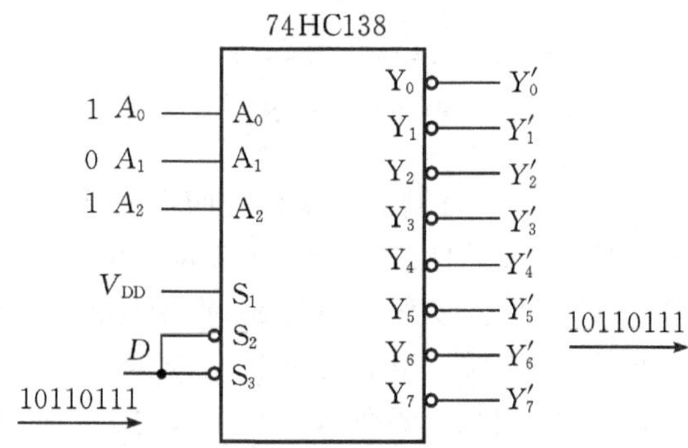

图 4-35　数据分配器(同相输出)

第二种方案是用数据 D 控制 74HC138 的 S_1，如图 4-36 所示，则在 $D=0$ 时译码器不工作，$D=1$ 时译码器工作。设 $A_2A_1A_0=101$，D 仍为待分配的 8 位二值序列 10110111。当 D 变化时，在 Y'_5 端输出的序列为 01001000。若要将 D 分配到其他输出口，只需要将地址码 $A_2A_1A_0$ 设置相应的二进制数即可。

用数据 D 控制 74HC138 的 S_1，这种接法输出序列与输入序列恰好相反，所以 D 接 74HC138 高电平有效的控制端时，输出与输入"反相"。

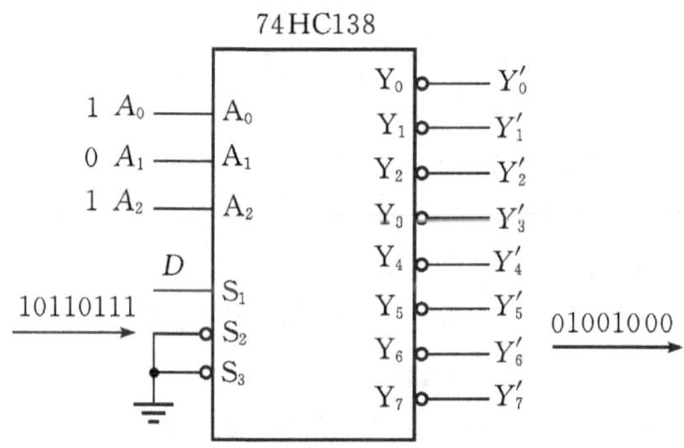

图 4-36　数据分配器(反相输出)

4.3.4　加法器

数字电路不但能够用于处理事物的逻辑关系，而且能够实现数值计算。在数字系统中，加法是最基本的运算，而加法器(adder)是用于实现加法运算的电路。

由于数字电路基于二值逻辑，因此本节只讨论二进制加法器的设计。

设 A、B 是两个 4 位二进制数，从高位到低位分别用 $A_3A_2A_1A_0$ 和 $B_3B_2B_1B_0$ 表示。实现 A、B 相加时，需要列出加法算式

$$\begin{array}{r} A_3\ A_2\ A_1\ A_0 \\ +\ B_3\ B_2\ B_1\ B_0 \\ \hline (C_3)(C_2)(C_1)\quad \\ CO,S_3\ S_2\ S_1\ S_0 \end{array}$$

从运算过程可以看出，两个4位二进制数加法分为四步进行：

(1)先将最低位 A_0 和 B_0 相加。设加法和为 S_0，向高位产生的进位信号用 C_1 表示；

(2)再将次低位 A_1、B_1 和 C_1 相加。设加法和为 S_1，产生的进位信号用 C_2 表示；

(3)然后将次高位 A_2、B_2 和 C_2 相加。设加法和为 S_2，产生的进位信号用 C_3 表示；

(4)最后将最高位 A_3、B_3 和 C_3 相加。设加法和为 S_3，向更高位产生的进位信号用 CO 表示。

由于加法运算可理解为分步进行的，因此要实现多位数加法，需要先设计出一位加法器。

考虑两个一位二进制数 A 和 B 相加，其加法和用 S(sum 的首字母)表示，向高位产生的进位信号用 CO(Carry Output)表示。这种不考虑来自低位进位信号的加法器称为半加器(half-adder)，其真值表如表4-15所示。

表4-15 半加器真值表

A B	S CO
0 0	0 0
0 1	1 0
1 0	1 0
1 1	0 1

由真值表可以写出半加器的逻辑函数 S 和 CO 的表达式

$$\begin{cases} S=A'B+AB'=A\oplus B \\ CO=AB \end{cases}$$

按上述表达式用一个异或门和一个与门即可实现半加，如图4-37(a)所示。半加器的图形符号如图4-37(b)所示。

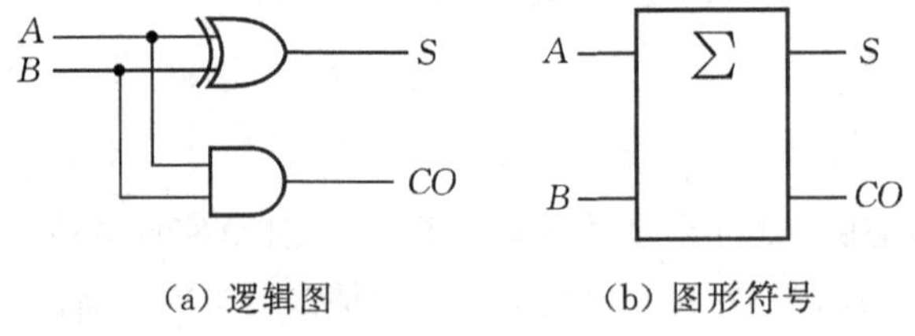

(a) 逻辑图　　(b) 图形符号

图4-37 半加器

由于半加器没有考虑来自低位的进位信号，所以无法级联实现多位加法，因此，还需要设计考虑来自低位进位信号的加法器。

两位一位二进制数 A 和 B 相加时，如果考虑来自更位的进位信号 CI(carry input)，即

实现 A、B 和 CI 三个一位数相加，则这种加法器称为全加器(full-adder)。根据二进制运算规则，可以列出全加器的真值表如表 4－16 所示。

表 4－16　全加器真值表

A B CI	S CO
0 0 0	0 0
0 0 1	1 0
0 1 0	1 0
0 1 1	0 1
1 0 0	1 0
1 0 1	0 1
1 1 0	0 1
1 1 1	1 1

由真值表写出 S 和 CO 的函数表达式

$$\begin{cases} S=A'B'CI+A'BCI'+AB'CI'+ABCI \\ CO=A'BCI+AB'CI+ABCI'+ABCI \end{cases}$$

进一步整理和化简得

$$\begin{cases} S=A\oplus B\oplus CI \\ CO=AB+(A+B)CI \end{cases}$$

按上述逻辑函数设计即可实现全加器，如图 4－38(a)所示。全加器的图形符号如图 4－38(b)所示。

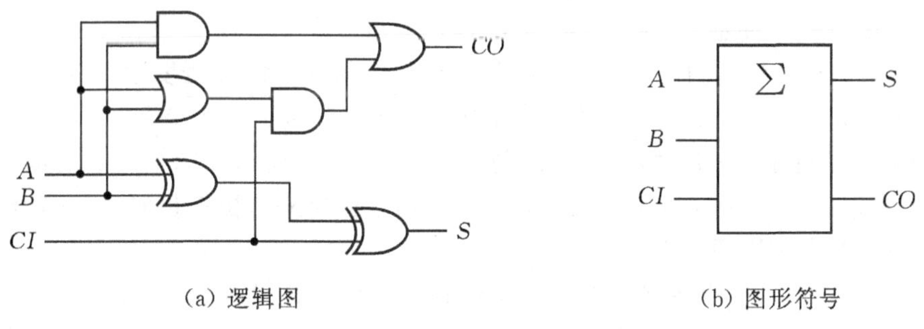

(a) 逻辑图　　(b) 图形符号

图 4－38　全加器

74LS183 为双全加器器件，½74LS183 内部逻辑按例 2－8 所示的电路设计。

多位二进制数相加时，可以根据加法算式所示的原理用多个全加器级联实现。实现四位二进制数 $A_3A_2A_1A_0$ 和 $B_3B_2B_1B_0$ 相加的原理电路如图 4－39 所示，其中 $S_3S_2S_1S_0$ 为加法和，CO 为向更高位的进位信号。

我们把这种进位信号从低位向高位逐级传递的进位连接方式称为串行进位，相应的加法器则称为串行进位加法器(ripple carry adder)。

由于串行进位加法器的进位信号是从低位向高位逐级传递的，因此高位相加时必须确保来自低位的进位信号有效才能得到正确的加法结果。所以，对于图 4－39 所示的 4 位串

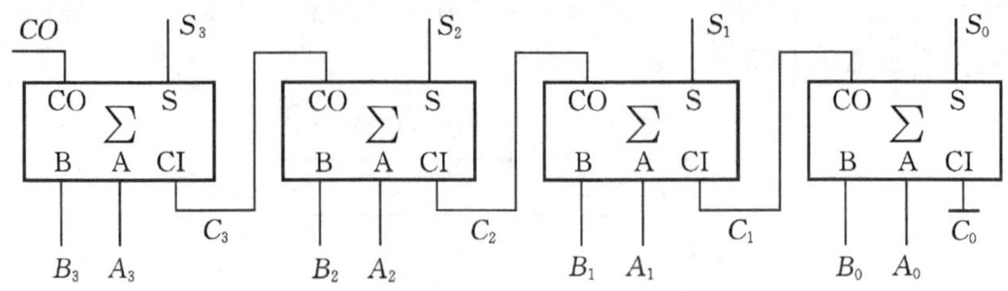

图 4-39 串行进位加法器

行进位加法器，需要经过 4 个全加器的工作时间，加法运算的结果才整体有效。因此，加法的位数越多，串行进位加法的速度越慢。

为了提高加法的运算速度，就需要减小进位传递所消耗的时间。超前进位加法器(look-ahead carry adder)是预先将每级加法所需要的进位信号计算出来，然后各级可以同时相加的加法器。

根据一位全加器进位信号的表达式，可以推导出 4 位超前进位加法器各级进位信号的计算公式

$$\begin{cases} C_1 = A_0B_0 + (A_0 + B_0)C_0 = A_0B_0 \\ C_2 = A_1B_1 + (A_1 + B_1)C_1 = A_1B_1 + (A_1 + B_1)A_0B_0 \\ C_3 = A_2B_2 + (A_2 + B_2)C_2 \\ \quad = A_2B_2 + (A_2 + B_2)[A_1B_1 + (A_1 + B_1)A_0B_0] \\ CO = A_3B_3 + (A_3 + B_3)C_3 \\ \quad = A_3B_3 + (A_3 + B_3)\{A_2B_2 + (A_2 + B_2)[(A_1B_1 + (A_1 + B_1)A_0B_0]\} \end{cases}$$

当 4 位二进制数 $A_3A_2A_1A_0$ 和 $B_3B_2B_1B_0$ 给定时，按上述公式用组合逻辑电路就可以提前计算出各级所需要的进位信号 C_1、C_2 和 C_3 以及输出进位信号 CO。

由于超前进位加法器的进位信号由组合逻辑电路直接产生，不需要逐级传递，所以全加器可以并行运算，因此，超前进位加法器的工作速度比串行进位加法器快。

74HC283 是集成 4 位加法器，采用超前进位逻辑，内部电路如图 4-40 所示。为了便于功能扩展，74HC283 还提供了进位输入端 CI，用于连接来自更低位的进位信号。因此，74HC283 实现的加法关系为

$$\{CO, S_3S_2S_1S_0\} = A_3A_2A_1A_0 + B_3B_2B_1B_0 + CI$$

其中 $\{CO, S_3S_2S_1S_0\}$ 表示将进位信号 CO 和 4 位加法和 $S_3S_2S_1S_0$ 合并为 5 位二进制数。

【例 4-11】 用两片 74HC283 扩展出 8 位加法器。

设计进程 设 A、B 为两个 8 位二进制数，从高位到低位分别用 $A_7 \sim A_0$ 和 $B_7 \sim B_0$ 表示。由于单片 74HC283 只能实现两个 4 位二进制数相加，因此实现 8 位加法时需要将两个 8 位二进制数 A 和 B 拆分成高 4 位($A_7 \sim A_4$ 和 $B_7 \sim B_4$)和低 4 位($A_3 \sim A_0$ 和 $B_3 \sim B_0$)。用一片 74HC283 实现低 4 位相加，另一片实现高 4 位相加，同时还需要将低 4 位加法器的进位输出 CO 作为高 4 位加法器的进位输入 CI。由于低 4 位相加时没有来自更低位的进位信号，所以低位加法器的进位输入 CI 应接 0。具体的扩展电路如图 4-41 所示。

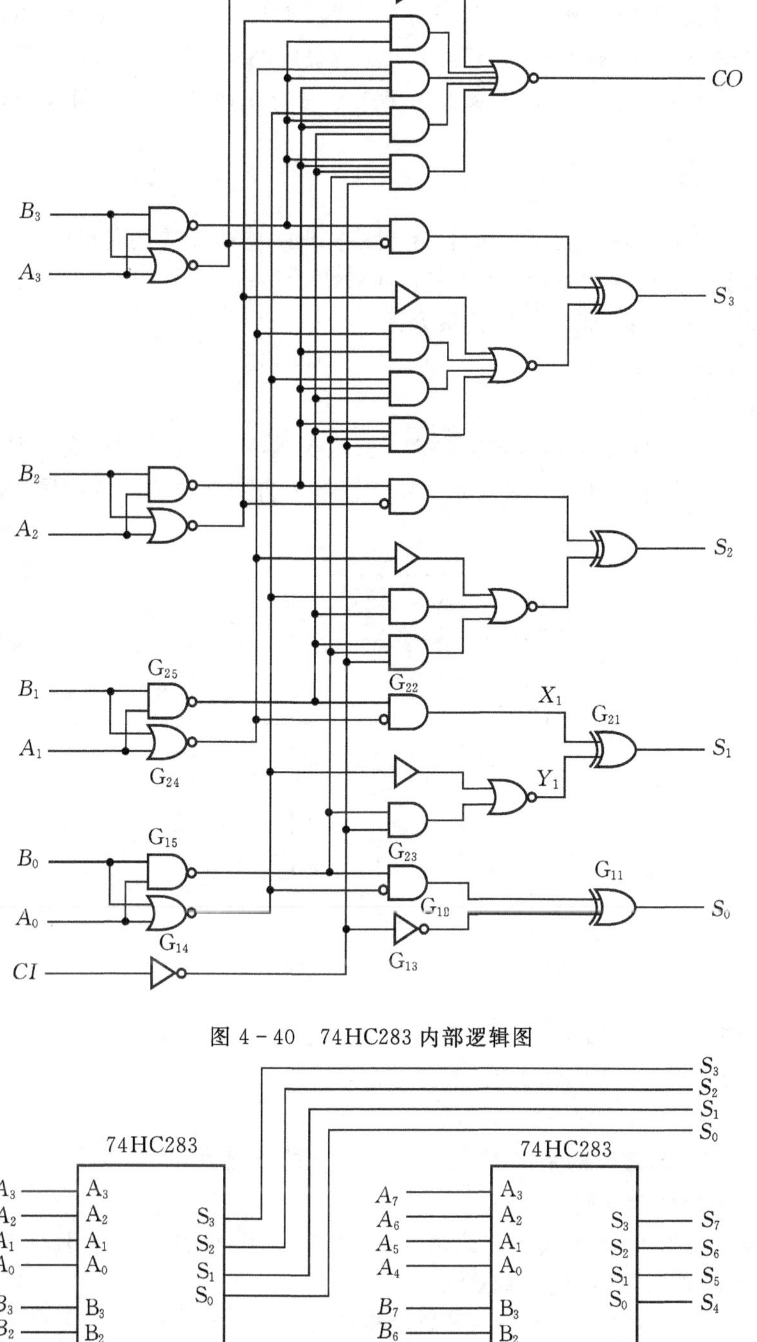

图 4－40　74HC283 内部逻辑图

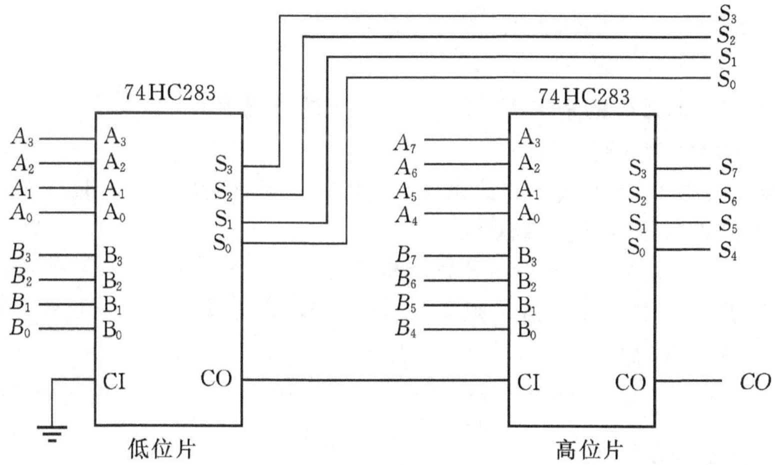

74HC283　A_3 A_2 A_1 A_0 B_3 B_2 B_1 B_0 CI　S_3 S_2 S_1 S_0 CO　低位片

74HC283　A_7 A_6 A_5 A_4 B_7 B_6 B_5 B_4 CI　S_7 S_6 S_5 S_4 CO　高位片

图 4－41　例 4－11 扩展图

～～～～～～～～～～～～～～～～～～～思考与练习～～～～～～～～～～～～～～～～～～～

4-13 如果需要12位加法器，能否用3片74HC283扩展？画出设计图。

4-14 如果需要16位加法器，能否用4片74HC283扩展？画出设计图。

4-15 4位加法器能否作为3位加法器用？与输入的3位二进制数如何连接？共有多少种接法？

～～～

加法器除了能够实现二进制加法外，还能够实现一些特殊的代码转换。

【例4-12】 用74HC283将8421码转换成余3码。

分析 8421码和余3码之间的关系为

余3码＝8421码＋0011

所以可以用加法器实现。

设计进程 设用$DCBA$表示四位8421码，用$Y_3Y_2Y_1Y_0$表示四位余3码，则实现8421码转换成余3码的电路如图4-42所示。由于没有来自更低位的进位信号，所以CI接低电平。

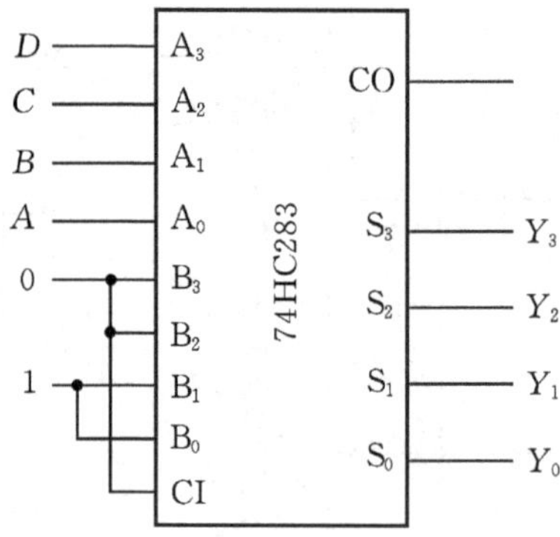

图4-42 例4-12设计图

【例4-13】 用74HC283将余3码转换成8421码。

分析 余3码和8421码的关系为

8421码＝余3码－0011

利用补码，在忽略进位的情况下，减3和加上3的补码等效，即

8421码＝余3码＋1101

设计过程 设用$DCBA$表示四位余3码，用$Y_3Y_2Y_1Y_0$表示四位8421码，则实现余3码转换成8421码的电路如图4-43所示。

～～～～～～～～～～～～～～～～～～～思考与练习～～～～～～～～～～～～～～～～～～～

4-16 能否用一片74HC283实现4位二进制加/减运算？在$M=0$时实现加法，$M=1$时实现减法。画出设计图。

～～～

4.3.5 数值比较器

数值比较器用于比较数值的大小。一位数值比较是多位数值比较的基础，因此，先设计

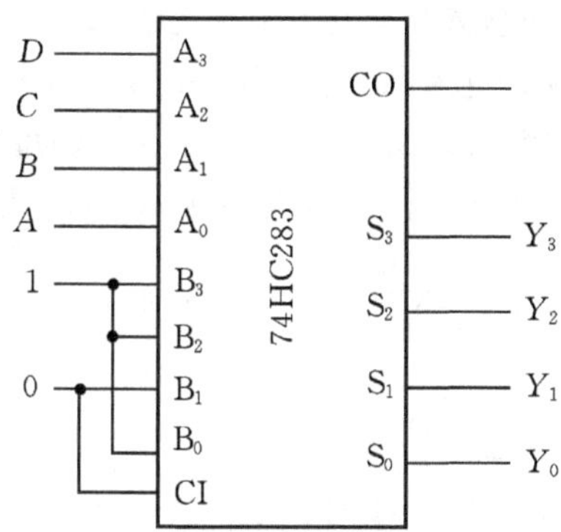

图 4-43 例 4-13 设计图

一位数值比较器,再类推设计出多位数值比较器。

1. 一位数值比较器

两个二进制数 A、B 的比较结果有三种可能性:$A>B$、$A=B$ 或者 $A<B$,分别用 $Y_{(A>B)}$、$Y_{(A=B)}$ 和 $Y_{(A<B)}$ 表示。

当 A、B 为一位二进制数时,其取值只有 00、01、10 和 11 四种组合,所以一位数值比较器的真值表如表 4-17 所示。

表 4-17 一位数据比较器真值表

A B	$Y_{(A>B)}$	$Y_{(A=B)}$	$Y_{(A<B)}$
0 0	0	1	0
0 1	0	0	1
1 0	1	0	0
1 1	0	1	0

由真值表写出逻辑函数表达式

$$\begin{cases} Y_{(A>B)}=AB' \\ Y_{(A=B)}=A'B'+AB \\ Y_{(A<B)}=A'B \end{cases}$$

根据上述逻辑函数表达式即设计出一位数值比较器,如图 4-44 所示。

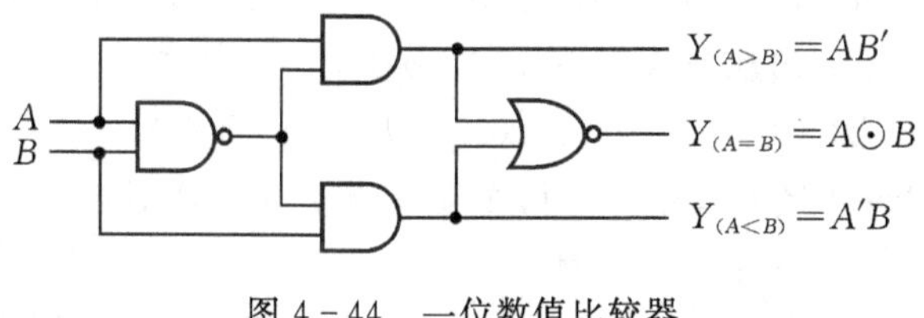

图 4-44 一位数值比较器

2. 多位数值比较器

多位二进制数处于不同数位的数码权值不同,并且高位数码的权值大于低位数码的权值之和，因此在进行比较时，必须从高位开始比较。当高位相等时，才需要比较低位。

设 A、B 为两个4位无符号二进制数，各位分别用 $A_3A_2A_1A_0$ 和 $B_3B_2B_1B_0$ 表示。由于 A_3 和 B_3 的权值最高，因此先比较 A_3 和 B_3。当 $A_3>B_3$ 时，即可确认 $A>B$；当 $A_3=B_3$ 时，就需要进一步比较 A_2 和 B_2，若 $A_2>B_2$ 时，也可以确认 $A>B$。依次类推，所以 $A>B$ 共有以下四种情况：

(1)$A_3>B_3$ 时；

(2)$A_3=B_3$，$A_2>B_2$ 时；

(3)$A_3=B_3$，$A_2=B_2$，$A_1>B_1$ 时；

(4)$A_3=B_3$，$A_2=B_2$，$A_1=B_1$，$A_0>B_0$ 时。

根据上述分析，参考一位数值比较器的设计结果，可以推出4位数值比较器 $Y_{(A>B)}$ 的逻辑函数表达式

$$Y_{(A>B)}=A_3B'_3+(A_3\odot B_3)A_2B'_2+(A_3\odot B_3)(A_2\odot B_2)A_1B'_1+(A_3\odot B_3)(A_2\odot B_2)(A_1\odot B_1)A_0B'_0$$

同理可推出 $Y_{(A<B)}$ 的逻辑表达式

$$Y_{(A<B)}=A'_3B_3+(A_3\odot B_3)A'_2B_2+(A_3\odot B_3)(A_2\odot B_2)A'_1B_1+(A_3\odot B_3)(A_2\odot B_2)(A_1\odot B_1)A'_0B_0$$

只有当 $A_3=B_3$、$A_2=B_2$、$A_1=B_1$ 并且 $A_0=B_0$ 时，A 和 B 才相等，故 $Y_{(A=B)}$ 的函数表达式为

$$Y_{(A=B)}=(A_3\odot B_3)(A_2\odot B_2)(A_1\odot B_1)(A_0\odot B_0)$$

按照上述逻辑函数表达式即可设计出四位数据比较器。

74HC85是集成4位数值比较器，内部逻辑如图4-45所示。考虑到功能扩展的需要，74HC85除了提供两个4位二进制数输入端口 $A_3A_2A_1A_0$ 和 $B_3B_2B_1B_0$ 之外，又增加了三个输入端：$I_{(A>B)}$、$I_{(A=B)}$ 和 $I_{(A<B)}$，用于连接来自更低位的比较结果。

在考虑来自更低位比较结果 $I_{(A>B)}$、$I_{(A=B)}$ 和 $I_{(A<B)}$ 的情况下，$A>B$ 除上述4位情况外又多了一种情况：当 A 和 B 相等并且 $I_{(A>B)}=1$ 时，因此 $Y_{(A>B)}$ 的逻辑表达式扩展为

$$Y_{(A>B)}=A_3B'_3+(A_3\odot B_3)A_2B'_2+(A_3\odot B_3)(A_2\odot B_2)A_1B'_1+(A_3\odot B_3)(A_2\odot B_2)(A_1\odot B_1)A_0B'_0+(A_3\odot B_3)(A_2\odot B_2)(A_1\odot B_1)(A_0\odot B_0)I_{(A>B)}$$

同理，$A<B$ 也多了一种情况：当 $A=B$ 并且 $I_{(A<B)}=1$ 时，因此 $Y_{(A<B)}$ 的逻辑表达式扩展为

$$Y_{(A<B)}=A'_3B_3+(A_3\odot B_3)A'_2B_2+(A_3\odot B_3)(A_2\odot B_2)A'_1B_1+(A_3\odot B_3)(A_2\odot B_2)(A_1\odot B_1)A'_0B_0+(A_3\odot B_3)(A_2\odot B_2)(A_1\odot B_1)(A_0\odot B_0)I_{(A<B)}$$

只有当 A 和 B 相等并且 $I_{(A=B)}=1$ 时，A 和 B 才完全相等，因此 $Y_{(A=B)}$ 的逻辑表达式扩展为

$$Y_{(A=B)}=(A_3\odot B_3)(A_2\odot B_2)(A_1\odot B_1)(A_0\odot B_0)I_{(A=B)}$$

74HC85的内部逻辑电路是按照上述三个函数表达式设计的。

【例4-14】 用两片74HC85扩展出8位数值比较器。

分析 设两个8位二进制数分别用 $C(C_7\sim C_0)$ 和 $D(D_7\sim D_0)$ 表示。

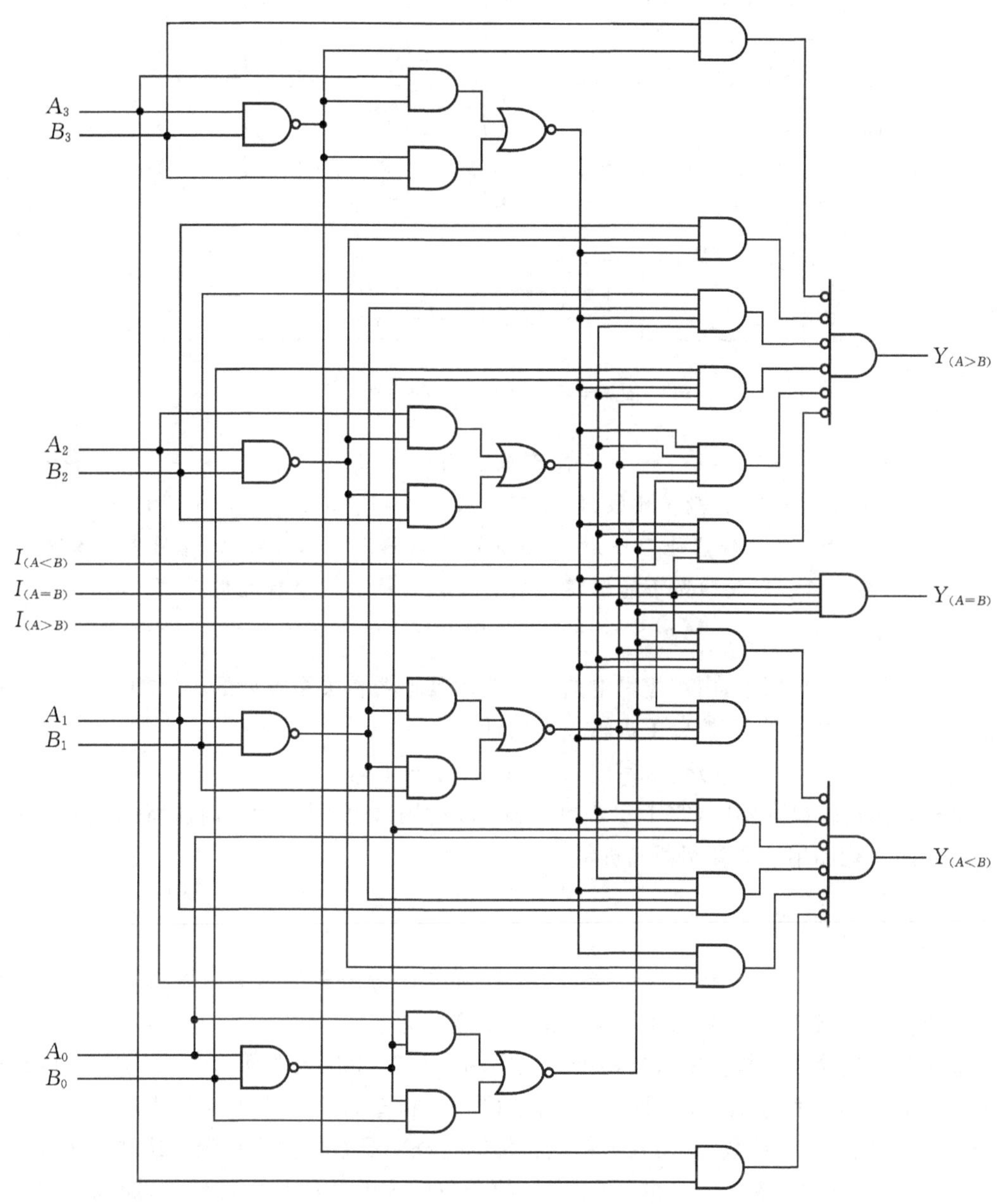

图 4-45　74HC85 内部逻辑电路

由于单片 74HC85 只能进行 4 位数值比较，所以进行 8 位数据比较时，需要将两个 8 位二进制数（C 和 D）拆分成高 4 位（$C_7 \sim C_4$ 和 $D_7 \sim D_4$）和低 4 位（$C_3 \sim C_0$ 和 $D_3 \sim D_0$）。用一片 74HC85 比较高 4 位，用另一片 74HC85 比较低 4 位。当高 4 位相等时，比较结果才取决于低 4 位的比较结果，因此还需要将低位片的输出 $Y_{(A>B)}$、$Y_{(A=B)}$ 和 $Y_{(A<B)}$ 分别连接到高位片的 $I_{(A>B)}$、$I_{(A=B)}$ 和 $I_{(A<B)}$ 上。由于低位片只进行 4 位数值比较，没有来自更低位的比较结果，对比基本 4 位数值比较器的函数式可知，应取 $I_{(A>B)}=0$、$I_{(A=B)}=1$ 和 $I_{(A<B)}=0$。因此，具体的扩展电路如图 4-46 所示。

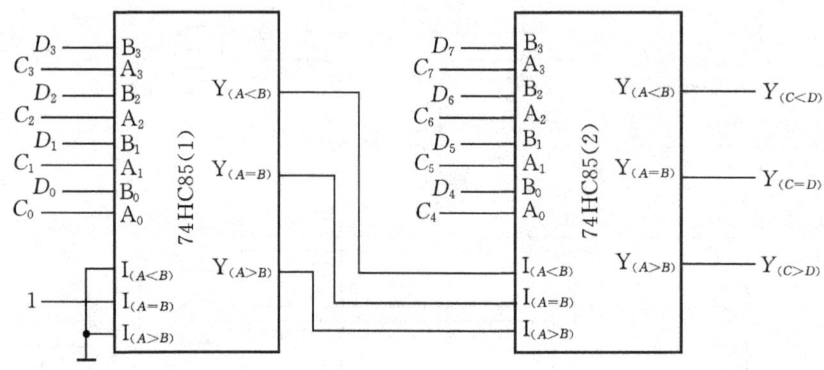

图 4-46 例 4-14 扩展图

思考与练习

4-17 如果需要 12 位数值比较器，能否用三片 74HC85 实现？画出设计图。

4-18 12 位数值比较器能否作为 10 位数值比较器用？如果可以，说明其具体用法。

4-19 异或门和同或门是否能够实现数据比较？试进行分析说明。

在集成数据比较器中，内部逻辑电路也有应用其他逻辑关系设计的。例如，在 4 位数值比较器 CC14585 中，$Y_{(A>B)}$ 按以下逻辑关系设计：

$$Y_{(A>B)}=(Y_{(A<B)}+Y_{(A=B)}+I'_{(A>B)})'$$

由于内部逻辑设计不同，CC14585 和 74HC85 的用法也不同，使用时应特别注意。关于 CC14585 的功能和用法请参阅器件资料。

4.3.6 奇偶校验器

在数字通信中，信息在传输过程中由于干扰和噪声等因素的影响可能会发生错误。为了检测传输错误，就需要对接收到的信息进行校检。

最简单的校检方法是在发送端根据"n 位数据"产生"1 位校验码"，使发送的"1 位校验码＋n 位数据"中 1 的个数为奇/偶数，然后在接收端检查每个接收到的"$1+n$"位数据中 1 的个数是否仍然为奇/偶数，从而判断信息在传输过程中是否发生了错误。这种方法称为奇偶校验(parity check)，将"$1+n$ 位"数据中 1 的个数配成奇数的称为奇校验，配成偶数的称为偶校验。相应地，用来产生奇偶校验码或者进行奇偶校验的器件称为奇偶校验器。根据 4 位数据产生的奇偶校验码如表 4-18 所示。

从表 4-1 三个开关控制一个灯的真值表可以看出，A、B、C 和 Y 中"1"的个数始终为偶数，因此图 4-3 所示电路是三位偶校验器，能够根据 3 位数据 A、B、C 产生一位偶校验码 Y。

一般地，在发送端根据 n 位数据 $D_{n-1}D_{n-2}\cdots D_1D_0$ 产生校验码的函数表达式分别为

$$Y_{\mathrm{ODD}}=(D_{n-1}\oplus D_{n-2}\oplus\cdots\oplus D_1\oplus D'_0)$$

$$Y_{\mathrm{EVEN}}=D_{n-1}\oplus D_{n-2}\oplus\cdots\oplus D_1\oplus D_0$$

其中，Y_{ODD} 和 Y_{EVEN} 分别为产生的奇校验码和偶校验码。

表 4-18　四位奇偶校验码

4 位数据	奇校验码	偶校验码	4 位数据	奇校验码	偶校验码
0000	1	0	1000	0	1
0001	0	1	1001	1	0
0010	0	1	1010	1	0
0011	1	0	1011	0	1
0100	0	1	1100	1	0
0101	1	0	1101	0	1
0110	1	0	1110	0	1
0111	0	1	1111	1	0

在接收端，对于奇校验，当 $D_{n-1}\oplus D_{n-2}\oplus\cdots\oplus D_1\oplus D_0\oplus Y_{ODD}=1$ 时，表示接收到的数据无错误，否则为有错误；对于偶校验，当 $D_{n-1}\oplus D_{n-2}\oplus\cdots\oplus D_1\oplus D_0\oplus Y_{EVEN}=0$ 时，表示接收到的数据无错误，否则为有错误。

奇偶校验只能检测数据在传输过程中是否发生错误，并没有纠错能力，所以奇偶校验码是一种简单的检错码(error detection code)。另外，奇偶校验只能识别奇数个数码发生错误，而不能发现偶数个数码发生错误。由于两位及两位以上数码同时发生错误的概率很小，所以奇偶校验方法仍被广泛应用。

74LS280 是集成奇偶校验发生/校验器，能够根据输入的 9 位数据产生一位偶校验码 ∑ODD和奇校验码 ∑EVEN，满足一个字节的检测要求。74LS280 的管脚排列如图 4-47 所示，逻辑功能如表 4-19 所示。

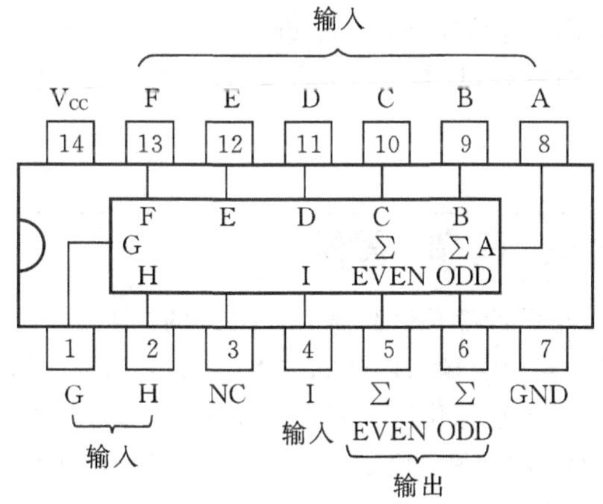

图 4-47　74LS280 管脚图

表 4-19　74LS280 功能表

9 位输入数据中 1 的个数	输　出	
	偶校验码	奇校验码
0,2,4,6,8	0	1
1,3,5,7,9	1	0

应用两片 74LS280 实现 8 位数据校验的原理电路如图 4－48 所示。在发送端，用一片 74LS280 根据需要发送的 8 位数据 $D_7 \sim D_0$ 产生一位偶校验码 $\sum$EVEN。在接收端，再用一片 74LS280 对接收到的 9 位数据“$D_7 \sim D_0 + \sum$EVEN”进行偶校验，偶校验码 $\sum$EVEN 为 0 表示数据传输正确，为 1 则表示数据在传输过程中发生了错误。

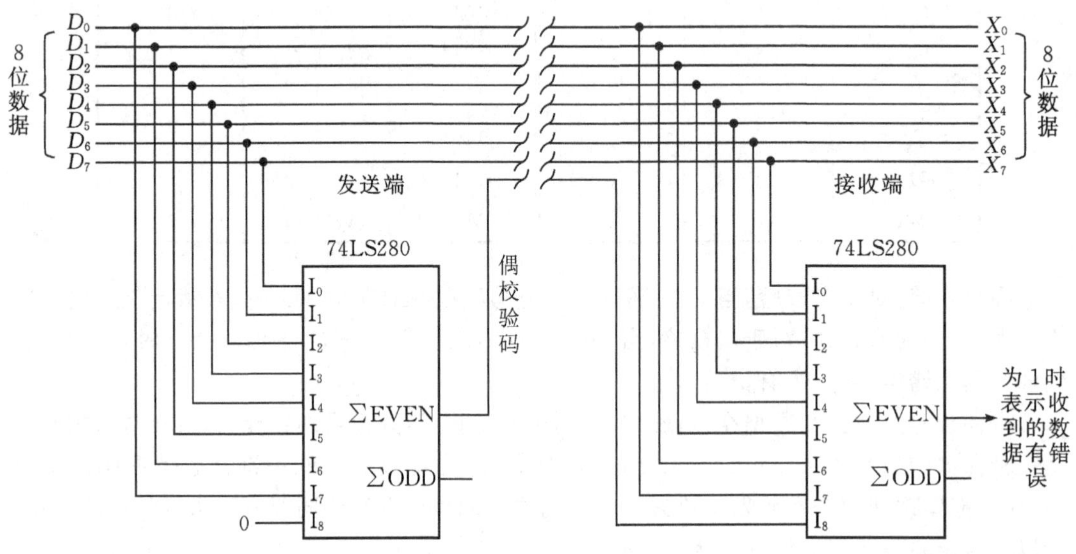

图 4－48 偶校检数据通信系统

奇偶校验不仅能够应用在并行数字通信中进行误码检测，还可以应用于计算机系统中对存储数据进行校验。在计算机系统中，数据在存储过程中也可能出现错误，为了能够发现并且纠正错误，还可以应用纠错码(error correction code)进行检错和纠错。汉明码(Hamming code)是广泛应用的纠错码，具有一位纠错能力。关于汉明码的编码与纠错原理可查阅相关资料。

4.4 组合电路中的竞争-冒险

组合逻辑电路的分析与设计都是以真值表为基础的。但是，真值表只反映了组合电路在输入信号稳定的情况下，输出与输入之间的关系。那么，在输入信号变化的瞬间，组合电路的输出是否与真值表反映的理想化特性完全一样呢？例如，对于二输入与门，在输入变量 $AB=01$ 和 10 时，其理论输出 $Y=0$。但是，当 AB 从 01 向 10 跳变时，实际电路的输出能否保持低电平不变呢？

下面进行详细分析。先考查基本门电路的特性，然后再推广到系统。

4.4.1 竞争-冒险的概念

我们把门电路两个输入信号同时向相反的方向进行跳变这种现象称为竞争(race)。相应地，由于竞争有可能在电路的输出端产生不符合逻辑关系的尖峰脉冲(glitch)的现象称为竞争-冒险(race-hazard)。

对于与门电路，当 A、B 发生竞争时，例如输入变量 AB 从 01 跳变到 10，如果 A、B 跳变的时刻有时差，或者说虽然数字系统的输入信号同时发生了变化，但因信号传输路径的延迟时间不同，达到与门电路的输入端时两个信号产生了时差，这时可分为以下两种情况进行分析。

1. *A* 的跳变超前于 *B* 时

由于 A 从低电平向高电平跳变，B 从高电平向低电平跳变，因此当 A 的跳变超前于 B 时，则会在 B 跳变前的瞬间使 A、B 同时为 1。对于实际电路来说，当 A、B 跳变的时差达到与门电路传输延迟时间数量级时，就会在输出端产生不符合逻辑关系的尖峰脉冲，如图 4-49 所示。

这种预期输出为低电平时却产生了正向尖峰脉冲的现象称为 0 型冒险。

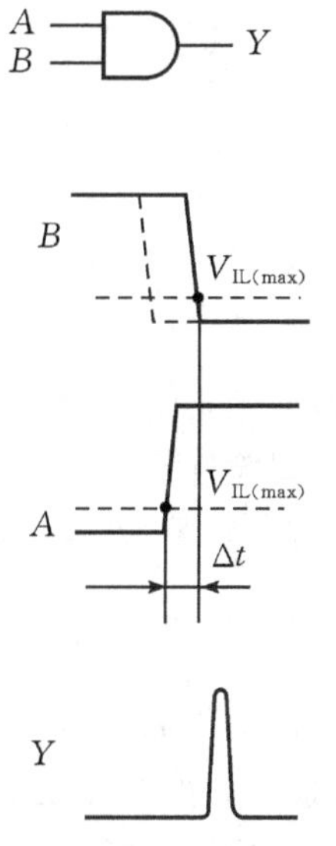

图 4-49 与门电路的 0 型冒险

2. *A* 的跳变滞后于 *B* 时

当 A 的跳变滞后于 B 时，在 A、B 跳变的瞬间两个信号同时为低电平，此时与门电路输出正常。

同样，对于二输入或门电路，在输入变量 AB=01 和 10 时，其稳态输出 Y=1。当 A、B 从 01 向 10 跳变期间，若 A 的跳变超前于 B，则或门电路输出正常。若 A 的跳变滞后于 B，则在 A 跳变前的瞬间 A、B 同时为低电平，当 A、B 跳变的时差达到或门电路传输延迟时间数量级时，同样会在或门电路的输出端产生不符合逻辑关系的尖峰脉冲，如图 4-50 所示。

这种预期输出为高电平时却产生了负向尖峰脉冲的现象称为 1 型冒险。

综上分析，与门电路和或门电路都存在竞争-冒险现象。同样，与非门和或非门也存在竞争-冒险，只是竞争-冒险所产生的尖峰脉冲跳变方向相反而已。

竞争-冒险的概念可以由单个门电路推广到整个系统。例如，对于图 4-51 所示的 2 线-4线译码器，当 A、B 竞争时会在输出 Y_3 和 Y_0 端产生竞争-冒险，当 A、B 向同一方向跳变时会在输出 Y_2 和 Y_1 端产生竞争-冒险。

由于竞争-冒险发生在输入信号变化的瞬间，而且产生的尖峰脉冲持续时间也很短，包

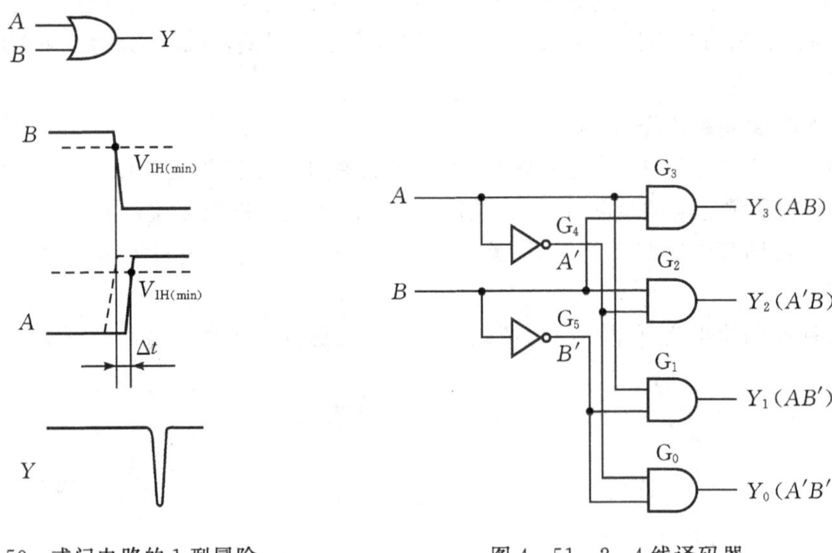

图 4-50　或门电路的 1 型冒险

图 4-51　2-4 线译码器

含的能量很小，所以大多数竞争-冒险并不会对电路造成危害。但是，如果门电路的负载是对尖峰脉冲敏感的存储电路时，竞争-冒险现象就有可能使存储电路发生误动作而进入错误的状态，因此设计数字系统时应尽量避免竞争-冒险现象的发生。

4.4.2　竞争-冒险的检查方法

竞争-冒险现象既然对电路有危害，那么如何检查组合逻辑电路是否存在竞争-冒险呢？

单变量的竞争-冒险现象很容易检查。如果在函数表达式同时存在有 A 和 A'，那么称 A 为具有竞争能力的变量。对于具有竞争能力的变量，如果将其余变量任意取值时，函数表达式能够转化成 $Y=A'A$（与逻辑）或者 $Y=A'+A$（或逻辑）两者形式之一的，则说明变量 A 不但具有竞争能力，而且会发生竞争-冒险。

对于逻辑函数 $Y_1=AB+A'C$，A 是具有竞争能力的变量，在 B 和 C 同时取 1 时，逻辑函数转化为 $Y_1=A'+A$，因此用逻辑函数式 $Y_1=AB+A'C$ 实现的组合电路会因为 A 的竞争产生 1 型冒险。而对于逻辑函数 $Y_2=AB+A'C+BC$，虽然 A 为具有竞争能力的变量，但是在 B 和 C 任意取值时，函数表达式都不会转化成 $Y=A'A$ 或者 $Y=A'+A$ 两者形式之一，所以用逻辑函数式 $Y_2=AB+A'C+BC$ 实现的组合电路不会产生竞争-冒险，而 Y_1 和 Y_2 表示同一个逻辑函数。

单变量的竞争-冒险也可以通过卡诺图进行检测。对比图 4-52(a)所示 $Y_1=AB+A'C$ 的卡诺图和图 4-52(b)所示 $Y_2=AB+A'C+BC$ 的卡诺图可以发现，两个相邻的最小项 m_3 和 m_7 没有被同一个圈儿圈中的设计方案存在 1 型冒险。相应的，增加一个圈将两个相邻的最小项 m_3 和 m_7 圈起来，增加一个额外乘积项 BC 的设计方案不存在竞争-冒险。

上述检查方法虽然简单，但局限性很大，因为对于复杂的数字系统，门电路往往是在两个或者两个以上的输入信号之间发生竞争，这时就很难从函数表达式或卡诺图发现所有的竞争-冒险了。

在现代数字系统设计中，广泛应用计算机仿真的方法来排查电路的竞争-冒险现象。用

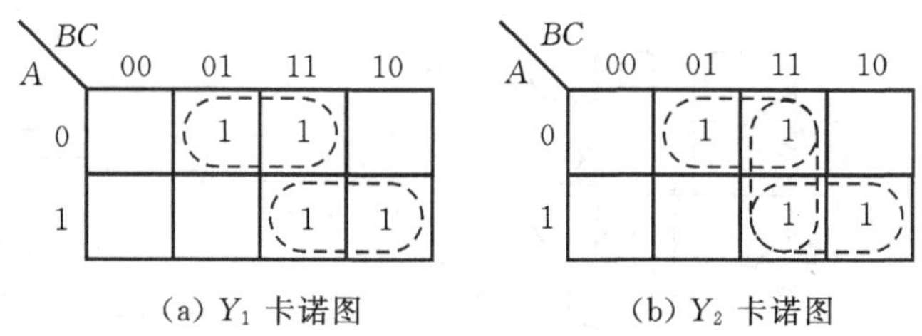

图 4－52 用卡诺图检测竞争-冒险

计算机程序产生所有可能的输入信号的取值组合，运行仿真软件，分析输出以排查电路所有潜在的竞争-冒险。

4.4.3 竞争-冒险的消除方法

消除组合逻辑电路的竞争-冒险有以下三类方法。

1. 修改逻辑设计

根据逻辑代数的常用公式可知

$$AB+A'C=AB+A'C+BC$$

因此，在 $Y=AB+A'C$ 的设计电路增加乘积项 BC，如图 4－53 所示，就可以消除由变量 A 所产生的竞争-冒险。对最简与或式来说，乘积项 BC 是多余的，所以将这种方法也称为增加冗余项的方法。

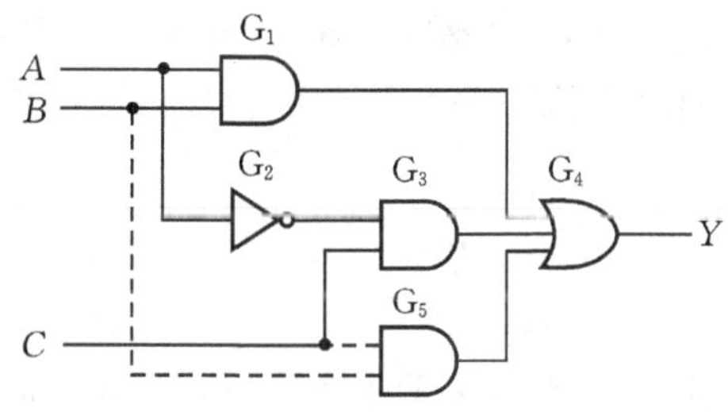

图 4－53 增加冗余项消除竞争-冒险

增加冗余项的方法只能消除单变量产生的竞争-冒险，因此适用范围非常有限。例如，对于图 4－53 所示的逻辑电路，当 $C=0$ 时，函数表达式转化为 $Y=AB$，所以 A 和 B 竞争时，经过与门 G_1 和或门 G_4 到输出同样会产生 0 型冒险。

2. 引入选通脉冲

由于竞争-冒险现象发生在输入信号变化的瞬间，所以引入选通脉冲 p，如图 4－54 所示，在 A、B 变化期间使 $p=0$ 将与门封锁，待稳定后使 $p=1$ 与门才能正常输出，从而能够消除竞争-冒险。

引入选通脉冲的方法比较巧妙，但需要找到一个与输入信号变化严格同步的选通脉冲。随着数字系统工作频率的提高，选通脉冲的起始时刻以及脉冲宽度都很难精准地把握。

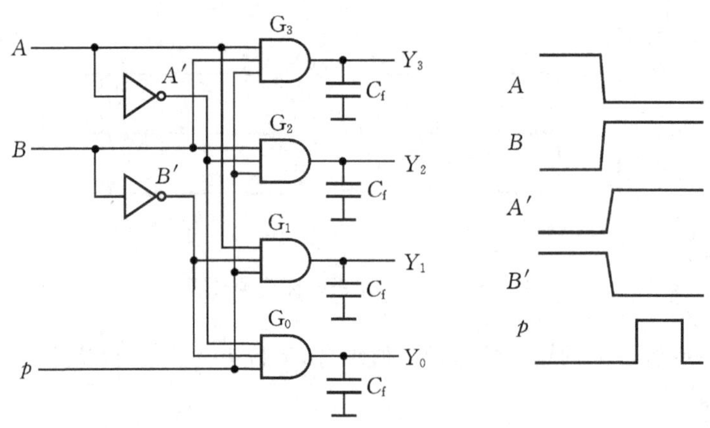

图 4-54 引入选通脉冲消除竞争-冒险

3. 接入滤波电容

由于尖峰脉冲持续的时间很短，包含的能量很小，所以在输出端接入滤波电容，如图 4-54 所示，以吸收尖峰脉冲的能量，将尖峰脉冲的幅度削弱至门电路的阈值电压之内，使其不影响数字电路的正常工作。对于 TTL 门电路，滤波电容通常取几十到几百皮法。

接入滤波电容的方法的优点是简单可行，但缺点是同样会拉长正常输出信号的跳变时间，从而降低了数字电路的工作速度，所以只能用在对工作速度要求不高的场合。

对于复杂的数字系统，消除组合电路竞争-冒险的最好方法应用不易产生竞争-冒险的同步电路结构。因为在设计良好的同步数字系统中，组合电路的所有输入信号在特定时刻同时变化，而其输出信号只有达到稳态后才会被"看到"，因此多数同步电路并不需要做组合电路竞争-冒险的分析了。

～～～～～～～～～～～～～～～～～～～～**思考与练习**～～～～～～～～～～～～～～～～～～～～

4-20 异或门和同或门是否存在竞争-冒险现象？试分析说明。

4-21 组合电路产生竞争-冒险现象的本质原因是什么？试分析说明。

～～

4.5* 逻辑功能的三种描述方法

逻辑功能的描述是 Verilog 模块的核心。Verilog HDL 支持结构描述、数据流描述和行为描述三种功能描述方式，并且支持分层次描述。

本节结合组合逻辑电路，讲述 Verilog 模块逻辑功能的三种描述方法。

4.5.1 结构描述

结构描述(structural coding)类似于原理图设计，将模块中的基元与基元、基元与模块，或者模块与模块之间的连接关系转换为文字表达。

在结构描述中，基元和已经设计好的模块是现成的资源，模块例化是实现层次化设计的基本方法。被例化的模块习惯上称为子模块。

子模块例化的语法格式为：

子模块名　例化模块名(端口关联列表)；

其中例化模块件名可省略，端口关联列表用于说明子模块的端口与例化模块端口之间的连接关系，有“名称关联方式”和“位置关联方式”两种方式。

名称关联(by-name)方式直接指出子模块的端口与实例模块端口之间的连接关系，与模块端口排列顺序无关。

名称关联方式的语法格式为：

.子模块端口 1(例化模块端口名)，…，子模块端口 n(例化模块端口名)；

位置关联(in-order)方式不需要写出子模块定义时的端口名称，只需要把例化模块的端口名按子模块定义时的端口顺序排放就能自动映射到子模块的对应端口。

位置关联方式的语法格式如下：

(例化模块端口 1，例化模块端口 2，…，例化模块端口 n)；

【例 4-15】 半加器的结构描述。

根据图 4-37(a)所示的半加器的逻辑图，可以应用 Verilog 中的基元描述半加器。

```
module half_adder(A,B,S,CO);
  input A,B;
  output S,CO;
  xor (S,A,B);
  and (CO,A,B);
endmodule
```

【例 4-16】 全加器的结构描述。

全加器可以由两个半加器和一个或门实现，如图 4-55 所示，因此应用 Verilog 基元和调用上例中设计的半加器进行结构化描述。

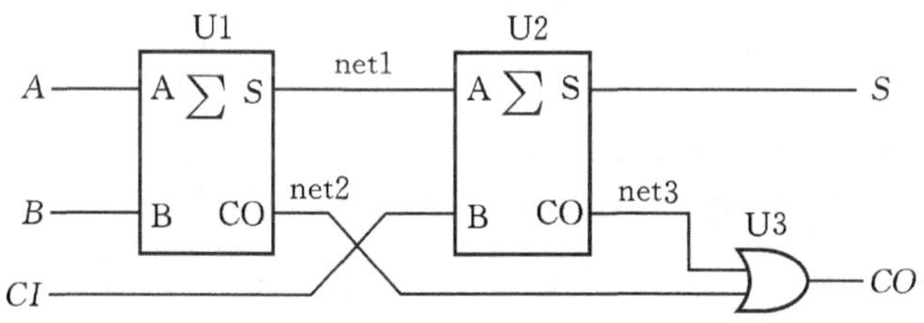

图 4-55　两个半加器和或门构成全加器

```
module Full_Adder(A,B,CI,S,CO);
  input A,B,CI;
  output S,CO;
  wire net1,net2,net3;
  half_adder U1 (A,B,net1,net2);
   half_adder U2 (net1,CI,S,net3);
  or U3(CO,net2,net3);
endmodule
```

4.5.2 数据流描述

数据流描述(dataflow coding)采用连续赋值语句 assign,基于函数表达式和操作符描述线网的逻辑功能,用于描述组合逻辑电路。

数据流描述的语法格式为:

```
assign [延迟量]线网名 = 函数表达式;
```

连续赋值的含义是赋值过程是连续的,即当赋值表达式中任意一个信号发生变化时,表达式的值立即被计算,经过"#延迟量"定义的延迟时间后直接将结果赋给左边线网。延迟量定义了右侧表达式的值发生变化时到赋给左边信号之间的延迟时间,用于仿真,默认值为 0。

【例 4-17】 2 选一数据选择器的描述。

基于 2 选一数据选择器的函数表达式,应用 assign 语句进行描述。

```
module mux2to1(D0,D1,A,y);
  input D0,D1,A;
  output y;
  assign y = ! A && D0 || A && D1;
endmodule
```

【例 4-18】 全加器的数据流描述。

根据全加器的函数表达式,应用 assign 语句进行描述。

```
module Full_Adder(A,B,CI,SUM,CO);
  input A,B,CI;
  output S,CO;
  assign SUM = A ^ B ^ CI;
  assign CO = A&B | (A|B)&CI;
endmodule
```

【例 4-19】 4 位加法器的数据流描述。

```
moduleAdder_4bits(A,B,CI,S,CO);
  input [3:0] A,B;
  input CI;
  output [3:0] S;
  output CO;
  assign {CO,S} = A + B + CI;
endmodule
```

4.5.3 行为描述

行为描述(behavioral coding)是用高级语言语句描述模块的行为特性,不考虑电路的具体实现方法。

行为描述用过程语句描述模块的逻辑功能,以 initial/always 过程语句为单位,由一个或多个过程语句组成。

1. initial 语句

initial 语句无触发条件，从 0 时刻开始只执行一次。

initial 语句的语法格式为：

```
initial
  begin
    变量说明；
    [延迟量 1]  语句 1；
    ……
    [延迟量 n]  语句 n；
  end
```

initial 语句用于仿真，用来定义测试模块的初始波形。例如：

```
reg clk1,clk2;
initial
  begin clk1 = 0;clk2 = 0;end
```

其中标识符 begin…end（相当于 C 语言中的花括号）定义的部分称为语句块，是将两条或两条以上的语句组合在一起，使其形式上成为一个整体。

2. always 语句

always 语句是反复执行的，有两种过程状态：执行状态和等待状态。一旦过程语句的敏感条件满足，always 语句即进入执行状态；执行完毕后自动返回，进入等待状态。

always 语句的语法格式为：

```
always @(事件列表)
  begin [:块名]
    变量说明；
    [延迟量 1]  语句 1；
    ……
    [延迟量 n]  语句 n；
  end
```

其中事件列表示触发 always 语句执行的条件，分为电平敏感事件和边沿触发事件两大类。

电平敏感事件是指当线网/变量的电平发生变化时启动执行语句块，其语法格式为：

@(电平敏感量 1 or … or 电平敏感量 n) 语句块；

例如：

```
always @ (a or b or c)
  begin
    ……
  end
```

表示只要 a、b、c 任意一个发生变化时，begin…end 中的语句就会被执行。在 Verilog—2001 标准中，敏感事件列表中的关键词 or 可以用“,”代替，即使用“@(a,b,c)”描述和使用“@(a or b or c)”描述等效。

always 语句也可以没有敏感事件列表，表示没有触发条件，语句块永远反复执行。这种语句用于产生周期性的信号，只能在仿真中使用。例如：

```
always  #10 clk1 = ~clk1;
always  #20 clk2 = ~clk2;
```

3. 高级程序语句

Verilog HDL 中的高级程序语句与 C 语言一样，用于控制代码的流向，分为条件语句、分支语句和循环语句三种类型。

(1)条件语句。条件语句根据条件表达式的真假确定执行的操作。

Verilog 中的条件语句有简单条件语句、分支条件语句和多重条件语句三种形式。

简单条件语句用于描述时序逻辑电路，其语法格式为：

```
if (条件表达式) 语句块;
```

表示条件表达式为真时执行语句块，为假不执行语句块。

分支条件语句的语法格式为：

```
if(条件表达式)语句块 1;
  else 语句块 2;
```

表示如果条件表达式为真时执行语句块 1，否则执行语句块 2。例如，2 选一数据选择器也可采用分支条件语句进行描述：

```
always @(A0,D0,D1)
  begin
    if (! A0)
      Y = D0;
    else
      Y = D1;
  end
```

多重条件语句常用于多路选择。多重条件语句的语法格式为：

```
if(条件表达式 1)语句块 1;
  else if(条件表达式 2)语句块 2;
    ……
      else if (条件表达式 n)语句块 n;
          else 语句块 n + 1;
```

对于上述 if-else if-else 语句，如果条件表达式 1 为真执行块语句 1，否则依次判断条件表达式 2 至条件表达式 n，若为真则执行相应的块语句。当所有的条件均不满足时，才执行块语句 $n+1$。

由于多重条件语句对条件表达式的判断有先后顺序，隐含有优先级的关系。

【例 4-20】 4 线-2 线优先编码器的描述。

```
module prior_encoder(I3,I2,I1,I0,y);
  input I3,I2,I1,I0;
  output reg [1:0] y;
  always @ (I3,I2,I1,I0)
```

```
    begin
      if (I3)
        y = 2'b11;
      else if (I2)
              y = 2'b10;
            else if (I1)
                y = 2'b01;
              else
                y = 2'b00;
    end
  endmodule
```

(2)分支语句。case 语句用于多路选择，相当于 C 语言中的 switch 语句。其语法格式为：

```
  case(表达式)
    列出值 1:语句块 1;
    列出值 2:语句块 2;
    ……
    列出值 n:语句块 n;
    [default: 语句块 n + 1;]        //"[ ]"表示可选项
  endcase
```

当表达式的值与某个列出值相等时则执行相应的语句块。若条件表达式的值与所有列出值都不相等时，才执行 default 后面的语句块 $n+1$。

【例 4-21】 用 case 语句描述 2 线-4 线译码器。

```
  module decoder2_4(en,bin_code,y);
    input en;
    input [1:0] bin_code;
    output [3:0] y;
    reg [3:0] y;
    always @( bin_code or en )
      if ( en )
        case ( bin_code )
          2'b00: y = 4'b0001;
          2'b01: y = 4'b0010;
          2'b10: y = 4'b0100;
          2'b11: y = 4'b1000;
        default: y = 4'b0000;
       endcase
      else
        y = 4'b0000;
```

```
endmodule
```

【例 4-22】 用 case 语句描述 4 选一数据选择器。

```
module mux4to1(S_n,D,A,y);
  input S_n;                    // 控制端
  input[0:3] D;                 //4 路数据
  input [1:0] A;                //2 位地址
  output y;                     //输出
  reg y;
  always @(S_n,D,A)
    begin
      if(! S_n)                 //当控制端有效时
        case (A)                //根据地址选择
          2'b00:    y = D[0];
          2'b01:    y = D[1];
          2'b10:    y = D[2];
          2'b11:    y = D[3];
          default: y = D[0];
        endcase
      else
          y = 0;
endmodule
```

除了 case 语句外,还有两种形式的分支语句:casez…endcase 和 casex…endcase。

在 case 语句中,表达式和列出值中的 x 和 z 是作为字符值进行比较的。也就是说,x 只和 x(或 X)匹配相等,z 只和 z(或 Z)匹配相等。

casez 语句用来处理不考虑 z 的比较过程,出现在表达式和列出值中的 z 被认为是无关位,和任意取值都匹配相等。

casex 语句用来处理不考虑 x 和 z 的比较过程,出现在表达式和列出值中的 x 和 z 都被认为是无关位,和任意取值都匹配相等。

表 4-19 列出了 case、casez 和 casex 的真值表。

表 4-19　case/casez/casex 真值表

case	0	1	x	z
0	1	0	0	0
1	0	1	0	0
x	0	0	1	0
z	0	0	0	1

casez	0	1	x	z
0	1	0	0	1
1	0	1	0	1
x	0	0	1	1
z	1	1	1	1

casex	0	1	x	z
0	1	0	1	1
1	0	1	1	1
x	1	1	1	1
z	1	1	1	1

在 Verilog HDL 中,通常用字符"?"来代替字符 x 和 z,表示无关位。

【例 4-23】 用 casez 描述 4 线-2 线优先编码器。

```
module priority_encoder(I3,I2,I1,I0,y);
  input I3,I2,I1,I0;
  output [1:0] y;
  reg [1:0] y;
  always @ (I3 or I2 or I1 or I0)
    begin
      casez({I3,I2,I1,I0})
        4'b1???: y = 2'b11;
        4'b01??: y = 2'b10;
        4'b001?: y = 2'b01;
        4'b0001: y = 2'b00;
        default: y = 2'b00;
      endcase
endmodule
```

(3)循环语句。循环语句的作用与C语言相同。Verilog HDL支持4类循环语句:for、while、repeat和forever,其中for和while语句的作用和用法与C语言相同。

for语句的语法格式为:

```
for(循环初值表达式1;循环控制条件表达式2;增量表达式3)语句块;
```

【例4-24】 用移位累加方法实现乘法器。

```
module multiplier(result,op_a,op_b);
  parameter size = 8;                          //参数定义语句,定义 size = 8
  input [size:1] op_a,op_b;                    //被乘数与乘数
  output [2 * size:1] result;                  //乘法结果
  reg [2 * size:1] result;
  integer i;                                   //循环变量
  always @(op_a or op_b)
  begin
    result = 0;
    for(i = 1;i< = size;i = i + 1)
      if(op_b[i]) result = result + (op_a<<(i - 1));   //移位累加
  end
endmodule
```

while语句在循环控制条件表达式为真时,反复执行块语句,直到条件为假时为止。如果条件表达式在初次判断时就不为真(包括0、x或z),那么循环次数为0。

while循环的语法格式为:

```
while(循环控制条件表达式)语句块;
```

例如,用while语句也可以实现移位累加式乘法器:

```
  reg [2 * size:1] atmp;        //定义内部变量
  reg [size:1] btmp,i;          //定义内部变量
```

```
    inteyer i;              //定义循环变量
    always @(op_a,op_b)
      begin
        result = 0;
        atmp = {(size{1'b0}),op_a};    //位扩展
        btmp = op_b;
        while (i>0)
          begin
            if (btmp[1]) result = result + atmp;   //累加
               i = i - 1;                //循环变量减 1
                atmp = atmp<<1;          //左移一位
                btmp = btmp>>1;          //右移一位
          end
        end
```

repeat 语句按照循环控制条件表达式指定的次数重复循环执行块语句，循环次数在执行语句前已经确定。如果循环控制条件表达式的值不确定（为 x 或 z）时，则执行次数为 0。repeat 语句的语法格式为：

repeat（循环次数表达式） 语句块；

同样，用 repeat 语句也可以实现移位累加式乘法器：

```
  reg [2 * size:1] atmp;
  reg [size:1] btmp;
  always @(op_a,op_b)
    begin
      result = 0;
      atmp = op_a;
      btmp = op_b;
      repeat(size)   //循环次数为 size
        begin
          if (btmp[1]) result = result + atmp;
          atmp = atmp<<1;
          btmp = btmp>>1;
        end
      end
```

forever 语句没有条件，永远反复执行。forever 语句不可综合，只用在 initial 过程语句中，用于产生周期性波形。forever 语句的语法格式为：

```
        forever
        begin   语句;…;   end
```

例如：

```
    initial
```

```
begin    //生成 3 位二进制进码
  a2 = 0;a1 = 0;a0 = 0;
  forever #40 a2 = ~a2;
  forever #20 a1 = ~a1;
  forever #10 a0 = ~a0;
end
```

4.6　设计实践

组合逻辑电路是构成数字系统的基石。常用的组合逻辑器件有编码器、译码器、数据选择器、加法器和奇偶校验器等 6 种类型。应用门电路和组合逻辑器件可以实现一些较为简单的功能电路。

4.6.1　门电路功能实验电路

数字电路的基础实验之一就是门电路功能实验，以测试和验证门电路的逻辑功能。能否设计一个数字系统，实现与、或、非、与非、或非、异或和同异门电路的功能，从而应用一个功能电路完成所有门电路的功能测试呢？

应用译码器可以实现多个逻辑函数，应用数据选择器可以实现功能选择，因此本设计基于译码器和数据选择器搭建门电路功能实验电路。

假设实现的逻辑函数定义为

$$\begin{cases} Z_1 = AB \\ Z_2 = A+B \\ Z_3 = A' \\ Z_4 = (AB)' \\ Z_5 = (A+B)' \\ Z_6 = (AB+C)' \\ Z_7 = AB'+A'B \\ Z_8 = A'B'+AB \end{cases}$$

由于 $Z_1 \sim Z_8$ 最多为三变量逻辑函数，因此应用 3 线-8 线译码器 74HC138 附加必要的门电路即可实现上述逻辑函数。

用 74HC138 实现逻辑函数时，需要对上述逻辑函数进行变换：

$$\begin{cases} Z_1 = AB(C'+C) = m_6 + m_7 = (m'_6 m'_7)' \\ Z_2 = A+B = Z'_5 \\ Z_3 = A' = m_0 + m_1 + m_2 + m_3 = (m'_0 m'_1 m'_2 m'_3)' \\ Z_4 = (AB)' = Z'_1 \\ Z_5 = (A+B)' = m_0 + m_1 = (m'_0 m'_1)' \\ Z_6 = AB+C = m_1 + m_3 + m_5 + m_6 + m_7 = (m_0 + m_2 + m_4)' = m'_0 m'_2 m'_4 \\ Z_7 = AB'+A'B = m_2 + m_3 + m_4 + m_5 = (m'_2 m'_3 m'_4 m'_5)' \\ Z_8 = A'B'+AB = Z'_7 \end{cases}$$

上述 8 个逻辑函数任何时候只实现其中一种，因此需要选择一个输出。74HC151 为 8 选一数据选择器，刚好可以用来实现功能选择。将逻辑函数 $Z_1 \sim Z_8$ 作为数据选择器的 8 个输入 $D_0 \sim D_7$，然后用地址码 $A_2 \sim A_0$ 来进行选择。当地址码 $A_2A_1A_0=000$ 选择实现 Z_1 功能，$A_2A_1A_0=001$ 选择实现 Z_2 功能，……，$A_2A_1A_0=111$ 选择实现 Z_8 功能。总体设计电路如图 4-56 所示。

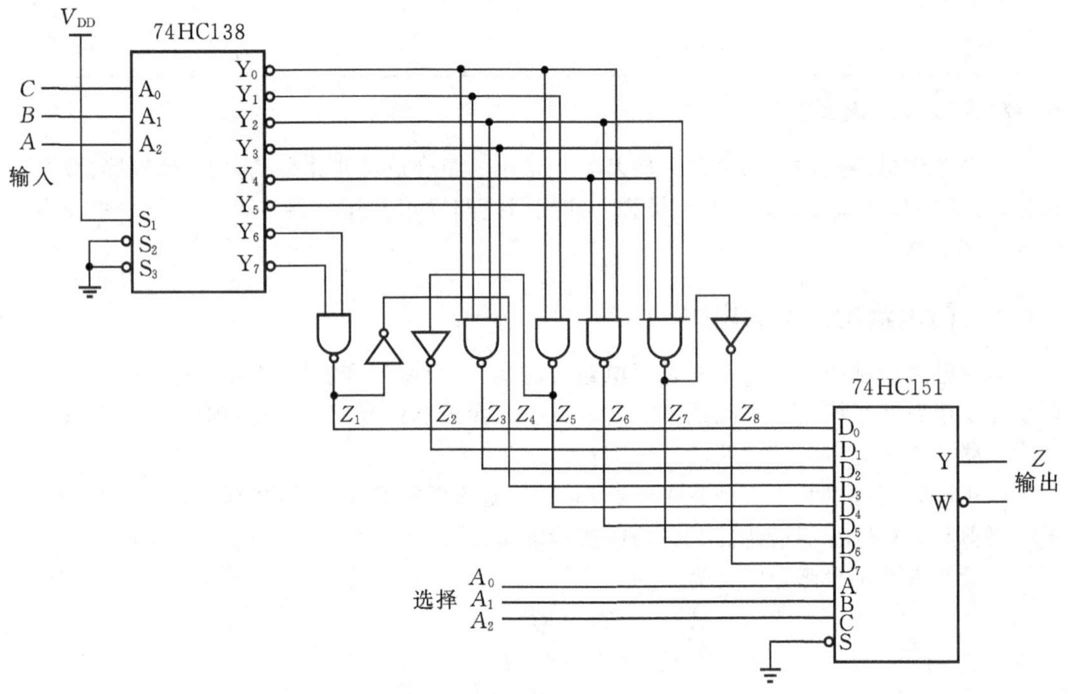

图 4-56 门电路功能实验电路参考设计图

4.6.2 二进制数-BCD 码转换

数字系统应用二进制数值运算，但运算结果通常需要转换为十进制数显示。

将 4 位二进制数转换为两位 BCD 码可以通过列写真值表，应用卡诺图化简，写出函数表达式和画出逻辑图的方式进行设计。但是，当二进制数的位数远大于 4 时，应用上述基本方法进行设计则难以实现，因此，需要寻求实现二进制数到 BCD 码转换的高效算法。

二进制数转换成十进制数的基本原理是按照其位权展开式展开，然后将各部分相加即可得到等值的十进制数，即

$$(d_{n-1}d_{n-2}\cdots d_1d_0)_2=(d_{n-1}\times 2^{n-1}+d_{n-2}\times 2^{n-2}+\cdots+d_1\times 2^1+d_0\times 2^0)_{10}$$

而位权展开式还可以进一步写成

$$(d_{n-1}d_{n-2}\cdots d_1d_0)_2=((((d_{n-1}\times 2+d_{n-2})\times 2+\cdots)\times 2+d_1)\times 2+d_0)_{10}$$

上式说明，n 位二进制数按位权展开式求和时式中的 $2^i(i=n-1,\cdots,0)$ 可以转化为乘 2 运算 i 次。由于逻辑左移相当于乘 2 运算，因此 2^i 就可以通过左移 i 次实现。

8421 码是用二进制数码表示的十进制数，共有 0000～1001 十个数码，分别表示十制数的 0～9，其运算规则为逢十进一，而 4 位二进制数共有 0000～1001～1111 十六种取值，其

运算规则为逢十六进一。对于 8421 码，当数码大于等于 10 时应该由低位向高位进位，但对于 4 位二进制数，只有当数值大于等于 16 才会产生进位。因此，移位前必须对二进制数进行修正，才能得到正确的 BCD 码。

由于 BCD 码逢十进一，而 10/2＝5，因此在移位前需要判断每四位数值是否大于等于 5。当数值大于等于 5 时，就需要在移位前给相应的数值加上(6/2＝)3，这样左移时就会跳过 1010～1111 这 6 个无效的数码而得到正确的 8421 码。例如，移位前数值若为 0110(对应十进制数 6)时，加 3 得到 1001，左移后数值为 10010，看作 8421 码时，为十进制数 12。

根据上述转换原理，将这种二进制数转换为 8421 BCD 码的方法称为移位加 3 算法(shift and add 3 algorithm)。具体的实现方法是：对于 n 位二进制数，需要将数值左移 n 次。在每次移位前先判断每 4 位数值是否大于等于 5，大于等于 5 时给相应的数值加上 3，然后再进行下一次移位，继续判断直到移完 n 次为止。8 位二进制数“1111 1111”转换为 3 位 BCD 码的具体实现步骤如表 4－20 所示。

表 4－20　8 位二进制数转换为 BCD 码的实现步骤

操作	移位窗口			8 位二进制数	
	百位	十位	个位		
	—	—	—	1 1 1 1	1 1 1 1
第 1 次移位	—	—	1	1 1 1 1	1 1 1
第 2 次移位	—	—	1 1	1 1 1 1	1 1
第 3 次移位	—	—	1 1 1	1 1 1 1	1
个位加 3	—	—	1 0 1 0	1 1 1 1	1
第 4 次移位	—	1	0 1 0 1	1 1 1 1	—
个位加 3	—	1	1 0 0 0	1 1 1 1	
第 5 次移位	—	1 1	0 0 0 1	1 1 1	—
第 6 次移位	—	1 1 0	0 0 1 1	1 1	—
十位加 3	—	1 0 0 1	0 0 1 1	1 1	—
第 7 次移位	1	0 0 1 0	0 1 1 1	1	—
个位加 3	1	0 0 1 0	1 0 1 0	1	—
第 8 次左移	1 0	0 1 0 1	0 1 0 1	—	—
转换结果	2	5	5	8421BCD 码	

移位加 3 算法适合于用硬件描述语言描述实现。将 8 位二进制数转换为 3 位 BCD 码的 Verilog 代码参考如下：

```
module Binary to BCD(BINdata,BCDout);
  input [7:0] BINdata ;          //8 位二进制数输入
  output [11:0] BCDout;          //3 位 BCD 码输出

  reg [11:0] BCDtmp;             //处理缓存区
```

```
    integer i;                          //循环变量
    always @( BINdata )
      begin
        BCDtmp = 12'b0;
          for( i = 0; i < 8 ; i = i + 1 )
            begin
              //移位前调整
              if( BCDtmp[11:8] >= 5 )  BCDtmp[11:8] = BCDtmp[11:8] + 3;
              if( BCDtmp[7:4] >= 5 )   BCDtmp[7:4] = BCDtmp[7:4] + 3;
              if( BCDtmp[3:0] >= 5 )   BCDtmp[3:0] = BCDtmp[3:0] + 3;
              //逻辑左移
              BCDtmp[11:0] = { BCDtmp[10:0], BINdata[7 - i] }
            end
      end
    assign BCDout = BCDtmp;     //输出

  endmodule
```

本章小结

本章先讲述组合逻辑电路的基本概念以及分析与设计方法，然后重点讲述常用组合逻辑器件的功能、设计原理及应用，最后简要介绍组合逻辑电路的竞争-冒险现象以及检测与消除方法。

组合逻辑电路的输出只取决于输入，与状态无关。组合电路分析就是对于给定的组合逻辑电路，确定电路的逻辑功能。组合电路设计就是对于文字性描述的逻辑问题，确定其因果关系，画出能够实现其功能要求的组合逻辑电路图。

组合逻辑器件有编码器、译码器、数据选择器、加法器、数值比较器和奇偶校验器多种类型。

编码器用于将高、低电平信号编为二进制码，常用的有 8 线-3 线优先编码器 74HC148。

译码器的功能与编码器相反，用于将代码重新翻译为高、低电平信号，常用的有 3 线-8 线二进制译码器 74HC138 和显示译码器 CD4511，其中 CD4511 用于将 8421BCD 码译为七个高、低电平信号以驱动数码管显示相应的十进制数。

数据选择器用于从多路数据选择其中一路输出，一般命名为 2^n 选一，常用的有双 4 选一数据选择器 74HC153 和 8 选一数据选择器 74HC151。数据分配器的功能与数据选择器相反，根据地址码的不同，将数据分配到不同的单元。带有控制端的译码器本身就是数据分配器。

译码器和数据选择器除了用于译码和数据选择之外，还可以用来实现逻辑函数。$n-2^n$ 线译码器能够实现任意 n 变量(及以下)逻辑函数，而 2^n 选一数据选择器可以实现 $n+1$ 变量(及以下)逻辑函数。一个译码器能够实现多个逻辑函数，而一个数据选择器只能实现一个逻辑函数。

加法器用于实现加法运算,有串行进位和超前进位两种类型。74HC283是内部采用超前进位逻辑的4位加法器,除了能够实现4位无符号二进制数加法之外,还能够实现一些特殊的代码转换,如8421码和余3码的相互转换。

数值比较器用于比较数值的大小。74HC85是常用的4位数值比较器。

奇偶校验器用于数据通信系统中的误码检测,也可以用于计算机系统中存储数据的校验,有奇校验和偶校验两种类型。74LS280为9位奇偶校验产生/校验器,满足单字节的校验要求。

组合逻辑电路的竞争-冒险是指由于多个输入信号达到门电路的时间不同,有可能在输出端产生不符合逻辑关系的尖峰脉冲的现象。竞争-冒险现象对电路是有危害的,消除竞争-冒险常用的方法有修改逻辑设计、引入选通脉冲和接入滤波电路三种方法。但这些方法在应用上均有一定的局限性。

习 题

4.1 设计一个组合逻辑电路,对于输入的四位二进制数 $DCBA$,仅当 $4<DCBA\leqslant 9$ 时输出 Y 为1,其余输出为0。画出设计图。

4.2 设计一个组合逻辑电路,对于输入的8421码 $DCBA$,仅当 $4<DCBA\leqslant 9$ 时输出 Y 为1,其余输出为0。画出设计图。

4.3 用门电路设计四位奇校验器,仅当四位数据 $ABCD$ 中有奇数个1时输出为0,否则输出为1。画出设计图,要求电路尽量简单。

4.4 设计一个四输入、四输出的逻辑电路。当控制信号 $X=0$ 时输出与输入相同,当 $X=1$ 时输出与输入相反。画出设计图,要求电路尽量简单。

4.5 某电话机房需要对四种电话进行编码控制,优先级最高的是火警电话(119)、其次是报警电话(110),第三是急救电话(120),最后是普通电话。设计该控制电路,要求电路尽量简单。

4.6 用译码器设计一个监视电路,用黄、红两个发光二极管指示三台设备工作情况。当一台设备有故障时黄灯亮;当两台设备同时有故障时红灯亮;当三台设备同时有故障时黄、红两个灯都亮。设计该逻辑电路,可以附加必要的门电路。

4.7 设计表题4.7所示的译码器,输入变量为 $Q_3Q_2Q_1$,输出函数为 $W_0\sim W_4$。画出设计图,要求电路尽量简单。

表题4.7 真值表

输入变量			输出函数				
Q_3	Q_2	Q_1	W_0	W_1	W_2	W_3	W_4
0	0	0	1	0	0	0	0
0	0	1	0	1	0	0	0
0	1	0	0	0	1	0	0
0	1	1	0	0	0	1	0
1	0	0	0	0	0	0	1

4.8 设计一个译码器，能够译出 $ABCD$=0011、0111、1111 状态的三个信号，其余 13 个状态为无效状态。

4.9 用三态门设计的总线电路如图题 4.9 所示。设计一个最简单的译码器，要求译码器的输出 Y_1、Y_2、Y_3依次输出高电平信号控制三态门将三组数据 D_1、D_2、D_3反相后发送到总线上。

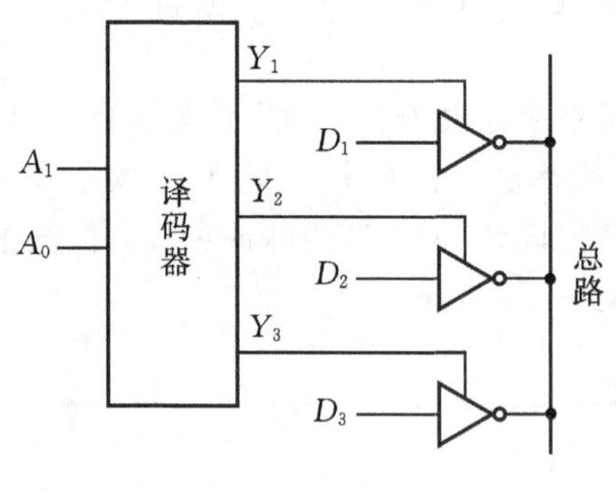

图题 4.9

4.10 为了使 3 线-8 线译码器 74HC138 的 Y'_5端输出低电平，请标出 74HC138 控制端和输入端的高低电平。

4.11 由译码器和门电路设计的组合电路如图题 4.11 所示，写出 Y_1、Y_2的最简表达式。

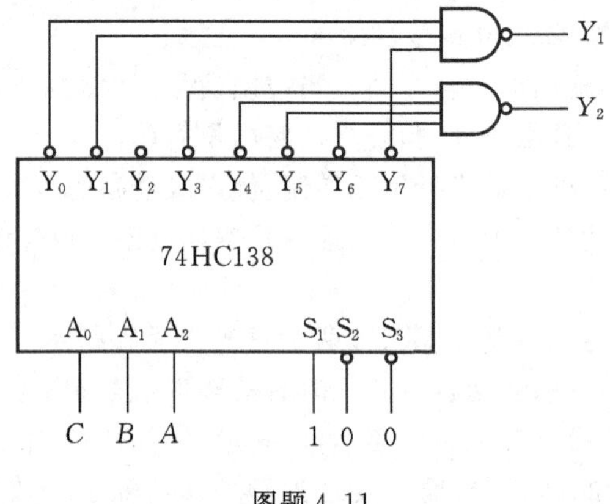

图题 4.11

4.12 用译码器和门电路实现逻辑函数 $Y=A'B'C'+A'BC'+ABC'+ABC$。

4.13 用译码器和门电路实现下面多输出逻辑函数：

$$\begin{cases}Y_1=AB\\Y_2=ABC+A'B'\\Y_3=B+C\end{cases}$$

4.14 用译码器和门电路实现下面多输出逻辑函数：

$$\begin{cases}Y_1=\sum m(1,2,4,7)\\Y_2=\sum m(3,5,6,7)\end{cases}$$

4.15 用 5 片 74HC138 扩展出 5 线-32 线的译码系统。

4.16 用 4 选一数据选择器实现下列逻辑函数：

(1)$Y_1 = F(A,B) = \sum m(0,1,3)$

(2)$Y_2 = F(A,B,C) = \sum m(0,1,5,7)$

(3)$Y_3 = AB + BC$

(4)$Y_4 = ABC + A(B + C)$

4.17 用 74HC151 实现下列逻辑函数：

(1)$Y_1 = F(A,B,C) = \sum m(0,1,4,5,7)$

(2)$Y_2 = F(A,B,C,D) = \sum m(0,3,5,8,13,15)$

4.18 用两片 74HC153 和 74HC138 或 74HC139(双 2 线－4 线译码器，功能查阅器件资料)实现 16 选一数据选择器。画出设计图。

4.19 用 74HC151 设计 4 位偶校验器。要求当输入的 4 位二进制码中有奇数个 1 时，输出为 1，否则为 0。画出设计图，可以附加必要的门电路。

4.20 设计一个 4 位二进制数加/减运算电路，当控制信号 $M=0$ 时实现加法运算，$M=1$ 时实现减法运算。画出设计图。

4.21 已知 X 为 3 位二进制数，各位分别用 $x_3x_2x_1$ 表示。用一片 74HC283 设计 $Y=3X+1$ 的运算电路。画出设计图。

4.22 用四异或门 74HC86 设计一个 4 位全等比较器。仅当两个 4 位二进制数 C 和 D 相等时输出 $Y=1$，否则 $Y=0$。画出设计图，可以附加必要的门电路。

4.23 画出用三片 74HC85 组成 10 位数值比较器的设计图。

4.24 分别用下列器件设计全加器：

(1)用基本门电路；

(2)用半加器和或门；

(3)用 74HC138，可以附加必要的门电路；

(4)用 74HC153，可以附加必要的门电路。

4.25 设计一个火灾报警系统。当烟雾传感器、温度传感器和红外传感器有 2 个或 2 个以上发出异常信号时，系统才发出火灾报警信号。具体要求如下：

(1)写出真值表；

(2)用门电路实现，要求电路尽量简单；

(3)基于 74HC138 实现，可以附加必要的门电路；

(4)基于 74HC151 实现。

4.27 设计一个用 4 个开关控制 1 个灯的逻辑电路。当控制开关 S 闭合时，改变 A、B、C 任何一个开关的状态都能控制灯由亮变灭或者由灭变亮；当控制开关 S 断开时，灯始终处于熄灭状态。

(1)写出真值表；

(2)用门电路实现，要求电路尽量简单；

(3)基于 74HC138 实现，可以附加必要的门电路；

(4)基于 74HC151 实现。

4.28* 编写 Verilog 代码,描述 8 线-3 线优先编码器。

4.29* 编写 Verilog 代码,描述 3 线-8 线译码器。

4.30* 编写 Verilog 代码,描述 8 选一数据选择器。

4.31* 编写 Verilog 代码,描述 8 位加法器。

4.32* 根据移位加 3 算法的原理,编写 Verilog 代码,将 12 位二进制数转换为 4 位 BCD 码。

第 5 章　锁存器与触发器

锁存器和触发器是数字电路中最基本的存储电路，两者共同的特点是能够存储 1 位二值信息。

按照逻辑功能进行划分，锁存器/触发器可分为 SR 锁存器/触发器、D 锁存器/触发器和 JK 触发器。根据动作特点进行划分，锁存器/触发器又可分为门控锁存器、脉冲触发器和边沿触发器三种类型。

锁存器是构成触发器的基础，而触发器是构成时序逻辑电路的基石。本章主要讲述锁存器和触发器的电路结构、逻辑功能和动作特点，最后简要介绍锁存器和触发器的动态特性。

5.1　基本锁存器及其功能描述方法

数字电路基于二值逻辑，只有 0 和 1 两种取值。相应地，存储电路应该具有两个稳定的状态，一个状态表示 0，另一个状态表示 1。

双稳(bi-stable)电路是最基本的存储电路，如图 5－1(a)所示，由两个反相器交叉耦合构成。所谓交互耦合，是指第一个门电路的输出作为第二个门电路的输入(称为正向连接)，第二个门电路的输出又作为第一个门电路的输入(称为反馈链接)。

如果从数学的角度分析双稳电路的特性，就需要将双稳电路中两个反相器的电压传输特性曲线画在同一个坐标系上，如图 5－1(b)所示，其中 $v_{O1}=v_{i2}$，$v_{O2}=v_{i1}$。由于双稳电路的静态工作点必须同时满足两个反相器的电压传输特性，故用图解法可以找到双稳态电路的工作点：两个稳态点 $A(v_{O1}=1、v_{O2}=0)$和 $C(v_{O1}=0、v_{O2}=1)$和一个亚稳态点 B。

如果反相器 G_1 和 G_2 的特性完全相同，那么双稳电路处于亚稳态点时 $v_{O1}=v_{O2}=(1/2)V_{DD}$。由于非门的输出与输入为反相关系，并且交互耦合为正反馈链接，因此，当双稳电路处于亚稳态点时，由于内部噪声和外部干扰的影响不能长期保持，必然会转换到 A 点或者 C 点。所以，亚稳态点不是稳定的工作点。

双稳电路的工作点可以用图 5－1(c)所示的“球和山”模型来说明。两边的谷底是稳态点，山峰是亚稳态点。当球处于某个稳态点时，需要施加外力才能越过亚稳态点到达另一个稳态点；当球处于亚稳态点时，由自身重力和外部因素的影响不能长期保持，必然会滚落到某个稳态点。综上分析，双稳电路只有两个稳态工作点。

若将反相器 G_1 的输出 v_{O1} 命名为 Q，则 G_2 的输出 v_{O2} 为 Q'，并且定义 $Q=0$、$Q'=1$ 时表示存储数据为 0，定义 $Q=1$、$Q'=0$ 时表示存储数据为 1。因此，图 5－1(b)中的 A 点称为 1

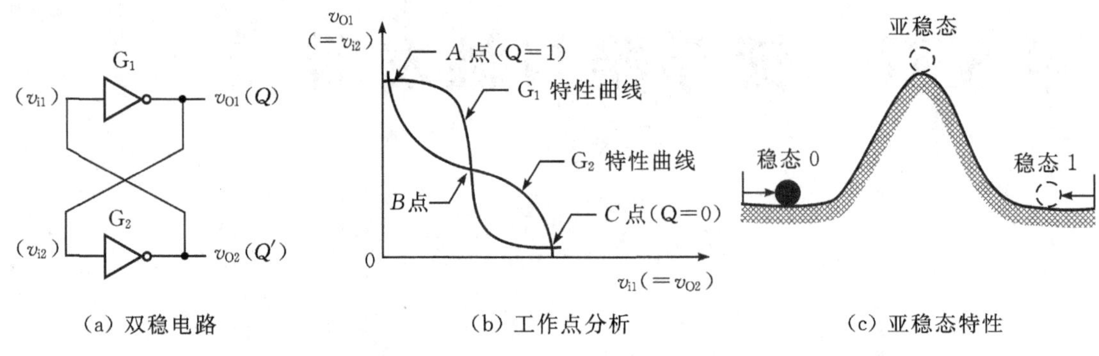

(a) 双稳电路　　(b) 工作点分析　　(c) 亚稳态特性

图 5-1　双稳电路及其特性曲线

状态,表示存储数据为 1,而 C 点称为 0 状态,表示存储数据为 0。

双稳电路的状态由链路构成的瞬间门电路的状态决定的,并且能够永久地保持下去。由于双稳电路没有输入端,所以在链路打开之前无法改变它的状态。

如果将双稳电路中的反相器扩展为二输入与非门/或非门,就可以构成两种基本的锁存器(latch),如图 5-2 所示。与非门/或非门的一个输入端用于交叉耦合链接,另一个输入端则作为锁存器的输入。通过两个输入信号的共同作用就可以设置锁存器的状态。

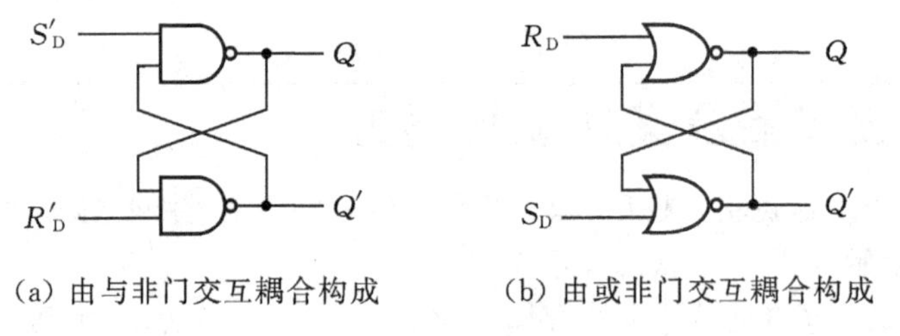

(a) 由与非门交互耦合构成　　(b) 由或非门交互耦合构成

图 5-2　两种基本 SR 锁存器

为了便于分析,将两个与非门交叉耦合构成的锁存器与输出 Q 相对应的输入端命名为 S'_D,与 Q'对应的输入端命名为 R'_D,如图 5-2(a)所示,其中非号表示输入端低电平有效。将两个或非门交叉耦合构成的锁存器与输出 Q 相对应的输入端命名为 R_D,与 Q'对应的输入端命名为 S_D,如图 5-2(b)所示,其中两个输入端高电平有效。上述符号中的下标 D 表示输入信号不受其他信号的控制,是直接(directly)作用的。

为了能够用数学方法描述锁存器在输入信号作用下状态的转换关系,将输入信号作用前锁存器所处的状态定义为现态(current state),用 Q 表示,将输入信号作用后锁存器的状态定义为次态(next state),用 Q^* 表示。

首先,对由两个与非门交叉耦合构成的锁存器进行分析。

两个输入端 S'_D和 R'_D共有 4 种取值组合。

(1)当 $S'_D=1$、$R'_D=1$ 时,锁存器相当于双稳电路,由反馈链路维持原来的状态不变;

(2)当 $S'_D=0$、$R'_D=1$ 时,经分析可得 $Q^*=1$,即在输入信号 $S'_DR'_D=01$ 的作用下,锁存器的次态为 1;

(3)当 $S'_D=1$、$R'_D=0$ 时,经分析可得 $Q^*=0$,即在输入信号 $S'_DR'_D=10$ 的作用下,锁存

器的次态为0。

由于S'_D有效时能够将锁存器的状态置1，R'_D有效时能够将锁存器的状态置0，所以称S'_D为置1(set)输入端，称R'_D为置0(reset)输入端。相应地，将这种锁存器称为SR锁存器(set-reset latch)。

(4)当$S'_D=0$、$R'_D=0$时，经分析可知这时Q^*和$Q^{*\prime}$同时为1。这个状态既不是定义的0状态也不是1状态，而是一种错误的状态！因此，对于由两个与非门构成的SR锁存器，在正常应用的情况下，不允许S'_D和R'_D同时有效！

其次，对由两个或非门交叉耦合构成的锁存器进行分析。

两个输入端S'_D和R_D同样有四种取值组合。

(1)当$S_D=0$、$R_D=0$时，锁存器相当于双稳电路，$Q^*=Q$(保持功能)。

(2)当$S_D=1$、$R_D=0$时，经分析可得$Q^*=1$，即将锁存器的次态置为1(置1功能)；

(3)当$S_D=0$、$R_D=1$时，经分析可得$Q^*=0$，即将锁存器的次态置为0(置0功能)；

(4)当$S_D=1$、$R_D=1$时，Q^*和$Q^{*\prime}$同时为0，这个状态既不是定义的0状态也不是1状态，同样是错误的，所以对由两个或非门构成的SR锁存器，在正常应用的情况下，不允许S_D和R_D同时有效！

两种SR锁存器的图形符号如图5-3所示，其中输入符号端口框外的"∘"表示该端口为低电平有效，无"∘"则默认输入端口高电平有效。这两种SR锁存器是构成门控锁存器和触发器的基础，习惯上称为基本SR锁存器。

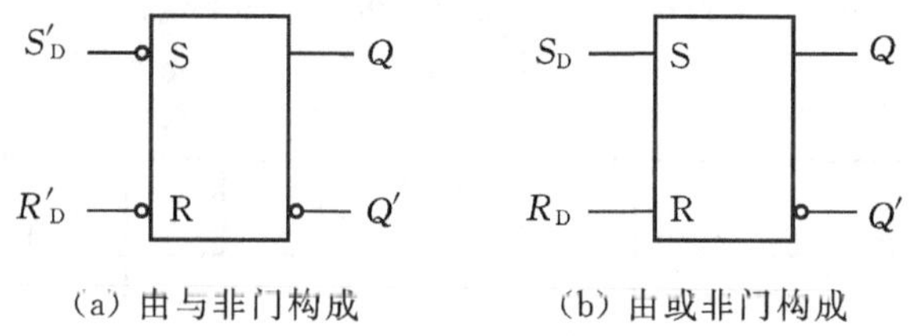

(a) 由与非门构成　　(b) 由或非门构成

图5-3　基本SR锁存器图形符号

从基本SR锁存器的分析过程可以看出，锁存器的次态不但和输入信号有关，而且和现态有关，所以锁存器的次态是输入信号和现态的逻辑函数，即

$Q^*=F(S'_D,R'_D,Q)$　(对于由两个与非门构成的锁存器)

$Q^*=F(S_D,R_D,Q)$　(对于由两个或非门构成的锁存器)

既然锁存器的次态是逻辑函数，那么就可以用逻辑函数的表示方法——真值表(特性表)、函数表达式(特性方程)、卡诺图和波形图表示。又因为锁存器在输入信号的作用下，在0和1两种状态之间变化，所以其功能还可以用状态转换图和激励表表示。

1. 特性表

特性表即真值表，是以表格的形式描述存储单元的次态与输入信号和现态之间的关系。基本锁存器的特性表如表5-1所示。在正常应用的情况下，由于不允许两个输入信号同时有效，所以同时有效的输入取值组合作为约束项处理。

表 5-1 基本 SR 锁存器特性表

(a) 由与非门构成的锁存器特性表

S'_D R'_D	Q	Q^*
1 1	0	0
1 1	1	1
0 1	0	1
0 1	1	1
1 0	0	0
1 0	1	0
0 0	0	×
0 0	1	×

(b) 由或非门构成的锁存器特性表

S_D R_D	Q	Q^*
0 0	0	0
0 0	1	1
1 0	0	1
1 0	1	1
0 1	0	0
0 1	1	0
1 1	0	×
1 1	1	×

2. 特性方程

由特性表画出锁存器的卡诺图，再进行化简即可得到锁存器次态的函数表达式，习惯于称为特性方程。

由与非门构成的锁存器的卡诺图如图 5-4(a)所示，化简可得

$$Q^{*}=(S'_D)'+R'_D\cdot Q=S_D+R'_D\cdot Q$$

其中，两个输入信号 S'_D和 R'_D应满足 $S'_D+R'_D=1$ 的约束条件。

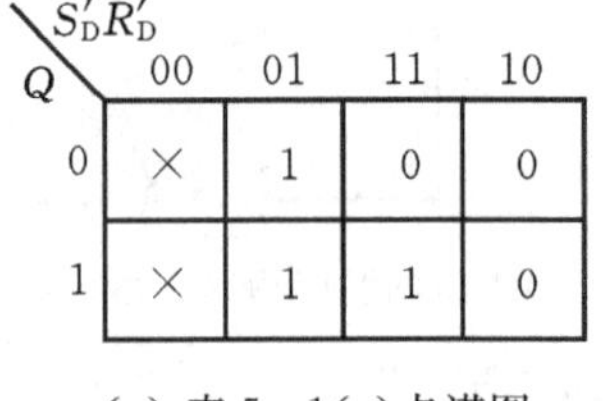

(a) 表 5-1(a)卡诺图

Q \ S_DR_D	00	01	11	10
0	0	0	×	1
1	1	0	×	1

(b) 表 5-1(b)卡诺图

图 5-4 基本 SR 锁存器卡诺图

由或非门构成的锁存器的卡诺图如图 5-4(b)所示，化简可得

$$Q^{*}=S_D+R'_D\cdot Q$$

其中，两个输入信号 S_D和 R_D应满足 $S_DR_D=0$ 的约束条件。

从上面两个函数式可以看出，虽然由与非门构成的锁存器和由或非门构成的锁存器电路形式不同，但却具有相同的特性方程，而且其约束条件也是等价的。因此，以后不用再区分锁存器具体的电路形式，可以直接应用特性方程进行分析和设计。

3. 状态图与激励表

将存储单元两个状态之间的转换关系及其所需要的输入条件用图形的方式表示称为状态转换图(简称状态图)，用表格的形式表示则称为激励表。

基本 SR 锁存器的状态转换图如图 5-5 所示，激励表如表 5-2 所示。从状态图可以看出，SR 锁存器根据输入信号的不同组合既可以将状态设置为 0，也可以将状态设置为 1，并且还能保持原来的状态不变。

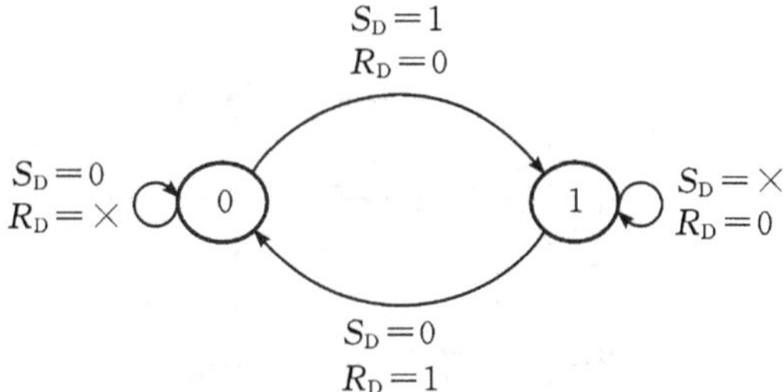

图 5-5　基本 SR 锁存器状态转换图

表 5-2　基本 SR 锁存器激励表

Q Q^*	S_D R_D
0　0	0　×
0　1	1　0
1　0	0　1
1　1	×　0

【例 5-1】　分析图 5-6(a)所示的基本 SR 锁存器在图 5-6(b)所示输入信号 S'_D和 R'_D的作用下锁存器的输出状态。画出输出 Q 和 Q'的电压波形。

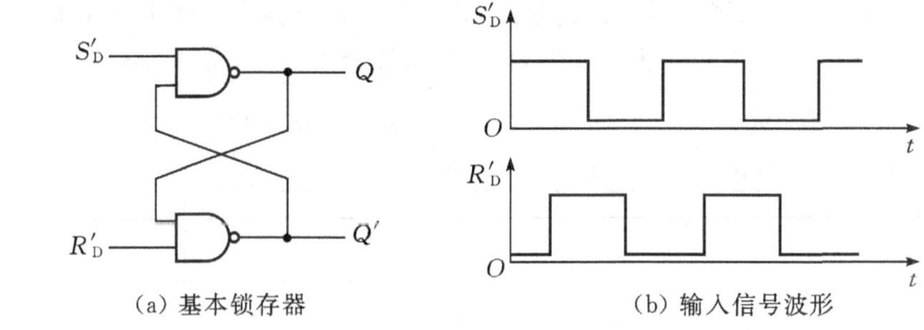

(a) 基本锁存器　　(b) 输入信号波形

图 5-6　例 5-1 图

分析　基本锁存器的输出状态是由输入信号 S'_D和 R'_D直接决定的，因此需要根据 S'_D和 R'_D的跳变时刻将 S'_D和 R'_D划分为不同的取值组合阶段。分析过程如表 5-3 所示，输出波形如图 5-7 所示。

表 5-3　例 5-1 分析过程

时间	S'_D	R'_D	Q	Q'	功能	时间	S'_D	R'_D	Q	Q'	功能
$0\sim t_1$	1	0	0	1	置 0	$t_4\sim t_5$	1	0	0	1	置 0
$t_1\sim t_2$	1	1	0	1	保持	$t_5\sim t_6$	1	1	0	1	保持
$t_2\sim t_3$	0	1	1	0	置 1	$t_6\sim t_7$	0	1	1	0	置 1
$t_3\sim t_4$	0	0	1	1	错误	$t_7\sim t_8$	0	0	1	1	错误

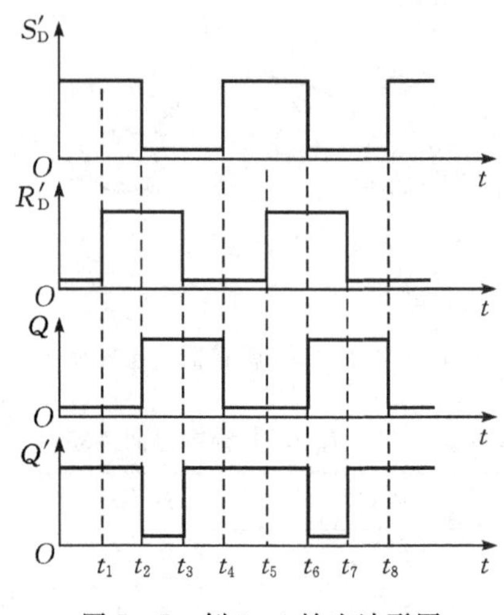

图 5-7 例 5-1 输出波形图

思考与练习

5-1 基本 SR 锁存器有哪几种功能？分别说明其输入条件。

5-2 应用基本 SR 锁存器时如果不遵守 $S_DR_D=0$ 的约束条件，会出现什么问题？

74LS279 内部集成了 4 个基本 SR 锁存器，其中两个锁存器具有两个置 1 端 S'_1 和 S'_2，如图 5-8 所示。由于 S'_1 和 S'_2 同为与非门的输入端，故置 1 信号 $S'_D=S'_1S'_2$。

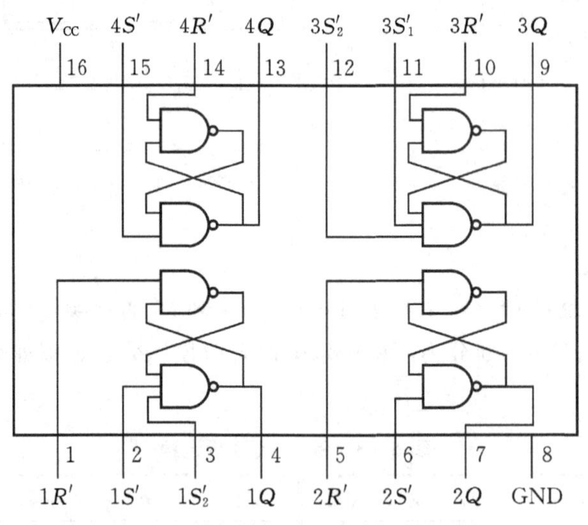

图 5-8 74LS279

基本 SR 锁存器除了能够存储数据之外，还可以应用其保持功能实现开关消抖。

对于如图 5-9(a)所示的基本开关电路，开关切换时在触点接触的瞬间由于簧片的震颤会产生若干个不规则的脉冲。假若这些脉冲作用于时序电路时有可能会引发逻辑错误，因此需要进行开关消抖，以消除多余的脉冲。

应用锁存器的保持功能可以实现开关消抖，应用电路如图 5-9(b)所示。具体的工作原理是：

(1) 当开关由位置 1 切换到 2 时，由于上拉电阻的作用使 $S'_D=1$，簧片的震颤使 R'_D 在切换的瞬间在 0 和 1 之间随机变化。当 $R'_D=0$ 时将锁存器置 0，当 $R'_D=1$ 时锁存器则保持。因此，虽然 R'_D 在切换瞬间随机变化，但锁存器的输出跳变为低电平后能够保持不变。

(2) 当开关由位置 2 切换回 1 时，由于上拉电阻的作用使 $R'_D=1$，簧片的震颤使 S'_D 在切换的瞬间在 0 和 1 之间随机变化。当 $S'_D=0$ 时将锁存器置 1，当 $S'_D=1$ 时锁存器则保持。因此，虽然 S'_D 在切换瞬间随机变化，但锁存器的输出跳变为高电平后能够保持不变。

综上分析，应用锁存器的保持功能能够消除开关切换瞬间由于簧片震颤产生的多余脉冲，从而提高电路工作的可靠性。

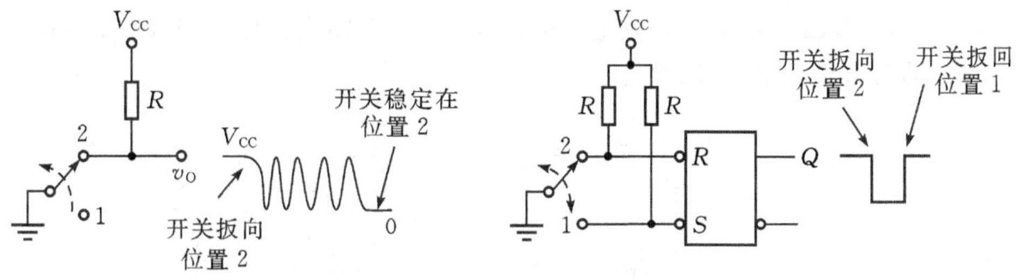

(a) 基本开关电路及输出波形　　(b) 开关消抖电路及输出波形

图 5－9　开关电路及消抖原理

5.2　门控锁存器

基本锁存器的输入信号不受其他信号的控制，是直接作用的，输入信号的变化实时决定锁存器状态的变化。当数字系统中有多个存储单元时，我们希望能够协调这些存储单元的动作，使它们能够同步工作，就像阅兵时正步走（见图 5－10）一样，这就需要给存储单元引入控制信号。

图 5－10　阅兵正步走

协调存储单元动作的控制信号称为时钟(clock)或时钟脉冲(clock pulse),用 CLK 或 CP 表示。为了便于分析,将时钟信号的一个周期划分为低电平、上升沿、高电平和下降沿四个阶段,如图 5-11 所示。

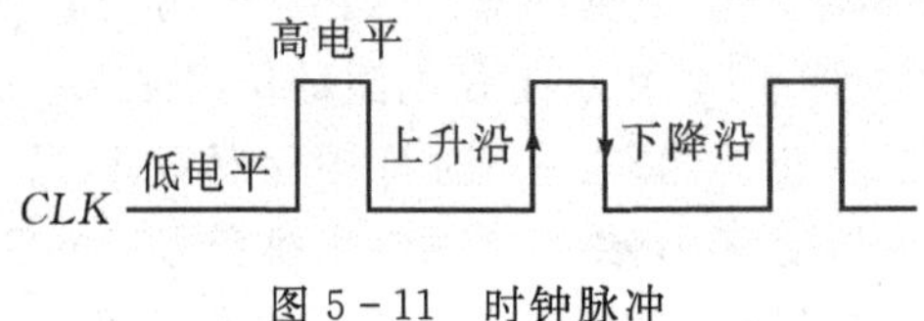

图 5-11 时钟脉冲

在基本 SR 锁存器基础上,通过与非门 G_1 和 G_2 组成的门控电路引入了时钟的锁存器称为门控 SR 锁存器(gated latch),如图 5-12 所示。由于输入信号 S 和 R 受时钟 CLK 的控制,不再是直接起作用的,所以没有下标 D。

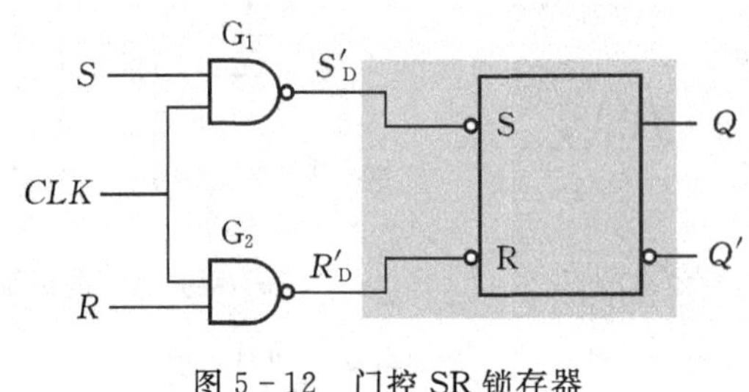

图 5-12 门控 SR 锁存器

下面对门控 SR 锁存器的工作过程进行分析。

1. *CLK* 为低电平时

当 $CLK=0$ 时,$S'_D=(S\cdot CLK)'=1$、$R'_D=(R\cdot CLK)'=1$,因此,锁存器的状态在低电平期间不受输入信号 S 和 R 的控制,将保持原来的状态(可以理解为锁存器不工作);

2. *CLK* 为高电平时

当 $CLK=1$ 时,$S'_D=(S\cdot CLK)'=S'$、$R'_D=(R\cdot CLK)'=R'$,这时输入信号 S 和 R 的变化会引起基本锁存器 S'_D 和 R'_D 的变化,基本 SR 锁存器将根据输入信号 S'_D 和 R'_D 的取值组合实现其相应的功能。

门控 SR 锁存器的特性方程可以从基本锁存器的特性方程中推导出来。因为时钟 CLK 为高电平时,$S'_D=S'$,$R'_D=R'$,代入到基本锁存器的特性方程即可得到门控锁存器的特性方程为

$$Q^*=S+R'\cdot Q$$

上式在 $CLK=1$ 时成立。

门控锁存器的状态转换图和图形符号如图 5-13 所示,其中 C1 为时钟输入端。时钟 C1 框外无“。”表示锁存器在高电平期间工作,有“。”则表示锁存器在低电平期间工作,同时称时钟工作期间的电平为有效电平。

门控 SR 锁存器和基本 SR 锁存器一样,具有置 0、置 1 和保持三种功能。由于门控 SR 锁存器在时钟脉冲有效电平期间,两个输入信号同时有效时仍然会导致锁存器的状态错误。因此,门控 SR 锁存器同样需要遵守 $SR=0$ 的约束条件。

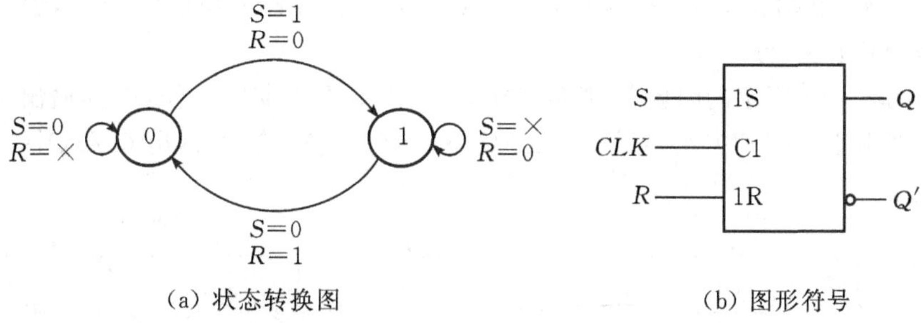

(a) 状态转换图　　(b) 图形符号

图 5-13　门控 SR 锁存器状态转换图及图形符号

为了消除约束，方便应用，需要对门控 SR 锁存器进行改进。第一种改进思路是使 R 和 S 互为相反，即取 $R=S'$，如图 5-14 所示，这样门控 SR 锁存器的输入信号 S 和 R 始终满足 $SR=0$ 的约束条件。但是，这种改进方法虽然消除了约束，却改变了锁存器的功能，因此，这种锁存器不再是 SR 锁存器，而称为 D 锁存器。

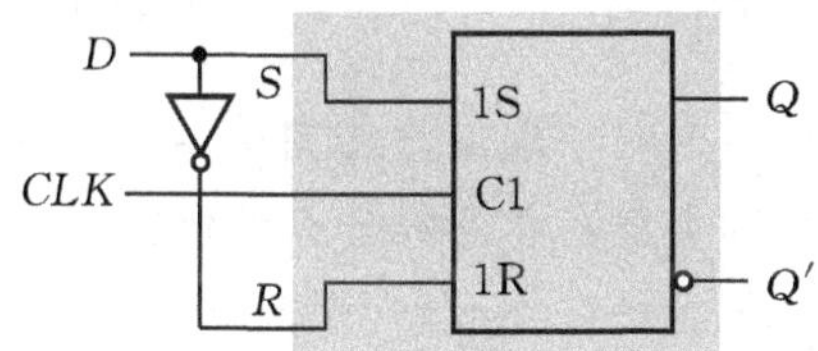

图 5-14　门控 D 锁存器

由于 $S=D$、$R=D'$，将 S 和 R 代入门控 SR 锁存器的特性方程即可得到 D 锁存器的特性方程

$$Q^{*}=S+R'Q=D+(D')'\cdot Q=D+D\cdot Q=D$$

上式在 $CLK=1$ 时成立。

由 D 锁存器的特性方程可以推出：当 CLK 为高电平时，若 $D=0$ 则 $Q^{*}=0$；若 $D=1$ 则 $Q^{*}=1$，因此门控 D 锁存器只具有置 0 和置 1 两种功能，其状态转换图和图形符号如图 5-15 所示。

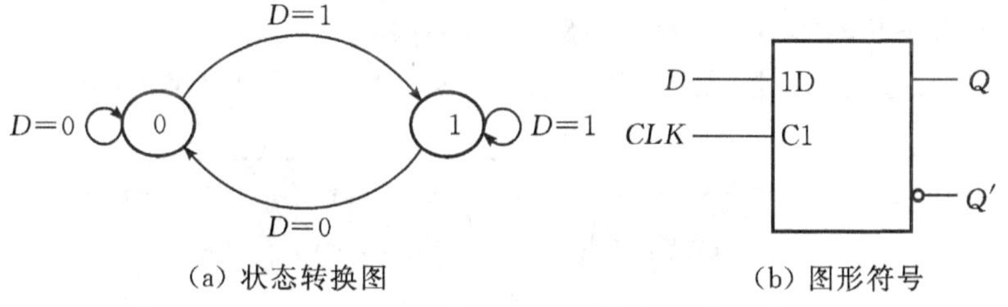

(a) 状态转换图　　(b) 图形符号

图 5-15　D 锁存器

由于门控 D 锁存器在时钟有效电平期间输出始终跟随输入信号发生变化，因此称为“透明的”(transparent)锁存器。

【例 5-2】 对于图 5-14 所示的门控 D 锁存器，时钟 CLK 和输入信号 D 的波形如图

5-16 所示。画出在时钟 CLK 和输入信号 D 的作用下锁存器的输出 Q 和 Q' 的波形。假设锁存器的初始状态为 0。

分析 图 5-14 所示的门控 D 锁存器在 CLK 为高电平期间工作，而且输出是透明的，但在时钟为低电平期间不工作，保持原来的状态。因此，锁存器的输出 Q 和 Q' 的波形如图 5-17 所示。

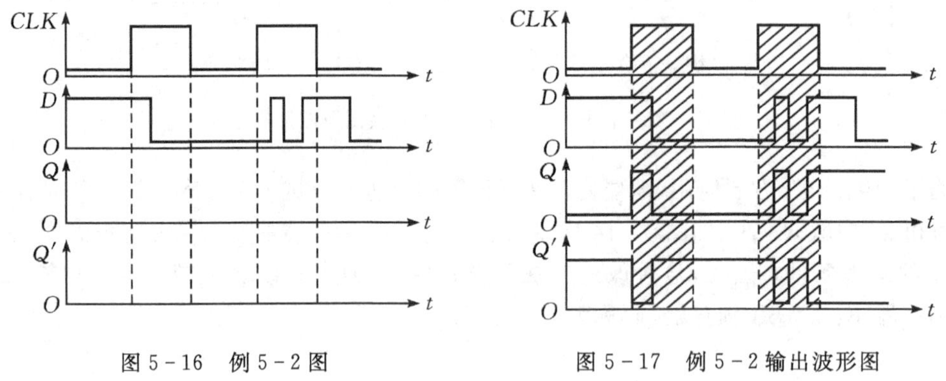

图 5-16 例 5-2 图　　图 5-17 例 5-2 输出波形图

～～～～～～～～～～～～～～～～～～～～思考与练习～～～～～～～～～～～～～～～～～～～～

5-3 门控锁存器有哪几种类型？各具有什么功能？

～～

5.3 脉冲触发器

门控锁存器在时钟有效电平期间始终处于工作状态，输入信号的变化随时可能引起锁存器输出状态的变化，因此门控锁存器受到干扰而产生误动作的概率大。另外，由于门控 D 锁存器的输出是透明的，无法构成移位寄存器和计数器这两类主要的时序逻辑器件，因此，门控锁存器在应用上有很大的局限性。

为了提高可靠性，我们希望存储电路在一个时钟周期内只在脉冲的边沿进行一次状态更新，以避免门控锁存器那样因干扰可能多次改变状态的情况。

只在时钟脉冲边沿进行状态更新的存储电路称为触发器(Flip-Flop，简称 FF)。相应地，将在时钟有效电平期间工作的存储电路称为锁存器。

触发器的实现方法之一是采用主从式结构。SR 触发器的电路结构如图 5-18 所示，具

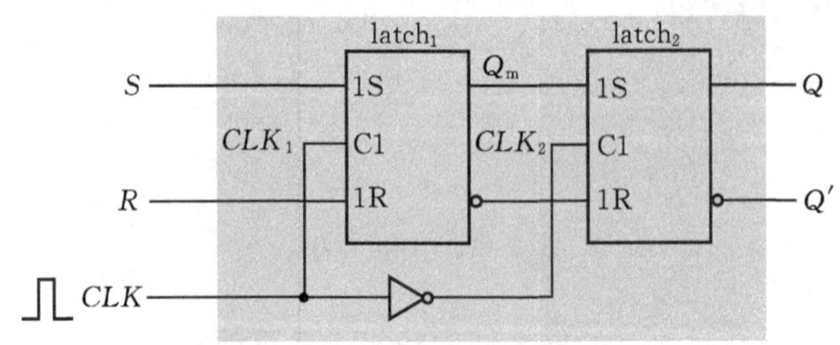

图 5-18 主从式 SR 触发器

体的做法是将两级门控 SR 锁存器级联，第一级称为主(master)锁存器，时钟 $CLK_1=CLK$；第二级称为从(slave)锁存器，时钟 $CLK_2=CLK'$。

下面对主从式 SR 触发器的工作过程进行分析。

(1)当时钟脉冲处于低电平期间时。由于 $CLK=0$，所以 $CLK_1=0$、$CLK_2=1$，因此主锁存器保持，从锁存器工作。

当主锁存器的状态 $Q_m=1$ 时，分析可知从锁存器的状态 $Q_S=1$，当 $Q_m=0$ 时分析可知 $Q_S=0$。因此，在 $CLK=0$ 期间，从锁存器只起到状态传递的作用，触发器的状态 Q 与主锁存器状态 Q_m 相同，即 $Q=Q_m$。

(2)当时钟脉冲上升沿到来时。当 CLK 上升沿到来时，主锁存器开始工作，接收输入 S 和 R 信号，根据特性方程更新 Q_m 的状态。而从锁存器从工作转为保持，因此，触发器保持 CLK 为低电平期间的状态不变。

(3)当时钟脉冲处于高电平期间时。由于 $CLK=1$，所以 $CLK_1=1$、$CLK_2=0$，因此主锁存器处于工作状态，根据特性方程更新 Q_m 的状态。从锁存器亦然保持，所以触发器的状态保持不变。

(4)当时钟脉冲下降沿到来时。当 CLK 下降沿到来时，主锁存器将由工作转为保持，锁定了时钟脉冲 CLK 下降到来瞬间主锁存器的状态。从锁存器开始工作，将主锁存器的状态 Q_m 传递给从锁存器，因此，触发器的状态是在时钟下降沿到来瞬间更新，而且状态 Q 由时钟 CLK 下降沿到来瞬间的输入信号 S 和 R 决定。

根据上述分析可知，当时钟脉冲的上升沿到来时，SR 触发器已经开始工作，但需要等到脉冲的下降沿到来时才能进行状态更新，所以主从式触发器完成一次状态更新需要一个完整的时钟脉冲，因此称为脉冲触发器。同时，把脉冲触发器这种上升沿已经开始工作、下降沿才能进行状态更新的动作特点称为延迟输出，用符号“┐”表示。脉冲 SR 触发器的图形符号如图 5-19 所示。

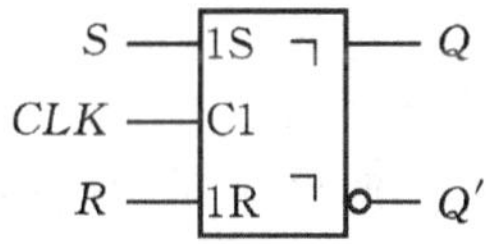

图 5-19　脉冲 SR 触发器图形符号

由于脉冲 SR 触发器中的主锁存器在时钟脉冲为高电平期间始终处于工作状态，所以脉冲 SR 触发器的抗干扰能力还没有得到有效的改善。另外，脉冲 SR 触发器对输入信号 S 和 R 仍然有约束，即要求 S 和 R 不能同时有效。

为了消除 SR 触发器的约束，第二种改进思路是利用触发器的输出 Q 和 Q' 互为相反的特点来满足约束条件。具体的做法是，将 SR 触发器的输出 Q 反馈到 R 端与 K 信号相与，将 Q' 反馈到 S 端与 J 信号相与，如图 5-20 所示。这种改进方法同样改变了触发器的逻辑功能，因此这种触发器不再是 SR 触发器，而称为 JK 触发器。

对于 JK 触发器，由于 $S=J\cdot Q'$、$R=K\cdot Q$，因此 $S\cdot R=J\cdot Q'\cdot K\cdot Q=0$，所以 JK 触发器对输入信号 J、K 没有限制。

将 $S=J\cdot Q'$ 和 $R=K\cdot Q$ 代入 SR 触发器的特性方程即可推出 JK 触发器的特性方程

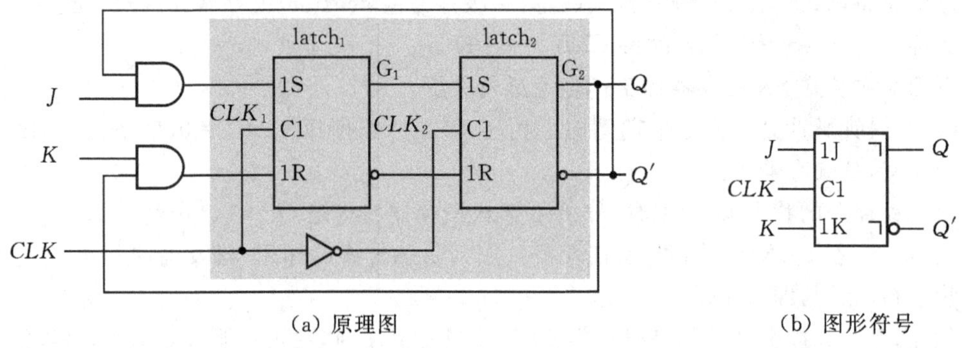

(a) 原理图　　(b) 图形符号

图 5-20　脉冲 JK 触发器

$$
\begin{aligned}
Q^* &= S + R' \cdot Q \\
&= J \cdot Q' + (K \cdot Q)' \cdot Q \\
&= J \cdot Q' + (K' + Q') \cdot Q \\
&= J \cdot Q' + K' \cdot Q
\end{aligned}
$$

将 J、K 的 4 种取值组合代入到上述特性方程中即可得到表 5-4 所示 JK 触发器的特性表。

表 5-4　JK 触发器特性表

J K	Q^*	功能说明
0 0	Q	保持
0 1	0	置 0
1 0	1	置 1
1 1	Q'	翻转

从特性表可以看出，JK 触发器除了具有置 0、置 1 和保持三种功能外，还增加了一种新功能：翻转(toggle)，即当时钟脉冲下降时到来时，触发器的次态与现态相反。因此，JK 触发器的状态转换图如图 5-21 所示。

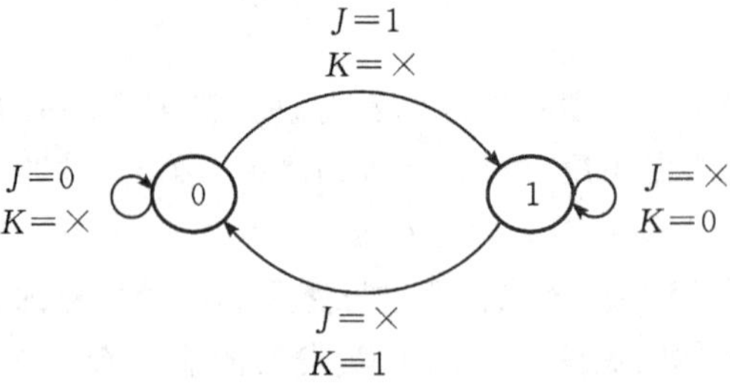

图 5-21　JK 触发器状态转换图

由于脉冲 JK 触发器将输出 Q 反馈到 K 端、将 Q' 反馈到 J 端，所以当 $Q=0$ 时将输入信号 K 封锁(相当于 $K=0$)，在 J 信号的作用下只能将触发器置 1 或者保持，所以触发器一旦被置 1 后就不可能再返回到 0 状态。同理，当 $Q=1$ 时将 J 信号封锁(相当于 $J=0$)，在 K

信号的作用下只能将触发器置 0 或者保持，所以触发器被置 0 后也不可能再返回到 1 状态。因此，脉冲 JK 触发器存在一次翻转现象，即触发器在每个脉冲周期内只能翻转一次，当触发器受到干扰发生误翻后就不可能再返回原来的状态了。

【例 5-3】 对于图 5-20 所示的脉冲 JK 触发器，已知时钟脉冲 CLK、输入信号 J 和 K 的波形如图 5-22 所示。分析触发器的工作过程，画出输出 Q 和 Q' 的波形。假设触发器的初始状态为 0。

分析

(1)在第一个时钟高电平期间，$JK=10$，所以内部主锁存器被置 1，因此在 CLK 的下降沿到来时触发器的状态更新为 1。

(2)在第二个时钟脉冲高电平期间，K 信号因干扰而变化。起初 $JK=00$，主锁存器保持 1 状态，后 K 信号因干扰而跳变为 1，瞬间使 $JK=01$，因此主锁存器被置为 0。由于 JK 触发器存在一次翻转现象，所以主锁存器置 0 后不可能再翻回 1 状态，所以当时钟脉冲下降沿到来时，触发器状态更新为 0。

(3)在第三个时钟高电平期间，J 信号有变化。起初 $JK=11$，主锁存器翻转为 1。由于存在一次翻转现象，所以主锁存器在第三个高电平期间不可能再次发生翻转，因此当时钟脉冲下降沿到来时，触发器状态更新为 1。

(4)在第四个时钟高电平期间，因 $JK=00$，故主锁存器的状态保持不变，所以时钟脉冲下降沿到来时，触发器状态保持 1 不变。

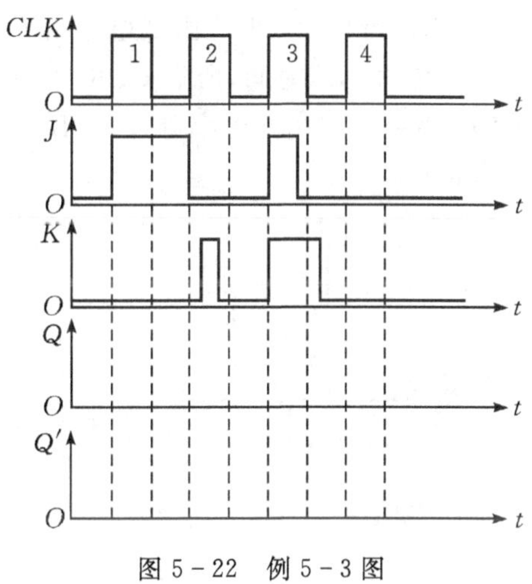

图 5-22　例 5-3 图

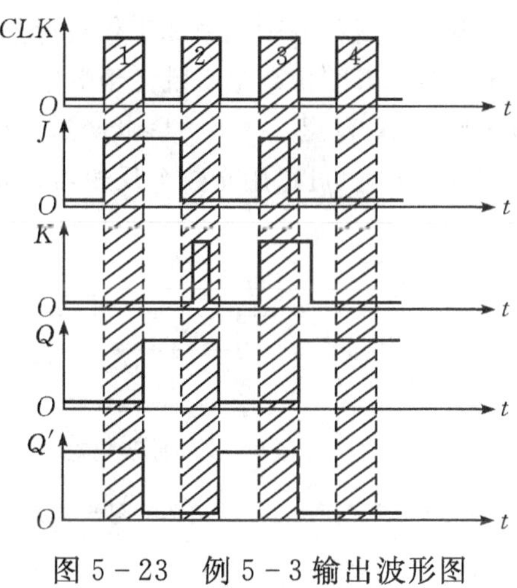

图 5-23　例 5-3 输出波形图

根据上述分析过程，可以画出脉冲 JK 触发器的输出 Q 和 Q' 的波形，如图 5-23 所示。

由于脉冲 JK 触发器存在一次翻转现象，所以要求输入信号在 CLK 为高电平期间保持稳定，否则因干扰可能会发生错误。目前，脉冲触发器已经淘汰，被性能更优的边沿触发器所取代。但在进行触发器原理分析时，脉冲触发器有着承上启下的作用。

思考与练习

5-4　为什么脉冲 JK 触发器存在一次翻转现象？试分析说明。

5-5　脉冲 SR 触发器是否存在一次翻转现象？试分析说明。

5.4 边沿触发器

边沿触发器只在时钟脉冲的边沿(上升沿或者下降沿)工作,其余时间均不工作。由于边沿触发器的工作时间很短,所以受到干扰的概率很小,因此边沿触发器具有很强的抗干扰能力。

边沿 D 触发器的原理电路如图 5－24 所示,由两级门控 D 锁存器和脉冲形成电路(可以省略)两部分构成。脉冲形成电路用于产生窄脉冲,再经过两级反相器分配给门控 D 锁存器作为时钟脉冲。

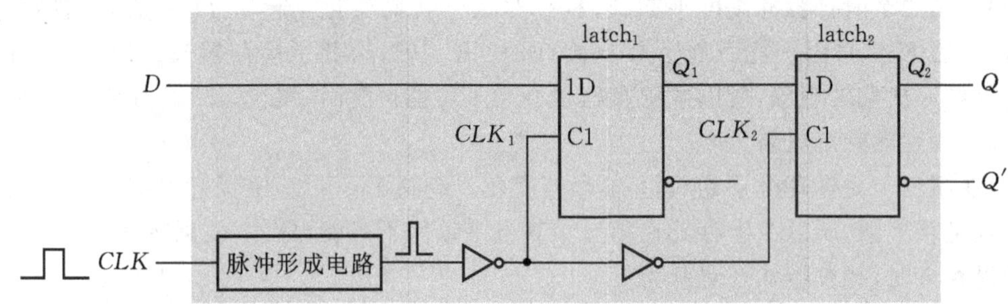

图 5－24 边沿 D 触发器内部原理图

脉冲形成的原理电路和工作波形如图 5－25 所示。当外部时钟 CLK 由低电平跳变至高电平时,CLK'由高电平跳变至低电平,由于反相器存在传输延迟时间,所以 CLK'的跳变时刻比 CLK 延迟一个 t_{PD},因此经过与门后产生与 CLK 跳变方向相同的窄脉冲 CLK^*,脉冲宽度为 t_{PD}。可以用奇数个反相器级联调整输出脉冲的宽度。

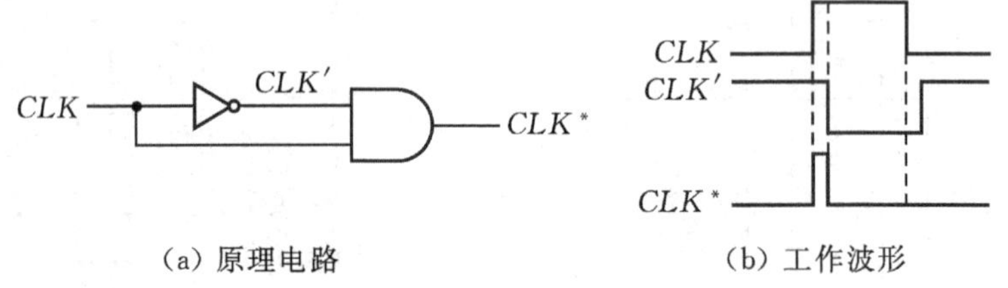

(a) 原理电路　　(b) 工作波形

图 5－25 脉冲形成电路和工作波形

下面对双 D 锁存器构成的边沿触发器的工作过程进行分析。

1. 时钟脉冲处于低电平期间时

当 $CLK=0$ 时,$CLK_1=1$、$CLK_2=0$,所以锁存器 Latch_1 工作,其输出 Q_1 随输入信号 D 变化($Q_1=D$),锁存器 latch_2 保持原来的状态(上周期时钟作用后的状态)不变。

2. 当时钟脉冲上升沿到来时

CLK_1 由高电平跳变为低电平时,锁存器 latch_1 由工作转为保持,Q_1 锁定了上升沿到来瞬间输入 D 的值。与此同时,CLK_2 由低电平跳变为高电平,锁存器 latch_2 开始工作,其输出 Q 跟随 Q_1 变化,因此 $Q=Q_1=D$,其中 D 为时钟 CLK 上升沿到来瞬间输入信号的值。

3. 时钟脉冲处于高电平期间时

当 $CLK=1$ 时，$CLK_1=0$、$CLK_2=1$，所以 $latch_1$ 保持、$latch_2$ 跟随，此时 $Q=Q_1=D$ 保持不变。

4. 时钟脉冲下降沿到来时

CLK_1 由低电平跳变为高电平时，锁存器 $latch_1$ 工作，开始接收下一个周期输入 D 的数据。与此同时，CLK_2 由高电平跳变为低电平，锁存器 $latch_2$ 由工作转为保持，保持时钟脉冲上升沿到来时输入 D 的值不变。

由上述分析过程可知，图 5-24 所示的 D 触发器的次态仅取决于时钟脉冲上升沿到达时刻输入信号 D 的值，其余时间均保持不变，即上升沿之前和之后输入信号 D 的变化对触发器的状态都没有影响。边沿触发器这一特点有效地提高触发器的抗干扰能力，提高了触发器工作的可靠性。

图 5-24 所示的边沿 D 触发器的图形符号如图 5-26 所示，符号中时钟 C1 框内的“>”表示边沿触发，框外无“∘”时表示上升沿触发，有“∘”时则表示下降沿触发。

在特性表的时钟脉冲栏，通常用“↑”表示上升沿触发，用“↓”表示下降沿触发。因此，边沿 D 触发器的特性表如表 5-5 所示。

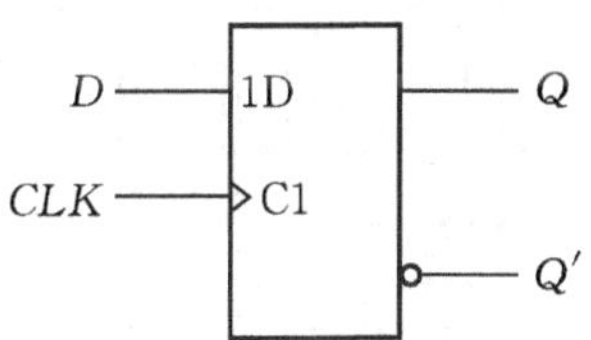

图 5-26 边沿 D 触发器图形符号

表 5-5 边沿 D 触发器特性表

CLK	D	Q^*
↑	0	0
↑	1	1
其他	×	Q_0

注：Q_0 表示原来的状态。

目前 CMOS 边沿触发器主要采用图 5-27 所示的电路结构，由两级 CMOS 传输门和反相器组成的 D 锁存器构成。

CMOS 边沿触发器的工作过程是：

(1)当 CLK 为低电平时，$C'=1$、$C=0$，传输门 TG_1 导通、TG_2 截止。第一级 D 锁存器打开，Q'_1 随着输入信号 D 变化而变化。与此同时，第二级的传输门 TG_3 截止、TG_4 导通，反相器 G_3 和 G_4 构成锁存器，锁定前一次的状态。

(2)当 CLK 的上升沿到来时，$C'=0$、$C=1$，传输门 TG_1 截止、TG_2 导通。第一级 D 锁存器锁定了上升沿到来瞬间输入信号 D 的数据，即 $Q'_1=D'$。与此同时，传输门 TG_3 导通、TG_4 截止，第二级锁存器链路打开，触发器的输出 $Q=Q_1$，而 $Q_1=D$。

(3)在 CLK 为高电平期间，由于传输门 TG_1 截止，所以触发器的状态 Q 保持不变。

(4)当 CLK 的下降沿到来时，传输门 TG_1 导通、TG_2 截止。第一级锁存器重新打开，为捕获下一次上升沿到来时 D 的数据做准备；传输门 TG_3 截止、TG_4 导通，第二级锁存器锁定刚才上升沿到来时输入数据 D。

综上分析，图 5-27 所示的 CMOS 边沿 D 触发器在上升沿工作。

【例 5-4】 对于图 5-24 所示的边沿 D 触发器，若输入 D 和时钟 CLK 的波形如图 5-28 所示，画出输出 Q 的波形。假设触发器的初始状态为 0。

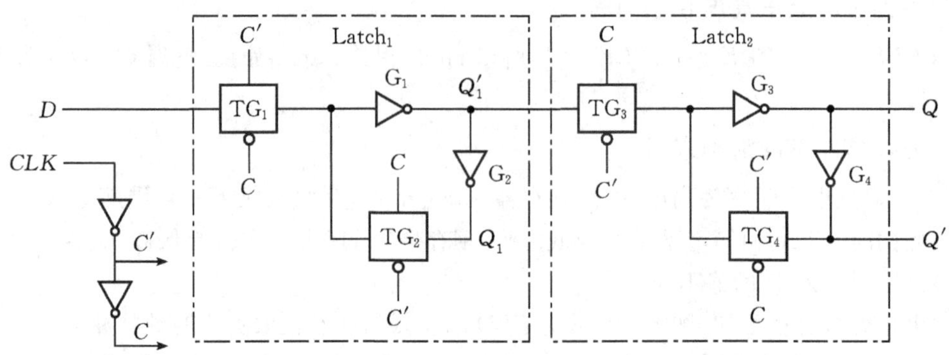

图 5-27 CMOS 边沿触发器的电路结构

分析 边沿触发器只在时钟脉冲的边沿工作。对于图 5-24 所示的 D 触发器，其次态仅仅取决于时钟上升沿到来时刻输入信号 D 的值：$D=0$ 时则 $Q^*=0$，$D=1$ 时则 $Q^*=1$。因此，输出 Q 的波形如图 5-29 所示。

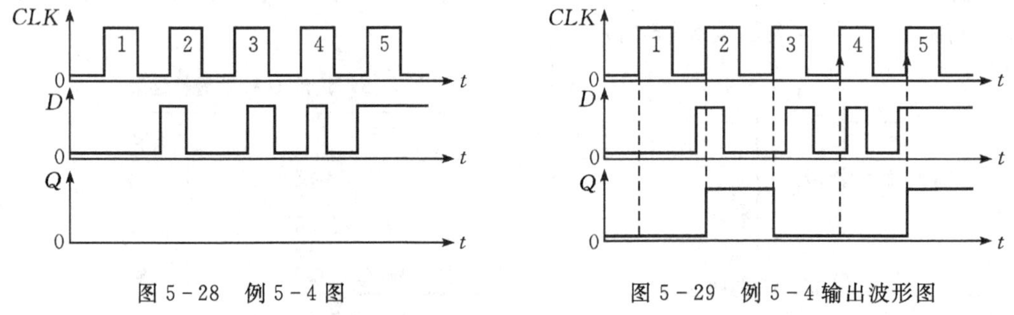

图 5-28 例 5-4 图

图 5-29 例 5-4 输出波形图

集成 CMOS 边沿触发器为了使用灵活方便，在制造时将图 5-27 中反相器扩展为或非门以引入了直接置 1 端 S_D 和清零端 R_D，具体电路如图 5-30 所示。由于 S_D 和 R_D 不受时钟脉冲的控制，因此也称为异步置 1 端和清零端。相应地，由于输入 D 受时钟脉冲控制，只有当时钟脉冲的上升沿到达时才能触发器置 0 或置 1，因此称为同步输入端。

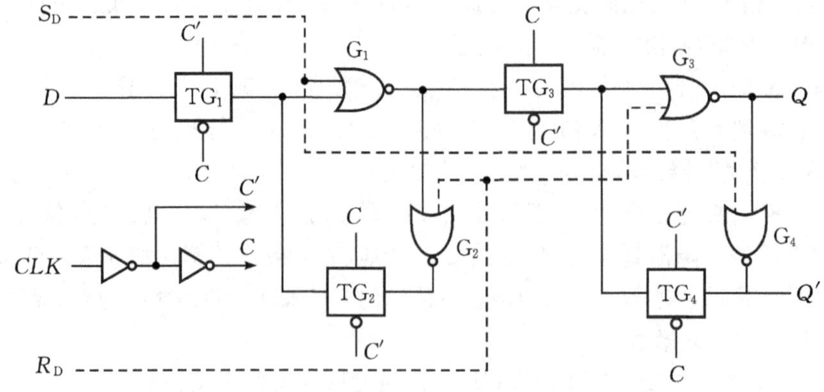

图 5-30 具有异步置 1 和置 0 端的 CMOS 边沿 D 触发器电路结构

在边沿 D 触发器的基础上，很容易构造出边沿 JK 触发器。将 D 触发器的特性方程 $Q^{*}=D$ 和需要实现的 JK 触发器的特性方程 $Q^{*}=J\cdot Q'+K'\cdot Q$ 进行对比可知，取 D 触发器的输入信号 $D=J\cdot Q'+K'\cdot Q$ 时，即可得到 JK 触发器，故实现电路如图 5－31 所示。

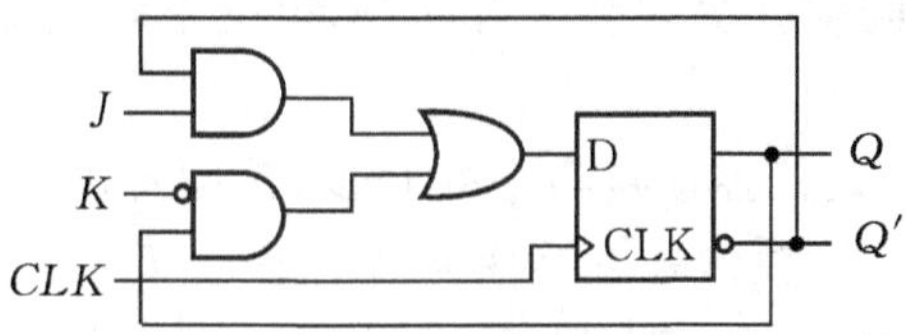

图 5－31　边沿 JK 触发器的实现原理

74HC74 是集成双 D 触发器。除了时钟脉冲 CLK、输入 D 和输出 Q 和 Q' 外，74HC74 还附加有异步清零端 R' 和异步置 1 端 S'，其内部结构和管脚排列如图 5－32(a)所示，功能如表 5－6(a)所示。

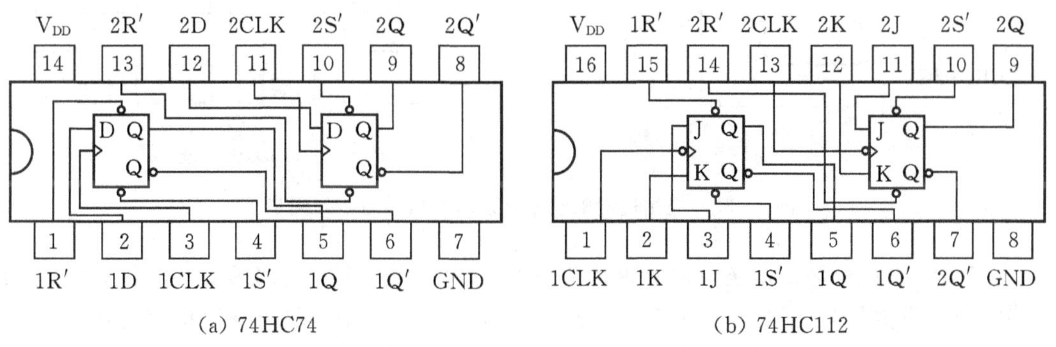

(a) 74HC74　　(b) 74HC112

图 5－32　两种常用的边沿触发器

74HC112 是集成双 JK 触发器。74HC112 同样附加有异步清零端 R' 和异步置 1 端 S'，其内部结构和管脚排列如图 5－32(b)所示，功能如表 5－6(b)所示。

表 5－6　两种常用边沿触发器功能表

(a) 74HC74

输入				输出		功能说明
S'	R'	CLK	D	Q	Q'	
0	1	×	×	1	0	异步置 1
1	0	×	×	0	1	异步清 0
0	0	×	×	0^{*}	0^{*}	错误状态
1	1	↑	0	0	1	置 0
1	1	↑	1	1	0	置 1
1	1	0	×	Q_0	Q'_0	保持

注：(1) * 表示错误的状态。
(2) Q_0 表示原来的状态。

(b) 74HC112

输入					输出		功能说明
S'	R'	CLK	J	K	Q	Q'	
0	1	×	×	×	1	0	异步置 1
1	0	×	×	×	0	1	异步清 0
0	0	×	×	×	0^{*}	0^{*}	错误状态
1	1	↓	0	0	Q_0	Q'_0	保持
1	1	↓	0	1	0	1	置 0
1	1	↓	1	0	1	0	置 1
1	1	↓	1	1	Q'_0	Q_0	翻转
1	1	0	×	×	Q_0	Q'_0	保持

边沿触发器除了具有数据存储功能之外，利用其边沿触发特性，在信号同步、相位检测等方面也有着许多典型的应用。例如，对于第2章图2-4(a)所示的门控电路，开关A控制着数字序列B能否通过与门。但存在的问题是，由于开关闭合和断开的时刻是随机的，如果在序列信号为高电平期间将开关闭合或者断开，就会在输出端得到不完整的脉冲，如图2-4(b)所示。

应用边沿触发器能够实现门控信号与序列同步，其原理电路如图5-33(a)所示，工作波形如图5-33(b)所示。当开关信号S跳变为高电平时，只有在序列B的上升沿到来时门控信号A才跳变为1，与门打开，数字序列通过与门输出；当S跳变为低电平时，同样只在序列B的上升沿时门控信号A才跳变为0，与门关闭，输出为0。这样保证了门控信号A与序列B严格同步，从而在与门的输出端Y得到完整的序列脉冲。

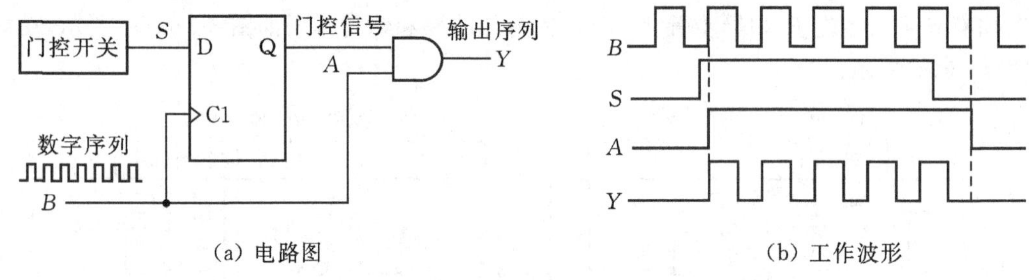

(a) 电路图　　(b) 工作波形

图5-33　应用边沿触发器实现门控信号与序列同步

另外，应用边沿触发器还可以实现相差检测，原理电路如图5-34所示，其中u_I和u_R为两路同频的模拟信号。设$u_I=\sin(100\pi t)$，$u_R=\sin(100\pi t-\Phi)$，即两路模拟信号的相差为Φ。通过双比较器LM393构成的同相过零比较器将模拟信号转换成相应的数字序列D_I和D_R，再将序列D_I作为边沿D触发器FF_1的时钟，将序列D_R作为边沿D触发器FF_2的时钟。

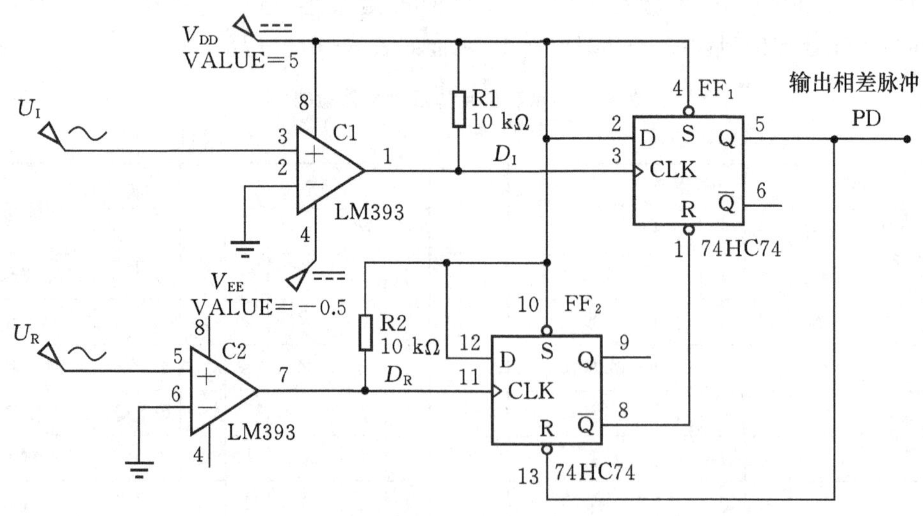

图5-34　相差检测电路

相差检测电路具体的工作原理是：在序列D_I的上升沿到来时将触发器FF_1输出的相差

脉冲PD置为高电平后，触发器FF_2的复位信号无效，因此在序列D_R的上升沿到来时将触发器FF_2置1后，Q_2'将FF_1输出的相差脉冲PD复位为低电平，同时PD将FF_2复位，所以相差脉冲的宽度与相差Φ相关。Φ越大，PD的宽度越宽。通过测量和计算相差脉冲宽度与序列周期的比值即可实现相差检测。相差检测电路输出PD与数字序列D_I和D_R的波形关系如图5-35所示。

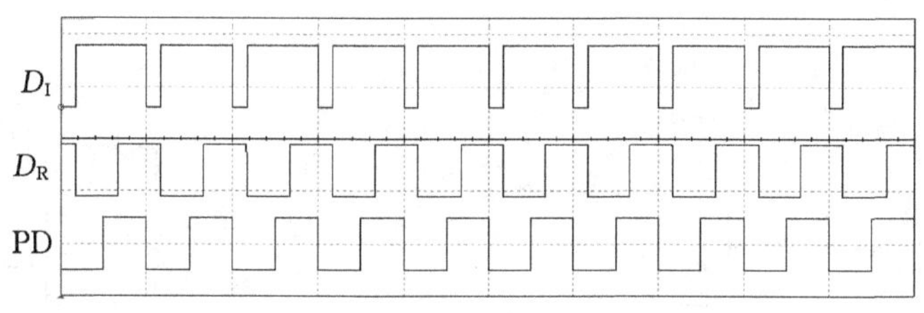

图5-35 相差检测电路工作波形

～～～～～～～～～～～～～～～～～～思考与练习～～～～～～～～～～～～～～～～～～

5-6 边沿触发器与脉冲触发器相比，有什么优点？

5-7 设D_I和D_R为两路相同的数字序列，如何检测D_I的相位是超前于D_R还是落后于D_R？画出电路图，并说明其工作原理。

5-8 分析应用异或门实现相差检测和应用图5-34所示的相差检测电路输出波形的差异，并说明相差测量和计算方法是相同。

～～～～～～～～～～～～～～～～～～～～～～～～～～～～～～～～～～～～～～

5.5 锁存器与触发器的逻辑功能和动作特点

本章讲述了基本锁存器、门控锁存器、脉冲触发器和边沿触发器的电路结构和工作原理。

锁存器按照逻辑功能进行划分，分为SR锁存器和D锁存器两种类型，其中SR锁存器具有置0、置1和保持三种功能，D锁存器具有置0和置1两种功能。

触发器按照逻辑功能进行划分，可分为SR触发器、D触发器和JK触发器三种类型，其中SR触发器具有置0、置1和保持三种功能，D触发器具有置0和置1两种功能，而JK触发器具有置0、置1、保持和翻转四种功能。

从动作特点进行划分，锁存器/触发器可分为门控锁存器、脉冲触发器和边沿触发器三种类型。门控锁存器在时钟的有效电平期间工作，脉冲触发器在时钟脉冲的上升沿开始工作，但到下降沿才能进行状态更新，而边沿触发器只在时钟脉冲的上升沿瞬间或者下降沿瞬间工作。

逻辑功能和动作特点是从两个不同的角度考察锁存器/触发器的功能和特点。从理论上讲，SR触发器、D触发器和JK触发器都可以采用同一种电路结构（如边沿）实现，而同种功能的触发器也可以选用不同类型的电路结构实现，从而具有不同的动作特点。

如果将JK触发器的两个输入端J和K相连，并命名为T，那么当$T=0$时触发器保持，$T=1$触发器翻转。这种只具有保持和翻转功能的触发器称为T触发器。将$J=K=T$

代入 JK 触发器的特性方程即可得到 T 触发器的特性方程

$$\begin{aligned} Q^* &= J \cdot Q' + K' \cdot Q \\ &= T \cdot Q' + T' \cdot Q \\ &= T \oplus Q \end{aligned}$$

T 触发器的状态转换图如图 5-36(a)所示，下降沿工作的边沿 T 触发器的图形符号如图 5-36(b)所示。

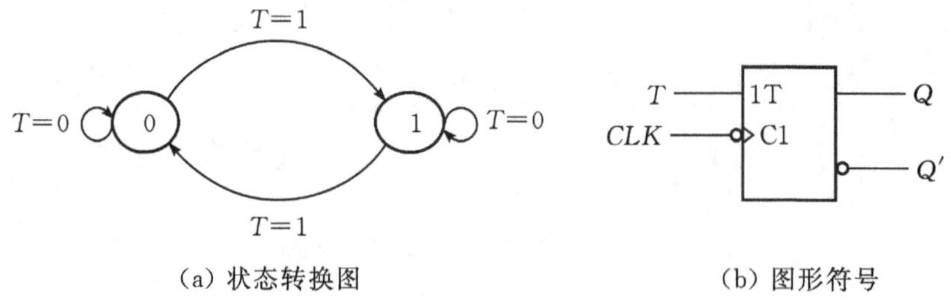

(a) 状态转换图　　(b) 图形符号

图 5-36　T 触发器

若将 JK 触发器的输入信号 J 和 K 都接高电平，则构成只具有翻转功能的 T′触发器，其特性方程为

$$Q^* = J \cdot Q' + K' \cdot Q = 1 \cdot Q' + 1' \cdot Q = Q'$$

通常将 T 触发器和 T′触发器看作 JK 触发器两种不同的应用方式。另外，将 D 触发器的输出 Q' 反馈到 D 端，也可以构成 T′触发器。

D 触发器和 JK 触发器是两种常用的触发器。D 触发器虽然功能简单，但使用很方便。JK 触发器功能强大，因而合理应用 JK 触发器可以简化电路设计，同时 JK 触发器还可以作为 SR 触发器、T 触发器和 T′触发器使用。

思考与练习

5-9　SR、D、JK、T 和 T′触发器各具有什么功能？分别写出其特性方程。

5-10　门控锁存器、脉冲触发器和边沿触发器各有什么动作特点？

5.6　锁存器与触发器的动态特性

本章前几节讲述的锁存器/触发器的逻辑功能及动作特点都是在输入信号稳定的前提下进行分析的。为了保证锁存器/触发器能够可靠地进行状态更新，锁存器/触发器的输入信号、时钟/时钟脉冲之间在时序上应该满足一定的关系。

下面以常用的门控锁存器和边沿触发器为例，分析锁存器和触发器的动态特性。

5.6.1　门控锁存器的动态特性

由与非门构成的门控锁存器如图 5-37(a)所示，其中基本 SR 锁存器由与非门 G_1 和 G_2 交叉耦合构成。设所有与非门的传输延迟时间均为 t_{pd}。

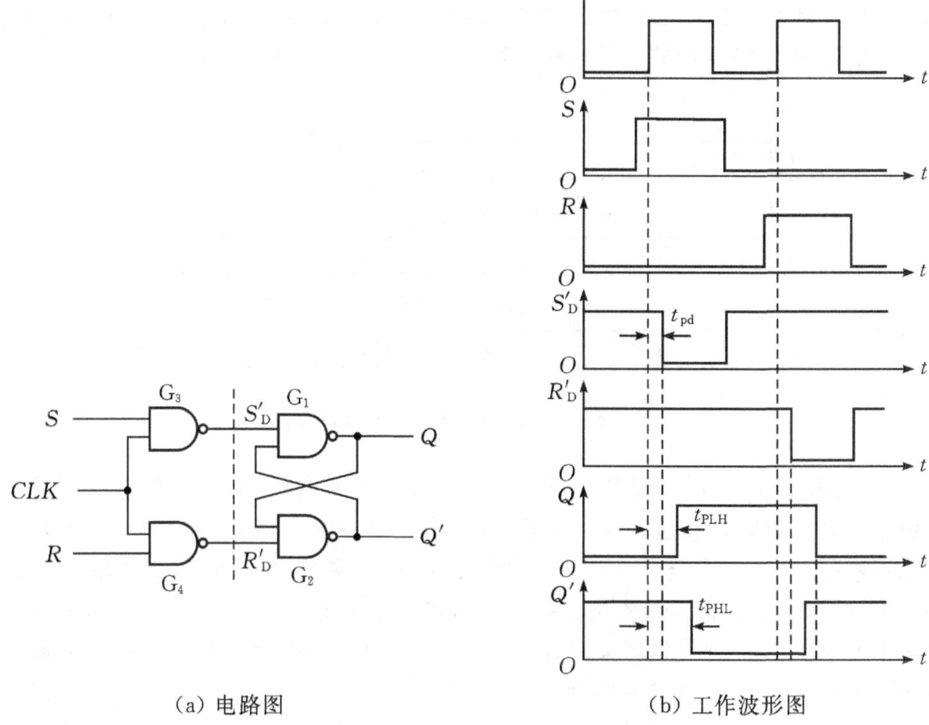

图 5-37　门控锁存器动态特性分析

1. 输入信号的宽度

对于基本 SR 锁存器，当 $S'_D=0$、$R'_D=1$ 时，在 S'_D信号的作用下，经过一个 t_{pd}使 $Q=1$，然后在 Q 和 R'_D的共同作用下，再经过一个 t_{pd}使 $Q'=0$；当 $S'_D=1$、$R'_D=0$ 时，在 R'_D信号的作用下，经过一个 t_{pd}使 $Q'=1$，然后在 Q' 和 R'_D 的共同作用下，再经过一个 t_{pd} 使 $Q=0$。因此，为了确保基本 SR 锁存器可靠工作，输入信号 S'_D和 R'_D应该满足

$$t_{W(SD')}\geqslant 2t_{pd}, \quad t_{W(RD')}\geqslant 2t_{pd}$$

其中 t_W表示输入信号的保持时间，也称为宽度。

对于图 5-37(a)所示的门控锁存器，由于 $S'_D=(S\cdot CLK)'$、$R'_D=(R\cdot CLK)'$，因此要求输入信号 S 和 R 与时钟 CLK 的保持时间应满足

$$t_{W(S\cdot CLK)}\geqslant 2t_{pd}, \quad t_{W(R\cdot CLK)}\geqslant 2t_{pd}$$

门控锁存器具体的工作波形如图 5-37(b)所示。

2. 传输延迟时间

由于基本 SR 锁存从输入信号 S'_D和 R'_D改变到输出 Q 和 Q'完成状态更新的延迟时间为 $2t_{pd}$，再考虑门控与非门的传输延迟时间，所以门控锁存器从时钟和输入信号同时有效开始算起，到输出 Q 和 Q'完成状态更新的传输延迟时间为 $3t_{pd}$。

5.6.2　边沿触发器的动态特性

为了保证触发器在时钟脉冲的边沿能够可靠地采集输入数据，触发器的输入信号与时

钟脉冲之间应满足一定的时序要求。下面以边沿D触发器为例，介绍触发器的动态特性。

触发器的动态参数主要包括建立时间、保持时间和传输延迟时间三个主要的时序参数。上升沿工作的边沿D触发器的三种时序参数的定义如图5-38所示。

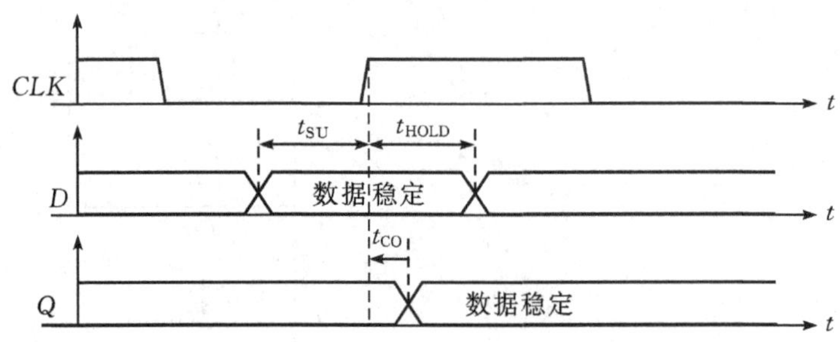

图5-38 D触发器三种时序参数的定义

(1)建立时间(setup time)是指时钟脉冲的有效沿到来之前，触发器的输入信号必须到达并且稳定的最短时间，用 t_{SU} 表示。也就是说，为了确保触发器在时钟脉冲的有效沿能够稳定地采集数据，输入信号至少应提前时钟脉冲的有效沿至少 t_{SU} 时间到达触发器的输入端。如果建立时间不够，输入数据将不能可靠地存入触发器。

对于上升沿工作的D触发器来说，t_{SU} 具体是指时钟 CLK 的上升沿到来之前输入信号 D 必须稳定的有效时间，如图5-38所示。

(2)保持时间(hold time)是指时钟脉冲的有效沿作用后，触发器的输入信号还必须维持的最短时间，用 t_{HOLD} 表示。如果保持时间不够，那么输入数据同样不能可靠地存入触发器。

对于D触发器，t_{HOLD} 具体是指时钟 CLK 上升沿作用后输入信号 D 必须维持的时间，如图5-38的所示。

(3)时钟到输出时间(clock-to-output time)是从时钟的有效沿开始算起，到触发器进行状态更新的延迟时间，用 t_{CO} 表示。

对于D触发器，t_{CO} 具体是指时钟 CLK 上升沿作用后输入信号 D 传输到输出端 Q 的延迟时间，如图5-38所示。

明确建立时间 t_{SU}、保持时间 t_{HOLD} 和时钟到输出时间 t_{CO} 的含义后，就可以通过触发器的时序参数要求来推算同步时序电路稳定工作时应满足的条件。这部分内容将在下一章时序电路中的竞争-冒险一节做进一步分析。

5.7* 锁存器和触发器的描述

在 Verilog HDL 中，always 过程语句把事件作为语句的执行条件，分为电平敏感事件和边沿触发事件两大类。其中电平敏感事件既可以用于描述组合逻辑电路，又可以用于描述时序逻辑电路，而边沿触发事件只用于描述时序逻辑电路。

5.7.1 锁存器的描述

电平敏感事件是指把敏感信号/变量的电平发生变化作为执行 always 语句的条件。锁存器可以用电平敏感事件来描述。例如，D 锁存器的功能描述如下：

```
module d_latch (clk,d,q);
  input clk,d;
  output reg q;
  always @(clk,d)
    if  (clk)  q<=d;
endmodule
```

上述过程语句表示 clk 或者 d 任意一个发生变化时，如果检测到 clk 为高电平，就把 d 赋给 q。由于没有定义 clk 为低电平时执行的操作，因此当 clk 为低电平，q 保持不变。

5.7.2 触发器的描述

边沿触发事件是指把信号/变量发生边沿跳变作为执行 always 语句的条件，分为上升沿触发（用关键词 posedge 描述）和下降沿触发（用关键词 negedge 描述）两种。例如，上升沿工作的 D 触发器的功能描述如下：

```
module d_ff (clk,d,q);
  input clk,d;
  output reg q;
  always @(posedge clk)
    q <= d;
endmodule
```

上述过程语句表示当时钟脉冲上升沿到来时，才将 d 赋给 q。

为了使用起来灵活方便，商品化的锁存器/触发器一般都附加有复位端和置位端，分为异步和同步两类。

实现异步置位/复位时，需要将复位/置位信号列入 always 过程语句的敏感事件列表中，当复位/置位有效时就能立即执行指定的操作。

【例 5-5】 ½74HC74 功能描述。

```
module HC74(clk,rd_n,sd_n,d,q);
  input clk,rd_n,sd_n,d;
  output reg q;
  always @(posedge clk or negedge rd_n or negedge sd_n)
    if ( ! rd_n )
      q <= 1'b0;
    else if(! sd_n)
      q <= 1'b1;
    else
      q <= d;
endmodule
```

【例 5-6】 ½74HC112 功能描述。

```
module HC112(clk,rd_n,sd_n,j,k,q);
```

```
    input clk,rd_n,sd_n,j,k;
    output reg q;
    always @(posedge clk or negedge rd_n or negedge sd_n)
      if (! rd_n)
        q <= 1'b0;
      else if (! sd_n)
        q <= 1'b1;
      else
        case ({j,k})
          2'b01: q <= 1'b0;        //置 0
          2'b10: q <= 1'b1;        //置 1
          2'b11: q <= ~q;          //翻转
          default:q <= q;          //保持
        endcase
  endmodule
```

同步复位/置位只有当时钟脉冲的有效沿到来时才能使触发器复位或者置位。实现同步复位/置位时，只需要将时钟脉冲的有效沿作为 always 过程语句的触发条件，然后在 always 内部语句块中检测置位/复位信号是否有效。例如，同步复位 D 触发器的功能描述如下：

```
module dff_sync_reset(clk,rst_n,d,q);
  input clk,rst_n,d;
  output reg q;
  always @(posedge clk)
    if (! rst_n)
      q <= 1'b0;
    else
      q <= d;
endmodule
```

5.8　设计实践

抢答器通常用于专项知识竞赛，以测试选手对知识掌握的熟练程度和反应速度。

抢答器的基本原理是：主持人掌握着一个按钮，用来将抢答器复位和启动抢答计时。抢答开始后，若有选手按下抢答按钮，则立即锁存抢答器并驱动电路指示选手的状态，同时封锁时钟脉冲禁止抢答器继续工作，将电路的状态一直保持到主持人将抢答器复位为止。

抢答器的主要功能有两个：一是分辨出选手抢答的先后顺序，锁定首个抢中选手的状态；二是封锁时钟，使抢答器对其他选手的抢答不再响应。这两个功能都可以通过锁存器或者触发器来实现。

四人抢答器的原理电路如图 5 - 39 所示，其中 74HC175 内部集成了 4 个 D 触发器，

MR'为复位端，低电平有效。主持人掌握按钮 S0，四位选手分别掌握着按钮 S1、S2、S3 和 S4，D1、D2、D3 和 D4 分别为选手的状态指示灯。

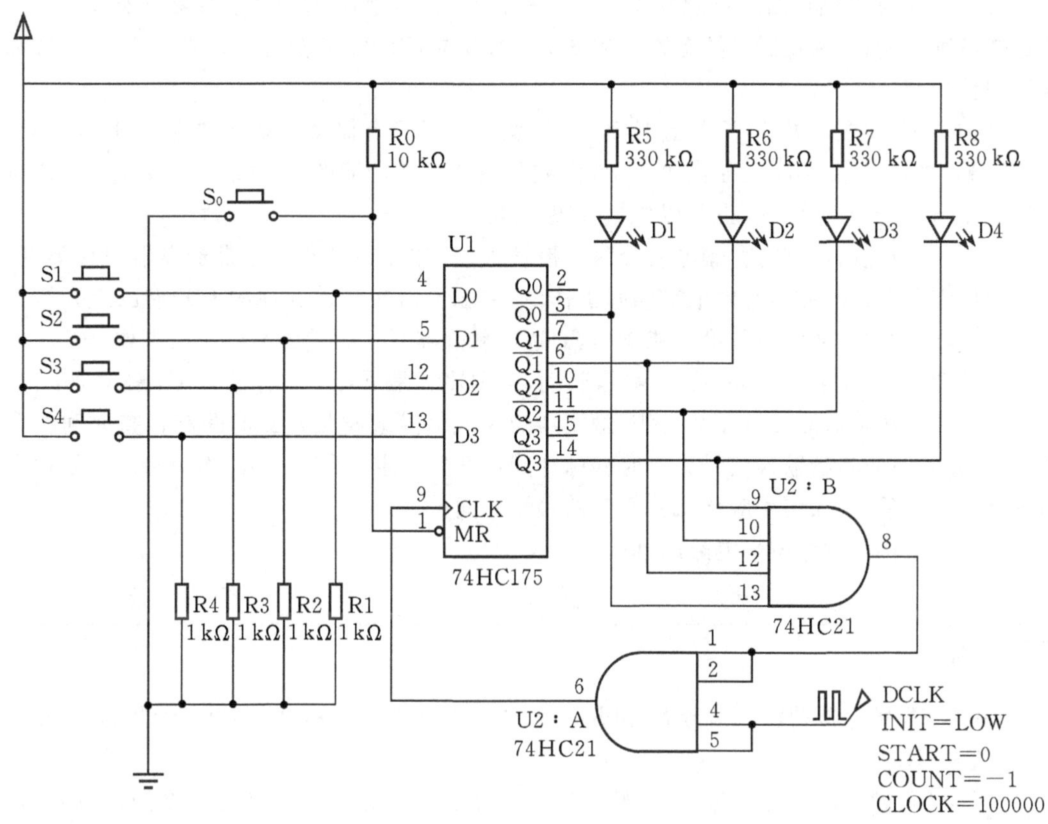

图 5-39　四人抢答器参考设计图

当主持人按下 S0 后将 4 个 D 触发器清零，这时 $Q'_0 \sim Q'_3$为高电平，因此 4 个发光二极管 D1～D4 均不亮，同时与门 U2:B 的输出为高电平，因此时钟脉冲 *DCLK* 可以通过与门 U2:A 为 74HC175 提供时钟。

当有选手按下抢答按钮，例如 1 号选手按下 S1 时，在时钟脉冲的作用下将 Q_0置 1，这时 Q'_0为低电平驱动发光二极管 D1 亮，同时与门 U2:B 输出低电平将与门 U2:A 封锁。74HC175 因为没有时钟脉冲而停止工作，所以对其他选手的开关没有响应，直到主持人将抢答电路复位，$Q'_0 \sim Q'_3$恢复高电平，与门 U2:B 输出返回高电平，74HC175 的时钟恢复，才能进行下一轮抢答。

取时钟脉冲 *DCLK* 的频率为 100 kHz 时，可识别选手抢答的最小时差为 10 μs。图中限流电阻 $R_1 \sim R_4$ 的具体阻值需要按所驱动发光二极管的参数进行计算。

本章小结

锁存器和触发器是数字电路中基本的存储器件，一个锁存器/触发器能够存储一位二值信息。

锁存器分为 SR 锁存器和 D 锁存器两种类型，其中 SR 锁存器具有置 0、置 1 和保持三种功能，而 D 锁存器只具有置 0 和置 1 两种功能。

触发器分为 SR 触发器、D 触发器和 JK 触发器三种类型，其中 SR 触发器具有置 0、置 1 和保持三种功能，D 触发器只具有置 0 和置 1 两种功能，而 JK 触发器具有置 0、置 1、保持和翻转四种功能。

将 JK 触发器的 J 端和 K 端连接到一起，就构成了只有保持和翻转功能的 T 触发器。将 JK 触发器的 J 端和 K 端接高电平，就构成了只有翻转功能的 T′触发器。另外，将 D 触发器的输出 Q' 连接到 D 端，也可以构成 T′触发器。

按照动作特点，可以将存储电路分为门控锁存器、脉冲触发器和边沿触发器三种类型，其中门控锁存器在时钟的有效电平期间工作，脉冲触发器在时钟脉冲的上升沿已经开始工作，但延迟到时钟脉冲的下降沿才能输出，而边沿触发器只在时钟脉冲的边沿工作。

74HC74 是上升沿工作的双 D 触发器，而 74HC112 是下降沿工作的双 JK 触发器。

为了保证触发器能够可靠地工作，触发器的输入信号应满足建立时间和保持时间的要求，其中建立时间是指输入信号先于时钟脉冲到达并且稳定的最短时间，而保持时间是指在时钟脉冲作用后，输入信号应该保持不变的最短时间。

触发器是构成时序逻辑电路的基础。

习 题

5.1 基本 SR 锁存器的输入信号 S_D 和 R_D 的波形如图题 5.1 所示，画出锁存器状态 Q 和 Q' 的波形。

5.2 门控 SR 锁存器的时钟脉冲 CLK 和输入信号 S 和 R 的波形如图题 5.2 所示，画出锁存器状态 Q 和 Q' 的波形（设 Q 的初始状态为 0）。

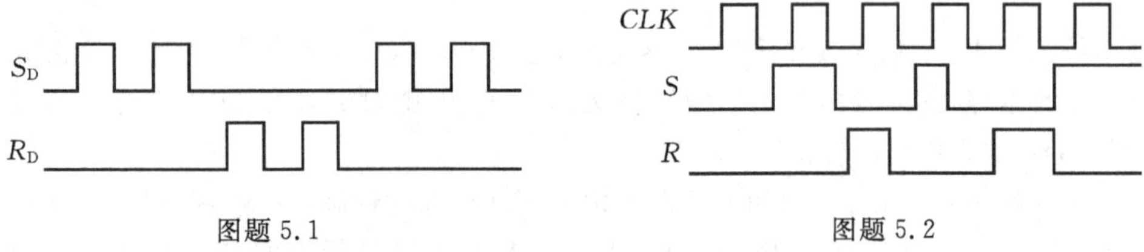

图题 5.1　　图题 5.2

5.3 脉冲 SR 触发器的时钟 CLK 以及输入信号 A、B 的波形如图题 5.3 所示，分别画出触发器的状态 Q_1 和 Q_2 的波形。设触发器的初始状态为 0。

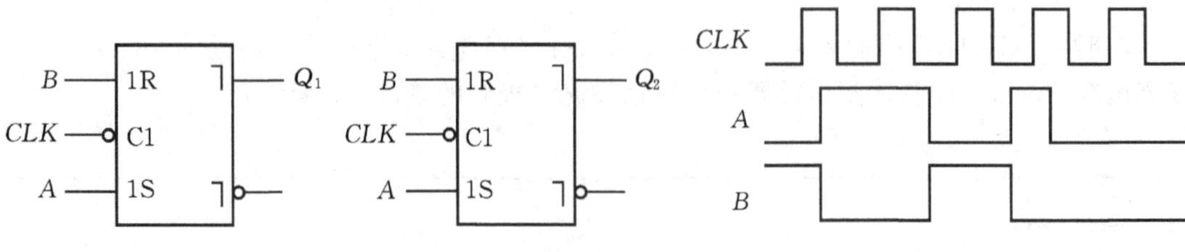

图题 5.3

5.4　脉冲 JK 触发器的时钟脉冲 CLK 以及输入信号 J、K 的波形如图题 5.4 所示，画出触发器状态 Q 的波形。设触发器的初始状态为 0。

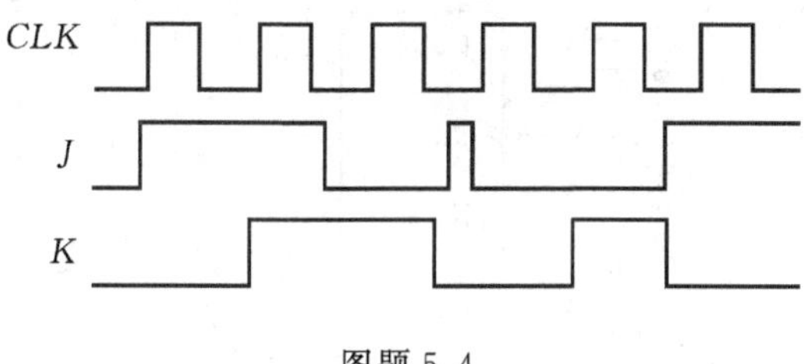

图题 5.4

5.5　边沿 D 触发器在时钟脉冲的上升沿工作。设时钟脉冲 CLK 以及输入信号 D 的波形如图题 5.5 所示，画出触发器状态 Q 的波形。设触发器的初始状态为 0。

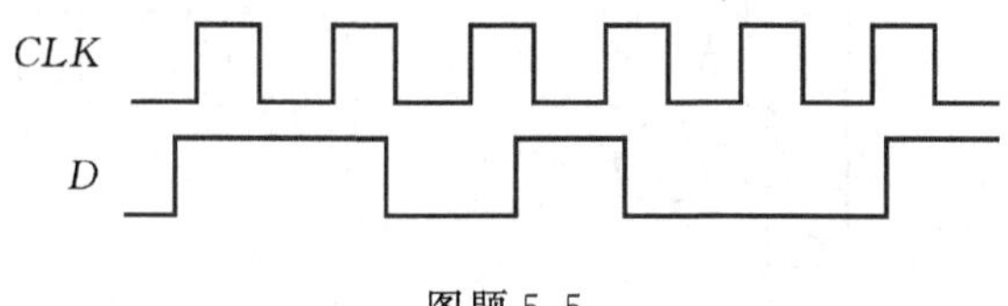

图题 5.5

5.6　边沿 D 触发器在时钟脉冲的下降沿工作。设时钟脉冲 CLK 以及输入信号 D 的波形如图题 5.5 所示，画出触发器状态 Q 的波形。设触发器的初始状态为 0。

5.7　触发器应用电路如图题 5.7 所示。画出在时钟脉冲序列 CLK 的作用下各触发器状态 Q 的波形。设触发器的初始状态均为 0。

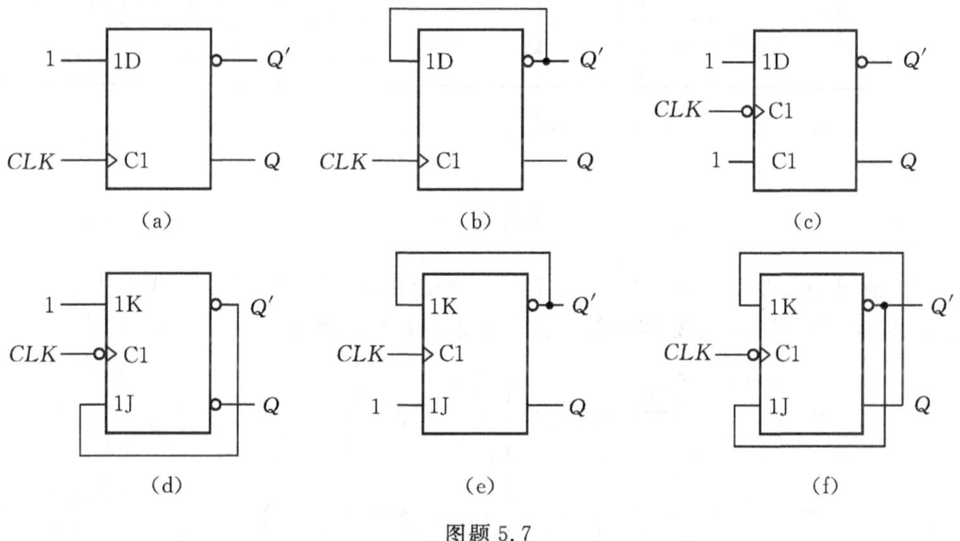

图题 5.7

5.8　触发器应用电路如图题 5.8 所示。画出在时钟脉冲 CLK 和输入信号 A、B 的作用下 Q_1 和 Q_2 的波形。设触发器的初始状态为 0。

5.9　两相脉冲源产生电路如图题 5.9 所示。画出在时钟脉冲 CLK 的作用下触发器的状态 Q、Q' 以及输出 v_{O1}、v_{O2} 的波形。设触发器的初始状态为 0。

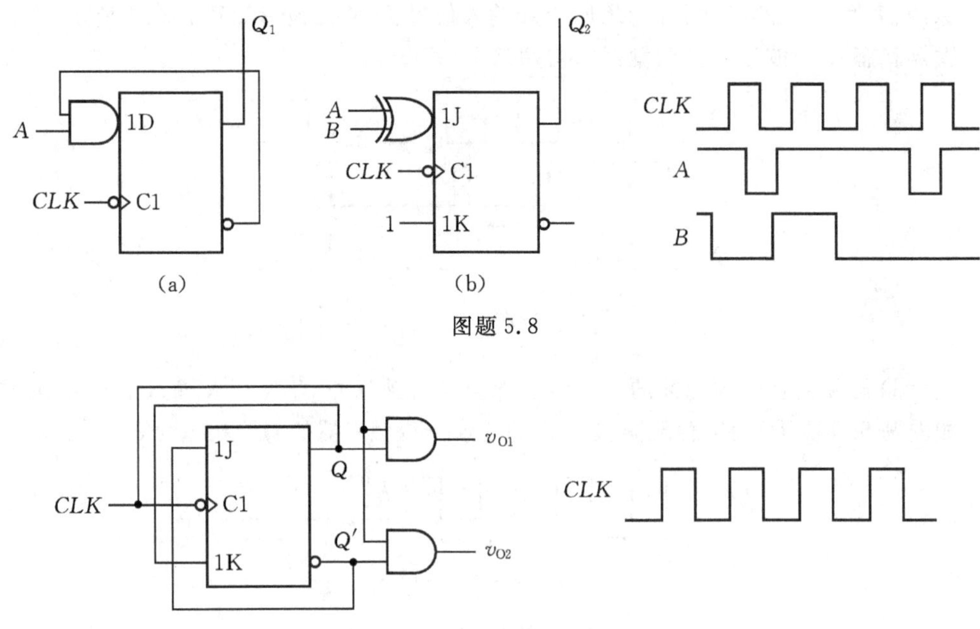

图题 5.8

CLK
v_{O1}
v_{O2}
Q
Q′
1J
C1
1K

图题 5.9

5.10 触发器应用电路如图题 5.10 所示。已知时钟脉冲 CLK 和输入信号 D 的波形，画出 Q_0 和 Q_1 的波形。设触发器的初始状态均为 0。

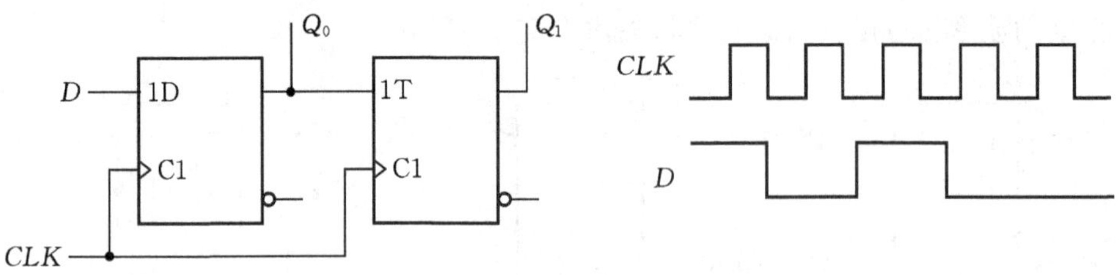

图题 5.10

5.11 两相脉冲源产生电路如图题 5.11 所示。画出在脉冲序列 CLK 的作用下 φ_1、φ_2 的输出波形，并说明 φ_1、φ_2 的相位差。设触发器的初始状态为 0。

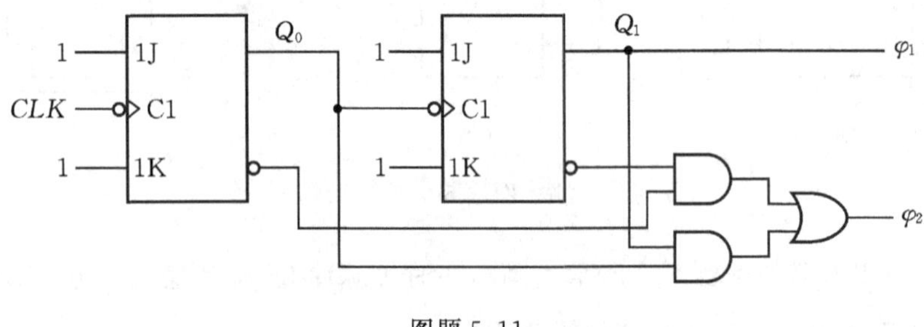

图题 5.11

5.12 触发器应用电路如图题 5.12 所示。已知时钟脉冲 CLK 和复位信号 R'_D 的波形，画

出触发器状态 Q_0、Q_1 的波形。设触发器的初始状态为 0。

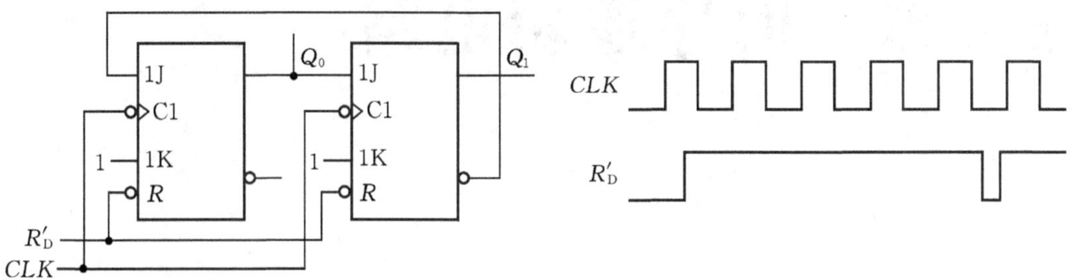

图题 5.12

5.13　如果定义一种新触发器的逻辑功能为 $Q^* = X \oplus Y \oplus Q$，分别用 JK 触发器、D 触发器和门电路实现这种新触发器。

5.14　触发器应用电路如图题 5.14 所示。已知时钟脉冲 CLK 和输入信号 D 的波形，画出触发器状态 Q_0、Q_1 以及输出 v_O 的波形。设触发器的初始状态均为 0。

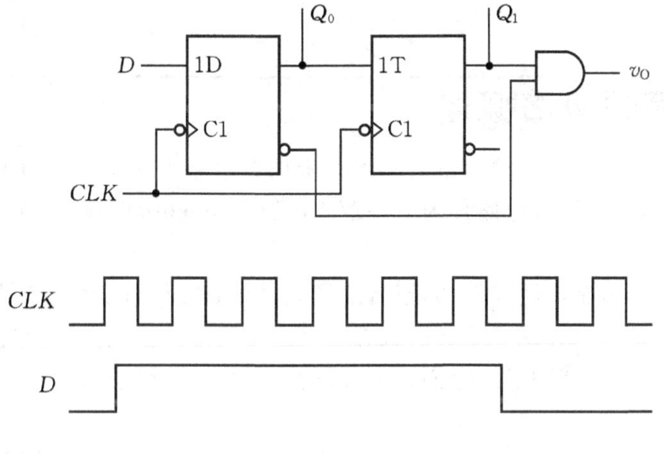

图题 5.14

5.15　触发器应用电路如图题 5.15(a)所示。画出在图 5.15(b)所示时钟脉冲 CLK 和输入信号 D 作用下，D 触发器的状态 Q_1 和 D 锁存器的状态 Q_2 的波形。设 Q_1 和 Q_2 的初始状态均为 0。

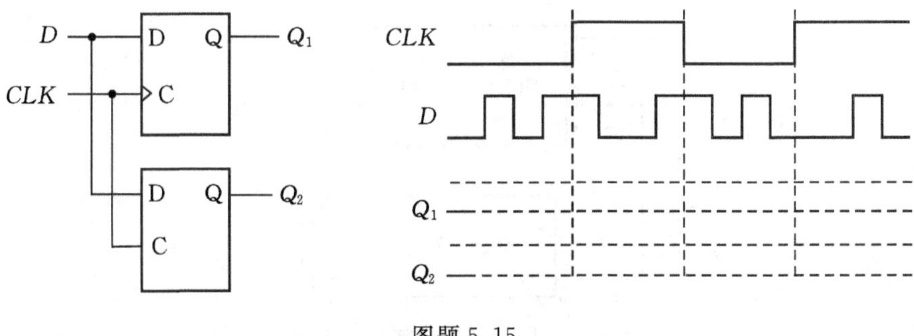

图题 5.15

第 6 章　时序逻辑电路

数字电路分为组合逻辑电路和时序逻辑电路两大类。组合逻辑电路是构成数字系统的基础，时序逻辑电路是构成数字系统的核心。

本章首先讲述时序逻辑电路的基本概念以及分析与设计方法，然后分析寄存器/移位寄存器的结构、功能与应用，讲述常用计数器的设计原理以及容量扩展和改接方法，介绍两种典型的时序单元电路——顺序脉冲发生器和序列信号产生器，最后简要介绍时序电路的竞争-冒险和稳定工作条件。

6.1　时序逻辑电路概述

如果数字电路任意时刻的输出不但与当时所加在电路上的输入信号有关，而且还与电路的状态也有关系，那么这种电路称为时序逻辑电路(sequential logic circuits)，简称时序电路。

时序电路的应用非常广泛。例如，银行工作人员用点钞机清点钞票的张数，十字路口的交通信号灯装置以倒计时方式显示交通状态的剩余时间等。在点钞机和交通信号灯装置中有一类时序逻辑器件——计数器，它们以加/减的方式统计钞票的张数和当前状态的剩余时间。

时序逻辑电路既然与电路的状态有关，那么在时序电路中存在能够记忆电路状态的存储器件，而最基本的存储器件就是第 5 章讲述的锁存器/触发器。

时序逻辑电路的一般框图如 6－1 所示，其结构有两个特点：①由组合电路和存储电路两部分构成；②存储电路的输出必须反馈到组合电路的输入端，与组合电路的输入一起决定时序逻辑电路的输出。

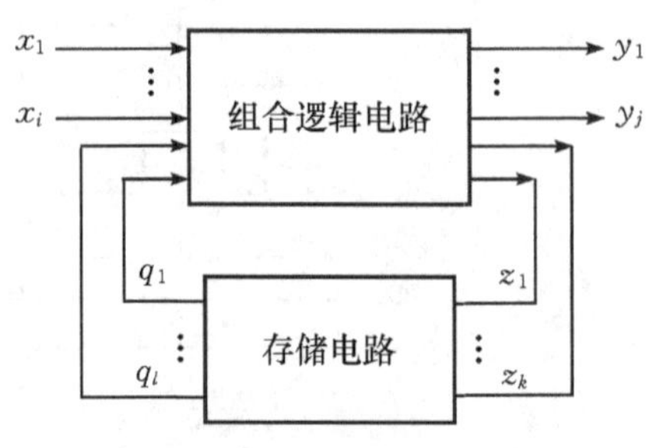

图 6－1　时序逻辑电路结构框图

为了便于用数学方法描述时序电路的逻辑功能，先定义四种信号：

x_1、x_2、…、x_i表示时序电路的外部输入信号；

y_1、y_2、…、y_j表示时序电路的外部输出信号；

q_1、q_2、…、q_l表示时序电路的内部输入信号；

z_1、z_2、…、z_k表示时序电路的内部输出信号。

其中 i、j、k、l 均为非负整数。

这四种信号之间的关系通常用三组方程来描述。

(1)输出方程组。输出方程组用于描述时序电路外部输出信号与外部输入信号和状态之间的关系。从组合逻辑电路的角度看，外部输出信号 y_1、…、y_j不但与外部输入信号 x_1、…、x_i有关，而且与现态 q_1、…、q_l有关系，因此外部输出信号是外部输入信号和现态的逻辑函数，即

$$\begin{cases} y_1 = f_1(x_1, x_2, \cdots, x_i, q_1, q_2, \cdots, q_l) \\ y_2 = f_2(x_1, x_2, \cdots, x_i, q_1, q_2, \cdots, q_l) \\ \quad\vdots \\ y_j = f_j(x_1, x_2, \cdots, x_i, q_1, q_2, \cdots, q_l) \end{cases}$$

上式称为时序电路的输出方程组。

(2)驱动方程组。驱动方程组用于描述时序电路内部输出信号(存储电路的驱动信号)与外部输入信号和状态之间的关系。从组合逻辑电路的角度看，内部输出信号 z_1、…、z_k同样是外部输入信号 x_1、…、x_i和现态 q_1、…、q_l的逻辑函数，即：

$$\begin{cases} z_1 = g_1(x_1, x_2, \cdots, x_i, q_1, q_2, \cdots, q_l) \\ z_2 = g_2(x_1, x_2, \cdots, x_i, q_1, q_2, \cdots, q_l) \\ \quad\vdots \\ z_k = g_k(x_1, x_2, \cdots, x_i, q_1, q_2, \cdots, q_l) \end{cases}$$

上式称为时序电路的驱动方程组。

(3)状态方程组。状态方程组用于描述时序电路中存储电路的次态与输入及现态之间的关系。存储电路的输出为时序逻辑电路内部输入信号 q_1、…、q_l，存储电路的输入为时序逻辑电路内部的输出信号 z_1、…、z_k。根据触发器的原理可知，存储电路的次态 q_1^*、…、q_l^*是输入信号 z_1、…、z_k和现态 q_1、…、q_l的逻辑函数，即：

$$\begin{cases} q_1^* = h_1(z_1, z_2, \cdots, z_k, q_1, q_2, \cdots, q_l) \\ q_2^* = h_2(z_1, z_2, \cdots, z_k, q_1, q_2, \cdots, q_l) \\ \quad\vdots \\ q_l^* = h_l(z_1, z_2, \cdots, z_k, q_1, q_2, \cdots, q_l) \end{cases}$$

上式称为时序电路的状态方程组。

为了方便起见，上述三组方程也可以表示成向量形式：

$$\boldsymbol{Y} = F[\boldsymbol{X}, \boldsymbol{Q}]$$

$$\boldsymbol{Z} = G[\boldsymbol{X}, \boldsymbol{Q}]$$

$$\boldsymbol{Q}^* = H[\boldsymbol{Z}, \boldsymbol{Q}]$$

其中 $\boldsymbol{X} = (x_1, x_2, \cdots, x_i)$、$\boldsymbol{Y} = (y_1, y_2, \cdots, y_j)$、$\boldsymbol{Z} = (z_1, z_2, \cdots, z_k)$，$\boldsymbol{Q} = (q_1, q_2, \cdots, q_l)$。

根据时序电路内部存储单元状态更新的不同特点，将时序逻辑电路分为两大类：同步(synchronous)时序电路和异步(asynchronous)时序电路。

同步时序电路内部所有的存储单元受同一时钟脉冲控制，所以当时钟脉冲的有效沿到来时，内部状态更新是同时进行的。而异步时序电路内部的存储单元不完全受同一时钟脉冲控制，因而状态更新不是同时进行的。

另外，根据时序电路输出信号的不同特点，将时序电路分为 Mealy 和 Moore 两种类型。Mealy 型电路的输出不但与状态有关，而且与输入信号也有关系，即 $\boldsymbol{Y}=F[\boldsymbol{X},\boldsymbol{Q}]$，而 Moore 型电路的输出只与状态有关，即 $\boldsymbol{Y}=F[\boldsymbol{Q}]$。

Moore 型电路可以分为两种情况：一是时序逻辑电路本身没有外部的输入信号，因此其输出只与状态有关。这种情况可以看作是 Mealy 型电路的特例；二是时序电路本身有外部的输入信号，但外部输入信号不直接决定其输出。也就是说，外部输入信号的变化先引起状态的变化，而状态的变化再决定输出信号的变化。

6.2 时序电路的功能描述

时序逻辑电路与组合逻辑电路不同，电路的状态与时间有关，存在现态和次态的概念，因而与组合电路的功能描述方法不同。

虽然输出方程组、驱动方程组和状态方程组用数学的方法能够系统地描述时序电路的功能，但不直观，因此通常需要借助一些直观形象的图表来描述时序电路的逻辑功能。常用的有状态转换表、状态转换图和时序图三种。

6.2.1 状态转换表

状态转换表，简称状态表，是以表格的形式描述时序电路的次态 Q^*、外部输出信号 Y 与外部输入信号 X 以及现态 Q 之间的关系。

状态转换表有表 6-1 和表 6-2 所示的两种常用的形式。表 6-1 左栏为现态、中间栏为次态，右侧栏为输出；表6-2左栏为时钟序号、中间栏为状态，右侧栏为输出。这两种状

表 6-1　状态转换表形式 1

现态 $Q_2Q_1Q_0$	次态 $Q_2^*Q_1^*Q_0^*$		输出 Y	
	$X=0$ 时	$X=1$ 时	$X=0$ 时	$X=1$ 时
0 0 0	0 0 1	1 1 1	0	1
0 0 1	0 1 0	0 0 0	0	0
0 1 0	0 1 1	0 0 1	0	0
0 1 1	1 0 0	0 1 0	0	0
1 0 0	1 0 1	0 1 1	0	0
1 0 1	1 1 0	1 0 0	0	0
1 1 0	1 1 1	1 0 1	0	0
1 1 1	0 0 0	1 1 0	1	0

态表等价，相比来说，表 6-2 所示的状态转换表更能清晰地反映在时钟脉冲作用下状态的变化关系，因而更为常用。

表 6-2 状态转换表形式 2

时钟序号 CLK	状态 $Q_2Q_1Q_0$		输出 Y	
	X=0 时	X=1 时	X=0 时	X=1 时
0	0 0 0	0 0 0	0	1
1	0 0 1	1 1 1	0	0
2	0 1 0	1 1 0	0	0
3	0 1 1	1 0 1	0	0
4	1 0 0	1 0 0	0	0
5	1 0 1	0 1 1	0	0
6	1 1 0	0 1 0	0	0
7	1 1 1	0 0 1	1	0
8	0 0 0	0 0 0	0	1

6.2.2 状态转换图

状态转换图，简称状态图，是以图形的方式描述时序电路的逻辑功能。

表 6-1 或 6-2 所示的状态转换表对应的状态转换图如图 6-2 所示。状态图中每个状态用一个圆圈儿表示，圈儿内的数字表示状态编码，圈儿外的箭头线表示状态的转换方向，并在线旁标明状态转换的输入条件和输出结果。通常将输入条件写在斜线的上方，将输出结果写在斜线的下方。

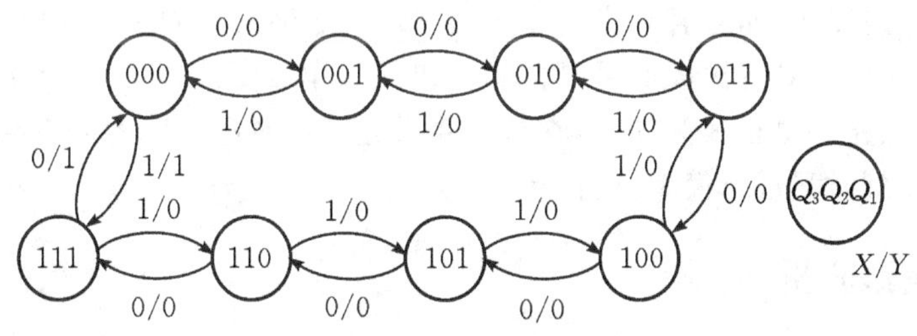

图 6-2 状态转换图

6.2.3 时序图

时序图，又称为波形图，是用随时间变化的波形来描述时钟脉冲、输入信号、输出信号以及电路状态之间的对应关系。

在数字系统仿真或数字电路实验中，经常利用波形图来验证或检查时序电路的逻辑功能。图 6-2 所示时序电路在 X=0 时的波形如图 6-3 所示。

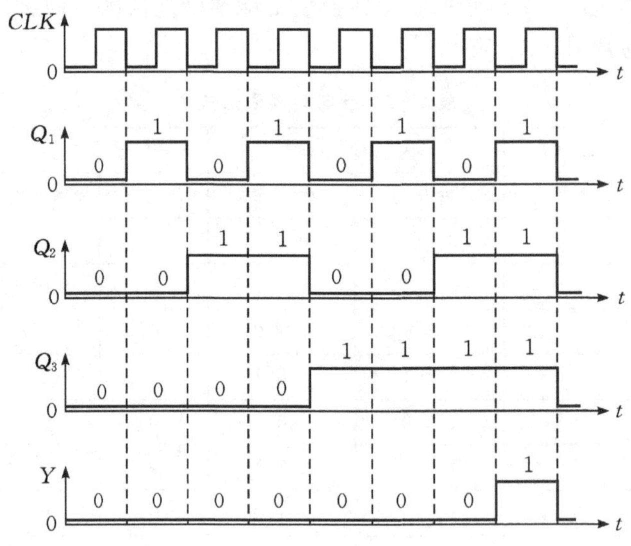

图 6-3　图 6-2 时序电路的波形图

6.3　时序电路的分析与设计

三组方程(输出方程组、驱动方程组和状态方程组)是时序逻辑电路分析与设计的理论基础。

同步时序逻辑电路内部存储单元状态的更新是同时进行的，不仅工作速度快，而且可靠性高，但电路结构比异步时序电路相对复杂一些。异步时序逻辑电路内部存储单元的状态不要求同时更新，因而可以根据需要来选择每个存储单元的时钟，所以设计更灵活，电路结构更简单，但工作速度慢，而且容易产生竞争-冒险，可靠性没有同步时序电路高。

由于同步时序电路具有更高的可靠性和更快的工作速度，因此在设计数字系统时，建议设计为同步时序电路。也正因为如此，本节主要讲述同步时序电路的分析与设计方法，对于异步时序电路，用到时只进行简单分析。

6.3.1　时序电路分析

所谓时序电路分析，就是对于给定的时序电路，确定其逻辑功能和工作特点。具体的方法是，分析在一系列时钟脉冲的作用下电路状态的转换规律和输出信号的变化规律，根据得到的状态转换表、状态转换图或者波形图，推断时序电路的逻辑功能。

同步时序逻辑电路分析的一般步骤是：

(1)写出输出方程组和驱动方程组。明确时序电路所用触发器的类型和触发方式，写出各触发器的驱动方程，以及外部输出信号的表达式。

(2)求出状态方程组。将驱动方程代入相应触发器的特性方程中，得到各触发器次态的函数表达式——状态方程。需要注意，状态方程组只有在时钟信号的有效沿到来时才成立。

(3)列出状态转换表，画出状态转换图(或时序图)。设定时序电路的初始状态，根据输入和现态分析在一系列时钟脉冲的作用下时序电路的次态和相应的输出，列出状态转换表或画出状态转换图。需要注意的是,在分析过程中不要漏掉任何可能出现的现态和输入的取值组合,把相应的次态和输出计算出来。

(4)确定逻辑功能。根据状态转换表、状态转换图或波形图,推断时序电路的逻辑功能和工作特点。

【例 6-1】 写出图 6-4 所示时序电路的驱动方程、状态方程和输出方程,并说明电路的逻辑功能。

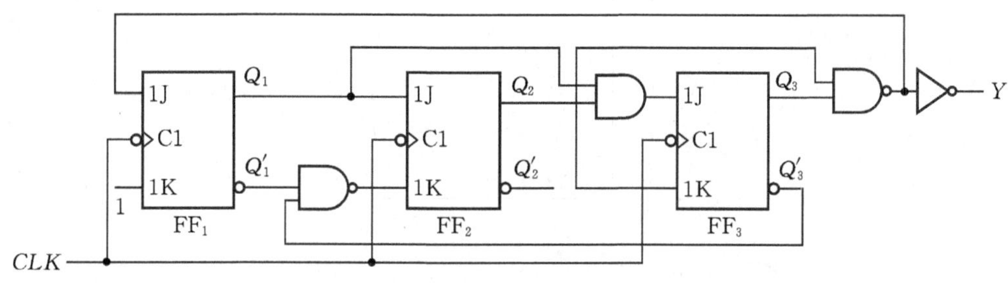

图 6-4 例 6-1 图

分析 该电路内部有 3 个 JK 触发器,受同一时钟脉冲 CLK 的控制,因此为同步时序逻辑电路。另外,该电路没有外部输入信号,所以其输出 Y 只与状态有关,为 Moore 型电路。

(1)写出输出方程和状态方程组。电路只有一个输出 Y,其函数表达式为

$$Y=Q_2Q_3$$

电路内部有三个 JK 触发器,所以有六个驱动方程

$$\begin{cases}J_1=(Q_2Q_3)'\\K_1=1\end{cases}\quad\begin{cases}J_2=Q_1\\K_2=(Q'_1Q'_3)'\end{cases}\quad\begin{cases}J_3=Q_1Q_2\\K_3=Q_2\end{cases}$$

(2)求出状态方程组。将驱动方程组代入 JK 触发器的特性方程 $Q^*=JQ'+K'Q$ 中,即可得到电路的状态方程

$$\begin{cases}Q_1^*=J_1Q'_1+K'_1Q_1=(Q_2Q_3)'Q'_1\\Q_2^*=J_2Q'_2+K'_2Q_2=Q_1Q'_2+Q'_1Q'_3Q_2\\Q_3^*=J_3Q'_3+K'_3Q_3=Q_1Q_2Q'_3+Q'_2Q_3\end{cases}$$

(3)列出状态表,画出状态转换图(或时序图)。状态方程组和输出方程是通过数学表达式确定了时序电路的逻辑功能,但不直观,因此需要分析在一系列时钟脉冲的作用下,电路状态的具体转换规律和输出的变化规律,画出状态转换图或列出转换表。

设电路的初始状态 $Q_3Q_2Q_1=000$。将 $Q_3Q_2Q_1=000$ 代入到状态方程组和输出方程中,得到在第一个时钟脉冲作用下电路的次态和输出,再将这组状态作为现态,分析在第二个时钟脉冲作用下电路的次态和输出,依次类推,得到表 6-3 所示的状态转换表。

由于三个触发器共有 8 种状态,而表 6-3 所示的状态转换表只列出了其中 7 个状态,没有包含状态“111”。将 $Q_3Q_2Q_1=111$ 为初始状态代入到状态方程中,求得次态 $Q_3^*Q_2^*Q_1^*=000$,说明状态“111”经过一个时钟脉冲就可以回到表 6-3 所示的状态循环中,所以完整的状态转换图如图 6-5 所示。

表 6-3 例 6-1 电路的转换状态表

CLK	$Q_3\ Q_2\ Q_1$	Y
0	0 0 0	0
1↓	0 0 1	0
2↓	0 1 0	0
3↓	0 1 1	0
4↓	1 0 0	0
5↓	1 0 1	0
6↓	1 1 0	1
7↓	0 0 0	0

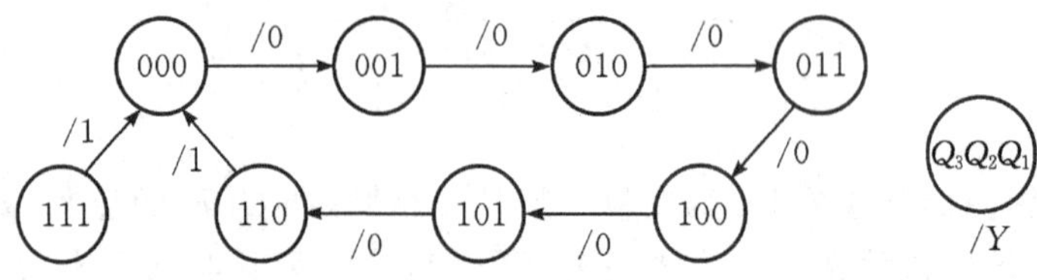

图 6-5 例 6-1 电路状态转换图

(4)确定电路的逻辑功能。从图 6-5 可以看出，若电路的初始状态为“000”，当状态到达“110”时，下一个时钟到来后回到了初始状态，因此在时钟序列的作用下，电路的状态和输出必然按图 6-5 所示的转换关系反复循环。状态每次到达“110”时，输出 $Y=1$，因此，推断该电路是一个同步七进制计数器，Y 为计数器的进位信号。

例 6-1 的七进制计数器只使用了“000～110”六个状态，其中状态“111”没有用到，称为无效状态。从图 6-5 可以看出，无效状态经过有限个时钟脉冲能回到有效循环状态中，因此称为该电路具有“自启动”功能。

【例 6-2】 分析图 6-6 所示时序电路的逻辑功能。

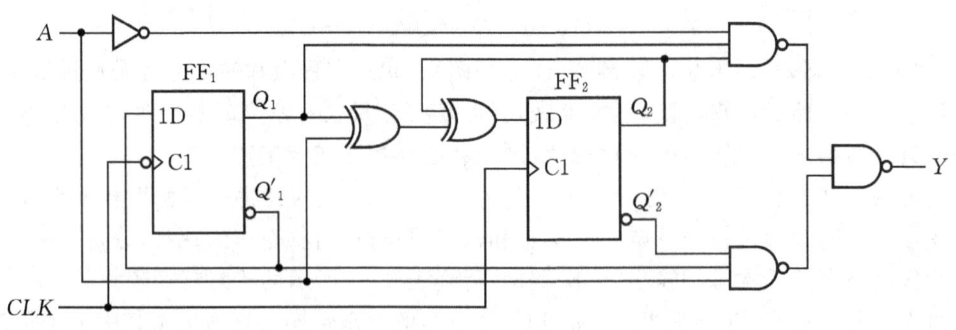

图 6-6 例 6-2 图

分析 该电路内部有两个 D 触发器，同时受外部时钟 CLK 的控制，所以为同步时序逻辑电路。由于输出 Y 与输入 A 有关，故为 Mealy 型电路。

(1)写出输出方程和驱动方程组。该时序电路只有一个输出信号,表达式为

$$Y=((A'Q_1Q_2)'(AQ'_1Q'_2))'=A'Q_1Q_2+AQ'_1Q'_2$$

该电路内部有两个D触发器,故驱动方程组为

$$\begin{cases}D_1=Q'_1\\D_2=A\oplus Q_1\oplus Q_2\end{cases}$$

(2)求出状态方程组。将驱动方程组代入 D 触发器的特性方程,得到该时序电路的状态方程组

$$\begin{cases}Q_1^*=Q'_1\\Q_2^*=A\oplus Q_1\oplus Q_2\end{cases}$$

(3)列出状态转换表,画出状态转换图。设电路的初始状态 $Q_2Q_1=00$。外部输入信号 $A=0$ 和 $A=1$ 时,状态转换表如表6-4所示,由状态转换表可画出图6-7所示的状态转换图。

表6-4 例2电路状态转换表

CLK	A=0		A=1	
	Q_2 Q_1	Y	Q_2 Q_1	Y
0	0 0	0	0 0	1
1↑	0 1	0	1 1	0
2↑	1 0	0	1 0	0
3↑	1 1	1	0 1	0
4↑	0 0	0	0 0	0

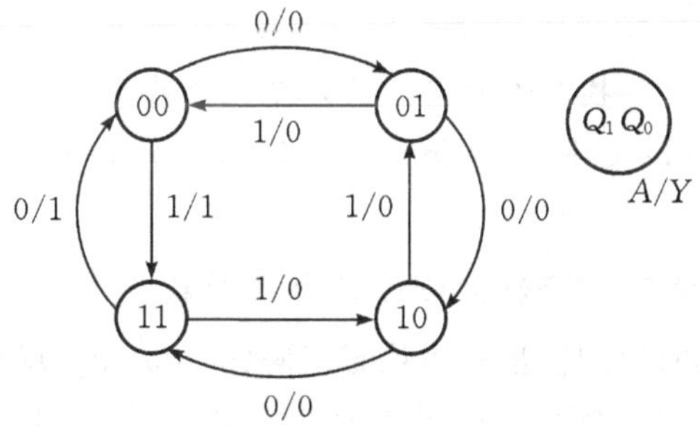

图6-7 例6-2电路状态转换图

(4)确定逻辑功能。当外部输入信号 $A=0$ 时,电路状态转移按照00→01→10→11→00→……规律循环,在状态11时输出 $Y=1$;当外部输入信号 $A=1$ 时,电路状态转移按00→11→10→01→00→……的规律循环,在状态00时输出 $Y=1$,所以该电路为同步四进制加/减计数器:当 $A=0$ 时为四进制加法计数器,Y 为进位信号;$A=1$ 时为四进制减法计数器,Y 为借位信号。

由于两个触发器的4个状态均为有效状态,所以该电路具有自启动功能。

6.3.2 时序电路设计

所谓时序电路设计，就是对于给定的时序逻辑问题，设计出能够满足逻辑功能要求的时序电路。

从时序电路的分析过程可以看出，只要能够得到驱动方程组和输出方程组，结合所选触发器的类型，就可以画出时序电路图，所以时序电路设计的关键是求出电路的驱动方程组和输出方程组。

对于同步时序逻辑电路，由于内部各触发器的时钟相同，而且时钟只起同步控制作用，所以设计过程相对简单。具体设计步骤如图 6-8 所示。

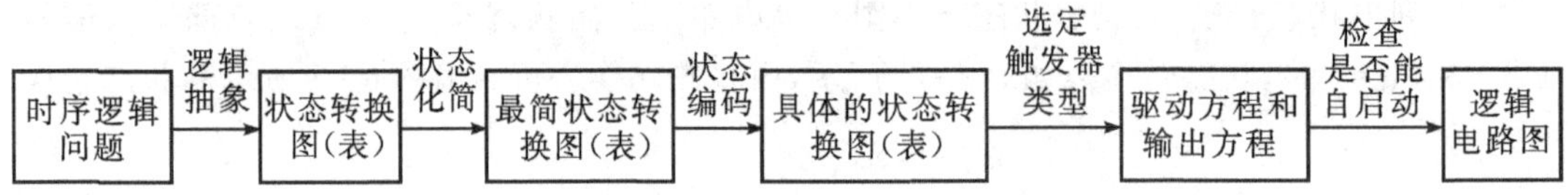

图 6-8 时序逻辑电路设计步骤

1. 逻辑抽象，画出原始的状态转换图或列出状态转换表

逻辑抽象就是分析给定的逻辑问题，确定输入变量、输出变量和电路的状态数，并且定义每个输入变量、输出变量和状态的具体含义，画出能够表述电路逻辑功能的状态转换图或列出状态转换表。

2. 状态化简，获得最简的状态转换图或状态转换表

在逻辑抽象过程中，为了确保电路逻辑功能的正确性，在设定的状态中有可能包含冗余的状态。如果电路的状态数越多，则设计出的电路越复杂。在满足功能要求的前提下，我们希望设计出的电路越简单越好，因此需要进行状态化简，消除冗余的状态。

状态化简的基本方法是寻找等价状态。若两个状态在相同的输入条件下，转换到相同的次态中去，并且具有相同的输出，那么称这两个状态为等价状态。等价状态是重复的，可以合并为一个状态。

3. 状态编码，得到具体的状态转换图或状态转换表

为每个状态指定具体取值的过程称为状态编码(encoding)，或称为状态分配。

状态编码应该遵循一定的规律，即要考虑到时序电路工作的可靠性，又要易于识别，方便记忆。

目前，常用的编码方式有顺序编码、循环编码和一位热码等多种编码方式。

顺序编码(sequential encoding)即按二进制或者 BCD 码的自然顺序对状态进行编码。顺序编码的优点是简单，容易记忆，但在进行状态转换时会有多位同时发生变化的情况。例如，从状态“0111”转换到“1000”时电路内部 4 个触发器同时发生变化，如果触发器的状态变化有明显的时差，则会产生竞争-冒险，因此顺序编码不利于提高电路工作的可靠性。

循环码的特点是任意两个相邻状态只有一位不同。若用循环码对状态进行编码，当电路在相邻状态之间转换时，不会产生竞争-冒险，因而可靠性很高。但对于复杂的时序电路设计，当状态不在相邻状态之间转换时，同样容易产生竞争-冒险，因此循环码适合于编码状

态转换关系简单的时序逻辑电路。

采用顺序编码或者循环编码时，所用触发器的个数 M 根据化简后的状态数 n 确定。M 和 n 应满足：

$$2^{n-1} < M \leqslant 2^n$$

一位热码(one-hot encoding)是指任意一组状态编码中只有一位为 1，其余均为 0。采用一位热码对状态进行编码时，n 个状态就需要用 n 个触发器，即 $M=n$。由于一位热码在任意状态间转换时只有两位发生变化，因而可靠性比顺序编码方式高，而且状态译码电路简单。

状态编码方案直接关系到设计出电路的经济性和可靠性等问题，因此需要根据具体的设计要求合理选用。

状态编码完成后，经过逻辑抽象和状态化简得到的抽象的状态转换图或者状态转换表就转化为具体的状态转换图或者状态转换表，反映了在时钟脉冲和输入信号的作用下，时序电路内部存储单元的状态变化规律以及相应的输出关系。

4. 求出驱动方程组、输出方程组和状态方程组

用卡诺图表示每个存储单元的次态、外部输出信号与现态以及输入信号之间的关系，从中推出状态方程组和输出方程组，再结合所选触发器的特性方程，求出相应的驱动方程组。

从理论上讲，电路设计所用的触发器类型可以任选。一般来说，选用功能强大的 JK 触发器设计过程复杂而电路简单，选用功能简单的 D 触发器则设过程简单而电路复杂。

5. 检查电路能否自启动

若状态编码时存在无效状态，就需要检查所设计的电路是否具有自启动功能。自启动功能是指时序电路处于无效状态时，经过有限个时钟脉冲能够回到有效循环中。要求电路能够自启动的实际意义是指当电路在加电过程中或因干扰脱离正常状态时，能够自动返回到有效循环中。

当电路不具有自启动功能时，需要合理指定状态编码或修改化简过程，使无效状态经过有限个时钟脉冲能够自动回到有效循环中，从而使电路具有自启动功能。

当电路不具有自启动功能或者因某些特殊的原因，也可以在加电时应用触发器的复位与置位功能将电路的初始状态强制设置为某个有效状态。

6. 画出电路图

设计完成后，根据选用触发器的类型以及所求出的驱动方程组和输出方程组，画出时序电路图。

【例 6-3】 设计一个带有进位输出的同步七进制计数器。

设计过程

(1)逻辑抽象，画出原始的状态图或列出状态表。七进制计数器应该有 7 个状态，分别用 S_0、S_1、S_2、S_3、S_4、S_5 和 S_6 表示，用 C 表示进位信号，则在时钟脉冲作用下，七进制计数器的状态转换关系如图 6-9 所示。

(2)状态化简，获得最简的状态图或状态表。计数器的状态转换为单循环关系，没有两个状态具有相同的次态，因而没有等价状态，不需要化简。

(3)状态编码，得到具有的状态图或状态表。采用顺序编码或循环编码时，七进制计数

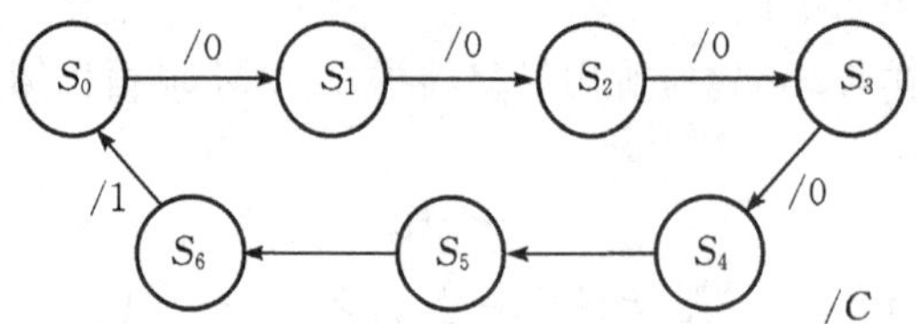

图 6-9 七进制计数器状态转换图

器需要用 3 个触发器来实现。设 3 个触发器的输出依次用 $Q_3Q_2Q_1$ 表示。

3 个触发器共有 8 种取值组合，可以从 8 种取值中任选一个来代表 S_0，从剩余的 7 种取值中任选一个来代表 S_1，依此类推，从剩余的两种状态中任选一个来代表 S_6，因此共有 8! 种编码方案。但绝大部分编码方案没有特点因而没有应用价值。

七进制计数器采用常规的顺序编码方式时，将 S_0 编码为“000”，S_1 编码为“001”，…，S_6 编码为“110”。状态编码完成后，图 6-9 所示抽象的状态转换图转化成图 6-10 所示的具体化的状态转换图。从图中可以清楚地看出在时钟脉冲作用下，时序电路内部各触发器的状态转化关系。

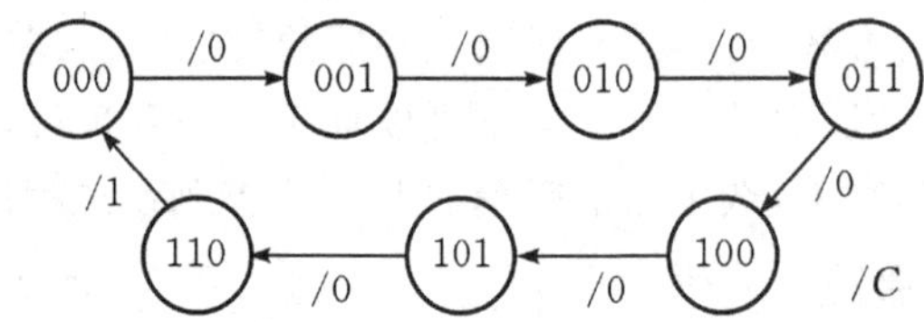

图 6-10 编码后的状态转换图

(4)求状态方程、驱动方程和输出方程。由于触发器的次态 $Q_3^*Q_2^*Q_1^*$ 和进位信号 C 都是现态 $Q_3Q_2Q_1$ 的逻辑函数，用卡诺图表示这组函数关系，如图 6-11 所示，以方便逻辑函数化简。

Q_3 \ Q_2Q_1	00	01	11	10
0	001/0	010/0	100/0	011/0
1	101/0	110/0	×××/×	000/1

图 6-11 $Q_3^*Q_2^*Q_1^*/C$ 的卡诺图

将图 6-11 的卡诺图拆分成 4 张卡诺图，分别表示逻辑函数 Q_3^*、Q_2^*、Q_1^* 和 C 与状态变量 $Q_3Q_2Q_1$ 之间的关系，如图 6-12 所示。

化简上述逻辑函数，可以求出时序电路的状态方程

$$\begin{cases} Q_3^* = Q_1Q_2Q'_3 + Q'_2Q_3 \\ Q_2^* = Q_1Q'_2 + Q'_1Q'_3Q_2 \\ Q_1^* = (Q_2Q_3)'Q'_1 \end{cases}$$

和输出方程

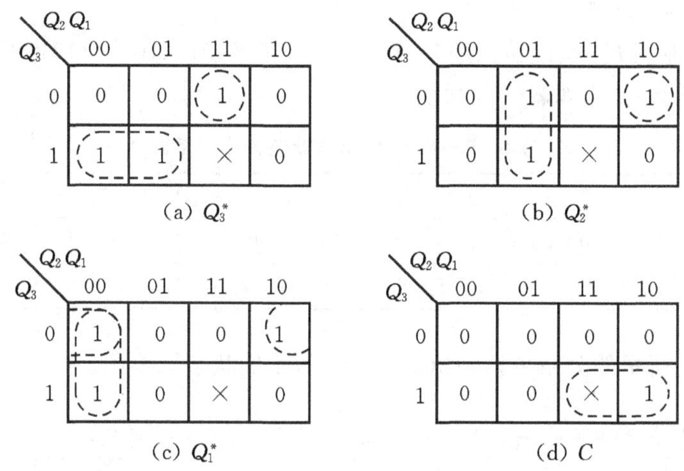

(a) Q_3^*　(b) Q_2^*　(c) Q_1^*　(d) C

图 6－12　图 6－11 卡诺图的分解

$$Y=Q_2Q_3$$

选用 JK 触发器设计时，将得到的状态方程与触发器的特性方程 $Q^*=JQ'+K'Q$ 进行对比，求出驱动方程

$$\begin{cases}J_3=Q_1Q_2\\K_3=Q_2\end{cases}\qquad\begin{cases}J_2=Q_1\\K_2=(Q_1'Q_3')'\end{cases}\qquad\begin{cases}J_1=(Q_2Q_3)'\\K_1=1\end{cases}$$

(5)检查电路能否自启动。状态“111”对顺序编码来说为无效状态。从逻辑函数化简过程中可以看出，现态为“111”时其次态在设计过程中已经无形中规定为“000”，即经过一个时钟脉冲计数器能够从无效状态进入有效循环状态，因此电路具有自启动功能。

(6)画出电路图。根据得到的驱动方程和输出方程即可设计与图 6－4 完全相同的电路。

【例 6－4】　设计一个串行数据检测器，连续输入四个或四个以上的 1 时输出为 1，否则输出为 0。

设计过程

(1)逻辑抽象，画出状态转换图或列出状态转换表。首先确定输入变量和输出变量。串行数据检测器应该具有一个串行数据输入口和具有一个检测结果输出端，分别用 X 和 Z 表示时，串行数据检测器的框图如图 6－13 所示。

图 6－13　串行数据检测器框图

再确定电路的状态数。由于检测器用于检测“1111”序列，所以电路需要识别和记忆连续输入 1 的个数，因此预设电路内部有 S_0、S_1、S_2、S_3 和 S_4 五个状态，其中 S_0 表示还没有接收到一个 1，S_1 表示已经接收到一个 1，S_2 表示已经接收到两个 1，S_3 表示已经接收到三个 1，

S_4表示已经接收到四个 1。

根据设计要求,假设串行输入序列 X 为“0101101110111101111101”时,检测器的输出 Z 和内部状态的转换关系如表 6-5 所示。

表 6-5 输入、输出与状态转换关系表

输入 X	0	1	0	1	1	0	1	1	1	0	1	1	1	1	0	1	1	1	1	1	0	1
输出 Z	0	0	0	0	0	0	0	0	0	0	0	0	0	1	0	0	0	0	1	1	0	0
内部状态	S_0	S_1	S_0	S_1	S_2	S_0	S_1	S_2	S_3	S_0	S_1	S_2	S_3	S_4	S_0	S_1	S_2	S_3	S_4	S_4	S_0	S_1

根据表 6-5 所示的关系可以画出图 6-14 所示的状态转换图。

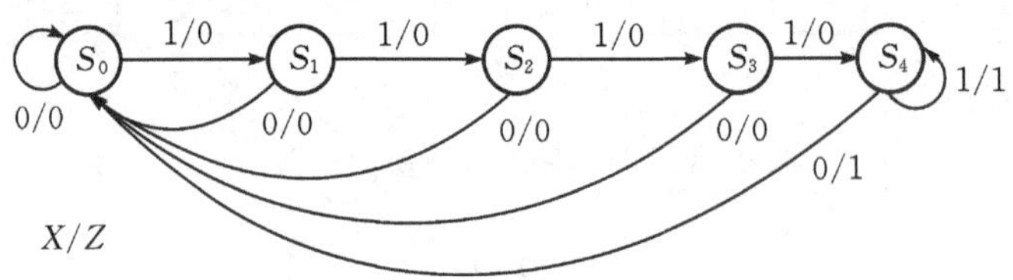

图 6-14 例 6-4 状态转换图

(2)状态化简,获得最简的状态图或转换表。为了便于寻找等价状态,将图 6-14 所示的状态转换图转换为表 6-6 所示的状态转换表。

表 6-6 串行检测器状态转换表

现态	X	
	0	1
	次态/输出	
S_0	$S_0/0$	$S_1/0$
S_1	$S_0/0$	$S_2/0$
S_2	$S_0/0$	$S_3/0$
S_3	$S_0/0$	$S_4/0$
S_4	$S_0/1$	$S_4/1$

从状态转换表中可以看出:S_3 和 S_4 虽然次态相同,但是输出不同,因此 S_3 和 S_4 不是等价状态,所以图 6-14 所示的状态转换图本身就是最简的。

(3)状态编码,得到具体的状态转换图或状态转换表。串行数据检测器对状态编码没有特殊要求,因此选用常规的顺序编码方式。由检测器有 5 个有效状态,所以需要用 3 个触发器设计。设触发器状态分别用 $Q_2Q_1Q_0$ 表示,并且将 S_0、S_1、S_2、S_3 和 S_4 分别编码为 000、001、010、011 和 100。

(4)求状态方程、驱动方程和输出方程。根据图 6-14 所示的状态图可画出检测器内部触发器的次态 $Q_2^*Q_1^*Q_0^*$ 和输出 Z 的综合卡诺图,如图 6-15 所示。

将上述综合卡诺图分解为图 6-16 所示的四个卡诺图,分别表示触发器的次态 Q_2^*、

XQ_2 \ Q_1Q_0	00	01	11	10
00	000/0	000/0	000/0	000/0
01	000/1	×××/×	×××/×	×××/×
11	100/1	×××/×	×××/×	×××/×
10	001/0	010/0	100/0	011/0

图 6 - 15　$Q_2^* Q_1^* Q_0^* / Z$ 卡诺图

Q_1^*、Q_0^* 和检测器的输出 Z 四个逻辑函数。

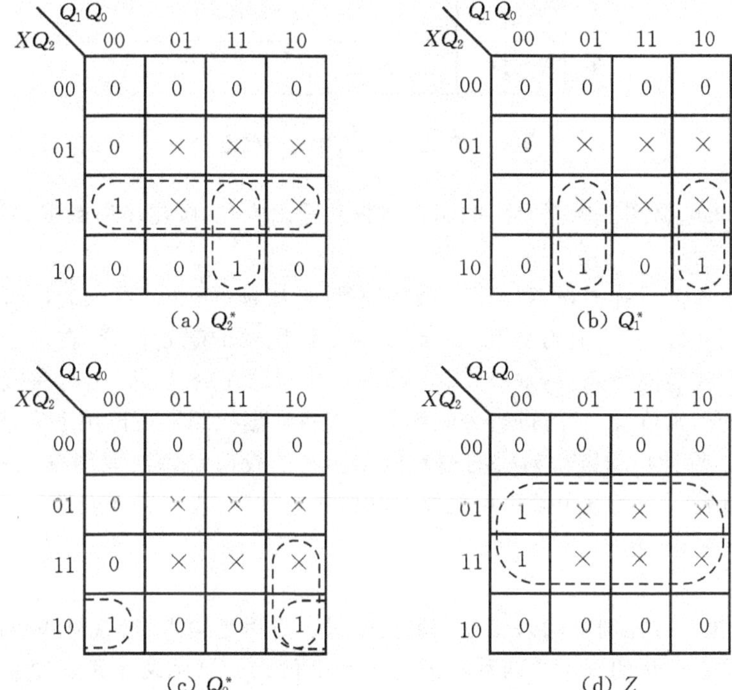

图 6 - 16　卡诺图的分解

化简卡诺图，得到检测器的状态方程

$$\begin{cases} Q_2^* = XQ_2 + XQ_1Q_0 \\ Q_1^* = X(Q_1 \oplus Q_0) \\ Q_0^* = XQ_1Q_0' + XQ_2'Q_0' \end{cases}$$

和输出方程

$$Z = Q_2$$

选用 D 触发器设计时，将得到的状态方程与 D 触发器的特性方程 $Q^* = D$ 进行对比，求出驱动方程

$$\begin{cases} D_2^* = XQ_2 + XQ_1Q_0 \\ D_1^* = XQ_1'Q_0 + XQ_1Q_0' = X(Q_1 \oplus Q_0) \\ D_0^* = XQ_1Q_0' + XQ_2'Q_0' \end{cases}$$

(5)检查能否自启动。3个触发器共8个状态，其中101、110和111为无效状态。根据上述化简过程可知，三个无效状态的次态和输出如图6-17所示，即状态110的次态为110，状态110的次态111，而状态111的次态为100，因此电路能够自启动。

XQ_2 \ Q_1Q_0	00	01	11	10
00	000/0	000/0	000/0	000/0
01	000/1	000/1	000/1	000/1
11	100/1	110/1	100/1	111/1
10	001/0	010/0	100/0	011/0

图6-17 无效状态次态的确定

(6)画出逻辑电路图。根据得到的驱动方程和输出方程，画出串行数据检测器的设计电路如图6-18所示。

在串行数字通信系统中，承载消息的数字信号是按帧(frame)发送的，即用一定数目的码元组成一个码字，由若干个码字组成一帧。为了识别帧的起始位置，在发送端，在每帧的前面加上特殊形式的同步码(synchronous code)，如0xAA或0x55，然后在接收端，根据同步码来识别帧的起始位置，然后进行分帧译码。串行数据检测器可以用来实现同步码检测。

【例6-5】 设计自动售饮料机的逻辑电路。它的投币口每次只能投入一枚五角或一元的硬币。累计投入一元五角硬币后机器自动给一盒饮料；投入二元硬币后，在给饮料的同时找一枚五角的硬币。

设计过程

(1)逻辑抽象。首先确定输入变量和输出变量。投币是输入，给饮料和找钱是输出。

投入一元或者五角的硬币是两种不同的输入事件。如果用两个逻辑变量 A 和 B 分别表示是否投入一元或五角的硬币，并规定用 $A=1$ 表示投入一枚一元硬币，则 $A=0$ 表示没有投入一元硬币；用 $B=1$ 表示投入一枚五角硬币，则 $B=0$ 表示没有投入五角硬币。由于投币口一次只能投入一枚硬币，所以 AB 只有00、01和10三种取值。$AB=11$ 不可能出现，因此作为无关项处理。

给饮料和找钱是两种不同的输出事件。如果用 Y 和 Z 分别表示是否给饮料和找钱，设用 $Y=1$ 表示给一盒饮料，$Y=0$ 表示不给饮料；用 $Z=1$ 表示找回五角钱，$Z=0$ 表示不找钱。

再确定电路的状态数。投够一元五角时应该立即给饮料，因此自动售货机内部只需要设三个状态 S_0、S_1 和 S_2。其中 S_0 表示售货机里没钱，S_1 表示已经有五角钱，S_2 表示已经有一元钱。

根据自动售饮料机的功能要求以及输入/输出和状态的设定，可画出图6-19所示的状态转换图。

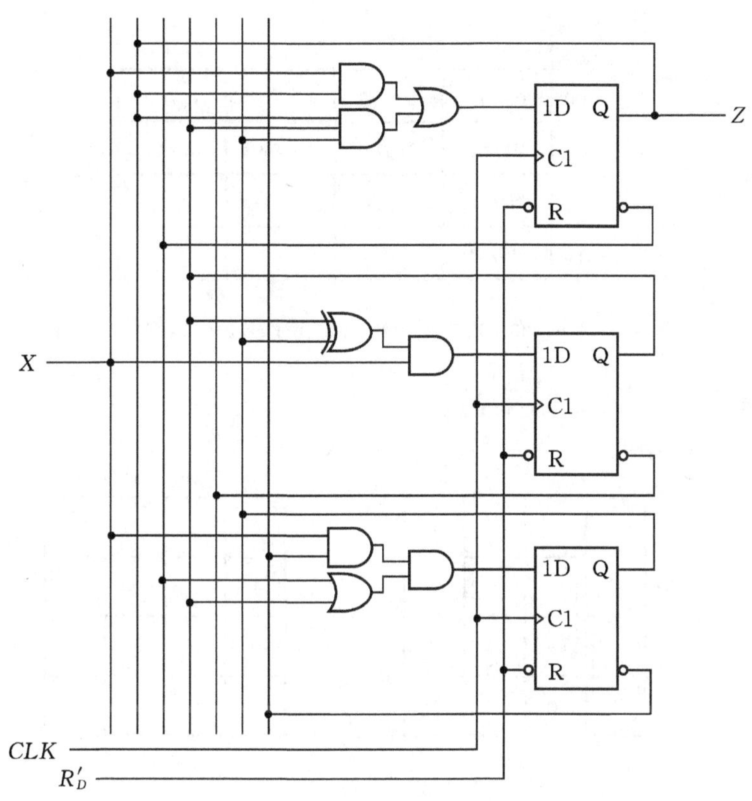

图 6－18　串行数据检测器设计图

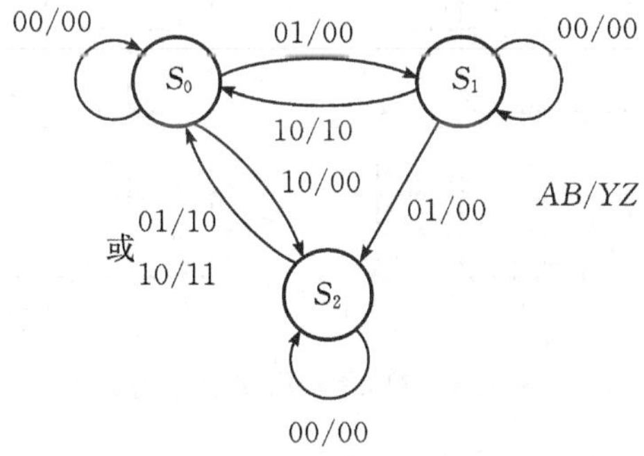

图 6－19　例 6－5 状态转换图

(2)状态化简。从图 6－19 可以看出，状态 S_0、S_1 和 S_2 中没有等价状态，所以不需要进行化简。

(3)状态编码。由于电路只定义了三个状态，采用顺序编码时需要用 2 个触发器。设触发器的状态分别用 Q_1Q_0 表示，并取 $S_0=00$、$S_1=01$ 和 $S_2=10$。

(4)求状态方程、驱动方程和输出方程。列出电路的次态 $Q_1^*Q_0^*$ 和输出 Y、Z 的综合卡诺图如图 6－20 所示。由于 $Q_1Q_0=11$ 为无效状态，所以也按无关项处理。

将图 6－20 所示的综合卡诺图进行分解，分别画出次态 Q_1^*、Q_0^* 和输出 Y、Z 的卡诺图，

Q_1Q_0 \ AB	00	01	11	10
00	00/00	01/00	××/××	10/00
01	01/00	10/00	××/××	00/10
11	××/××	××/××	××/××	××/××
10	10/00	00/10	××/××	00/11

图 6-20 次态 $Q_1^* Q_0^*$ 和输出 Y、Z 的卡诺图

如图 6-21 所示。

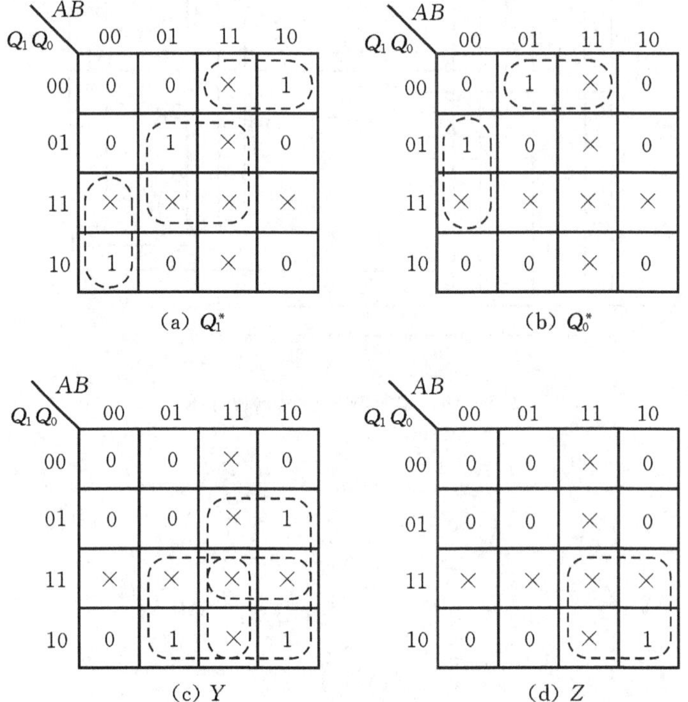

图 6-21 图 6-20 卡诺图的分解

根据图 6-21 所示的卡诺图进行化简，求出电路的状态方程

$$\begin{cases} Q_1^* = Q_1 A'B' + Q_1' Q_0' A + Q_0 B \\ Q_0^* = Q_1' Q_0' B + Q_0 A'B' \end{cases}$$

和输出方程

$$\begin{cases} Y = Q_1 B + Q_1 A + Q_0 A \\ Z = Q_1 A \end{cases}$$

选用 D 触发器设计时，将得到的状态方程与 D 触发器的特性方程 $Q^* = D$ 进行对比，求出驱动方程

$$\begin{cases} D_1 = Q_1 A'B' + Q'_1 Q'_0 A + Q_0 B \\ D_0 = Q'_1 Q'_0 B + Q_0 A'B' \end{cases}$$

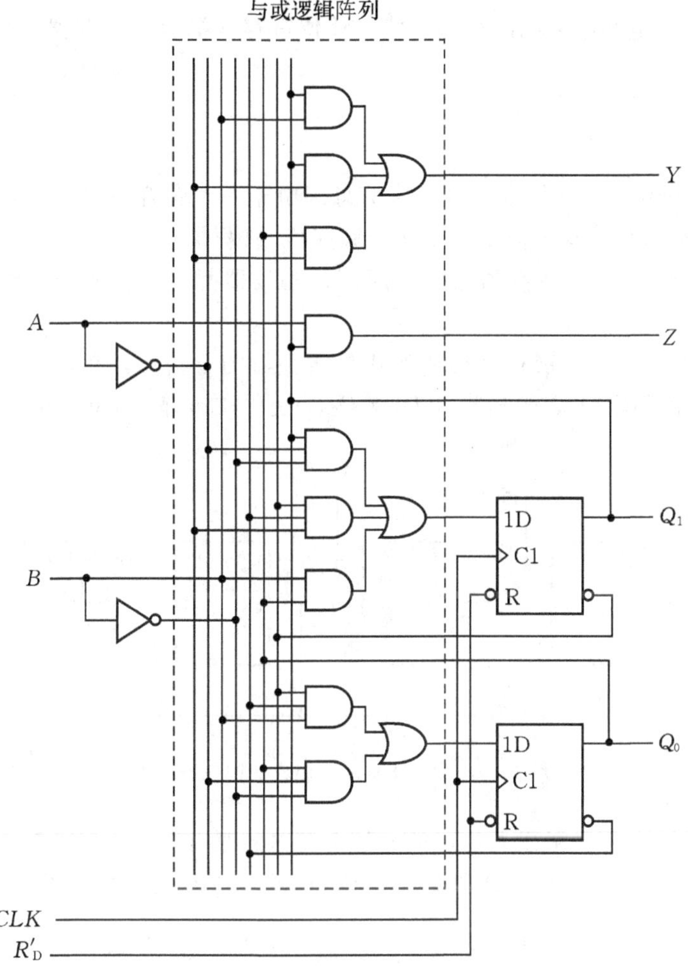

图 6-22　自动售饮料机设计图

(5)画出逻辑电路图。根据得到的驱动方程和输出方程即可画出图 6-22 所示的设计图。当电路进入无效状态“11”后，在 $AB=00$（无输入信号）时次态仍为“11”，在 $AB=01$ 或 10 的情况下虽然能够返回到有效循环状态，但收费结果是错误的，所以电路开始工作前，先用触发器的复位功能将电路的初始状态设置为 00。

思考与练习

6-1　设计一个“111”序列检测器，要求连续输入三个或三个以上的 1 时输出为 1，否则输出为 0。参考例 6-4 进行设计，画出设计图。

6-2　设计一个自动售车票的逻辑电路。它的投币口每次只能投入一元的硬币。投入三元硬币后机器自动给出一张车票。参考例 6-5 进行设计，画出设计图。

6.4 寄存器与移位寄存器

寄存器是数字电路中常用的存储电路。移位寄存器扩展了寄存器的功能，因而应用更为灵活。

6.4.1 寄存器

寄存器(Register)用于存储一组二值信息。由于一个锁存器/触发器只能存储 1 位二值信息，所以存储 n 位信息则需要使用 n 个锁存器/触发器。

D 锁存器/触发器、SR 锁存器/触发器和 JK 触发器都可以构成寄存器，其中使用 D 锁存器/触发器最为方便。

图 6-23 是用门控 D 锁存器构成的 4 位寄存器的逻辑图。在时钟 CLK 为高电平期间，寄存器的输出 $Q_0Q_1Q_2Q_3$ 跟随输入 $D_0D_1D_2D_3$ 变化；在时钟 CLK 为低电平期间，$Q_0Q_1Q_2Q_3$ 状态保持不变。

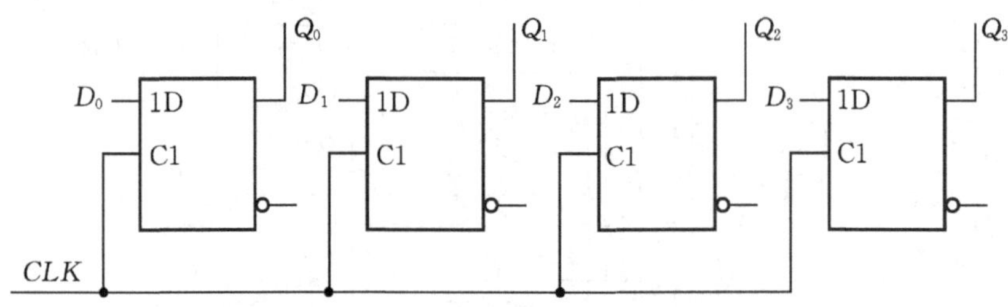

图 6-23　由 D 锁存器构成的四位寄存器

图 6-24 是用边沿 D 触发器构成的 4 位寄存器的逻辑图。当时钟脉冲 CLK 的上升沿到来时，将 4 位数据 $D_0D_1D_2D_3$ 分别存入 $Q_0Q_1Q_2Q_3$ 中，其余时间保持不变。

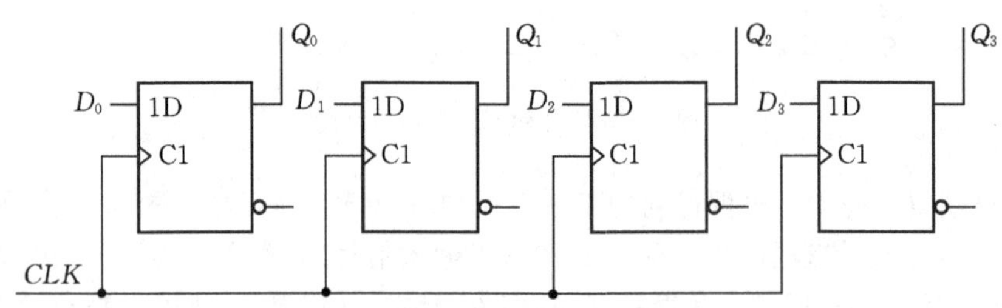

图 6-24　由边沿 D 触发器构成的四位寄存器

扩展图 6-23 和图 6-24 所示电路，就可以构成存储任意位数的寄存器。

74HC373/573 是集成 8 位三态寄存器，内部电路如图 6-25 所示，由门控 D 锁存器构成。当 LE(latch enable)为高电平时，74HC373/573 中存储的数据跟随输入数据 $D_0 \sim D_7$ 变化而变化，是“透明”的；当 LE 为低电平时，寄存器所存数据被锁定并保持不变。当 OE'(output enable)为低电平时允许数据输出，否则输出 $Q_0 \sim Q_7$ 为高阻状态。74HC373/573 的功能如表 6-7 所示，其中 Q_0 表示保持原状态不变。

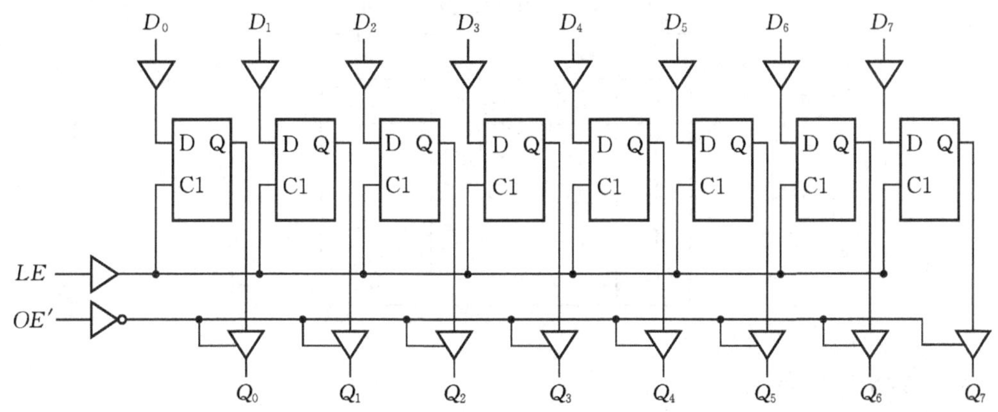

图 6-25 74HC373/573 逻辑图

表 6-7 74HC373/573 功能表

输 入			输出
OE'	LE	数据 D	Q
L	H	H	H
L	H	L	L
L	L	×	Q_0
H	×	×	Z

74HC374/574 是集成 8 位三态寄存器，内部电路如图 6-26 所示，由边沿 D 触发器构成。在时钟脉冲 CLK 的上升沿将 8 位数据 $D_0 \sim D_7$ 存入寄存器中，其余时间保持不变。当 OE' 为低电平时允许数据输出，否则输出为高阻状态。74HC374/574 的功能如表 6-8 所示，其中 Q_0 表示保持原状态不变。

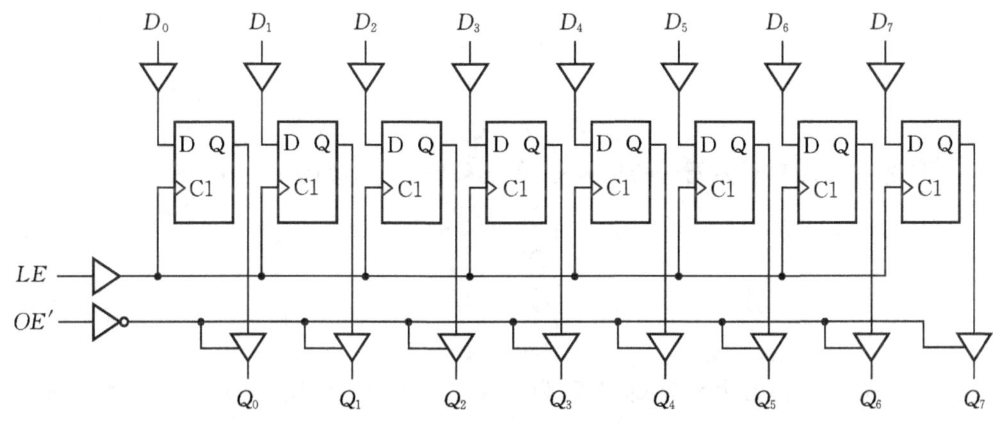

图 6-26 74HC374/574 逻辑图

表 6-8 74HC374/574 功能表

输入			输出
OE'	CLK	数据 D	Q
L	↑	H	H
L	↑	L	L
L	L	×	Q_0
H	×	×	Z

6.4.2 移位寄存器

移位寄存器(shift register)是在寄存器的基础上改进而来的，不但具有数据存储功能，而且还可以在时钟脉冲的作用下，实现数据的移动。

图 6-27 所示是由边沿 D 触发器组成的 4 位移位寄存器。

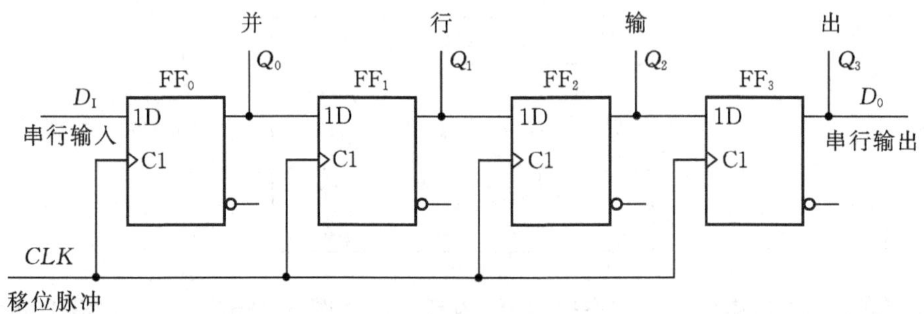

图 6-27 边沿 D 触发器组成的四位移位寄存器

对于 4 位移位寄存器，驱动方程组为

$$\begin{cases} D_0 = D_I \\ D_1 = Q_0 \\ D_2 = Q_1 \\ D_3 = Q_2 \end{cases}$$

将驱动方程代入 D 触发器的特性方程，得到移位寄存器的状态方程组

$$\begin{cases} Q_0^* = D_I \\ Q_1^* = Q_0 \\ Q_2^* = Q_1 \\ Q_3^* = Q_2 \end{cases}$$

设移位寄存器的初始状态 $Q_0Q_1Q_2Q_3$ 为 $x_0x_1x_2x_3$(x 表示未知)，D_I输入的数据依次为 D_3、D_2、D_1和 D_0，则在时钟脉冲作用下，移位寄存器的状态转换如表 6-9 所示，即经过四个时钟脉冲，将数据 $D_0D_1D_2D_3$依次存入寄存器 $Q_0Q_1Q_2Q_3$中，实现了数据存储功能。

表 6-9　移位寄存器状态转换表

输入		输出			
CLK	D_I	Q_0	Q_1	Q_2	Q_3
0	D_3	x_0	x_1	x_2	x_3
1↑	D_2	D_3	x_0	x_1	x_2
2↑	D_1	D_2	D_3	x_0	x_1
3↑	D_0	D_1	D_2	D_3	x_0
4↑	x	D_0	D_1	D_2	D_3

除具有存储功能之外，移位寄存器还增加以下三个附加功能：

(1)作为 FIFO(First-In First-Out)缓存器。数据从 D_I依次输入，延迟 4 个时钟周期后从 D_0依次输出。

(2)实现串行数据-并行数据的转换。串行数据 $D_0D_1D_2D_3$从 D_I输入经过 4 个时钟脉冲存入寄存器，然后从 $Q_0Q_1Q_2Q_3$同时取出即可实现串行数据到并行数据的转换。

(3)若规定 Q_0为低位、Q_3为高位，在没有发生溢出的情况下，移位寄存器每向右移动一次，存储数据 $Q_0Q_1Q_2Q_3$的值扩大了一倍(默认移入的数据为 0)。例如，当 $Q_0Q_1Q_2Q_3$＝1100 时，右移一次变为 0110，再右移一次变为 0011。

图 6-28 是用 JK 触发器构成的 4 位移位寄存器，在时钟脉冲下降沿工作。从图中可以看出，JK 触发器在构成移寄存器时实际上改接为 D 触发器使用了。

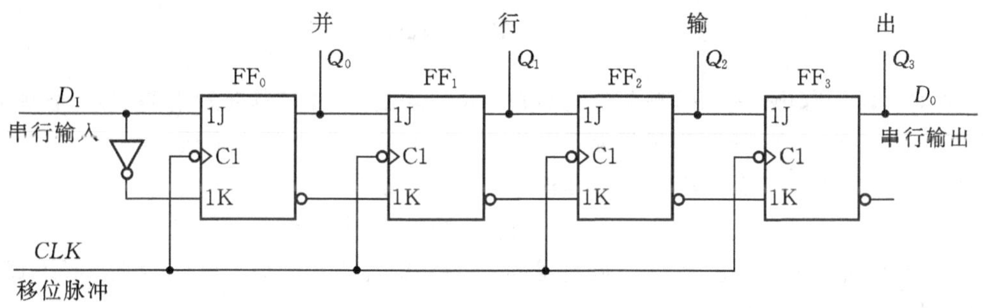

图 6-28　用 JK 触发器构成的四位移位寄存器

74HC164 是集成 8 位串入/并出移位寄存器，具有异步清零和右移功能。74HC165 是集成 8 位并入/串出移位寄存器，具有并入/串入和右移功能。关于 74HC164/165 的内部逻辑电路和功能表请查阅器件手册。

思考与练习

6-3　能否用门控 D 锁存器代替图 6-27 中的边沿 D 触发器？试分析并说明原因。

6-4　能否用脉冲 D 触发器代替图 6-27 中的边沿 D 触发器？试分析并说明原因。

74HC194 是集成 4 位双向移位寄存器，在时钟脉冲作用下能够实现数据的并行输入、左移、右移和保持四种功能，内部逻辑电路如图 6-29 所示。其中 D_{IR}为右移串行数据输入端，D_{IL}为左移串行数据输入端，$D_0D_1D_2D_3$为并行数据输入端，$Q_0Q_1Q_2Q_3$为状态输出端，R'_D为异步复位端。S_1和S_0用于控制移位寄存器的工作状态。CLK为时钟脉冲输入端。

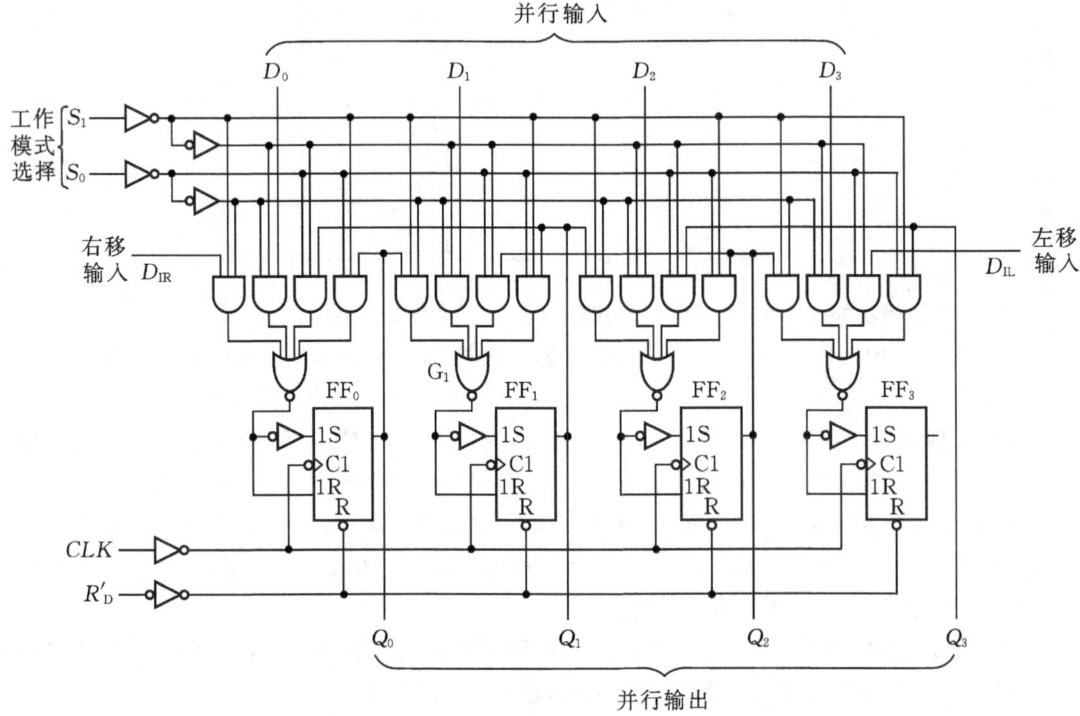

图 6-29 74HC194 内部逻辑图

74HC194 内部由 4 个 SR 触发器(已改接为 D 触发器)和控制逻辑电路组成，各触发器的驱动电路形式类似。下面以触发器 FF_1为例，分析 74HC194 的逻辑功能。

由图 6-29 可以推出 FF_1的状态方程为

$$Q_1^* = Q_0S'_1S_0 + D_1S_1S_0 + Q_2S_1S'_0 + Q_1S'_1S'_0$$

(1)当 $S_1S_0=00$ 时，$Q_1^*=Q_1$。同理推得 $Q_0^*=Q_0$、$Q_2^*=Q_2$、$Q_3^*=Q_3$，因此 74HC194 工作在保持状态。

(2)当 $S_1S_0=01$ 时，$Q_1^*=Q_0$。同理推得 $Q_0^*=D_{IR}$、$Q_2^*=Q_1$、$Q_3^*=Q_2$，因此 74HC194 处于右移(从低位向高位移)工作状态。

(3)当 $S_1S_0=10$ 时，$Q_1^*=Q_2$。同理推得 $Q_0^*=Q_1$、$Q_2^*=Q_3$、$Q_3^*=D_{IL}$，因此 74HC194 处于左移(从高位向低位移)工作状态。

(4)当 $S_1S_0=11$ 时，$Q_1^*=D_1$。同理可以推得 $Q_0^*=D_0$、$Q_2^*=D_2$、$Q_3^*=D_3$，因此 74HC194 工作在并行输入状态，即在时钟脉冲到来时，将 $D_0D_1D_2D_3$存入 $Q_0Q_1Q_2Q_3$中。

此外，74HC194 的 R'_D为异步复位信号，当 R'_D有效时，$Q_0Q_1Q_2Q_3=0000$。综上分析，可得 74HC194 的功能如表 6-10 所示。

74HC194 不但具有移位功能，而且还具有保持和并行输入功能，因此功能更强大、应用更灵活。

表 6-10 74HC194 功能表

输 入			功能说明	
CLK	R'_D	$S_1\ S_0$	功能	说明
×	0	× ×	复位	$Q_0Q_1Q_2Q_3=0000$
↑	1	0 0	保持	$Q_0^*Q_1^*Q_2^*Q_3^*=Q_0Q_1Q_2Q_3$
↑	1	0 1	右移	$Q_0^*Q_1^*Q_2^*Q_3^*=D_{IR}Q_0Q_1Q_2$
↑	1	1 0	左移	$Q_0^*Q_1^*Q_2^*Q_3^*=Q_1Q_2Q_3D_{IL}$
↑	1	1 1	并行输入	$Q_0^*Q_1^*Q_2^*Q_3^*=D_0D_1D_2D_3$

(1)作为 FIFO 应用时,既可以选择 74HC194 的右移功能($S_1S_0=01$ 时),数据从 D_{IR} 依次输入,延迟 4 个时钟周期后依次从 Q_3 输出,也可以选择左移功能($S_1S_0=10$ 时),数据从 D_{IL} 依次输入,延迟 4 个时钟周期后依次从 Q_0 输出。

(2)应用 74HC194 可以实现串行数据和并行数据的相互转换。

在串行数字通信系统中,在发送端需要将并行数据转换为串行数据发送,在接收端需要将接收到的串行数据再还原为并行数据。

应用 74HC194 将串行数据转换为并行数据的方法是:选择右移/左移功能,将串行数据从 D_{IR}/D_{IL} 输入,经过 4 个时钟脉冲存入移位寄存器,然后从 $Q_0Q_1Q_2Q_3$ 同时取出可以实现串行数据到并行数据的转换。

应用 74HC194 将并行数据转换为串行数据的方法是:先应用并行输入功能($S_1S_0=11$ 时),在时钟脉冲的作用下将并行输入数据 $D_0D_1D_2D_3$ 同时存入移位寄存器,然后切换到右移/左移功能,串行数据从 Q_3 或者 Q_0 依次输出。

(3)在规定 Q_0 为低位、Q_3 为高位时,而且没有发生溢出的情况下,74HC194 每向右移动一位,$Q_0Q_1Q_2Q_3$ 的状态值扩大一倍(默认移入的数据为 0),而每向左移动一位,$Q_0Q_1Q_2Q_3$ 的状态值则缩小一半(默认移入的数据为 0)。例如,当 $Q_0Q_1Q_2Q_3=0110$ 时,向右移一位变为 0011,再向右移一位为 1100。

～～～～～～～～～～～～～～～～～～～～**思考与练习**～～～～～～～～～～～～～～～～～～～～

6-5 74HC194 能否作为 3 位移位寄存器使用?如果可以,说明其具体用法。

～～～

【例 6-6】 试用两片 74HC194 扩展成 8 位双向移位寄存器。

分析 将两片 194 扩展成 8 位双向移位寄存器时,需要完成以下工作:

(1)将两片 74HC194 的时钟 CLK、功能端 R'_D、S_1 和 S_0 对应相接,确保两片同步工作;

(2)将第一片的 Q_3 接到第二片的 D_{IR} 上,使之具有 8 位右移功能;

(3)将第二片的 Q_0 接到第一片的 D_{IL} 上,使之具有 8 位左移功能。

因此,扩展得到的 8 位双向移位寄存器如图 6-30 所示。

74HC595 是集成 8 位移位缓存器,内部由一个 8 位移位寄存器、一组 8 位寄存器和 8 个三态门级联构成,可以在时钟脉冲的作用下,实现 8 位串入串出或者 8 位串入并出。在嵌入式系统设计中,经常作为驱动器使用,用来驱动发光二极管阵形或者数码管等显示设备。74HC595 的内部逻辑电路和功能表可查阅器件手册。

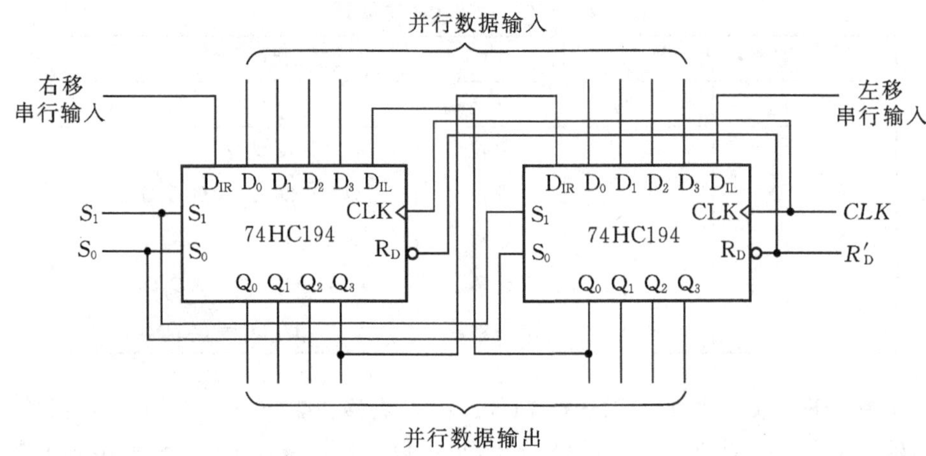

图 6-30　用 74HC194 扩展 8 位双向移位寄存器

思考与练习

6-6　如果需要 12 位双向移位寄存器，能否用三片 74HC194 扩展？画出设计图。

6-7　如果需要 16 位双向移位寄存器，能否用四片 74HC194 扩展？画出设计图。

【例 6-7】　分析图 6-31 所示时序电路的逻辑功能。设 74HC194 的初始状态 $Q_0Q_1Q_2Q_3$=0000。

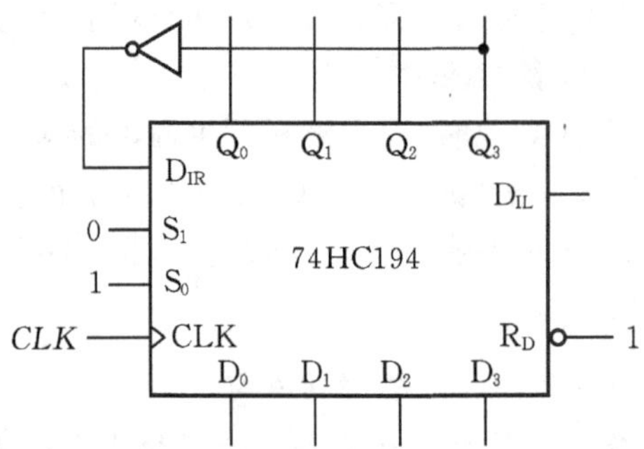

图 6-31　例 6-7 应用电路

分析　因 R'_D=1、S_1S_0=01，所以 74HC194 工作在右移状态。

当 74HC194 的初始状态 $Q_0Q_1Q_2Q_3$=0000 时，在时钟脉冲作用下，分析可得应用电路的状态转换表如表 6-11 所示。从状态表可以看出，应用电路有 8 个状态形成一个循环关系，因此为八进制计数器。

表 6-11　例 6-7 电路的状态转换表

CLK	Q_0 Q_1 Q_2 Q_3	状态值
0	0 0 0 0	0
1↑	1 0 0 0	1

续表

CLK	Q_0 Q_1 Q_2 Q_3	状态值
2↑	1　1　0　0	3
3↑	1　1　1　0	7
4↑	1　1　1　1	15
5↑	0　1　1　1	14
6↑	0　0　1　1	12
7↑	0　0　0　1	8
8↑	0　0　0　0	0

【例 6-8】 基于 74HC194 设计“1111”序列检测器。

分析　74HC194 具有左移和右移功能，串行数据既可以从 D_{IL} 输入，也可以从 D_{IR} 输入。当状态 $Q_0Q_1Q_2Q_3$ 同时为 1 时，输出检测结果为 1。

设计过程　取 $S_1S_0=01$ 时，74HC194 处于右移工作状态。串行数据序列 X 从 D_{IR} 输入，Z 为检测输出，设计电路如图 6-32 所示。

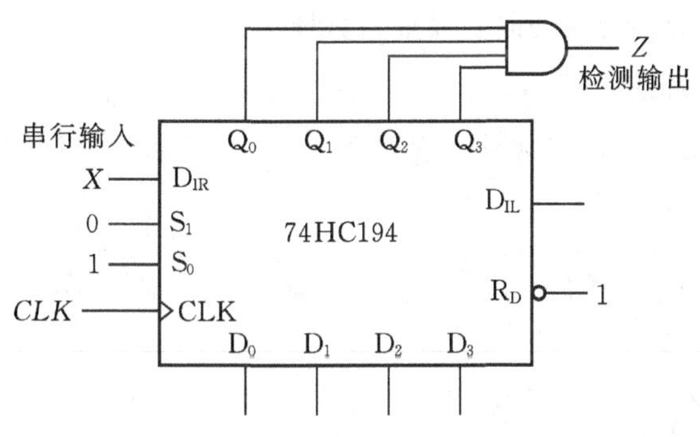

图 6-32　例 6-8 设计图

～～～～～～～～～～～～～～～～～～～～**思考与练习**～～～～～～～～～～～～～～～～～～～～

6-8　对于例 6-7，设 74HC194 的初始状态 $Q_0Q_1Q_2Q_3=0100$，重新分析在时钟脉冲的作用下 $Q_0Q_1Q_2Q_3$ 的状态循环关系，并说明电路的逻辑功能。

6-9　参考例 6-8，设计“1010”序列检测器。画出设计图。

6-10　基于 74HC194 能否设计出“101”序列检测器？如果可以，画出设计图。

6-11　设串行通信系统中数字序列的 8 位帧同步码“1010 1010”，设计同步码检测电路，画出设计图。

～～

6.5　计数器

计数器(counter)用于统计输入时钟脉冲的个数。根据计数器内部触发器状态更新的特点，将计数器分为同步计数器和异步计数器两大类。

在时钟脉冲作用下，同步计数器内部触发器状态的更新是同时进行的，而异步计数器由于其内部触发器的时钟不完全相同，所以状态更新不是同时进行的。同步计数器内部触发器的状态同时进行，工作速度快。异步计数器由于时钟不需要完全相同，时钟的选取灵活，因而电路结构比同步计数器简单。

若根据计数容量(也称为进制、模)进行划分，计数器可分为二进制(binary)计数器、十进制(decade)计数器和任意(arbitrary)进制计数器三类。二进制计数器的计数容量为 2^n，十进制计数器的计数容量为 10，而任意进制计数器这里是指二进制和十进制集成计数器扩展和改接得到的其他进制计数器。

若根据计数方式进行划分，计数器可分为加法(up)计数器、减法(down)计数器和加/减(up-down)计数器三种。加法计数器输出状态的编码递增，减法计数器输出状态的编码递减。加/减法计数器又称为可逆计数器，既可以做加法计数，又可以做减法计数。

6.5.1 同步计数器设计

常用的计数器主要有二进制计数器和十进制计数器两种。

本节首先讲述同步二进制加法、减法和加/减计数器的设计原理，然后再讲述同步十进制计数器的设计，同时介绍常用的同步集成计数器。

1. 同步二进制计数器

二进制计数器的状态转换非常具有规律性。4 位二进制加法计数器的状态转换关系如图 6-33 所示。

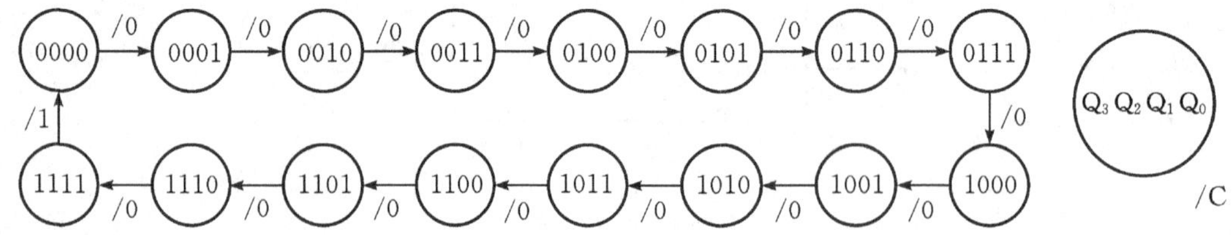

图 6-33 4 位二进制加法计数器状态图

计数器传统的设计方法是按例 6-3 所示的时序电路设计的一般过程进行的。但是，若基于 T 触发器设计，则可以根据计数器内部触发器状态的翻转规律直接推出其驱动方程。

从 4 位二进制计数器的状态关系可以看出：

(1)计数器的最低位 Q_0 每来一个时钟翻转一次。

(2)次低位 Q_1 在现态为 0001、0011、0101、0111、1001、1011、1101 和 1111 时翻转。这 8 个状态的共同特征是最低位同时为 1。

(3)次高位 Q_2 在现态为 0011、0111、1011 和 1111 时翻转。这 4 个状态的共同特征是低两位同时为 1。

(4)最高位 Q_3 在现态为 0111 和 1111 时翻转。这两个状态的共同特征是低三位同时为 1。

T 触发器只有具有保持和翻转功能，同时考虑到为计数器引入计数允许信号 EN，则内

部 4 个触发器的驱动方程分别为

$$\begin{cases} T_0 = 1 \cdot EN \\ T_1 = Q_0 \cdot EN \\ T_2 = Q_1 Q_0 \cdot EN \\ T_3 = Q_2 Q_1 Q_0 \cdot EN \end{cases}$$

4 位二进制加法计数器在循环的最后一个状态“1111”输出进位信号，故输出方程为

$$C = Q_3 Q_2 Q_1 Q_0$$

按上述驱动方程和输出方程即可设计出图 6－34 所示的同步 4 位二进制加法计数器。

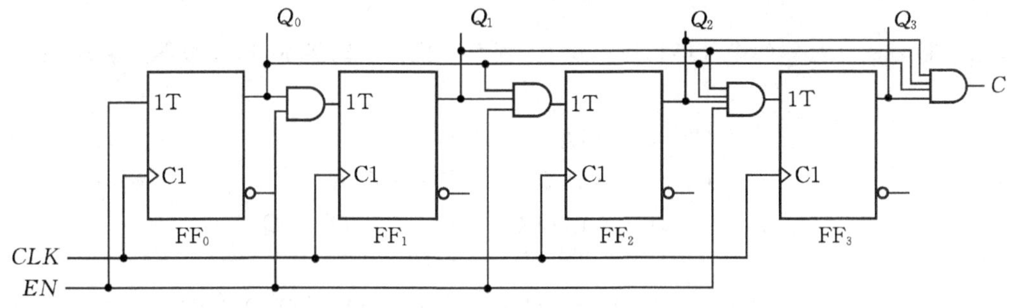

图 6－34　4 位二进制加法计数器逻辑图

下面再设计二进制减法计数器。4 位二进制减法计数器的状态关系如图 6－35 所示。

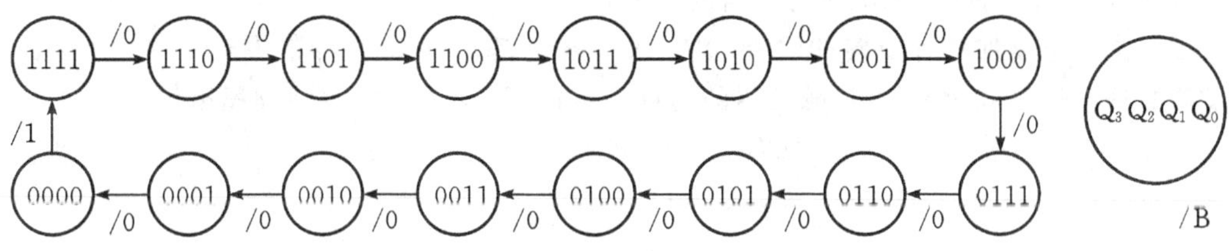

图 6－35　4 位二进制减法计数器状态图

基于 T 触发器设计时，同样可以根据状态 $Q_3Q_2Q_1Q_0$ 的转换规律推出其驱动方程组

$$\begin{cases} T_0 = 1 \cdot EN \\ T_1 = Q_0' \cdot EN \\ T_2 = Q_1' Q_0' \cdot EN \\ T_3 = Q_2' Q_1' Q_0' \cdot EN \end{cases}$$

4 位二进制减法计数器应该在状态“0000”输出借位信号，故输出方程为

$$B = Q_3' Q_2' Q_1' Q_0'$$

根据上述驱动方程和输出方程即可设计出图 6－36 所示的同步 4 位二进制减法计数器。

加/减计数器在时钟脉冲的作用下既可以实现加法计数也可以实现减法计数，分为单时钟加/减计数器和双时钟加/减计数器两类。

单时钟加/减计数器无论做加法计数还是做减法计数都使用同一个时钟，而是用 U'/D 控制计数方式：当 $U'/D=0$ 时实现加法计数，$U'/D=1$ 时实现减法计数。将加法计数器的

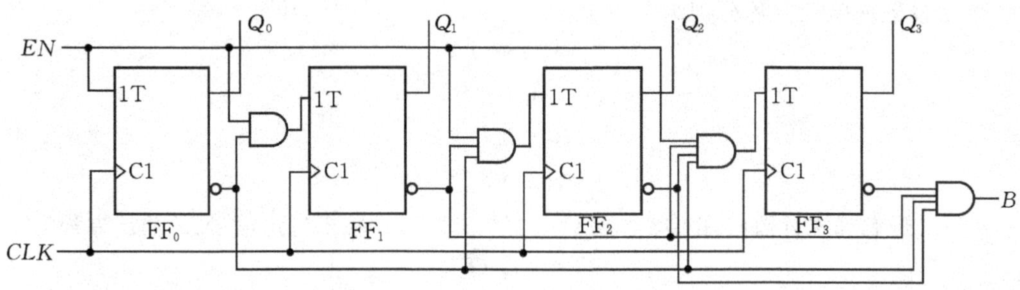

图 6-36 4 位二进制减法计数器逻辑图

设计结果和减法计数器的设计结果进行综合，则可以推出单时钟加/减计数器的驱动方程组

$$\begin{cases} T_0=1 \\ T_1=(U'/D)'\cdot Q_0+(U'/D)\cdot Q'_0 \\ T_2=(U'/D)'\cdot Q_0Q_1+(U'/D)\cdot Q'_0Q'_1 \\ T_3=(U'/D)'\cdot Q_0Q_1Q_2+(U'/D)\cdot Q'_0Q'_1Q'_2 \end{cases}$$

和输出方程

$$Y=(U'/D)'\cdot Q_0Q_1Q_2Q_3+(U'/D)\cdot Q'_0Q'_1Q'_2Q'_3$$

按上述驱动方程和输出方程即设计出单时钟同步二进制加/减计数器。

二进制计数器也可以基于 T' 触发器设计。由于 T′触发器每来一个时钟翻转一次，因此 T′触发器翻转不翻转，取决于有没有时钟脉冲。

设 4 位二进制加法计数器的时钟为 CLK_U，参考基于 T 触发器的设计结果，由控制 T 触发器的输入信号改为控制 T′触发器的时钟。因此，T′触发器的时钟方程组为

$$\begin{cases} CLK_0=CLK_U \\ CLK_1=Q_0\cdot CLK_U \\ CLK_2=Q_1Q_0\cdot CLK_U \\ CLK_3=Q_2Q_1Q_0\cdot CLK_U \end{cases}$$

其中 CLK_0、CLK_1、CLK_2 和 CLK_3 为分别四个 T′触发器的时钟脉冲。设计电路如图6-37所示。

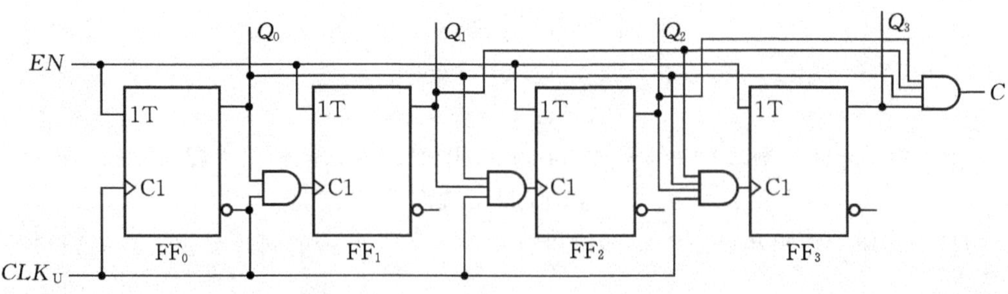

图 6-37 4 位二进制加法计数器逻辑图

按类似思路，同样可以设计出基于 T′触发器的二进制减法计数器。设减法计数器的时钟为 CLK_D，则 4 位二进制减法计数器中 T′触发器的时钟方程组为

$$\begin{cases} CLK_0 = CLK_D \\ CLK_1 = Q'_0 \cdot CLK_D \\ CLK_2 = Q'_1 Q'_0 \cdot CLK_D \\ CLK_3 = Q'_2 Q'_1 Q'_0 \cdot CLK_D \end{cases}$$

其中 CLK_0、CLK_1、CLK_2和 CLK_3为分别 4 个触发器的时钟脉冲。

双时钟加/减计数器采用不同时钟源来控制加/减计数：做加法计数时，时钟脉冲从 CLK_U加入，$CLK_D=0$；做减法计数时，时钟脉冲从 CLK_D加入，$CLK_U=0$。综合加法计数器和减法计数器的设计结果，可以推出双时钟四位加/减计数器的时钟方程组为

$$\begin{cases} CLK_0 = 1 \\ CLK_1 = Q_0 \cdot CLK_U + Q'_0 \cdot CLK_D \\ CLK_2 = Q_1 Q_0 \cdot CLK_U + Q'_1 Q'_0 \cdot CLK_D \\ CLK_3 = Q_2 Q_1 Q_0 \cdot CLK_U + Q'_2 Q'_1 Q'_0 \cdot CLK_D \end{cases}$$

输出方程为

$$Y = Q_3 Q_2 Q_1 Q_0 \cdot CLK_U + Q'_3 Q'_2 Q'_1 Q'_0 \cdot CLK_D$$

思考与练习

6-12 基于 T 触发器设计 3 位二进制计数器，写出其驱动方程和输出方程。

6-13 基于 T 触发器设计 5 位二进制计数器，写出其驱动方程和输出方程。

6-14 总结基于 T 触发器设计 n 位二进制同步计数器的规律。

74HC161 是集成 4 位二进制同步计数器，具有异步复位、同步置数、保持和计数功能，内部逻辑电路如图 6-38 所示。图中 CLK 是时钟脉冲输入端，计数器在时钟脉冲的上升沿工作。R'_D为异步复位端，当R'_D有效时将计数器的状态清零。LD' 为同步置数控制端，当 $R'_D=1$、$LD'=0$ 时，在时钟脉冲的上升沿到来时将 $D_3D_2D_1D_0$ 置入 $Q_3Q_2Q_1Q_0$ 中。EP 为计数允许控制端；ET 为进位链接端，在计数器容量扩展时用于进位链接。当$R'_D=1$、$LD'=1$ 时，若 $EP \cdot ET=1$ 则 74HC161 处于计数状态，若 $EP \cdot ET=0$ 则处于保持状态。74HC161 的具体功能如表 6-12 所示。

表 6-12 74HC161 功能表

输入					功能说明	
CLK	R'_D	LD'	EP	ET	功能	说明
×	0	×	×	×	异步复位	$Q_3Q_2Q_1Q_0=0000$
↑	1	0	×	×	同步置数	$Q_3^*Q_2^*Q_1^*Q_0^*=D_3D_2D_1D_0$
×	1	1	0	1	保持	$Q^*=Q$，并且 C 保持
×	1	1	×	0	保持	$Q^*=Q$，但 $C=0$
↑	1	1	1	1	计数	$Q^* \leftarrow Q+1$

74HC163 是集成 4 位二进制同步计数器，具有同步复位、同步置数、保持和计数功能，具体功能如表 6-13 所示。和 74HC161 不同的是，74HC163 的复位功能是同步的，即当复

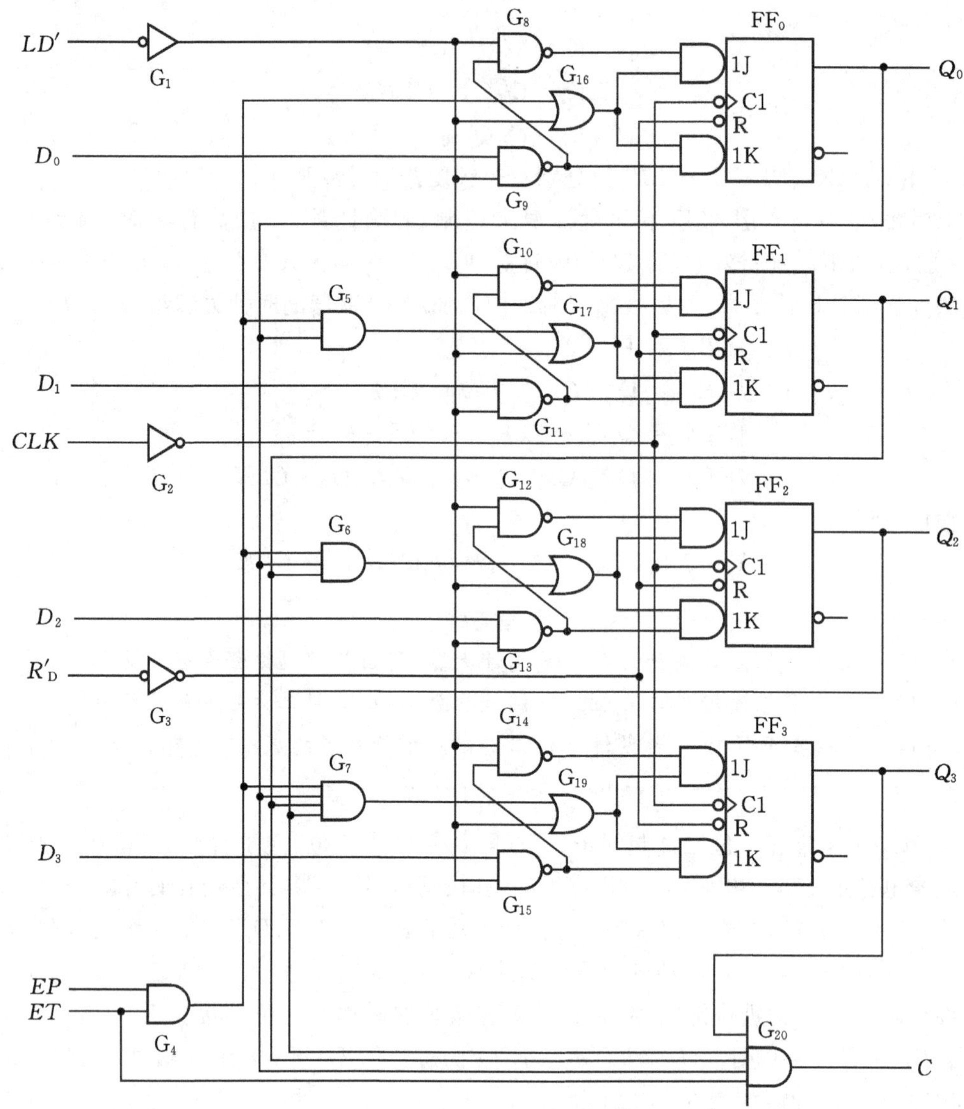

图 6-38 74HC161 内部逻辑图

位信号有效时，还需要等到下次时钟脉冲的上升沿到来才能将计数器清零。

表 6-13 74HC163 功能表

输 入					功能说明	
CLK	CLR'	LD'	EP	ET	功能	说明
↑	0	×	×	×	同步复位	$Q_3^* Q_2^* Q_1^* Q_0^* = 0000$
↑	1	0	×	×	同步置数	$Q_3^* Q_2^* Q_1^* Q_0^* = D_3 D_2 D_1 D_0$
×	1	1	0	1	保持	$Q^* = Q$，并且 C 保持
×	1	1	×	0	保持	$Q^* = Q$，但 $C=0$
↑	1	1	1	1	计数	$Q^* \leftarrow Q+1$

74HC191 是集成单时钟十六进制加/减计数器，具有异步置数和计数控制功能，内部逻辑电路如图 6-39 所示，具体功能如表 6-14 所示。图中 CLK_I 是时钟脉冲输入端，LD' 为异步置数端，S' 为计数允许控制端，U'/D 为计数方向控制端。当 $LD'=0$ 时，$Q_3Q_2Q_1Q_0=D_3D_2D_1D_0$。当 $LD'=1$、$S'=0$ 时 74HC191 处于计数状态，若 $U'/D=0$ 则实现加法计数，$U'/D=1$ 则实现减法计数。

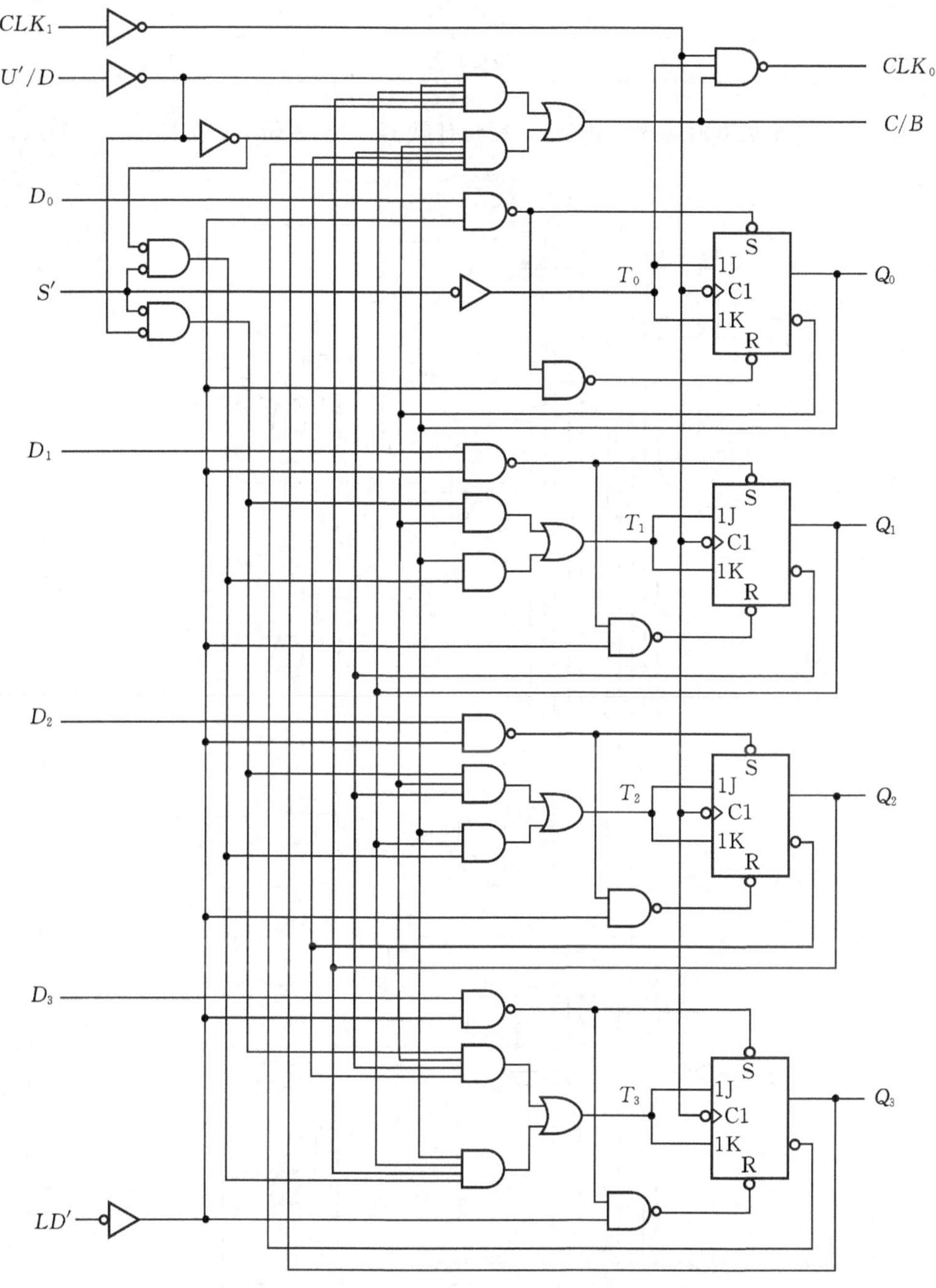

图 6-39 74HC191 内部逻辑图

表 6-14 74HC191 功能表

输入				功能说明	
CLK_I	S'	LD'	U'/D	功能	说明
×	×	0	×	异步置数	$Q_3Q_2Q_1Q_0=D_3D_2D_1D_0$
×	1	1	×	保持	$Q^*=Q$
↑	0	1	0	加法计数	$Q^*\leftarrow Q+1$
↑	0	1	1	减法计数	$Q^*\leftarrow Q-1$

74HC193 是集成双时钟十六进制加/减法计数器,内部逻辑电路如图 6-40 所示,其中

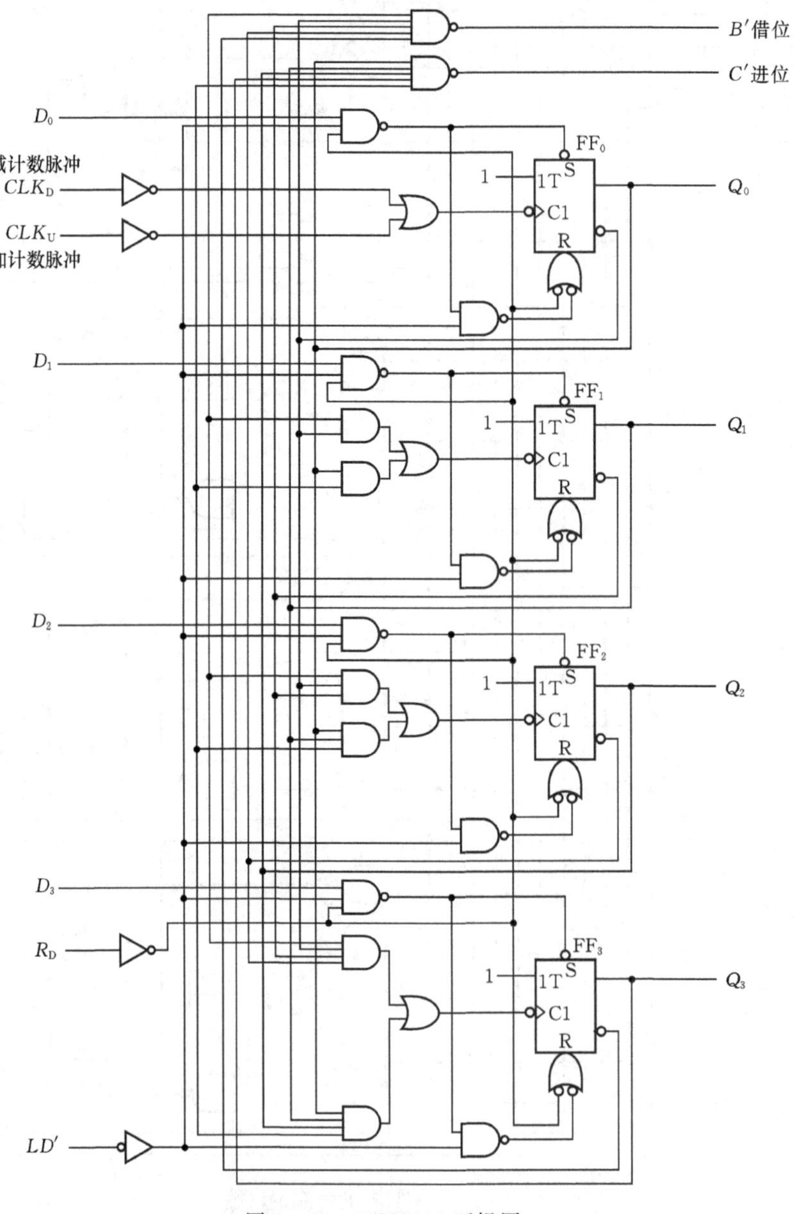

图 6-40 74HC193 逻辑图

CLK_U是加法计数时钟脉冲输入端，CLK_D是减法计数时钟脉冲输入端。C'为进位信号输出端，B'为借位信号输出端。实现加法计数时，CLK_U外接时钟脉冲，CLK_D接高电平；实现减法计数时，CLK_D外接时钟脉冲，CLK_U接高电平。

74HC193 的具体功能如表 6－15 所示。当 $R_D=1$ 时，将计数器状态清零。当 $R_D=0$、$LD'=0$ 时，将 $D_3D_2D_1D_0$ 置入 $Q_3Q_2Q_1Q_0$ 中。

表 6－15　74HC193 功能表

输　入				功能说明	
CLK_U	CLK_D	R_D	LD'	功能	说明
×	×	1	×	异步复位	$Q_3Q_2Q_1Q_0=0000$
×	×	0	0	异步置数	$Q_3Q_2Q_1Q_0=D_3D_2D_1D_0$
↑	1	0	1	加法计数	$Q*\leftarrow Q+1$
1	↑	0	1	减法计数	$Q*\leftarrow Q-1$

除上述常用的二进制计数器外，还有许多集成二进制计数器，其功能和使用方法参考相关器件手册。

～～～～～～～～～～～～～～～～～～～**思考与练习**～～～～～～～～～～～～～～～～～～～

6－15　十六进制计数器能否作为八进制计器使用？如果可以，具体如何应用？以 74HC161 为例说明。

6－16　十六进制计数器能否作为四进制计器使用？如果可以，具体如何应用？以 74HC161 为例说明。

～～～

2. 同步十进制计数器

同步十进制计数器既可以按照时序电路一般的设计方法进行设计，同样也可以采用 T 触发器设计，根据计数器内部触发器状态的转换规律直接推出其驱动方程。同步十进制加法计数器的状态图如图 6－41 所示。

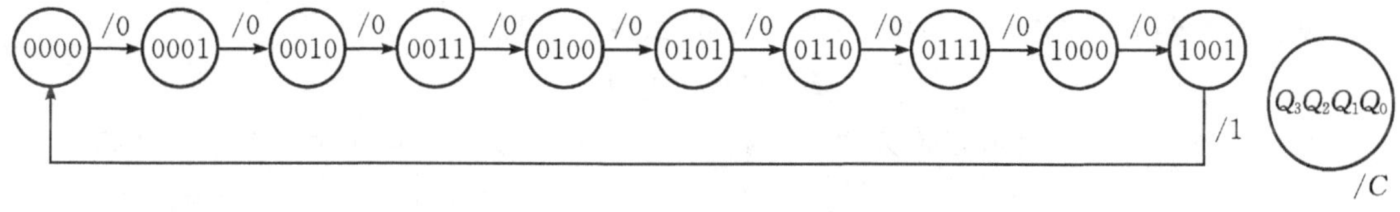

图 6－41　十进制加法计数器状态图

从状态图可以看出：

(1)最低位 Q_0 每来一个时钟时翻转一次。

(2)次低位 Q_1 在现态为 0001、0011、0101 和 0111 时翻转。这四个状态的共同特征是最高位为 0 而最低位为 1。

(3)次高位 Q_2 在现态为 0011 和 0111 时翻转。这两个状态的共同特征是低两位同时为 1。

(4)最高位 Q_3 在现态为“0111”和“1001”时翻转。这两个状态没有共同特征，需要分别进行处理。

采用T触发器设计，并且为计数器引入计数允许信号 EN 时，则根据十进制计数器状态 $Q_3Q_2Q_1Q_0$ 的转换规律可直接推出驱动方程组

$$\begin{cases} T_0 = 1 \cdot EN \\ T_1 = Q_3'Q_0 \cdot EN \\ T_2 = Q_1Q_0 \cdot EN \\ T_3 = (Q_2Q_1Q_0 + Q_3Q_0) \cdot EN \end{cases}$$

十进制加法计数器应在最后一个状态"1001"时输出进位信号，故输出方程

$$C = Q_3Q_0$$

按上述驱动方程组和输出方程即可设计出图 6-42 所示的同步十进制加法计数器。

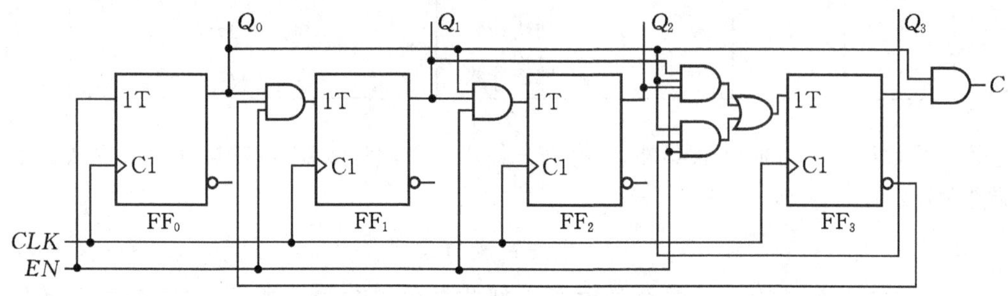

图 6-42 同步十进制加法计数器逻辑图

采用T触发器设计十进制减法计数器时，同样可以根据状态转换规律推出其驱动方程组

$$\begin{cases} T_0 = 1 \cdot EN \\ T_1 = Q_0'(Q_3'Q_2'Q_1')' \cdot EN \\ T_2 = Q_1'Q_0'(Q_3'Q_2'Q_1')' \cdot EN \\ T_3 = Q_2'Q_1'Q_0' \cdot EN \end{cases}$$

其中，EN 为计数允许信号。

减法计数器在状态"0000"时输出借位信号，故输出方程

$$B = Q_3'Q_2'Q_1'Q_0'$$

按照上述驱动方程组和输出方程即可设计出图 6-43 所示的同步十进制减法计数器。

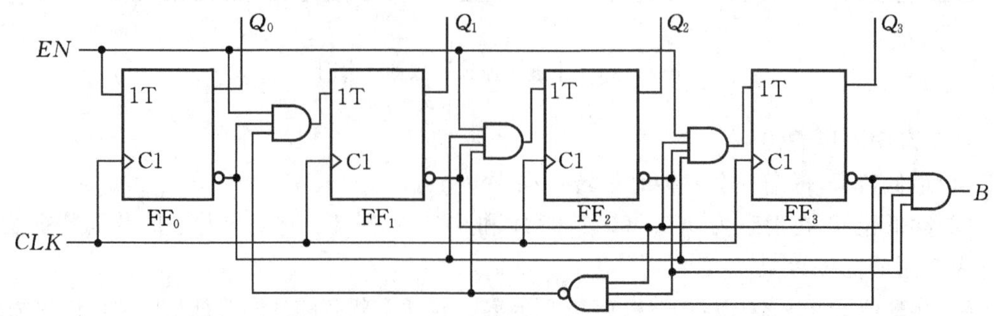

图 6-43 同步十进制减法计数器逻辑图

单时钟十进制加/减计数器仍然采用同一时钟，由控制端 U'/D 控制加/减计数。综合十进制加法计数器和减法计数器的设计结果，可以推出单时钟十进制加/减计数器的驱动方程

$$\begin{cases}T_0=1\\T_1=(U'/D)'\cdot Q_3'Q_0+(U'/D)\cdot Q_0'(Q_3'Q_2'Q_1')'\\T_2=(U'/D)'\cdot Q_1Q_0+(U'/D)\cdot Q_1'Q_0'(Q_3'Q_2'Q_1')'\\T_3=(U'/D)'\cdot(Q_2Q_1Q_0+Q_3Q_0)+(U'/D)\cdot Q_2'Q_1'Q_0'\end{cases}$$

和输出方程

$$Y=(U'/D)'Q_3Q_0+(U'/D)Q_3'Q_2'Q_1'Q_0'$$

按上述驱动方程组和输出方程可构成的单时钟同步十进制加/减计数器。

74HC160 是集成同步十进制计数器，具有异步清零、同步置数、保持和计数功能，内部逻辑电路如图 6-44 所示。74HC160 的管脚排列和使用方法与 74HC161 完全相同，不同的是 74HC160 内部为十进制计数逻辑，而 74HC161 为十六进制计数逻辑。

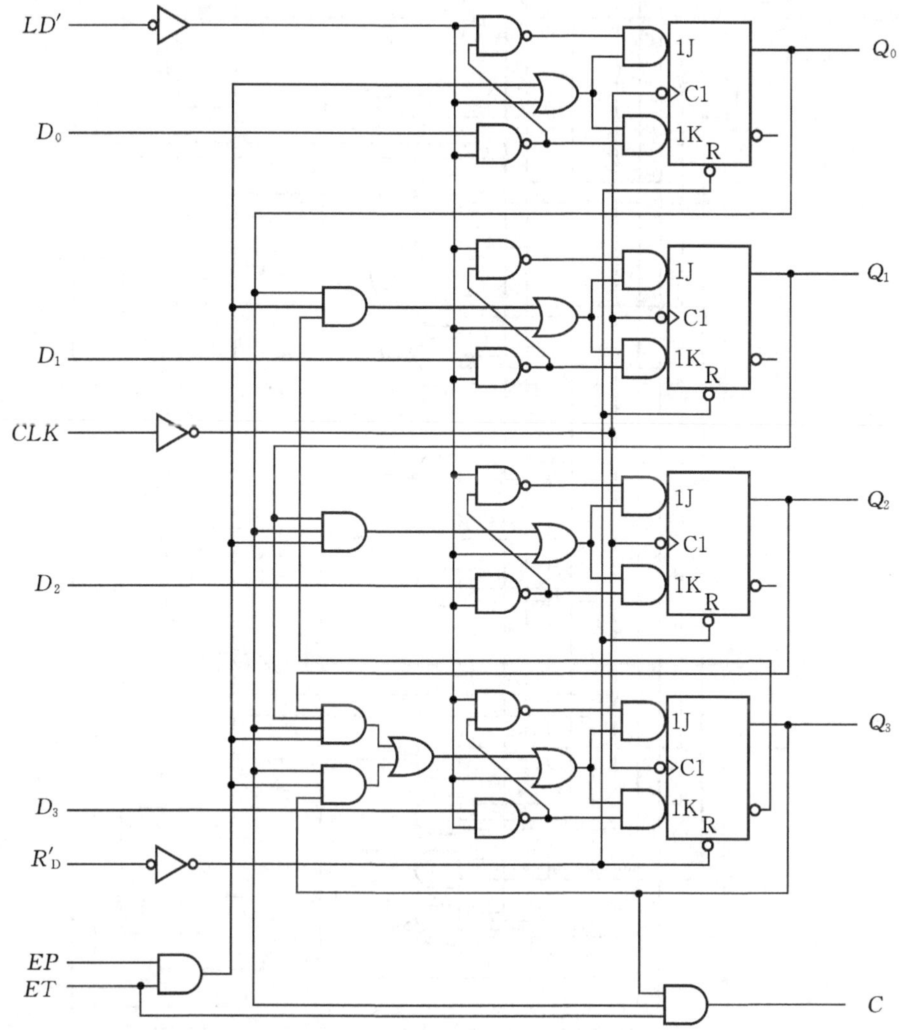

图 6-44 74HC160 内部逻辑图

74HC162 是集成十进制同步计数器，具有同步清零、同步置数、保持和计数功能。74HC162 的管脚排列和使用方法与 74HC163 完全相同，不同的是 74HC162 内部为十进制计数逻辑，而 74HC163 内部为十六进制计数逻辑。

74HC190 是集成单时钟同步十进制加/减计数器，具有异步清零和异步置数功能，内部逻辑电路如图 6－45 所示，其中 CLK 是计数时钟脉冲输入端，U'/D 是计数方式控制端。

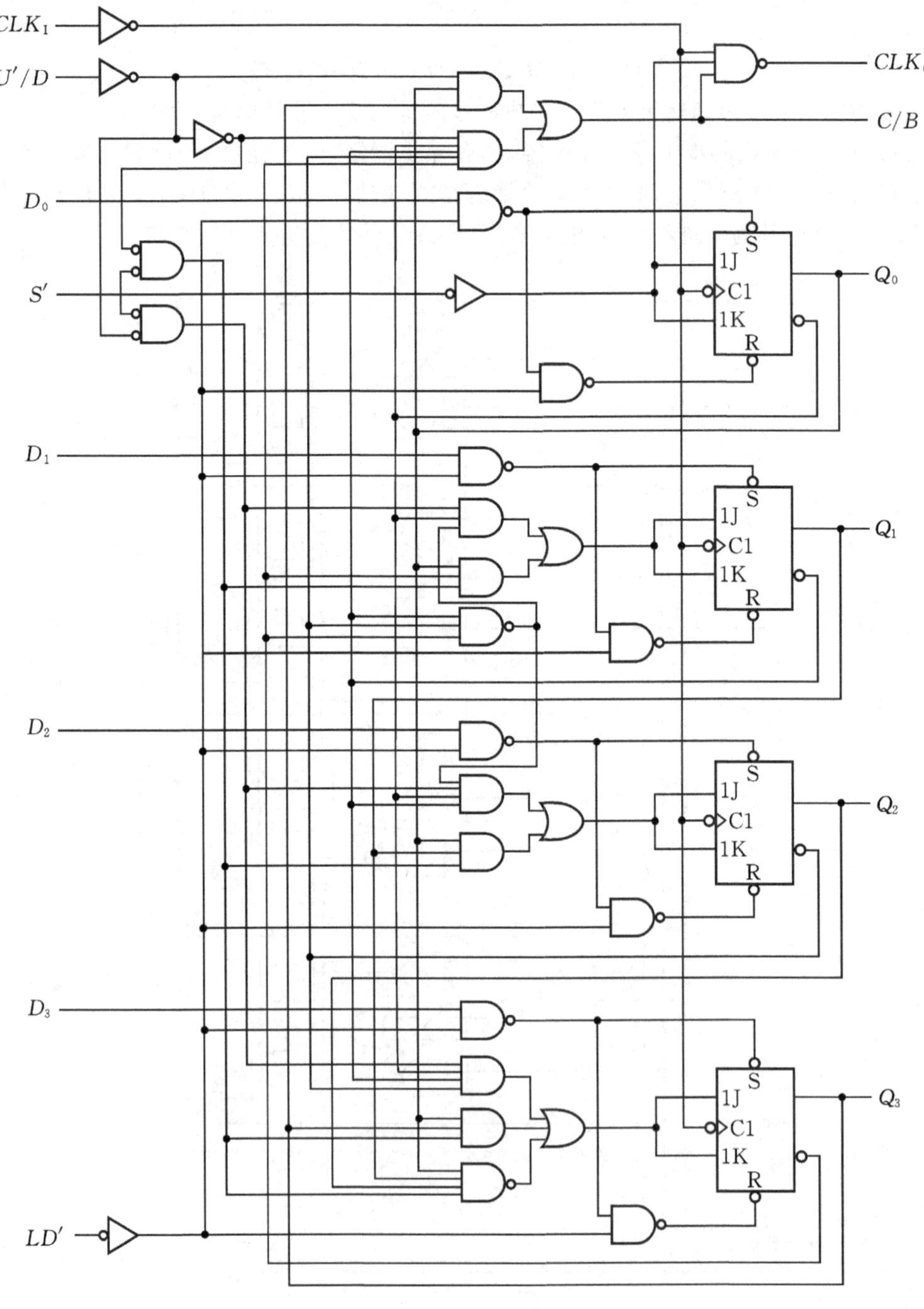

图 6－45　74HC190 内部逻辑图

74HC190 的管脚排列和使用方法与 74HC191 完全相同，不同的是 74HC190 内部为十进制加/减计数逻辑，而 74HC191 内部为十六进制加/减计数逻辑。

74HC192 是集成双时钟十进制加/减法计数器，具有异步清零和异步预置数功能。74HC192 的管脚排列和使用方法与 74HC193 完全相同，不同的是 74HC192 为十进制计数逻辑，而 74HC193 内部为十六进制计数逻辑。

～～～～～～～～～～～～～～～～～～～～**思考与练习**～～～～～～～～～～～～～～～～～～～～

6-17　74HC161 和 74HC163 有什么共同点和不同点？74HC160 和 74HC162 有什么共同点和不同点？

6-18　74HC191 和 74HC193 有什么共同点和不同点？74HC190 和 74HC192 有什么共同点和不同点？

～～

6.5.2　异步计数器分析

异步二进制计数器的电路结构非常简单，具有规律性，计数时内部触发器的状态从低位到高位逐级翻转。

三位二进制异步加法计数器如图 6-46 所示，外部时钟从 CLK_0 接入，然后从左向右依次用低位触发器的状态 Q 作为高位触发器的时钟。

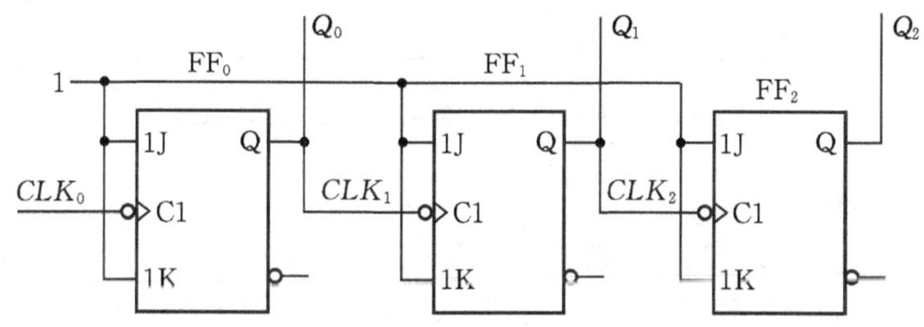

图 6-46　下降沿工作的异步二进制加法计数器

设计数器的初始状态 $Q_2Q_1Q_0=000$。由于每个 JK 触发器接成了 T′触发器，下降沿翻转，所以在外部时钟 CLK_0 的作用下，计数器状态变化的波形如图 6-47 所示。

从波形图可以看出，每个触发器的状态更新要比时钟脉冲的下降沿滞后一个触发器的传输延迟时间 t_{pd}，所以计数器从状态 111 返回到状态 000 的过程中，其状态变化是按"111→(110)→(100)→000"的路线进行的，中间短暂经过了状态"110"和"100"，经历 $3t_{pd}$ 才到达次态"000"。

若将图 6-46 中低位触发器的状态 Q' 依次作为高位触发器的时钟，即可构成异步二进制减法计数器。

异步二进制计数器也可以应用上升沿工作的触发器构成。图 6-48 是用 D 触发器构成的三位二进制异步加法计数器，其状态更新是在时钟脉冲的上升沿进行的。

若将图 6-48 中低位触发器的状态 Q 依次作为高位触发器的时钟，即可构成异步二进制减法计数器。读者可以自行分析。

异步计数器结构简单，但由于内部触发器的状态更新不是同步进行的，因此工作速度

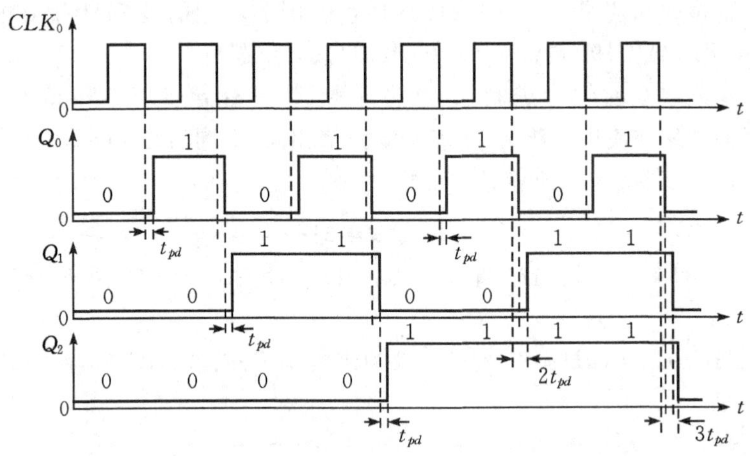

图 6-47 异步二进制加法计数器波形图

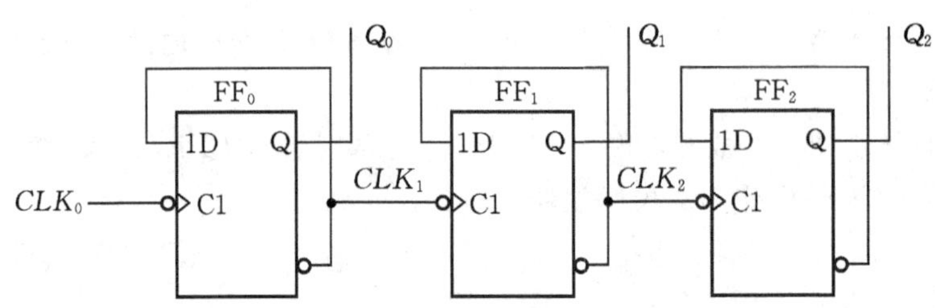

图 6-48 上升沿工作的异步二进制加法计数器

慢，而且容易产生竞争-冒险。

在数字系统中，异步二进制计数器通常用作分频器。设时钟脉冲的频率为 f_0，由图 6-48 的波形图可以看出，三位二进制计数器状态 Q_0、Q_1 和 Q_2 的频率依次为(1/2)f_0、(1/4)f_0 和(1/8)f_0，即输出信号的频率是逐级降低的。

CD4060 是集成 14 位异步二进制计数器，内部集成的 CMOS 门电路可与外接的电阻和电容或者石英晶体构成多谐振荡器，输出信号送至 14 级异步二进制计数器进行分频，可以输出多种频率信号。CD4060 的典型应用电路如图 6-49 所示，外接 32768 Hz 晶振时，可输

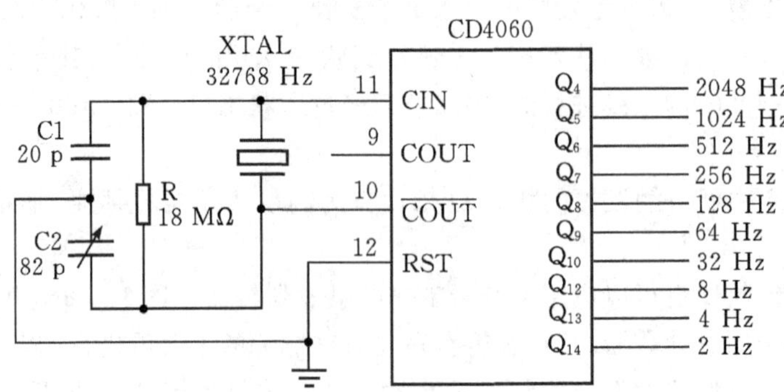

图 6-49 CD4060 应用电路

出 2048 Hz、1024 Hz、512 Hz、256 Hz、128 Hz、64 Hz、32 Hz、8 Hz、4 Hz 和 2 Hz 十种频率的信号。

思考与练习

6-19　异步二进制计数器内部用什么功能的触发器构成？结构上有什么规律？

6-20　试用两片双 D 触发器 74HC74 设计异步十六进制加法计数器。画出设计图。

6-21　试用两片双 JK 触发器 74HC112 设计异步十六进制减法计数器。画出设计图。

74HC290 是集成异步二-五-十进制计数器，内部电路框图如图 6-50 所示，由两个独立的计数器构成：一是一位二进制计数器，时钟脉冲为 CLK_0，状态输出为 Q_0；二是异步五进制计数器，时钟脉冲为 CLK_1，状态输出为 $Q_3Q_2Q_1$。

74HC290 提供两组功能控制端：异步置 9 端 S_{91} 和 S_{92}，以及异步复位端 R_{01} 和 R_{02}。当 $S_{91}S_{92}=1$、$R_{01}R_{02}=0$ 时，将 74HC290 的状态置为 9($Q_3Q_2Q_1Q_0=1001$)。当 $S_{91}S_{92}=0$、$R_{01}R_{02}=1$ 时，将 74HC290 的状态清零($Q_3Q_2Q_1Q_0=0000$)。

在 $S_{91}S_{92}=0$ 且 $R_{01}R_{02}=0$ 时，74HC290 处于计数状态。当时钟从 CLK_0 输入，Q_0 端输出 2 分频信号，实现 1 位二进制计数。当时钟脉冲从 CLK_1 输入，从 $Q_3Q_2Q_1$ 输出时实现五进制计数。

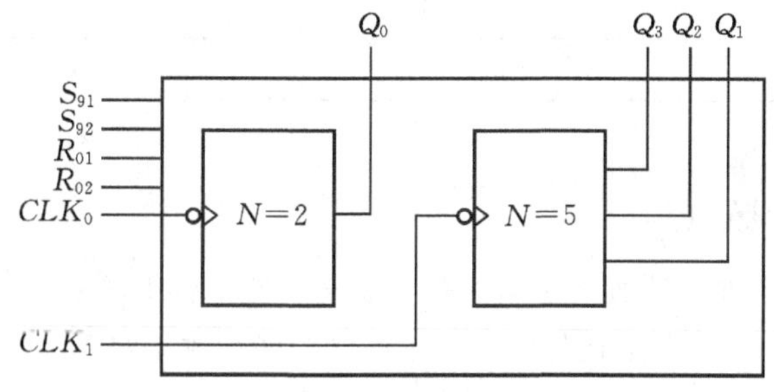

图 6-50　74HC290 逻辑框图

将 74HC290 内部的二进制计数器和五进制计数器级联即可扩展为十进制计数器，有两种扩展方案。一是外部时钟从 CLK_0 加入，CLK_1 接 Q_0，如图 6-51(a)所示，即先进行二进制计数，再进行五进制计数，由 $Q_3Q_2Q_1Q_0$ 输出 8421BCD 码；二是外部时钟从 CLK_1 加入，

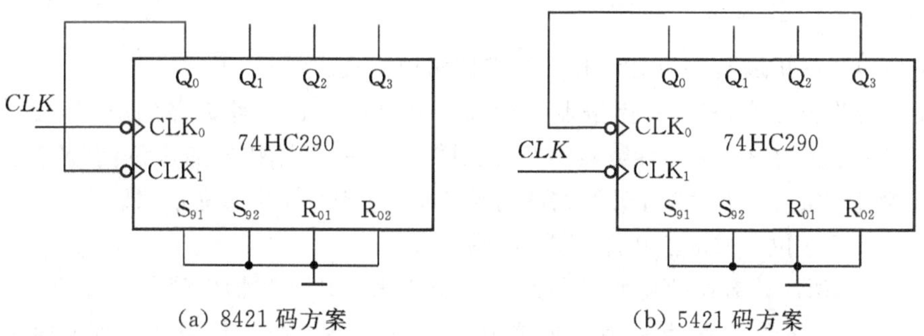

(a) 8421 码方案　　(b) 5421 码方案

图 6-51　74HC290 扩展为十进制计数器的两种方案

CLK_0接 Q_3，如图 6 - 51(b)所示，即先进行五进制计数，再进行二进制计数，由 $Q_0Q_3Q_2Q_1$ 输出 5421 码。两种扩展方法的状态关系转换如表 6 - 16 所示。

表 6 - 16 两种扩展方案与状态转换表

<table>
<tr><td rowspan="3">CLK</td><td colspan="2">扩展方案 1</td><td colspan="2">扩展方案 2</td></tr>
<tr><td rowspan="2">连接方法</td><td>状态输出</td><td rowspan="2">连接方法</td><td>状态输出</td></tr>
<tr><td>$Q_3Q_2Q_1Q_0$</td><td>$Q_0Q_3Q_2Q_1$</td></tr>
<tr><td>0</td><td rowspan="10">$CLK_0=CLK$
$CLK_1=Q_0$</td><td>0000</td><td rowspan="10">$CLK_0=Q_3$
$CLK_1=CLK$</td><td>0000</td></tr>
<tr><td>1↓</td><td>0001</td><td>0001</td></tr>
<tr><td>2↓</td><td>0010</td><td>0010</td></tr>
<tr><td>3↓</td><td>0011</td><td>0011</td></tr>
<tr><td>4↓</td><td>0100</td><td>0100</td></tr>
<tr><td>5↓</td><td>0101</td><td>1000</td></tr>
<tr><td>6↓</td><td>0110</td><td>1001</td></tr>
<tr><td>7↓</td><td>0111</td><td>1010</td></tr>
<tr><td>8↓</td><td>1000</td><td>1011</td></tr>
<tr><td>9↓</td><td>1001</td><td>1100</td></tr>
<tr><td>状态编码</td><td colspan="2">8421 码</td><td colspan="2">5421 码</td></tr>
</table>

6.5.3 任意进制计数器

二进制计数器和十进制计数器是常用的计数器，有商品化的器件出售。若需要其他进制计数器，则需要用二进制或者十进制集成计数器扩展和改接得到。

本节首先讨论计数器容量的扩展，然后讲述任意进制计数器的改接方法。

1. 计数器容量的扩展

当单片计数器的容量不能满足要求时，就需要用多片计数器级联以扩展计数容量。例如，用两片十进制计数器级联可以扩展成 100(10×10)进制计数器，用两片十六进制计数器级联可以扩展成 256(16×16)进制计数器。一般地，N 进制计数器级联 M 进制计数器可以扩展成 $N\times M$ 进制计数器。

计数器容量的扩展有并行进位和串行进位两种方式。

采用并行进位方式，将两片十进制计数器扩展成 100 进制计数器的应用电路如图 6 - 52 所示。其扩展要点是：两片计数器的时钟相同，用第一片计数器的进位信号 C_1 控制第二片计数器的进位链接 ET。两片计数器的时钟相同，整体为同步时序电路。

下面对并行进位方式的工作原理进行分析。

设 $EP=1$，两片计数器的初始状态为 00。由于第一片计数器的进位链接 $ET=1$，所以在时钟脉冲 CLK 的作用下，第一片计数器从 0 到 9 循环计数。每当状态到 9 时进位信号 $C_1=1$，使得第二片计数器的 $ET=1$，所以在下一次时钟脉冲的上升沿到来时，第一片计数器从 9 回到 0 的同时，第二片计数器才计数一次，故整体计数状态从 00 到 99，为 100 进制。

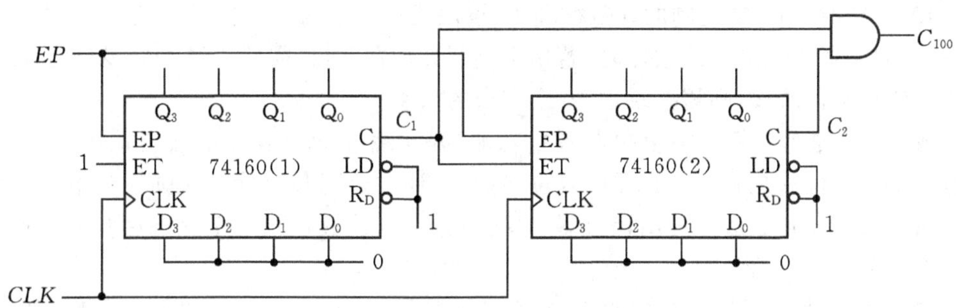

图 6-52 并行进位方式 100 进制计数器

当计数器的状态到达 99 时 100 进制计数器应输出进位信号,因此取 $C_{100}=C_1C_2$。

采用串行进位方式,将两片十进制数器扩展成 100 进制计数器的应用电路如图 6-53 所示。其扩展要点是:将第一片计数器的进位信号 C_1 取反后作为第二片计数器的时钟,两片计数器的进位链接 ET 均接高电平。由于两片计数器的时钟不同,因此整体为异步时序电路。

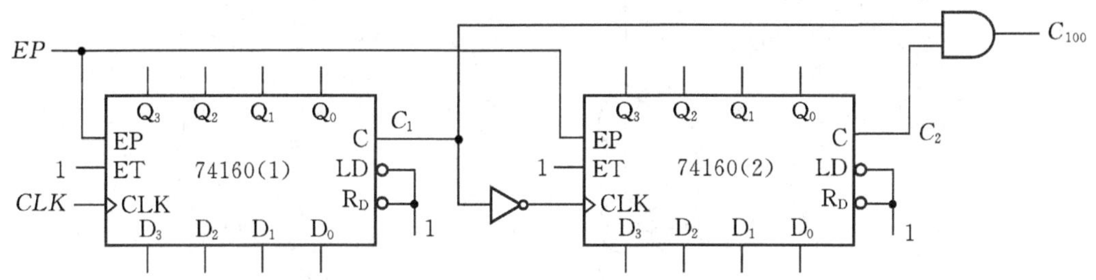

图 6-53 串行进位方式 100 进制计数器

下面对串行进位方式的工作原理进行分析。

设 $EP=1$,两片计数器的初始状态为 00。每当第一片计数器从 0 计到 9 后,进位信号 C_1 由低电平跳变为高电平。这时对第二片计数器来说,反相后为时钟脉冲的下降沿,所以第二片计数器还不能计数。当第一片计数器的状态从 9 返回 0 后,进位信号 C_1 返回低电平,反相后第二片计数器的时钟脉冲出现了上升沿,所以第二片计数器才计数一次。因此,整体计数状态从 00 到 99,为 100 进制。串行进位方式进位信号的接法与并行进位方式相同。

思考与练习

6-22 对于并行进位和串行进位两种扩展方式,你推荐使用哪一种?试说明理由。

6-23 在串行进位方式中,若直接将 C_1 作为第二片计数器的时钟,是否仍为 100 进制?会出现什么情况?试分析说明。

6-24 如果需要 1000 进制计数器,能否用三片 74HC160 扩展?画出设计图。

2. 任意进制计数器的改接方法

假设已经有 N 进制计数器,需要 M 进制计数器时,分为两种情况讨论。

(1)$N>M$ 时。在 N 进制的计数循环中,设法跳过多余的 $N-M$ 个状态而得到 M 进制计数器。例如,需要六进制计数器时,若用十进制计数器改接,需要跳过 4 个多余的状态;若用十六进制计数器改接,则需要跳过 10 个多余的状态。

集成计数器通常都附加有复位和置数功能,因此跳过 $N-M$ 个状态有两种方法:复位法和置数法。复位法是利用计数器的复位功能,当计数达到某个状态时强制计数器复位而跳过多余的状态。置数法是利用计数器的置数功能,当计数达到某个状态后强制转换为另一个状态以跳过多余的状态。

①复位法。设 N 进制计数器的 N 个状态分别用 S_0、S_1,…,S_{N-1} 表示。复位法的思路是:从全 0 状态 S_0 开始计数,计满 M 个状态后,利用复位功能使计数器返回到 S_0 实现 M 进制。

复位法有异步复位和同步复位两种方法,如图 6－54 所示。异步复位与时钟无关,同步复位受时钟控制。

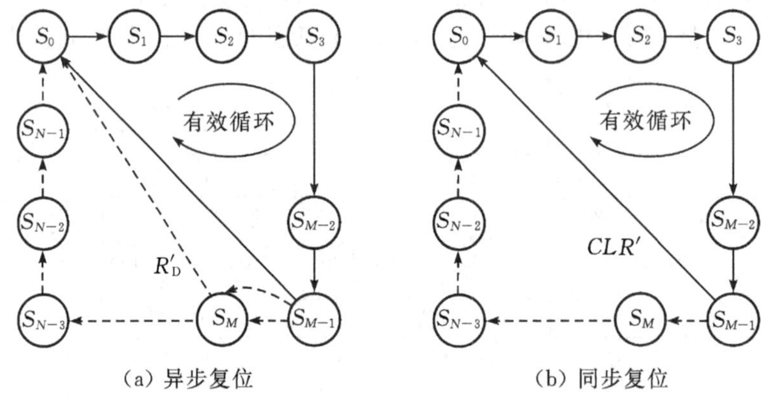

图 6－54 利用复位法改接计数器

对于具有异步复位功能的计数器(如 74HC160 或 74HC161),当计数器从全 0 状态 S_0 计数到 S_{M-1} 后,下次时钟到来计数器刚进入状态 S_M 时立即产生复位信号使计数器复位到 S_0。由于计数器在进入 S_M 后被立即复位到 S_0,在状态 S_M 维持的时间极短,因此 S_M 不属于有效状态,而称为“过渡状态”。

对于具有同步复位功能的计数器(如 74HC162 或 74HC163),当计数器从全 0 状态 S_0 计数到 S_{M-1} 后,在状态 S_{M-1} 产生复位信号,在下次时钟脉冲到来时实现复位。

②置数法。置数法是应用计数器的置数功能进行改接,有置 0、置最小值和置最大值三种方法。

置 0 法改接的原理与复位法类似。计数器从全 0 状态 S_0 开始计数,计满 M 个状态后:

(a)对于具有异步置数功能的计数器(如 74HC190/191),在状态到达 S_M 时触发置数功能有效,将预先设置好数据“全 0”立即置入计数器,使状态返回 S_0;

(b)对于具有同步置数功能的计数器(如 74HC160～3),在状态到达 S_{M-1} 触发置数功能有效,当下次时钟脉冲有效沿到来时将预先设置好数据“全 0”置入计数器,使状态返回 S_0。

应用置数法进行改接时,也可以从任一状态 S_i 开始,计满 M 个状态后触发同步置数功能有效使状态返回S_i，然后循环上述过程。

置最小值方法的思路是：选取S_{N-M}～S_{N-1}共M个有效状态，当计数器计到最后一个状态S_{N-1}时触发同步置数功能有效，在下次时钟脉冲到来时将状态置为S_{N-M}。

置最大值方法的思路是：选取S_0～S_{M-2}和S_{N-1}共M个循环状态，当计数器状态达到S_{M-2}时触发同步置数功能有效，在下次时钟脉冲到来时将状态置为S_{N-1}。

【例6-9】 将十进制计数器74HC160接成六进制计数器。

分析 74HC160具有异步复位和同步置数功能。

用复位法改接时，选取有效状态循环为“0000～0101”。由于74HC160为异步复位，因此过渡状态应选“0110”状态。每当计数器计到“0110”时，立即复位返回“0000”。由于在循环状态“0000～0101”和过渡状态“0110”中只有过渡状态“0110”中的Q_2和Q_1同时为1，因而Q_2和Q_1同时为1可作为过渡状态“0110”的特征，所以改接方法如图6-55(a)所示。

74HC160具有同步置数功能，用置0法改接时，应在状态“0101”使置数功能LD'有效，并预先将$D_3D_2D_1D_0$置为“0000”，当下次时钟脉冲的上升沿到来时返回状态“0000”。由于在状态循环“0000～0101”中只有状态“0101”中的Q_2和Q_0同时为1，因而Q_2和Q_0同时为1可作为状态“0101”的特征，所以改接方法如图6-55(b)所示。

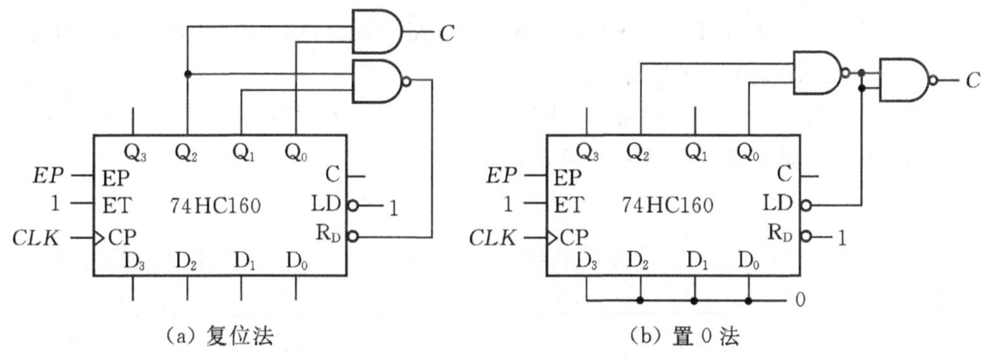

图6-55 用十进制计数器接成六进制计数器

上述两种改接方法选取的有效状态循环均为“0000～0101”。由于新计数器的状态循环不经过原来计数器的最后一个状态“1001”，所以原计数器的进位输出C恒为0。当新计数器需要有进位信号时，应在新循环的最后一个状态“0101”时产生，如图6-55所示。

由于异步复位信号随着计数器复位而迅速消失，因此复位信号持续时间短，所以异步复位法的可靠性没有同步置0法高。

用置最小值法改接时，有效状态循环选为“0100～1001”。每当计数器计到最后一个状态“1001”时触发置数功能LD'有效，并预先设置$D_3D_2D_1D_0=0100$，在下次时钟脉冲上升沿到来时将状态置为“0100”。由于计数器在状态“1001”时进位信号有效，因此进位信号$C=1$可作为状态“1001”的特征，因此改接方法如图6-56(a)所示。

用置最大值法改接时，有效状态循环选为“0000～0100”和“1001”。每当计数器的状态达到“0100”时触发置数功能LD'有效，并预先设置$D_3D_2D_1D_0=1001$，在下一次时钟脉冲的上升沿到来时将状态置为“1001”。由于在状态“0000～0100”和“1001”中只有状态“0100”的$Q_2=1$，因此$Q_2=1$可作为状态“0100”的特征，因此改接方法如图6-56(b)所示。

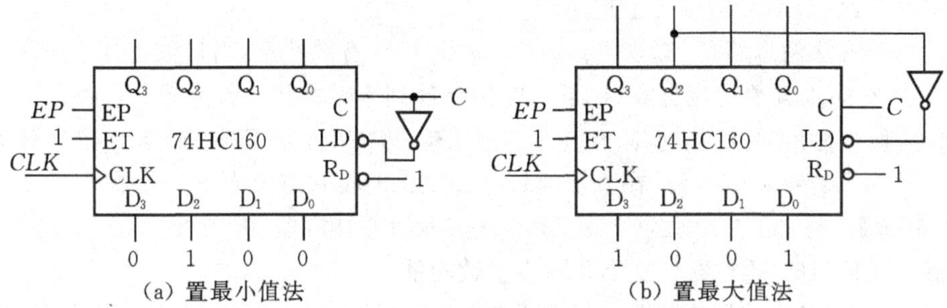

图 6-56 用十进制计数器接成六进制计数器

无论是置最大值法还是置最小值法，新计数器的状态循环都经过了原计数循环的最后一个状态“1001”，所以原计数器的进位信号可以直接作为新计数器的进位信号用，不需要重新改接。

～～～～～～～～～～～～～～～～～～～**思考与练习**～～～～～～～～～～～～～～～～～～～

6-25 将十进制计数器 74HC162 接成六进制计数器，例 6-9 中的四种改接电路哪种需要调整？画出调整后的电路图。

6-26 将十六进制计数器 74HC161 接成六进制计数器，例 6-9 中的四种改接电路哪种需要调整？画出调整后的电路图。

6-27 已经有十六进制计数器 74HC161/163 而需要八进制或四进制计数器时，是否需要按例 6-9 所示的方法进行改接？具体说明其用法。

～～

(2)$N<M$ 时。先进行计数容量扩展，然后再改接成 M 进制。具体方法是先用 i 片 N 进制计数器级联扩展为 N^i 进制计数器，使 $N^{i-1}<M<N^i$，然后再在 N^i 进制计数器的计数循环中，跳过 N^i-M 个多余的状态改接成 M 进制，这种方法称为整体置数法。例如，需要 365 进制计数器时，先用 3 片十进制计数器级联扩展为 1000 进制计数器，然后再将 1000 进制计数器改接为 365 进制计数器。

另外，还可以采用分解方法：先将 M 分解成为若干个小于或等于 N 因数的乘积，即 $M=N_1\times\cdots\times N_j$（$j$ 为正整数），然后分别设计出 N_1、…、N_j 进制计数器，最后通过并行进位或串行进位方式级联实现 M 进制。例如，需要二十四进制计数器时，既可以用四进制计数器级联六进制计数器实现，也可以用三进制级联八进制计数器实现，还可以用二进制级联十二进制计数器实现。

【例 6-10】 用两片 74HC160 数器改接成六十进制计数器。

分析 用两片 74HC160 数器接成六十进制计数器时，既可以采用整体置数法，也可以采用分解方法实现。

采用整体置数法时，先将两片 74HC160 扩展成 100 进制计数器，然后再将 100 进制改接成六十进制。若选取六十进制计数器的状态循环为“00～59”，则每当状态到达“59”时触发置数功能 LD' 有效，下次时钟到来时将状态置为“00”，因此设计方案如图 6-57 所示。

由于 60 可以分解为 10×6，所以六十进制计数器也可以用一个十进制计数器级联六进制计数器实现。图 6-58 是按照这种分解思路用并行进位方式实现的六十进制计数器，图

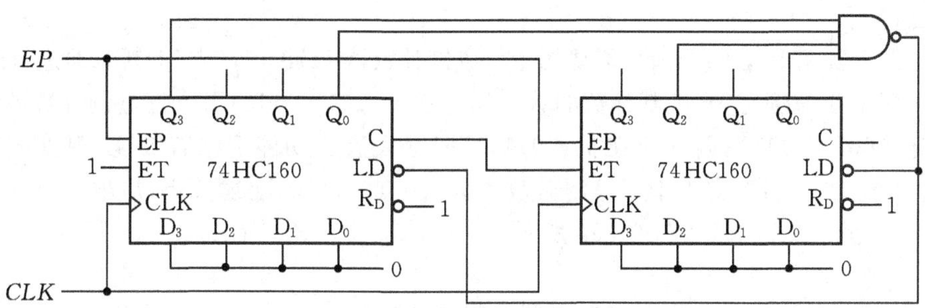

图 6 - 57　用整体置数法接成六十进制计数器

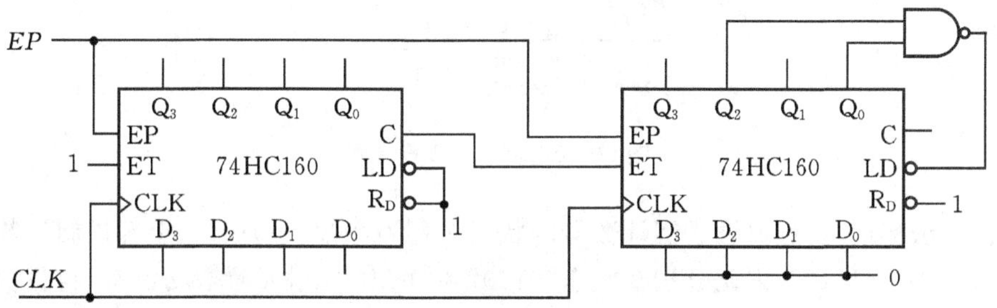

图 6 - 58　用分解法接成六十进制计数器(并行进位)

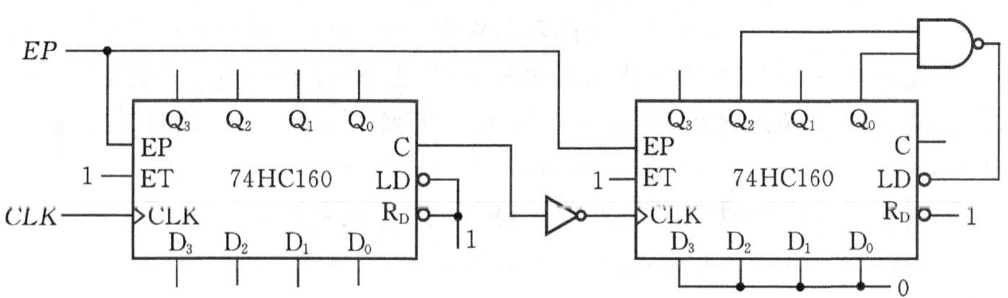

图 6 - 59　用分解法接成六十进制计数器(串行进位)

6 - 59 所示是用串行进位方式实现的六十进制计数器。

～～～～～～～～～～～～～～～～～～～～**思考与练习**～～～～～～～～～～～～～～～～～～～～

6 - 28　用两片 74HC160 采用分解方法接成六十进制计数器时,“第一片用十进制、第二片用六进制”和“第一片用六进制、第二片用十进制”的状态循环是否相同?分别写出两种方案的状态编码进行比较。

6 - 29　用两片十进制计数器 74HC160 接成三十六进制计数器,共有多少改接方案?画出设计图,并说明相应的状态循环关系。

6 - 30　用两片十六进制计数器 74HC161 接成三十六进制计数器,共有多少改接方案?画出设计图,并说明相应的状态循环关系。

～～

【例 6 - 11】　设计一个可控进制的计数器,当控制变量 $M=0$ 时实现五进制,$M=1$ 时实现十五进制。

由于最大实现十五进制，所以需要用十六进制计数器 74HC161(或 74HC163)进行改接。

采用置最小值法时，五进制计数的状态循环选为“1011～1111”，十五进制计数器的状态循环选为“0001～1111”，因此应在状态“1111”时触发置数功能 LD'有效，实现五进制时将 $D_3D_2D_1D_0$置为“1011”、实现十五进制时数置为“0001”。根据上述分析，应取 $D_3D_2D_1D_0=M'0M'1$。因此，设计电路如图 6-60 所示。

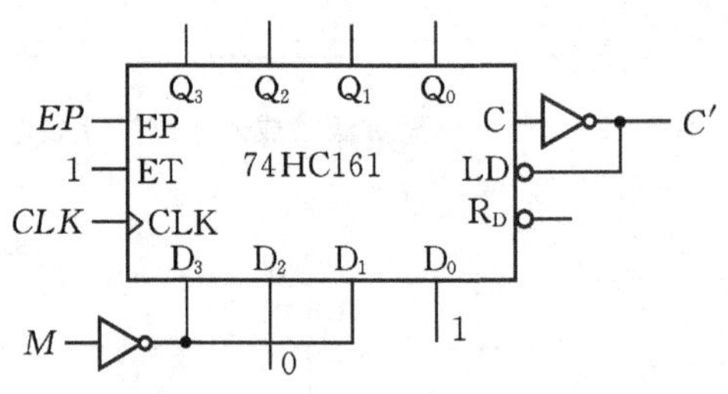

图 6-60　例 6-11 设计图

用置 0 法实现时，选取五进制计数器的状态循环为“0000～0100”，十五进制计数器的状态循环为“0000～1110”，因此分别在状态“0100”和“1110”时触发置数功能有效，将次态置为“0000”，既可以用 2 选 1 数据选择器进行状态切换，也可以直接取 $LD'=(M'Q_2+MQ_3Q_2Q'_1)$实现(设计图略)。

～～～～～～～～～～～～～～～～～～～～**思考与练习**～～～～～～～～～～～～～～～～～～～～

6-31　能否将一片 74HC160 改接成四种进制，当 $S_1S_0=00$ 时为十进制，$S_1S_0=01$ 时为五进制，$S_1S_0=10$ 时为八进制，$S_1S_0=11$ 时为六进制？如果可以，说明其改接思想，并画出设计图。

6-32　能否将一片 74HC160 改接成 8 种进制，当 $S_2S_1S_0=000\sim111$ 时，分别实现二至九进制？如果可以，说明其改接思想，并画出设计图。

～～

6.5.4　两种特殊计数器

移位寄存器不但可以存储数据和实现数据移位，还可以构成两种特殊的计数器：环形计数器(ring counter)和扭环形计数器(twisted-ring counter)。

1. 环形计数器

将图 6-27 所示的 4 位移位寄存器首尾相接，取 $D_0=Q_3$，即可构成 4 位环形计数器，如图 6-61 所示。

根据移位寄存器的工作特点，分析 16 状态的循环关系，可以画出图 6-62 所示的环形计数器完整的状态转换图。

由于状态图中存在多个循环关系，若选取“0001→0100→0100→1000→…”为有效循环，则其他称为无效循环。环形计数器一旦落入无效循环中，就不能自动返回到有效循环状态中去，所以图 6-61 所示的环形计数器不具有自启动功能。

为了环形计数器能够自启动，需要重新进行逻辑设计。同时，为了保持移位寄存器型计

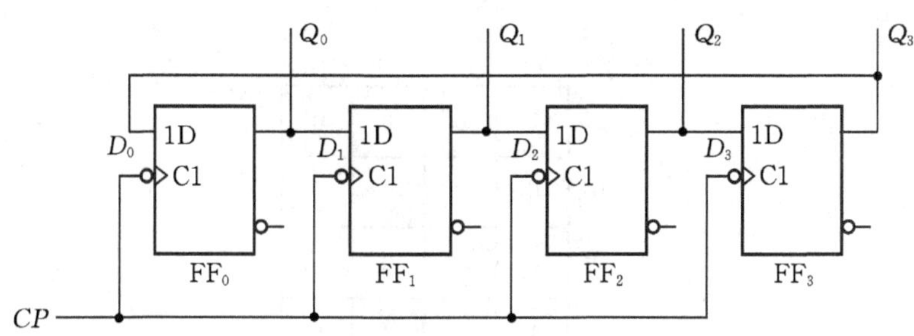

图 6-61　四位环形计数器

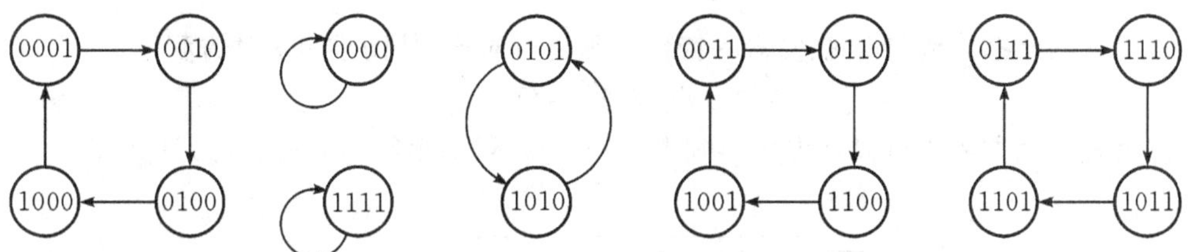

图 6-62　四位环形计数器状态转换图

数器的结构特点，在四个驱动方程中只修改驱动方程 $D_0=Q_3$。重设 $D_0=F(Q_3,Q_2,Q_1,Q_0)$，则 $Q_0^*=F(Q_3,Q_2,Q_1,Q_0)$，然后根据自启动的需要重新定义 Q_0^*，既可以定义成 0 也可以定义为 1，从而使电路能够自启动。修改后能够自启动的 4 位环形计数器的一种状态转换方案如图 6-63 所示。

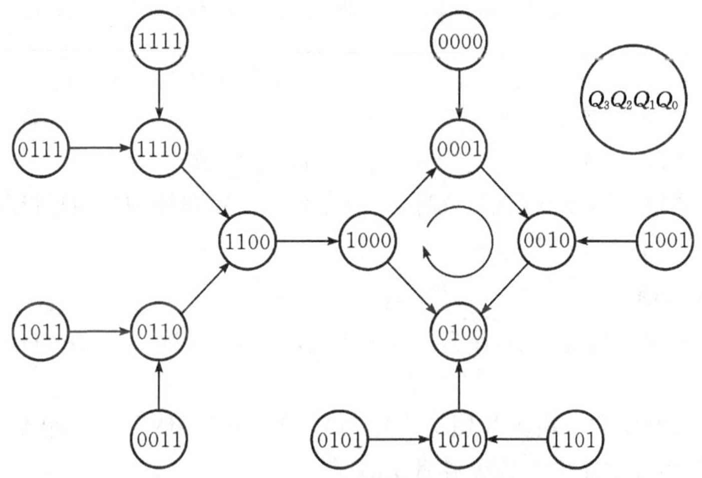

图 6-63　能够自启动的四位环形计数器状态转换图

根据图 6-63 新定义的状态循环关系，画出图 6-64 所示的逻辑函数 $Q_0^*=F(Q_3,Q_2,Q_1,Q_0)$的卡诺图，如图 6-64 所示。

化简得到状态方程

$$Q_0^*=Q_2'Q_1'Q_0'$$

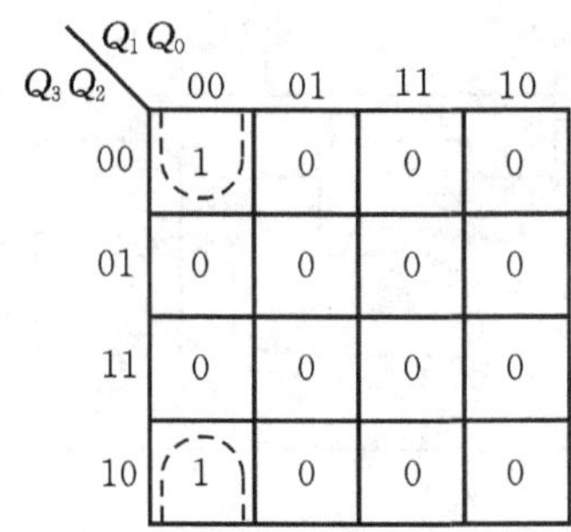

图 6-64 Q_0^* 卡诺图

将得到的状态方程与D触发器的特性方程进行对比,从而推出驱动方程

$$D_0 = Q_2'Q_1'Q_0'$$

按上式驱动方程进行设计即可得到图 6-65 所示的能够自启动的环形计数器。

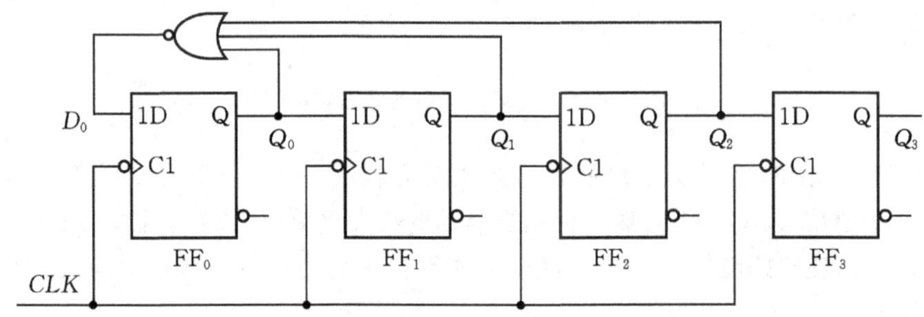

图 6-65 能够自启动的 4 位环形计数器

环形计数器的优点是结构简单,状态编码为一位热码编码方式。这种编码方式虽然使用了较多的触发器,但在数字系统中能够大大简化状态译码电路设计,而且能够提高计数器的工作速度和可靠性,因而在现代数字系统设计中广泛应用。

环形计数器的缺点是状态利用率很低。由 n 位移位寄存器构成的环形计数器只有 n 个有效状态,有 2^n-n 个状态没有用到。

2. 扭环形计数器

将 4 位移位寄存器的输出 Q_3'作为触发器 FF_0的输入,即取 $D_0=Q_3'$,可构成扭环形计数器,如图 6-66 所示。

扭环形计数器的状态转换图如图 6-67 所示,状态图仍然存在两组循环关系,所以图 6-66所示的扭环形计数器也不具有自启动功能。

和环形计数器一样,可以通过修改逻辑设计的方法使扭环形计数器具有自启动功能。重设 $D_0=F(Q_3,Q_2,Q_1,Q_0)$,则 $Q_0^*=F(Q_3,Q_2,Q_1,Q_0)$,然后根据自启动的需要重新定义 Q_0^*。图 6-68 是修改后能够自启动的四位扭环形计数器的状态转换图。

由修改后的状态转换关系,可得

$$Q_0^* = Q_1Q_2' + Q_3'$$

故得驱动方程

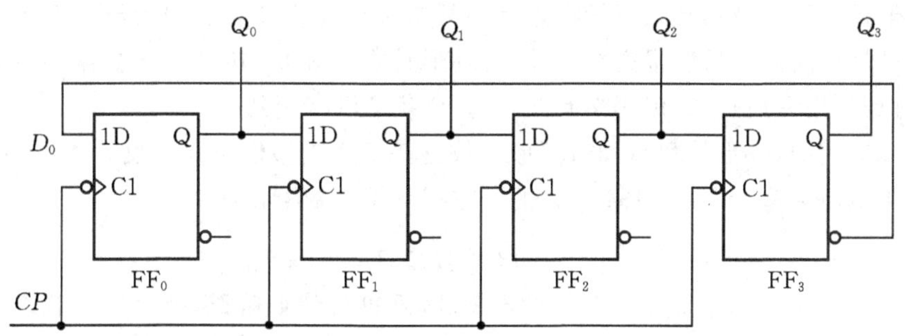

图 6-66 四位扭环形计数器

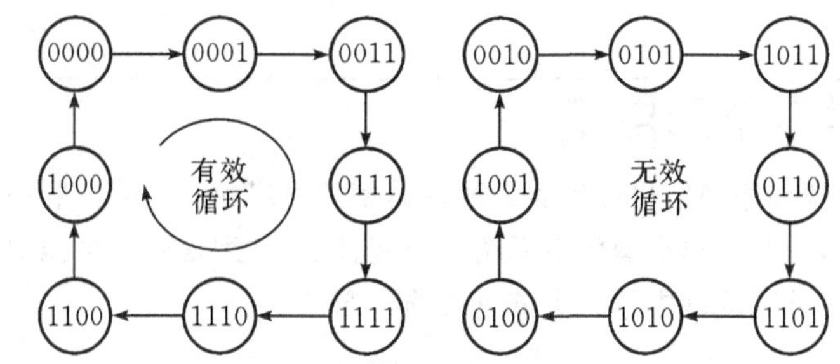

图 6-67 四位扭环形计数器状态转换图

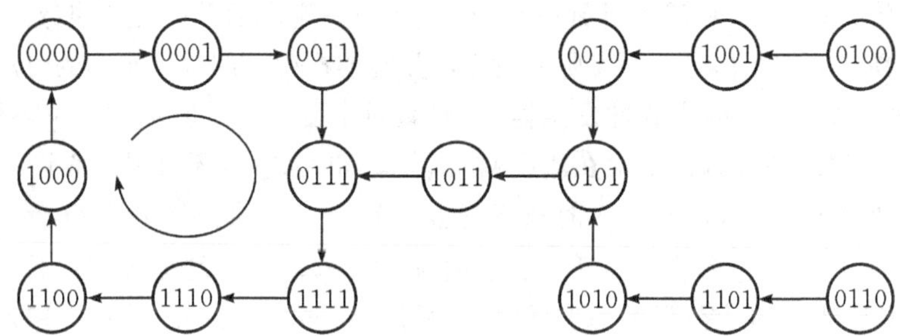

图 6-68 能够自启动的四位扭环形计数器状态转换图

$$D_0 = Q_1 Q_2' + Q_3'$$

按上式驱动方程重新设计即可得到图 6-69 所示的能够自启动的 4 位扭环形计数器。

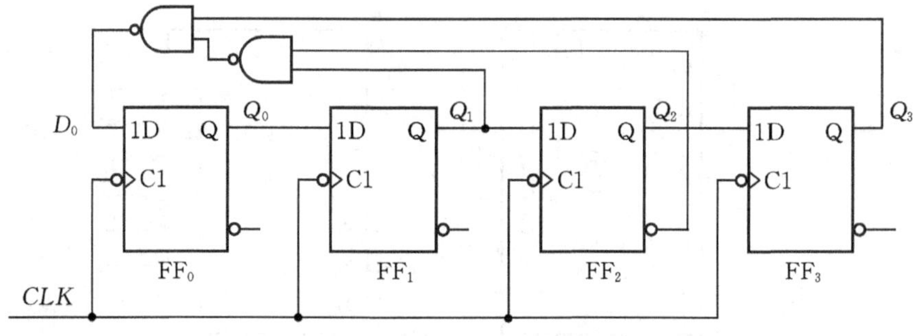

图 6-69 具有自启动功能的扭环形计数器

扭环形计数器的特点是状态转换过程中只有一位发生变化。因为没有竞争，所以不会产生竞争-冒险，因而可靠性很高。另外，与环形计数器相比，扭环形计数器共有 $2n$ 个有效状态，状态利用率有所提高，但仍然有 2^n-2n 个状态没有用到。

在实际应用中，环形计数器和扭环形计数器基于集成移位寄存器设计更方便。例 6-7 所示的应用电路为基于 74HC194 设计的 4 位扭环形计数器。

～～～～～～～～～～～～～～～～～～～**思考与练习**～～～～～～～～～～～～～～～～～～～

6-33　用 74HC194 设计十五进制计数器，画出设计电路图，并说明其状态循环关系。设计数器的初始状态为 0。

～～

6.6　两种时序单元电路

顺序脉冲发生器和序列信号产生器是两种典型的时序单元电路。顺序脉冲发生器用于产生一组顺序脉冲，通常用作小型数字系统的控制核心；序列信号产生器则用于产生串行数字序列信号，在通信系统测试中具有十分重要的作用。

6.6.1　顺序脉冲发生器

在数字系统设计中，经常需要用到一组在时间上有一定先后顺序的脉冲，然后这些脉冲用来合成系统所需要的控制信号。顺序脉冲发生器是能够产生一组顺序脉冲的时序单元电路。

环形计数器本身就是顺序脉冲发生器。例如，对于图 6-65 所示的 4 位环形计数器，其状态中的高电平脉冲随着时钟依次在输出 Q_0、Q_1、Q_2 和 Q_3 中循环出现。假设某一数字系统有四项工作任务需要完成，当 $Q_0=1$ 时执行任务 1，$Q_1=1$ 时执行任务 2，$Q_2=1$ 时执行任务 3，$Q_3=1$ 时执行任务 4，那么这四项任务随着时钟脉冲依次顺序地循环地执行。

但是，环形计数器的状态利用率很低，所以顺序脉冲发生器一般并不采用环形计数器结构，而是由计数器和译码器构成。计数器在时钟脉冲的作用下循环计数，译码器则对计数器的状态进行译码而产生顺序脉冲。用十六进制计数器（做八进制用）和 3 线-8 线译码器构成的 8 节拍顺序脉冲发生器如图 6-70 所示，输出波形如图 6-71 所示。在时钟脉冲的作用下，译码输出的顺序脉冲在输出 Y'_0 到 Y'_7 端依次循环出现。

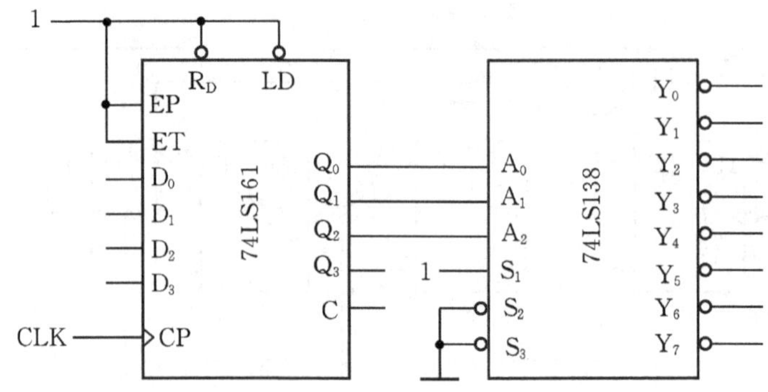

图 6-70　用计数器和译码器构成的顺序脉冲发生器

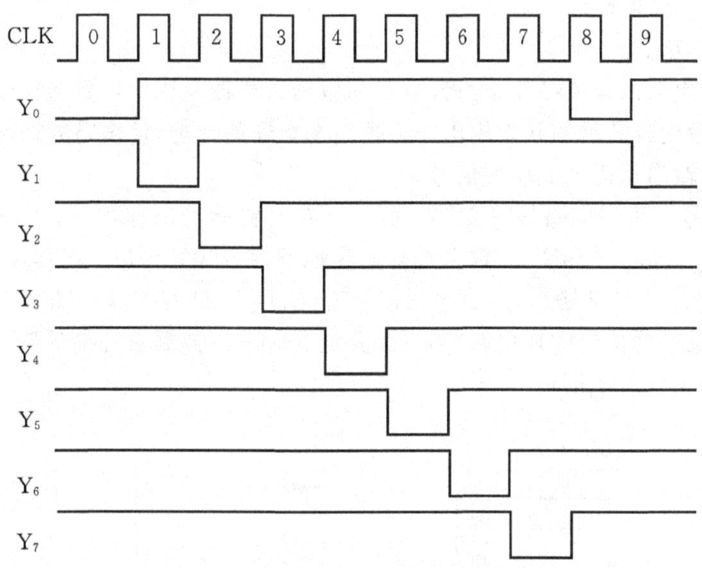

图 6-71　8 节拍顺序脉冲发生器波形图

一般地，若要产生 n 节拍的顺序脉冲，则需要用 n 进制计数器和能够输出 n 个高、低电平信号的译码器构成。

～～～～～～～～～～～～～～～～～～～思考与练习～～～～～～～～～～～～～～～～～～～

6-34　若将图 6-70 中译码器的控制端 S'_2 和 S'_3 由接地改为接时钟 CLK，如图 6-72 所示，则输出的顺序脉冲会有什么变化？具体说明其差异，并比较两种电路的特点。

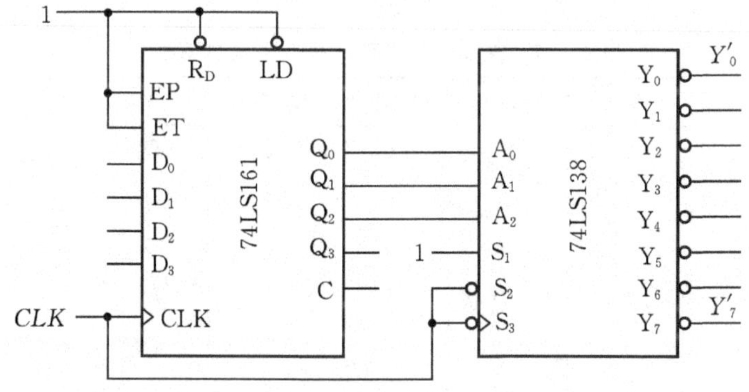

图 6-72　用计数器和译码器构成的顺序脉冲发生器

～～

6.6.2　序列信号产生器

序列信号产生器是用来产生一组周期性数字序列信号的时序单元电路。

序列信号产生器通常有三种实现形式：

(1)由计数器和数据选择器构成；

(2)通过顺序脉冲合成；

(3)反馈移位型。

序列信号产生器的典型结构是由计数器和数据选择器构成。计数器在时钟脉冲的作用下循环计数，然后用计数器的状态输出作为数据选择器的地址，从多路数据选择器中依次循环选择其中一路输出从而形成序列信号。

8位序列信号产生器电路如图6-73所示。在时钟脉冲的作用下，八进制计数器的状态$Q_2Q_1Q_0$按000～111循环变化，数据选择器在地址信号"000～111"的作用下从输入D_0～D_7不断选择数据并从Y端输出，形成序列信号$D_0D_1D_2D_3D_4D_5D_6D_7$，如表6-17所示。因此，若要产生8位序列信号"01011011"，只需要定义8选一数据选择器的输入数据$D_0D_1D_2D_3D_4D_5D_6D_7$=01011011即可。

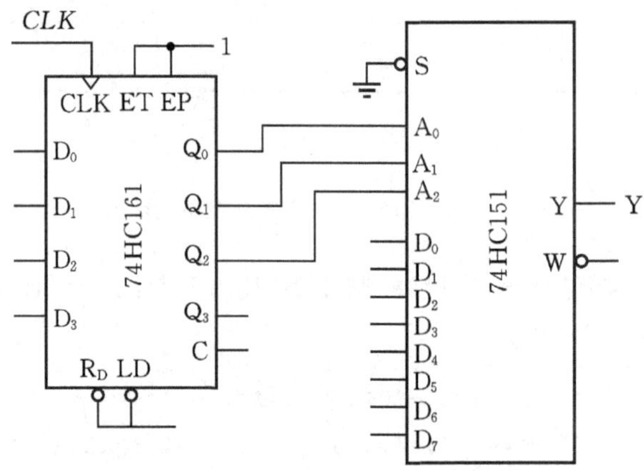

图6-73 用计数器和数据选择器构成的序列信号产生器

表6-17 图6-73序列信号产生器真值表

CLK	$Q_2(A_2)$	$Q_1(A_1)$	$Q_0(A_0)$	Y
0	0	0	0	D_0
1	0	0	1	D_1
2	0	1	0	D_2
3	0	1	1	D_3
4	1	0	0	D_4
5	1	0	1	D_5
6	1	1	0	D_6
7	1	1	1	D_7

一般地，n位序列信号产生器由n进制计数器和n选一数据选择器构成。有时为了简化电路设计，也可以采用小于n选一的数据选择器。

【例6-12】 设计能够产生"1101000101"序列信号的时序逻辑电路。

设计过程

(1)因序列信号长度M=10，所以选择十进制计数器。

(2)计数器的输出状态与序列信号 Y 之间的关系如表 6-18 所示。

表 6-18　序列信号真值表

CLK	$Q_3\ Q_2\ Q_1\ Q_0$	Y
0	0 0 0 0	1
1	0 0 0 1	1
2	0 0 1 0	0
3	0 0 1 1	1
4	0 1 0 0	0
5	0 1 0 1	0
6	0 1 1 0	0
7	0 1 1 1	1
8	1 0 0 0	0
9	1 0 0 1	1

(3)将 $Q_3Q_2Q_1Q_0$ 看作逻辑变量，则由真值表可得 Y 的函数表达式为

$$Y=Q'_3Q'_2Q'_1Q'_0+Q'_3Q'_2Q'_1Q_0+Q'_3Q'_2Q_1Q_0+Q'_3Q_2Q_1Q_0+Q_3Q'_2Q'_1Q_0$$

(4)若用 8 选一数据选择器产生序列信号，取数据选择器地址 $A_2A_1A_0=Q_2Q_1Q_0$ 时，将函数表达式变换为

$$\begin{aligned}Y&=Q'_3m_0+Q'_3m_1+Q'_3m_3+Q'_3m_7+Q_3m_1\\&=Q'_3m_0+m_1+Q'_3m_3+Q'_3m_7\end{aligned}$$

因此，8 路数据分别取 $D_0=D_3=D_7=Q'_3$、$D_1=1$ 和 $D_2=D_4=D_5=D_6=0$，故总体设计电路如图 6-74 所示。

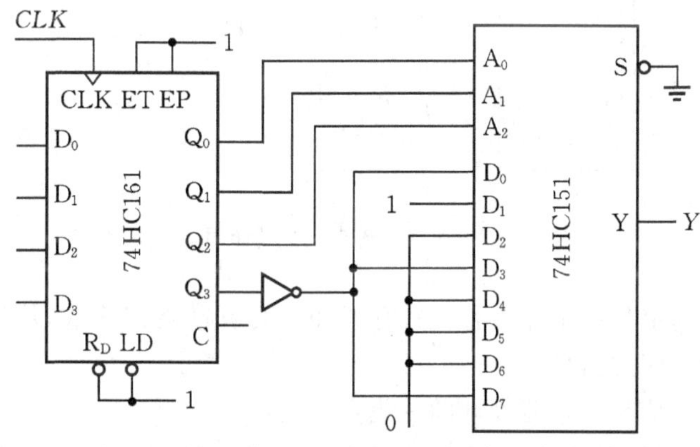

图 6-74　例 6-12 设计图

另外，序列信号还可以通过顺序脉冲合成。

【例 6-13】 用顺序脉冲发生器设计能够产生“11010001”序列信号的时序电路。

设计过程

因序列信号长度 $M=8$，所以选用 74HC161(用作 8 进制)和 74HC138 产生 8 节拍的顺

序负脉冲 $Y'_0 \sim Y'_7$，如图 6－70 所示。

将需要产生的序列信号 11010001 看作是顺序脉冲函数的取值，如表 6－19 所示。

表 6－19 序列信号真值表

CLK	$Q_2\ Q_1\ Q_0$	脉冲序号	Y
0	0 0 0	Y_0	1
1	0 0 1	Y_1	1
2	0 1 0	Y_2	0
3	0 1 1	Y_3	1
4	1 0 0	Y_4	0
5	1 0 1	Y_5	0
6	1 1 0	Y_6	0
7	1 1 1	Y_7	1

根据表 6－20 的真值表可得出函数表达式

$$Y=Y_0+Y_1+Y_3+Y_7$$

由于顺序脉冲发生器输出为负脉冲 $Y'_0 \sim Y'_7$，所以需要对函数式进行变换

$$Y=(Y_0+Y_1+Y_3+Y_7)''=(Y'_0Y'_1Y'_3Y'_7)'$$

故设计电路如图 6－75 所示。在时钟脉冲的作用下，从 Y 端循环输出序列信号。

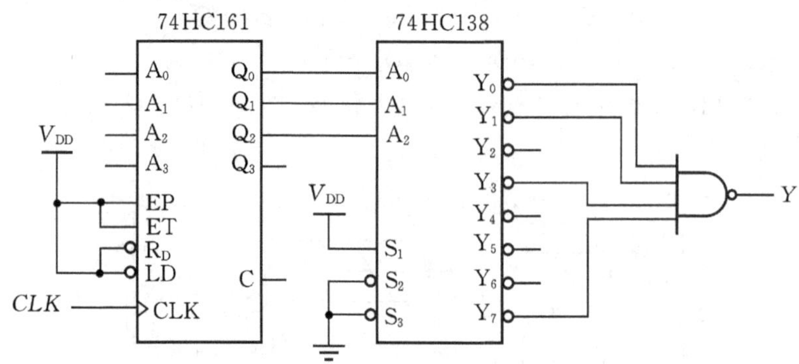

图 6－75 例 6－13 设计图

反馈移位型序列信号产生器由移位寄存器和组合反馈网络构成，从移位寄存器的某一输出端得到周期性的序列信号。

反馈移位型序列信号产生器设计的一般步骤是：

(1)根据给定序列信号的长度 M，预取移位寄存器位数 n，应满足 $2^{n-1}<M<2^n$。

(2)确定移位寄存器的位数和状态。将要产生的序列信号按移位规律每 n 位一组，划分为 M 个状态。若 M 个状态中有重复编码，则应增加移位寄存器的位数，直到化分的 M 个状态编码独立为止。

(3)根据 M 个独立状态列出移位寄存器的状态表和反馈逻辑函数，求出反馈函数的表达式。

(4)检查电路是否具有自启动功能。若不具有自启动功能，则应修改逻辑设计，使电路能够自启动。

(5)画出设计图。

【例6-14】 设计能够产生"100111"序列信号的反馈移位型信号产生器。

设计过程

(1)因序列长度 $2^2<M=6<2^3$，故预取移位寄存器的位数 $n=3$。

(2)确定移位寄存器的位数和状态。将序列信号"100111"按照移位规律每3位一组划分为6个状态：100、001、011、111、111和110。由于"111"为重复状态，因此改取 $n=4$，重新划分六个状态：1001、0011、0111、1111、1110和1100。因为没有重复状态，故确定 $n=4$。

用4位双向移位寄存器74HC194(输出分别用 $Q_0Q_1Q_2Q_3$ 表示)实现时，选择左移操作，从 Q_0 输出"100111"序列信号 Y。

(3)求状态表和反馈逻辑函数表达式。列出移位寄存器的状态表，然后根据每个状态所需要的移位输入信号即反馈信号，列出真值表如表6-20所示。

表6-20　反馈信号真值表

Q_0	Q_1	Q_2	Q_3	D_{IL}
1	0	0	1	1
0	0	1	1	1
0	1	1	1	1
1	1	1	1	0
1	1	1	0	0
1	1	0	0	1

由真值表画出 D_{IL} 的卡诺图，如图6-76所示。

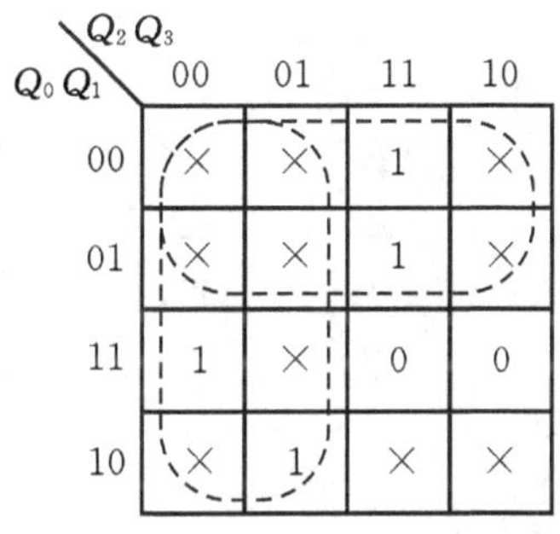

图6-76　D_{IL} 的卡诺图

化简可得

$$D_{IL}=Q'_0+Q'_2=(Q_0Q_2)'$$

根据以上驱动方程，在设定初始状态下进行分析，可得到图6-77所示的状态转换图。

由于图6-77所示的状态转换图中存在无效循环，因此需要修改逻辑设计，使电路具有自启动功能。为了打破无效循环，改变图6-76卡诺图的圈法，使"0110→1100""0010→

0100”，如图 6－78 所示。

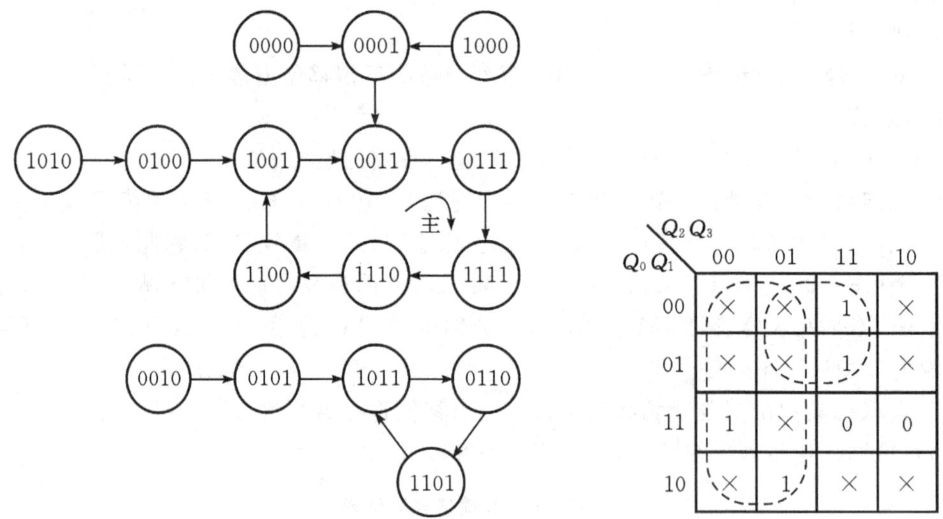

图 6－77　原始状态转换图

图 6－78　修改后的卡诺图

由此求得驱动方程 $D_{IL}=Q_2'+Q_0'Q_3=(Q_2(Q_0'Q_3'))'$，重新画出新的状态图如图 6－79 所示。

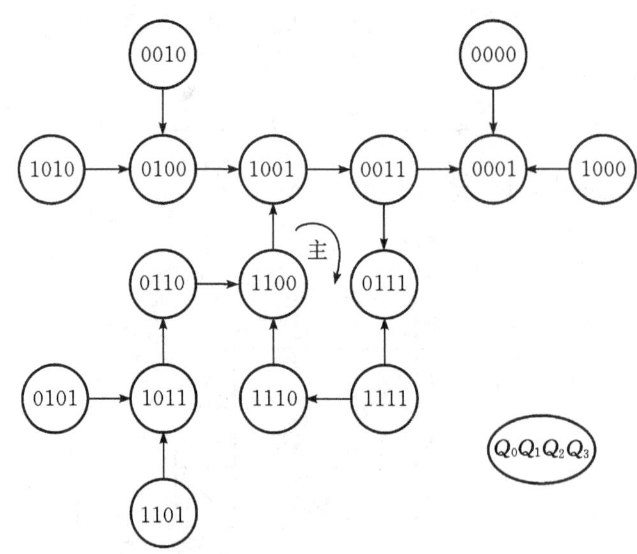

图 6－79　修改后的状态图

(4)画出设计图。移位寄存器用 74HC194，反馈逻辑电路采用门电路实现，如图 6－80 所示。

～～～～～～～～～～～～～～～～～～～～～**思考与练习**～～～～～～～～～～～～～～～～～～～～～

6－35　设计一个序列产生器，在时钟脉冲的作用下，能够循环产生“10101010”序列。画出设计图。

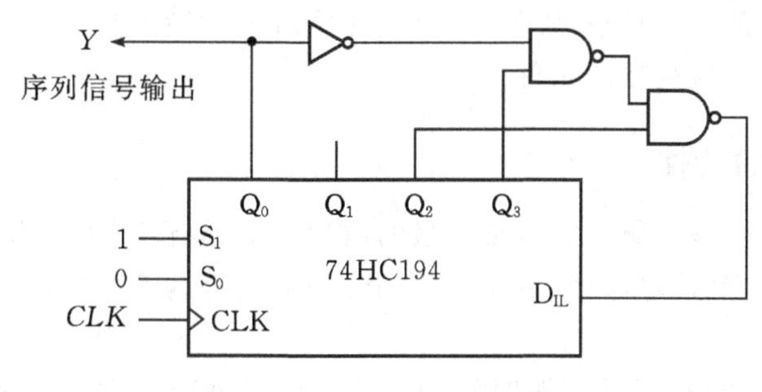

图 6-80　例 6-14 设计图

6-36　分析上题中的序列产生器共有几种设计方案，并分别说明其设计思路。

6.7　时序电路中的竞争-冒险

时序逻辑电路是由组合电路和存储电路两部分构成的，因此，时序电路中的竞争-冒险来源于两个方面：一是组合电路的竞争-冒险，二是存储电路的竞争-冒险。

组合电路的竞争-冒险产生的原因以及消除方法已经在第 4 章做过分析，在此不再复述。况且，对于同步时序电路，组合逻辑电路的输入是在时钟脉冲的作用下同时发生变化，其输出达到稳态后在下一次时钟脉冲的有效沿到来时才会被看到，因此，设计良好的同步时序电路并不需要考虑来自组合电路的竞争-冒险，而需要考虑来自存储电路的竞争-冒险。

存储电路的竞争-冒险来源于触发器的输入信号和时钟脉冲之间的竞争。当输入信号和时钟脉冲经过不同的路径到达同一触发器时，输入和时钟之间便会发生竞争。由于竞争有可能导致存储电路产生错误状态的现象，称为存储电路的竞争-冒险。

下面结合边沿 D 触发器进行具体分析。

存储电路的竞争-冒险可以图 6-81 来说明。设 D 触发器的时钟脉冲 *CLK* 和输入信号 *D* 是两个相同的数字序列，触发器的初始状态为 0。当时钟脉冲 *CLK* 和输入信号 *D* 经过不同的路径传输到触发器时，若 *CLK* 超前于 *D*，如图 6-81(a)所示，则触发器的输出状态始终为低电平；若 *CLK* 滞后于 *D*，如图 6-81(b)所示，则触发器的输出状态跳变为高电平后不变。上述分析只是理想化分析，对于实际应用电路，为了确保存储电路能够在时钟脉冲的有效沿可靠地更新状态，触发器的输入信号还必须满足建立时间和保持时间的要求。

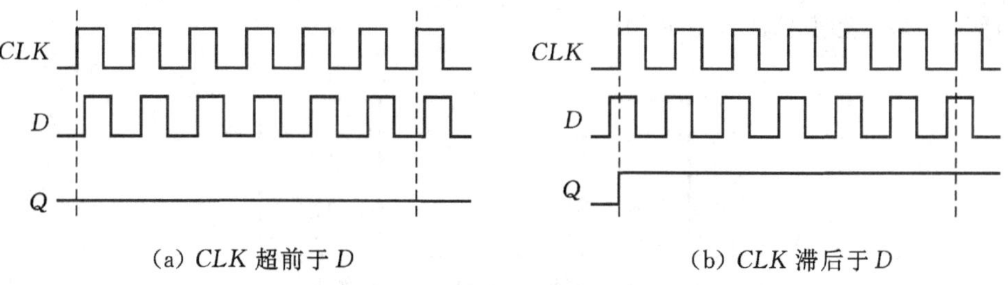

图 6-81　D 触发器时钟与输入信号之间的竞争

为了避免存储电路产生竞争-冒险，本节先介绍时钟脉冲的特性，然后简要分析同步时序逻辑电路可靠工作时应满足的条件。

6.7.1 时钟脉冲的特性

时钟脉冲是时序电路的脉搏。时钟信号的质量直接影响时序电路工作的稳定性。在数字系统中，时钟信号受到传输路径、电路负载和环境温度等因素的影响，会出现时钟扭曲和时钟抖动现象。

时钟扭曲（clock skew）是指同源时钟到达两个触发器时钟端的时间差异，分为正扭曲和负扭曲两种。正扭曲是指时钟脉冲 CLK_2 滞后于 CLK_1，即 $t_{SKEW}>0$，如图 6-82 所示。负扭曲是指时钟脉冲 CLK_2 超前于 CLK_1，即 $t_{SKEW}<0$。

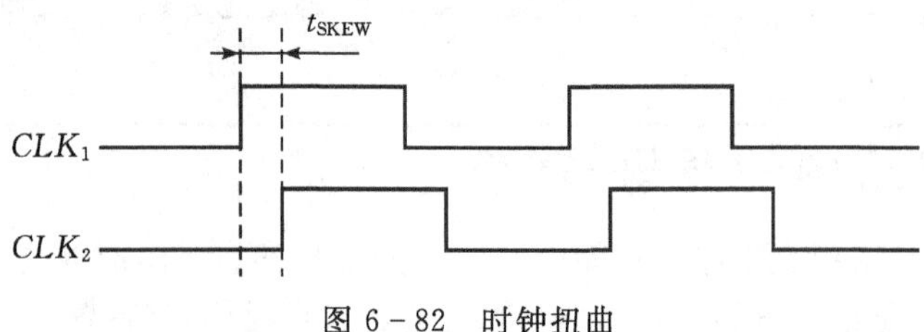

图 6-82 时钟扭曲

时钟扭曲产生的主要原因是时钟的静态传输路径不匹配以及时钟电路负载的不平衡造成的，具体表现为时钟相位的偏移。时钟扭曲一般不会造成时钟周期的变化。

时钟抖动（clock jitter）是指时序电路中某些触发器的时钟周期暂时发生了变化，分为周期抖动和周期间抖动两种。周期抖动的范围大，比较容易确定，通常是由干扰、电源波动或噪声等引起的。周期间抖动主要由环境因素造成的，一般呈高斯分布，比较难以跟踪。

避免时钟抖动的主要方法有：

（1）采用全局时钟源；

（2）采用抗干扰布局布线，增强时钟的抗干扰能力。

6.7.2 时序电路可靠工作的条件

为了避免存储电路的竞争-冒险，本节结合同步电路的基本模型来分析时序电路可靠工作时应满足的条件。

设同步时序逻辑电路的基本模型如图 6-83 所示，由两个 D 触发器和一个组合逻辑模块构成。图中 t_{CO} 表示触发器的时钟到时输出的延迟时间，t_{LOGIC} 表示组合逻辑模块的传输延迟时间，t_{SU} 表示触发器的建立时间。

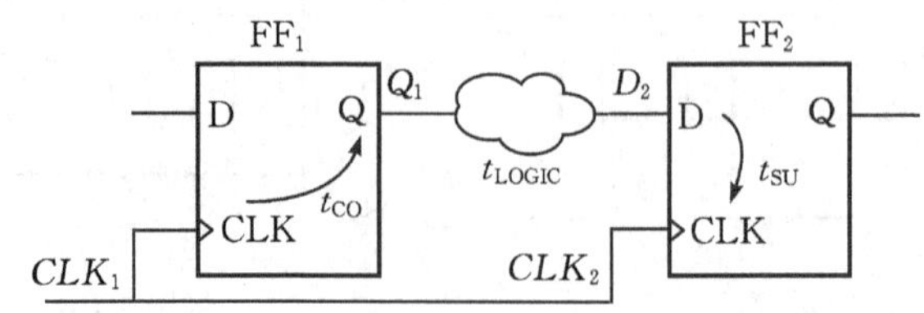

图 6-83 同步时序电路的基本模型

为了确保同步时序逻辑电路能够可靠工作，触发器的输入信号与时钟脉冲之间必须满足建立时间和保持时间的要求。

1. 建立时间裕量分析

建立时间是指在时钟脉冲的有效沿到来之前，触发器的输入信号到达并且稳定的最短时间。设同步电路所加时钟脉冲的周期用 t_{CYCLE} 表示。如果不考虑时钟扭曲，那么对于触发器 FF_2 而言，输入信号相对于时钟脉冲上升沿之前 $t_{CYCLE}-(t_{CO}+t_{LOGIC})$ 时间到达并且稳定，如图 6 - 82 所示。

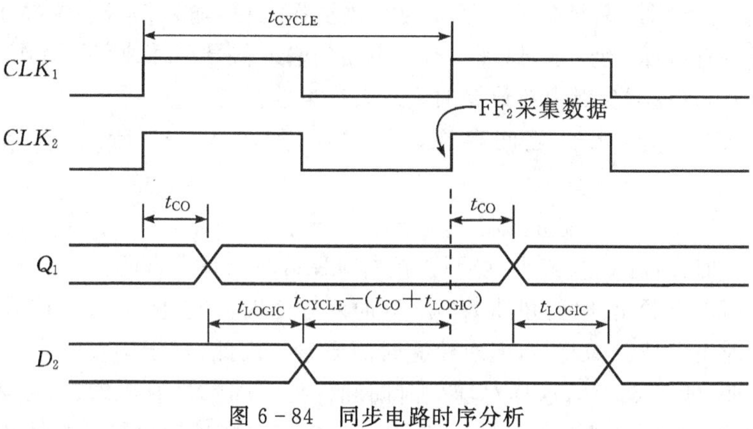

图 6 - 84　同步电路时序分析

要求触发器的建立时间为 t_{SU} 时，如果用 t_{SU_SLACK} 表示触发器的建立时间裕量，则 t_{SU_SLACK} 可以表示为

$$t_{SU\_SLACK}=t_{CYCLE}-(t_{CO}+t_{LOGIC})-t_{SU}$$

当 $t_{SU\_SLACK}\geqslant 0$ 时，说明输入信号相对于时钟有效沿到达触发器并且稳定的时间满足触发器建立时间的要求。

如果考虑 CLK_2 与 CLK_1 之间存在时钟扭曲，如图 6 - 83 所示，则建立时间裕量 t_{SU_SLACK} 表示为

$$t_{SU\_SLACK}=t_{CYCLE}-(t_{CO}+t_{LOGIC})-t_{SU}+t_{SKEW}$$

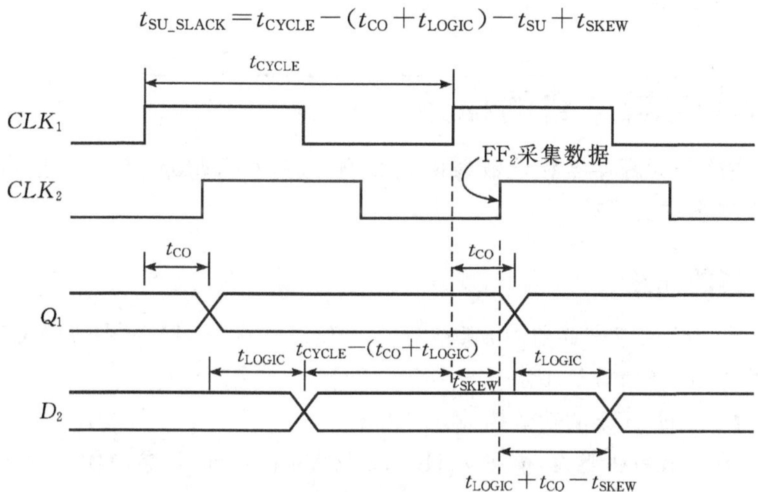

图 6 - 85　带有时钟扭曲的同步电路时序分析

当 $t_{SKEW}>0$ 时，t_{SU_SLACK} 增加，说明正扭曲对建立时间是有益的。

2. 保持时间裕量分析

如果不考虑时钟扭曲，则触发器 FF_2 状态更新后，状态的保持时间为 $t_{CO}+t_{LOGIC}$，如图 6-84所示。

要求触发器的保持时间为 t_{HOLD} 时，如果用 t_{HOLD_SLACK} 表示触发器的保持时间裕量，则 t_{HOLD_SLACK} 可以表示为

$$t_{HOLD\_SLACK}=t_{CO}+t_{LOGIC}-t_{HOLD}$$

当 $t_{HOLD\_SLACK}\geqslant 0$ 时，说明在时钟脉冲的有效沿作用后，输入信号还维持了足够长的时间，满足触发器保持时间的要求，保证了时序电路的输入信号在时钟有效沿作用后还能够保持足够长的时间，并且不会因为新数据的到来而过早地改变。

如果考虑 CLK_2 与 CLK_1 之间存在时钟扭曲，如图 6-85 所示，则保持时间裕量 t_{HOLD_SLACK} 表示为

$$t_{HOLD\_SLACK}=t_{CO}+t_{LOGIC}-t_{HOLD}-t_{SKEW}$$

当 $t_{SKEW}>0$ 时，t_{HOLD_SLACK} 减小，说明正扭曲对保持时间是有害的。

由上述分析可以看出：时钟扭曲 $t_{SKEW}>0$ 时对建立时间有益，但对保持时间有害；时钟扭曲 $t_{SKEW}<0$ 时对保持时间有益，但对建立时间有害。因此，对于同步时序电路，最好是使时钟脉冲无扭曲，即 $t_{SKEW}=0$，这样对建立时间和保持时间都没有影响，这就要求同步时序电路中所有存储电路的时钟不但来源于同一时钟源，并且时钟网络具有良好的特性。

3. 最高工作频率分析

对于图 6-83 所示的同步时序逻辑电路，由于触发器的时钟到输出的延迟时间为 t_{CO}，组合逻辑电路的传输延迟时间为 t_{LOGIC}，并且要求触发器的建立时间不小于 t_{SU}，因此可以推出该同步时序电路可靠工作时，时钟脉冲的最小周期为

$T_{min}=t_{CO}+t_{LOGIC}+t_{SU}$

因此最高工作频率为

$F_{max}=T_{min}=1/(t_{CO}+t_{LOGIC}+t_{SU})$

6.8* 时序逻辑电路的描述

时序逻辑电路分为寄存器和计数器两大类型。应用 Verilog HDL 描述寄存器和计数器时，基于其功能表进行描述。

6.8.1 寄存器的描述

74HC573 是 8 位三态寄存器，功能如表 6-8 所示。在数字系统中，74HC573 用作驱动器，或者用于数据/地址信号的锁定。

【例 6-15】 74HC573 的功能描述。

根据表 6-8 所示的功能表，描述 74HC573 的 Verilog HDL 参考代码如下：

```
module HC573(D,LE,OE_n,Q);
  input [7:0] D;
  input LE,OE_n;
```

```
    output [7:0] Q;
    reg Qtmp;
    assign Q = (! OE_n) Qtmp : 8'bz;
    always @(D,LE)
      if (LE) Qtmp <= D;
  endmodule
```

74HC574是8位三态寄存器，功能如表6-9所示。与74HC573的作用类似，在数字系统中，74HC574用作驱动器，或者用于数据/地址信号的锁定。

【例6-16】 74HC574的功能描述。

根据表6-9所示的功能表，描述74HC574的Verilog HDL参考代码如下：

```
  module HC574(D,CLK,OE_n,Q);
    input [7:0] D;
    input CLK,OE_n;
    output [7:0] Q;
    reg [7:0] Q;
    reg Qtmp;
    assign Q = (! OE_n) Qtmp : 8'bz;
    always @(posedge CLK)
      Qtmp <= D;
  endmodule
```

74HC194是4位双向移位寄存器，具有异步复位，同步左移、右移、并行输入和保持功能。

【例6-17】 74HC194的功能描述。

根据表6-11所示的功能表，描述74HC194的Verilog HDL参考代码如下：

```
  module HC194(clk,Rd_n,s,d,dil,dir,q);
    input clk,Rd_n,dil,dir;
    input [0:3] d;
    input [1:0] s;
    output [0:3] q;
    reg [0:3] q;
    always @(posedge clk or negedge Rd_n)
      if (! Rd_n)
        q<=4'b0000;
      else
        case (s)
          2'b01: q[0:3] <= {dir,q[0:2]};       //右移
          2'b10: q[0:3] <= {q[1:3],dil};       //左移
          2'b11: q <= d;                       //并行输入
        default:q <= q;                        //保持
```

```
    endcase
  endmodule
```

6.8.2 计数器的描述

计数器是应用最广泛的时序逻辑器件，根据计数容量可分为二进制、十进制和其他进制计数器，根据计数方式又可分加法、减法和加/减计数器三种类型。

74HC161/163 为同步十六进制计数器，74HC160/162 为同步十进制计数器。74HC160/161 与 HC162/163 管脚排列完全相同，所不同的是，前两者为异步复位，后两者为同步复位。

【例 6-18】 74HC161 的功能描述。

根据表 6-13 所示的功能表，描述 74HC161 的 Verilog HDL 参考代码如下：

```
module HC161(CLK,Rd_n,LD_n,EP,ET,D,Q,CO);
  input CLK;
  input Rd_n,LD_n,EP,ET;
  input [3:0] D;
  output reg [3:0] Q;
  output reg CO;

  assign CO = ((Q= =4'b1111) & ET);          //进位逻辑

  always @(posedge CLK or negedge Rd_n)      //计数逻辑
    if (! Rd_n)                              //异步复位
      Q <= 4'b0000;
    else if (! LD_n)
      Q <= D;
    else if (EP & ET)
      Q <= Q + 1'b1;
endmodule
```

【例 6-19】 74HC162 的功能描述。

根据表 6-14 所示的功能表，描述 74HC160 的 Verilog HDL 参考代码如下：

```
module HC162(CLK,CLR_n,LD_n,EP,ET,D,Q,CO);
  input CLK,CLR_n,LD_n,EP,ET;
  input [3:0] D;
  output reg [3:0] Q;
  output reg CO;

  assignCO = ((Q= =4'b1001) & ET);      //进位逻辑

  always @(posedge CLK )                //计数逻辑
```

```
    if (! CLR_n)                              //同步复位
      Q <= 4'b0000;
    else if (! LD_n)
      Q <= D;
    else if (EP & ET)
      if (Q = = 4'b1001)
        Q <= 4'b0000;
      else
        Q <= Q + 1'b1;
endmodule
```

74HC191 是单时钟十六进制加/减计数器，LD' 为异步置数端，U'/D 是加/减计数控制端。当 $U'/D=0$ 时实现加法计数，$U'/D=1$ 时实现减法计数。

【例 6-20】 74HC191 的功能描述。

根据表 6-15 所示的功能表，描述 74HC191 的 Verilog HDL 参考代码如下：

```
module HC191(clk,S_n,LD_n,UnD,D,Q);
  input clk,S_n,LD_n,UnD;
  input [3:0] D;
  output reg [3:0] Q;
  always @(posedge clk or negedge LD_n)
    if (! LD_n)
      Q <= D;
    else if (! S_n)
      if (! UnD)
        Q <= Q + 1'b1;
      else
        Q <= Q - 1'b1;
endmodule
```

6.8.3 一般时序电路的描述

应用硬件描述语言强大的行为描述能力，可以根据状态转换图或状态转换表直接描述时序电路的逻辑功能。

【例 6-21】 4 位“1111”串行数据检测器的描述。

根据图 6-15 所示的状态转换图描述“1111”串行数据检测器。

```
  module serial_dector(clk,       //检测器时钟
                       X,         //串行数据输入
                       Y          //检测结果输出
                       );
    input clk,X;
    output Y;
```

```
        //参数定义
    localparam S0 = 3'b000,S1 = 3'b001,S2 = 3'b010,S3 = 3'b011,S4 = 3'b100;
        //内部状态变量定义          reg [1:0] state;
    always @(posedge clk)
      case (state)
        S0: if (x) state = S1; else state = S0
        S1: if (x) state = S2; else state = S0;
        S2: if (x) state = S3; else state = S0;
        S3: if (x) state = S3; else state = S0;
        default: state = S0;
      endcase
    assign Y = (state = = S3)? 1:0;
endmodule
```

串行数据检测器也可以根据图 6-32 所示的设计原理,基于移位寄存器实现。

【例 6-22】 8 位通用串行数据检测器的描述。

```
module serial_dect8b ( CLK, X, Y );
  parameter DetDat = 8'hff;          //设检测序列为 11111111,可根据需要定义
  input CLK;
  input X;
  output reg Y;
  reg [0:7] Qtmp;

  assign Y = (Qtmp = = DetDat);      //序列检测输出

  always @ (posedge CLK)             //移位寄存器描述
    Qtmp[0:7] <= {X,Qtmp[0:6]};
endmodule
```

两种典型的时序单元电路——顺序脉冲发生器和序列信号检测产生器,都可以根据其功能要求直接采用硬件描述语言进行描述。

【例 6-23】 描述产生 10 位序列"1101000101"的序列信号产生器。

```
module serial_gen(clk,y);
  input clk;
  output reg y;
  reg [3:0] Qtmp;
  always @(posedge clk)            //描述 10 进制计数器
    if (Qtmp = 4'b1001)
      Qtmp <= 4'b0000;
    else
      Qtmp <= Qtmp + 1'b1;
```

```
  always @(Qtmp)                  //定义输出序列
    case (Qtmp)
      4'b0000: y = 1'b1;
      4'b0001: y = 1'b1;
      4'b0010: y = 1'b0;
      4'b0011: y = 1'b1;
      4'b0100: y = 1'b0;
      4'b0101: y = 1'b0;
      4'b0110: y = 1'b0;
      4'b0111: y = 1'b1;
      4'b1000: y = 1'b0;
      4'b1001: y = 1'b1;
      default: y = 1'b0;
    endcase
endmodule
```

6.9　设计实践

时序逻辑电路是构成数字系统的核心，能够实现定时、计时和控制等多种功能。

6.9.1　交通灯控制器设计

在由主干道和支干道汇成的十字路口，在主干道和支干道的车辆入口分别设有红、绿、黄三色信号灯。

设计任务　设计一个交通灯控制电路，用红、绿、黄三色发光二极管作为信号灯。具体要求如下：(1)主干道和支干道交替通行；(2)主干道每次通行 45 秒，支干道每次通行 25 秒；(3)每次由绿灯变为红灯时，要求黄灯先亮 5 秒。

分析　交通灯控制器应由信号灯控制电路和计时电路两部分构成。信号灯控制电路用于控制主、支干道绿灯、黄灯和红灯的状态，计时电路用于控制通行时间。

1. 信号灯控制电路设计

主干道和支干道的绿、黄、红三色灯正常工作时共有四种状态组合，因此信号灯控制电路需要定义 4 个状态 S_0、S_1、S_2和 S_3，分别表示这个 4 种信号类的状态，电路的状态含义如表 6-21 所示。

表 6-21　控制电路状态定义

状态	状态含义	主干道	支干道	计时时间/s
S_0	主干道通行	绿灯亮	红灯亮	45
S_1	主干道停车	黄灯亮	红灯亮	5
S_2	支干道通行	红灯亮	绿灯亮	25
S_3	支干道停车	红灯亮	黄灯亮	5

设主干道的红灯、绿灯、黄灯分别用 R、G、Y 表示；支干道的红灯、绿灯、黄灯分别用 r、g、y 表示，并规定灯亮为 1，灯灭为 0，则主控电路的真值表如图表 6－22 所示。

表 6－22　控制电路真值表

状态	主干道			支干道		
	R	Y	G	r	y	g
S_0	0	0	1	1	0	0
S_1	0	1	0	1	0	0
S_2	1	0	0	0	0	1
S_3	1	0	0	0	1	0

从真值表可以推出信号灯的逻辑表达式

$$R=S_2+S_3$$
$$Y=S_1$$
$$G=S_0$$
$$r=S_0+S_1$$
$$y=S_3$$
$$g=S_2$$

具体实现方法是，将 74HC161 用作四进制计数器，经 2 线－4 线译码器（½）74HC139 产生四个顺序脉冲，然后合成所需要的交通灯驱动信号。由于 74HC139 输出为低电平有效，故需要将信号灯设计成灌电流负载形式，因此，需要对表达式进行变换：

$$R'=(S_2+S_3)'=S'_2S'_3$$
$$Y'=S'_1$$
$$G'=S'_0$$
$$r'=(S_0+S_1)'=S'_0S'_1$$
$$y'=S'_3$$
$$g'=S'_2$$

按上述表达式即可设计出主、支干道红灯、黄灯和绿灯的驱动电路。

2. 计时电路设计

若取计时电路的时钟周期为 5 秒，则 45 秒、5 秒和 25 秒定时分别用九进制、一进制和五进制计数器实现，所以完成一次状态循环显示需要 9＋1＋5＋1＝16 个时钟脉冲。用 74HC161 和 74HC138 产生 16 个顺序脉冲 $P'_0\sim P'_{15}$，然后分别在第 9、10、15 和 16 个脉冲时使计时电路输出的控制信号 EPT 为高电平，下次时钟到来时控制信号灯电路进行状态切换。计时电路的真值表如表 6－23 所示。控制信号 EPT 的表达式可表示为

$$EPT=P_8+P_9+P_{14}+P_{15}=(P'_8P'_9P'_{14}P'_{15})'$$

故用四输入与非门实现。

交通灯控制器的总体设计电路如图 6－86 所示，其中复位键 RST 用于控制计时电路与主控电路同步。

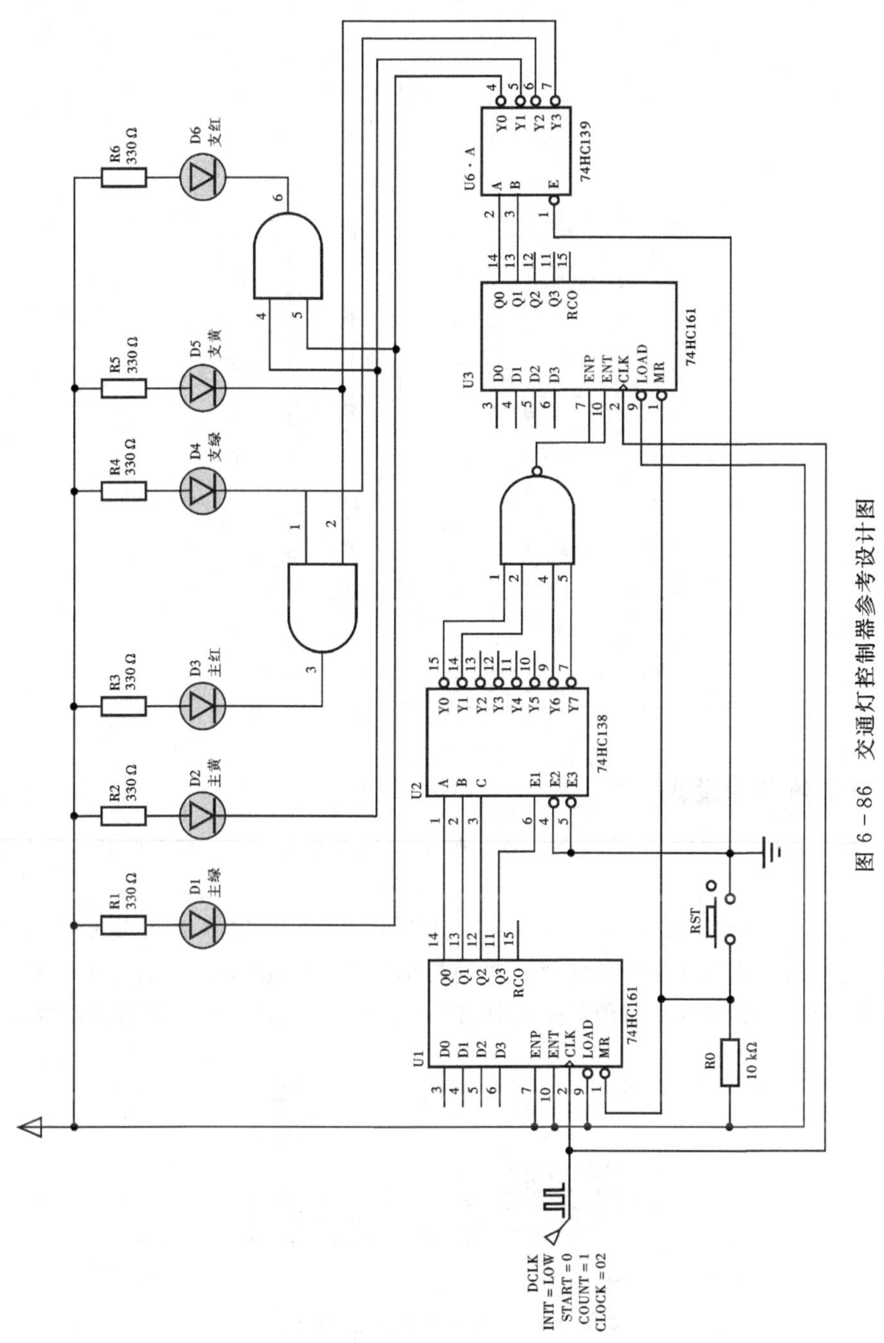

图 6－86　交通灯控制器参考设计图

表 6-23 计时电路真值表

CLK	Q_3 Q_2 Q_1 Q_0	状态	EPT
1	0 0 0 0	P_0	0
2	0 0 0 1	P_1	0
3	0 0 1 0	P_2	0
4	0 0 1 1	P_3	0
5	0 1 0 0	P_4	0
6	0 1 0 1	P_5	0
7	0 1 1 0	P_6	0
8	0 1 1 1	P_7	0
9	1 0 0 0	P_8	1
10	1 0 0 1	P_9	1
11	1 0 1 0	P_{10}	0
12	1 0 1 1	P_{11}	0
13	1 1 0 0	P_{12}	0
14	1 1 0 1	P_{13}	0
15	1 1 1 0	P_{14}	1
16	1 1 1 1	P_{15}	1

6.9.2 数字频率计设计

频率计用于测量周期信号的频率。数字频率测量有直接测频、测周期和等精度测频三种方法。

直接测频法的基本原理如图 6-87 所示，其中与门为控制门，A 接被测信号，B 接门控信号，主控门的输出作为计数器的时钟。当门控信号 B 为高电平的时间为 1 秒时，则控制门刚好打开 1 秒，计数器的计数值就是被测信号的频率值，通过显示译码器驱动数码管显示测量结果。

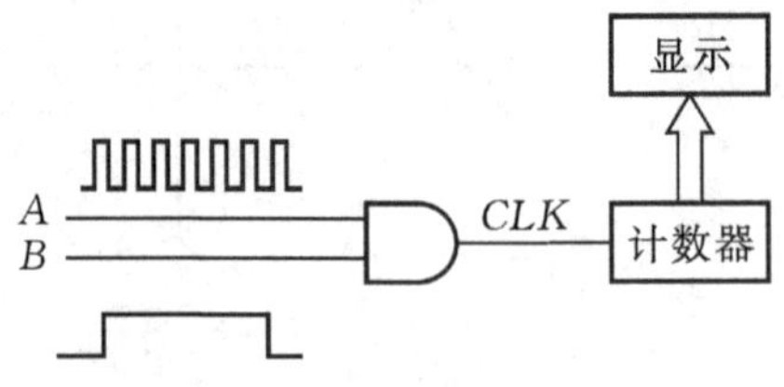

图 6-87 直接测频法的基本原理

为了能够连续地测量被测信号的频率，就需要对上述原理电路进行改进，设计方案如图 6-88 所示，其中 f_x为被测信号。主控电路在时钟脉冲的作用下，先将计数器清零，然后打开控制门测频，最后刷新显示。当被测信号幅值比较小，就需要对被测信号 f_x进行放大和整形为脉冲序列，然后作为计数器的时钟 CLK。清零信号 CLR' 是用于将计数器清零，闸门信号 $CNTEN$ 用于控制计数器在单位时间内对 CLK 进行计数。显示信号 $DISPEN'$ 用于控制锁存译码电路刷新测量结果。

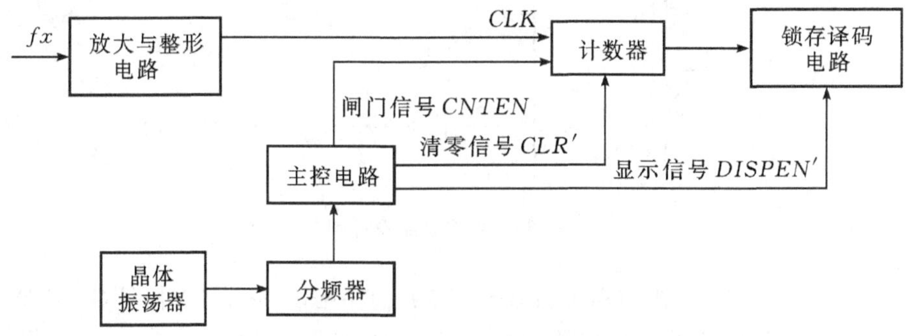

图 6 - 88　直接测频法设计方案

为设计简单方便，用十进制计数器 74HC160 作为主控电路，取时钟脉冲为 8 Hz，输出用 $Q_3Q_2Q_1Q_0$ 表示。设测频计数器的清零信号 CLR' 低电平有效，闸门信号 $CNTEN$ 高电平有效，显示信号 $DISPEN'$ 低电平有效，则主控电路的真值表如表 6 - 24 所示，其中闸门信号的有效时间为 1 秒。

表 6 - 24　主控电路真值表

CLK	Q_3 Q_2 Q_1 Q_0	状态	CLR'	$CNTEN$	$DISPEN'$
1	0 0 0 0	P_0	0	0	1
2	0 0 0 1	P_1	1	1	1
3	0 0 1 0	P_2	1	1	1
4	0 0 1 1	P_3	1	1	1
5	0 1 0 0	P_4	1	1	1
6	0 1 0 1	P_5	1	1	1
7	0 1 1 0	P_6	1	1	1
8	0 1 1 1	P_7	1	1	1
9	1 0 0 0	P_8	1	1	1
10	1 0 0 1	P_9	1	0	0

由真值表写出三个控制信号的逻辑函数表达式：

$$\begin{cases} CLR' = P'_0 = (Q'_3Q'_2Q'_1Q'_0) = Q_3 + Q_2 + Q_1 + Q_0 \\ CNTEN = (P_0 + P_9)' = CLR' \cdot DISPEN' \\ DISPEN' = P'_9 = C' \end{cases}$$

其中，C 为 74HC160 的进位信号。由上述逻辑表达式设计出的主控电路如图 6 - 89 所示。

如果测频范围要求为 0～9999 Hz，则需要用 4 个 74HC160 级联扩展为一万进制计数器，分别用 4 个 CD4511 进行译码驱动 4 个数码管显示测频结果。计数器的复位端 R'_D 由主

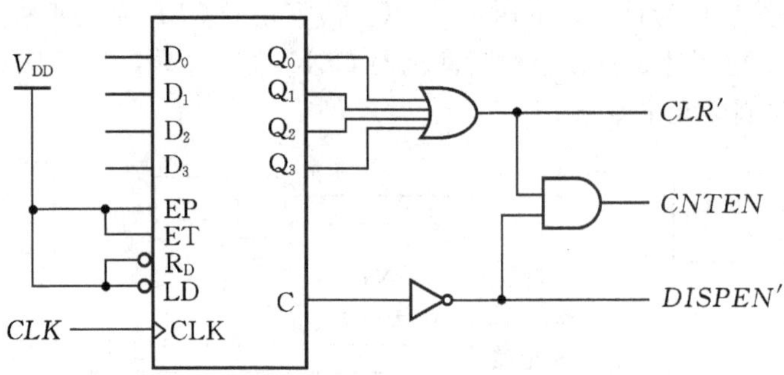

图 6-89 主控电路设计图

控电路的清零信号 CLR' 控制，计数允许控制端 EP 由主控电路的门控信号 $CNTEN$ 控制，CD4511 的锁存允许端 LE 由主控电路的显示信号 $DISPEN'$ 控制。

四位频率计的总体设计方案如图 6-90 所示，其中 8 Hz 脉冲 $MCLK$ 用图 6-49 所示电路产生。

闸门信号的作用时间为 1 秒时，考虑到计数器的计数误差为 ±1 Hz，因此频率计的分辨率为 1 Hz。

6.9.3 序列控制电路设计

数码管是数字系统常用的显示器件，用于显示 BCD 码、二进制码或者一些特殊的字符信息。

设计任务 设计一个序列控制电路，在单个数码管上能依次显示自然数序列（0～9）、奇数序列（1、3、5、7、9）、音乐符号序列（0～7）和偶数序列（0、2、4、6、8），然后再次循环显示。每个数码的显示时间均为 1 秒。

分析 自然数序列共有 10 个数码，因此用十进制计数器实现。奇数序列和偶数序列各有 5 个数码，故用五进制计数器实现，而音乐符号序列则用八进制计数器实现。

设计过程 用一片 74HC160 和门电路配合数据选择器 74HC151 依次实现十进制、五进制、八进制和五进制，然后在四进制主控计数器的作用下实现进制切换：状态为 00 时实现十进制，为 01 时实现五进制，为 10 时实现八进制，为 11 时实现五进制。

设计五进制计数器的输出状态为 000～100，在末位后加一位 x 配成四位二进制数 $000x$～$100x$。取 $x=1$ 时为奇数序列，取 $x=0$ 时为偶数序列。

序列控制电路的总体设计如图 6-91 所示，其中四种进制计数器的高位、次高位、次低位和最低位分别用两片双 4 选一数据选择器 74HC153 选择后接显示译码器驱动数码管输出。

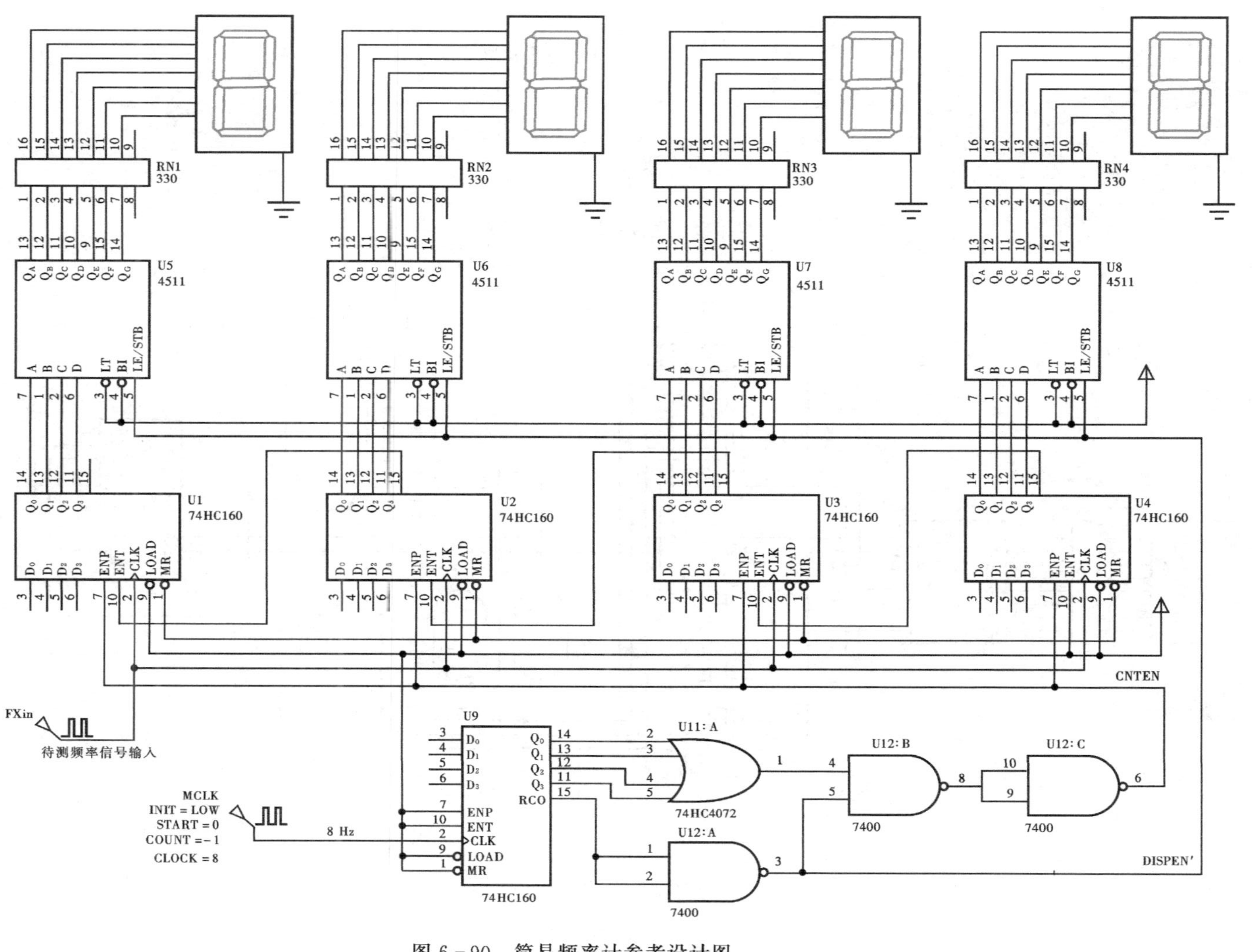

图 6－90　简易频率计参考设计图

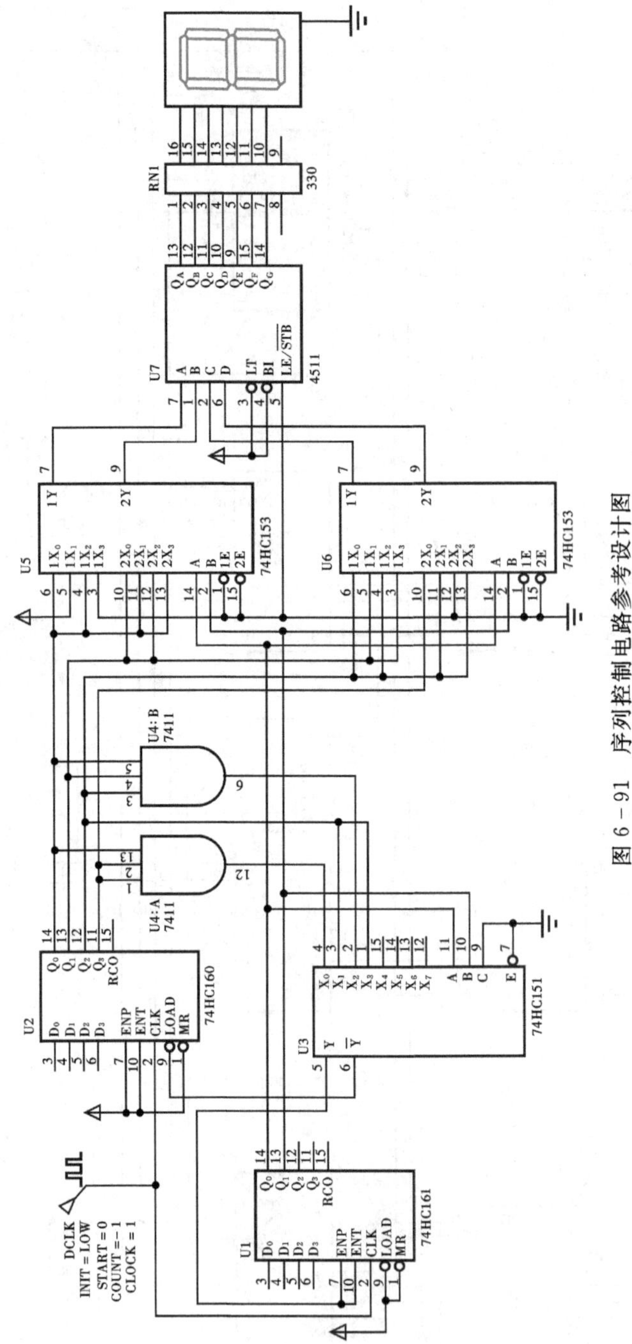

图 6－91 序列控制电路参考设计图

本章小结

本章首先讲述了时序逻辑电路的基本概念、功能描述以及分析与设计方法，然后重点分析和设计常用的两类时序逻辑器件——寄存器/移位寄存器和计数器，讲述两种典型时序单元电路的功能和应用，最后简要分析时序逻辑电路的竞争-冒险及时序电路可靠工作应满足的条件。

时序逻辑电路的输出不但与输入有关，而且与状态有关，分为同步时序电路和异步时序电路两类。时序逻辑电路的功能用输出方程组、驱动方程组和状态方程组三组方程进行描述。三组方程是分析和设计时序逻辑电路的理论基础。

时序电路分析就是对于给定的时序逻辑电路，确定电路的逻辑功能。时序电路设计就是对于文字性描述的逻辑问题，分析其因果关系和状态，画出能够实现其功能要求的时序电路图。

寄存器是时序电路的存储部件，移位寄存器扩展了寄存器的功能，在时钟脉冲的作用下，能够实现数据的移动。74HC194 是 4 位双向移位寄存器，不但能够存储数据，而且具有 FIFO、实现串-并转换和简单乘/除三种附加功能。

计数器用于统计输入脉冲的个数，分为同步计数器和异步计数器两类。根据计数方式进行划分，计数器可分为加法计数器、减法计数器和加/减计数器；根据计数容量进行划分，计数器可分为二进制计数器、十进制计数器和其他进制计数器。

74HC161/163 是同步 4 位二进制加法计数器，两者不同的是，74HC161 具有异步清零功能，而且 74HC163 具有同步清零功能。74HC191/193 为同步 4 位二进制加/减计数器，其中 74HC191 单时钟计数器，通过 U'/D 控制计数方式，而 74HC193 为双时钟计数器，通过不同的时钟输入控制计数方式。

74HC160/162 是同步十进制加法计数器，74HC190/192 为同步十进制加/减计数器，功能和用法分别与 74HC161/163、74HC191/193 相对应。

顺序脉冲发生器和序列信号产生器是两种典型的时序单元电路。顺序脉冲发生器用于产生顺序脉冲，可以用于合成所需要的控制信号，作为时序电路的控制核心。序列信号产生器用于产生序列信号，可用于通信系统的测试。

时序逻辑电路的竞争-冒险主要源于存储电路的输入信号与时钟之间的竞争。同步时序电路可靠工作时应满足的建立时间和保持时间条件，因此，要求所有存储电路的时钟来源于同一时钟源，并且时钟网络具有良好的特性。

习　题

6.1　分析图题 6.1 所示的时序电路。写出输出方程、驱动方程和状态方程，列出状态转换表或画出状态转换图，并说明电路的逻辑功能。

6.2　分析图题 6.2 所示的时序电路。写出输出方程、驱动方程和状态方程，列出状态转换表或画出状态转换图，并说明电路的逻辑功能。

6.3　分析图题 6.3 所示的时序电路。写出驱动方程和状态方程，列出状态转换表或画出状

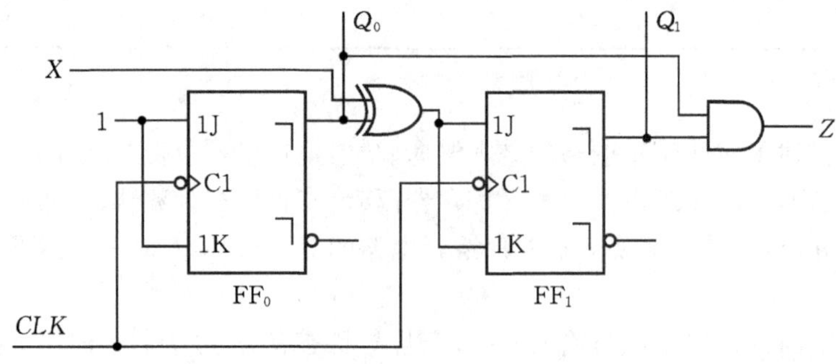

图题 6.1

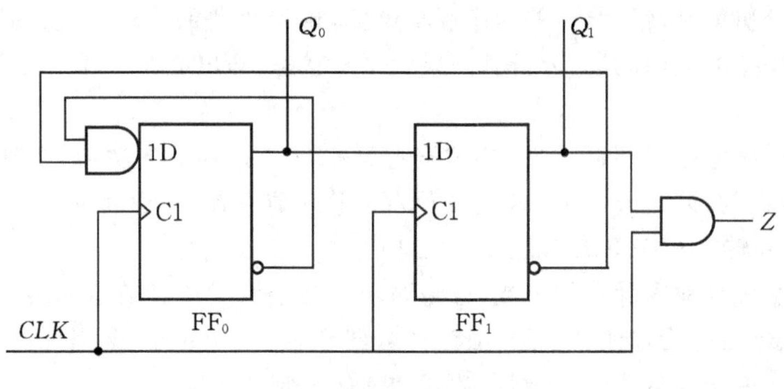

图题 6.2

态转换图,说明电路的逻辑功能并检查是否能够自启动。

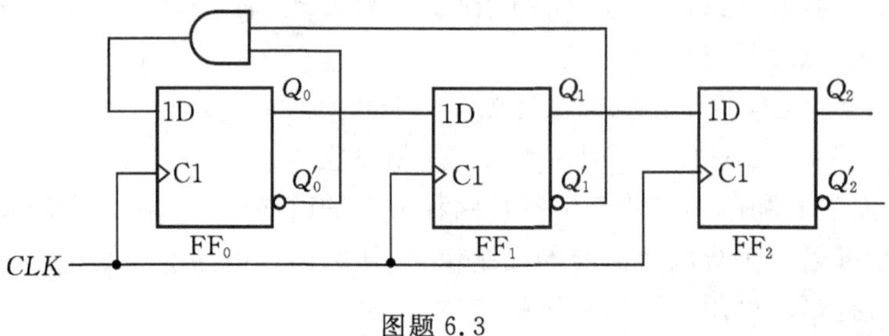

图题 6.3

6.4 在时钟脉冲 CLK 作用下,三位计数器的状态 $Q_0Q_1Q_2$ 的波形如图题 6.4 所示,分析该计数器的进制。

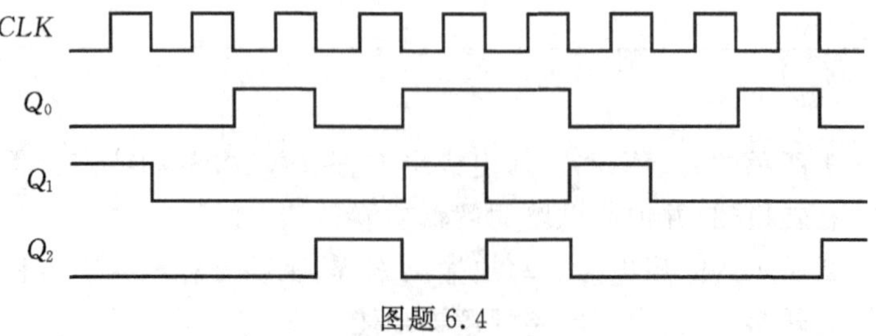

图题 6.4

6.5　用 D 触发器及门电路设计同步 3 位二进制加法计数器，画出设计图，并检查能否自启动。

6.6　用 JK 触发器和门电路设计同步十二进制计数器，并检查能否自启动。

6.7　分析图题 6.7 所示的时序电路。写出驱动方程和状态方程，列出状态转换表或画出状态转换图，并说明电路的逻辑功能。

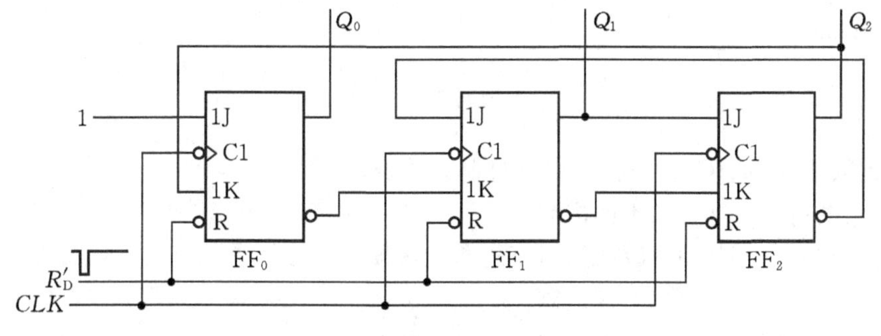

图题 6.7

6.8　分析图题 6.8 所示的时序电路。画出状态转换图，并说明计数器的进制。

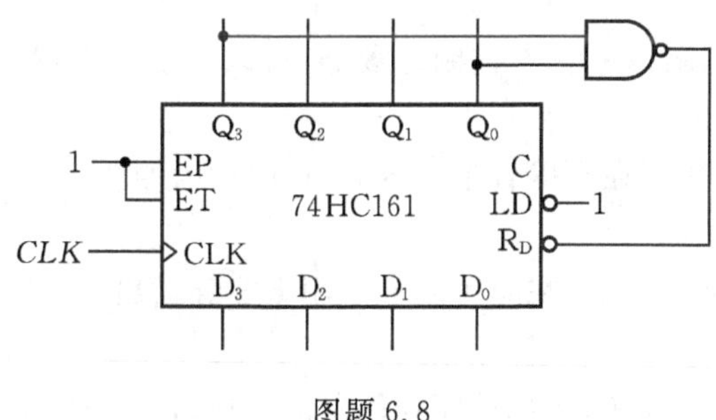

图题 6.8

6.9　分析图题 6.9 所示的时序电路。画出状态图，并说明计数器的进制。

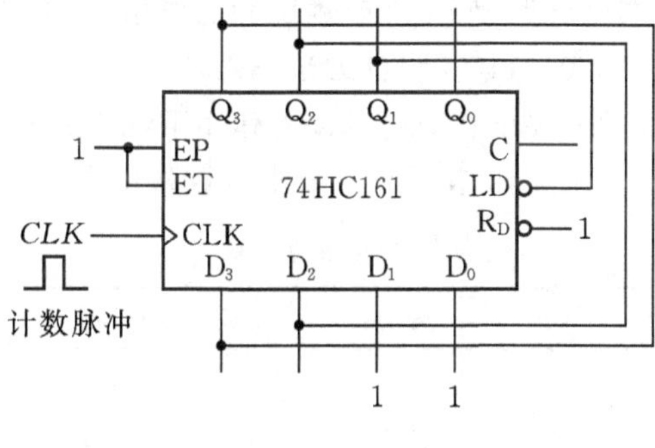

图题 6.9

6.10　分析图题 6.10 所示计数器的进制。

6.11　用复位法将 74HC160 改接为以下进制计数器。

(1)七进制；　(2)二十四进制。

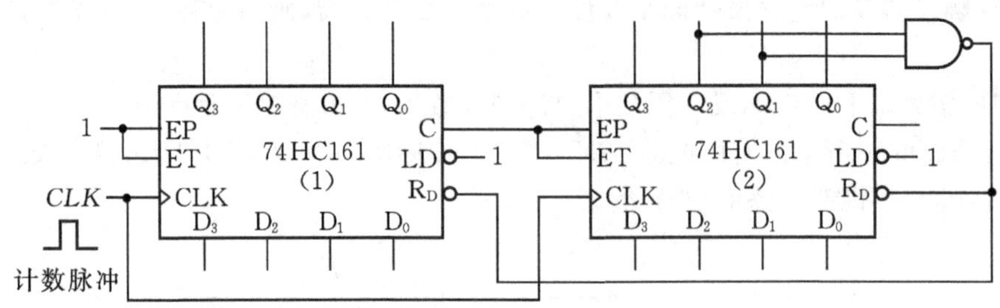

图题 6.10

6.12 用置数法将 74HC161 改接为以下进制计数器。

(1)七进制； (2)二十四进制。

6.13 用复位法将 74HC162 改接为以下进制计数器。

(1)七进制； (2)二十四进制。

6.14 用置数法将 74HC163 改接为以下进制计数器。

(1)七进制； (2)二十四进制。

6.15 用 74HC194 设计 8 位扭环形计数器，并画出其状态转换图。设计数器的初始状态为 0。

6.16 用两片 74HC160 设计一个 36 进制计数器，可以附加必要的门电路。设输出状态为 00～23，画出设计图。

6.17 设计一个电子表，能够在数码管上显示 0 时 0 分 0 秒到 23 时 59 分 59 秒任一时刻的时间。画出设计图。

6.18 设计一个顺序脉冲发生器，在时钟脉冲作用下能够输出 12 个等宽度的负脉冲。画了设计图。

6.19 设计一个能够产生“0010110111”序列信号的序列信号产生器。具体要求如下：

(1)基于计数器和 8 选一数据选择器设计；

(2)基于顺序脉冲发生器设计。

6.20 设计一个序列信号产生电路，使之在时钟脉冲的作用下，周期性地输出两路序列信号“0010110111”和“1110101011”。设计方法不限。

6.21 设计一个灯光控制电路，要求在时钟脉冲的作用下红、绿、蓝三色灯按表题 6.21 规定的状态循环，其中 1 表示亮，0 表示灭。要求尽量采用中规模数字芯片设计。

表题 6.21

CLK	红灯	绿灯	蓝灯
0	0	0	0
1	1	0	0
2	0	1	0
3	0	0	1
4	0	1	0
5	1	0	0

续表

CLK	红灯	绿灯	蓝灯
6	0	0	0
7	1	1	1
8	0	0	0

6.22　分析图题 6.22 所示的时序电路。画出在时钟脉冲 CLK 作用下，输出 Y 的波形图，并指出 Y 的序列长度。

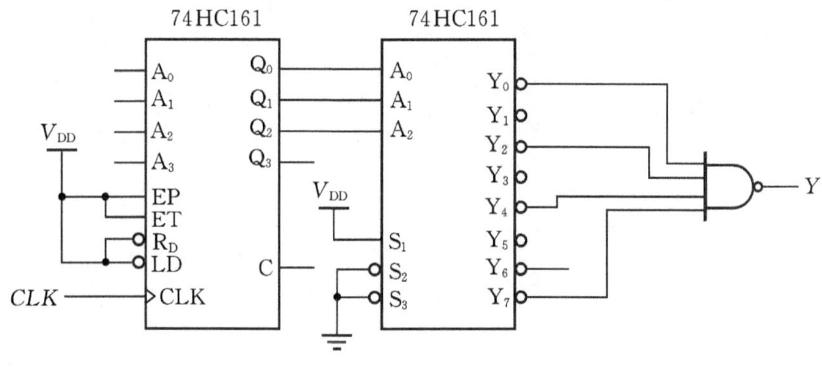

图题 6.22

6.23　某元件加工需要经过三道工序，要求这三道工序自动依次完成。第一道工序加工时间为 10 秒，第二道工序加工时间为 15 秒，第三道工序加工时间为 20 秒。设计该控制电路，输出三个信号分别控制三道工序的加工时间。

(1)基于顺序脉冲发生器设计；

(2)基于序列信号产生器设计。

6.24　应用计数器、触发器和门电路实现图题 6.24(a)所示的时序逻辑电路，其中 f_0 为 160 Hz 的脉冲信号。现要求 f_1 和 f_2 分别为 40 Hz 和 10 Hz 的脉冲信号，并且输入信号 EN 和输出信号 EN_1、EN_2 和 EN_3 满足图题 6.24(b)所示的时序关系。画出设计图，并简要说明设计原理。

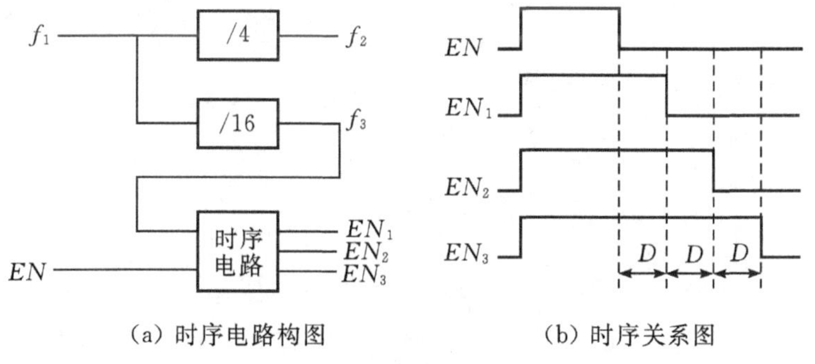

(a) 时序电路构图　　(b) 时序关系图

图题 6.24

6.25* 对于图 6 - 87 所示的 4 位数字频率计，分析当主控电路的时钟分别取 80 Hz 和 800 Hz 时，频率计的测频范围和分辨率。

6.26* 对于图 6 - 87 所示的 4 位数字频率计，分析当频率为 1234 Hz 的信号加到待测信号输入端，在主控电路的时钟分别取 8 Hz、80 Hz 和 800 Hz 时，频率计显示的 4 位 BCD 码数值分别为多少？

6.27* 根据图 5 - 34 所示的相差检测电路，结合频率计设计一个相位检测电路，能够测量两路同频数字序列的相差。画出系统设计框图，并说明其工作原理。设检测相差的范围为−180～180 ℃，要求分辨率不大于 1 ℃。

第 7 章　半导体存储器

时序电路是由组合电路和存储电路两部分构成，所以从理论上讲，时序电路能够存储数据。但是，本章所讲的存储器(memory)专指以结构化方式存储大量二值信息的半导体器件。

半导体存储器按照其功能进行划分，分为 ROM(Read Only Memory，只读存储器)和 RAM(Random Access Memory，随机存取存储器)两大类。ROM 通常用于存储固定的数表或者程序，例如，计算机主板上的 BIOS 用于存储主板启动的微码；微控制器中的快闪存储器用于存储应用程序。RAM 应用时能够随时读出或者写入数据，如计算机的内存用于存储在程序运行中过程中产生的数据。

半导体存储器主要有存储周期和存储容量两项技术指标。存储周期是连续两次读(写)操作之间的最小时间间隔。存储容量是指二值存储单元的总数，用“字数×位数”表示，其中字数表示存储器存储单元的个数，位数表示每个存储单元能够存储二值数据的个数。例如，具有 20 位地址、每个单元存一个字节(Byte)数据的存储器容量表示为 $2^{20}\times 8$ 位。

本章首先介绍 ROM 和 RAM 的结构和数据存储原理，然后重点讲述存储器容量的扩展方法以及 ROM 的典型应用，最后简介目前广泛应用的可编程逻辑器件的电路结构和可编程原理。

7.1　ROM

ROM 本质上为组合逻辑电路，不是真正意义上的存储器，只是习惯上认为信息被“存储”在电路中，故称为存储器。由于组合逻辑电路断电后“存储”的数据不会丢失，所以称 ROM 为非易失性存储器(non-volatile memory)。

ROM 的结构框图如图 7 - 1 所示，由地址译码器、存储矩阵和输出缓冲器三部分组成。地址译码器用于对输入的 n 位地址进行译码，产生 2^n 个字线信号，与存储单元相对应。存储矩阵共有 2^n 个存储单元，每个单元存储 b 位数据。输出缓冲器用于控制是否将存储数据输出到总线上。

8×4 位 ROM 的结构如图 7 - 2 所示，其中 74HC138 为地址译码器，用于将 ROM 的 3 位地址码译成 8 个高、低电平信号，分别对应于 ROM 的 8 个存储单元。由于习惯于将存储单元称为字(word)，所以称译码器的输出称为字线，并将图中的竖线称为位(bit)线，分别对应存储单元的每位数据。字线与位线的交叉点称为存储结点(storage cell)。

ROM“存储”数据的机理随着半导体工艺技术的发展而有所不同，经历了掩膜式 ROM、

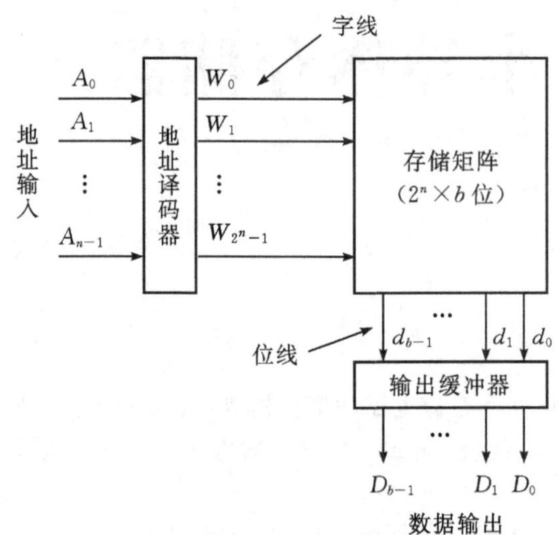

图 7-1　ROM 的结构框图

PROM、EPROM、E^2PROM 和快闪存储器五个发展阶段。

掩膜式 ROM 在制造时以存储节点上有无晶体管代表不同的存储数据。

对于图 7-2 所示的二极管 ROM，存储节点接有二极管代表存储数据为 1，没接二极管代表存储数据为 0。例如，5 号存储单元从左向右结点上二极管的状态依次为“无无有无”，所以表示存储的数据为“0010”。

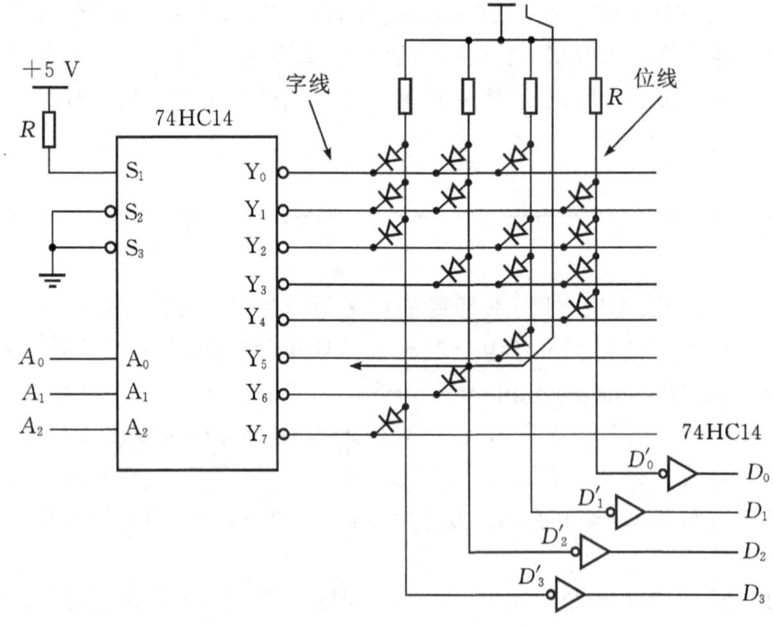

图 7-2　8×4 位二极管阵列 ROM

具体的存储原理是，当地址码 $A_2A_1A_0=101$ 时，74HC138 的 Y'_5 输出为低电平，这时与 Y'_5 相连的二极管导通使相应的位线（D'_1）为低电平，经缓冲器 74HC14 反相后输出（$D_1=$）

1；没有接二极管的交叉点因上拉电阻的作用使相应的位线为高电平，经 74HC14 反相后输出 0，因此 $D_3D_2D_1D_0=0010$，即 5 号存储单元的数据为 0010。综上所述，图 7－2 所示的 8×4 位 ROM 中的存储数据如表 7－1 所示。

表 7－1　8×4 位二极管 ROM 数据表

输入			输出			
A_2	A_1	A_0	D_3	D_2	D_1	D_0
0	0	0	1	1	1	0
0	0	1	1	1	0	1
0	1	0	1	0	1	1
0	1	1	0	1	1	1
1	0	0	0	0	0	1
1	0	1	0	0	1	0
1	1	0	0	1	0	0
1	1	1	1	0	0	0

掩膜式 ROM 的存储结点也可以由三极管或场效应管构成。图 7－3 所示是由 MOS 场效应管作为存储节点的掩膜式 ROM 结构图，其中译码器的输出为高电平有效。当某个字线为高电平时，与字线相连的 MOS 管导通，将相应的位线拉为低电平；没有 MOS 管与该字线相连的位线因上拉电阻的作用仍保持为高电平。因此，存储节点有 MOS 管的表示存储数据为 0，没有 MOS 管的表示存储数据为 1，经反相缓冲后输出的数据相反。

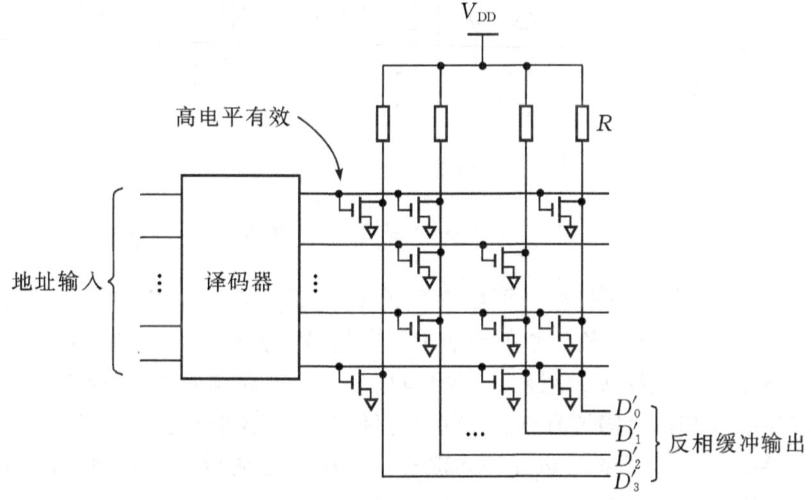

图 7－3　8×4 位 MOS 管阵列 ROM

PROM(Programmable ROM)称为可编程 ROM，内部结构与掩膜式 ROM 类似，只是在制造时每个存储节点上晶体管的发射极是通过熔丝(fuse)接通的，如图 7－4 所示，相当于每个结点预存的数据全部为 1。

当用户需要将某些存储节点的数据改为 0 时，先通过 PROM 的字线和位线选中对应的存储节点，再通过读写放大器输出的高电压大电流将熔丝熔断，使存储节点上晶体管的功能失效而更改了存储数据。由于熔丝熔断后无法再接通，所以 PROM 为一次性可编程(One-Time Programmable，OTP)器件。

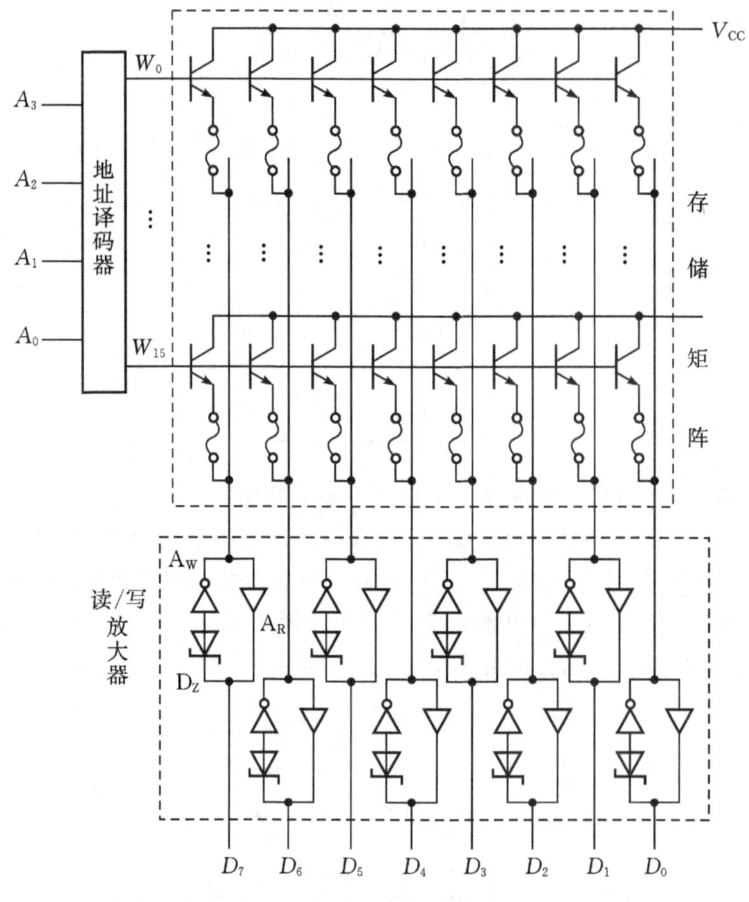

图 7-4　PROM 存储单元的结构

EPROM(Erasable PROM)称为可擦除 PROM，存储节点采用图 7-5 所示的浮栅 MOS 管存储数据，可以通过特定波长的紫外线照射将存储的数据擦掉，从而能够实现多次编程。

浮栅 MOS 管有两个栅极：浮栅 G_f 和控制栅 G_c，其中浮栅 G_f 的四周被 SiO_2 绝缘层包围。对 EPROM 编程时，给需要存入数据 0 的存储单元的控制栅上加上高压，使得浮栅 G_f 周围的绝缘层暂时被击穿而将负电荷注入浮栅中。编程完成后，浮栅中的负电荷由于没有放电通路因此能够长期保存下来。这样，在以后的读操作中，浮栅中有负电荷的存储单元阻止了 MOS 管导通，而浮栅中没有负电荷的存储单元中的 MOS 管能够正常导通，从而代表了两种不同的存储数据。

EPROM 存储芯片的上方有透明的石英窗口，如图 7-6 所示，用紫外线通过石英窗口照射管芯进行擦除浮栅中的负电荷，擦除完成后需要将石英窗口密封起来，防止意外照射紫外线导致存储数据丢失。

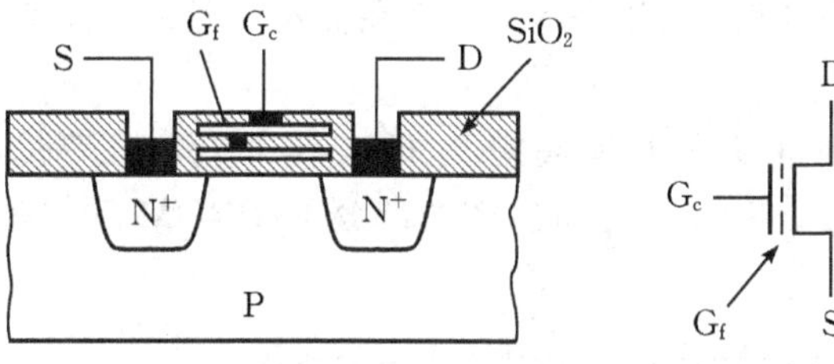

图 7-5　浮栅 MOS 管结构与符号

图 7-6　EPROM 封装

E^2PROM(Electrically EPROM)称为电擦除 EPROM,存储节点采用图 7-7 所示的 Flotox MOS 管存储数据。Flotox MOS 管浮栅周围的绝缘层更薄,在浮栅的下方有隧道区,可以通过给控制栅上加反极性电压进行擦除。由于 E^2PROM 能够用电擦除,所以使用比 EPROM 方便得多。

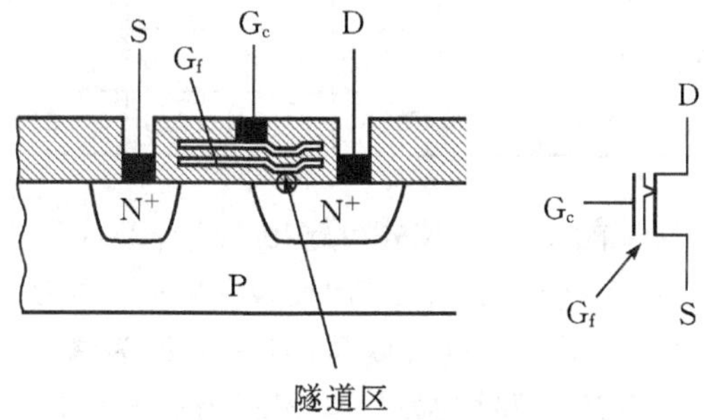

图 7-7　Flotox MOS 管结构与符号

快闪存储器(Flash EPROM)简称闪存,是从 EPROM 和 E^2PROM 发展而来的只读存储器,具有工作速度快、集成度高、可靠性好等优点。

快闪存储器的存储节点采用叠栅 MOS 管存储数据。叠栅 MOS 管的结构、符号以及存储节点的结构分别如图 7-8 所示。叠栅 MOS 管的结构与浮栅 MOS 管相似,但浮栅四周的绝缘层更薄,而且浮栅与源区重叠区域的面积极小,因此浮栅-源区间的电容要比浮栅-控

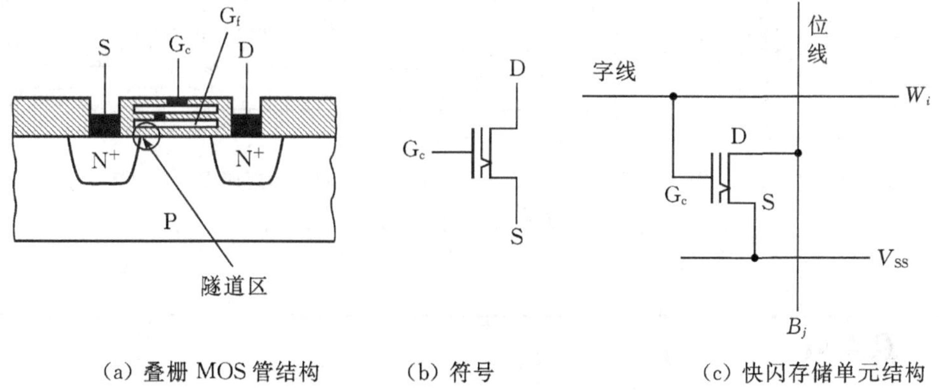

(a) 叠栅 MOS 管结构　(b) 符号　(c) 快闪存储单元结构

图 7-8　叠栅 MOS 管结构及符号和快闪存储单元结构

制栅小得多。当控制栅和源极间加电压时，大部分压降将降在浮栅与源极之间的电容上，因而对读写电压要求不高，编程非常方便。

快闪存储器自 20 世纪 80 年代问世以来，以其高密度、低成本、读写方便等优点，成为 U 盘、SD 卡等大容量存储器的主流产品。Atmel 公司出产的部分 E2PROM 和快闪存储器的型号和参数如表 7-2 所示。

表 7-2 部分 E^2PROM 和快闪存储器型号和参数

E^2PROM 存储器	快闪存储器		存储容量/b
	5 V 供电	3 V 供电	
AT28C16	—	—	2K×8
AT28C64	—	—	8K×8
AT28C256	AT29C256	AT29LV256	32K×8
AT28C512	AT29C512	AT29LV512	64K×16
AT28C010	AT29C010	AT29LV010	256K×8
—	AT29C020	AT29LV020	512K×8

AT28C16 是低功耗、高性能 2K×8 位并行输出 E^2PROM，双列直插式封装芯片的管脚排列如图 7-9(a)所示，其中 $A_{10}\sim A_0$ 为 11 位地址，$I/O_7\sim I/O_0$ 为 8 位并行数据口。CE'为片选端，当 CE'为低电平时允许对芯片进行读写操作。OE'为输出控制端，当 OE'为低电平时输出数据到并行 I/O 口。WE'为写控制端，当 WE'为低电平时允许更新 ROM 所存的数据。AT28C16 的读时序如图 7-9(b)所示。

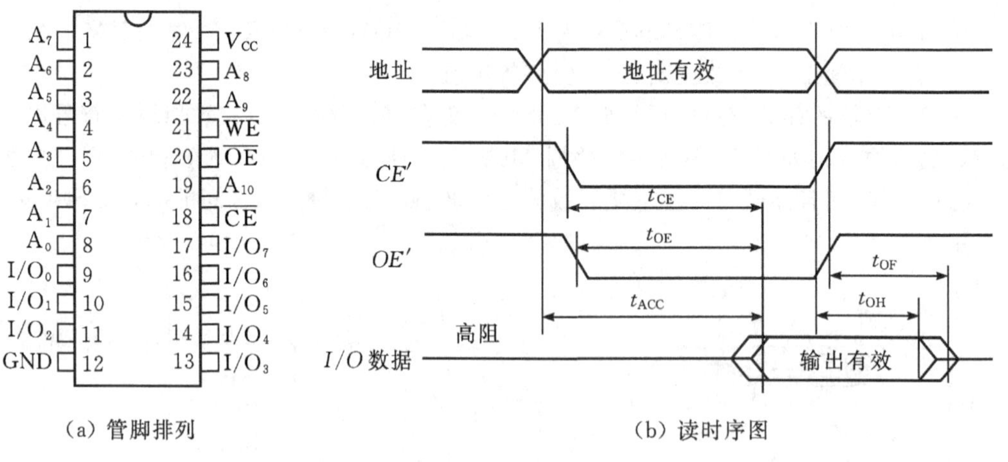

(a) 管脚排列　　(b) 读时序图

图 7-9 AT28C16

7.2 RAM

RAM 存储单元中的数据根据需要可以随时读出或者写入，而且存取的速度与存储单元的位置无关。

RAM 的结构框图如图 7-10 所示，由地址译码器、存储阵列和读/写控制电路三部分组成。RAM 具有地址、控制和数据输入/输出三类端口，其中 A_{n-1}～A_0 为地址输入端，I/O_{b-1}～I/O_0 为数据输入/输出端。控制端口中 CS' 为片选端，OE' 为输出控制端，WE' 为读控制端，均为低电平有效。当 CS' 有效时，允许对 RAM 进行操作；当 OE' 有效时，允许数据输出，否则输出为高阻状态；当 $WE'=0$ 时允许写操作，$WE'=1$ 进行读操作。

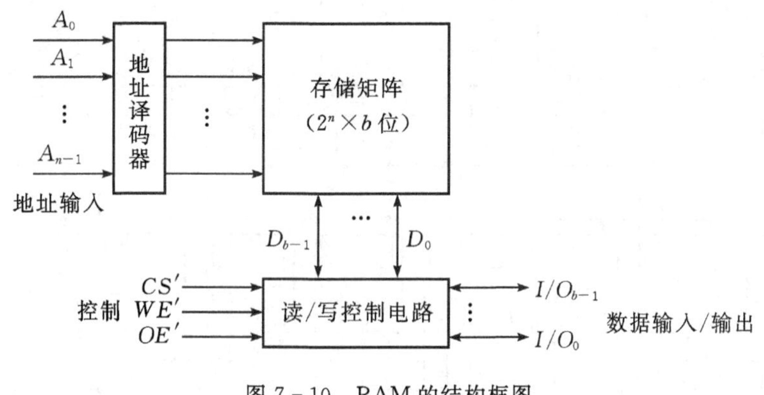

图 7-10　RAM 的结构框图

按照存储数据原理的不同，将 RAM 分为 SRAM(Static RAM，静态 RAM)和 DRAM(Dynamic RAM，动态 RAM)两种类型。

7.2.1　SRAM

SRAM 应用锁存器存储数据，存储节点的结构和符号如图 7-11 所示。当 SEL' 有效时，若 WR' 为低电平则锁存器打开而处于"写入数据"状态，若 WR' 为高电平则锁存器保持而处于"读出数据"状态。当 SEL' 无效时，输出 D_{OUT} 为高阻状态。

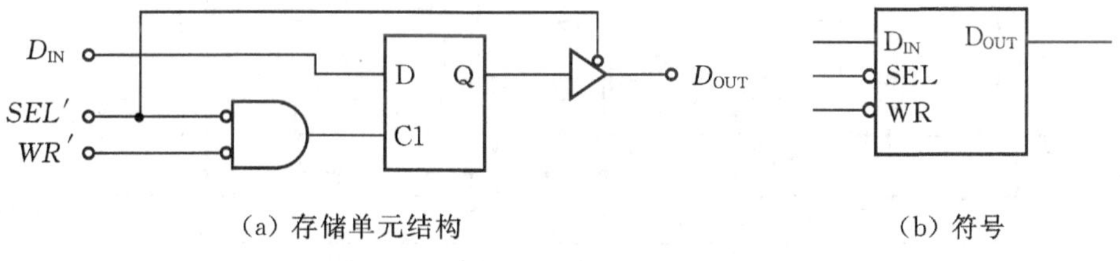

(a) 存储单元结构　　(b) 符号

图 7-11　静态 RAM 的单元结构及符号

图 7-12 是一个 8×4 位 SRAM 阵列，像 ROM 一样，地址译码器选择 SRAM 的某一特定字线进行读/写操作。

SRAM 具有以下两种操作：

(1)读。当 CS' 和 OE' 均有效时，给定存储单元地址后，所选中存储单元中的数据从 D_{OUT} 端输出；

(2)写。给定存储单元地址后，将需要存储的数据输入到 D_{IN} 线上，然后控制 CS' 和 WE' 有效，使所选中存储单元的锁存器打开，输入数据被存储。

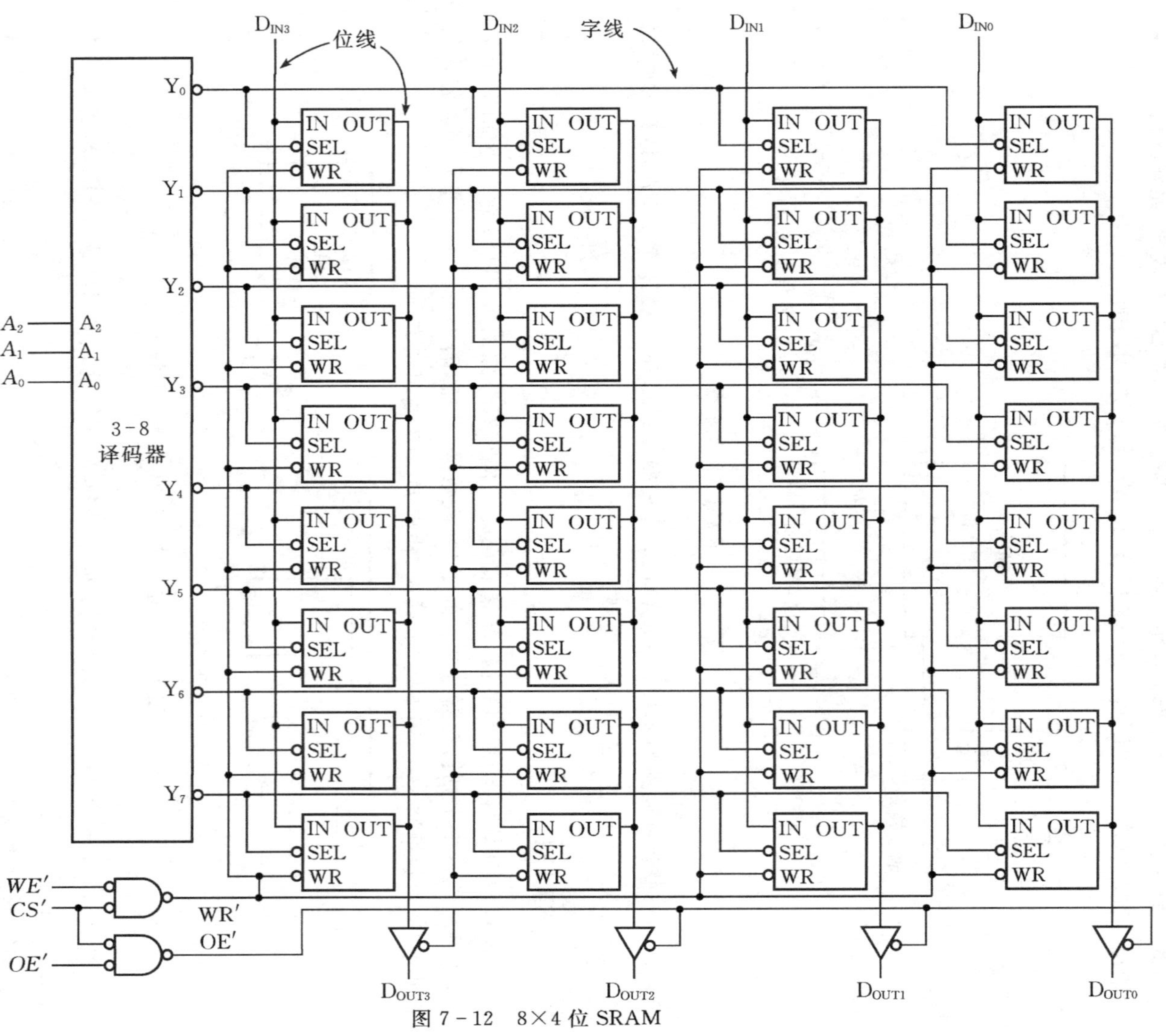

图 7-12　8×4位 SRAM

7.2.2　DRAM

DRAM 是利用 MOS 管栅极电容可以存储电荷的原理而实现数据的存储。单管 DRAM 存储节点的结构如图 7－13 所示，由 MOS 管 T 和栅极电容 C_S 组成。在进行写操作时，字线 X 上给出高电平，MOS 管 T 导通，位线 B 上的数据经过 MOS 管被存入电容 C_S 中。在进行读操作时，字线 X 同样给出高电平使 MOS 管导通，这时电容 C_S 中的数据经过 MOS 管输出到位线上，使位线 B 上得到相应的信号电平，再经过读写放大器输出给外部电路。

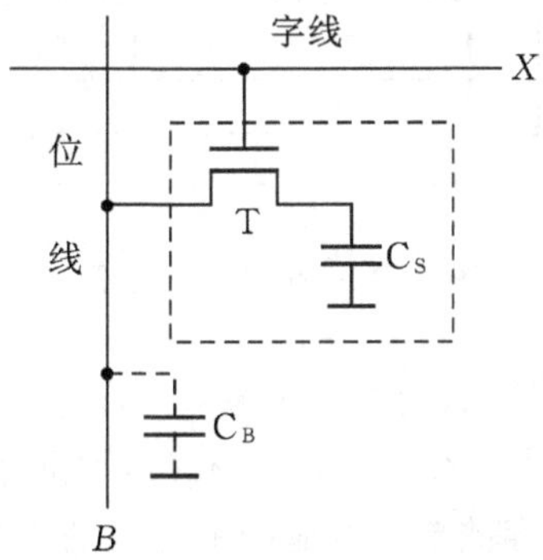

图 7－13　DRAM 存储单元结构

由于 DRAM 存储节点的结构非常简单，因此单片 DRAM 的容量很大，用于需要大量存储数据的场合。但是，由于 MOS 管的栅极电容极小而且有漏电流存在，电荷不能长期保存，所以在使用 DRAM 时需要定时进行刷新(refresh)补充电荷以避免存储数据丢失。

无论是应用锁存器存储数据的 SRAM，还是应用栅极电容存储数据的 DRAM，在断电后数据都会丢失，所以 RAM 称为易失性存储器。

7.3　存储容量的扩展

当单片存储器的容量不能满足设计需求时，就需要使用多片存储器来扩展存储容量。由于存储器的容量用“字位×位数”表示，所以扩展存储单元的数量称为字扩展，扩展每个存储单元所存数据的位数称为位扩展。当存储单元数和位数都不能满足要求时，一般先进行位扩展，再进行字扩展。

图 7－14 是将 8 片 1024×1 位的 RAM 存储器扩展为一个 1024×8 位存储器的原理图。具体的方法是：将 8 片存储器地址 $A_9 \sim A_0$ 分别对应相连，CS' 和 R/W' 对应相连。因此当 CS' 有效时，使 8 片 RAM“同时”处于工作状态，每片读/写一位数据，从而形成 8 位输出数据。

将 4 片 256×8 位的 RAM 存储器扩展为一个 1024×8 位存储器的原理电路如图 7－15 所示。256×8 位的存储器具有 8 位地址线 $A_7 \sim A_0$，访问 1024 个单元则需要使用 10 位地址线，分别用 $A_9 \sim A_0$ 表示。具体的扩展方法是：将 10 地址中的低 8 位分别与每片 256×8 存储器的地址 $A_7 \sim A_0$ 对应相连，读写控制端 R/W' 对应相连，8 位数据线 $I/O_7 \sim I/O_0$ 对应相连，然后用 10 位地址中的最高两位地址 A_9A_8 经过 2 线－4 线译码器(74HC139)译出 4 个

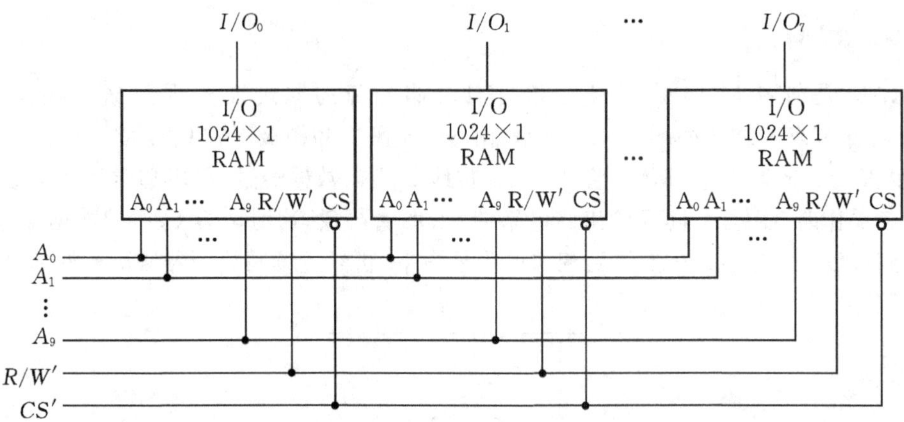

图 7-14 位扩展原理图

低电平有效的信号分别控制 4 片存储器的片选端 CS'，让 4 片 RAM“分时”工作：

(1)当 $A_9A_8=00$ 时，使第一片 RAM 的 CS'有效，因此第一片 RAM 处于工作状态，数据从第一片 I/O 端输入/输出。存储单元对应的地址范围为 0～255；

(2)当 $A_9A_8=01$ 时，使第二片 RAM 的 CS'有效，因此第二片 RAM 处于工作状态，数据从第二片 I/O 端输入/输出。存储单元对应的地址范围为 256～511；

(3)当 $A_9A_8=10$ 时，使第三片 RAM 的 CS'有效，因此第三片 RAM 处于工作状态，数据从第三片 I/O 端输入/输出。存储单元对应的地址范围为 512～767；

(4)当 $A_9A_8=11$ 时，使第四片 RAM 的 CS'有效，因此第四片 RAM 处于工作状态，数据从第四片 I/O 端输入/输出。存储单元对应的地址范围为 768～1023。这样组合起来形成了 1024×8 位的存储器。

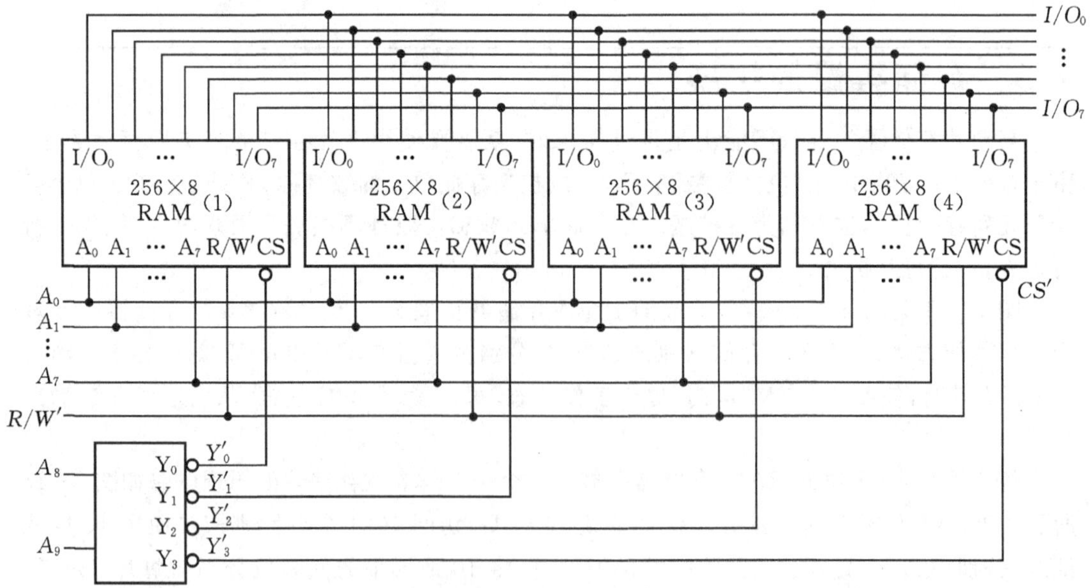

图 7-15 字扩展原理图

上述扩展方法是以 RAM 为例说明的。对于 ROM，扩展方法类似。

7.4　ROM 的应用

ROM 的基本功能用于存储数据。在数字系统中，除了用作程序存储器外，ROM 还可以用来实现组合逻辑函数，进行代码转换和构成函数发生器等。

7.4.1　实现组合逻辑函数

ROM 具有多个地址输入端和多个数据输出端，所以可以很方便地实现多输入-多输出的组合逻辑函数。

用 ROM 实现组合逻辑函数时，需要将输入变量作为 ROM 的地址，将逻辑函数作为 ROM 的数据输出，将真值表存入 ROM 中，通过“查表”方式实现逻辑函数。

应用 256×8 位的 ROM 实现 4 位无符号二进制乘法的结构框图如图 7－16 所示，其中两个 4 位二进制被乘数与乘数分别用 $X_3 \sim X_0$ 和 $Y_3 \sim Y_0$ 表示，乘法结果用 $P_7 \sim P_0$ 表示。

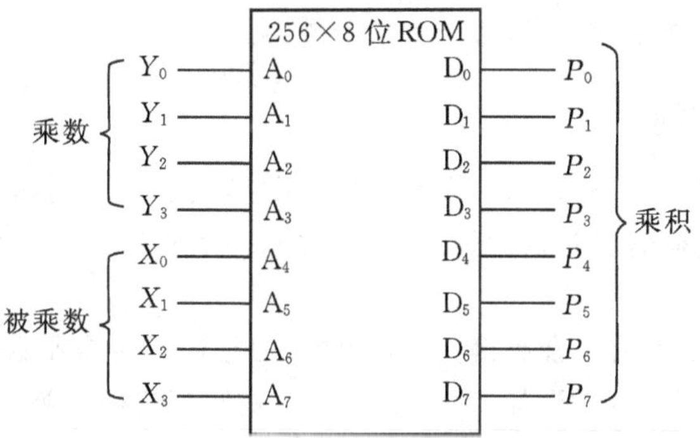

图 7－16　用 ROM 实现四位乘法器结构框图

由于四位被乘数 X、乘数 Y 的取值范围均为 0～F，所以四位无符号二进制乘法器的真值表如表 7－3 所示。

表 7－3　四位乘法表

X\Y	0	1	2	3	4	5	6	7	8	9	A	B	C	D	E	F
0	00	00	00	00	00	00	00	00	00	00	00	00	00	00	00	00
1	00	01	02	03	04	05	06	07	08	09	0A	0B	0C	0D	OE	0F
2	00	02	04	06	08	0A	0C	0E	10	12	14	16	18	1A	1C	1E
3	00	03	06	09	0C	0F	12	15	18	1B	1E	21	24	27	2A	2D
4	00	04	08	0C	10	14	18	1C	20	24	28	2C	30	34	38	2C
5	00	05	0A	0F	14	19	1E	23	28	2D	32	37	3C	41	46	4B
6	00	06	0C	12	18	1E	24	2A	30	36	3C	42	48	4E	54	5A
7	00	07	0E	15	1C	23	2A	31	38	3F	46	4D	54	5B	62	69
8	00	08	10	18	20	28	30	38	40	48	50	58	60	68	70	78

续表

X\Y	0	1	2	3	4	5	6	7	8	9	A	B	C	D	E	F
9	00	09	12	1B	24	2D	36	3F	48	51	5A	63	6C	75	7E	87
A	00	0A	14	1E	28	32	3C	46	50	5A	64	6E	78	82	8C	96
B	00	0B	16	21	2C	37	42	4D	58	63	6E	79	84	8F	9A	A5
C	00	0C	18	24	30	3C	48	54	60	6C	78	84	90	9C	A8	B4
D	00	0D	1A	27	34	41	4E	5B	68	75	82	8F	9C	A9	B6	C3
E	00	0E	1C	2A	38	46	54	62	70	7E	8C	9A	A8	B6	C4	D2
F	00	0F	1E	2D	3C	4B	5A	69	78	87	96	A5	B4	C3	D2	E1

将被乘数 $X_3 \sim X_0$、乘数 $Y_3 \sim Y_0$ 作为 ROM 的 8 位地址 $A_7 \sim A_0$，将乘法表中的 256 个数据按从左向右、自上向下的顺序存入 256×8 的 ROM 中，在给定被乘数和乘数以后，ROM 输出的 8 位数据 $D_7 \sim D_0$ 即为乘法结果 $P_7 \sim P_0$。

从理论上讲，任何组合逻辑函数都可以用 ROM 来实现，以逻辑变量作为地址输入，将真值表存入 ROM 中，通过“查表”输出相应的函数值。

7.4.2 进行代码转换

代码转换是将一种形式的代码转换成另外一种形式输出。例如，计算机内部以二进制数进行运算的，但在数据输出时，我们希望将二进制的运算结果转换成 BCD 码以方便我们识别。

代码转换电路本质上为组合逻辑电路，当然可以按组合逻辑函数的一般方法进行设计，但最简单的方法是基于 ROM 设计，通过查表的方式实现代码转换。将待转换的代码作为 ROM 的地址，将真值表写入 ROM 中，那么 ROM 的输出即为转换结果。

74LS185 是代码转换芯片，能够将 6 位二进制数(0～63)转换成两位 BCD 码输出。例如，输入二进制数“101101”(对应十进制的 45)时，74LS185 输出数据为 0100_0101，为 BCD 码表示的十进制数 45。

7.4.3 构成函数发生器

函数发生器是用来产生正弦波、三角波、锯齿波或其他任意波形的电路系统。

数字函数发生器的一般结构形式如图 7-17 所示，由计数器、ROM 和 DAC 构成。以 n 位二进制计数器的输出作为 ROM 的地址，当计数器完成一个循环时，向 ROM 输入 2^n 个地

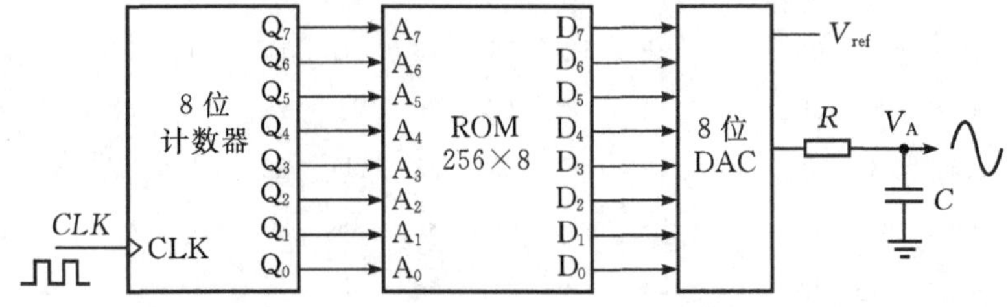

图 7-17 由 ROM 和 DAC 构成函数发生器

址，通过“查询”ROM 预先存储的 $2^n \times b$ 位波形数据表，再通过 b 位 DAC 将数字量转换成 2^n 不同的模拟电压值，最后经过低通滤波后输出模拟信号。

7.5* 可编程逻辑器件

可编程逻辑器件(programmable logic device，PLD)是在存储器基础上发展起来的、内部逻辑功能可以由用户通过编程方式定义的新型数字器件。虽然从理论上讲，应用门电路、组合逻辑器件、时序逻辑器件和存储器等这些传统的中、小规模器件可以构成任意复杂的数字系统，但是基于可编程逻辑器件设计的数字系统具有体积更小、功耗更低、可靠性更高和速度更快等许多优点，同时具有在线可重构特性，使得可编程逻辑器件在通信系统、数字信号处理以及嵌入式系统设计领域得到了更广泛的应用。

可编程逻辑器件从 20 世纪 70 年代发展至今，在结构和工艺方面不断完善，集成度和速度方面不断提高，同时许多系列产品内嵌有收发器、锁相环、数字乘法器和嵌入式处理器等功能模块，同时有丰富的 IP 核可供选用，因此能够灵活方便地构成复杂的电子系统，促进电子系统设计向 SoC(system on-chip，片上系统)的目标发展。

为了便于描述 PLD 内部的电路结构，国际上普遍采用图 7－18 所示的逻辑表示法，其中交叉点上的“·”表示固定连接，“×”表示可编程连接(由用户定义的连接)，无标记则表示没有连接。

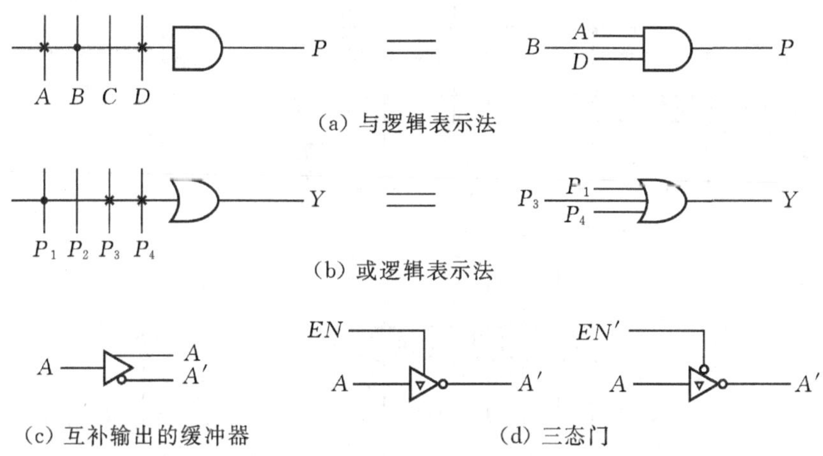

图 7－18　PLD 中的逻辑表示法

根据 PLD 实现逻辑函数的原理不同，将可编程逻辑器件分为基于乘积项结构的 PLD 和基于查找表结构的 FPGA 两大类。

7.5.1 基于乘积项结构的 PLD

传统的 PLD 由 ROM 发展而来，主要由输入电路、与阵列、或阵列和输出电路四部分组成，如图 7－19 所示。输入电路由互补输出的缓冲器构成，用于产生互补的输入变量；与阵列用于产生乘积项，或阵列用于将乘积项相加而实现逻辑函数；输出电路则提供不同模式的输出方式，如组合输出或寄存器输出等，通常带有三态控制，同时将输出信号通过内部通道反馈到输入端，作为与或阵列的输入信号。

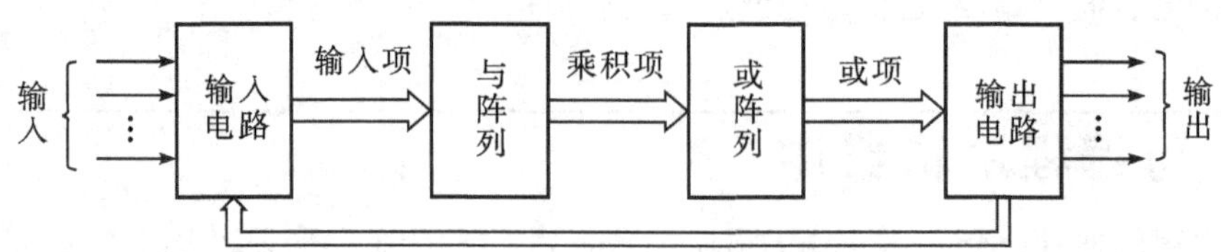

图 7-19 传统 PLD 的基本结构

早期的可编程逻辑器件有 PROM、EPROM 和 E^2PROM 三种，具有固定的与阵列（地址译码器）和可编程的或阵列（存储矩阵）。但由于结构的限制，它们只能实现一些简单的逻辑函数，主要作为存储器使用。其后，出现了结构上稍微复杂的可编程芯片，能够实现一些更复杂的逻辑功能，这一阶段的产品主要有 FPLA、PAL 和 GAL，正式命名为可编程逻辑器件。

FPLA 称为现场可编程逻辑阵列（field programmable logic array），内部电路结构如图 7-20 所示，主要由一个可编程的与阵列和一个可编程的或阵列构成。FPLA 与 ROM 的结构极为类似，不同的是，ROM 的与阵列为地址译码器，功能是固定的，而 FPLA 的与阵列是可编程的，用于产生所需要的乘积项，然后由或阵列将产生的乘积项相加构成逻辑函数。因此，应用 FPLA 设计组合逻辑电路比用 ROM 设计具有更高的资源利用率。

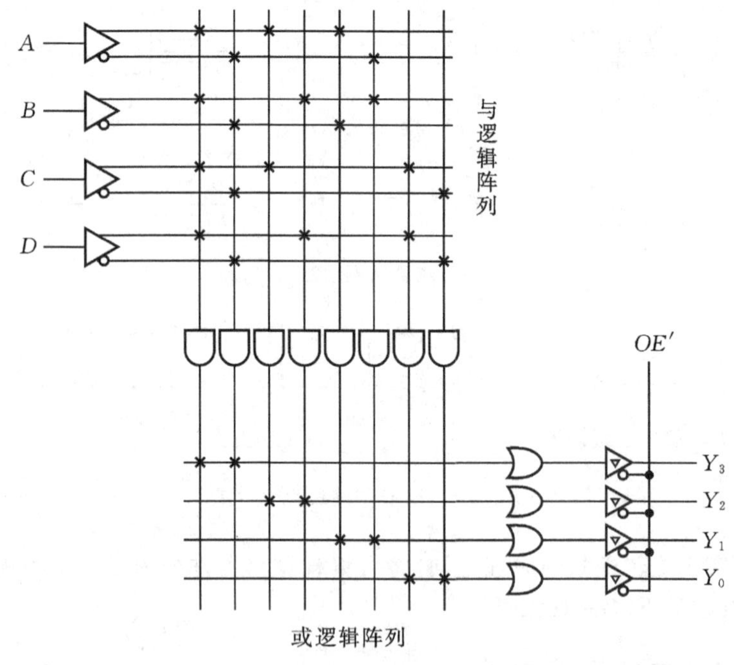

图 7-20 FPLA 基本结构

PAL（programmable array logic，可编程阵列逻辑）是 20 世纪 70 年代末期由 MMI 公司推出的可编程逻辑器件，由可编程的与阵列和固定的或阵列构成，如图 7-21 所示。与 FPLA 不同的是，PAL 的或阵列是固定的，以简化 PLD 内部电路结构。由于 PAL 器件采用熔丝工艺，一旦编程后就不能再修改，因而不能满足产品研发过程中经常修改电路的需要。

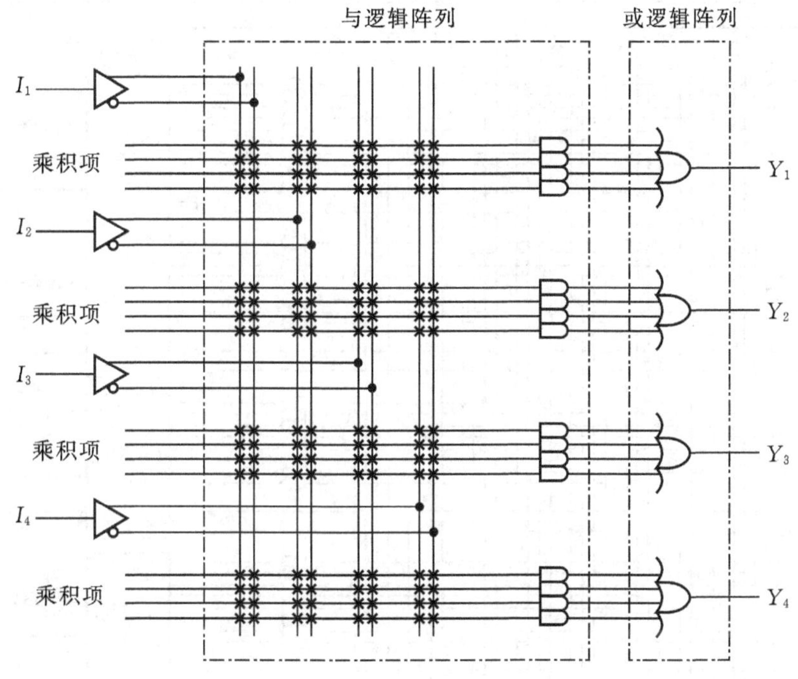

图 7-21　PAL 基本结构

为了克服 PAL 只能编程一次的缺点，Lattice 公司于 1985 年推出了里程碑式的新型可编程逻辑器件——GAL(generic array logic，通用阵列逻辑)，采用了 E^2PROM 工艺，实现了电擦除和电改写，而且采用了可编程输出逻辑宏单元 OLMC，可以通过编程将 OLMC 配置成不同的工作模式，增强了 GAL 器件的通用性。GAL16V8 的内部结构如图 7-22 所示。

GAL16V8 输出逻辑宏单元 OLMC 的结构框图如图 7-23 所示，由或门、异或门、D 触发器、数据选择器和其他门电路构成，其中 $AC0$、$AC1(n)$、$XOR(n)$用于控制 OLMC 的工作模式。

OLMC 的结构控制字格式如图 7-24 所示，其中(n)表示 OLMC 的编号，与相连的 I/O 编号一致。$XOR(n)$用于控制输出数据的极性，当 $XOR(n)=0$ 时，异或门的输出与或门的输出同相，当 $XOR(n)=1$ 时，异或门的输出与或门的输出反相。

OLMC 有 5 种工作模式，如表 7-4 所示，由结构控制字中 SYN、$AC0$、$AC1(n)$、$XOR(n)$的状态控制 4 个数据选择器实现。

FPLA、PAL 和 GAL 这些早期 PLD 的共同特点是结构简单，只能实现一些规模较小的逻辑电路。

CPLD 是从 GAL 的基础上发展而来的，延续 GAL 的结构但内部结构规划更合理，密度更高。CPLD 的集成度可达万门左右，适用于中、大规模数字系统的设计。不同厂商的 CPLD 在结构上都有各自的特点，但概括起来，主要由三大部分组成：通用可编程逻辑块、输

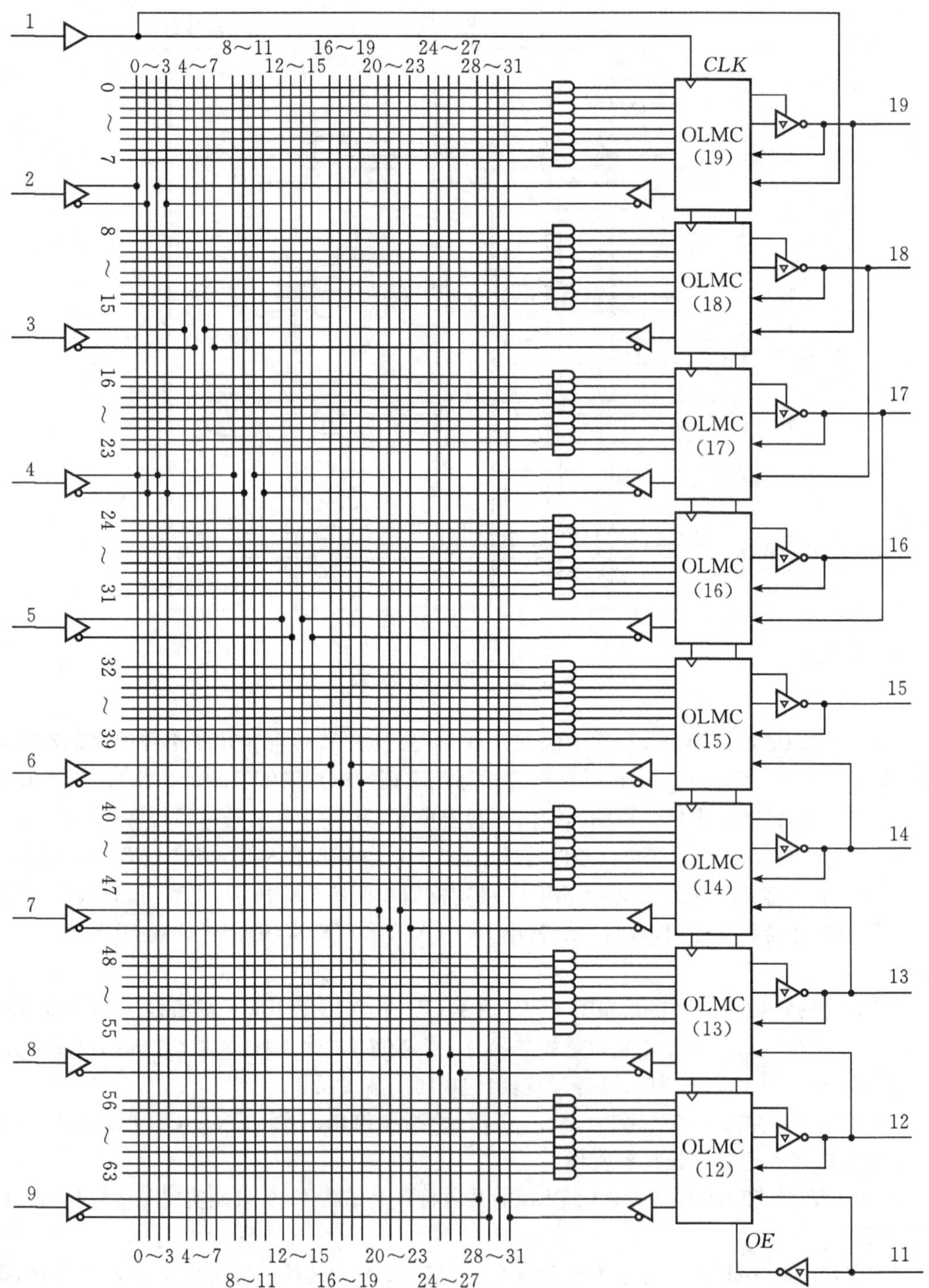

图 7-22 GAL16V8 内部电路结构

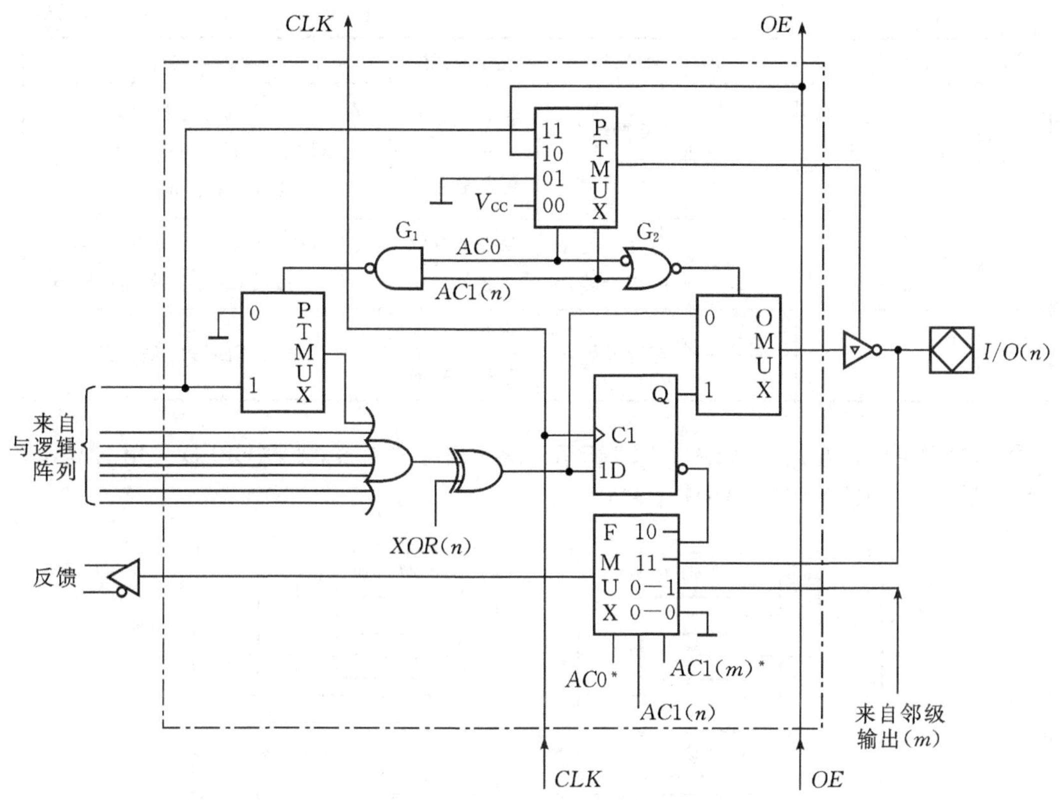

图 7－23　OLMC 结构框图

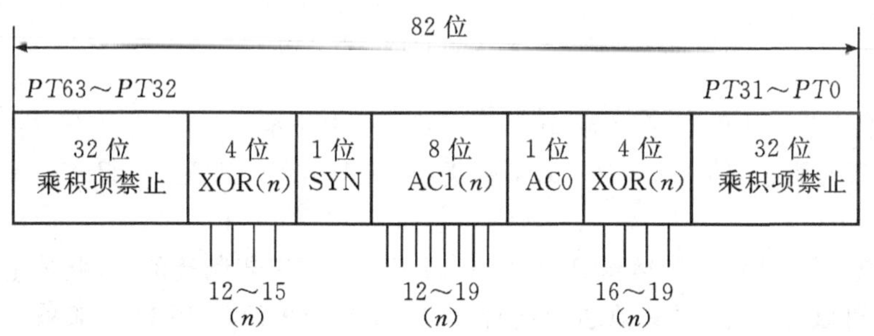

图 7－24　OLMC 结构框图

表 7－4　OLMC 工作模式

SYN	*AC*0	*AC*1(*n*)	*XOR*(*n*)	输出模式	输出极性	说　明
1	0	1	—	专用输入	—	1 和 11 脚为数据输入，三态门被禁止
1	0	0	0	专用组合输出	低电平有效	1 和 11 脚为数据输入，三态门被选通
			0		高电平有效	

续表

SYN	*AC*0	*AC*1(*n*)	*XOR*(*n*)	输出模式	输出极性	说　明
1	1	1	0	反馈组合输出	低电平有效	1和11脚为数据输入，三态门选通信号为第一乘积项，反馈信号取自于I/O口
			1		高电平有效	
0	1	1	0	时序电路中的组合输出	低电平有效	1脚接 *CLK*，11脚 *OE*′，至少另有一个OLMC为寄存器输出
			1		高电平有效	
0	1	0	0	寄存器输出	低电平有效	1脚接 *CLK*，11脚 *OE*′
			1		高电平有效	

入/输出块和可编程互连线，如图7-25所示。就实现工艺而言，多数CPLD采用E^2CMOS编程工艺，也有少数采用FLASH工艺。

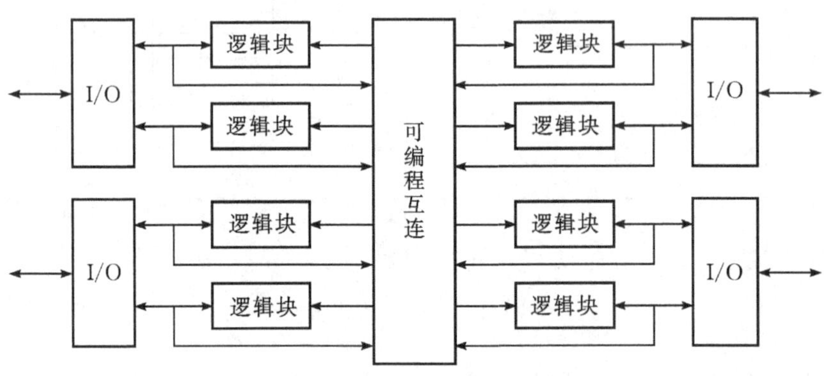

图7-25　CPLD的一般结构

通用可编程逻辑块的电路结构如图7-26所示，由可编程与阵列、乘积项共享的或阵列和OLMC三部分组成，结构上与GAL器件类似，又做了若干改进，在组态时具有更大的灵活性。

基于乘积项的PLD基于熔丝、E^2PROM或FLASH工艺制造的，因此掉电后信息不会丢失，加电就可以工作，无须其他芯片配合。另外，由于乘积项PLD内部采用结构规整的与-或阵列结构，因此，从输入到输出的传输延迟时间可预期的，不易产生竞争-冒险，常用于接口电路设计中。

7.5.2　基于查找表结构的FPGA

现场可编程门阵列FPGA的主体不再是与-或阵列结构，而是由多个可编程的基本逻辑单元组成，因此FPGA被称为单元型PLD。目前主流的FPGA是采用基于SRAM工艺的查找表结构。

基于查找表实现逻辑电路的原理是：任意n变量逻辑函数共有2^n个取值组合，如果将n变量逻辑函数的函数值预先存放在一个$2^n \times 1$位的存储器中，然后根据输入变量的取值组合查找存储器中相应存储单元中的函数值，就可以实现任意n变量逻辑函数。FPGA通过

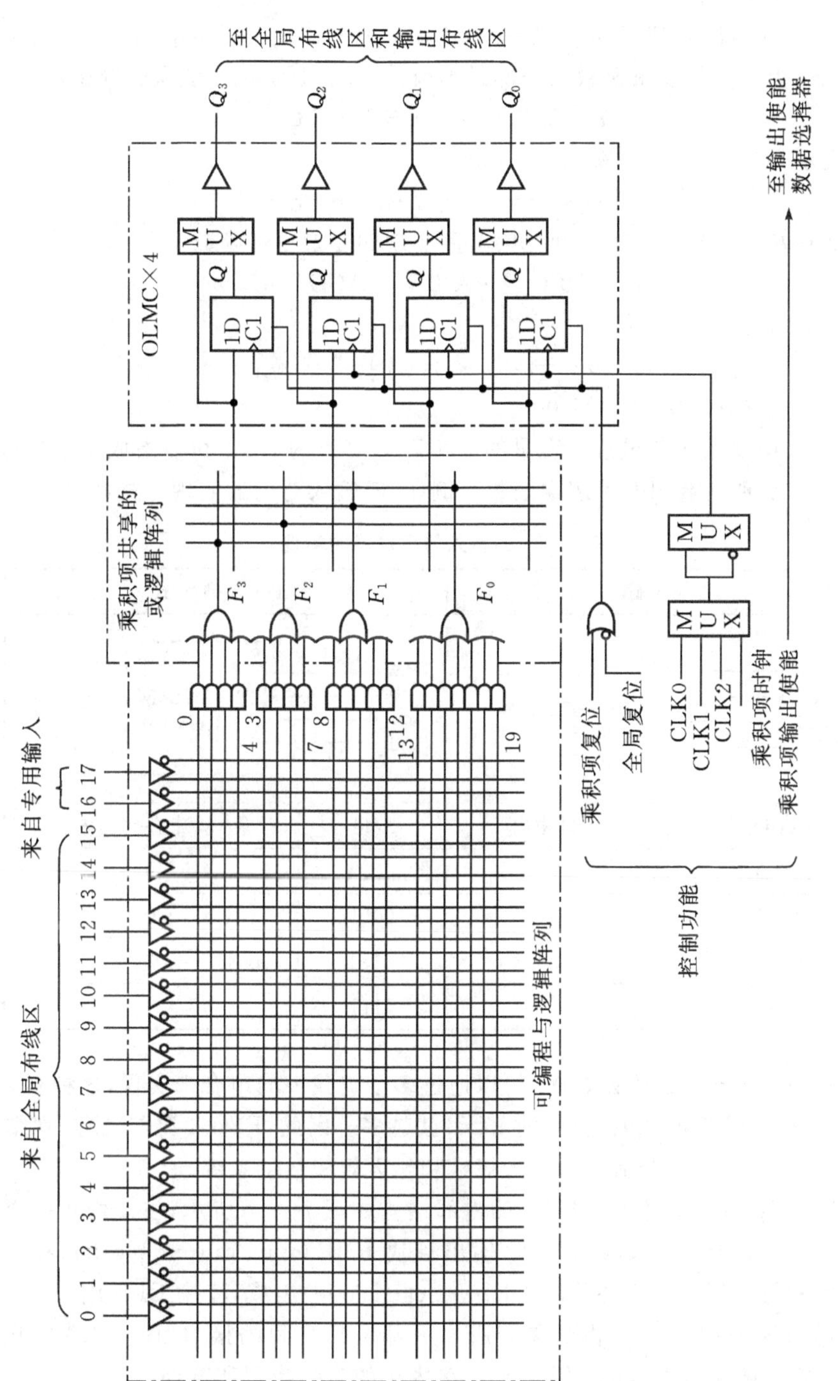

图 7－26　通用可编程逻辑块的电路结构

配置查找表中存储器的存储数据，就可以用相同的电路结构实现不同的逻辑函数。例如，实现 4 变量逻辑函数的通用公式为

$$Y=D_0m_0+D_1m_1+D_2m_2+D_3m_3+\cdots+D_{14}m_{14}+D_{15}m_{15}$$

其中 $m_0,\cdots,m_{15}$ 为 4 变量逻辑函数的全部最小项。因此，要实现三变量逻辑函数

$$Y_1=AB'+A'B+BC'+B'C$$

时，由于 Y_1 表示为

$$Y_1=m_1+m_2+m_3+m_4+m_5+m_6$$

因此，应取 $D_0\cdots D_{15}=$0111 1110 0000 0000，而实现四变量逻辑函数

$$Y_2=A'B'C'D+A'BD'+ACD+AB'$$

时，由于 Y_2 可表示为

$$Y_2=m_1+m_4+m_6+m_8+m_9+m_{10}+m_{11}+m_{15}$$

因此，取 $D_0\cdots D_{15}=$0100 1010 1111 0001。

目前 FPGA 中使用 4 变量或 6 变量的 LUT。4 变量的 LUT 可以看成一个具有 4 位地址的 RAM，可以实现任意四变量逻辑函数。例如，四输入与门的实现方式如表 7－5 所示。

表 7－5 四输入与门电路的实现

逻辑电路		LUT 实现方式	
a b c d → out		a b c d 地址线 → 16×1 RAM (LUT) → 输出	
a,b,c,d 输入	逻辑输出	地址	RAM 中存储的内容
0000	0	0000	0
0001	0	0001	0
…	0	…	0
1111	1	1111	1

当需要实现更多变量逻辑函数时，可以通过多个查找表的组合来实现，这种实现方式好像“滚雪球”一样，系统规模越大，所用的 LUT 就越多。因此，FPGA 比与-或阵列结构 PLD 具更高的资源利用率，特别合适于实现大规模和超大规模数字系统。

Xilinx 公司 Spartan-II 系列 FPGA 的内部结构如图 7－27 所示，主要由可配置逻辑模块 CLB(configurable logic block)、输入/输出模块 IOB(input/output block)、存储器模块(block RAM)和数字延迟锁相环 DLL(delay-locked loop)组成，其中 CLB 用于实现 FPGA 的大部分逻辑功能，IOB 用于提供封装管脚与内部逻辑之间的接口，BlockRAM 用于实现 FPGA 内部数据的随机存取，DLL 用于 FPGA 内部的时钟控制和管理。

CLB 是 FPGA 的基本逻辑单元，不仅可以实现组合逻辑、时序逻辑，还可以配置为分布式 RAM 或 ROM。CLB 的实际数量和特性会依器件的不同而不同。Spartan-II 系列产品中每个 CLB 含有两个 Slice(Xilinx 定义的 FPGA 基本逻辑单位)，每个 Slice 包括两个 LC (logic cell，逻辑单元)，每个 LC 由查找表、进位和控制逻辑以及触发器组成，如图 7－28 所

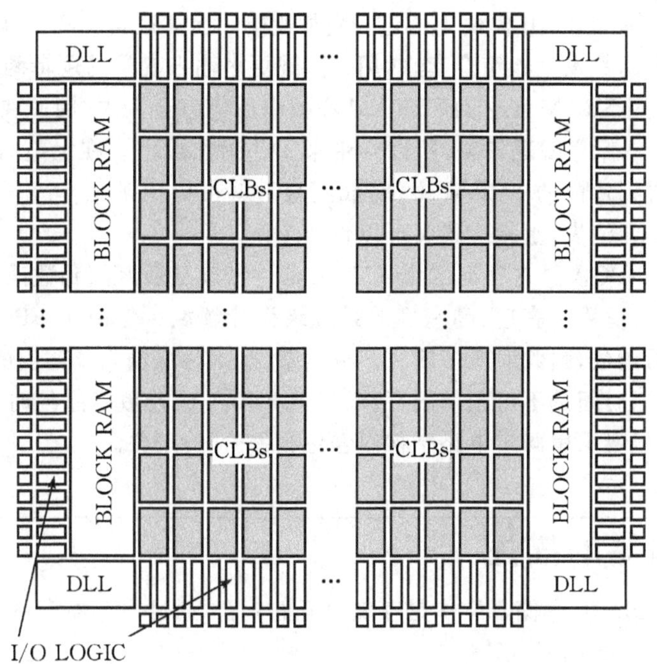

图 7-27 Spartan-II 系列 FPGA 内部结构

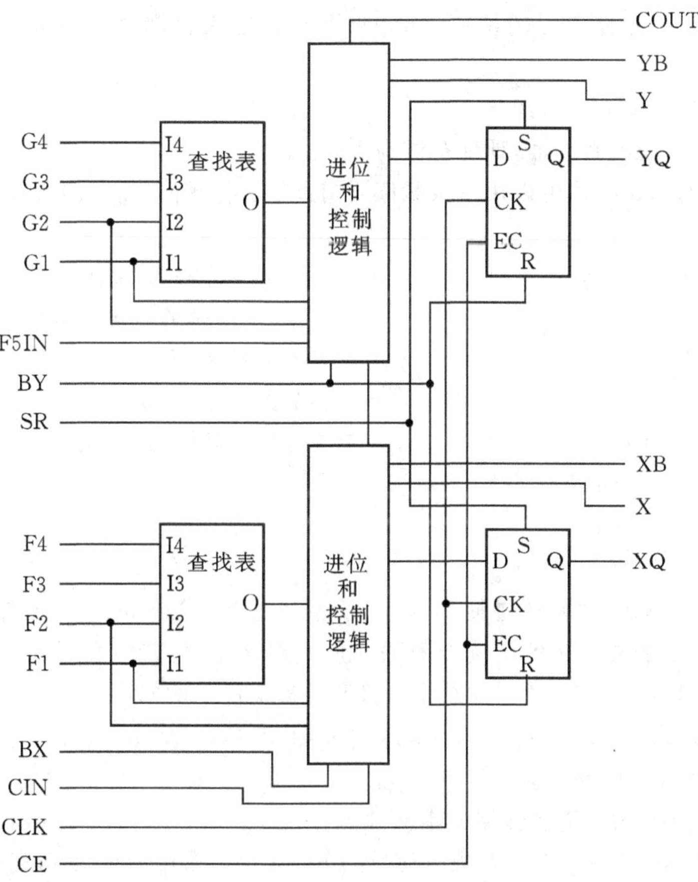

图 7-28 Spartan-II Slice 结构

示。除了 2 个 LC 外，在 CLB 模块中还包括附加逻辑和运算逻辑。CLB 模块中的附加逻辑可以将 2 个或 4 个函数发生器组合起来，用于实现更多输入变量的逻辑函数。

由于 LUT 采用 SRAM 工艺，而 SRAM 在掉电后信息会丢失，因此在应用时 FPGA 需要外配一片 ROM 来保存编程信息，所以会带来一些附加成本。在上电时，FPGA 将 ROM 中的编程信息配置到片内的 SRAM 中，完成配置后就可以正常工作了。断电后 FPGA 内部的编程信息会立即消失，重新配置又可以正常工作。

基于 LUT 的 FPGA 具有很高的集成度，其器件密度从数万门到数千万门，可以完成极为复杂的数字系统，适用于高速、高密度的系统级设计领域。但由于 FPGA 内部采用滚雪球的方式实现逻辑函数，因此对于多输入多输出系统，因为从输入到输出的传输路径不完全相同，所以传输延迟时间是不可预期的，所以基于 FPGA 设计数字系统时容易产生竞争-冒险，因此在设计时尽量采用同步电路结构以避免竞争-冒险现象。

7.6* 存储器的描述

在 Verilog HDL 中，存储器看作是存储单元的集合，通过寄存器变量数组来描述。

存储器定义的格式如下：

```
reg [msb:lsb] 存储器名 [upper:lower];
```

其中[msb:lsb]定义存储单元的位宽，[upper:lower]定义存储器的深度，即存储单元的个数。例如：

```
reg [7:0] memo [15:0];
```

定义了一个 16×8 位的存储器，地址范围为 15～0。

需要注意的是，寄存器可以用一条赋值语句直接进行赋值，而存储器每次只能赋值一个单元。即

```
reg [n-1: 0] regx;            //定义一个 n 位寄存器 regx
reg [3:0] Xrom [4:1];         //定义一个 4×4 位的存储器 Xrom，地址为 4～1
regx = 0;                     //对于寄存器赋值，合法
Xrom = 0;                     //对于存储器赋值，非法
Xrom[1] = 4'h0;               //对于存储器单元赋值，合法
Xrom[2] = 4'ha;
Xrom[3] = 4'h9;
Xrom[4] = 4'hf;
```

为存储器整体赋值的方法是使用 Verilog 系统任务：$readmemb 或 $readmemh。这些系统任务从指定的文本文件中读取数据并加载到存储器，其中 $readmemb 用于加载二进制数据文件，$readmemh 用于加载十六进制数据文件。例如：

```
reg [1:4] RomB [7:1] ;   //定义 7×4 位存储器
$readmemb ("ram.patt", RomB);
```

其中文件“ram. patt”为二进制数据文本文件。

存储器分为 ROM 和 RAM 两类。简单的 ROM 可以采用 case 语句直接定义其存储数据，复杂的 ROM 通常由 RAM 块实现，只需要预先将存储数据存入 RAM 块中既能实现

ROM 的功能。

另外，在数字系统设计中常用的双口 RAM 是指 RAM 的读操作和写操作是在不同的端口进行的，结构框图如图 7-29 所示，其中 clock 为时钟端，wren 为写控制端，wraddr 为写地址端，rdaddr 为读地址端，data 为数据输入端，q 为数据输出端。

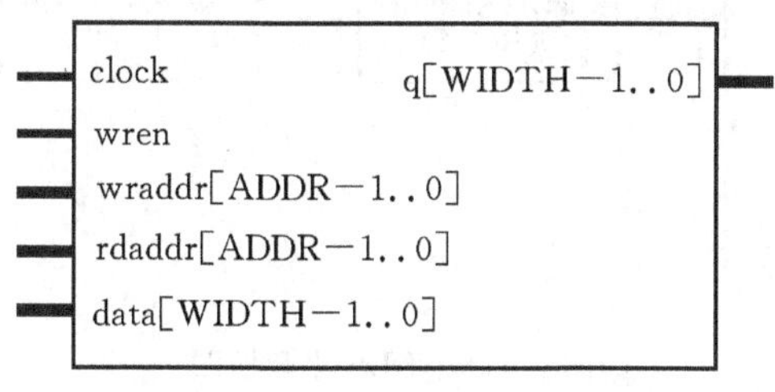

图 7-29　双向 RAM 框图

16×8 位双口 RAM 模块的定义和操作描述如下：

```
module dpram16x8b (clock,wren,wraddr,rdaddr,data,q);
  parameter WIDTH = 8,DEPTH = 16,ADDR = 4;   //参数定义
  input clock;
  input wren;
  input [ADDR - 1:0] wraddr,rdaddr;
  input [WIDTH - 1:0] data;
  output [WIDTH - 1:0] q;

  reg [WIDTH - 1:0] mem_data [DEPTH - 1:0]; //存储器定义

  always @(posedge clock)       //写过程
  if (wren)
    mem_data[wraddr] = data;
  assign q = mem_data[rdaddr]; //读操作
endmodule
```

7.7　设计实践

存储器用于存储数表或程序，在波形产生、代码转换以及系统配置等许多方面有着广泛的应用。

7.7.1　DDS 信号源设计

DDS(direct digital synthesizer，直接数字频率合成器)采用数字技术实现信号源，具有成本低、分辨率高和响应快速等优点，广泛使用于仪器仪表领域。

设计任务　设计一个 DDS 正弦波信号源。信号源有“UP”和“DOWN”两个键，按 UP 时频率步进增加，按 DOWN 时频率步进减小。要求输出信号的频率范围为 100～1500 Hz，

步进为 100 Hz。

设计过程 DDS的基本结构框图如图 7－30 所示，由相位累加器、波形存储器、数模转换器、低通滤波器和参考时钟五部分组成，其主要思想是用相位合成所需要的波形。

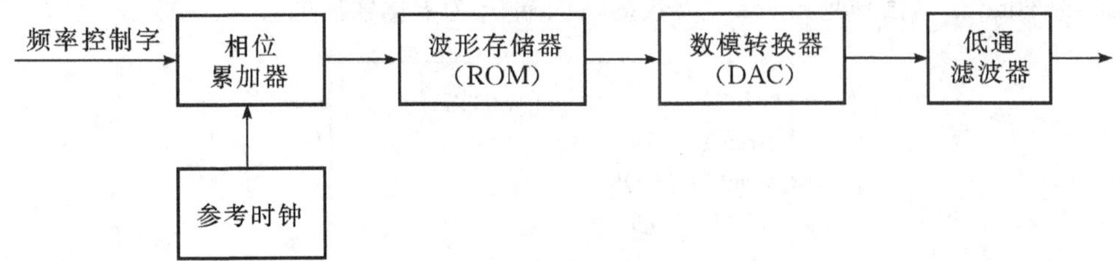

图 7－30 DDS原理框图

满足设计任务要求的 DDS 信号源的总体设计方案如图 7－31 所示。首先需要产生 25.6 kHz的时钟信号，然后根据设定的 4 位频率控制字通过 8 位加法器和 8 位寄存器实现相位累加，将得到的数字相位值作为 256×8 位 ROM 的地址，查询预先存入 ROM 中的 256 个正弦波数据表输出数字化正弦波幅度值，再经过 8 位 DAC 转换为连续时间信号后再经过低通滤波输出模拟正弦波信号。

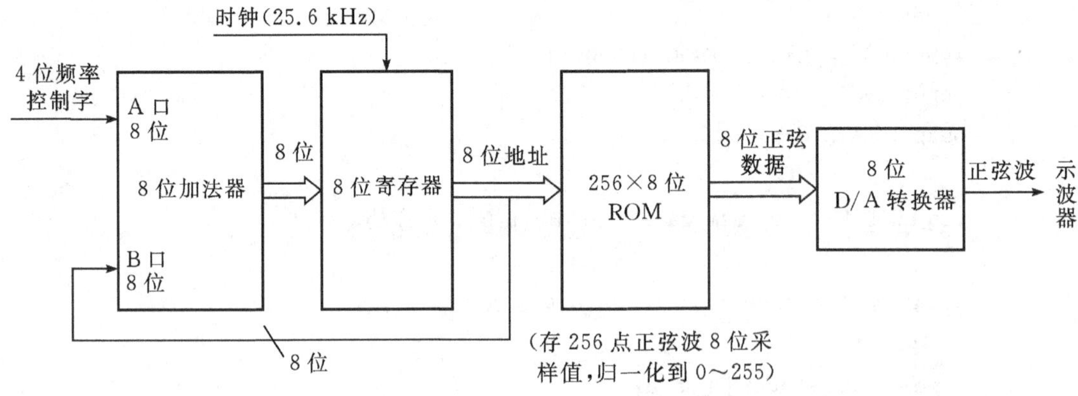

图 7－31 正弦波信号源设计方案

DDS输出信号的频率 f_{out}与控制字 N 和时钟脉冲频率 f_{clk}之间的关系为

$$f_{out}=\frac{f_{clk}}{2^8}\times N$$

其中，f_{clk}取 25.6 kHz，故步进为 100 Hz。当频率控制字 N 取 4 位时，对应的正弦波信号频率为 100～1500 Hz。

具体实现方法是：将两片 4 位 74HC283 扩展为 8 位加法器，然后与 8 位寄存器 74HC574 构成 8 位相位累加器。相位累加的步长受计数器 74HC193 的状态输出 $Q_3Q_2Q_1Q_0$控制，而 UP 和 DOWN 分别作为加法计数和减法计数的时钟。74HC574 输出的相位作为 ROM 的地址，从 ROM 中取出数字化正弦波的幅度值，再由 8 位 D/A 转换器 DAC0832 转换成连续时间信号再通过低通滤波后输出正弦波。DDS 信号源的总体设计电路如图 7－32 所示。

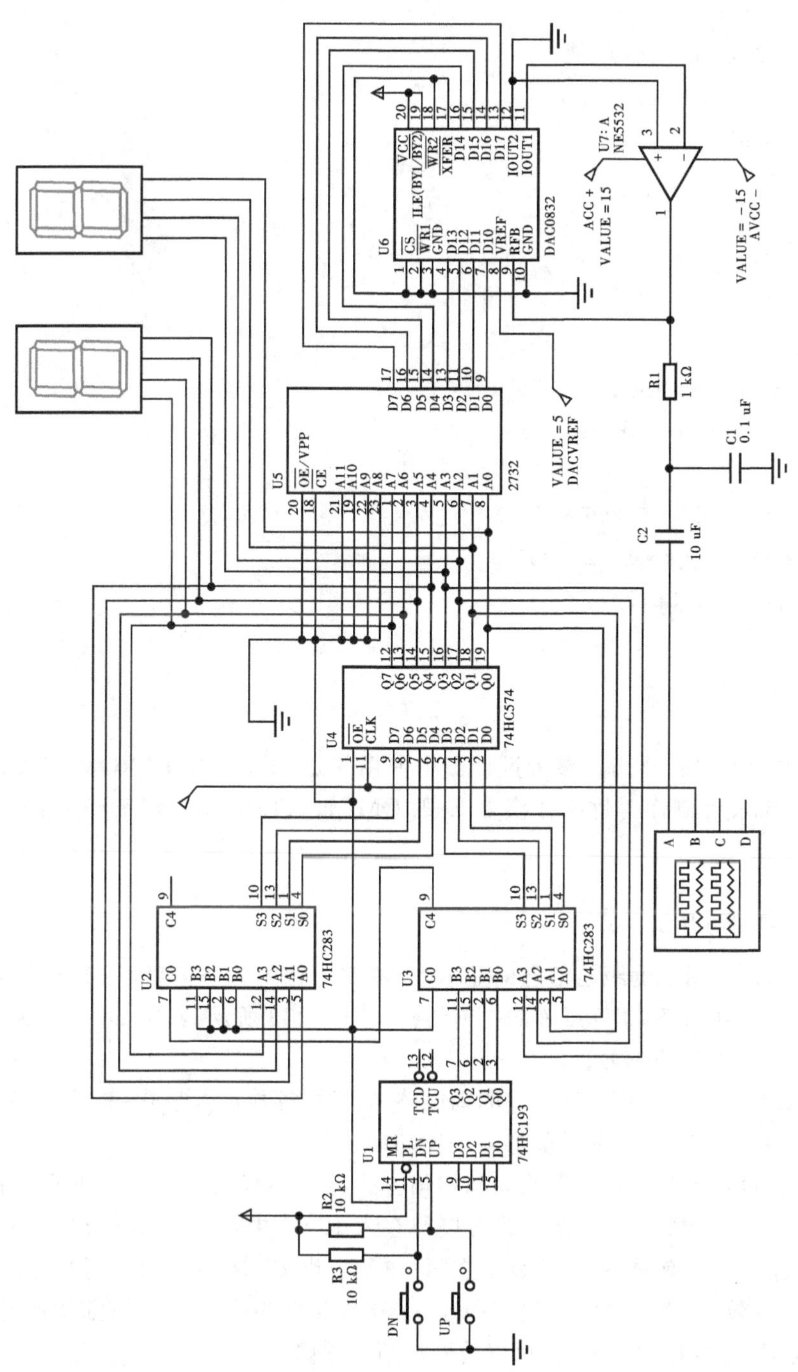

图 7-32　DDS 信号源参考设计图

256点正弦波采样值可用C程序生成，归一化为8位无符号数(0～255)后存入数据文件sin256x8.bin中，然后加载到ROM中使用。

```
#include <math.h>
#include <stdio.h>
#define PI 3.1415926
int main (void)
  {
    float x;
    char sin8b;
    unsigned int i;
    FILE *fp;
    fp = fopen("sin256x8.bin","w");
      for (i = 0;i<256;i++)
      {
        x = sin(2 * PI/256 * i);
        sin8b = ((x + 1)/2 * 255);
        fputc(sin8b,fp);
      }
    fclose(fp);
  }
```

需要说明的是，为了便于仿真，参考设计图中使用的是4K×8位EPROM 2732。由于2732早已停产多年，实际制作时建议替换为E^2PROM(如AT28C16)、Flash存储芯片或者可编程逻辑器件。

7.7.2 LED点阵驱动电路设计

LED点阵显示通常用于远距离信息的显示，如高铁运行的状态信息，LED电视和大型户外广告牌等。8×8共阴极LED点阵的内部结构如图7-33所示，其中D_7～D_0为8位行数据输入，H'_1～H'_8为行选通信号。

设计任务 设计一个8×8 LED点阵驱动电路，要求能够显示数字0～9、字符A～Z或a～z等，显示字符数不少于8个，并且能够自动循环显示。

设计过程 LED点阵驱动通常采用动态扫描方式显示字符或图案。8×8点阵按行动态扫描的原理如图7-34所示。将显示数据按行存入ROM中，当ROM输出第一行数据时，使第一行选通信号H'_1有效，将信息显示在第一行上；当ROM输出第二行数据时，使第二行选通信号H'_2有效，将信息显示在第二行上；依次类推。根据人眼的视觉暂留现象，每秒刷新25帧以上，则点阵显示不闪动，可以看到清晰的图像。

8×8点阵驱动电路的总体设计方案如图7-35所示，其中LED数据ROM用于存储显示信息。行刷新计数器用于驱动行译码驱动器选通当前显示行、并作为ROM的低位地址控制行ROM输出相应行的数据。点阵信息切换计数器用于控制行ROM的高地址切换点阵显示的信息。

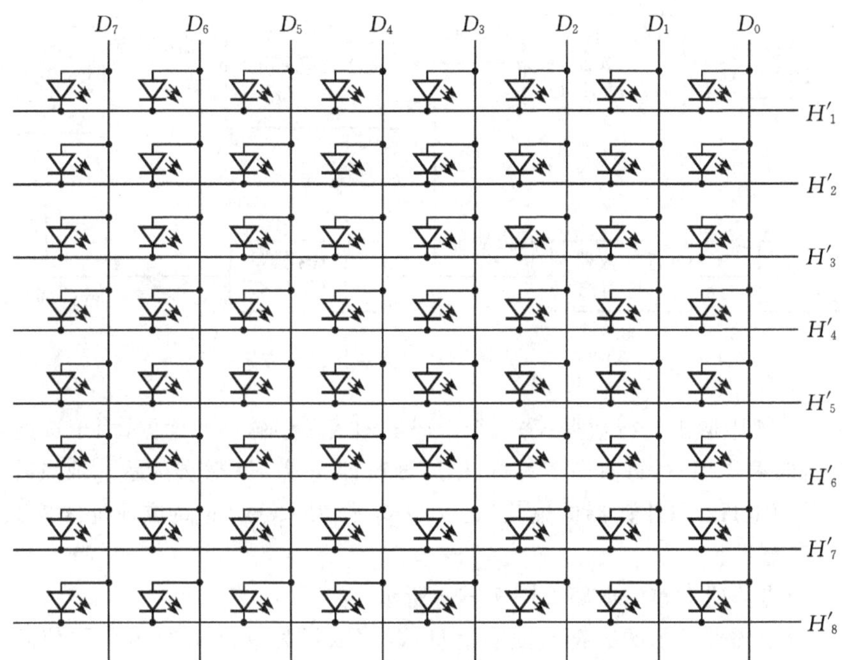

图 7－33　8×8 共阴极 LED 点阵

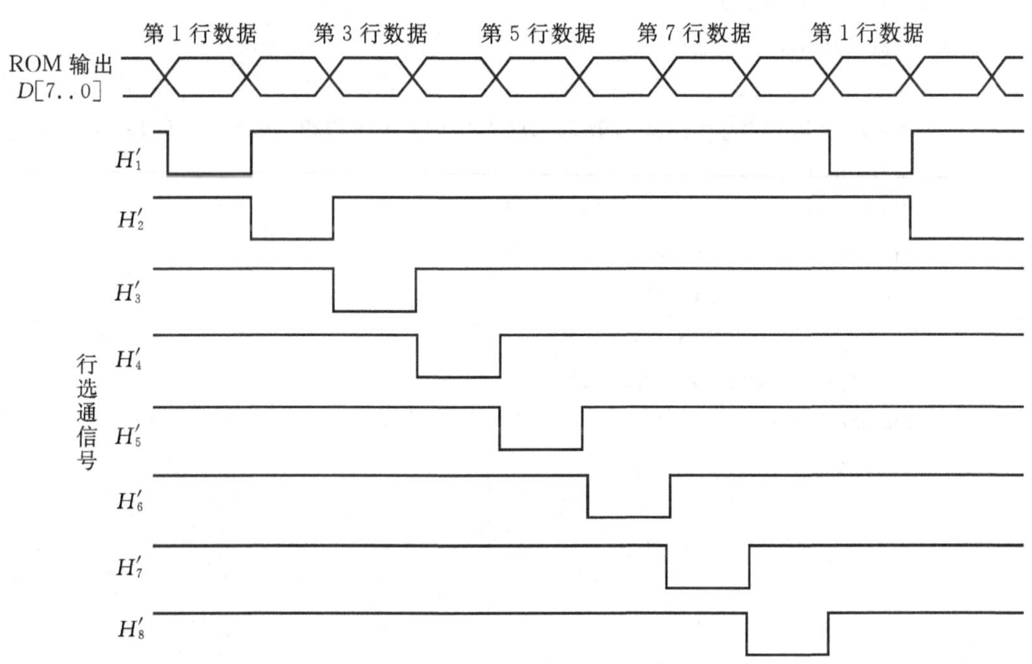

图 7－34　动态扫描显示原理

由于每屏点阵有 8 行，以每秒刷新 30 帧计算，则要求行计数器的时钟频率为 30×8＝240 Hz。行计数器为八进制，主要有两个作用：①输出作为 LED 数据 ROM 的低三位地址，

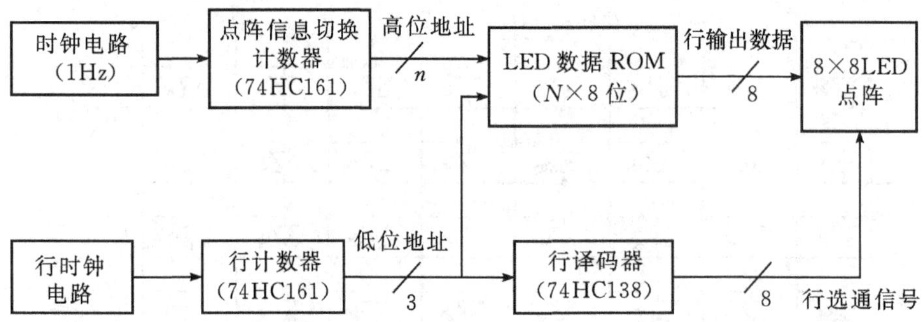

图 7-35 点阵驱动电路总体设计方案

经"查表"从 ROM 中取出 8 行数据；②与行译码器构成顺序脉冲发生器，用于选通当前显示行。这样在行时钟作用下，每次刷新一行，刷新 8 行即完成一次整屏显示。取点阵信息切换计数器的时钟为 1 Hz，用计数器的输出 $Q_3Q_2Q_1Q_0$ 作为 ROM 的高位地址来实现 16 个字符/数字的循环显示。

8×8 LED 点阵驱动整体电路如图 7-36 所示。

ROM 中存储需要显示的字符或数字信息，数据以行为单位，8 行为一屏信息。点阵信息文件可用 C 编程生成或者用编辑软件定制，然后加载到 ROM 中。

生成符号"⊿"的数据文件的 C 程序如下：

```
#include <stdio.h>
int main (void)
  {
    char LedDots[8] = {0x01,0x03,0x07,0x0f,0x1f,0x3f,0x7f,0xff}; //符号⊿
    unsigned int i,j;
    FILE *fp;
    fp = fopen("LedDots8x8.bin","w");
    for (i = 0;i<16;i++)
      for (j = 0;j<8;j++)
        fputc(LedDots[j],fp);
    fclose(fp);
    return 0;
  }
```

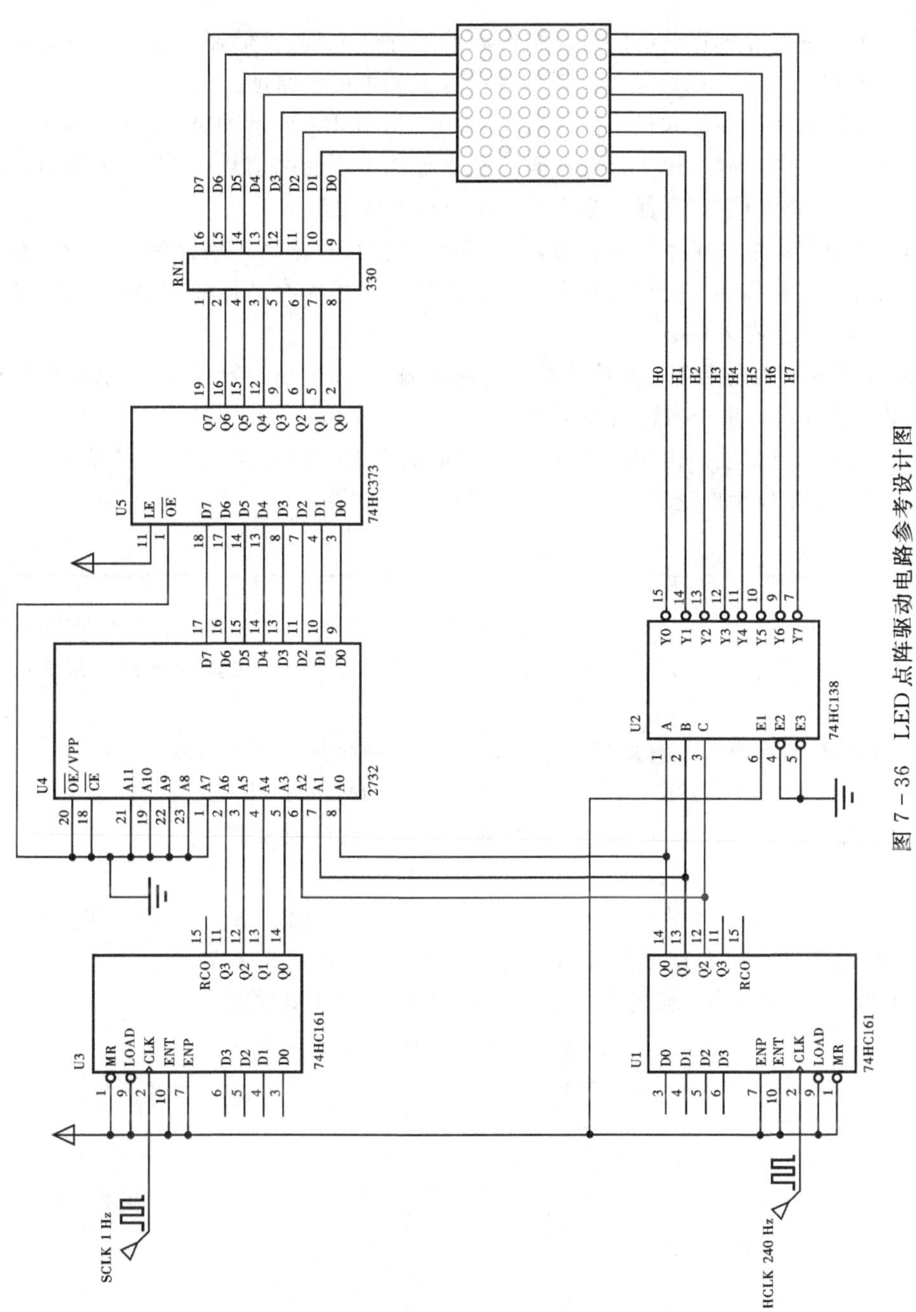

图 7-36　LED点阵驱动电路参考设计图

本章小结

本章主要讲述半导体存储器的电路结构和数据存储原理、存储器容量的扩展方法以及ROM的应用，最后简要介绍可编程逻辑器件的分类和可编程原理。

半导体存储器用于存储大量二值信息，分为ROM和RAM两种类型。ROM为只读存储器，通常用作程序存储器，用于存储代码和数表等固定不变的信息。RAM为随机存取存储器，通常用作数据存储器，存储的数据可以随时读取或更新。

当单片存储器不能满足系统需求时，就需要使用多片存储器扩展存储器容量。存储器容量的扩展分为字扩展和位扩展两种方式。字扩展用于扩展存储器的存储单元数，位扩展用于扩展存储单元的存储位数。

ROM不但能够存储数据，还可以用于实现多输入-多输出逻辑函数，只需要将逻辑函数的真值表写入ROM中查表输出即可实现。

可编程逻辑器件的功能由用户编程决定，因而具有很高的灵活性，用于实现复杂的数字系统，在产品设计中应用广泛。

习　题

7.1　某计算机的内存具有32条地址线和16条双向数据线，说明该计算机的最大存储容量。

7.2　分析下列存储系统的各有多少个存储单元，多少条地址线和数据线。

(1)64K×1　(2)256K×4　(3)1M×1　(4)128K×8

7.3　设存储器的起始地址为0，指出下列存储系统的最高地址为多少？

(1)2K×1　(2)16K×4　(3)256K×32

7.4　用1024×4位SRAM芯片2114扩展4096×8位的存储器系统，共需要多少片2114？画出扩展图。已知2114的管脚如图题7.4所示，其中A_9～A_0为10位地址输入端、D_3～D_0为4位数据输入/输出端，CE'为片选端，WE'为读写控制信号。

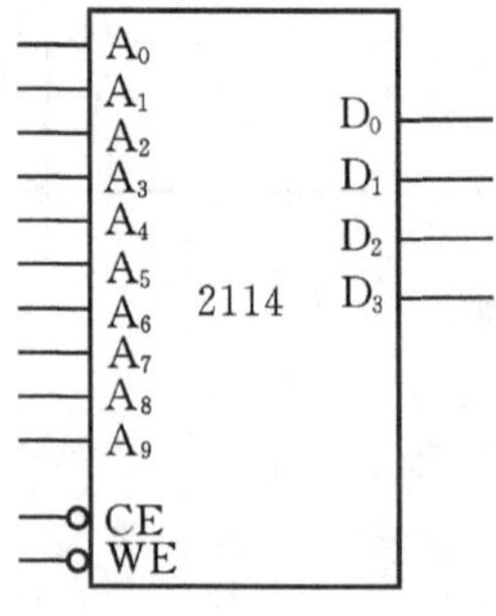

图题7.4　2114管脚图

7.5　用16×4位ROM实现下列逻辑函数，画出设计图。

(1)$Y_1=ABCD+A'(B+C)$

(2)$Y_2 = A'B + AB'$

(3)$Y_3 = ((A+B)(A'+C'))'$

(4)$Y_4 = ABCD + (ABCD)'$

7.6　任意波形发生器应用电路如图题7.6所示，改变ROM的内容即可改变输出波形。当ROM的存储数据如表题7.6所示时，画出输出电压 v_O 随时钟脉冲 CLK 变化的波形。

表题7.6　ROM数据表

地　址	数　据	地　址	数　据
$A_3\ A_2\ A_1\ A_0$	$D_3\ D_2\ D_1\ D_0$	$A_3\ A_2\ A_1\ A_0$	$D_3\ D_2\ D_1\ D_0$
0 0 0 0	0 1 0 0	1 0 0 0	0 1 0 0
0 0 0 1	0 1 0 1	1 0 0 1	0 0 1 1
0 0 1 0	0 1 1 0	1 0 1 0	0 0 1 0
0 0 1 1	0 1 1 1	1 0 1 1	0 0 0 1
0 1 0 0	1 0 0 0	1 1 0 0	0 0 0 0
0 1 0 1	0 1 1 1	1 1 0 1	0 0 0 1
0 1 1 0	0 1 1 0	1 1 1 0	0 0 1 0
0 1 1 1	0 1 0 1	1 1 1 1	0 0 1 1

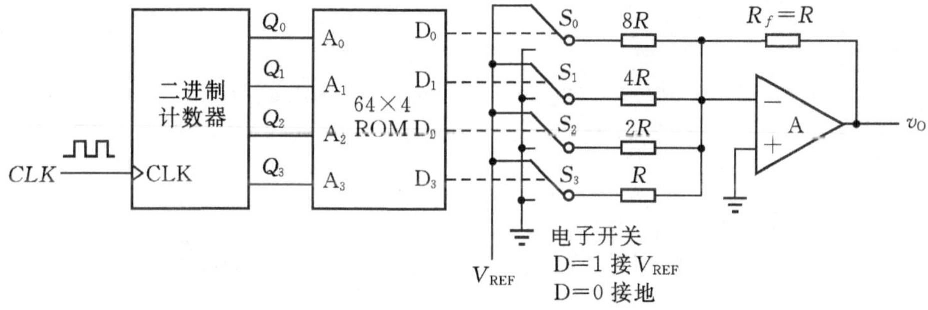

图题7.6

7.7　用图题7.7所示的4片64×4位RAM和双2线-4线译码器74HC139设计256×4位的存储系统。

7.8　设计一个能够产生4路序列信号的逻辑电路，其中4路序列信号要求如下：

(1)序列信号 f_1 在第0、9、17、38和60个时钟脉冲时输出为低电平，其余为高电平；

(2)序列信号 f_2 在第1、8、15、35和56个时钟脉冲时输出为高电平，其余为低电平；

(3)序列信号 f_3 在第2、8、16、37和63个时钟脉冲时输出为低电平，其余为高电平；

(4)序列信号 f_4 在第3、7、39、41和63个时钟脉冲时，输出为高电平，其余为低电平。

画出设计图，并简要说明其工作原理。

7.9*　基于ROM设计数码管控制电路。在一个数码管上自动依次显示自然数序列(0～9)、奇数序列(1、3、5、7和9)、音乐符号序列(0～7)和偶数序列(0、2、4、6和8)，

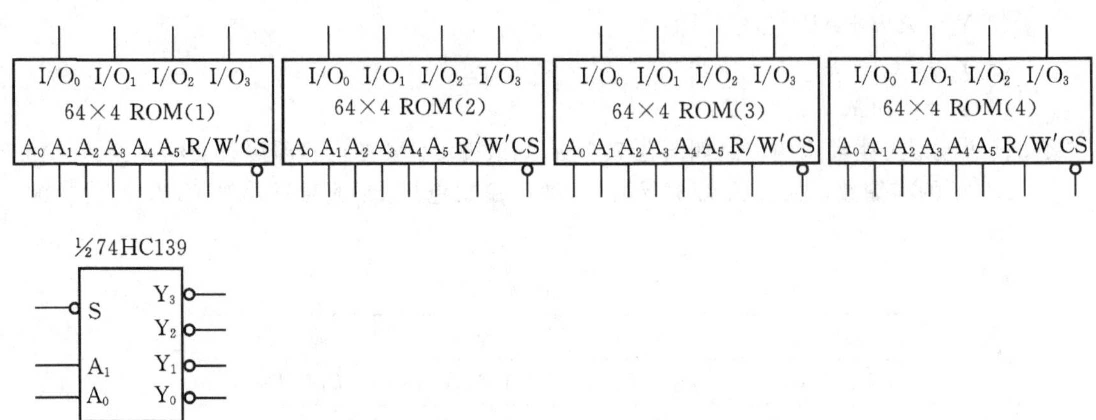

图题 7.7

然后依次循环显示。要求加电时先显示自然数序列，每个数码的显示时间均为 1 秒。画出设计图，并说明其工作原理。

7.10* 设计 DDS 信号源，能够输出 25～1575 Hz、步进为 25 Hz 的正弦波信号。

7.11* 分析 LED 点阵驱动电路的工作原理，扩展图 7－35 所示电路并产生相写的数据文件，能够在 8×8 点阵上循环显示 0～9、A、b、C、d、E、F 共 16 个数字。

第 8 章　脉冲电路

时序电路在时钟脉冲的作用下完成其逻辑功能。脉冲可分为单次脉冲和脉冲序列，如图 8-1 所示。在分析锁存器/触发器的功能与动作特点时，我们只需要考察一个时钟周期内锁存器/触发器的工作情况，因此采用单次脉冲进行分析。而在分析计数器或移位寄存器的功能时，则需要考查在脉冲序列作用下电路的状态变化和输出情况。那么，这些脉冲是怎么获得的？

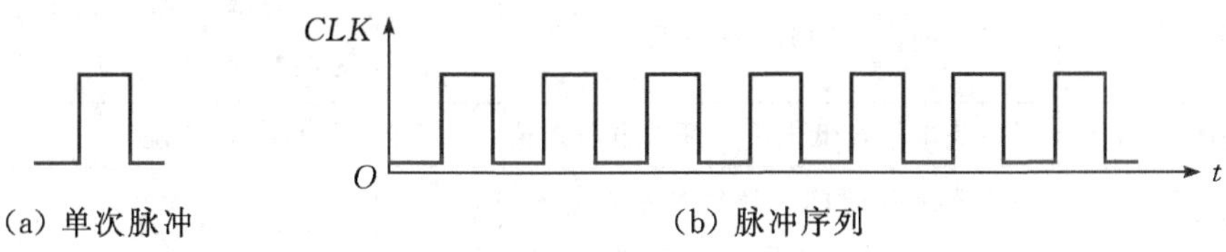

(a) 单次脉冲　　(b) 脉冲序列

图 8-1　时钟脉冲

单次脉冲通常通过开关电路产生，经过整形后输出。

脉冲序列的获取有两种方法：

(1)整形(shaping)　如果已经有正弦波、三角波或锯齿波等其他周期性波形时，可以通过整形电路将它们整成脉冲序列。

(2)产生(generate)　设计矩形波振荡电路，加电后自行起振输出脉冲序列。

施密特电路和单稳态电路为脉冲整形电路，多谐振荡器为脉冲产生电路。555 定时器既可以接成施密特电路，也可以接成单稳态电路或多谐振荡器。

本章首先介绍描述脉冲特性的主要参数，然后讲述施密特电路、单稳态电路和多谐振荡器的特点、实现方法和应用。

8.1　描述脉冲的主要参数

图 8-1 所示的脉冲为理想脉冲，而实际电路产生或整形出脉冲并不理想，从低电平跳变为高电平或者从高电平跳变为低电平总是要经历一段过渡时间，如图 8-2 所示。

为了考查脉冲产生和整形的效果，需要定义描述脉冲特性的参数。对于图 8-2 所示的矩形脉冲，描述脉冲特性的七个参数名称和定义如表 8-1 所示。

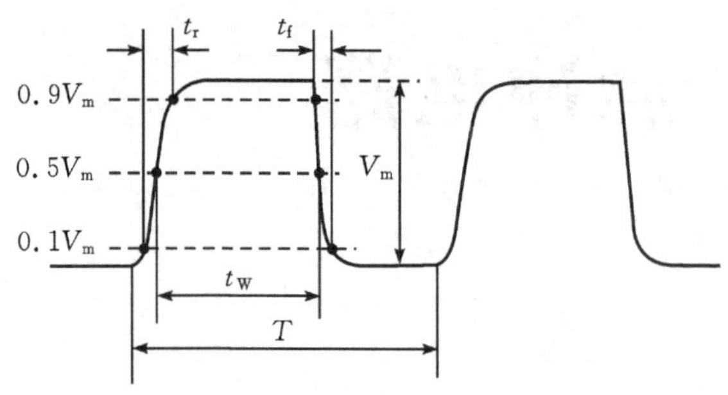

图 8-2 矩形脉冲

表 8-1 脉冲特性参数

参数名称	符号	定义	说明
脉冲周期	T	周期性脉冲序列中,两个相邻脉冲之间的时间间隔	以相邻脉冲两个相同位置点之间的间隔进行计算
脉冲频率	f	单位时间内脉冲的重复次数	脉冲频率 f 和脉冲周期 T 互为倒数,即 $f=1/T$
脉冲幅度	V_m	脉冲高电平与低电平之间的电压差值	$V_m=V_{OH}-V_{OL}$
脉冲宽度	T_W	脉冲作用的时间。从脉冲前沿达到 50%V_m 算起,到后沿降到 50%V_m时的时间间隔	描述脉冲高电平的持续时间
上升时间	t_r	脉冲前沿从 10%V_m上升到 90%V_m的时间间隔	描述脉冲上升过程所花的时间
下降时间	t_f	脉冲后沿从 90%V_m下降到 10%V_m的时间间隔	描述脉冲下降过程所花的时间
占空比	q	脉冲宽度与脉冲周期的比值,即 $q=T_w/T$	用来描述在脉冲周期中高电平所占的比例

对于理想脉冲,$t_r=0$、$t_f=0$。占空比为 50%的矩形波称为方波。

8.2 555 定时器及应用

555 定时器(timer)是数模混合电路,只需要外接几个电阻和电容,就可以很方便地构成施密特电路、单稳态电路和多谐振荡器,广泛应用于小型电子产品中,实现脉冲产生与整形、定时与延时,以及窗口比较等功能。

555 定时器的内部电路结构如图 8-3 所示,由两个电压比较器(C1 和 C2)、三个精密 5 kΩ电阻(555 定时器由此得名)、一个基本 SR 锁存器、一个放电管(T_D)和输出驱动电路(G_1)组成。

555 定时器共有 8 个引脚,每个引脚的功能说明如下:

1 脚 接地端(GND),外接电源地;

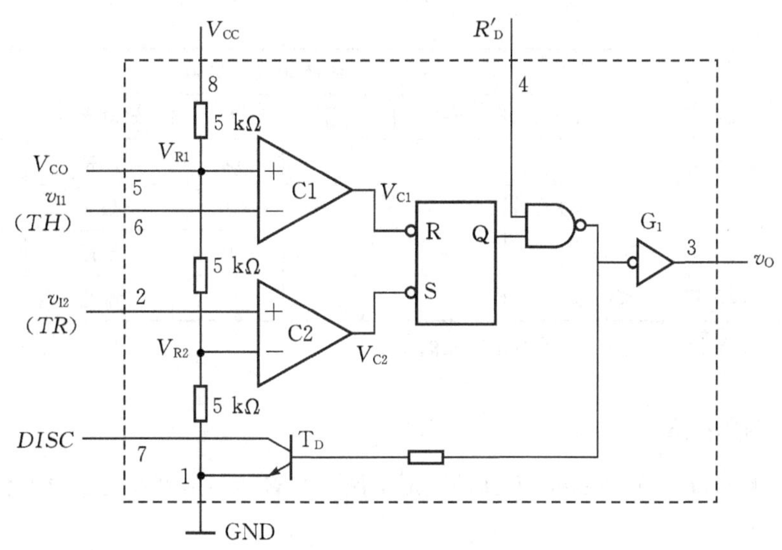

图 8-3 555 定时器内部电路图

2 脚 触发电压(TR')输入端 v_{I2}；

3 脚 输出端(v_O)；

4 脚 复位端(R'_D)，低电平有效。当 R'_D外接低电平时，555 定时器的输出 v_O 被强制为低电平；

5 脚 控制电压(V_{CO})输入端。当 5 脚外接控制电压 V_{CO}时，两个比较器的基准电压分别为 $V_{R1}=V_{CO}$、$V_{R2}=(1/2)V_{CO}$。当不加控制电压时，这时电源电压 V_{CC}经内部三个 5 kΩ 电阻分压为两个比较器提供比较基准电压：$V_{R1}=(2/3)V_{CC}$、$V_{R2}=(1/3)V_{CC}$，同时在 5 脚到地之间串接一个小滤波电容，以保持参考电压稳定。

6 脚 阈值电压(TH)输入端 v_{I1}；

7 脚 放电端(DISC)，用于对外接电容进行放电；

8 脚 电源端，外接正电源 V_{CC}。

555 定时器内部 SR 锁存器的状态取决于两个比较器 C_1和 C_2的输出 V_{C1}和 V_{C2}，而锁存器的状态 Q'和复位信号共同决定放电管 T_D的状态。在外接电源 V_{CC}和地后，当 5 脚不加控制电压，同时复位端 R'_D无效时，555 定时器的内部状态分以下三种情况讨论：

(1)当 $v_{I1}<(2/3)V_{CC}$、$v_{I2}<(1/3)V_{CC}$时，$V_{C1}=1$，$V_{C2}=0$，此时 Q=1，输出 v_O为高电平；

(2)当 $v_{I1}>(2/3)V_{CC}$、$v_{I2}>(1/3)V_{CC}$时，$V_{C1}=0$、$V_{C2}=1$，此时 Q=0，输出 v_O为低电平；

(3)当 $v_{I1}<(2/3)V_{CC}$、$v_{I2}>(1/3)V_{CC}$时，$V_{C1}=1$，$V_{C2}=1$，此时 Q 保持，输出 v_O保持不变。

根据上述分析，得到 555 定时器的功能如表 8-2 所示。

表 8-2 555 定时器功能表

输 入			内部参数和状态				输出
R'_D	v_{i1}	v_{i2}	V_{C1}	V_{C2}	Q	放电管 T	
0	×	×	×	×	×	导通	0

续表

输　入			内部参数和状态				输出
R'_D	v_{i1}	v_{i2}	V_{C1}	V_{C2}	Q	放电管 T	
1	$<(2/3)V_{CC}$	$>(1/3)V_{CC}$	1	1	Q_0	保持	Q_0
1	$<(2/3)V_{CC}$	$<(1/3)V_{CC}$	1	0	1	截止	高电平
1	$>(2/3)V_{CC}$	$>(1/3)V_{CC}$	0	1	0	导通	低电平
1	$>(2/3)V_{CC}$	$<(1/3)V_{CC}$	0	0	1*	截止	高电平

注：(1)Q_0表示原状态；(2)1*表示不是定义的1状态。

8.2.1 施密特电路

施密特电路(schmitt trigger)为脉冲整形电路。与普通门电路相比，施密特电路具有两个明显的特点：

(1)输入电压在上升过程中的阈值电压(用 V_{T+} 表示)和下降过程中的阈值电压(用 V_{T-} 表示)不同，即 $V_{T+} \neq V_{T-}$。而普通门电路上升过程和下降过程的阈值电压相同，为 V_{TH}。

若定义回差电压(hysteresis voltage)$\Delta V_T = V_{T+} - V_{T-}$，则施密特电路的 $\Delta V_T \neq 0$，而普通门电路没有回差。

(2)在进行状态转换时，施密特电路内部伴随有正反馈的过程，所以转换速度非常快，能够将任何周期性的波形转换成矩形波。

施密特电路可以基于基本门电路设计，如图 8-4 所示。将两级 CMOS 反相器级联，输入电压 v_I 经过电阻 R_1 接入，同时将输出电压 v_O 经过电阻 R_2 反馈到输入端，就构成了施密特电路。为了保证电路正常工作，要求电阻 $R_1 < R_2$。

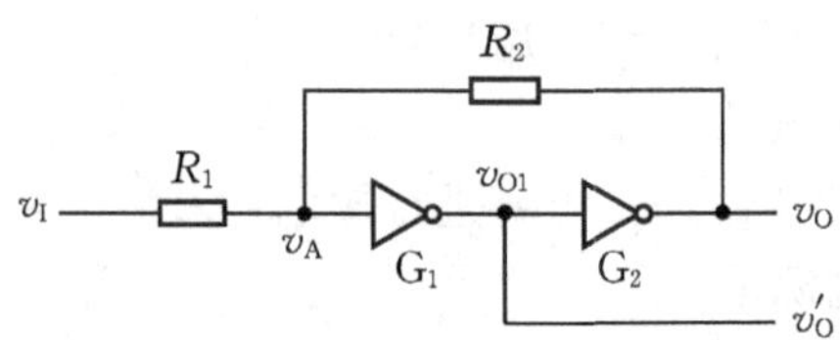

图 8-4　由门电路构成的施密特电路

下面对门电路构成的施密特电路的工作原理和特性参数进行分析。

由于 CMOS 反相器正常工作时输入电流为 0，因此根据电压叠加原理，v_A 的电位可表示为

$$v_A = \frac{R_2}{R_1 + R_2} v_I + \frac{R_1}{R_1 + R_2} v_O$$

由于 CMOS 反相器的阈值电压 $V_{TH} = (1/2)V_{CC}$，所以无论输入电压是上升过程还是下降过程，每当 v_A 点的电位达到 V_{TH} 时，由于内部正反馈的作用会导致施密特电路立即开始转换，这时正好对应于输入转换电平，由此可以推导出 V_{T+} 和 V_{T-}。

(1)当输入电压 v_I 从 0 V 上升到 V_{CC} 的过程中，根据定义，施密特电路应该在 $v_I = V_{T+}$ 时开始转换，这时对应 $v_A = V_{TH}$。

由于 $R_1 < R_2$，由反证法可推出：当 $v_I = 0$ 时，$v_O = 0$，所以

$$\begin{cases} v_A = \dfrac{R_2}{R_1+R_2}v_I + \dfrac{R_1}{R_1+R_2}v_O \\ v_I = V_{T+} \\ v_A = V_{TH} \\ v_O = 0 \end{cases}$$

由上式可以推出

$$V_{T+} = \left(1+\frac{R_1}{R_2}\right)V_{TH}$$

(2)当输入电压 v_I 从 V_{CC} 下降到 0 V 的过程中，根据定义施密特电路应在 $v_I = V_{T-}$ 时开始转换，这时对应 $v_A = V_{TH}$。

由(1)可知，当 $v_I = V_{CC}$ 时，$v_O = V_{CC}$，所以

$$\begin{cases} v_A = \dfrac{R_2}{R_1+R_2}v_I + \dfrac{R_1}{R_1+R_2}v_O \\ v_I = V_{T-} \\ v_A = V_{TH} \\ v_O = V_{CC} = 2V_{TH} \end{cases}$$

由上式可以推出

$$V_{T-} = \left(1-\frac{R_1}{R_2}\right)V_{TH}$$

因此回差电压

$$\Delta V_T = V_{T+} - V_{T-} = 2\frac{R_1}{R_2}V_{TH} = \frac{R_1}{R_2}V_{CC}$$

从 V_{T+} 和 V_{T-} 的计算公式可以看出，施密特电路上升过程的阈值电压 V_{T+} 和下降过程的阈值电压 V_{T-} 与 R_1 和 R_2 的比值有关。因此，在电源电压不变的情况下，合理地改变 R_1 和 R_2 的比值就能够调整 V_{T+}、V_{T-} 和回差电压 ΔV_T 的大小。

施密特电路的电压传输特性如图 8－5(a)所示。由于 $v_I = 0$ 时 $v_O = 0$，故称输出 v_O 与 v_I 同相。若改从 v'_O 输出，则其电压传输特性如图 8－5(b)所示。由于 $v_I = 0$ 时 $v'_O = V_{CC}$，故称输出 v'_O 与 v_I 反相。施密特电路的图形符号如图 7－5(c)所示。

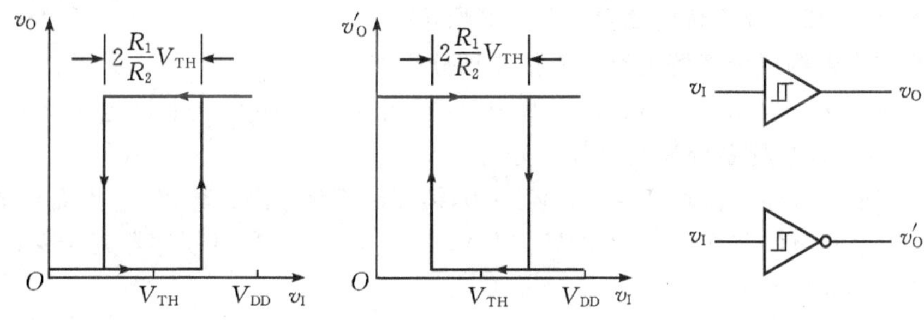

图 8－5 施密特电路的电压传输特性与图形符号

在数字集成电路中，施密特器件很多。74HC14 为集成施密特反相器，内部电路框图和管脚排列如图 8－6(a)所示，集成了六个反相输出的施密特电路。当 V_{DD} 取 4.5 V 时，$V_{T+} \approx$

2.7 V、$V_{T-}\approx$1.8 V。74HC132 为四-二输入施密特与非门，内部电路框图和管脚排列如图 8-6(b)所示，当 V_{DD}取 4.5 V 时，$\Delta V_T\approx$0.9 V。

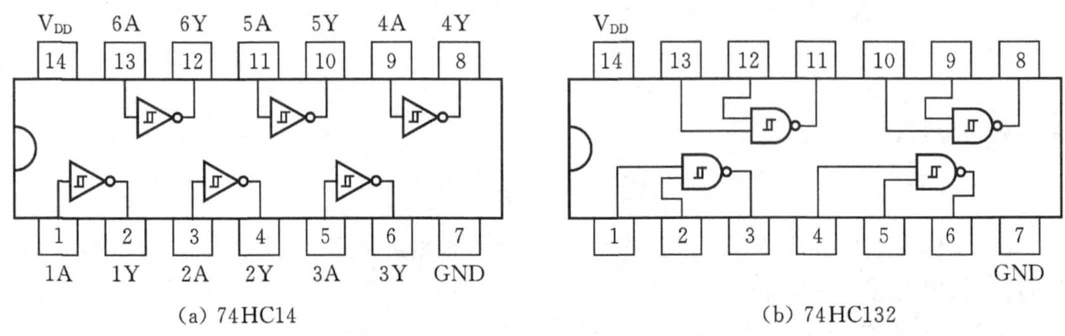

图 8-6 集成施密特器件

施密特电路能够实现波形变换、脉冲整形和脉冲鉴幅等多种功能。图 8-7(a)是应用施密特反相器将正弦波变换成矩形波，图 8-7(b)是应用施密特反相器将带有振铃的矩形波整形成规则的矩形波，图 8-7(c)应用施密特反相器从一系列高、低不等的脉冲中，将幅度大于 V_{T+} 的脉冲识别出来，可用于削除系统噪声。

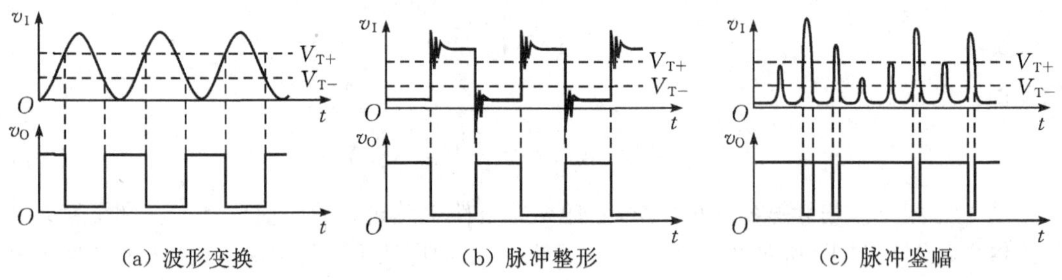

图 8-7 施密特电路的应用

555 定时器很容易外接成施密特电路。在 8 脚接电源、1 脚接地、4 脚复位端接 V_{CC}、5 脚到地接 0.01μF 滤波电容的情况下，只要将 2 脚和 6 脚接到一起，以 2、6 端作为输入，以 3 端作为输出，就构成了施密特电路，如图 8-8 所示。

由 555 定时器构成施密特电路的工作原理分析如下：

当输入电压 v_I 从 0 上升到 V_{CC}的过程中，根据比较器 C_1 和 C_2 的基准电压 V_{R1} 和 V_{R2}，将输入电压 v_I 的上升过程划分为三段进行分析：

(1)当 v_I 小于(1/3)V_{CC}时，$V_{C1}=1$、$V_{C2}=0$，锁存器 $Q=1$，因此输出 v_O 为高电平；

(2)当 v_I 上升至(1/3)V_{CC}～(2/3)V_{CC}时，$V_{C1}=1$、$V_{C2}=1$，这时锁存器处于保持状态，因此输出保持高电平不变；

(3)当 v_I 上升到(2/3)V_{CC}以上时，$V_{C1}=0$、$V_{C2}=1$，锁存器 $Q=0$，因此输出 v_O 跳变为低高电平。

经过上述分析可知，当输入电压 v_I 达到(2/3)V_{CC}时，555 的输出电压由高电平跳为低电平，因此 $V_{T+}=(2/3)V_{CC}$。

同理，将输入电压 v_I 从 V_{CC}下降到 0 V 的过程也划分为三段进行分析。

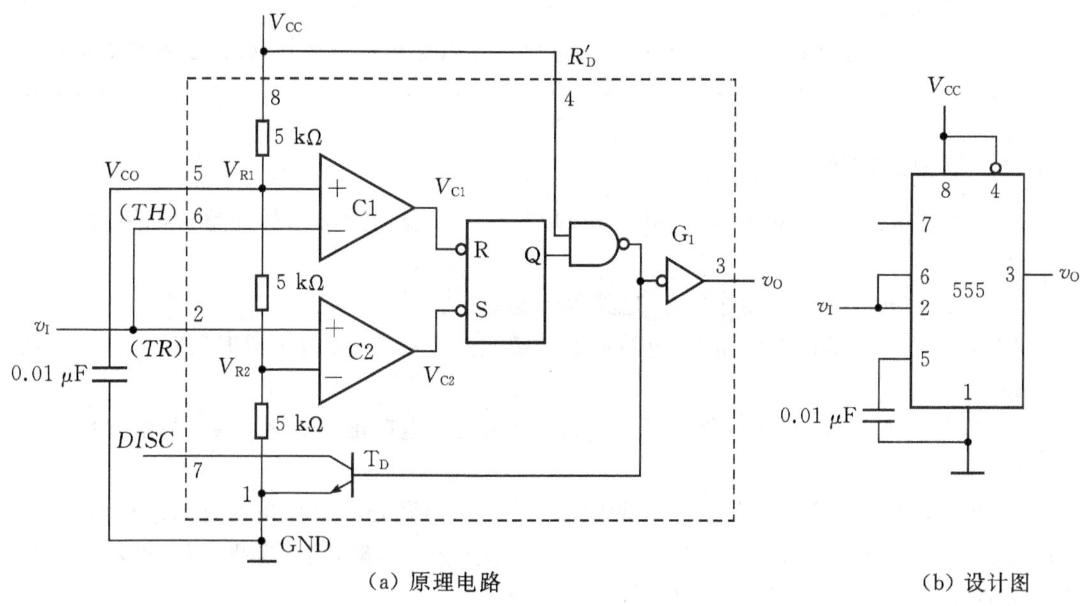

(a) 原理电路　　　　(b) 设计图

图 8－8　555定时器接成施密特电路

(1)当 v_I 高于$(2/3)V_{CC}$时,输出 v_O 为低电平;

(2)当 v_I 下降至$(1/3)V_{CC}\sim(2/3)V_{CC}$时,输出保持低电平不变。

(3)当 v_I 下降到$(1/3)V_{CC}$以下时,输出 v_O 跳变为高电平。

因此 $V_{T-}=(1/3)V_{CC}$,回差电压 $\Delta V_T=(1/3)V_{CC}$,而且输出 v_O 与输入 v_I 反相。

施密特电路除了能够实现波形变换、脉冲整形和脉冲鉴幅外,还能够作为电子开关使用。例如,应用光敏电阻和施密特电路实现光控路灯的电路如图 8－9 所示。当光线充足时,光敏电阻的阻值很小(kΩ 数量级),因此 $v_I>(2/3)V_{CC}$,555 定时器输出低电平,继电器不吸合,路灯不亮;当光线变暗后,光敏电阻的阻值增大(MΩ 数量级),当 $v_I<(1/3)V_{CC}$时,555 定时器输出高电平,继电器吸合,路灯亮。调节 R_P的阻值可以调整光控的阈值。

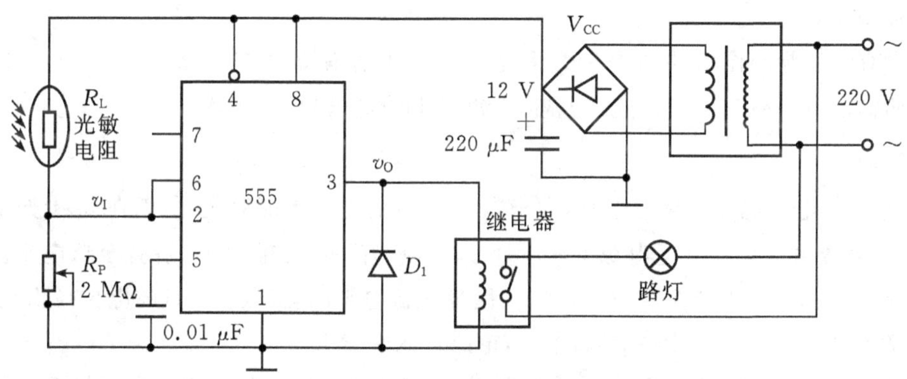

图 8－9　光控路灯电路

～～～～～～～～～～～～～～～～～～～～～～**思考与练习**～～～～～～～～～～～～～～～～～～～～～～

8－1　应用反相器 74HC04 能否实现波形变换?如果可以,与应用 74HC14 的方案进行比较，说明其特点。

8-2 应用比较器(LM393/LM339)能否实现波形变换？如果可以，画出应用电路图。

～～～～～～～～～～～～～～～～～～～～～～～～～～～～～～～～～～～～～～

8.2.2 单稳态电路

单稳态电路(monostable multivibrator)是只有一个稳定状态的脉冲整形电路，具有三个特点：

(1)在没有外部触发脉冲作用时，电路处于稳态；

(2)在外部触发脉冲的作用下，电路从稳态跳变到暂稳态，经过一段时间后会自动返回到稳态；

(3)在暂稳态的维持时间(称为脉冲宽度)仅取决于电路的结构和参数，与触发脉冲无关。

单稳态电路有多种构成方式。由基本门电路构成的微分型单稳态的电路结构如图8-10所示，其中G_1和G_2为CMOS门电路，R_d、C_d为输入微分电路，用于鉴别触发脉冲，R、C为微分定时电路，决定在暂稳态的维持时间。

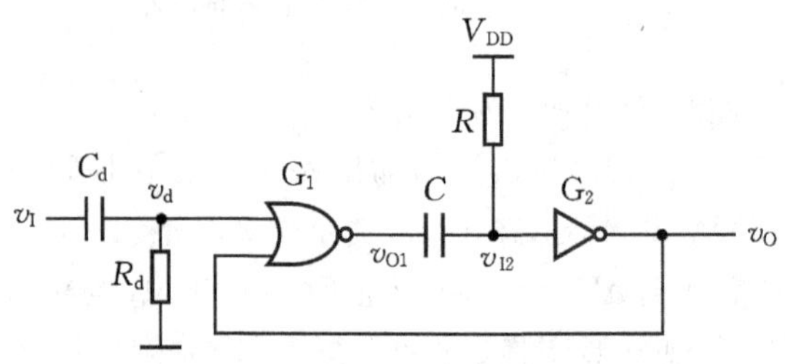

图8-10 微分型单稳态电路

下面对微分型单稳态电路的工作原理进行分析。

单稳态电路的工作过程可分为以下四个阶段：

1. 稳态阶段

在没有触发脉冲作用时，电路处于稳态。由于电容有隔直作用，故$v_d=0$、$v_{I2}=1$，所以门电路的输出$v_{O1}=1$、$v_O=0$。这时电容C_d和C上的电压为$v_{Cd}=0$、$v_C=0$。

2. 触发

当v_I从低电平跳变为高电平时，由于电容C_d上的电压不能突变，所以在v_I上升的瞬间将v_d点的电位由0 V拉升至电源电压V_{DD}，因此或非门G_1的输出v_{O1}跳变至低电平。同样由于电容C上的电压不能突变，所以在v_{O1}跳变至低电平的瞬间将v_{I2}点的电位拉低至0 V，这时单稳态电路的输出v_O跳变至高电平，电路进入暂稳态。

触发后即使触发脉冲迅速撤销，由于输出v_O反馈到或非门G_1的输入端将输入信号封锁，因此电路维持暂稳态不变。

3. 暂稳态阶段

电路进入暂稳态后，电源V_{DD}经过电阻R开始对电容C进行充电。伴随着充电过程的进行，电容 C 两端的电压逐渐增大，使 v_{I2} 点的电位逐步上升。当 v_{I2} 上升到反相器 G_2 的阈值电压 V_{TH} 时，输出 v_O 跳变为低电平，电路返回稳态。

单稳态电路在暂稳态的维持时间是由一阶 RC 电路将 v_{I2} 点的电位从 0 V 充到 CMOS 反相器阈值电压 V_{TH} 所花的时间。根据一阶电路的三要素公式

$$v_{I2}(t)=v_{I2}(\infty)+[v_{I2}(0)-v_{I2}(\infty)]\mathrm{e}^{-t/\tau}$$

其中

$$\begin{cases} v_{I2}(0)=0 \\ v_{I2}(\infty)=V_{CC} \\ \tau=RC \end{cases}$$

设电路在暂稳态的维持时间用 t_W 表示。令 $v_{I2}(t)=V_{TH}=(1/2)V_{CC}$，代入到三要素公式

$$\frac{1}{2}V_{CC}=V_{CC}+[0-V_{CC}]\mathrm{e}^{-t_W/RC}$$

从而求解得

$$t_W=RC\ln 2\approx 0.693RC$$

即单稳态电路在暂稳态的维持时间取决于电阻 R 和电容 C 的参数值。合理改变 R 或 C 的大小，就可以调整单稳态电路在暂稳态的维持时间。

4. 恢复阶段

单稳态电路由暂稳态返回稳态的瞬间电容 C 上仍有 $(1/2)V_{DD}$ 电压，因此还需要将电容上的电压恢复到初始稳态的 0 V。

考虑到 CMOS 输入端保护电路，恢复时间 t_{re} 为 v_{O1} 跳变为高电平后，v_{I2} 的电位由 $V_{DD}+0.7$ V 放电到 V_{DD} 所经过的时间。一般估算为

$$t_{re}=(3\sim5)(R\mid r_O)C$$

其中 r_O 为 G_1 或非门输出高电平时的输出电阻。

在单稳态电路正常工作的前提下，将两个相邻触发脉冲之间的最小时间间隔定义为分辨时间，用 t_D 表示。由上述工作过程可知，$t_D=t_W+t_{re}$。单稳态电路各点的工作波形如图 8-11所示。

由于单稳态电路触发一次只输出一个脉冲，因此形象地称为 one-shot。

单稳态电路应用广泛。集成单稳态电路分为不可重复触发和可重复触发两种类型。不可重复触发是指单稳态电路处于暂稳态期间时再次触发无效，在暂稳态共维持 t_W 时间。可重复触发是指在单稳态电路处于暂态期间时允许再次触发，最后一次触发后延时 t_W 后返回稳态。两者的功能差异如图 8-12 所示，假设触发一次在暂稳态维持时间为 2 ms。

74HC121 是不可重复触发的集成单稳态器件，内部电路结构如图 8-13 所示，基于微分型单稳态电路设计。为了使用灵活方便，74HC121 提供了三个触发的输入端 A_1、A_2 和 B，以及两个互补输出端 v_O 和 v'_O，其中 A_1 和 A_2 为下降沿触发输入端，B 为上升沿触发输入端。74HC121 的功能如表 8-3 示。

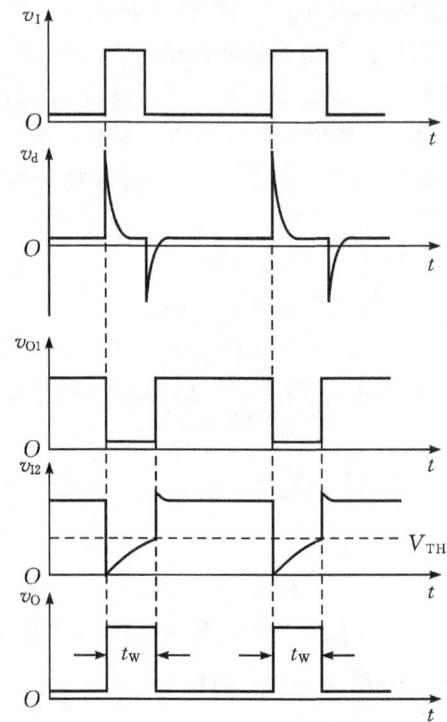

图 8－11 微分型单稳态电路工作波形

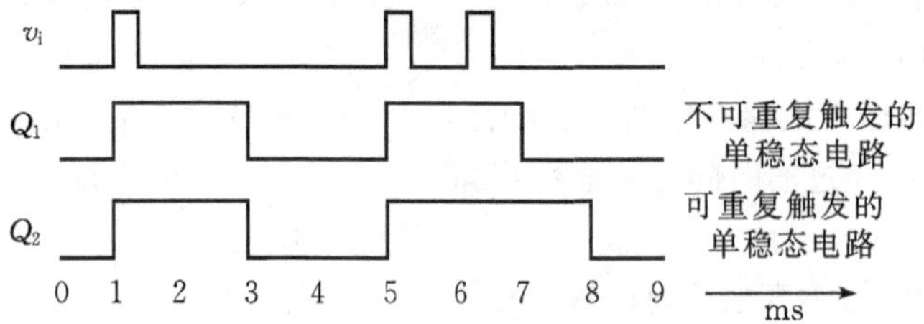

图 8－12 两种单稳态电路功能说明

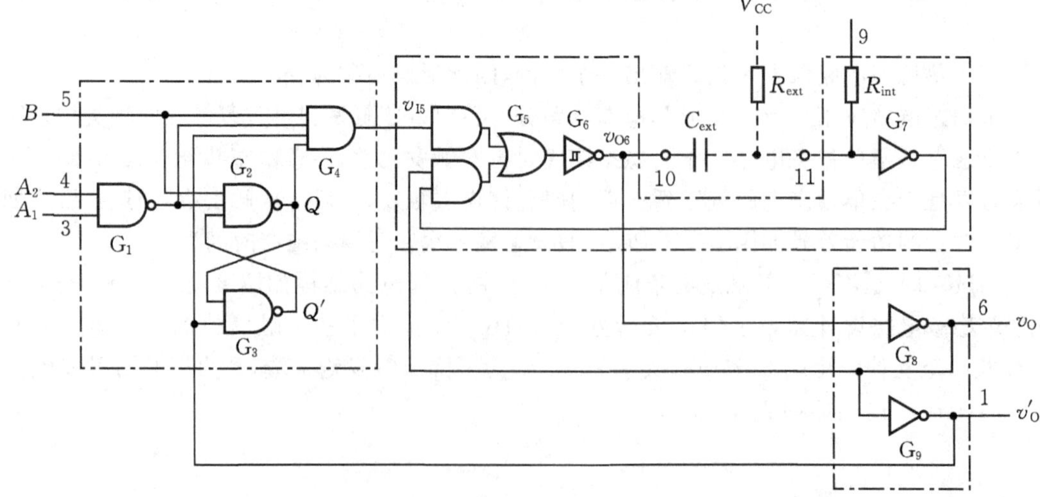

图 8－13 74HC121 内部电路结构

表 8－3　74HC121 功能表

输入			输出	
A_1	A_2	B	v_O	v'_O
0	×	1	0	1
×	0	1	0	1
×	×	0	0	1
1	1	×	0	1
1	↓	1	⊓	⊔
↓	1	1	⊓	⊔
↓	↓	1	⊓	⊔
0	×	↑	⊓	⊔
×	0	↑	⊓	⊔

由于 74HC121 基于微分型单稳态电路设计，所以在触发脉冲的作用下，74HC121 在暂稳态维持的时间为

$$t_W = R \cdot C_{ext}\ln 2 \approx 0.693R \cdot C_{ext}$$

其中，R 和 C_{ext} 分别为外接电阻/内部电阻和外接电容。

74HC121 的典型应用电路如图 8－14 所示。通常外接电阻 R_{ext} 的取值在 1.4～40 kΩ，外接电容 C_{ext} 的取值在 0～1000 μF，因此输出脉冲的最大宽度 t_W 为 28 秒。如果需要的 t_W 较短，也可以直接使用 74HC121 内部电阻 R_{int}（＝2 kΩ）代替 R_{ext} 以简化电路设计，如图 8－14(b)所示。

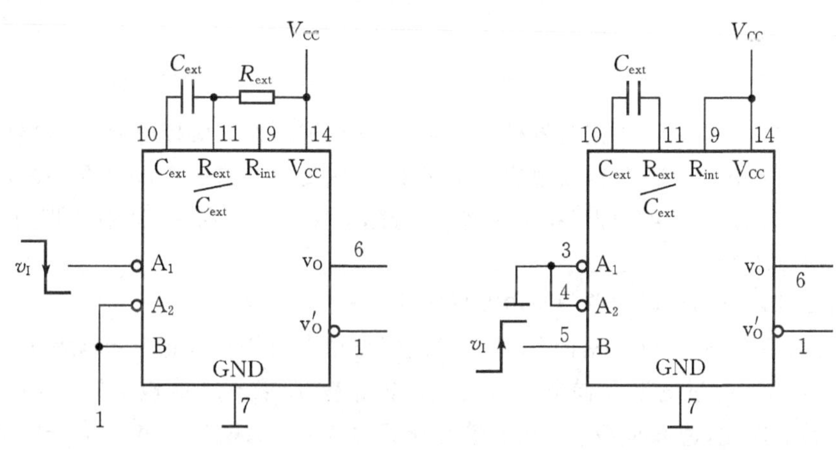

(a) 使用外接电阻，下降沿触发　　(b) 使用内部电阻，上升沿触发

图 8－14　74HC121 典型应用电路

应用单稳态电路可以脉冲整形。例如，应用单稳态电路可以调节脉冲宽度，原理波形如图 8－15 所示，其中 v_I 为触发脉冲，v_O 为单稳态电路的输出。

另外，应用单稳态电路还可以实现定时。例如，用单稳态电路控制与门打开时间的原理

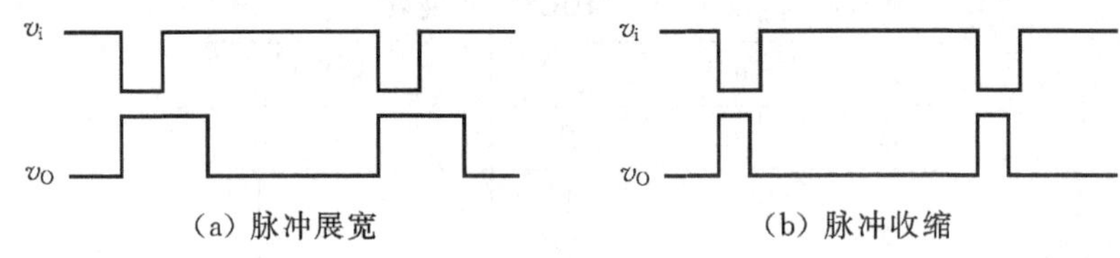

图 8-15 脉宽整形波形图

电路和工作波形如图 8-16 所示。当单稳态电路输出的脉冲宽度为 1 s 时，则与门打开时间刚好为 1 s，配合计数器就可以实现脉冲频率的测量。

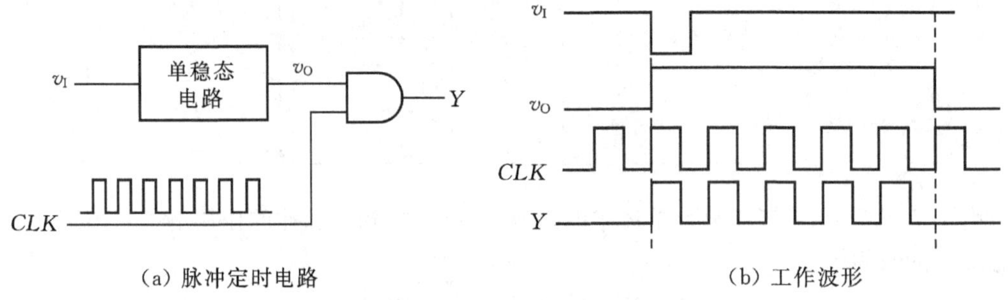

图 8-16 应用单稳态电路实现脉冲定时

思考与练习

8-3 根据微分型单稳态电路的工作过程，分析如果两个相邻触发脉冲之间的时间间隔小于分辨时间，会出现什么问题？试分析说明。

8-4 可重复触发的单稳态器件 74HC123 能否代替 74HC121 使用？如果可以，说明其应用要点。

单稳态电路也可以由 555 定时器外接电阻、电容构成。在 8 脚接电源、1 脚接地、4 脚接高电平和 5 脚到地接 0.01 μF 滤波电容的情况下，只需要将 6 脚和 7 脚接在一起，6、7 脚到电源接电阻 R、到地接电容 C 即可构成单稳态电路，如图 8-17 所示，其中 2 脚为触发脉冲输入端，3 脚为输出端。

下面对 555 定时器接成的单稳态电路的工作原理进行分析。

(1)稳态时要求 v_I为高电平，因此 $V_{C2}=1$。假设稳态时锁存器的状态 $Q=1$，则放电管截止，所以电源 V_{CC}经过电阻 R 向电容 C 充电已经充满，所以 v_C为高电平使 $V_{C1}=0$，则 $Q=0$，与假设不符。因此，稳态时 $Q=0$，放电管是导通的，$V_{C1}=1$，这时输出 v_O为低电平。

(2)当 v_I从高电平向下触发时，$V_{C2}=0$ 使 $Q=1$，放电管由导通转变为截止，输出 v_O跳变为高电平，电路进入暂稳态。这时即使触发脉冲 v_I迅速撤销，V_{C2}恢复到高电平，但由于锁存器处于保持状态，所以电路维持在暂稳态不变。

(3)由于在暂稳态期间放电管截止，所以电源 V_{CC}经过电阻 R 向电容 C 充电。随着充电过程的进行，v_C点的电位越来越高。当 v_C点的电位达到(2/3)V_{CC}时，$V_{C1}=0$ 使 $Q=0$、$Q'=0$，电路返回稳态。图 8-18 是 v_I、v_O和 v_C点的工作波形。

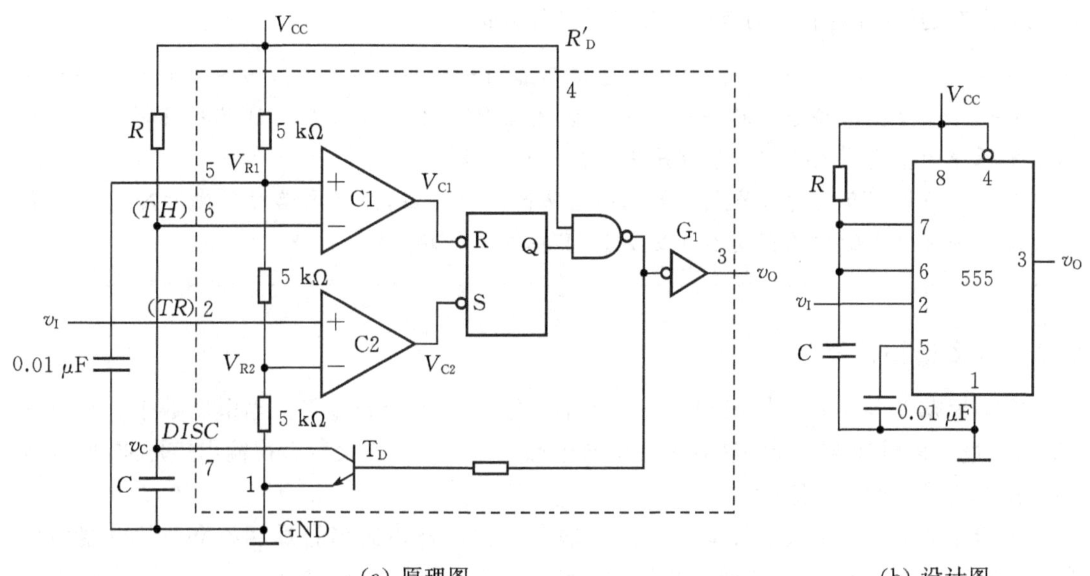

(a) 原理图　　　　　　　　　　(b) 设计图

图 8-17　555 定时器接成单稳态电路

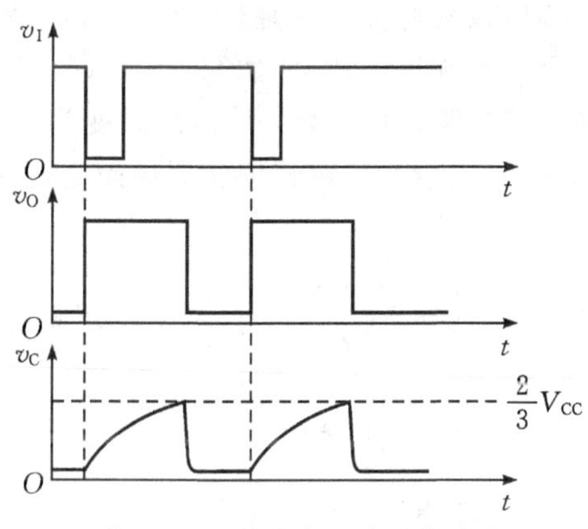

图 8-18　单稳态电路工作波形

由上述工作过程可知，单稳态电路在暂稳态的维持时间 t_W 取决于一阶 RC 电路将电容 C 的电压由 0 V 充到 $(2/3)V_{CC}$ 所花的时间。根据一阶电路的三要素公式

$$v_C(t)=v_C(\infty)+[v_C(0)-v_C(\infty)]e^{-t/\tau}$$

其中

$$\begin{cases} v_C(0)=0 \\ v_C(\infty)=V_{CC} \\ \tau=RC \\ v_C(t)=(2/3)V_{CC} \\ t=t_W \end{cases}$$

将上述参数代入三要素公式中解得

$$t_W=RC\ln 3\approx 1.1RC$$

通常电阻 R 的取值为几百欧姆到几兆欧姆，电容 C 的取值范围为几皮法到几百微法，

所以暂稳态的维持时间 t_W 的范围为几微秒到几分钟。

～～～～～～～～～～～～～～～～～～～～思考与练习～～～～～～～～～～～～～～～～～～～～

8－5 微分型单稳态电路输出脉冲的宽度为 $RC\ln2$，而由 555 定时器构成的单稳态电路输出脉冲的宽度为 $RC\ln3$。分析并解释其中的原因。

8－6 根据 555 定时器构成的单稳态电路的工作过程，分析电路对触发脉冲的宽度有无要求？如果触发脉冲的宽度不满足要求，具体应如何解决？

～～～

8.2.3 多谐振荡器

多谐振荡器(astable multivibrator)没有稳态，只有两个暂稳态。当电路处于一个暂稳态时，经过一段时间会自动翻转到另一个暂稳态。两个暂稳态交替转换输出矩形波，所以多谐振荡器为脉冲产生电路。

多谐振荡器有多种实现形式。最简单的多谐振荡器由施密特反相器和 RC 电路构成的，如图 8－19(a)所示。刚接通电源时，由于电容 C 上没有电荷，所以 $v_I=0$，输出 v_O 为高电平。其后，输出的高电平 V_{OH} 通过电阻 R 向电容 C 充电，如图 8－19(b)所示，使 v_I 点的电位逐渐上升。当 v_I 达到 V_{T+} 时，施密特反相器翻转，输出 v_O 跳变为低电平。于是，刚充到 V_{T+} 的电容电压开始通过电阻 R 到地进行放电，如图 8－19(c)所示，使 v_I 点的电位逐渐下降。当 v_I 下降到 V_{T-} 时，施密特电路再次翻转，v_O 再次跳变为高电平，又开始对电容 C 充电。伴随着充电和放电过程的反复进行，施密特反相器周而复始翻转输出矩形波，工作波形如图 8－20 所示。

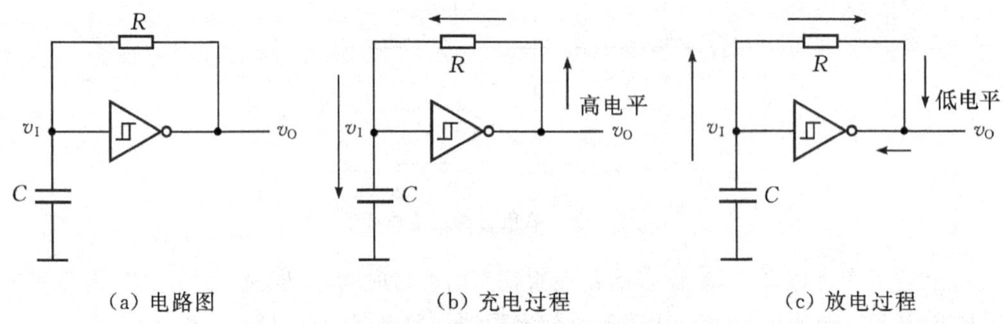

(a) 电路图　　(b) 充电过程　　(c) 放电过程

图 8－19　由施密特反相器构成的多谐振荡器

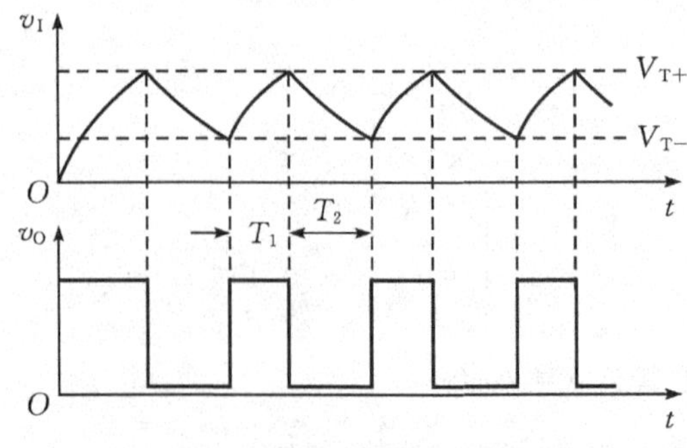

图 8－20　多谐振荡器工作波形

多谐振荡器的振荡周期可由三要素公式推导得到。根据公式

$$v_I(t)=v_I(\infty)+[v_I(0)-v_I(\infty)]e^{-t/\tau}$$

充电时

$$\begin{cases}v_I(0)=V_{T-}\\ v_I(\infty)=V_{OH}\\ \tau=RC\\ v_I(t_1)=V_{T+}\end{cases}$$

放电时

$$\begin{cases}v_I(0)=V_{T+}\\ v_I(\infty)=V_{OL}\\ \tau=RC\\ v_I(t_2)=V_{T-}\end{cases}$$

对于 CMOS 门电路，取 $V_{OH}\approx V_{DD}$、$V_{OL}\approx 0$。若施密特反相器用 74HC14，V_{DD} 取 4.5 V 时，$V_{T+}\approx 2.7$ V、$V_{T-}\approx 1.8$ V。将上述参数代入可推得振荡周期

$$T=t_1+t_2=RC\ln\frac{V_{DD}-V_{T-}}{V_{DD}-V_{T+}}+RC\ln\frac{V_{T+}}{V_{T-}}\approx 0.81RC$$

占空比

$$q=\frac{t_1}{T}=50\%$$

因此，图 8 - 19(a)所示的多谐振荡器输出为方波。

若需要调整占空比，可以应用图 8 - 21 所示的改进电路，利用二极管的单向导电性选择充电和放电回路，通过 R_2 对电容 C 充电，通过 R_1 到地放电，因此充电时间常数为 R_2C，放电时间常数为 R_1C。因此，改变 R_1（或 R_2）的值可以调整占空比。

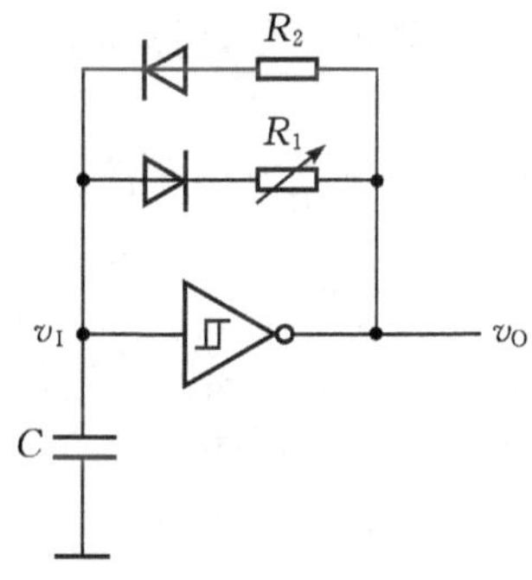

图 8 - 21　占空比可调的多谐振荡器

图 8 - 19(a)中的施密特反相器也可以用 555 定时器按图 8 - 8 所示的原理外接实现。由于 $V_{T+}=(2/3)V_{CC}$、$V_{T-}=(1/3)V_{CC}$，代入可推得振荡周期

$$T=t_1+t_2=RC\ln\frac{V_{CC}-V_{T-}}{V_{CC}-V_{T+}}+RC\ln\frac{V_{T+}}{V_{T-}}=2RC\ln 2\approx 1.4RC$$

但是，应用 555 定时器构成图 8 - 19(a)所示的多谐振荡器对电容 C 的充电和放电都会消耗定时器的带负载能力，因此用 555 定时器构成多谐振荡器时，通常采用图 8 - 22 所示的

改进电路，由电源充电，通过放电管放电。具体的工作原理是：刚接通电源时由于电容 C 上没有电荷，因此 $v_C=0$，555 定时器输出为高电平，这时放电管 T_D 截止，电源 V_{CC} 经过电阻 R_1 和 R_2 对电容 C 进行充电，使 v_C 点的电位逐渐上升。当 v_C 上升到 $(2/3)V_{CC}$ 时，555 定时器的输出翻转为低电平，放电管 T_D 导通，刚充到 $(2/3)V_{CC}$ 的电容电压又开始通过电阻 R_2、放电管 T_D 到地进行放电，因此 v_C 又逐渐下降。当 v_C 下降到 $(1/3)V_{CC}$ 时，555 定时器输出再次翻转为高电平，放电管 T_D 截止，电源 V_{CC} 经过电阻 R_1 和 R_2 对电容 C 开始下一个周期的充电过程。如此周而复始，产生振荡。

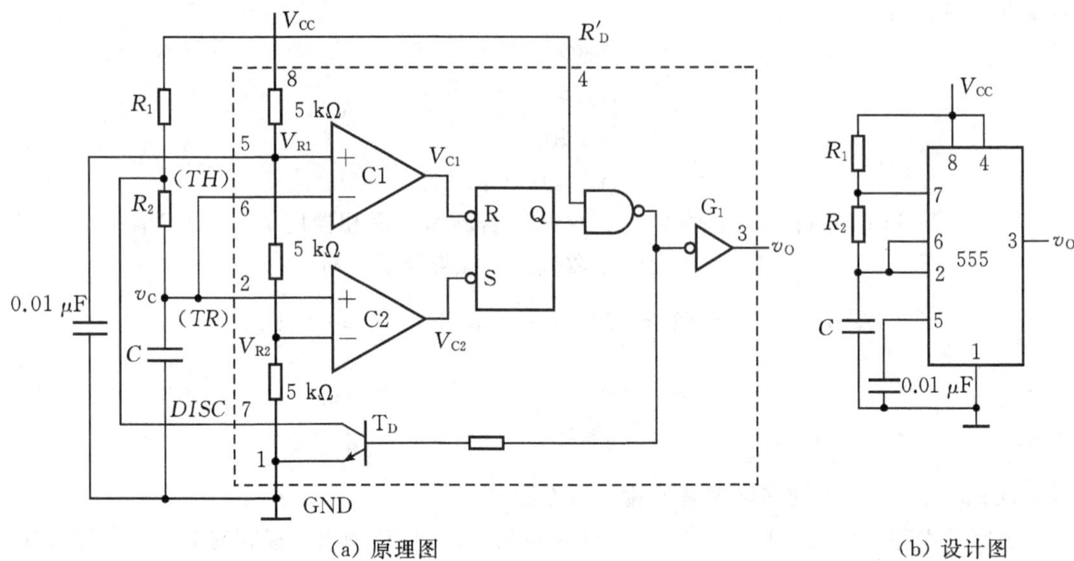

(a) 原理图　　(b) 设计图

图 8-22　用 555 定时器接成多谐振荡器

对于图 8-22 所示的多谐振荡器，性能参数计算如下：

根据一阶电路的三要素公式

$$v_C(t)=v_C(\infty)+[v_C(0)-v_C(\infty)]e^{-t/\tau}$$

充电时

$$\begin{cases} v_C(0)=\dfrac{1}{3}V_{CC} \\ v_C(\infty)=V_{CC} \\ \tau=(R_1+R_2)C \\ v_C(t_1)=\dfrac{2}{3}V_{CC} \\ t_1=T_{充} \end{cases}$$

放电时

$$\begin{cases} v_C(0)=\dfrac{2}{3}V_{CC} \\ v_C(\infty)=0 \\ \tau=R_2C \\ v_C(t_2)=\dfrac{1}{3}V_{CC} \\ t_2=T_{放} \end{cases}$$

因此，振荡周期

$$T=T_{充}+T_{放}=(R_1+R_2)C\ln 2+R_2C\ln 2=(R_1+2R_2)C\ln 2$$
$$\approx 0.693(R_1+2R_2)C$$

占空比

$$q=\frac{T_{充}}{T}=\frac{R_1+R_2}{R_1+2R_2}>50\%$$

图 8 - 21 所示的多谐振荡器由于充电时间常数大，放电时间常数小，所以充电慢，放电快，因此占空比始终大于 50%。

多谐振荡器有许多典型应用。基于 555 定时器设计的电子门铃电路如图 8 - 23 所示。当门铃开关 S 未按时，$V_{C1}=0$ V，因此 555 定时器的复位信号有效，振荡器停振，门铃不响。

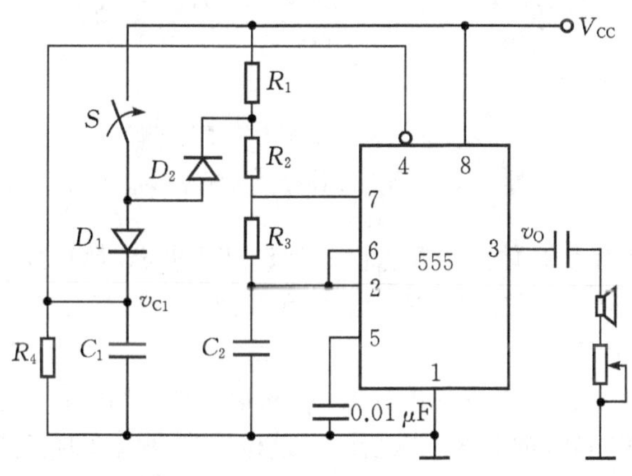

图 8 - 23　电子门铃电路

电子门铃具体的工作原理是：

(1)当门铃开关 S 按下后，电源 V_{CC} 通过二极管 D_1 向电容 C_1 充电，当 v_{C1} 上升至高电平时，复位信号无效，振荡器开始振荡。在开关按下的过程中，电源 V_{CC} 通过二极管 D_2、电阻 R_2 和 R_3 对电容 C_2 充电，通过电阻 R_3 到地放电，因此振荡周期为

$$T_1=(R_2+2R_3)C_2\ln 2\approx 0.693(R_2+2R_3)C_2$$

(2)当门铃开关 S 释放后，电容 C_1 上积累的电荷通过电阻 R_4 缓慢放电，因此复位信号还会维持在高电平一段时间。在这段时间内，电源 V_{CC} 只能通过电阻 R_1、R_2 和 R_3 对电容 C_2 充电，通过电阻 R_3 到地放电，因此振荡周期为

$$T_2=(R_1+R_2+2R_3)C_2\ln 2\approx 0.693(R_1+R_2+2R_3)C_2$$

由于门铃开关按下时和释放后多谐振荡器的振荡周期不同，因此频率不同，会产生“叮、

咚”两种声音。随着电容 C_1 上的电压降至低电平，复位信号有效，振荡器停振。

基于 RC 电路充电和放电原理设计的多谐振荡器容易受电源电压波动、外界干扰和温度变化等因素的影响，频率稳定度一般在 10^{-3} 数量级。若用作计时电路的时钟，则每天的计时误差约为 $24\times60\times60\times10^{-3}=86.4$ s，显然不能满足计时精度的要求。

石英晶体是沿一定方向切割的石英晶片，受到机械应力作用时将产生与应力成正比的电场，反之受到电场作用时将产生与电场成正比的应变，这种效应称为压电效应。石英晶体具有优良的机械特性、电学特性和温度特性，通常用于制作谐振器、振荡器和滤波器等，在稳频和选频方面都有突出的优点。

石英晶体的图形符号和频率特性如图 8-24 所示。由图中可以看出，石英晶体对频率为 f_0 的信号呈现的阻抗最小，所以将石英晶体接入多谐振荡器的反馈环路中后，频率为 f_0 的信号最容易通过，而其他频率的信号经过石英晶体时被衰减，因此接入石英晶体的多谐振荡器的振荡频率决取决于石英晶体的固有频率 f_0，与外接电阻和电容无关。

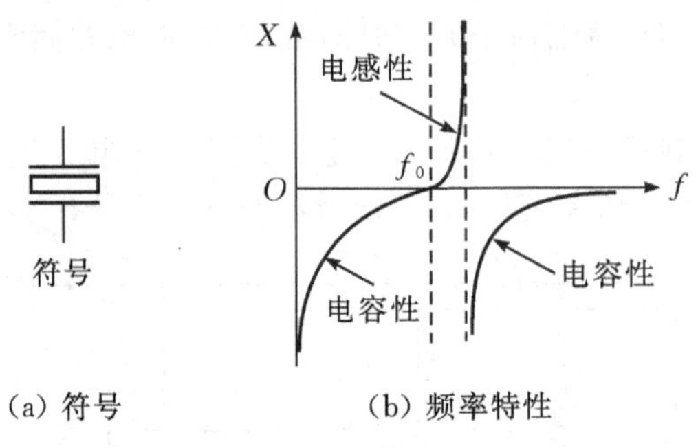

(a) 符号　　(b) 频率特性

图 8-24　石英晶体符号及频率特性

石英晶体的固有频率由晶体的结晶方向和外形尺寸决定，具有极高的频率稳定性，稳定度一般高达 $10^{-10}\sim10^{-11}$。目前，有制成标准化和系列化的石英晶体产品出售，谐振频率一般在几十 kHz 至几十 MHz。

CD4060 是集成 14 位异步二进制计数器，内部集成的 CMOS 门电路可与外接 R、C 或者石英晶体构成多谐振荡器，如图 8-25 所示。复位端为高电平时振荡被禁止，为低电平时振荡器正常工作，振荡器的输出信号经过反相器整形后送至内部 14 级异步二进制计数器进行分频，可以输出多种频率信号，如图 6-49 所示。

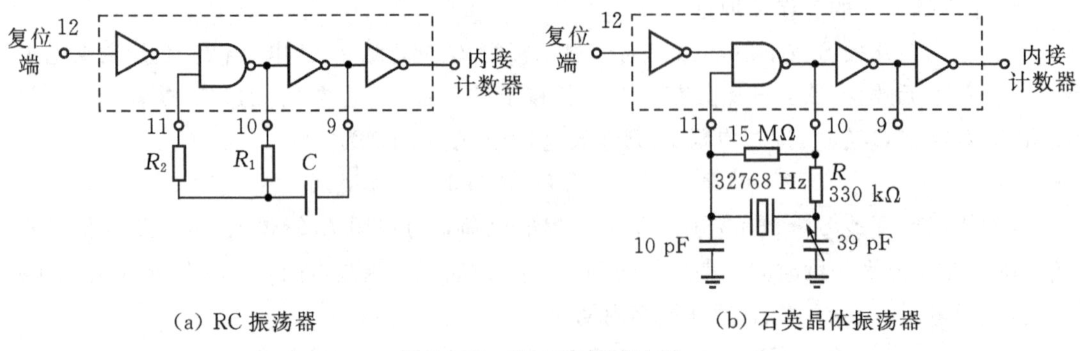

(a) RC 振荡器　　(b) 石英晶体振荡器

图 8-25　CD4060 振荡电路

～～～～～～～～～～～～～～～～～～～～**思考与练习**～～～～～～～～～～～～～～～～～～～～

8-7 将奇数个反相器级联可以构成最简单的多谐振荡器。对于图8-26所示的多谐振荡器，分析电路的工作原理，说明振荡周期与反相器传输延迟时间 t_{PD} 之间的关系，并由此推断电路的应用。

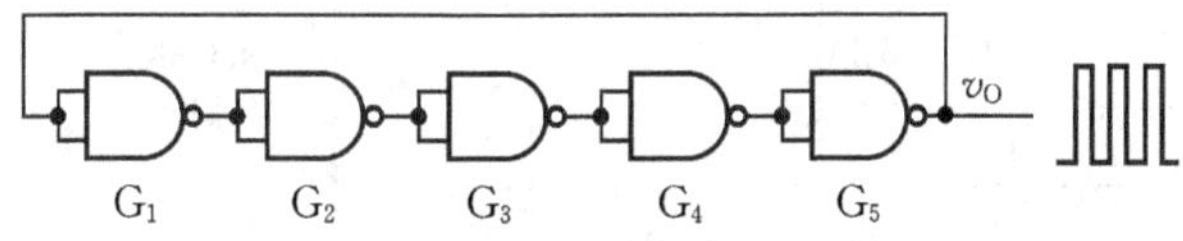

图8-26 多谐振荡器

～～～

8.3 设计实践

555定时器能够实现脉冲整形、延时与定时、信号产生和窗口比较等多种功能，在仪器仪表、电子测量控制以及电子玩具等领域有着广泛的应用。

8.3.1 音频脉冲电路设计

设计一个音频脉冲信号产生电路，能够产生图8-27所示的周期性音频脉冲信号，音频信号的频率不限，脉冲的周期不限。

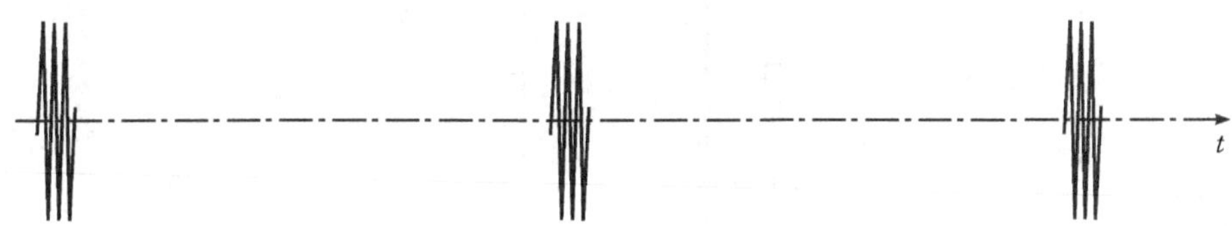

图8-27 音频脉冲信号

设计过程：音频信号的频率范围为20 Hz～20 kHz，其中语音信号的频率范围为300～3400 Hz，一般音乐信号的频率约为40～4000 Hz。

要产生音频脉冲信号，首先基于555定时器设计一个多谐振荡器，振荡频率选在语音信号频率范围内(例如440 Hz，钢琴小字一组A的频率)。

由于要求音频脉冲信号按“有—无—有—无”的规律发声，故用数字电路控制555定时器的复位信号，电路输出为高电平时振荡器工作发声，输出低电平时使振荡器停振无声。

若设计音频脉冲按“响0.5秒、停0.5秒”的规律发声，取时钟频率为2 Hz时，采用二进制计数器的状态输出 Q_0 控制音频振荡器的复位端即可实现。具体设计电路如图8-28所示。

若设计音频脉冲按“响0.5秒、停1.5秒”的规律发声，取时钟频率为2 Hz时，将四进制计数器进位信号($C=Q_1Q_0$)取反后控制音频振荡器的复位端即可实现。

8.3.2 简易电子琴设计

电子琴为电声乐器，通过开关产生音符，实现乐曲的演奏。

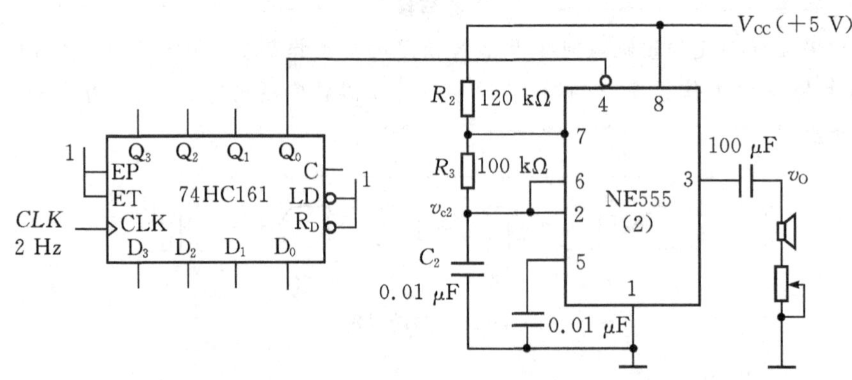

图 8-28　音频脉冲产生电路参考设计图

简单的电子琴可以基于压控振荡器设计。由 555 定时器构成的压控振荡器原理电路如图 8-29 所示。当 555 定时器的控制电压 V_{CO} 为 v_I 时，压控振荡器的振荡周期为

$$T=t_1+t_2=(R_1+R_2)C\ln\frac{V_{CC}-V_{T-}}{V_{CC}-V_{T+}}+R_2C\ln\frac{V_{T+}}{V_{T-}}=(R_1+R_2)C\ln\frac{V_{CC}-\frac{1}{2}v_I}{V_{CC}-v_I}+R_2C\ln 2$$

因此，可以通过改变控制电压 v_I 而改变压控振荡器的振荡周期，从而产生不同的音调。

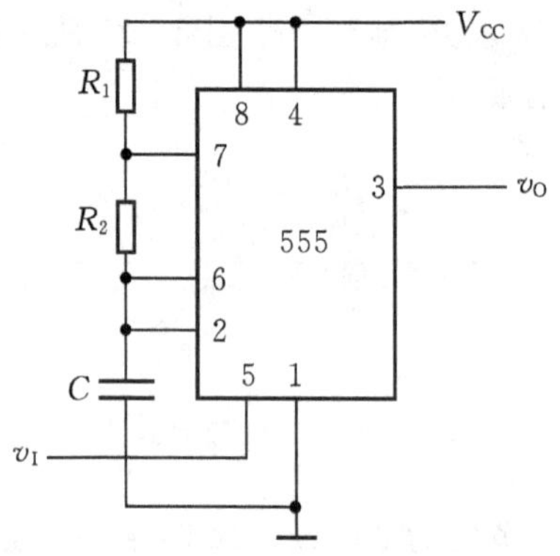

图 8-29　压控振荡器

构成音乐的音符有音调和时长两个基本要素。音调由压控振荡器的振荡频率决定，而时长由开关时间的长短决定。常用小字组音调的频率如表 8-4 所示。

表 8-4　常用音调的频率

音调名	频率/Hz	音调名	频率/Hz	音调名	频率/Hz
小字一组 C	261.6	小字二组 C	523.3	小字三组 C	1046.5
小字一组 D	293.7	小字二组 D	587.3	小字三组 D	1174.7
小字一组 E	329.6	小字二组 E	659.3	小字三组 E	1318.5
小字一组 F	349.2	小字二组 F	698.5	小字三组 F	1396.9
小字一组 G	392	小字二组 G	784	小字三组 G	1568

续表

音调名	频率/Hz	音调名	频率/Hz	音调名	频率/Hz
小字一组 A	440	小字二组 A	880	小字三组 A	1760
小字一组 B	493.9	小字二组 B	987.8	小字三组 B	1975.5

简易电子琴的原理电路如图 8-30 所示。当琴键 $S_1 \sim S_n$ 均未按下时，三极管 T 接近饱和导通，v_E 约为 0 V，因而压控振荡器停振。当按下不同的琴键时，因电阻 $R_1 \sim R_n$ 的阻值不同，v_E 不同，因此压控振荡器的振荡频率不同。

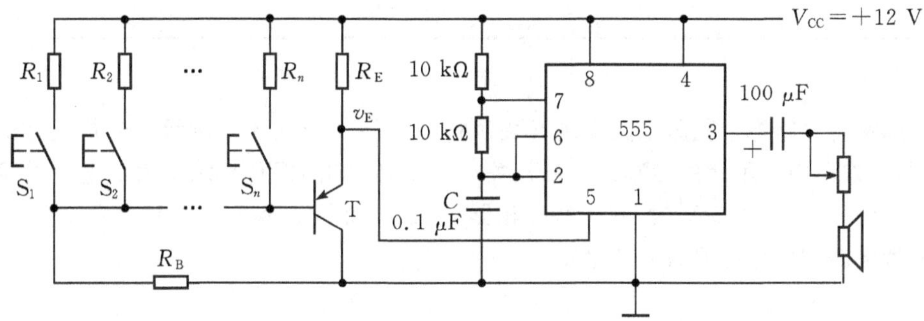

图 8-30 简易电子琴原理电路

当 $R_B=20$ kΩ，$R_E=10$ kΩ，三极管的电流放大倍数 $\beta=150$，$V_{CC}=12$ V 时，设琴键电阻的阻值为 R_X，则压控振荡器的控制电压 v_E 为

$$v_E \approx \frac{R_B}{R_B+R_X} \times V_{CC} + 0.7\ (\mathrm{V})$$

根据不同的音调计算控制电压的取值，再将控制电压的取值代入上式计算电阻 R_X 的值，即可设计出简单的电子琴。上述计算方法具有一定的理论意义，具体实现时，可以用电位器调整压控振荡器的频率，产生出不同的音调。

本章小结

本章先介绍描述脉冲特性的主要参数，然后重点讲述三种脉冲电路的功能、实现原理和应用。

脉冲电路分为脉冲整形电路和脉冲产生电路两大类。施密特电路和单稳态电路属于脉冲整形电路，而多谐振荡器则为脉冲产生电路。

施密特电路的特点是输入电压在上升过程中的转换阈值和在下降过程中的转换阈值不相同，并且在转换过程伴随有正反馈过程，能够将任何周期性的波形整成脉冲序列。另外，还可以应用施密特电路转换阈值不同的特点实现开关消抖。

74HC14 是六施密特反相器，内部集成有 6 个反相输出的施密特电路。

单稳态电路在外部触发脉冲的作用下能够输出等宽度的脉冲，可用于定时、延时和脉冲宽度整形等方面。

74HC121/123 是集成单稳态器件，其中 74HC121 为不可重复触发的单稳态器件，基于微分型单稳态电路设计，而 74HC123 为可重复触发的单稳态器件，内部包含两个单稳态电路。

多谐振荡器加电后能够自动地输出脉冲序列，可用作信号源，为时序逻辑电路提供时钟脉冲。应用施密特反相器外接 *RC* 电路很容易构成多谐振荡器。

555 定时器是用途广泛的数模混合集成电路，通过不同的外接方法既可以构成施密特电路或者单稳态电路，还可以构成多谐振荡器，可用于简易仪表、小型家用电路和电子测量等领域。

三要素法是分析单稳态电路和多谐振荡器性能参数的数学工具，只要确定了起始值、终了值和时间常数，即可计算一阶 *RC* 电路任意时刻的电压值，从而计算出电路的性能参数。

习 题

8.1 用施密特电路配合积分电路实现开关消抖的电路如图题 8.1 所示。分析电路的工作原理，按图中所示元件参数计算从开关 S 按下到输出 RST_n 跳变为低电平的延迟时间。已知 $V_{CC}=4.5$ V 时，施密特反相器 74HC14 的 $V_{T+}\approx2.7$ V，$V_{T-}\approx1.8$ V。设施密特电路的传输延迟时间忽略不计。

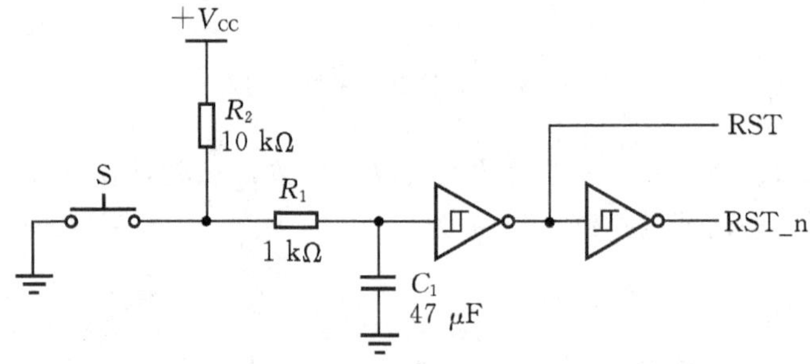

图题 8.1 开关消抖电路

8.2 由 555 定时器构成的延时电路如图题 8.2 所示。S 是不带自锁功能的开关，KA 为继电器，Y 为灯泡。当 v_O 为高电平时，继电器吸合，灯亮。当 v_O 为低电平时，继电器断开，灯灭。已知 $R_0=10\ \text{k}\Omega$、$R_1=1\ \text{M}\Omega$、$C_1=10\ \mu\text{F}$，计算从开关 S 按下后到灯亮的延迟时间。

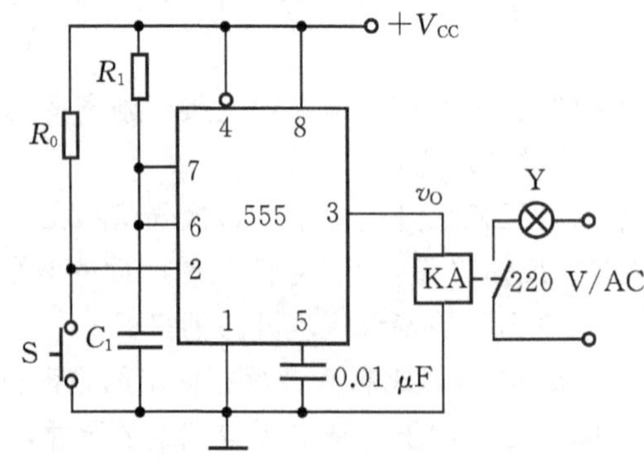

图题 8.2

8.3 由 555 定时器构成的锯齿波产生电路如图题 8.3 所示，其中三极管 T 和电阻 R_1、R_2和 R_e构成恒流源电路，为电容 C 充电。分析该电路的工作原理，画出在触发脉冲 v_I的作用下，电容电压 v_C以及 555 定时器输出电压 v_O的波形图，并计算当 $V_{CC}=12$ V、$R_1=68$ kΩ、$R_2=22$ kΩ、$Re=2$ kΩ 和 $C=10$ μF 时，锯齿波的周期。

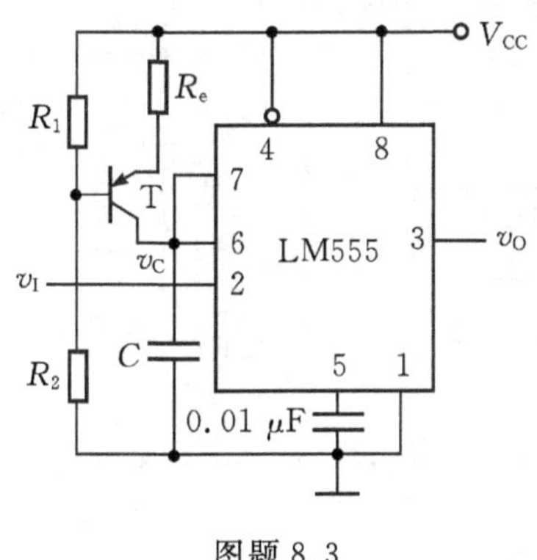

图题 8.3

8.4 对于图 8-21 所示的多谐振荡电路，已知 $R_1=1$ kΩ，$R_2=8.2$ kΩ，$C=0.22$ μF。试求振荡频率 f 和占空比 q。

8.5 占空比可调的多谐振荡器如图题 8.5 所示，其中 $R_W=R_{W1}+R_{W2}$。已知 $V_{CC}=12$ V，R_1、R_2和 R_W均为 10 kΩ，$C=10$ μF，计算振荡频率 f 和占空比 q 的变化范围。设二极管是理想的。

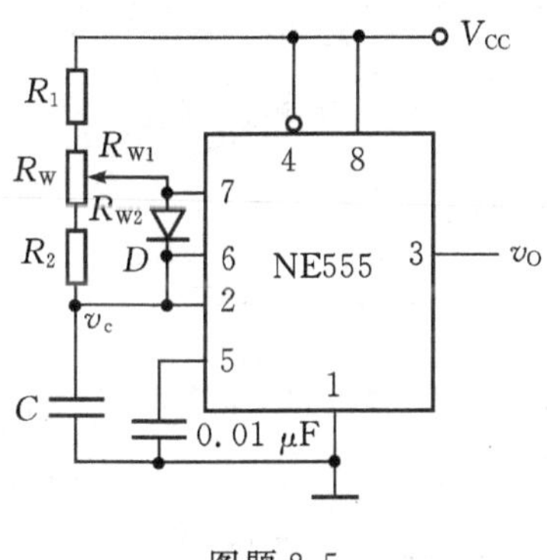

图题 8.5

8.6 由两个 555 定时器接成的延时报警电路如图题 8.6 所示。当开关 S 断开后，经过一定的延迟时间后，扬声器开始发出声音。如果在延迟时间内开关 S 重新闭合，则扬声器不会发声。按图中给定参数计算延迟时间和扬声器发出声音的频率。设图中 G_1是 CMOS 反相器，输出的高、低电平分别为 $V_{OH}\approx12$ V，$V_{OL}\approx0$ V。

8.7 过压报警电路如图题 8.7 所示，当电压 v_x超过一定值时，发光二极管 D 将闪烁发出报警信号。试分析电路的工作原理，并按图中给定参数计算发光二极管的闪烁频率。(提示：当晶体管 T 饱和时，555 定时器的 1 脚近似接地)。

8.8 图题 8.8 是救护车扬声器发声电路。设 $V_{CC}=12$ V 时，555 定时器输出的高、低电平分别为 11 V 和 0.2 V，输出电阻小于 100 Ω。按图中给定参数计算扬声器发声的高、

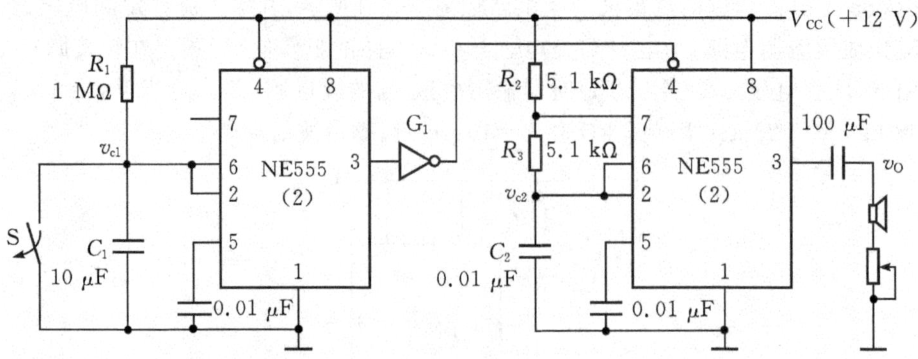

图题 8.6

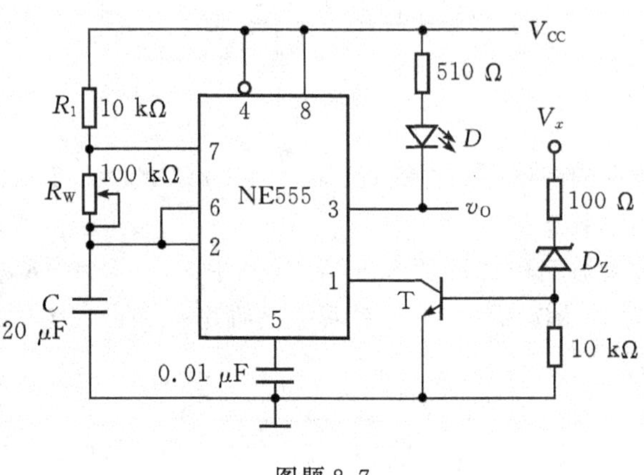

图题 8.7

低音的频率和相应的持续时间。

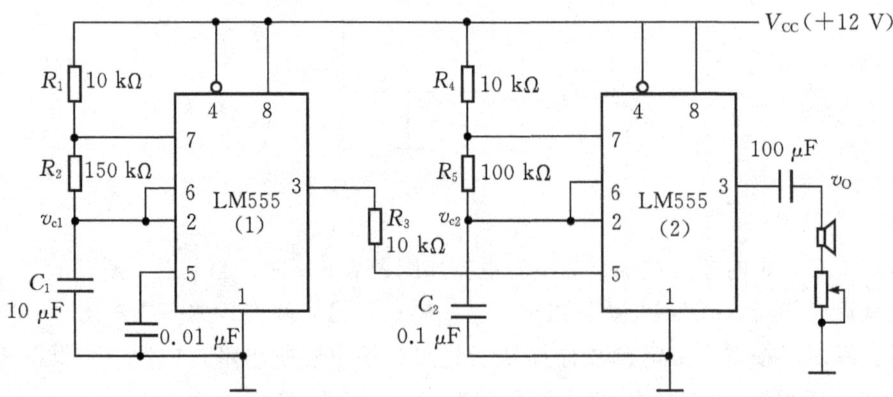

图题 8.8

8.9 图题 8.9 是由双 555 定时器 LM556 构成的频率可调而脉宽不变的矩形波发生器。分析电路的工作原理，解释二极管 D 在电路中的作用。当 $V_{CC}=12$ V、$R_1=50$ kΩ、$R_2=10$ kΩ，$R_3=10$ kΩ、$R_5=10$ kΩ、$C_1=10$ μF、$C_2=4.7$ μF 时，计算输出矩形波的频率变化范围和输出脉宽值。

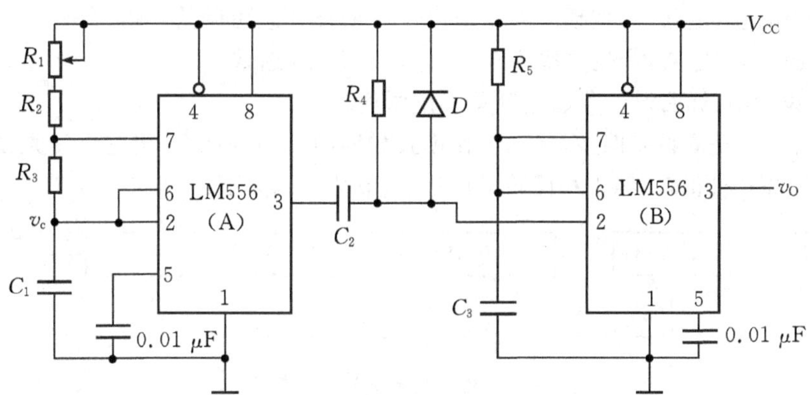

图题 8.9

8.10 图题 8.10(a)为心律失常报警电路,图题 8.10(b)中 v_I是经过放大后的心电信号,其幅值 $v_{Imax}=4$ V。设 v_{O2}初态为高电平。

(1)对应 v_I分别画出图中 v_{O1}、v_{O2}、v_O三点的电压波形;

(2)分析电路的组成并解释其工作原理。

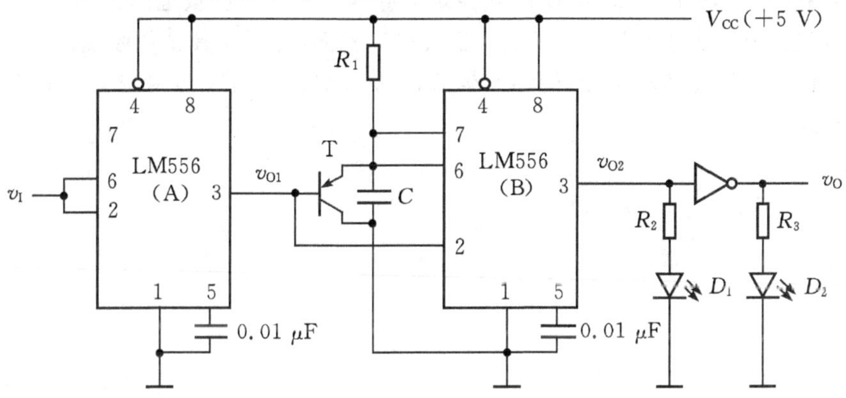

(a) 心律失常报警电路

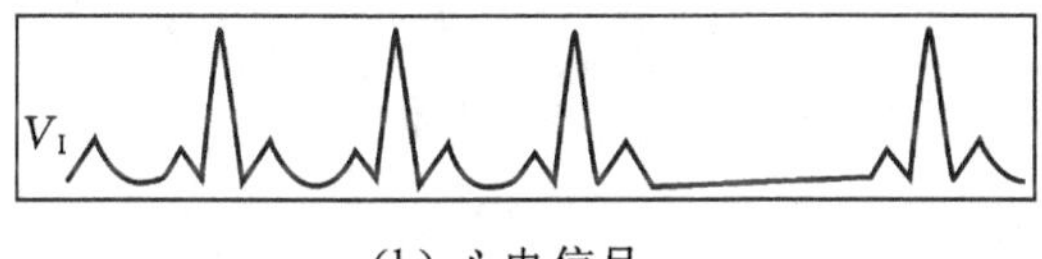

(b) 心电信号

图题 8.10

8.11 某元件加工需要经过三道工序,要求这三道工序自动依次完成。第一道工序加工时间为 10 s,第二道工序加工时间为 15 s,第三道工序加工时间为 20 s。试用单稳态电路设计该控制电路,输出三个信号分别控制三道工序的加工时间。

8.12 设计多种波形产生电路。具体要求如下:

(1)使用 555 定时器,产生频率为 20 kHz～40 kHz 连续可调的方波 I;

(2)使用双 D 触发器 74HC74,产生频率为 5 kHz～10 kHz 连续可调的方波 II;

(3)使用运放电路,产生频率为 5 kHz～10 kHz 连续可调的三角波;

(4)使用运放电路,产生频率为 30 kHz 的正弦波(选做)。

画出设计图,标明设计参数并解释工作原理。

8.13* 设计一个洗衣机定时控制器,工作模式如图题 8.14 所示。用三个发光二极管分别指示洗衣机正转、停止和反转工作状态,具体要求如下:

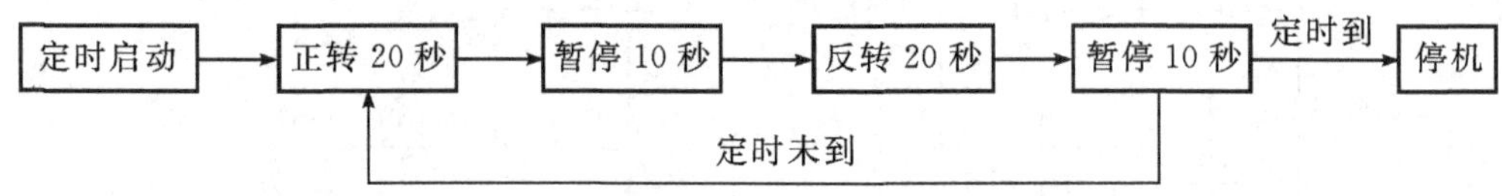

图 8.14 洗衣机控制器工作模式

(1)洗涤时间在 1～99 分钟内由用户设定;

(2)用两位数码管以倒计时方式显示洗涤剩余时间(以分钟为单位);

(3)时间为 0 时控制洗衣机停止工作,同时发出音频信号提醒用户注意。

画出设计图,标明设计参数并说明其工作原理。

8.14* 设计矩形脉冲占空比测量仪,能够测量脉冲信号的占空比。设脉冲信号为 3.3～5 V、10 Hz～2 MHz 周期性矩形脉冲。占空比测量范围为 10%～90%,要求测量误差不大于 0.1%。画出测量仪设计框图,并说明其工作原理。

8.15* 设计一个简易的电子琴,能够产生低音 A 和 G、中音 C～G 和高音 C～E 共 12 种不同的音调。

第 9 章　D/A 和 A/D 转换器

在工业控制领域，为了提高系统性能，普遍采用图 9-1 所示的数字化信息处理技术，将传感器感知的物理量(温度、压力、位移等)先转换成数字量，经过数字系统处理后，再将输出的数字量还原成模拟量，以驱动执行部件控制生产过程对象。系统中需要能够实现模拟量和数字量相互转换的器件。

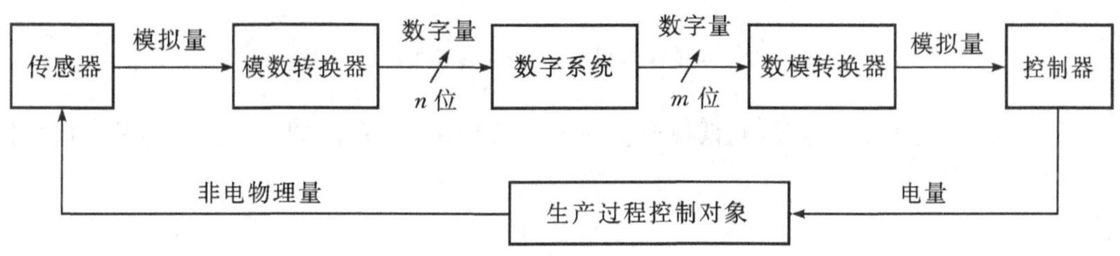

图 9-1　模拟信号数字化处理结构框图

我们把模拟量转换成数字量的过程称为模数转换或 A/D 转换，相应地，能够完成模数转换的电路或器件被称为模数转换器或 A/D 转换器(Analog to Digital Converter，ADC)。把数字量转换成模拟量的过程称为数模转换或 D/A 转换，能够完成数模转换的电路或器件称为数模转换器或 D/A 转换器(Digital to Analog Converter，DAC)。

本章讲述常用 A/D 和 D/A 转换器的电路结构、工作原理、性能特点及应用。由于 D/A 转换的原理简单，而且部分 A/D 转换器电路中还需要用到 D/A 转换器，因此本章先讲述 D/A 转换器，再讲述 A/D 转换器。

9.1　D/A 转换器

D/A 转换器用于将数字量转换为模拟量，有权电阻网络、梯形电阻网络、权电流和开关树等多种电路形式。这些转换器的电路结构不同，性能特点也不同。

本节主要讲述基本的权电阻网络 D/A 转换器和常用的梯形电阻网络 D/A 转换器的结构、转换原理及其典型应用。

9.1.1　权电阻网络 D/A 转换器

无符号二进制数不同数位的数码具有不同权值。权电阻网络(weighted resistor network)D/A 转换器采用不同阻值的电阻来实现这些权值。

4 位权电阻网络 D/A 转换器的原理电路如图 9－2 所示，其中 $d_3d_2d_1d_0$ 为 4 位无符号二进制数，分别控制着 S_3、S_2、S_1 和 S_0 四个单刀双掷的电子开关。当数码 $d_i(i=3\sim0)$ 为 1 时，对应的开关 S_i 切换到参考电压源 V_{REF}，为 0 时切换到地。与 4 位二进制数从高位到低位相对应的限流电阻分别取 R、$2R$、$4R$ 和 $8R$，因此，不同数位的数码由于限流电阻的不同而产生的电流不同，从而对总电流 i_Σ 的贡献不同。运放及其负反馈电阻则实现电流到电压的转换。

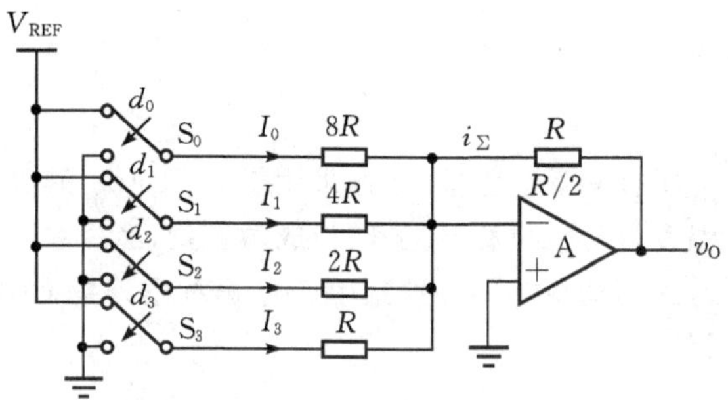

图 9－2　四位权电阻网络 D/A 转换器原理电路

设 4 位权电阻网络从高位到低位产生的电流分别用 I_3、I_2、I_1 和 I_0 表示，参考方向如图 9－2 中所示，则

$$\begin{cases} I_3=\dfrac{V_{REF}}{R}d_3 \\ I_2=\dfrac{V_{REF}}{2R}d_2 \\ I_1=\dfrac{V_{REF}}{4R}d_1 \\ I_0=\dfrac{V_{REF}}{8R}d_0 \end{cases}$$

因此，流向运放的总电流

$$\begin{aligned} i_\Sigma &= I_3+I_2+I_1+I_0 \\ &= \frac{V_{REF}}{8R}(8d_3+4d_2+2d_1+d_0) \end{aligned}$$

式中，$8d_3+4d_2+2d_1+d_0$ 恰好为 4 位二进制数 $d_3d_2d_1d_0$ 的数值大小。若将 $d_3d_2d_1d_0$ 的数值大小用 D_n 表示，则 D/A 转换器的输出电压可以简单地表示为

$$v_O=-R_F\cdot i_\Sigma=-\frac{R}{2}\cdot\frac{V_{REF}}{8R}\cdot D_n=-\frac{V_{REF}}{2^4}\cdot D_n$$

从上式可以看出，该电路能够将 4 位二进制数 $d_3d_2d_1d_0$ 转换成与其数值大小 D_n 成正比的模拟量 v_O。

一般地，对于 n 位权电阻网络 D/A 转换器，其输出电压可表示为

$$v_O=-\frac{V_{REF}}{2^n}\cdot D_n$$

权电阻网络 D/A 转换器的原理简单、易于实现。按照图 9－2 所示的权电阻网络 D/A 转换器网络结构，很容易扩展为多位 D/A 转换器。但是，随着转换位数的增多，权电阻网络

D/A转换器使用的电阻种类越来越多，电阻的差值也越来越大，不利于集成D/A转换器的制造，因此，权电阻网络D/A转换器一般作为原理电路使用。

在实际应用中，用计数器和ROM配合权电阻网络D/A转换器能够产生周期性波形。

【例9-1】 应用74HC161和4位权电阻网络D/A转换器产生锯齿波的电路如图9-3所示。分析电路的工作原理。设时钟脉冲 $DCLK$ 的频率为1000 Hz，计算输出锯齿波的频率和最大幅度。设电源电压 $V_{DD}=5$ V，74HC161的 $V_{OH}\approx V_{DD}$、$V_{OL}\approx 0$。

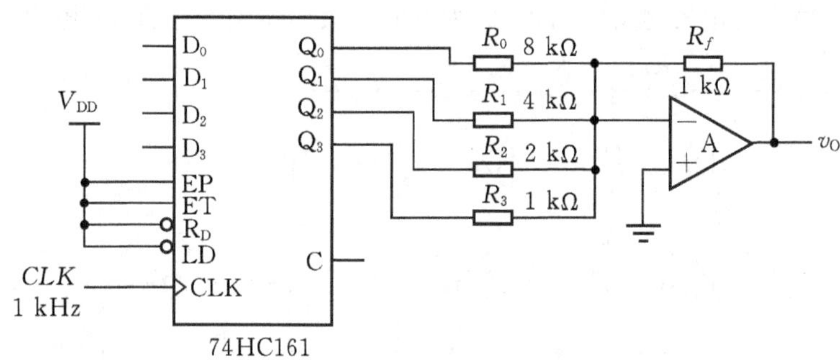

图9-3 锯齿波产生电路

分析 74HC161在时钟脉冲 $DCLK$ 的作用下依次输出0000～1111十六个数值，然后通过4位权电阻网络D/A转换器转换为模拟电压输出，输出的波形如图9-4所示。

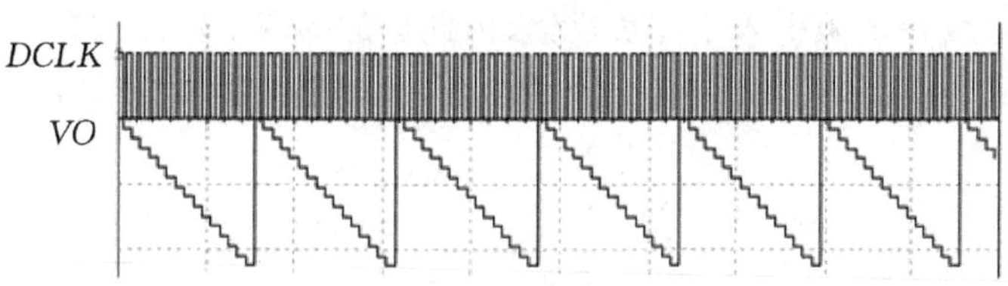

图9-4 图9-3电路输出波形图

当 $DCLK$ 取1000 Hz时，每16个时钟脉冲输出一个锯齿波，因此锯齿波的周期为

$$T=16T_{CLK}=16\times(1/1000)=16\text{ ms}$$

因此，输出锯齿波的频率为

$$f=1/T=62.5\text{ Hz}$$

4位二进制计数器输出状态的范围为0000～1111。因此，当状态 $Q_3Q_2Q_1Q_0=1111$ 时，输出锯齿波的电压值为

$$\begin{aligned}V_{max}&=-V_{OH}(R_f/R_3\times Q_3+R_f/R_2\times Q_2+R_f/R_1\times Q_1+R_f/R_0\times Q_0)\\&=-5\times(1+1/2+1/4+1/8)=-9.375\text{ V}\end{aligned}$$

因此，最大幅度为9.375 V。

～～～～～～～～～～～～～～～～～～～～**思考与练习**～～～～～～～～～～～～～～～～～～～～

9-1 应用加/减计数器和四位权电阻网络设计三角波发生器，画出设计图。若时钟频率为1000 Hz，分析输出三角波的频率和幅度。

～～～

9.1.2 梯形电阻网络 D/A 转换器

梯形电阻网络(ladder resistor network)D/A 转换器只使用 R 和 $2R$ 两种规格的电阻即可实现任意位数的 D/A 转换。

4 位梯形电阻网格 D/A 转换器的原理电路如图 9-5 所示，其中 4 位无符号二进制数 $d_3d_2d_1d_0$ 分别控制着 S_3、S_2、S_1 和 S_0 四个单刀双掷的电子开关，当数码为 1 时开关切换到右边将 $2R$ 电阻下端接到运放的反向输入端，为 0 时开关切换到左边将 $2R$ 电阻下端接地。

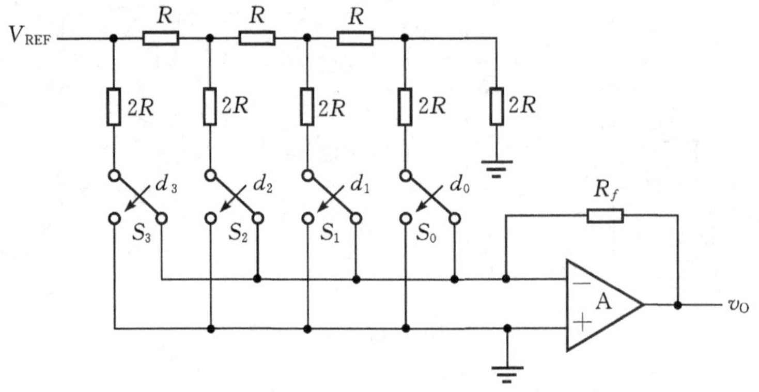

图 9-5 四位梯形网络 D/A 转换器电路结构

由于运放通过反馈电阻引入了深负反馈，因此运放的两个输入端虚短，所以无论开关切换到左边还是右边，电阻 $2R$ 下端的电位均为 0 V，故梯形电阻网络的等效电路如图 9-6 所示。

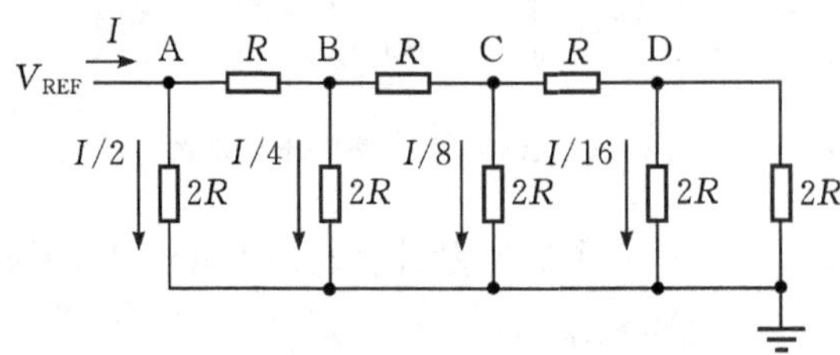

图 9-6 梯形网络等效电路

梯形电阻网络具有明显的特点。从图 9-6 中的 A、B、C 和 D 点左侧分别向右看，网络的等效阻抗始终为 R，所以参考电压源 V_{REF} 产生的总电流

$$I=\frac{V_{REF}}{R}$$

从梯形电阻网络中的 A、B、C 和 D 点向右和向下看，两条支路阻抗均为 $2R$，所以电流每向右流过一个节点，支路的电流都分为一半，所以从左向右流过 $2R$ 电阻的电流依次为 $I/2$、$I/4$、$I/8$ 和 $I/16$，如图 9-6 所示，从而产生出不同权值的电流。

由于数码为 1 时开关切换到右边接运放的反向输入端，电阻网络产生的权电流对流过反馈电阻的电流 i_{Σ} 有贡献，为 0 时开关切换到左边接地对 i_{Σ} 没有贡献，因此流过反馈电阻 R 的总电流

$$
\begin{aligned}
i_{\Sigma} &= (\frac{I}{2})d_3 + (\frac{I}{4})d_2 + (\frac{I}{8})d_1 + (\frac{I}{16})d_0 \\
&= \frac{I}{16}(8d_3 + 4d_2 + 2d_1 + d_0) \\
&= \frac{I}{16}D_n
\end{aligned}
$$

故 D/A 转换器的输出电压

$$
\begin{aligned}
v_O &= -R_F \cdot i_{\Sigma} = -R \cdot \frac{D_n}{16} \cdot I \\
&= -R \cdot \frac{D_n}{16} \cdot \frac{V_{REF}}{R} \\
&= -\frac{V_{REF}}{2^4} D_n
\end{aligned}
$$

所以能够将二进制数 $d_3d_2d_1d_0$ 转换成与其数码大小 D_n 成正比的模拟量 v_O。

梯形电阻网络 D/A 转换器只使用了两种规格的电阻，而且结构规整，便于集成电路制造，是目前集成 D/A 转换器的主流结构。

DAC0832 为集成 8 位 D/A 转换器，内部结构框图如图 9－7 所示，由 8 位输入寄存器、8 位 DAC 寄存器和 8 位梯形电阻网络 D/A 转换器三部分组成。8 位输入寄存器由 ILE、CS'、WR'_1 控制，8 位 DAC 寄存器由 WR'_2、$XFER'$ 控制。

DAC0832 可设置为双缓冲、单缓冲和直通三种工作模式。当 ILE、CS' 和 WR'_1 均有效时，锁存允许信号 LE'_1 无效，将外部待转换的二进制数 $DI_7 \sim DI_0$ 存入输入寄存器，到达 DAC 寄存器的输入端。当 WR'_2 和 $XFER'$ 均有效时，锁存允许信号 LE'_2 无效，将 $DI_7 \sim DI_0$ 存入 DAC 寄存器，到达 D/A 转换器的输入端实现 D/A 转换。

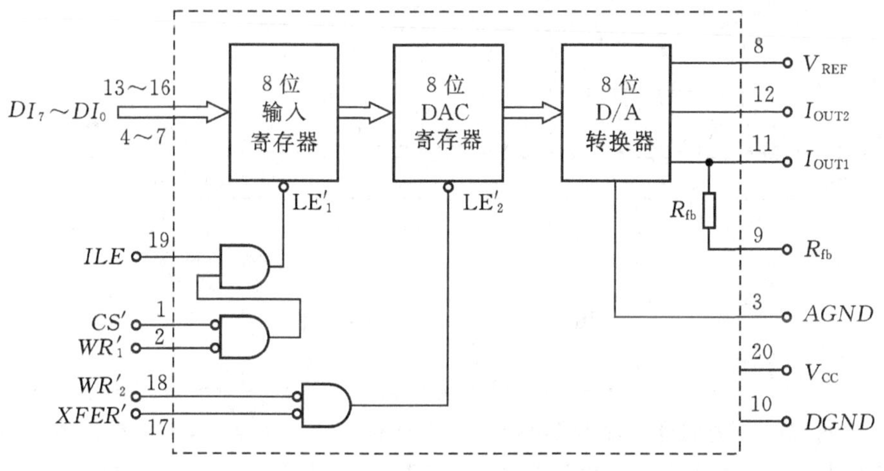

图 9－7　DAC0832 内部结构框图

DAC0832 为电流输出型 DAC，需要通过 $I-V$ 转换电路将输出电流转换成输出电压，典型应用电路如图 9－8 所示。由微控制器输出的 8 位待转换数据 $DI_7 \sim DI_0$ 在控制信号 ILE、CS'、WR'_1 和 WR'_2、$XFER'$ 的作用下，通过 DAC0832 内部 $R-2R$ 梯形电阻网络先转换为输出电流 I_{OUT}，再通过外接运放和内部反馈电阻 R_{fb} 转换为模拟电压 v_O。

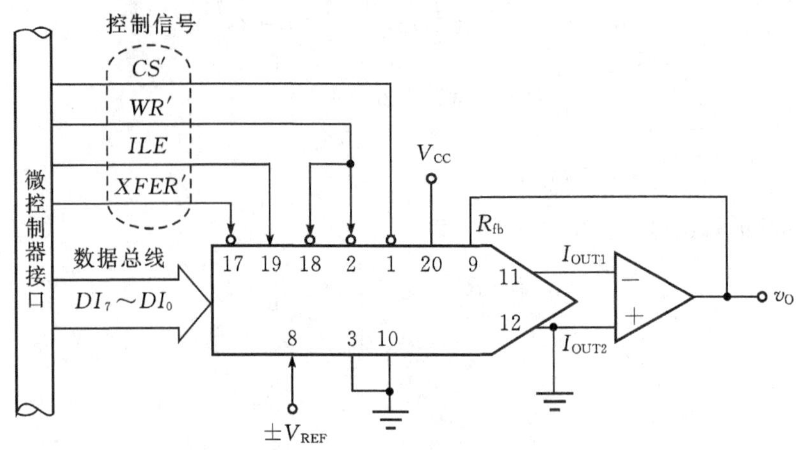

图 9-8　DAC0832 应用电路

集成 10 位 D/A 转换器 AD7520 的内部电路结构如图 9-9 所示，由梯形电阻网络、电子开关和反馈电阻 R 三部分组成。AD7520 同样为电流输出型 DAC，需要通过外接运放才能将电流转换为电压输出。

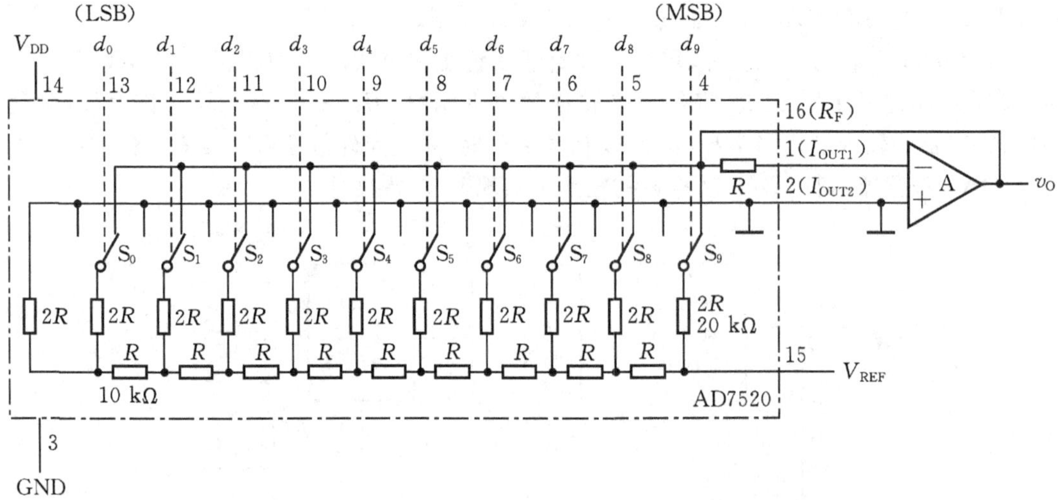

图 9-9　AD7520 及应用电路

思考与练习

9-2　用 8 位二进制计数器和 DAC0832 设计锯齿波产生电路，画出设计图。若时钟频率为 1000 Hz，D/A 转换器的参考电压 $V_{REF}=5$ V，分析输出锯齿波的频率和幅度。

9-3　用 10 位二进制计数器和 AD7520 设计锯齿波产生电路，画出设计图。若时钟频率为 1000 Hz，D/A 转换器的参考电压 $V_{REF}=-10$ V，分析输出锯齿波的频率和幅度。

9.1.3 D/A 转换器的性能指标

转换精度和转换速度是衡量 D/A 转换准确度和实时性的两项指标。不同场合对 D/A 转换器的转换精度和速度的要求有所不同。

1. 转换精度

转换精度用分辨率和转换误差两项指标来描述。

分辨率定义为 D/A 转换器能够输出的最小模拟电压(对应输入数字量只有最低数值位为 1 时)与最大模拟电压(对应输入数字量所有数值位全为 1 时)的比值,反映 D/A 转换器理论上可以达到的转换精度。

n 位 D/A 转换器的分辨率为 $1/(2^n-1)$。选用时 DAC 的位数 n 应满足分辨率要求。

实际 D/A 转换器由于内部电阻阻值的误差、电子开关的导通压降和导通电阻以及运放的非线性因素等影响,输出电压并不一定完全与输入的数字量成正比,会存在一定的误差。

定义 D/A 转换器的实际输出特性与理想输出特性之间的最大偏差为转换误差,如图 9-10所示,图中虚线表示 D/A 转换器的理想输出特性,实线表示 D/A 转换器的实际输出特性,Δv_O 为转换误差。

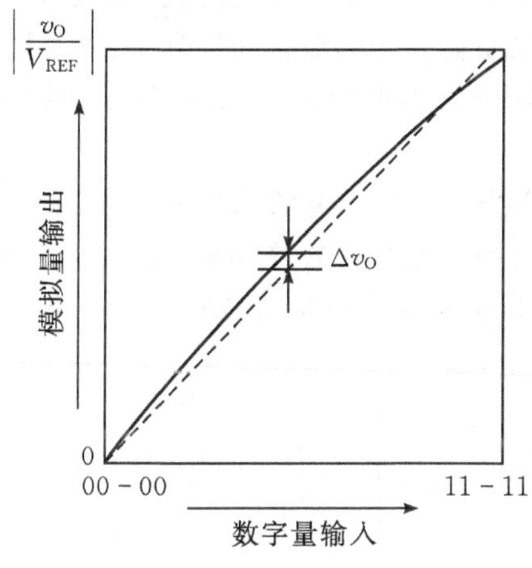

图 9-10 转换误差的定义

另外,D/A 转换的精度还受外部因素影响。当环境温度发生变化、电源电压波动或者受到电磁干扰时,同样会影响转换误差。

2. 转换速度

转换速度用来衡量 D/A 转换速度的快慢,由建立时间定义。D/A 转换器从输入的数字量从全 0 跳变为全 1 时开始,到输出电压稳定在满量程(full scale range,简称 FSR)的 $\pm\frac{1}{2}$LSB(least significant bit,最低有效位)范围内的时间称为建立时间(setup time),用 t_{set} 表示,如图 9-11 所示。

总体来说,DAC 的成本随着分辨率和转换速度的提高而增加,在实际应用中,需要根据系统对转换速度和转换精度的要求选用合适的 DAC。

查阅器件资料可知,DAC0832 的建立时间为 1 μs,AD7520 的建立时间为 500 ns。由于 DAC0832 和 AD7520 均为电流输出型 DAC,需要外接集成运放才能构成 D/A 转换器,因此

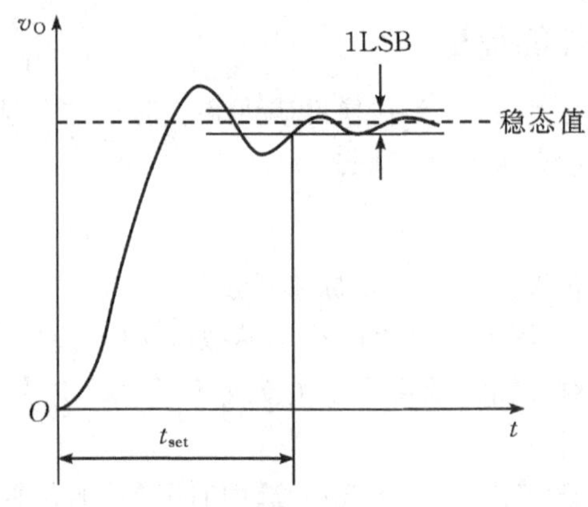

图 9-11 建立时间 t_{set}的定义

D/A 转换的速度不但与 DAC 的建立时间有关，而且与运放的压摆率有密切的关系。所以，应用时不但要选择合适的 DAC，而且需要选择合适的运放。

D/A 转换器的应用非常广泛。在工业控制领域，计算机输出的数字量通过 DAC 转换为模拟信号，用来调节需要控制的物理量，如电机的转速、加热炉的温度等。在自动检测领域，通过数字系统来产生测试所需要的模拟激励信号时，就需要应用 DAC 将数字量转换为模拟量，然后再将被测电路输出的模拟量通过 ADC 转换为数字量，送入计算机进行存储、显示和分析。

【例 9-2】 用数字系统控制电机转速的原理框图如图 9-12 所示，将 DAC 输出 0～2 mA的模拟电流信号放大后控制电机的转速在 0～1000 r/min 变化。如果希望控制电机转速的分辨率小于 2(r/min)，则需要采用几位 DAC？

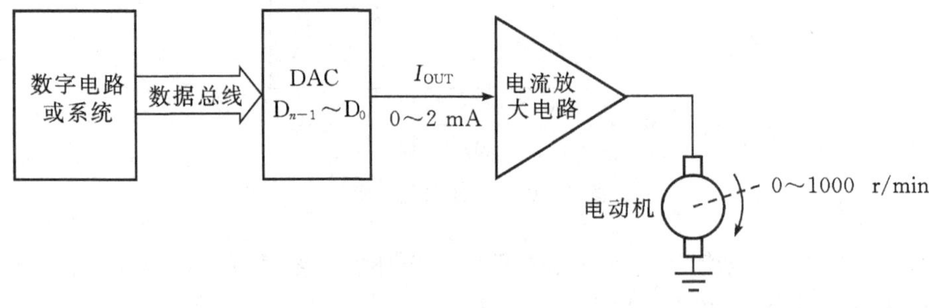

图 9-12 例 9-2 图

分析 转速范围为 0～1000 r/min，要求分辨率小于 2 r/min，所以至少应有 1000/2+1=501 个不同的转速值。这就要求 DAC 至少能够输出 501 个电流值，因此需要采用 9 位 D/A 转换器。

～～～～～～～～～～～～～～～～～～～～**思考与练习**～～～～～～～～～～～～～～～～～～～～

9-4 DAC0832 的建立时间为 1μs，由此推断应用 8 位二进制计数器和 DAC0832 构成的锯齿波产生电路的时钟信号的最高频率和输出锯齿波的周期。

～～

9.1.4* 双极性 D/A 转换方法

图 9-2 所示的权电阻网络 D/A 转换器和图 9-5 所示的梯形网络 D/A 转换器能够将无符号二进制数转换为模拟量。一般地，n 位无符号二进制数的取值范围为 $0\sim2^n-1$，根据 D/A 转换器输出电压与数字量之间的关系

$$v_O=-\frac{V_{REF}}{2^n}D_n$$

可知：当参考电压 V_{REF} 为正时，D/A 转换输出的模拟电压为负；当参考电压 V_{REF} 为负时，输出的模拟电压为正。所以，上述 D/A 转换电路只能输出单一极性的模拟电压，因此称为单极性 D/A 转换器。

数字系统中除了无符号数外，还有有符号数。有符号数可正可负，因此将有符号数转换为模拟量时，我们希望 D/A 转换器能够输出的双极性模拟电压，与有符号数的大小成正比。

下面以 3 位二进制补码为例，分析将有符号二进制数转换为模拟量的原理。

3 位二进制补码表示数的范围为 $-4\sim+3$。由于 DAC0832 为单极性 D/A 转换器，所以将补码作为 DAC0832 的输入数字量时，会被识别为无符号二进制数，表示数的大小为 0～7。因此，需要对 DAC0832 输入的数字量和输出的电压进行调整，才能使输出电压与补码的大小成正比。

3 位二进制补码与无符号二进制数的对应关系以及转换调整原理如表 9-1 所示。

表 9-1　将补码转换双极性模拟量的关系对应表

3 位补码 S,d_1d_0	对应十进制数的大小	希望的转换结果	被识别为无符号数时	实际转换结果 ($V_{REF}=-8$ V 时)	偏移 -4 V 时	符号位取反后
0 1 1	3	3 V	3	3 V	−1 V	3 V
0 1 0	2	2 V	2	2 V	−2 V	2 V
0 0 1	1	1 V	1	1 V	−3 V	1 V
0 0 0	0	0 V	0	0 V	−4 V	0 V
1 1 1	−1	−1 V	7	7 V	3 V	−1 V
1 1 0	−2	−2 V	6	6 V	2 V	−2 V
1 0 1	−3	−3 V	5	5 V	1 V	−3 V
1 0 0	−4	−4 V	4	4 V	0 V	−4 V

从表中可以看出，用 D/A 转换器将 3 位二进制补码转换为双极性模拟电压时，首先需要将补码的符号位取反，再将输出电压偏移 -4 V($0.5V_{REF}$，无符号二进制数 100 对应的输出量)，即可得到正确的双极性转换结果。

根据上述分析，将 3 位补码转换成双极性模拟量的原理电路如图 9-13 所示，其中电流 I_B 的大小为

$$I_B=\frac{|V_B|}{R_B}=\frac{I}{2}=\frac{|V_{REF}|}{2R}$$

用于抵消数码为 100 时所产生 $I/2$ 电流，从而使输入数码为 100 时，D/A 转换器的输出电

压为 0。

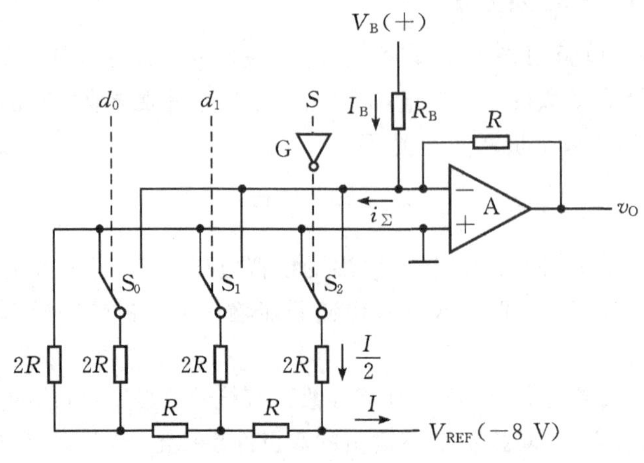

图 9-13 双极性 D/A 转换原理图

上述转换方法可扩展至任意 n 位 D/A 转换器，用于将 n 位有符号二进制数转换为双极性模拟电压。

～～～～～～～～～～～～～～～～～～～～思考与练习～～～～～～～～～～～～～～～～～～～～

9-5* 基于 DAC0832 设计 8 位双极性 D/A 转换器，用于将输入的 8 位有符号数（补码表示）转换为与之成正比的双极性模拟电压。画出设计图。

～～～

9.2 A/D 转换器

A/D 转换器用于将模拟量转换为数字量。A/D 转换需要经过采样、保持、量化与编码四个过程。相应地，A/D 转换器由采样-保持电路和量化与编码电路两部分组成，如图 9-14 所示。

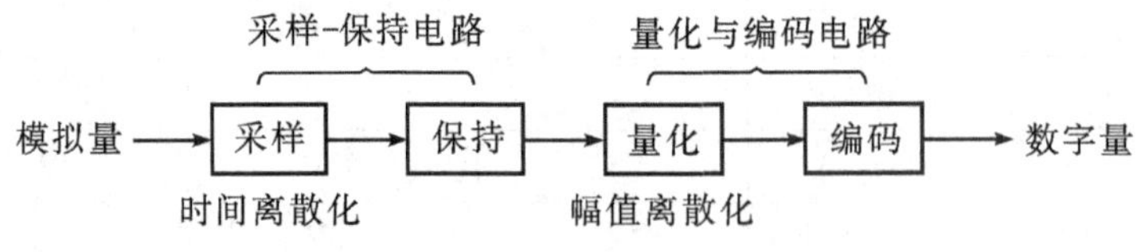

图 9-14 A/D 转换原理

根据量化与编码的原理不同，将 A/D 转换器分为直接型和间接型两大类。

直接型 A/D 转换器能够将模拟量直接转换成数字量，分为并联比较型和反馈比较型两种类型，其中反馈比较型又有计数器型和逐次渐近型两种实现方案。

间接型 A/D 转换器将模拟量先转换成某种中间物理量，再将中间量对应成数字量，分为电压-时间（V-T）型和电压-频率（V-F）型两种类型。V-T 型采用双积分结构，先把输入电压转换为时间，再将时间对应成数字量。V-F 型则应用压控振荡器，先把输入电压转换为频率，再将频率对应成数字量。

本节先讲述采样-保持电路的结构与工作原理，然后重点讲述并联比较型、反馈比较型和双积分型三种量化与编码电路的结构与转换原理。

9.2.1 采样-保持电路

采样是将时间连续、幅值连续的模拟信号转换为时间离散、幅值连续的采样信号，如图9-15所示。为了能够正确地用采样信号表示原模拟信号，采样信号必须要有足够高的频率。

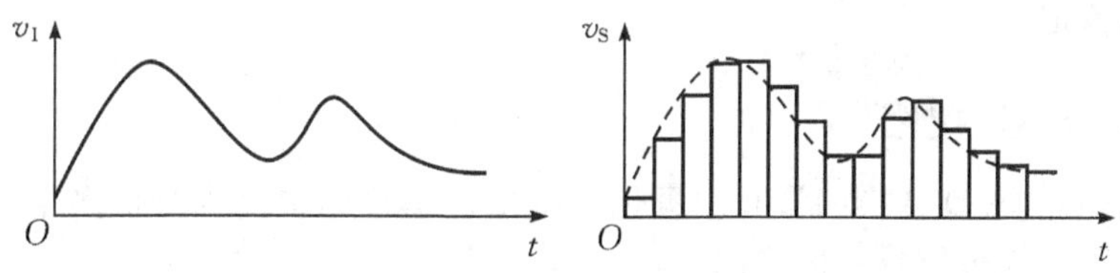

图9-15 模拟信号的采样

信号与系统中证明，为了能够从采样信号中恢复出原来的模拟信号，采样信号的频率 f_s 必须满足

$$f_s \geqslant 2f_{max}$$

其中 f_{max} 表示模拟信号的最高频率。在实际应用时，一般取

$$f_s = (2.5 \sim 4)f_{max}$$

以利于后续低通滤波器的设计。

采样-保持电路的核心为比例-积分电路，如图9-16所示，其中MOS管T为采样开关，受采样信号 v_L 的控制。

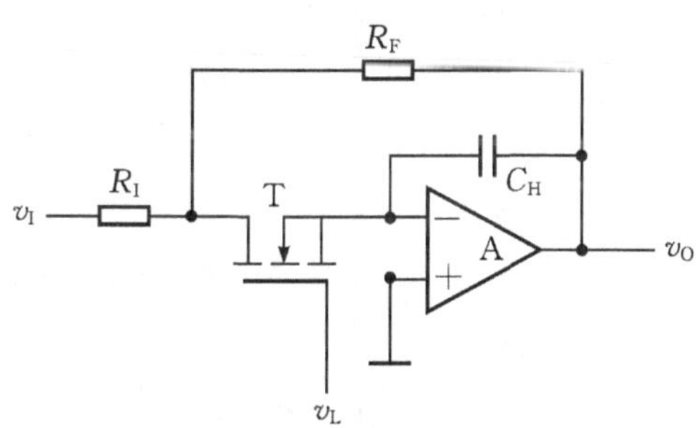

图9-16 采样-保持电路

采样-保持电路的工作过程可以划分两个阶段。

1. 采样阶段

当 v_L 跳变为高电平时，MOS管导通，采样-保持电路开始采样。

设积分器的初始电压为0 V，则采样开始后，积分器的输出电压为

$$v_O = -\frac{1}{RC}\int_0^t v_I \, dt$$

从上式可以看出，采样时间越长，积分器输出电压的绝对值逐渐增大。但是，受到比例电路的限制，采样-保持电路的输出电压最高只能达到

$$v_O = -\frac{R_F}{R_I} v_I$$

若取 $R_F = R_I$，并且采样时间足够长，则在采样结束时，采样-保持电路的输出电压

$$v_O = -v_I$$

2. 保持阶段

当 v_L 跳变为低电平，MOS 管断开，采样过程结束。由于运放的输入电阻趋于无穷大，因此在采样过程中积累到保持电容 C_H 上的电荷没有放电回路，所以输出电压 v_O 在量化与编码期间保持恒定。

9.2.2 量化与编码电路

量化与编码是 A/D 转换的核心。量化是将采样信号的幅度划分成多个电平量级。编码是对每一电平量级分配唯一的代码。

若将幅度为 0～1 V 的模拟电压量化为三位二进制码，有表 9-2 所示的两种量化方案。

第一种方案是将 0～1 V 划分为 8 个等宽度区间，然后将 0～1/8 V 认为是 0 V，编码成 000；将 1/8～2/8 V 认为是 1/8 V，编码成 001；将 2/8～3/8 V 认为是 2/8 V，编码成 010；依次类推，将 7/8～1 V 认为是 7/8 V，编码成 111。这种方法和计算机语言中截断取整的方法类似，即使输入电压小于但非常接近于 2/8 V，也会被当作 1/8 V，编码为 001，所以这种方案的最大量化误差为 1/8 V。

表 9-2 两种量化方案

第一种方案			第二种方案		
输入电压/V	二进制编码	表示的模拟电压/V	输入电压/V	二进制编码	表示的模拟电压/V
7/8～1	111	7/8	13/15～1	111	14/15
6/8～7/8	110	6/8	11/15～13/15	110	12/15
5/8～6/8	101	5/8	9/15～11/15	101	10/15
4/8～5/8	100	4/8	7/15～9/15	100	8/15
3/8～4/8	011	3/8	5/15～7/15	011	6/15
2/8～3/8	010	2/8	3/15～5/15	010	4/15
1/8～2/8	001	1/8	1/15～3/15	001	2/15
0～1/8	000	0	0～1/15	000	0
量化误差为 1/8 V			量化误差为 1/15 V		

第二种方案是将 0～1 V 的信号划分为 8 个不全等的区间，如表 9-2 所示，然后将 0～1/15 V 认为是 0 V，编码成 000；将 1/15～3/15 V 认为是 2/15 V，编码成 001；将 3/15～5/15 V 认为是 4/15 V，编码成 010；依次类推，将 13/15～1 V 认为是 14/15 V，编码成 111。这种方法和计算机语言中舍入取整的方法类似，最大量化误差为 1/15 V。由于这种方案的量化误差只有 1/15 V，约为第一种方案的一半，所以通常都采用这种方案进行量化。

1. 并联比较型

在化学实验中会用到图 9-17 所示的量杯，用来测量液体的体积。将液体到入量杯，根

据量杯上的刻度和液面的位置即可测出液体的体积。

并联比较型 A/D 转换的原理与量杯测体积的原理类似。

三位并联比较型 A/D 转换器量化与编码的原理电路如图 9-18 所示，将待转换的模拟电压 v_I 同时加到 7 个比较器的同相输入端，与内部 8 个串联电阻构成的分压网络确定的参考电压 $(13/15)V_{REF}$、$(11/15)V_{REF}$、$(9/15)V_{REF}$、$(7/15)V_{REF}$、$(5/15)V_{REF}$、$(3/15)V_{REF}$ 和 $(1/15)V_{REF}$ 进行比较。这些参考电压相当于量杯上的刻度。如果 v_I 的幅度大于某个参考电压，则相应的比较器输出为 1，否则输出为 0。例如，当 v_I 的幅度在 $(3/15)V_{REF} \sim (515)V_{REF}$ 时，比较器输出为 0000011；当 v_I 的幅度在 $(9/15)V_{REF} \sim (11/15)V_{REF}$ 时，比较器输出为 0011111。因此，输入模拟电压 v_I 经过 7 个比较器的同时比较，能够立即将模拟信号 v_I 的幅度量化成数字量。

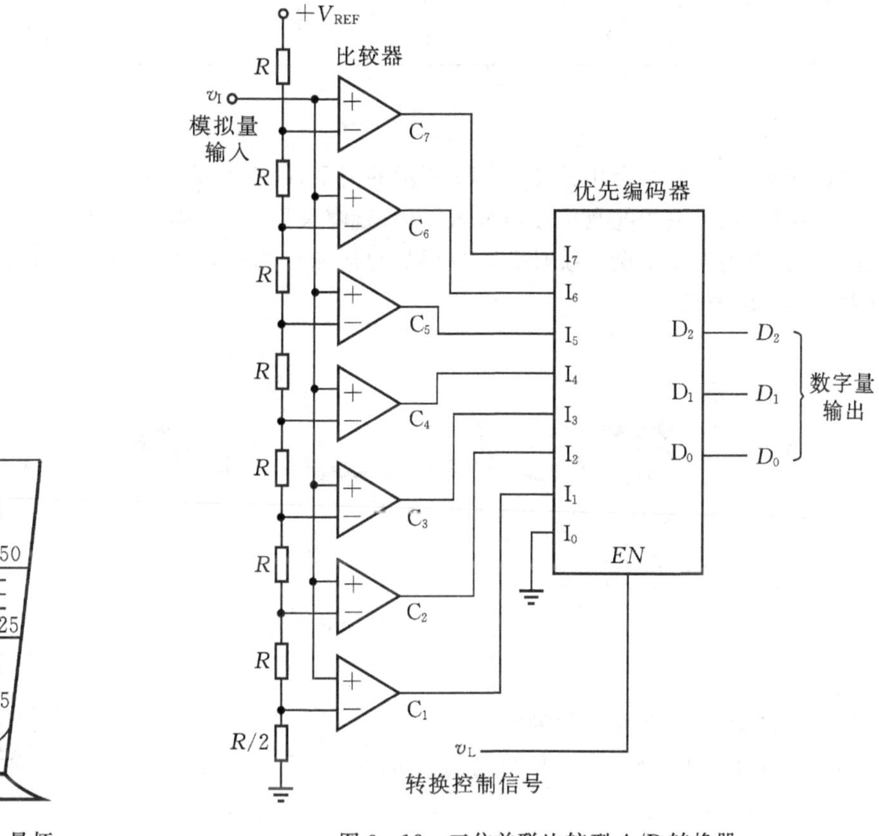

图 9-17　量杯

图 9-18　三位并联比较型 A/D 转换器

但是，这种量化结果并不是期望的二进制数码，还需要经过 8 线-3 线优先编码器将比较器输出的数字量编码成二进制形式输出。编码器的真值表如表 9-3 所示。

并联比较型 A/D 转换器只需要一次比较，就可以将模拟量转换为数字量，是目前所有 A/D 转换器中速度最快的，每秒可以转换千万次以上。但是，从图 9-18 所示的编码电路可以看出，将模拟量转换为 3 位二进制数就用了 7 个比较器、7 位寄存器和一个 8 线-3 线优先编码器。如果要将模拟量转换成 8 位二进制数，则需要使用 255 个比较器、255 位寄存器和 256 线-8 线优先编码器。因此，并联比较型 A/D 转换器的成本很高。

表 9-3 图 9-18 量化编码电路真值表

输入模拟电压 v_I	七个比较器的输出							编码器的输出
	C_7	C_6	C_5	C_4	C_3	C_2	C_1	$d_2\ d_1\ d_0$
$0\sim(1/15)V_{REF}$	0	0	0	0	0	0	0	0 0 0
$(1/15)V_{REF}\sim(3/15)V_{REF}$	0	0	0	0	0	0	1	0 0 1
$(3/15)V_{REF}\sim(5/15)V_{REF}$	0	0	0	0	0	1	1	0 1 0
$(5/15)V_{REF}\sim(7/15)V_{REF}$	0	0	0	0	1	1	1	0 1 1
$(7/15)V_{REF}\sim(9/15)V_{REF}$	0	0	0	1	1	1	1	1 0 0
$(9/15)V_{REF}\sim(11/15)V_{REF}$	0	0	1	1	1	1	1	1 0 1
$(11/15)V_{REF}\sim(13/15)V_{REF}$	0	1	1	1	1	1	1	1 1 0
$(13/15)V_{REF}\sim V_{REF}$	1	1	1	1	1	1	1	1 1 1

2. 反馈比较型

在物理实验中，通常会用到图 9-19 所示的天平，用于称量物体的质量。将待测物体放入一边的托盘，在另一边托盘中逐步放入砝码，观察天平是否平衡。如果不平衡则继续放入和调整砝码，直到天平平衡。统计放入砝码的总质量即为重物的质量。曹冲称象是就是采用这种反馈比较原理。

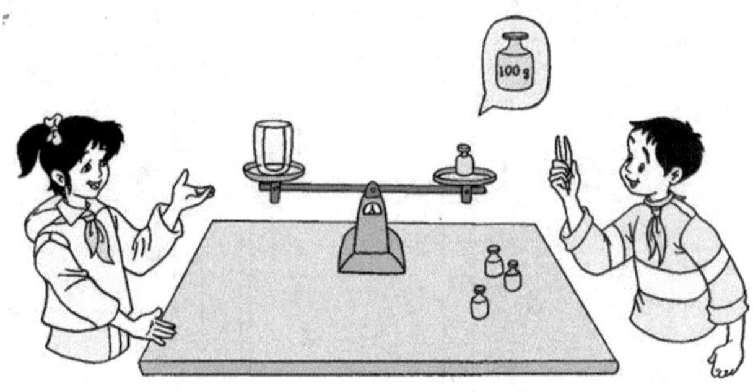

图 9-19 天平称重物

反馈比较型 A/D 转换有两种实现方案。

第一种方案称为计数型，量化与编码电路的原理框图如图 9-20 所示。这种方案相当

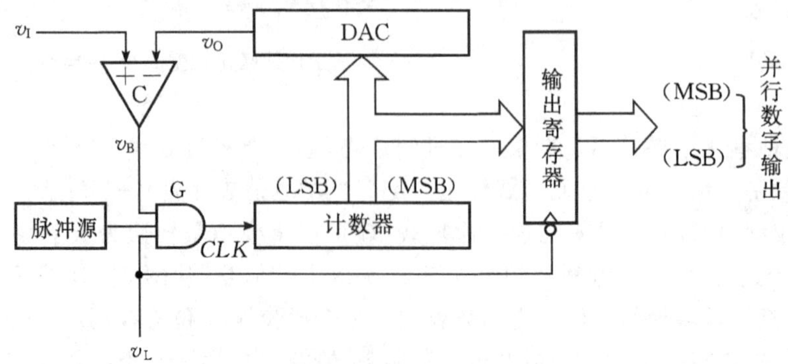

图 9-20 计数型 A/D 转换器量化与编码电路原理框图

于天平的每个砝码重量都一样，一次放入一个，直到天平平衡为止。

计数型 A/D 转换器具体的工作过程是：初始化时先将计数器清零；转换控制信号 v_L 跳变为高电平时转换开始。若 $v_I \neq 0$，则 $v_B = 1$，脉冲源通过与门 G 为计数器提供时钟脉冲。在时钟脉冲的作用下，DAC 转换器输出的模拟电压 v_O 随着计数值的增加而增大。当 $v_O = v_I$ 时 $v_B = 0$，与门 G 关闭，计数器因为没有时钟而处于保持状态；v_L 跳变为低电平后转换结束，计数器中的数字量即为转换结果，通过输出寄存器输出到总线。

计数型 A/D 转换器原理简单，易于实现，但效率很低。n 位计数型 A/D 转换器转换一次的时间为 $(2^n - 1)T_{CLK}$，其中 T_{CLK} 为时钟脉冲的周期。

第二种方案称为逐次渐近型，量化与编码电路的原理框图如图 9－21 所示。这种方案相当于天平砝码的权值各不同。先放入最重的砝码、观察天平是否平衡，不平衡时再判断哪边重。若重物重则保留这个砝码，若重物轻则去掉这个砝码。继续放入次重的砝码观察天平是否平衡以确定次重砝码的取舍。依次放入其他砝码并进行比较，直到比较完最轻的砝码为止。

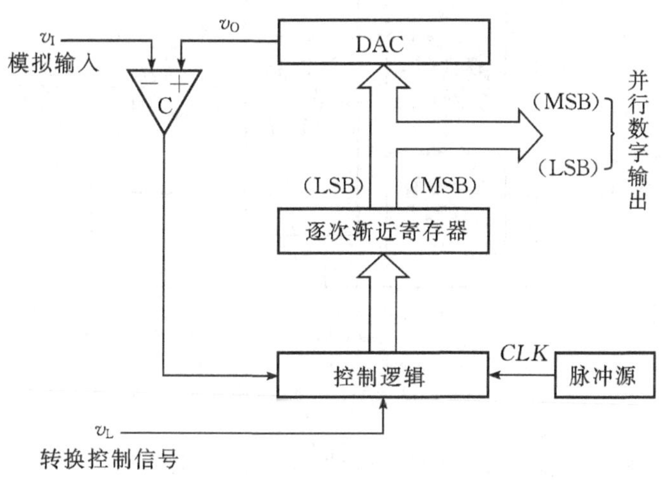

图 9－21　逐次渐近型 A/D 转换器量化与编码电路原理框图

逐次渐近型 A/D 转换器具体的转换过程是：初始化时先将逐次渐近寄存器清零。转换控制信号 v_L 跳变为高电平时转换开始。在控制逻辑的作用下，第一个时钟时先将逐次渐近寄存器的最高位置 1，形成的数字量“10…0”经 D/A 转换后送入比较器 C 与 v_I 进行比较。第二个时钟时将逐次渐近寄存器的次高位置 1，同时根据第一次的比较结果决定最高位的取舍。若 $v_O < v_I$ 说明数字量小，则保留最高位，否则清除最高位。将新形成的数字量经 D/A转换后再与 v_I 进行比较。若 $v_O < v_I$，则次高位在第三个时钟时保留，否则被清除。从最高位到最低位依次置 1 和比较，直至处理完逐次渐近寄存器的最低位。v_L 跳变为低电平后转换结束，逐次渐近寄存器中的数字量即为转换结果。

逐次渐近型 A/D 转换器的转换效率远高于计数型。对于 8 位 A/D 转换器，从最高到最低每位的权值依次为 128、64、32、16、8、4、2 和 1。在第一个脉冲作用下先将逐次渐近寄存器清零，再经过 8 次置 1 和比较，再加上一个脉冲用于输出，所以只需要 10 个时钟脉冲即可完成一次转换，而 8 位计数型 A/D 转换器则需要 255 个时钟脉冲。一般地，n 位逐次渐近型 A/D 转换器转换一次需要 $n+2$ 个时钟脉冲。

ADC0809 是集成 8 位 A/D 转换器，内部电路框图如图 9－22 所示，由 8 路模拟开关、地址锁存与译码器、逐次渐近型 A/D 转换器和三态输出锁存缓冲器组成。$IN_0 \sim IN_7$ 为 8 路模拟量输入通道，$ADDC \sim A$ 为三位地址。ALE 为地址锁存允许信号，高电平有效。当 ALE 为高电平时，地址锁存与译码器将三位地址 $ADDC$、$ADDB$、$ADDA$ 锁定，经译码后选定待转换通道。$START$ 为转换启动信号，上升沿时将内部寄存器清零，下降沿时启动转换。EOC 为转换结束标志信号，为高电平时表示转换结束，否则表示“正在转换中”。OE 为输出允许信号，为高电平时输出转换完成的数字量 $D_7 \sim D_0$，为低电平时输出数据线呈高阻状态。CLK 为时钟脉冲，通常取时钟频率为 640 kHz。$V_{REF(+)}$、$V_{REF(-)}$ 为参考电压输入端。

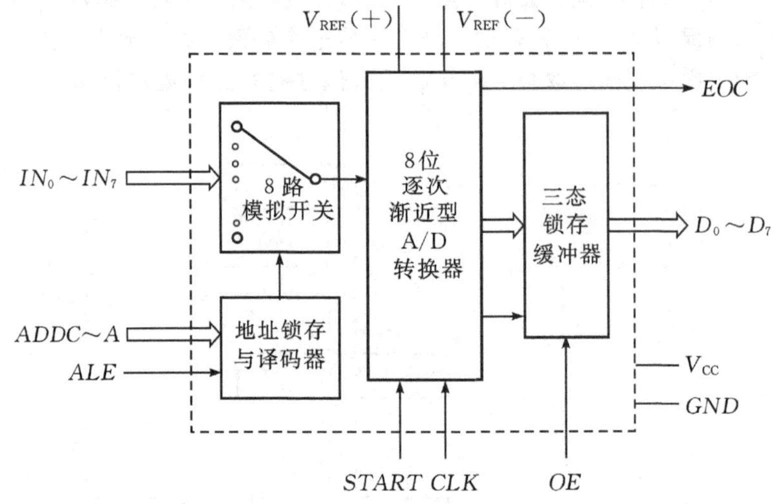

图 9－22 ADC0809 结构框图

ADC0809 能够对 8 路模拟量进行分时转换，其工作时序如图 9－23 所示。ALE 和 $SATRT$ 通常由一个信号控制，上升沿时锁存通道地址并将逐次渐近寄存器清零，下降沿时启动转换。转换开始后，EOC 跳变为低电平表示“正在转换中”。转换完成后，EOC 自动返回高电平，表示转换已经结束。OE 为高电平时，转换完成的数字量将送到数据总线 $D_7 \sim D_0$ 上，供微控制器读取。

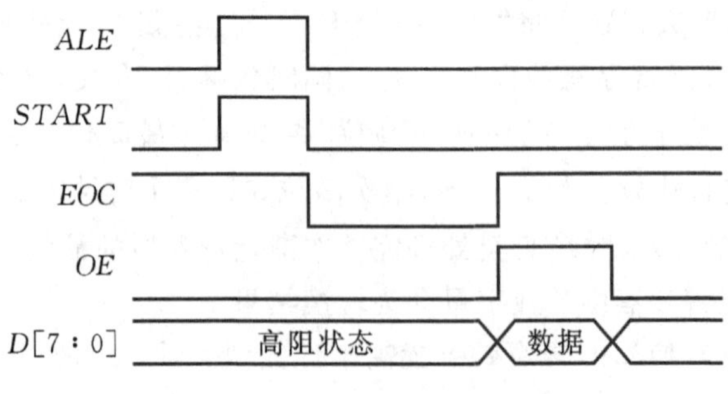

图 9－23 ADC0809 工作时序图

3. 双积分型

双积分型A/D转换的基本原理是先将输入电压转换成与其幅度成正比的时间间隔，然后再将时间间隔对应成数字量。

双积分型A/D转换器的量化与编码原理电路如图9-24所示，主要由电子开关S_0和S_1、积分器A、比较器C、与非门G和n位计数器等部件组成。

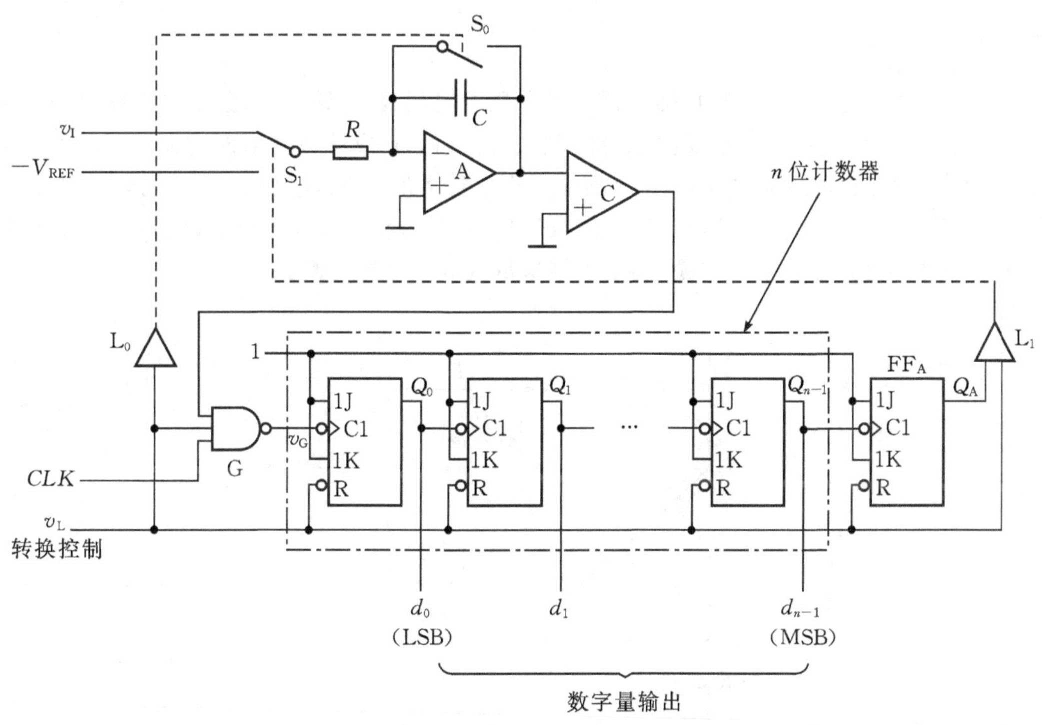

图9-24　双积分型A/D转换器的原理电路

双积分A/D转换具体的工作过程是：

(1)转换开始前，转换控制信号v_L为低电平将n位计数器清零，控制电子开关S_0闭合使积分器输出为零，同时将电子开关S_1切换到待转换的模拟信号v_I；

(2)转换控制信号v_L跳变为高电平后，开关S_0断开，积分器从零开始对输入电压v_I进行正向积分，这时积分器输出负电压的幅值逐渐增大，因此比较器输出为高电平，时钟脉冲CLK通过与非门使n位计数器从零开始计数；

(3)当n位计数器从全0计到全1后，再经过一个时钟脉冲触发器FF_A翻转，Q_A跳变为高电平控制电子开关S_1切换到与v_I极性相反的基准电压$-V_{REF}$，开始反向积分过程；

(4)在反向积分过程中，计数器重新从全0开始计数，同时积分器输出的负电压值随着反向积分过程的进行逐渐减小。当积分器的输出电压返回0 V时，比较器输出为0控制与非门关闭，计数器停止计数，完成了一次转换过程。这时计数器的计数值即为转换的数字量。

如果将正向积分时间用T_1表示，则$T_1=2^nT_{CLK}$，其中T_{CLK}为时钟脉冲的周期。正向积分完成后积分器的输出电压

$$v_O=-\frac{1}{RC}\int_0^{T_1}v_I\mathrm{d}t=-\frac{T_1}{RC}v_I$$

设反向积分时长为 T_2，则

$$-\frac{T_1}{RC}v_I+\left(-\frac{1}{RC}\right)\int_0^{T_2}(-V_{REF})\mathrm{d}t=0$$

由上式解得

$$T_2=\frac{T_1}{V_{REF}}v_I=\frac{2^n T_{CLK}}{V_{REF}}v_I=Kv_I$$

其中 $K=\frac{2^n T_{CLK}}{V_{REF}}$。

由上式可看出，双积分 A/D 转换器的反向积分时间 T_2 与输入电压 v_I 成正比，即 v_I 越大，反向积分时间 T_2 越长。在反向积分时间 T_2 范围内，n 位计数器对时钟源 CLK 进行计数，T_2 越长，则计数值越大，如图 9-25 所示。由于计数值与 T_2 成正比，而 T_2 与输入电压 v_I 成正比，所以反向积分过程得到的计数值自然也与输入电压 v_I 成正比，从而将输入模拟电压 v_I 转换成与之成正比的数字量，实现了模拟量到数字量的转换。

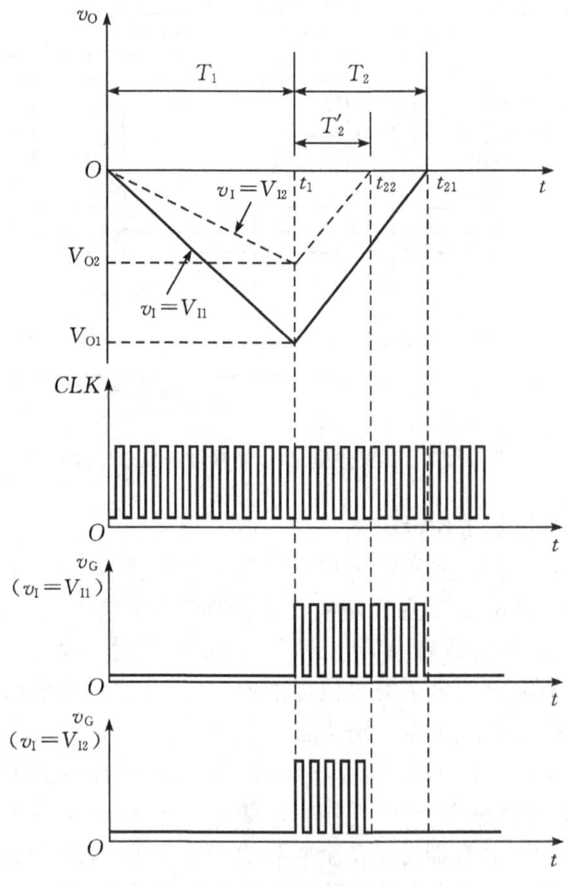

图 9-25　双积分 A/D 转换器的工作波形

由于积分器只对输入信号的平均值响应，所以对均值为 0 的随机噪声信号具有很强的抑制能力。因此，双积分型 A/D 转换器的突出优点是抗干扰能力强。另外，由于反向积分时间 T_2 与 R、C 的具体数值无关，所以对积分元件 R 和 C 的精度要求不高，因此双积分型

A/D 转换器的稳定性好。

双积分型 A/D 转换器需要经过一次正向积分过程和一次反向积分过程才能完成转换，所以速度慢，最大转换时间为 $2^{n+1}T_{CLK}$，属于低速型 A/D 转换器，一般转换时间在几十毫秒到几百毫秒范围内，即每秒只能完成几次到几十次转换。在工业控制以及仪器仪表等应用领域，毫秒级的转换速度完全能够满足应用需求，因此，双积分型 A/D 转换器以其抗干扰性能强、工作稳定性好正好有了用武之地。

ICL7107 是集成 3½ 位双积分型 A/D 转换器，输出(三位半)BCD 码的范围为 0000～1999。ICL7107 内含有七段译码器、显示驱动器、参考源和时钟电路，只需要外接十个无源元件和 LED 数码管就可以构成高性能的测量仪表，其典型应用电路如图 9-26 所示。

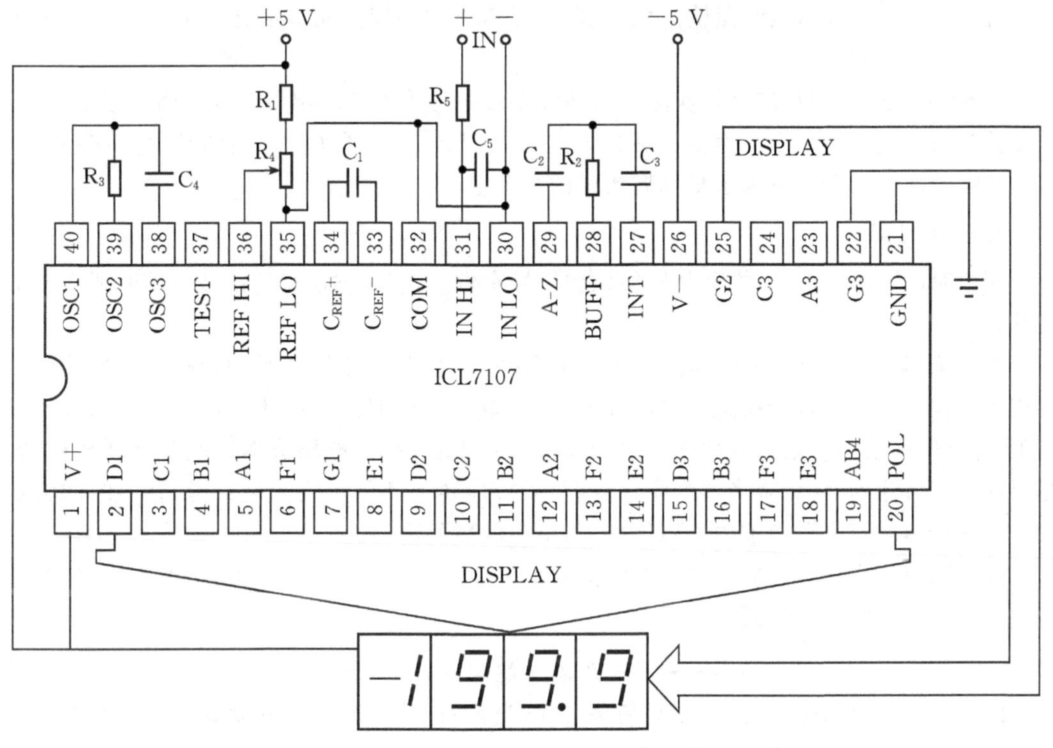

图 9-26　ICL7107 典型应用电路

ICL7135 是集成 4½ 位双积分型 A/D 转换器，输出(四位半)BCD 码的范围为 00000～19999。ICL7135 只需要外接译码器、数码管、驱动器以及阻容等元件，就可组成一个满量程为 2 V 的高精度测量仪表。具体应用电路可参考器件手册。

思考与练习

9-6　在 A/D 转换过程中，采样-保持电路的作用是什么？

9-7　什么是量化误差？如何减小量化误差？

9-8　并联比较型 A/D 转换器是否需要外加采样-保持电路？试分析说明。

9.2.3 A/D转换器的性能指标

转换精度和转换速度是衡量A/D转换器性能的两项主要指标。不同的应用场合应选用不同类型的A/D转换器,以满足对转换精度和转换速度的不同需求。

1. 转换精度

转换精度用分辨率和转换误差两项指标来描述。

分辨率表示A/D转换器对输入模拟量的分辨能力。从理论上讲,n位A/D转换器应该能够区分出2^n个不同等级的输入电压,或者说,能够区分出的最小输入电压为满量程电压的$1/2^n$。因此,当输入电压范围一定时,A/D转换器输出数字量的位数越多,分辨率越高。对于8位A/D转换器,当输入信号在0～5 V范围内时,能够区分出最小输入电压为$(5/2^8 \approx)19.5$ mV。

转换误差表示A/D转换器实际输出的数字量和理论上应输出数字量之间的差值,通常以最低有效位的倍数表示。例如,"转换误差≤±LSB/2"表明实际输出的数字量和理论上输出数字量之间的误差不大于最低有效位的半个字。

2. 转换时间

转换时间是指A/D转换器从转换控制信号有效开始,到输出稳定的数字信号所需要的时间。

A/D转换器的转换时间与量化与编码电路的类型有关,不同类型的转换器转换速度差异很大。并联比较型的转换速度最高,8位A/D转换器的时间可以达到50 ns以内;逐次渐近型A/D转换器的转换速度次之,转换时间在1～100 μs,但电路成本远低于并联比较型,是目前广泛应用的A/D转换器产品。双积分A/D转换器的转换速度最慢,转换时间大都在几十毫秒至几百毫秒范围内,满足仪表与检测领域的需要。

在实际应用中,选用A/D转换器时需要从精度要求、输入模拟量的范围和极性、转换速度以及价格等方面综合考虑。

～～～～～～～～～～～～～～～～～～～**思考与练习**～～～～～～～～～～～～～～～～～～～

9-9　某同学用量程为0～5 V的A/D转换器对0～0.5 V的模拟信号进行转换。你认为是否合适?有没有更好的解决方案?

9-10　ADC0809在640 kHz时钟信号的作用下,转换一次所需要的时间为100 μs,由此推断ADC0809能够不失真采样模拟信号的最高频率,并分析ADC0809能否有能力处理20 Hz～20 kHz的音频信号。

9-11　选用A/D转换器进行模数转换时应考虑哪些主要问题?

～～

9.3* 有限状态机设计方法

时序电路在外部时钟及输入信号作用下在有限个状态之间进行转换,所以时序电路又称为有限机状态机,简称为状态机。

在Verilog HDL中,应用"状态机"描述时序逻辑电路具有以下主要优点:

(1)模式固定,结构清晰;

(2)容易构成性能良好的同步时序电路;

(3)在高速运算和实时控制方面具有巨大的优势。

9.3.1 状态机一般设计方法

有限状态机设计方法具有固定的模式。其设计的基本步骤如下。

1. 定义状态

确定工作状态是状态机设计的关键。根据设计要求,确定状态机内部的状态数并且定义每个状态的具体含义。

2. 建立状态转换图

根据状态的含义和输入信号,画出状态转换图。通常从系统的初始状态、复位状态或者空闲状态开始,标出每个状态的转换方向、转换条件以及相应的输出信号。

3. 确定状态机过程

状态机可划分为时序逻辑和组合逻辑两部分。时序逻辑部分用于描述时序电路状态的转换关系,组合逻辑部分用于确定次态及输出。

Verilog HDL 用过程语句描述有限状态机。由于次态是现态及输入信号的函数,因此需要将现态和输入信号作为过程的敏感信号或者触发信号,应用 always 过程语句结合 case、if 等高级语言语句及赋值语句实现。

有限状态机设计可采用一段式、两段式和三段式三种描述方式。

一段式状态机把组合逻辑和时序逻辑用一个 always 过程语句描述,输出为寄存器输出,无竞争-冒险现象。但这种描述方式结构不清晰,代码难于修改和调试。

两段式状态机应用两个 always 语句,一个用于描述时序逻辑,另一个用于描述组合逻辑。时序 always 语句描述状态的转换关系,组合 always 语句描述次态及输出。

两段式状态机结构清晰,但由于输出为组合逻辑电路,容易产生竞争-冒险,因此用输出信号作为时序模块的时钟或者作为锁存器的输入时会产生致命性的影响。

三段式状态机应用三个 always 语句。用一个时序 always 语句来描述状态的转换关系。用一个组合 always 语句来确定电路的次态,用一个 always 语句来描述输出。其中输出既可以描述为组合逻辑电路,也可以描述为时序逻辑电路。

三段式状态机描述为时序输出时,不易产生竞争-冒险。

随着 FPGA 的密度越来越大、成本越来越低,三段式状态机因其结构清晰,代码简洁规范,并且不易产生竞争-冒险而得到了广泛应用。

三段式 Moore 型状态机的描述模板如下:

```
//第一个always,时序逻辑,描述状态的转换关系
always @ (posedge clk or negedge rst_n)
  if(! rst_n)                              //异步复位
    current_state <= IDLE;
  else
    current_state <= next_state;           //使用非阻塞赋值
```

```
//第二个always,组合逻辑,描述次态的转移条件
always @ (current_state,input_signals)        //电平敏感条件
  begin
    case (current_state)
      S1: if (...)  next_state = S2;          //阻塞赋值
      S2: ... ;
      ... : ... ;
      default: ...;
    endcase
end
//第三个always描述输出,组合逻辑时
always @ (current_state)
  case(current_state)
    S1: out = ...;                            //阻塞赋值
    S2: out = ...;
    default: ...;
  endcase
//第三个always描述输出,时序逻辑时
always @ (posedge clk or negedge rst_n)
                                              //初始化
  case(current_state)
    S1: out <= ...;                           //非阻塞赋值
    S2: out <= ...;
    default: ...;
  endcase
end
```

9.3.2 状态编码

状态编码又称为状态分配。状态编码方案选择得当,既能简化电路设计,又可以避免竞争-冒险,反之会导致占用资源多、速度降低或可靠性差等问题。设计时需要综合考虑电路复杂度和性能因素。

状态编码通常有顺序编码、格雷码编码和一位热码编码(one-hot encoding)三种编码方式。

顺序编码使用的状态寄存器最少,但状态转换过程中可能有多位同时发生变化,因此容易产生竞争-冒险。

格雷码编码在相邻状态之间转换时只有1位发生变化,但在非相邻状态状之间转换时仍有多位同时发生变化的情况,因此只适合于编码一些基本的时序电路,如二进制计数器。

一位热码是指对于任一个状态编码中只有1位为1,其余位均为0,因此对 n 个状态编码需要使用n 个触发器。采用一位热码编码方案的状态机任意两个状态间转换时只有两位

同时发生变化，因而可靠性比顺序编码方案高，但占用的触发器比顺序编码和格雷码多。

一位热码编码方式具有设计简单、修改灵活、易于综合和调试等优点。虽然使用的触发器多，但由于状态译码简单，因而简化了组合逻辑电路设计。对于寄存器数量很多的 FPGA 来说，采用一位热码编码可以有效地提高电路的速度和可靠性，也有利于提高器件资源的利用率。但一位热码编码方式不可避免地会出现大量无效状态。若不对无效状态进行处理，状态机可能进入无效状态出现短暂失控或者始终无法进入正常状态循环而失效。因此，对无效状态的处理即容错技术是必须要考虑的问题。

无效状态的处理大致有如下三种方式：

(1)转入空闲状态，等待下一个任务的到来；

(2)转入指定的状态，去执行特定任务；

(3)转入预定义的专门处理错误的状态，如预警状态。

9.3.3 状态机设计实例

A/D 转换器的传统控制方法是用微控制器(micro-controller)按工作时序控制 A/D 转换器完成数据采集过程。受微控制器工作速度的限制，这种控制方式在实时性方面有很大的局限性。若用状态机控制 A/D 转换器，则不仅速度快，而且可靠性高，这是传统控制方法无法比拟的。

【例 9－3】 设计 A/D 转换控制器，控制 ADC0809 对 8 路模拟量进行巡回转换。

ADC0809 是八路 8 位逐次渐近式 A/D 转换器，其内部结构框图和工作时序分别如图 9－22和 9－23 所示。根据 ADC0809 的工作时序，可将一次转换过程划分为 st0～st4 五个状态阶段，各个状态的含义及输出如表 9－4 所示，状态图如图 9－27 所示。

表 9－4 转换控制器状态定义表

状态	含义	输入	输出			
			ALE	*START*	*OE*	*LOCK*
st0	A/D 初始化	×	0	0	0	0
st1	启动 A/D 转换	×	1	1	0	0
st2	A/D 转换中	EOC	0	0	0	0
st3	转换结束，输出数据	×	0	0	1	0
st4	锁存转换数据	×	0	0	1	1

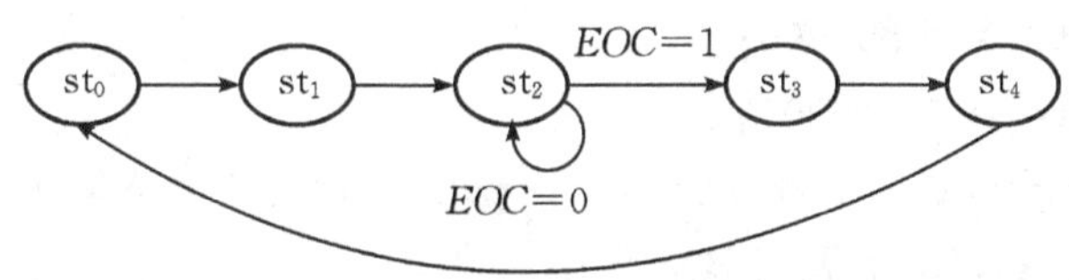

图 9－27 ADC0809 控制器状态转换图

根据图 9－27 所示的状态转换关系，结合有限状态机三段式描述方法，设计出 A/D 转换控制器的结构框图如图 9－28 所示。

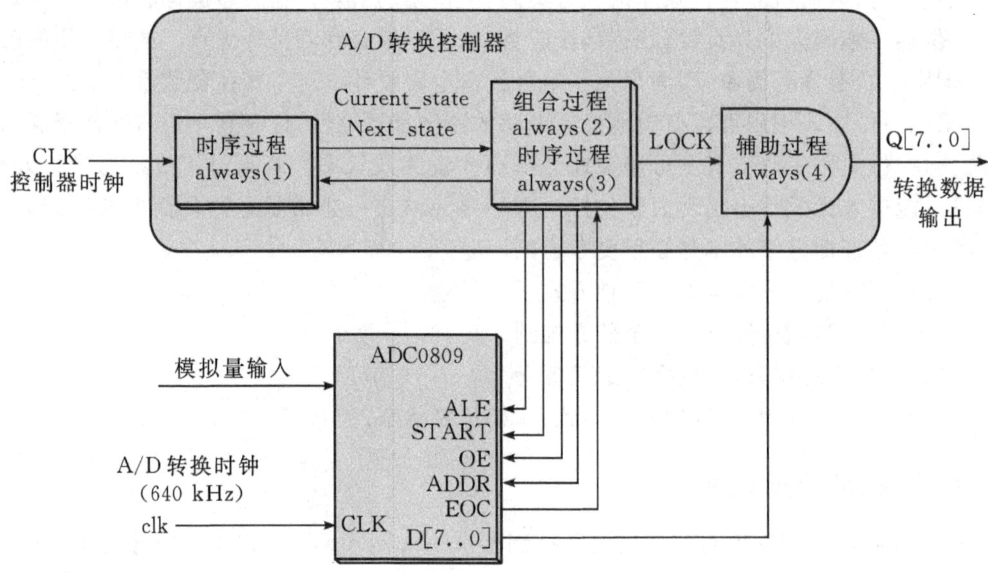

图 9-28 A/D 转换控制器结构框图

ADC0809 转换控制器的 Verilog HDL 代码如下：

```
module adc0809_controller(clk,rst_n,eoc,d,start,ale,oe,lock,addr,q);
   input clk,rst_n,eoc;
  input [7:0] d;
  output start,ale,oe,lock;
  output [2:0] addr;
  output [7:0] q;

  reg start,ale,oe,lock;
  reg [2:0] addr;
  reg [7:0] q;
  localparam st0 = 5'b00001;     //状态定义及编码,一位热码方式
  localparam st1 = 5'b00010;
  localparam st2 = 5'b00100;
  localparam st3 = 5'b01000;
  localparam st4 = 5'b10000;
  reg [4:0] curr_state,next_state;     //定义状变变量寄存器
  //时序逻辑过程,描述状态转换
  always @(posedge clk or negedge rst_n)
    if (! rst_n)
      curr_state <= st0;
    else
```

```
      curr_state <= next_state;
  //组合逻辑过程,确定次态
  always @(curr_state,eoc)
    case (curr_state)
      st0: next_state = st1;
      st1: next_state = st2;
      st2: if (eoc)
             next_state = st3;
           else
             next_state = st2;
      st3: next_state = st4;
      st4: next_state = st0;
      default: next_state = st0;
    endcase
  //组合逻辑过程,确定输出
  always @(curr_state)
    case (curr_state)
      st0: begin start = 1'b0; ale = 1'b0; oe = 1'b0; lock = 1'b0; end
      st1: begin start = 1'b1; ale = 1'b1; oe = 1'b0; lock = 1'b0; end
      st2: begin start = 1'b0; ale = 1'b0; oe = 1'b0; lock = 1'b0; end
      st3: begin start = 1'b0; ale = 1'b0; oe = 1'b1; lock = 1'b0; end
      st4: begin start = 1'b0; ale = 1'b0; oe = 1'b1; lock = 1'b1; end
    default: begin start = 1'b0; ale = 1'b0; oe = 1'b0; lock = 1'b0; end
    endcase
  //辅助过程,锁存和切换通道
  always @(posedge lock)
    begin
      q<=d;                    //锁存转换结果
      addr<=addr+1'b1;         //切换通道,实现 8 路巡回转换
    end
endmodule
```

【例 9-4】 用状态机设计数码管控制电路,能够在一个数码管上依次自动显示自然数序列(0~9)、奇数序列(1、3、5、7、9)、音乐序列(0~7)和偶数序列(0、2、4、6、8)。

分析 自然序列有 10 个数码,奇数序列和偶数序列分别有 5 个数码,音乐顺序有 8 个数码,因此一个完整的显示循环共 28 个数码。

用状态机设计的思路是:设计一个 28 进制计数器,分别在 28 状态时输出要求的 28 个 BCD 码,然后用显示译码器将 BCD 码转换为七段码输出。Verilog HDL 描述代码如下:

```
module LED_Controller(iCLK,oSEG7);
  input iCLK;
```

```
output reg [6:0] oSEG7;
reg [4:0] Qtmp;
reg [3:0] DISP_BCD;
always @(posedgeiCLK)                       //描述 28 进制计数器,时序逻辑
   if (Qtmp = = 5'd27)
       Qtmp <= 5'd0;
  else
       Qtmp <= Qtmp + 1;
always @(Qtmp)                              //内部组合逻辑
  case(Qtmp)
    5'd0:DISP_BCD = 4'd0;                   //自然数序列
    5'd1:DISP_BCD = 4'd1;
    5'd2:DISP_BCD = 4'd2;
    5'd3:DISP_BCD = 4'd3;
    5'd4:DISP_BCD = 4'd4;
    5'd5:DISP_BCD = 4'd5;
    5'd6:DISP_BCD = 4'd6;
    5'd7:DISP_BCD = 4'd7;
    5'd8:DISP_BCD = 4'd8;
    5'd9:DISP_BCD = 4'd9;
    5'd10:DISP_BCD = 4'd1;                  //奇数序列
    5'd11:DISP_BCD = 4'd3;
    5'd12:DISP_BCD = 4'd5;
    5'd13:DISP_BCD = 4'd7;
    5'd14:DISP_BCD = 4'd9;
    5'd15:DISP_BCD = 4'd0;                  //音乐序列
    5'd16:DISP_BCD = 4'd1;
    5'd17:DISP_BCD = 4'd2;
    5'd18:DISP_BCD = 4'd3;
    5'd19:DISP_BCD = 4'd4;
    5'd20:DISP_BCD = 4'd5;
    5'd21:DISP_BCD = 4'd6;
    5'd22:DISP_BCD = 4'd7;
    5'd23:DISP_BCD = 4'd0;                  //偶数序列
    5'd24:DISP_BCD = 4'd2;
    5'd25:DISP_BCD = 4'd4;
    5'd26:DISP_BCD = 4'd6;
    5'd27:DISP_BCD = 4'd8;
    default:DISP_BCD = 4'd0;
```

```
    endcase
  always @ (negedgeiCLK)                    //定义输出,时序逻辑
    case (DISP_BCD)                         //显示译码
      4'd0: oSEG7 <= 7'b1000000;            //对应 gfedcba 段,低电平有效
      4'd1: oSEG7 <= 7'b1111001;
      4'd2: oSEG7 <= 7'b0100100;
      4'd3: oSEG7 <= 7'b0110000;
      4'd4: oSEG7 <= 7'b0011001;
      4'd5: oSEG7 <= 7'b0010010;
      4'd6: oSEG7 <= 7'b0000010;
      4'd7: oSEG7 <= 7'b1111000;
      4'd8: oSEG7 <= 7'b0000000;
      4'd9: oSEG7 <= 7'b0010000;
      default: oSEG7 <= 7'b1111111;
    endcase
endmodule
```

【例 9 - 5】 用 Verilog 描述 VGA 显示控制器,能够在 640×480@60 Hz 模式下显示 8×8彩格图像。

分析 VGA(video graphics array)是 IBM 推出的视频显示标准接口,具有分辨率高、显示速率快和色彩丰富等优点,目前仍广泛应用于使用 VGA 显卡的计算机、笔记本电脑、投影仪和液晶电视等电子产品。VGA 采用 D-SUB 15 接口,如图 9 - 29 所示。

(a) 插头

(b) 插座

图 9 - 29　VGA 接口

VGA 接口主要有 5 个信号:行同步信号和场同步信号,以及红、绿、蓝三基色模拟信号。要能正确地显示图像,必须提供精确的行同步和场同步信号。

行、场同步信号的时序如图 9 - 30 所示,均分为前沿、同步头、后沿和显示四个段。不同的是行同步信号以像素(Pixel)为单位,而场同步信号则以行(Line)为单位。同步头脉冲低电平有效,b、c 和 d 段时则为高电平,c 段时显示三基色信号,其余时段则处于消隐状态。

对于分辨率为 640×480 像素、刷新频率为 60 Hz 的图像来说,每行的总像素点为 800 个,其中有效像素为 c 段的 640 个;每场的总行数为 525 行,其中有效行数为 c 段的 480 行,如表9 - 5所示。

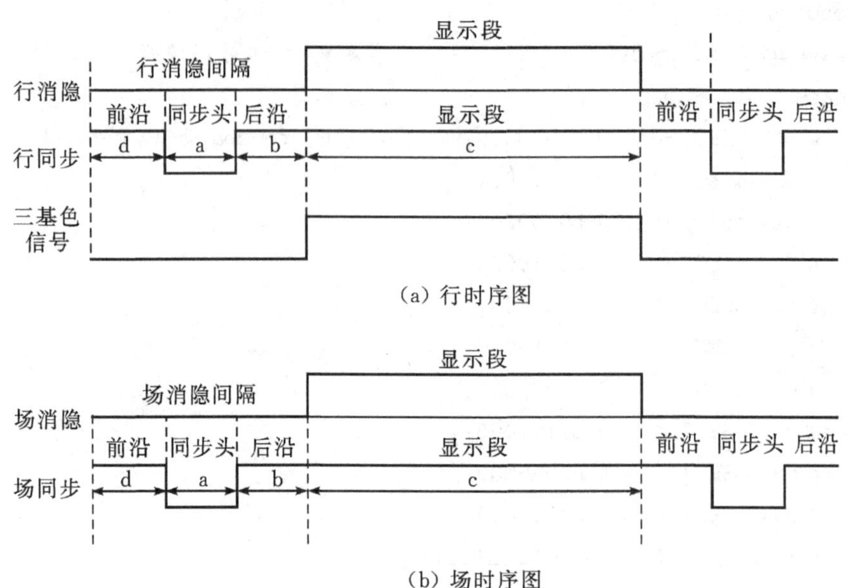

图 9-30 VGA 标准参考时序图

表 9-5 640×480@60 Hz 模式行、场同步信号参数值

显示模式	行同步信号(Pixels)				
640×480 @60 Hz	a 段	b 段	c 段	d 段	总像数
	96	48	640	16	800
显示模式	场同步信号(Lines)				
640×480 @60 Hz	a 段	b 段	c 段	d 段	总行数
	3	32	480	10	525

设计过程 VGA 显示设计与 VGA 硬件电路有关。若 VGA 接口电路如图 9-31 所示，用 FPGA 输出四位红、绿、蓝三基色数字信号，通过权电阻网络转换为模拟信号，提供给 VGA 接口输出。

VGA 彩格显示控制 Verilog HDL 代码参考如下：

```
module VGA_Pattern (
  VGA_CLK,                //VGA 时钟信号,640×480@60 Hz 时应为 25 MHz
  VGA_HS,                 //行同步信号
  VGA_VS,                 //场同步信号
  VGA_R,                  //红色分量,4 位
  VGA_G,                  //绿色分量,4 位
  VGA_B                   //蓝色分量,4 位
  );
  input VGA_CLK;
  output reg VGA_HS;
```

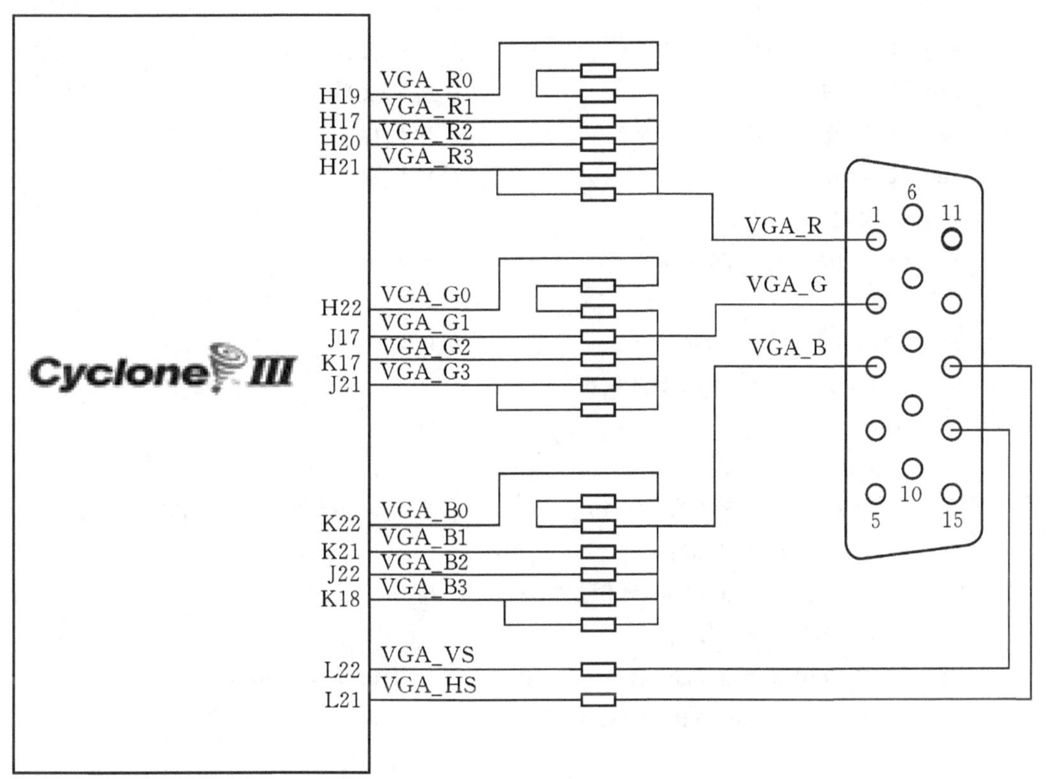

图 9-31　VGA接口电路

```
output reg VGA_VS;
output reg [3:0] VGA_R;
output reg [3:0] VGA_G;
output reg [3:0] VGA_B;
//640×480 行参数值(pixels)
parameter H_FRONT = 16;          //d段,前沿
parameter H_SYNC = 96;           //a段,同步头
parameter H_BACK = 48;           //b段,后沿
parameter H_ACT = 640;           //c段,显示段
parameter H_BLANK = H_FRONT + H_SYNC + H_BACK;
parameter H_TOTAL = H_FRONT + H_SYNC + H_BACK + H_ACT;
//640×480 场参数值 (lines)
parameter V_FRONT = 10;
parameter V_SYNC = 3;
parameter V_BACK = 32;
parameter V_ACT = 480;
parameter V_BLANK = V_FRONT + V_SYNC + V_BACK;
parameter V_TOTAL = V_FRONT + V_SYNC + V_BACK + V_ACT;
```

```
//信号及变量定义
reg [10:0]H_Cont;                    //行计数器
reg [10:0]V_Cont;                    //列计数器
reg [10:0]X;                         //行坐标
reg [10:0]Y;                         //列坐标
//行处理过程
always@(posedgeVGA_CLK)
  begin
    if(H_Cont<H_TOTAL)               //行计数器
      H_Cont <= H_Cont + 1'b1;
    else
      H_Cont<=0;
    if(H_Cont==H_FRONT - 1)          //生成行同步信号 VGA_HS
      VGA_HS <= 1'b0;
    if(H_Cont==H_FRONT + H_SYNC - 1)
      VGA_HS <= 1'b1;
    if(H_Cont>=H_BLANK)              //计算行像素坐标 X
      X <= H_Cont - H_BLANK;
    else
      X<=0;
  end
//场处理过程
always@(posedge VGA_HS )
  begin
    if(V_Cont<V_TOTAL)               //场计数器
      V_Cont <= V_Cont + 1'b1;
    else
      V_Cont <= 0;
    if(V_Cont==V_FRONT - 1)          //生成场同步信号 VGA_VS
      VGA_VS <= 1'b0;
    if(V_Cont==V_FRONT + V_SYNC - 1)
      VGA_VS<=1'b1;
    if(V_Cont>=V_BLANK)             //计算场(行数)坐标 Y
      Y <= V_Cont - V_BLANK;
    else
      Y <= 0;
   end
//彩格图像生成
always@(posedge VGA_CLK)
```

```
  begin
    VGA_R<=(Y<120)          ?  4  :   //红色分量定义
      (Y>=120 && Y<240)     ?  8  :
      (Y>=240 && Y<360)     ?  12 :
                               15 ;
    VGA_G<=(X<80)           ?  2  :   //绿色分量定义
      (X>=80 && X<160)      ?  4  :
      (X>=160 && X<240)     ?  6  :
      (X>=240 && X<320)     ?  8  :
      (X>=320 && X<400)     ?  10 :
      (X>=400 && X<480)     ?  12 :
      (X>=480 && X<560)     ?  14 :
                               15 ;
    VGA_B<=(Y<60)           ?  15 :   //蓝色分量定义
      (Y>=60 && Y<120)      ?  14 :
      (Y>=120 && Y<180)     ?  12 :
      (Y>=180 && Y<240)     ?  10 :
      (Y>=240 && Y<300)     ?  8  :
      (Y>=300 && Y<360)     ?  6  :
      (Y>=360 && Y<420)     ?  4  :
                               2  ;
  end
endmodule
```

9.4 设计实践

A/D转换器和D/A转换器是联通模拟世界与数字系统之间的桥梁。有了ADC和DAC,就可以处理模数混合系统的设计问题。

9.4.1 可控增益放大电路设计

放大电路通常需要根据输入信号的大小来调整增益,以防止放大倍数过大导致输出信号失真,或者因放大倍数过小而导致分辨率降低的问题。可控增益放大器是用数字量来控制增益的放大电路。

设计任务 设计一个增益可控的放大电路,能够对峰值为10 mV、频率为1000 Hz的音频小信号进行放大。放大电路设有"UP"和"DOWN"两个键,按UP时增益步进增加,按DOWN时增益步进减小。要求放大电路的增益范围为0～1000,步进小于4,增益误差小于±5%。

分析 可控增益放大电路有多种设计方案:

(1)选用集成可控增益放大器实现;

(2)基于运算放大器设计,应用电子开关切换电阻而改变增益;

(3)基于 D/A 转换器设计。

这三种方案各有特点:

(1) 选用集成可控增益放大器设计方便,但因此对电路布局和制板工艺要求很高,否则容易自激;

(2)要求步进小、增益变化范围大时,应用电子开关切换电阻的电路非常复杂;

(3)基于 D/A 转换器设计容易实现数字控制,适应性强,步进由 D/A 转换器的位数确定。

综上分析,第三种方案最符合设计要求。

设计过程　应用 D/A 转换器实现任务要求的可控增益放大电路总体设计方案如图 9-32 所示,由放大电路、D/A 转换器、低通滤波器和 8 位二进制加/减计数器组成。

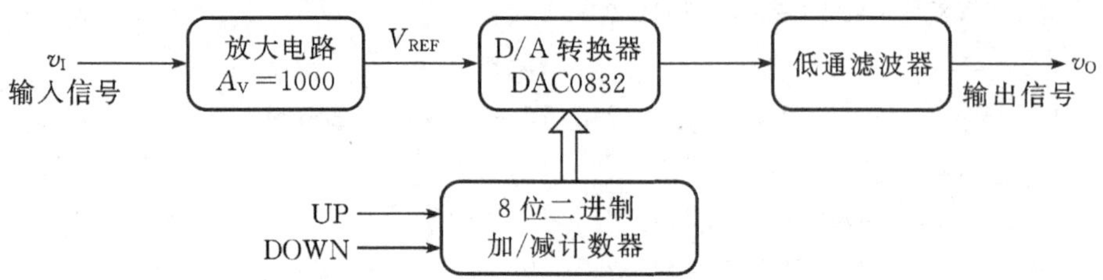

图 9-32　可控增益放大器总体设计方案

D/A 转换器的输出电压与数字量和参考电压 V_{ERF} 的大小有关,V_{REF} 越大则输出电压的变化范围越大。由于输入信号的峰值只有 10 mV,因此需要将输入信号放大 1000 倍再送至 D/A 转换器作为参考电压 V_{ERF},由输入数字量控制其增益。

DAC0832 为 8 位 D/A 转换器,因此

$$v_O=-\frac{V_{REF}}{256}D_n$$

取 $V_{REF}=1000\cdot v_I$ 时

$$v_O=-\frac{1000v_I}{256}D_n$$

所以该电路的放大倍数

$$A_V=\frac{v_O}{v_I}=-\frac{1000}{256}D_n=-3.90625D_n$$

用两片 74HC193 级联构成 8 位二进制加/减计数器,输出作为 DAC0832 的输入数字量 $D_7\sim D_0$,有 0～255 共 256 种取值,对应放大电路的增益分别为 0、3.9、7.8、11.7、…、992.2 和 996.1。根据上述方案,可得图 9-33 所示的整体设计图。

可控增益放大电路的实际增益与运放的性能、电阻和电容等元件的参数以及电路板的布局与布线有关,实际性能以测量为准。

9.4.2　数控电流源设计

电流源也称为恒流源,用于提供恒定的输出电流。充电器通常采用恒流方式为手机等便携式电子设备充电。

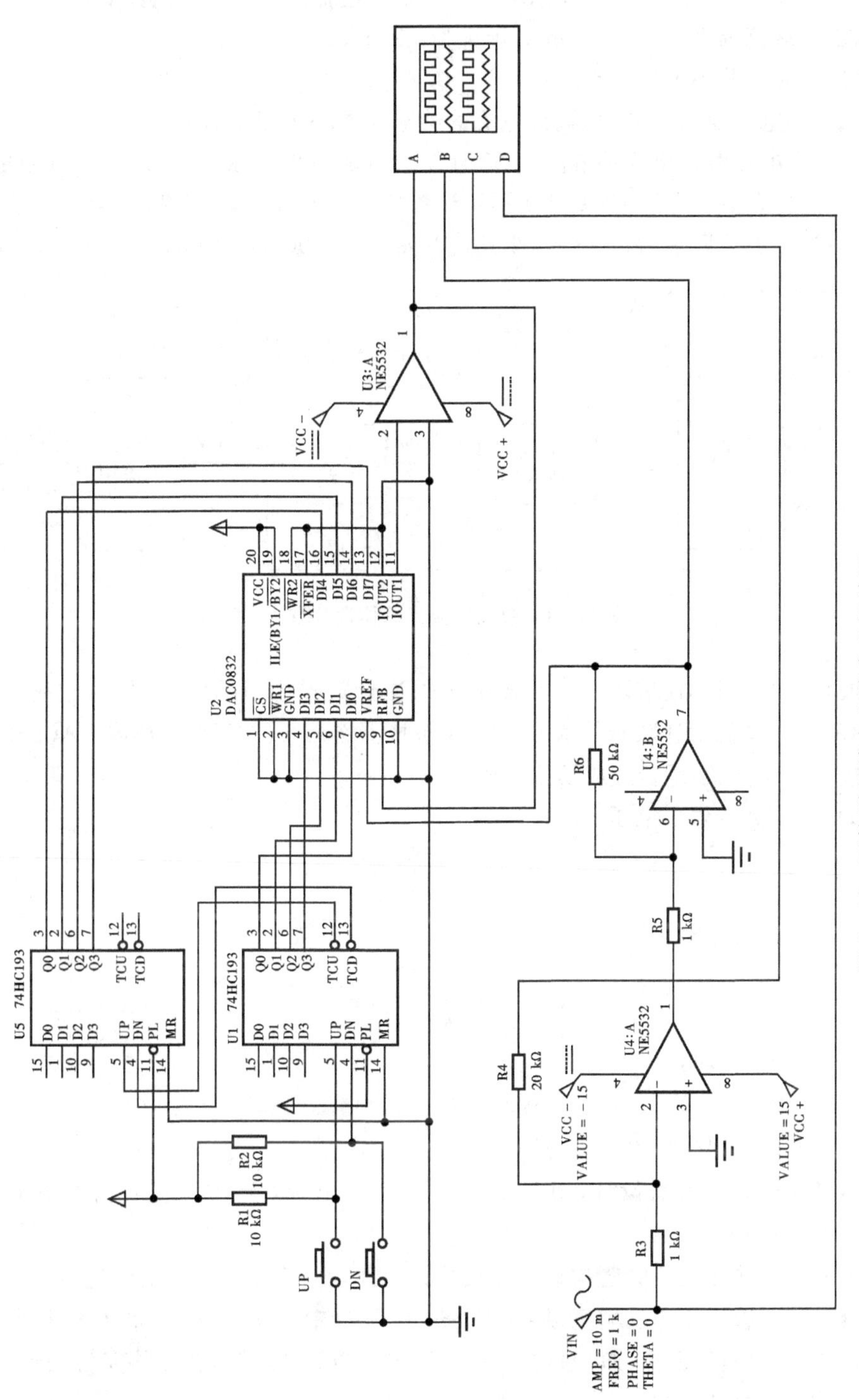

图 9-33　可控增益放大电路参考设计图

设计任务:设计一个数控电流源。电流源设有“电流增”(UP)和“电流减”(DOWN)两个键,按UP时输出电流步进增加,按DOWN时输出电流步进减小。具体要求如下:

(1)输出电流范围为100~800 mA,步进为100 mA;

(2)输出电流误差小于等于±5%。

当负载两端电压变化5 V时,输出电流的绝对误差小于变化前电流值的10%。

分析 要求电流源输出8种电流值,而且要求电流可增可减,因此采用八进制加/减计数器作为主控电路,然后通过D/A转换器将计数器输出的数字量0~7转换成0~7 V模拟电压值,然后通过加法调整为1~8 V,驱动电流源输出100~800 mA电流值。因此,总体设计方案如图9-34所示。

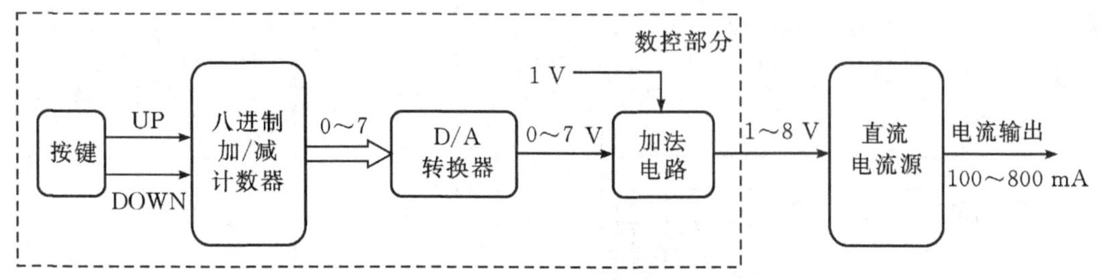

图9-34 数控电流源总体设计方案

设计过程 八进制加/减计数器用双时钟加/减计数器74HC192实现,通过显示译码器CD4511驱动数码管显示计数器的状态。D/A转换器选用8位D/A转换器DAC0832,设置为直通模式,用于将数字量转换成模拟电压。

由于DAC0832的输出电压

$$v_O=-\frac{V_{REF}}{256}D_n$$

取 $D_n=0x_2x_1x_00000$ 时,

$$v_O=-\frac{V_{REF}}{16}(x_2x_1x_0)$$

若取 $V_{REF}=16$ V时,

$$v_O=-(x_2x_1x_0)$$

故可以将数字0~7转换成-(0~7)V。

加法器基于运算放大器设计,用于将-(0~7)V电源与-1 V叠加并反相输出1~8 V,作为电流源的控制电压。

电流源采用运放驱动复合管构成直流负反馈电路,在10 Ω的电阻上产生100~800 mA的输出电流。复合管采用小功率三极管(如S8050)复合中功率三极管(如TIP41,最大输出电流为6 A)或大功率三极管(如2N3055,最大输出电流为15 A),在散热完善的情况下,完全可以满足输出电流的要求。

数控电流源的整体设计电路如图9-35所示。

数控电流源具体的输出电流与运放的性能、电阻和电容等元件的参数偏差以及电路板的布局与布线有关,实际性能以测量为准。

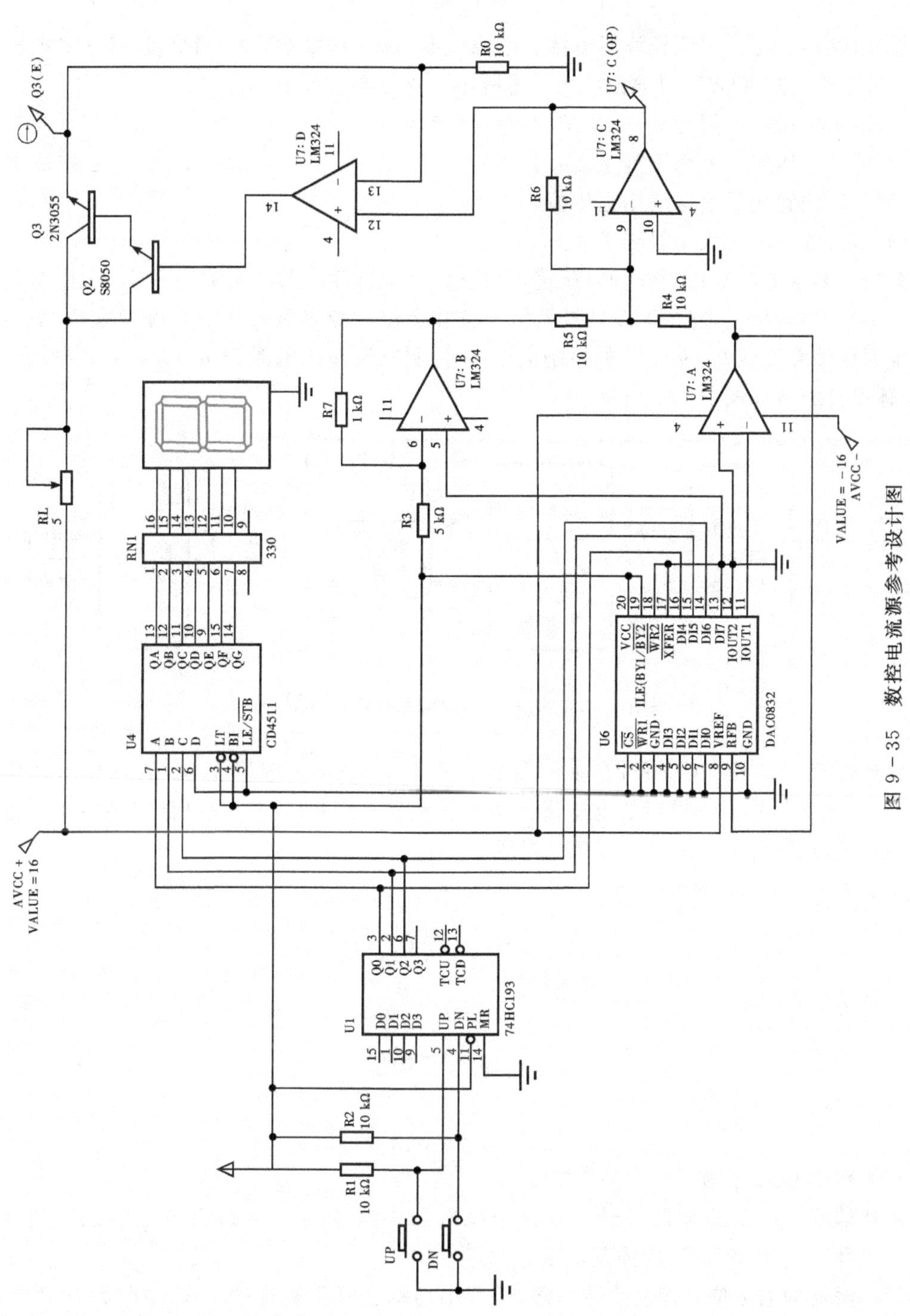

图 9－35 数控电流源参考设计图

9.4.3 数控电压源设计

电压源用于为电子设备提供稳定的直流电源，分为线性稳压电源和开关电源两大类。

设计任务：设计一个数控稳压电源。电源设有“UP”和“DOWN”两个键，按 UP 时输出电压步进增加，按 DOWN 时输出电压步进减小。具体要求如下：

(1)输出电压的范围为 0～9.9 V，步进为 0.1 V；

(2)输出电压的误差小于等于±0.05 V；

(3)用数码管显示设定输出电压值；

(4)最大输出电流大于等于 1 A。

分析 要求电源输出 100 种电压值，而且电压可增可减，因此用两位 BCD 码加/减计数器作为主控电路，然后通过 D/A 转换器将十位和个位的数字量转换成相应的模拟电压值，然后根据权值叠加成 0～9.9 V 的控制电压，去控制直流稳压电源输出 0～9.9 V 电压。因此，总体设计方案如图 9-36 所示。

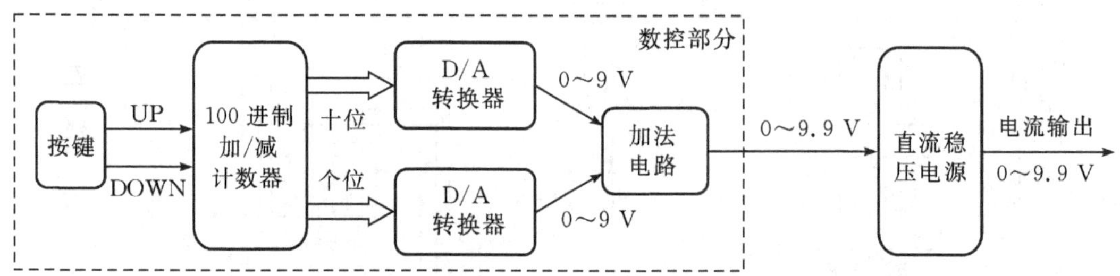

图 9-36 数控稳压电源总体设计方案

设计过程 两位 BCD 码加/减计数器用两个 74HC192 级联实现，通过显示译码器 CD4511 驱动数码管显示设定的电压值。D/A 转换器选用 8 位 D/A 转换器 DAC0832，设置为直通模式，用于将数字量转换成模拟电压。

由于 DAC0832 的输出电压

$$v_O = -\frac{V_{REF}}{256} D_n$$

取数字量 $D_n = x_3 x_2 x_1 x_0 0000$ 时，

$$v_O = -\frac{V_{REF}}{16}(x_3 x_2 x_1 x_0)$$

若取 $V_{REF} = 16$ V 时，

$$v_O = -(x_3 x_2 x_1 x_0)$$

故可以将数字 0～9 转换成－(0～9 V)。

加法器基于运算放大器设计。设计十位数的加法增益为－1，个位数的加法增益为－0.1，可叠加出 0～9.9 V 的控制电压。

用加法器的输出信号控制直流电源，采用小功率三极管复合中功率三极管(如 TIP41，最大输出电流为 6 A)或大功率三极管(如 2N3055，最大输出电流为 15 A)作为调整管，在散热完善的情况下，完全可以满足最大输出电流 1 A 要求。

数控稳压电源的整体设计电路如图 9-37 所示。

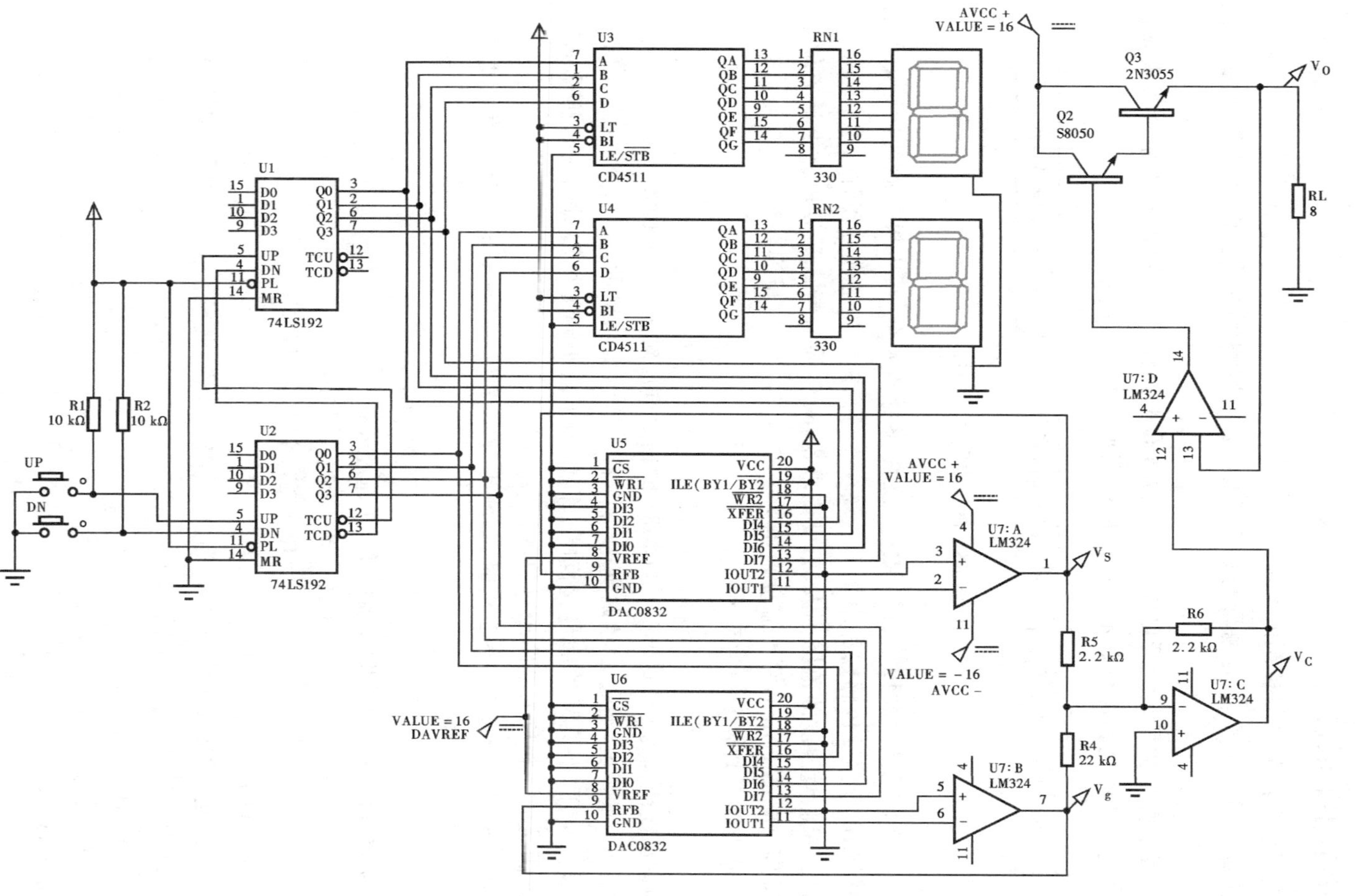

图 9-37 数控直流稳压电源参考设计图

数控直流电源具体的输出电压与运放的性能、电阻和电容等元件的参数偏差以及电路板的布局与布线有关，实际性能以测量为准。

9.4.4 温度测量系统设计

温度是工业生产测量与控制的基本参数。

设计任务 设计一个温度测量与显示系统，要求被测温度范围0～99 ℃，精度不低于1 ℃。

设计过程 温度测量系统既可以基于模数混合电路设计，也可以基于单片机实现。基于模数混合电路的温度测量与显示系统总体框图如图 9-38 所示。

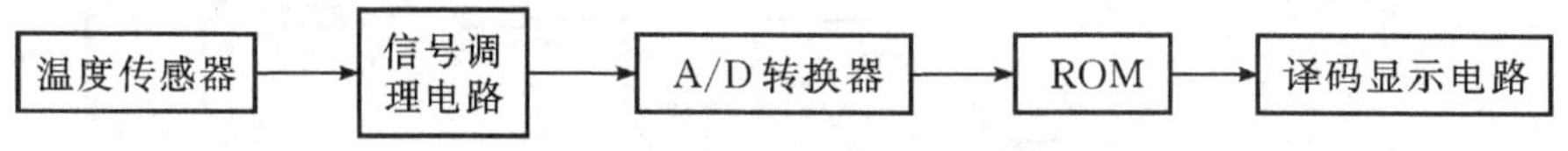

图 9-38 测温电路系统框图

温度传感器有模拟温度传感器和数字温度传感器两大类，其中模拟温度传感器又有绝对温度传感器、摄氏温度传感器和用于工业现场测量高温的热电偶等多种类型。

本设计要求测量温度的范围不大，精度高求也不高，同时考虑后续电路设计方便，选用集成摄氏温度传感器 LM35，测量温度范围为−55～150 ℃，测量误差为±0.5 ℃。

LM35 输出电压与温度的关系为

$$V_{out}=10(\text{mV}/℃)\times T(℃)$$

因此，当测量温度范围为 0～100 ℃时，LM35 的输出电压对应为 0～1000 mV。

为了提高测量精度，通过信号调理电路将温度传感器输出的电压信号放大 5 倍，达到 ADC0809 输入电压 0～5 V 的满量程范围。同时为了减小调理电路对温度传感器的影响，采用高输入阻抗的同相放大电路进行放大。

ADC0809 的输入电压为 0～5 V 时，其输出数字量 D 为 0～255，而相应的温度 T 应对应为 0～100 ℃，因此采用公式

$$T=(D/255)\times 100$$

将 A/D 转换得到的数字量映射成温度值，并通过公式

$$(\text{BCD 码})\text{十位}=T/10$$

$$(\text{BCD 码})\text{个位}=T\%10$$

转换为 8421BCD 码。

用上述公式建立“数字量 D - BCD 温度值”映射文件，加载至 256×8 位 ROM 中，实现转换。生成映射文件的 C 程序参考如下：

```
#include <math.h>
#include <stdio.h>
int main (void)
  {
  unsigned int AD_dat;
  unsigned char Temp_dat;
  unsigned char BCD_s,BCD_g,BCD_dat;
```

```
FILE *fp;
fp=fopen("Trom256x8.bin","w");
for (AD_dat=0;AD_dat<256;AD_dat++)
  {
    Temp_dat=(AD_dat*100)/255;
    BCD_s=Temp_dat/10; BCD_g=Temp_dat%10;
    BCD_dat=BCD_s<<4+BCD_g;
    fputc(BCD_dat,fp);
  }
fclose(fp);
return 0;
}
```

温度测量电路的整体设计电路如图 9-39 所示，图中的 START 开关用于启动 A/D 转换。

本章小结

本章主要讲述 D/A 和 A/D 转换器典型的电路结构和转换原理，以及衡量 D/A 和 A/D 转换器性能的主要指标。

A/D 转换器和 D/A 转换器是连通模拟世界和数字世界的桥梁。A/D 转换器用于将模拟信号转换为数字信号，而 D/A 转换器用于将数字信号还原为模拟信号。

D/A 转换器根据实现电路的不同，分为权电阻网络 D/A 转换器、梯形电阻网络 D/A 转换器和开关树等多种类型。权电阻网络 D/A 转换器原理简单、易于实现，但随着转换位数的增多，权电阻的差值越来越大，不利于集成电路的制造，因此通常作为原理电路应用。梯形网络 D/A 转换器只使用 R 和 $2R$ 两种电阻就可以实现任意位数的 D/A 转换，而且网络结构规整，便于集成电路制造，是目前集成 D/A 转换器的主流结构。

DAC0832 为集成 8 位电流输出型 D/A 转换器，需要外接运放将电流转换为电压输出，具有直通、单缓冲和双缓冲三种工作模式。AD7520 为 10 位电流输出型 D/A 转换器，同样需要外接运放将电流转换为电压输出。

在实际应用中，选用 D/A 转换器时需要从转换精度和转换速度等主要方面综合考虑。

A/D 转换的原理相对复杂，需要通过采样、保持、量化和编码四个过程才能将模拟量转换为数字量。根据量化与编码的原理不同，将 A/D 转换器分为直接型和间接型两大类。

直接型 A/D 转换器将模拟量直接转换成数字量，分为并联比较型和反馈比较型两种类型，其中反馈比较型又有计数器型和逐次渐近型两种实现方案。

间接型 A/D 转换器先将模拟量转换成某种中间物理量，再将中间量对应成数字量，分为电压-时间(V-T)型和电压-频率(V-f)型两种类型。

A/D 转换器的转换速度与量化与编码电路的类型有关，不同类型的转换器转换速度差异很大。并联比较型的转换速度最高，8 位 A/D 转换器的时间可以达到 50 ns 以内；逐次渐近型 A/D 转换器的转换速度次之，转换时间在 1～100 μs；双积分 A/D 转换器的转换速度

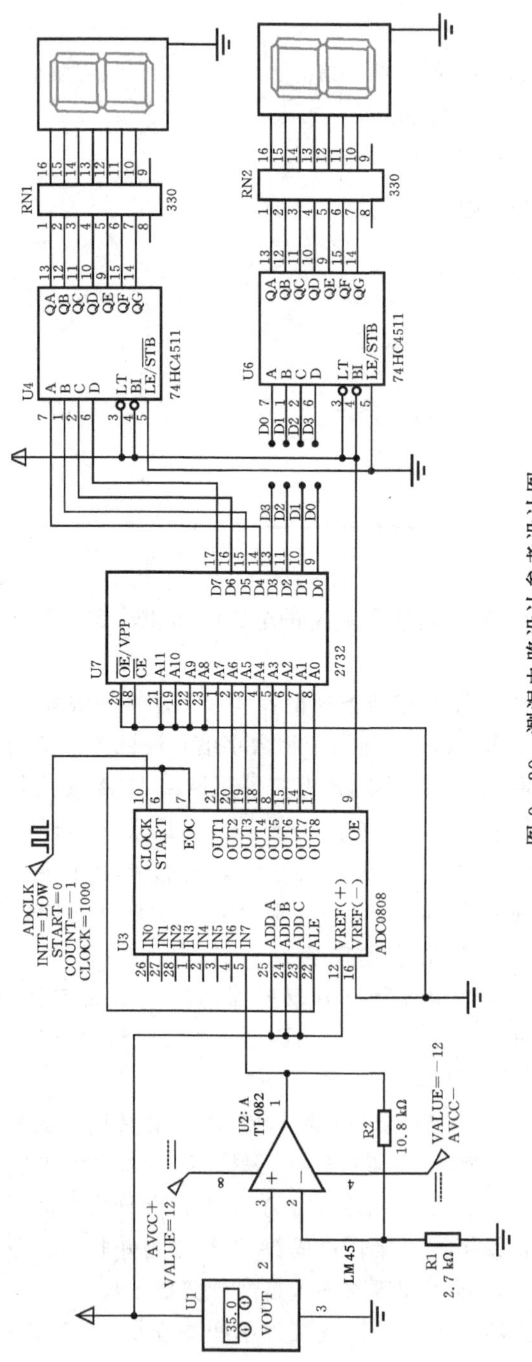

图 9-39 测温电路设计参考设计图

最慢,转换时间大都在几十毫秒至几百毫秒范围内,满足仪表与检测领域的需要。

逐次渐近型 A/D 转换器具有较高的工作速度,而且电路成本远低于并联比较型,是目前 A/D 转换器的主流产品。

ADC0809 是集成 8 位逐次渐近型 A/D 转换器,能够对 8 路模拟量进行分时转换,输出 8 位数字量。ICL7107 是三位半双积分型 A/D 转换器,能够将模拟量直接转换为 BCD 码输出,驱动四位数码管显示转换结果。

在实际应用中,选用 A/D 转换器时需要从转换精度和转换速度、成本、输入模拟量的范围和极性等方面综合考虑。

习 题

9.1 由纯电阻网络构成的应用电路如图题 9.1 所示。推导输出电压 v_O 与输入量 v_{d2}、v_{d1} 和 v_{d0} 之间的关系。并说明电路的功能。

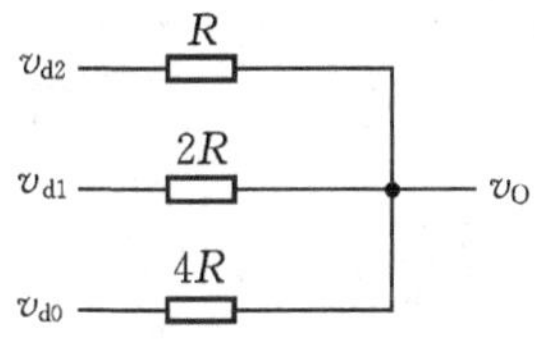

图题 9.1 应用电路

9.2 对于 4 位权电阻网络 D/A 转换器,当输入 $D_3D_2D_1D_0=1100$ 时输出电压 $v_O=1.5$ V,计算 D/A 转换器输出电压的变化范围。

9.3 若要求 D/A 转换器的最小分辨电压为 2 mV,最大满刻度输出电压为 5 V,计算 D/A 转换器输入二进制数字量的位数。

9.4 已知 10 位 D/A 转换器的最大满刻度输出电压为 5 V,计算该 D/A 转换器的分辨率和最小分辨电压值。

9.5 对于 10 位 D/A 转换器 AD7520,若要求输入数字量为 $(200)_{16}$ 时输出电压 $v_O=5$ V,则 V_{REF} 应取多少?

9.6 由 10 位二进制加/减计数器和 AD7520 构成的阶梯波发生电路如图题 9.6 所示,分别画出加法计数和减法计数时 D/A 转换器的输出波形(设 $S=0$ 时为加法计数;$S=1$ 时为减法计数)。若时钟频率 CLK 为 1 MHz,$V_{REF}=-8$ V,计算输出阶梯波的周期。

图题 9.6 阶梯波发生电路

9.7 对于 4 位逐次比较型 A/D 转换器，设 $V_{REF}=10$ V，输入电压 $v_I=8.26$ V，列出在时钟脉冲作用下比较器输出电压 V_B的数值并计算最终转换结果。

9.8 对于 8 位逐次渐进式 A/D 转换器，已知时钟脉冲的频率为 1 MHz，则完成一次转换所需要多长时间？若要求完成转换时间小于 100 μs，问时钟脉冲的频率最低应取多少？

9.9 由 AD7520 和运算放大器构成的可控增益放大电路如图题 9.9 所示，电路的电压放大倍数 $A_V=v_O/v_I$由输入的数字量 $D(d_9d_8\cdots d_0)$来设定。写出放大倍数 A_V的计算公式，并分析 A_V的取值范围。

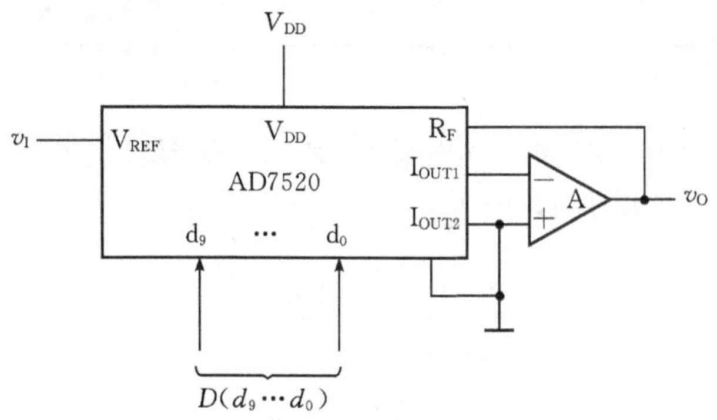

图题 9.9 可控增益放大电路

9.10 由 555 定时器、4 位二进制计数器 74HC161 和集成运放构成的综合应用电路如图题 9.10 所示。设计数器的初始状态为 0000，输出高电平为 5 V、输出低电平为 0 V。设运放是理想的。试回答下列问题：

(1)555 定时器构成了什么功能电路，在电路中有什么用途？

(2)图中 74HC161 用作几进制？写出其状态循环关系。

(3)集成运放和电阻网络构成什么功能电路？并推导 v_O与 V_{Q2}、V_{Q1}和 V_{Q0}的关系式。

(4)当 555 输出 100 Hz 矩形波时，画出输出电压 v_O的波形，并计算其频率和最大幅值。

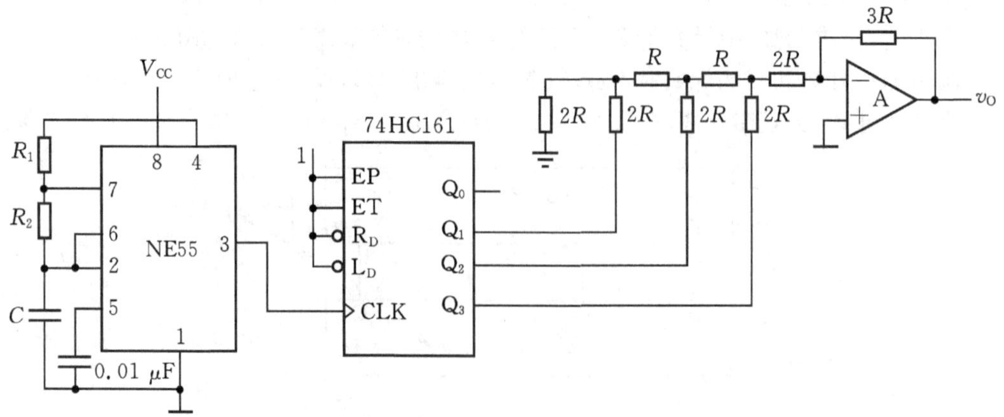

图题 9.10 综合应用电路

9.11* 根据计数型A/D转换器的工作原理，设计一个8位A/D转换器，能够将0～5 V的直流信号转换为8位二进制数，要求转换误差小于±1LSB。

9.12* 根据双积分A/D转换器的原理电路，设计一个8位A/D转换器，能够将0～5 V的直流信号转换为8位二进制数，要求转换误差小于±1LSB。

9.13* 设计简易数控稳压电源。电源设有“电压增”(UP)和“电压减”(DOWN)两个键，按UP时输出电压步进增加，按DOWN时步进减小。要求输出电压范围为5～12 V，步进为1 V，输出电流大于1 A。画出设计图，并说明其工作原理。

附录 A 门电路逻辑符号对照表

名称	曾用国标符号	ANSI/IEEE－1991 标准逻辑符号	ANSI/IEEE－1984 标准逻辑符号
与门	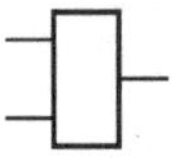	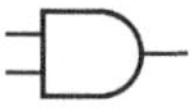	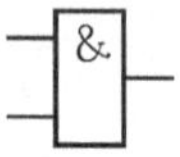 &
或门	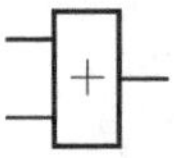 +	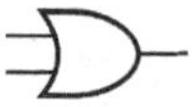	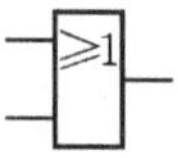 ≥1
非门	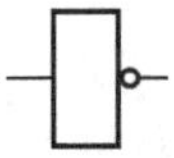	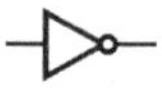	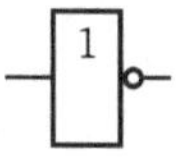 1
与非门	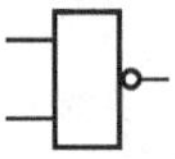	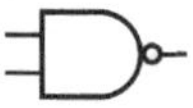	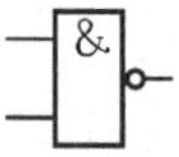 &
或非门	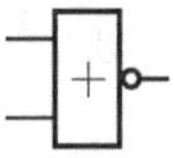 +	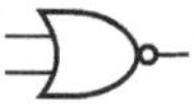	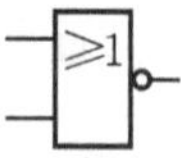 ≥1
与或非门	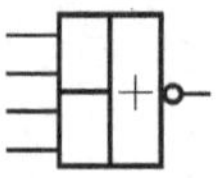 +		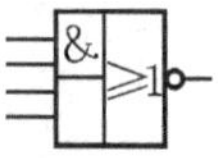 & ≥1
异或门	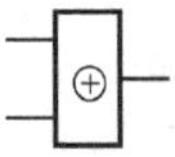 ⊕		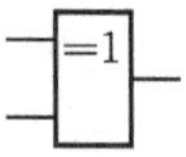 =1
同或门	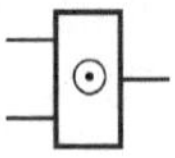 ⊙		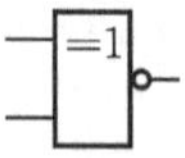 =1
传输门	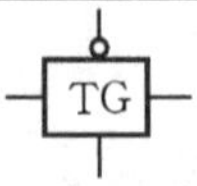 TG	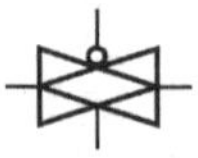	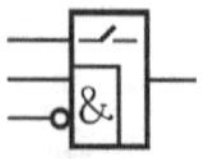 &
OC/OD 门	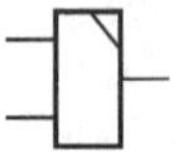	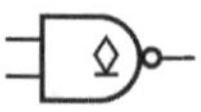	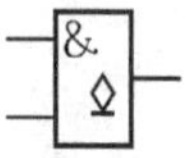 &
三态门	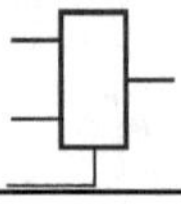	 ▽ EN	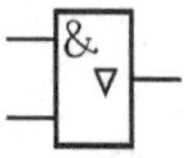 & ▽

附录 B　常用数字器件管脚速查

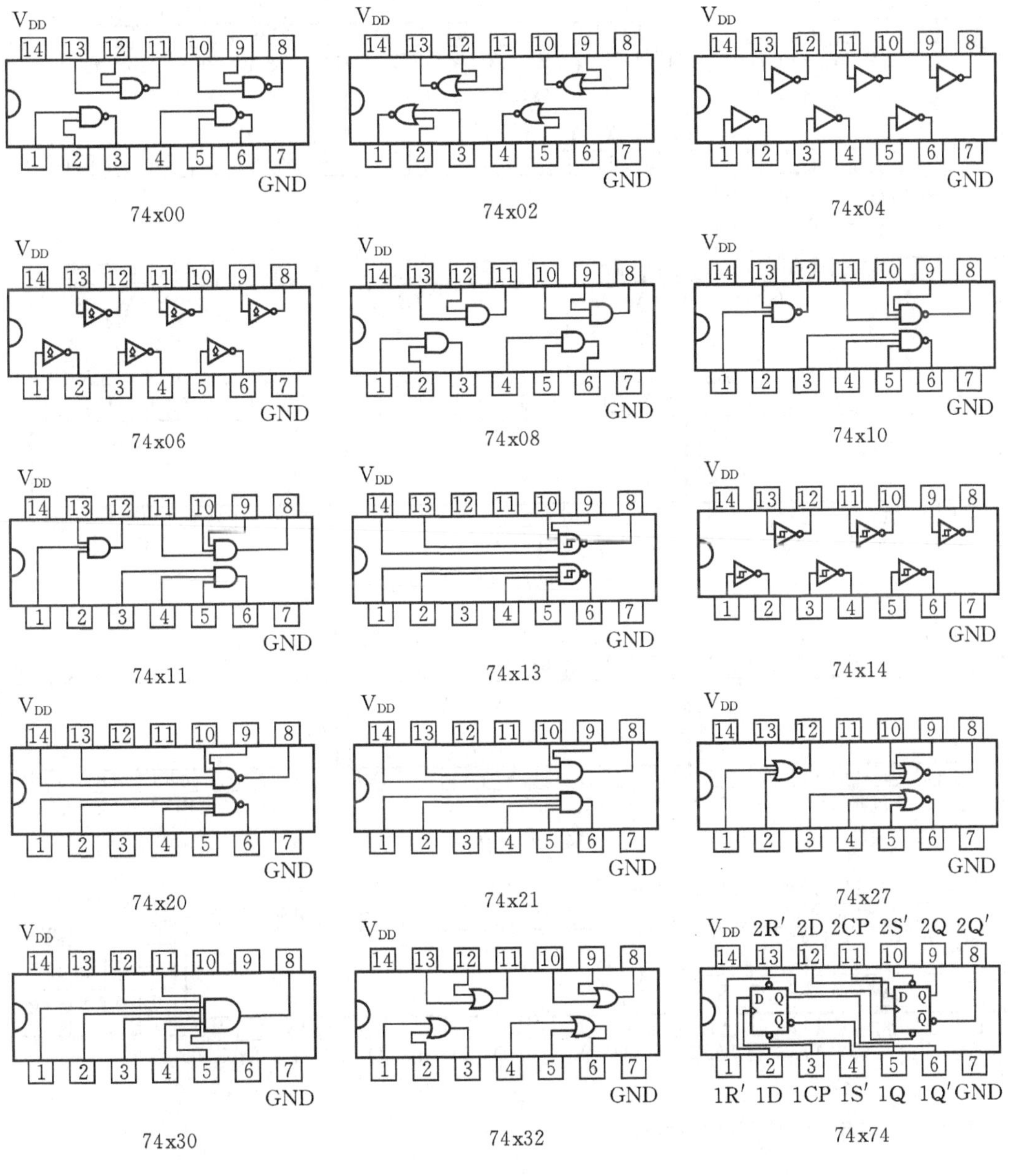

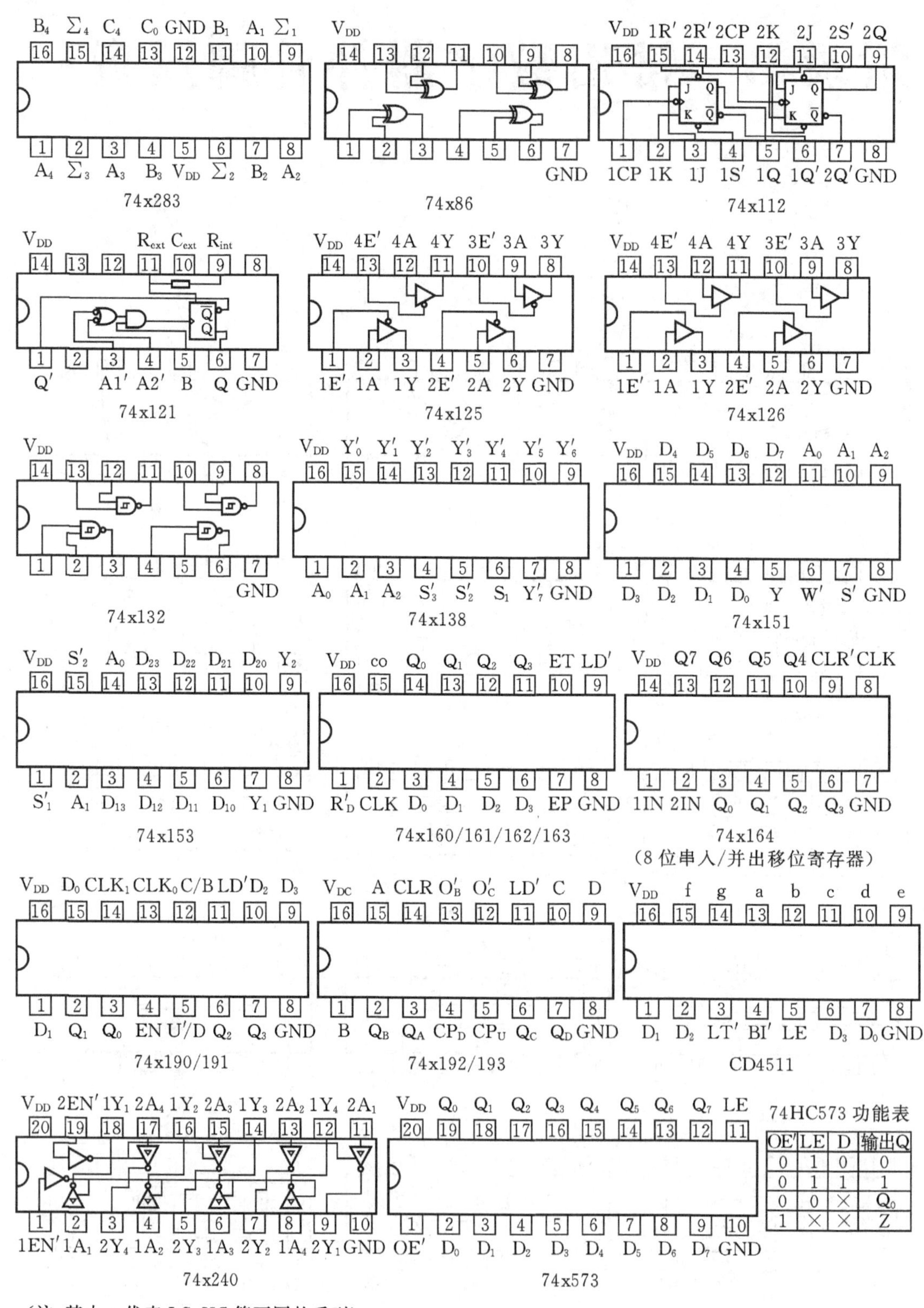

OE′	LE	D	输出Q
0	1	0	0
0	1	1	1
0	0	×	Q_0
1	×	×	Z

(注:其中 x 代表 LS、HC 等不同的系列)

参考文献

[1] 阎石. 数字电子技术基础,5 版[M]. 北京:高等教育出版社. 2006.

[2] Tocci,Widmer,Moss. 数字系统原理与应用[M]. 林涛,等译. 北京:电子工业出版社,2005.

[3] John F Wakerly. 数字设计、原理与实践[M]. 林生,等译. 北京:机械工业出版社,2011.

[4]Thomas L Floyd. 数字电子技术,9 版[M]. 余璆改编. 北京:电子工业出版社,2006.

[5] 林涛. 数字电子技术基础[M]. 北京:清华大学出版社,2006.

[6] 康华光. 电子技术基础-数字部分,5 版[M]. 北京:高等教育出版社. 2006.

[7] 李元,张兴旺,张俊涛,等. 数字电子技术[M]. 北京:北京大学出版社,2006.

[8] 鲍家元,毛文林. 数字逻辑,2 版[M]. 北京:高等教育出版社,2002.

[9] 杨颂华. 数字技术基础,2 版[M]. 西安:西安电子科技大学出版,2009.

[10] 白中英,谢松云. 数字逻辑,6 版[M]. 西安:科学出版社,2012.

[11]BHASKER J. Verilog HDL 入门,3 版[M]. 夏宇闻,等译. 北京:北京航空航天大学出版社,2008.

[12] 潘松,陈龙,黄继业. EDA 技术与 Verilog HDL,2 版[M]. 北京:清华大学出版社,2013.

[13] 何宾. EDA 原理及 Verilog 实现[M]. 北京:清华大学出版社,2010.

[14] 康磊,张燕燕. Verilog HDL 数字系统设计-原理、实例及仿真[M]. 西安:西安电子科技大学出版,2012.